U0215393

中国油茶品种志

Oil-tea Camellia Cultivars in China

国家林业局国有林场和林木种苗工作总站

中国林业出版社

图书在版编目（CIP）数据

中国油茶品种志 / 国家林业局国有林场和林木种苗工作总站编著. -- 北京 : 中国林业出版社, 2015.9
ISBN 978-7-5038-8169-5

Ⅰ. ①中… Ⅱ. ①国… Ⅲ. ①油茶－品种－介绍－中国 Ⅳ. ①S794.4

中国版本图书馆CIP数据核字（2015）第233327号

中国林业出版社・生态保护出版中心

策划编辑 刘家玲
责任编辑 肖　静　刘家玲

出版发行 中国林业出版社
（北京市西城区德内大街刘海胡同7号 100009）
电　　话 (010) 83143519　83143577
制　　版 北京美光设计制版有限公司
印　　刷 北京卡乐富印刷有限公司
版　　次 2016年1月第1版
印　　次 2016年1月第1次
开　　本 889mm×1194mm　1/16
印　　张 46.50
字　　数 1210千字
定　　价 459.00元

《中国油茶品种志》

编委会

序 FOREWORD

油茶（*Camellia* spp.）是山茶属物种中具有很高油用价值物种的总称，在我国栽培和食用历史长达 2300 多年，集中分布在我国南方 14 个省（自治区、直辖市）。我国山地丘陵面积广阔，发展油茶对于提高食用植物油战略贮备、替代耕地资源、保障我国粮油安全具有重要意义。油茶具有很高的综合利用价值。油茶籽榨取的茶油是一种优质食用油，营养价值与橄榄油相当，长期食用可起到降血脂、预防心脑血管疾病等保健功效，联合国粮食及农业组织已将其列为重点推广的健康型高级食用植物油。茶油油酸含量高、热稳定性好，也是优良的化妆品用油。榨取油后的茶枯饼，可以用来提取茶皂素、茶多糖等活性物质，制造生物肥料、生物农药和生物洗涤剂等绿色产品。油茶一次种植多年受益，其稳产收获期可达几十年，是名副其实的“铁杆庄稼”，而且油茶根系发达、耐干旱瘠薄、适生范围广，经济效益和生态效益兼备。

充分利用我国丰富的林地资源，积极发展油茶产业，对于保障粮油安全、缓解耕地压力、促进山区林农增收和改善山区生态环境具有重大意义。

2008 年以来，油茶产业发展受到党中央、国务院的高度重视，2009 年、2010 年连续两年的中央一号文件都明确提出要大力发展油茶等木本油料。2009 年 11 月，经国务院批准，国家发展和改革委员会、财政部、国家林业局发布了《全国油茶产业发展规划（2009－2020 年）》（以下简称《规划》），提出至 2020 年，全国油茶林基地面积达到 7018 万亩[①]，其中新造油茶林 2487 万亩，改造现有低产油茶林 4144 万亩，全国茶油产量达到 250 万吨的宏伟目标。2014 年 12 月，国务院办公厅印发《关于加快木本油料产业发展的意见》（国办发〔2014〕68 号），对油茶等木本油料产业发展提出新的要求和部署。为认真贯彻落实国务院有关文件精神，2008－2014 年国家林业局每年召开一次全国油茶产业发展现场会，制定出台了一系列政策措施，全力推动油茶产业发展。目前，全国油茶林面积已由 2008 年的 4500 万亩发展到 5750 万亩，茶油年产量由 26 万吨增加到 51.8 万吨，产值由 110 亿元增加到 552 亿元。油茶产业进入了全面实施、稳步发展的阶段。

发展油茶产业，种苗是基础，良种是关键。为确保《全国油茶产业发展规划（2009－2020 年）》目标顺利实现，推动油茶产业健康可持续发展，必须着力抓好良种这项基础工作，加快良种创新和推广应用是重中之重。在科学技术部、国家林业局统一组织协调下，在国家科技支撑计划、各省重大科研专项及国家种苗工程项目资金支持下，以科研单位、大专院校为重点，系统开展了油茶优树选择和良种试验林测试评价、良种审（认）定等工作，

① 1 亩＝ 1/15hm^2，下同。

审（认）定并在生产上推广应用了一大批油茶良种，提升了油茶主产区的良种质量，并对选育出的良种性状、生物学和栽培特性及良种典型特征进行了较为深入系统的研究，特别是填补了油茶边缘省（自治区、直辖市）油茶产业发展的良种空白。全国油茶良种生产供应能力得到大幅提升，新建了浙江、江西、湖南、广西、湖北等油茶种质保存基地，新建近 100 个油茶良种基地并陆续投入生产，油茶良种种苗生产能力从 2008 年的 5000 多万株提升到 7 亿～8 亿株，满足了各地良种造林需要。同时油茶种苗质量管理制度不断完善，保障了油茶产业科学有序发展。

为不断提升我国油茶产业发展的质量与水平，科学指导各发展省（自治区、直辖市）推广应用油茶良种，国家林业局国有林场和林木种苗工作总站组织有关专家，系统编著了《中国油茶品种志》一书。该书全面总结了我国油茶选育成果，规范了良种科学描述，科学地界定了适合不同区域、不同油茶物种的良种，以满足油茶管理者、生产者和经营者对科学种植、科学管理油茶的知识需求。《中国油茶品种志》的出版发行对指导全国油茶发展省（自治区、直辖市）科学使用品种、充分发挥良种效益、提高产业发展质量和水平具有重大意义。该著作是我国第一部全面系统总结油茶良种形态和优良特性的品种图志，具有极高的学术价值和生产指导价值。

本著作内容丰富，理论和实践性强，图文并茂，通俗易懂，我相信它一定会成为油茶科技工作者参考的重要工具和基层林业工作者、有关从业人员及林农手中的油茶种植宝典，对油茶产业的发展起到重要的指导作用。

国家林业局党组书记、局长

2015 年 8 月

前言 PREFACE

油茶属山茶科山茶属(*Camellia* L.)，生产上通常指山茶属中种子含油率较高、有栽培应用价值的一组物种的总称，是我国主要的木本食用油料树种。山茶属植物分为 20 个组，共 280 个物种（张宏达，1998)，其中中国有分布的为 238 种，分属于 18 个组，占 85 %，以云南、广西、广东及四川最多，余产中南半岛及日本。中国是油茶的原产地和分布中心，种质资源丰富，栽培历史悠久。茶油色清味香，营养丰富，不饱和脂肪酸含量高，是理想的食用油。茶油及其副产品在工业、农业、医药等方面具有多种用途，发展油茶生产对国民经济和人民生活有重大意义。

我国油茶栽培具有 2300 年的历史。我国近期油茶产业发展，经历了 20 世纪 50 年代的恢复阶段、60~70 年代的发展阶段和 80~90 年代平稳发展阶段。20 世纪 80 年代，全国油茶林面积 5500 万亩，由于当时茶油价格不高，比较效益较低，许多山区山地丘陵改种其他经济作物，至 2008 年油茶面积降为 4500 万亩；随着经济发展和收入提高，社会对优质食用油的需求上升，促使茶油价格上涨，加上国家政策推动和新品种新技术大量应用，到 2014 年全国油茶林面积接近 6000 万亩。1952 年油茶产量 0.5 亿千克，到 2014 年油茶产量上升至 51.8 万吨。从 20 世纪 60 年代我国开始有计划地进行油茶良种选育，到目前已经基本掌握了我国有一定面积和生产力的普通油茶、小果油茶、越南油茶、攸县油茶、浙江红花油茶等十几个物种的分布和适生条件，提出了各物种的适宜栽培区域。在总结优良育种资源和群众生产经验基础上，通过试验评选，选出了岑溪软枝、衡东大桃等 20 多个优良农家品种，启动了良种在生产中的应用。在原林业部支持下，依托中国林业科学研究院亚热带林业研究所成立了油茶科研协作组，并由庄瑞林先生主持开展了六次科研协作会议，制定了《全国油茶优良家系和优良无性系选育标准和方法》。通过优树选择工作，选出数以万计的优树，利用韩宁林研究组发明的芽苗嫁接技术，通过初选、决选和无性系评价（家系评价），选育出近 400 个优良无性系（优良家系），并利用一大批优良无性系，分阶段、分区域不间断开展区域试验，为我国油茶新品种形成奠定了扎实的基础。我国不同阶段形成的油茶良种，包括岑溪软枝、衡东大桃等农家品种，亚林、长林、湘林、赣无、桂无、赣州油、闽优、鄂油、云油等系列良种，在这次油茶产业发展规划中得到了广泛应用，全国各地产区涌现了成千上万亩高产良种示范基地。回顾历程，无不体现着中国油茶资源利用、遗传改良及科技创新，凝聚着几代科技工作者的智慧和辛劳。因而，调查、分析并总结油茶良种资源，不仅有利于我们全面了解我国油茶的良种概况，更能为我们国家油茶良种的保护、科学利用及促进产业发展服务。为此，我们尽最大可能搜集了全国 14 省（自治区、直辖市）主要产区的现有油茶良种，全面系统地总结了现有油茶良种的选育过程及所取得的成果，汇编成本书，以期为进一步开展油茶种质资源研究和育种提供有益的借鉴和指导，为油茶科研提供基础材料，为我国油茶产业的崛起和持续健康发展提供基础和科技支撑。

本书在编写过程中，力求内容全面、资料翔实、图文并茂。《中国油茶品种志》全书分上篇和下篇：上篇对油茶的发展历史及主要用途、山茶属植物的分类及其特征、油茶主要栽培物种资源、油茶良种选育、油茶良种性状调查描述规范进行了介绍；下篇重点介绍了各省（自治区、直辖市）选育并审（认）定的油茶良种。

《中国油茶品种志》一书是在国家林业局国有林场和林木种苗工作总站领导和部署下开展工作，由相关部门领导和各省种苗站、油茶办组织协调成员组成编委会，杨超站长为编委会主任，具体由全国油茶技术协作组秘书处（中国林业科学研究院亚热带林业研究所）主持文稿收集汇总、整理、编撰和修改工作。主编由中国林业科学研究院亚热带林业研究所姚小华研究员担任，副主编、编委及排序根据参与本书的工作量来确定。在书稿编写过程中，广东省林木种苗管理总站、广西壮族自治区林业科学研究院、云南省林木技术推广总站、云南省林木种苗工作总站、四川省林木种苗站、安徽省林木种苗总站、安徽省林业高科技开发中心、河南省经济林和林木种苗工作总站、陕西省林木种苗工作站、贵州省林业种苗站、重庆市林木种苗站、湖北省林业厅林木种苗管理总站、湖南省林木种苗管理站、福建省林木种苗总站等（以上单位按首字笔画排序）单位参与各省（自治区、直辖市）范围内组织工作。广东省韶关市林业科学研究所、广西壮族自治区林业科学研究院、云南省凤庆县林业局种苗站、云南省文山壮族苗族自治州林木种苗站、云南省文山壮族苗族自治州富宁县林业局油茶研究所、云南省龙陵县林木种苗管理站、云南省红河哈尼族彝族自治州林业科学研究所、云南省林业技术推广总站、云南省林业科学院、云南省林业科学院油茶研究所、云南省保山市林业技术推广总站、云南省保山市腾冲县林木种苗管理站、云南省德宏傣族景颇族自治州林木种苗站、云南省德宏傣族景颇族自治州林业局中心苗圃、中国林业科学研究院亚热带林业实验中心、中南林业科技大学、四川农业大学、四川省自贡市荣县林业局、四川省江安县森林经营所、四川省林业科学研究院、四川省宜宾市翠屏区国有林场、江西省林业科学研究院、江西省赣州市林业科学研究所、安徽省祁门县林业局、安徽省农业大学、安徽省林业科学研究院、安徽省林业高科技开发中心、安徽省黄山市林业科学研究所、安徽省歙县特种经济林场、河南省林业科学研究院、陕西省汉滨区林木种苗管理站、陕西省安康市林业局、陕西省南郑县林业技术中心、陕西省商南县林业局、陕西省镇安县林业局、陕西省镇安县林业调查设计队、贵州省天柱县林业科技推广站、贵州省扶贫开发办公室、贵州省林业科学研究院、重庆市林木种苗站、重庆市林业科学技术研究院、浙江省林业科学研究院、雅安太时生物科技有限公司、湖北省林业厅林木种苗管理总站、湖北省林业科学研究院、湖南省平江县林业局、湖南省林业科学院、湖南省常德市林业科学研究所、湖南省衡东县林业局、福建省林业科学研究院等（以上单位按首字笔画排序）从事油茶良种选育单位和一线专家通力合作，通过广泛征求相关专家意见及参考国内外有关资料汇编而成。

本书得到了国家林业局国有林场和林木种苗工作总站等部门的大力支持，得到有关油茶种质资源提供单位的积极配合，也得到了中国林业出版社的领导及刘家玲、肖静等编辑的大力支持和指导，中国林业科学研究院亚热带林业研究所在编写过程中给予了多方面的支持，在此谨表谢忱！

在即将成稿之时，我们将以崇敬的心情，感谢我国油茶良种选育工作的开拓者和为我们当前打下基础的老一辈专家们。他们是庄瑞林先生、何方教授、韩宁林研究员、林少韩研究员、高继银研究员、翁月霞研究员、黄爱珠老师、王德斌研究员、周启仁先生、蔡肖群研究员及项耀威、赵德铭、邱金兴、赵树慎、陈家耀、陈柏光、戚英鹤、唐全富、冯科志、李玉善、王芷虔、曾范安、刘翠峰、熊年康、章光旭、潘德森、黄少甫等。

由于作者水平有限，书中有不足之处，真诚地盼望读者给予斧正。

《中国油茶品种志》编委会
全国油茶技术协作组
2014年10月10日

PREFACE

The oil-tea camellia usually refers to those camellia species (*Camellia* L.) with high oil content in seeds as well as high cultivation value. It is the primary woody tree for edible oil in China. The genus *Camellia* (Theaceae), is divided into 20 sections which contains totally 280 species (Zhang, 1998) and 85% of these species, including 238 species and 18 sections, are found a distribution in China, mostly in Yunnan, Guangxi, Guangdong and Sichuan provinces (autonomous regions). Only a few are scattered in Indo-China Peninsula and Japan. China is the origin and distribution center of oil-tea camellia, has quite rich germplasm resources and long cultivation history. As an ideal edible oil, the camellia oil is high content of unsaturated fatty acids, rich in nutrition besides good taste. The camellia oil and its by-products are widely used in industry, agriculture and medicine. The development of oil-tea camellia is of great significance for national economy and people's living.

The history of oil-tea camellia cultivation is approximately 2,300 years which experienced three phases including the recovery phase in 1950s, the development stage from 1960s to 1970s and the steady development stage from 1980s to 1990s. The total area of national oil-tea camellia was increased by 5 million acres from 55 million in 1980s to 60 million in 2014 and the yield of camellia oil was increased from 50 million kilograms in 1952 to 518,000 tons in 2014. Our country began to carry out the breeding program of oil-tea camellia since 1960s. The distribution, suitable growth conditions and adaptable cultivation area of several species including *Camellia oleifera*, *C. meiocarpa*, *C. yuhsiensis*, *C. chekangoleosa*, *C. reticulata* and so on had been clarified. Over 20 local varieties like 'Cenxiruanzhi' and 'Hengdongdatao' were selected which put forward the application of improved varieties during cultivation. With the support of the Ministry of Forestry, the Cooperative Group for National Oil-tea Camellia Research was founded relying on the Research Institute of Subtropical Forestry (RISF), Chinese Academy of Forestry (CAF). And six national conferences had been called by the cooperative group with the leading of Mr. Zhuang Ruilin. A standard and method for superior oil-tea camellia families and clones breeding was formulated. The selected clones was mainly propagated by sprout grafting technique invented by professor Han Ninglin and then nearly 400 superior clones were finally selected based on the this propagation method. Then the regional trials of the selected varieties were continuously carried out which laid a solid foundation for new improved varieties breeding. The varieties selected, just as 'Cenxiruanzhi', 'Hengdongdatao', 'Yalin', 'Changlin', 'Xianglin', 'Ganwu', 'Guiwu', 'Ganzhouyou', 'Minyou', 'Eyou', 'Yunyou' varieties group, were widely used and promoted the arising of thousands of high-yield forest during the national oil-tea camellia development planning. In retrospect, the process of germplasm resources utilization, genetic improvement and innovation of science and technology of oil-tea camellia embodies the wisdom and hard work of several generations of scientists and technicians in China. The investigation, analysis and conclusion of superior genetic oil-tea camellia resources is not only beneficial for us to clarify the advances of improved varieties, but also helpful for variety research and scientific utilization of oil-tea camellia. Therefore, we gave it our best shot to collect utilized oil-tea camellia varieties distributed in 14 provinces (autonomous regions and municipalities) and did comprehensive and systematic summary of oil-tea camellia breeding history in China. We hope the book would supply the reference and guidance for further camellia germplasm resources research and breeding, also provide basic scientific and technological support for the development of oil-tea camellia industry in China and other worldwide areas.

The book *Oil-tea Camellia Cultivars in China* was written with comprehensive and informative illustrations as much as possible. And it was divided into two parts. The development history and main purpose of oil-tea camellia, the classification and characteristics of camellia plants, the main cultivated camellia resources, breeding and the description of oil-tea camellia variety's characteristics were introduced in the first part. And the nationwide selected varieties were introduced in the second part.

Oil-tea Camellia Cultivars in China was accomplished with the supervisor of State-owned Forest Farms and Forest Seedling Work Station, the State Forestry Administration. With Mr. Yang Chao be the director of the editorial committee, the members of editorial board were recommended by the provincial seedling stations and oil-tea camellia industry development offices. And the secretariat of the Cooperative Group for National Oil-tea Camellia Technology located in the RISF was responsible for the manuscript collection, collation, compilation and revision. Prof. Yao Xiaohua from RISF worked as the Chief Editor, and the designated deputy editor, editorial board as well as their row depended on the amount of work involved in the book. The various provincial organization work was taken in charge by divisions of local governments, such as Guangdong Forest Seedling Management Station, The Guangxi Zhuang Autonomous Region Academy of Forestry Sciences, Yunnan Forest Technology Extension Station, Yunnan Forest Seedling Management Station, Sichuan Forest Seedlings Station, Anhui Forest Seedling Management Station, Anhui Province High-tech Center for Forestry Development, Henan Non-timber Forest and Seedlings Station, Shaanxi Forest Seedling Station, Guizhou Forest Seedling Station, Chongqing Forest Seedling Station, Hubei Forest Seedling Management Station, Hunan Forest Seedling Management Station and Fujian Forest Seedling Management Station. The first hand files and referred advices were supplied by provincial research agencies including Shaoguan Forestry Science Research Institute of Guangdong Province, Guangxi Zhuang Autonomous Region Academy of Forestry, Bureau of Forestry of Fengqing County of Yunnan Province, Wenshan Forest Seeding Station of Yunnan province, Oil-tea Camellia Research Institute of Funing Forestry Bureau, Longling Forest Seedling Management Station of Yunnan Province, Honghe Forestry Institute of Yunnan Province, Yunnan Provincial Forestry Technology Extension Station, Yunnan Academy of Forestry, Oil-tea Research Institute of Yunnan Academy of forestry , Baoshan Forestry Technology Extension Station, Tengchong Forest Seedling Management Station of Baoshan City, Yunnan Province, Dehong Dai Minority Forest Seedling Management Station of Yunnan Province , Experiment Center of Subtropical Forestry, Central South University of Forestry and Technology, Sichuan Agricultural University, Rongxian Forestry Bureau of Sichuan Province, Jiangan of Sichuan Province, State-owned Forest Farm of Cuiping District in Yibin, Jiangxi Academy of Forestry Science, Ganzhou Research Institute of Forestry of Jiangxi Province, Qimen Forestry Bureau of Anhui Province, Anhui Agricultural University, Anhui Academy of Forestry Sciences, Anhui Forestry Science and Technology Development Center, Huangshan Forestry Research Institute of Anhui Province, Shexian Special Forestry Farm of Anhui Province, Henan Academy of forestry, Hanbin Forestry Seedling Management Station of Shaanxi Province, Ankang Forestry Bureau of Shaanxi Province, Nanzheng Forestry Center of Shaanxi Province, Shangnan Forestry Bureau of Shaanxi Province, Zhen'an Forestry Bureau of Shaanxi Province, Zhen'an Forestry Survey and Design Team of Shaanxi Province, Tianzhu Forestry Science and Technology Extension Station of Guizhou Province, Office of Poverty Alleviation and Development of Guizhou Province, Guizhou Academy of forestry, Forestry Seedling Station of Chongqing, Chongqing Academy of forestry, Zhejiaing Academy of forestry, Ya'an Biotechnology Co. Ltd, Hubei Forest Seedling Management Station, Hubei Academy of forestry, Pingjiang Forestry Bureau of Hunan Province, Hunan Academy of Forestry, Changde Forestry Research Institute of Hunan Province, Hengdong Forestry Bureau of Hunan Province, Fujian Academy of Forestry, *etc*.

Appreciate the full support from the State-owned Forest Farms and Forest Seedling Work Station, State Forestry Administration, and the other departments for manuscripts of camellia germplasm resources, as well as the staff editors Liu Jia Ling, Xiao Jing and their leaders from the China Forestry Publishing House.

In the upcoming moment of release, sincerely thanks the previous generation of experts who have laid the foundations for the development of oil-tea camellia breeding. They are Mr. Zhuang Ruilin, Professor He Fang, Professor Han Ninglin, Professor Lin Shaohan, Professor Gao Jiyin, Professor Weng Yuexia, Mrs. Huang Aizhu, Professor Wang Debin, Mr. Zhou Qiren, Professor Cai Xiaoqun, Mr. Xiang Yaowei, Mr. Zhao Deming, Mr. Qiu Jinxing, Mr. Zhao Shushen, Mr. Chen Jiayao, Mr. Chen Baiguang, Mr. Qi Yinghe, Mr. Tang Quanfu, Mr. Feng Kezhi, Mr. Li Yushan, Mr. Wang Zhiqian, Mr. Zeng Fan'an, Mr. Liu Cuifeng, Mr. Xiong Niankang, Mr. Zhang Guangxu, Mr. Pan Desen, Mr. Huang Shaofu, *etc*., even if some of them has passed away.

Due to our limited knowledge and time tight, there might be some mistakes and flaws in this book, please don't hesitate to correct us.

Editorial Board of *Oil-tea Camellia Cultivars in China*
The Cooperative Group for National Oil-tea Camellia Technology
October 10, 2014

目录 CONTENTS

下篇／油茶主要良种资源

第六章　浙江省主要油茶良种

第七章 安徽省主要油茶良种

第八章 福建省主要油茶良种

第九章 江西省主要油茶良种

第十章 河南省主要油茶良种

第十一章 湖北省主要油茶良种

第十二章 湖南省主要油茶良种

第十三章 广东省主要油茶良种

第十四章 广西壮族自治区主要油茶良种

第十五章 重庆主要油茶良种

第十六章 四川省主要油茶良种

第十七章 贵州省主要油茶良种

第十八章 云南省主要油茶良种

第十九章 陕西省主要油茶良种

第二十章 中国林业科学研究院主要油茶良种

上篇　总论

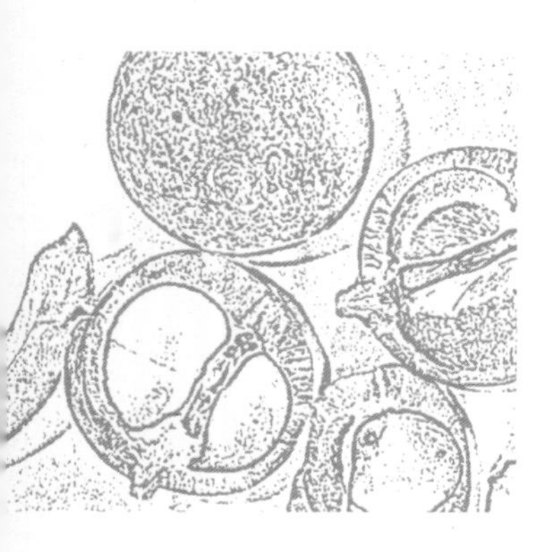

第一章　油茶的发展历史及主要用途

油茶为山茶科山茶属 (*Camellia* L.) 油用物种的总称，为常绿小乔木或乔木，与油橄榄、油棕、椰子并称为世界四大木本油料树种。全世界的油茶主要分布在我国的长江流域及其以南地区，除此之外，只有越南、缅甸、泰国、马来西亚和日本等国有少量分布。中国是油茶的原产地和分布中心，种质资源丰富，栽培历史悠久。发展油茶生产对经济发展和人民生活具有重大意义。

第一节　油茶的栽培与产业发展史

一、我国古代对油茶的栽培和利用概况

油茶在我国栽培历史悠久。据《三农记》清张宗法（1700 年）引证《山海经》绪书："员木，南方油食也"。"员木"即油茶。可见我国取油茶果榨油以供食用，已有 2300 多年的历史。据考证，油茶名称在各种通志中都有不同的记载。除目前普遍应用的叫油茶外，还有称为茶（明·王世懋著《闽部疏》、清·王澐著《闽逝杂记》）；茶油树（《广西通志》）；山茶（江西《武宁县志》、广西《南宁府志》）；南山茶（宋·范成大著《桂海虞横志》、宋·周去非著《岭外代签》、明·王均著《三才图会》）；楂（"既楂木，槎也"，宋·苏颂著《图经本草》、清·张自烈著《按正字通》、清·陈梦雷著《古今图书集成草本典》）；樫子（或樫，江西《婺源县志》、明·方以智著《通雅》、清·赵学敏著《本草纲目拾遗》）；探子（或探，三国·吴莹著《荆杨异物志》、唐·陈藏器著《本草拾遗》、明·李时珍著《本草纲目》）和椮（福建《闽侯县志》）等别名。到北宋年间，苏颂所著的《图经本草》中对油茶的性状、产地和效用有了较为详细的记载。南宋郑樵所著的《通志》中载："南方山土多植其木"，证明当时油茶已到大量栽培的发展阶段。在《植物名实图考长编》中还记述了油茶在荒山栽植的意义。到明末在王蒙晋所著《群芳谱》和徐光启的《农政全书》中，对选种、种子储藏、育苗、整地和造林等都做了比较详细的记载。《群芳谱》和《农政全书》中所谓"收子简取大者"和"白露前后收实，则易生根其美者"。可看出当时造林用的种子，不仅注意其成熟度，而且注意品质。《群芳谱》、《农政全书》和《三农书》中记述的果实和种子的储藏都是用窑藏法。《三农记》中记载："掘地作小窑，勿通深，用砂土和实置窑中，翌年春分时开窑播种"。这些方法直到今天各地仍然在采用。所谓"勿通深"，就是要注意到地下水上升而影响茶果及砂土的含水量，这是非常重要的。《农政全书》中提出的"勿令及泉"，就注意到地下水的问题。《三农记》中有"性喜黄壤，恶湿"以及"收子即种肥熟土"的记载，这是完全和油茶特性相适应的。油茶林地肥沃度往往被一般人所忽视，而《三农记》中很早就有记载，这一点是非常难得的。在明代俞自木所写的《种树书》

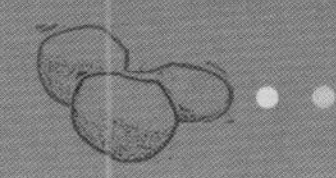

中记载了油茶用茶饼、人粪和草木灰等最常用的肥料。徐光启的《农政全书》还记载了油茶与油桐混交的好处：“种桐者，必种山茶，桐子乏，则茶子盛，循环相代，较种栗利返而久。”明代邝璠著的《便民图纂》和清代张宗法的《三农记》中，对油茶的修枝和抚育管理都做了记述。此外，在《群芳谱》和《农政全书》中又详细记载了油茶采收处理的时间和方法等。我国栽培油茶的经验很丰富，从古代文献宝库中研究油茶的栽培和利用，对今天仍然很有价值。

二、油茶产业发展历程

油茶产业的发展大体经历了几个阶段：20 世纪 50 年代为恢复阶段，在政务院《关于发动农民增加油料作物生产》的指示下，国家和各省林业部门组织山区群众发展油茶、油桐等，并制定了各项政策。因此，群众发展生产的积极性很高，对大面积荒芜油茶进行了垦复，使其产量逐渐上升。到 1956 年油茶产量达 0.8 亿 kg，比新中国成立初增加了一倍。60 年代为发展阶段，在全国掀起了大面积营造基地油茶林的群众运动，使昔日的荒山披上了绿色的新装。后来由于“文化大革命”，生产发展受到严重影响，茶山荒芜，产量大幅度下降，退到新中国成立初期的水平。70 年代后期为恢复发展阶段，油茶林垦复面积不断扩大，产量逐渐上升。20 世纪 80 年代开始至 21 世纪初是油茶发展低潮，由于比较利益和茶油优质优价没有得到体现，各地将低产缓坡条件较好的油茶林地改种柑橘等果树，油茶面积减少，经营管理弱化，油茶面积降至 4000 多万亩①。进入 21 世纪以后，政策落实，以优良品种为核心的科技成果得到推广，油茶生产向提高单产和综合经济效益方向发展，出现了不少高产典型。特别是 2008 年以来，为油茶产业发展提供了良好的发展条件和难得的机遇，极大地调动了各方面发展油茶产业的积极性，促进了油茶产业大发展。至 2014 年，我国油茶面积又上升至接近 6000 万亩，新发展基地大量应用优良高产新品种，产量快速上升，达到 51.8 万 t。

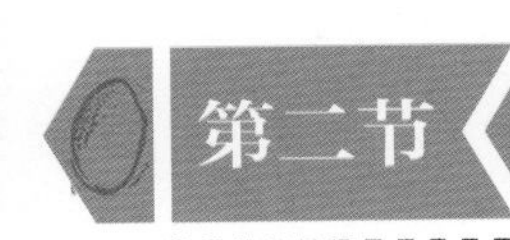

第二节 油茶的主要用途及经济价值

油茶是我国南方特有的油料树种，茶油享有“油中之王”之誉，是高级的烹调食用油，具有重要的保健作用。茶油及其副产品在工业、农业、医药等方面具有多种用途。油茶还可用于绿化、美化环境，是营造水土保持林、水源涵养林及生物防火林带的良好树种。发展油茶生产对社会经济发展和人民生活有重大的意义。

一、茶油的价值

茶油是一种优质食用油，其主要成分是以油酸和亚油酸为主的不饱和脂肪酸，含量达 90% 以上，易为人体所消化吸收，能促进脂溶性维生素的吸收，故而油质极好。茶油对人体心脑血管、生殖、消化、免疫系统、神经内分泌都有很好的促进作用，长期食用能降低人体血清中的胆固醇，降低血脂、血浆纤维蛋白，对高血压、肥胖症、心脑血管等疾病有明显疗效。

茶油不仅可以食用，而且是重要的医药、化工原材料，如肥皂、凡士林、生发油、机械润滑油、机械防锈油以及医药上制作青、链霉素油剂的原料。国内已经用茶油规模生产注射用的针剂和调制的各种药丸、药膏等。茶油能滋养皮肤和具有吸收短波紫外线的功能，可用来精炼制作天然高级美容护肤系列化妆品，从而使茶油产品的附加值增加几十倍。

二、油茶饼粕的利用价值

油茶饼粕内含有大量多糖、蛋白质及皂素，具有很高的利用价值。利用油茶饼粕可以提取残油及皂素。茶皂素广泛应用于医药、制皂、农药等方面。在医药上，明代李时珍编著的《本草纲目》中便有记载："茶籽，苦寒香毒（皂素），主治喘急咳嗽、去疾垢……"。据临床实验，茶籽姜蜜糖浆对治疗单纯老年支气管炎有效率达87.7%，喘急型老年支气管炎有效率达89.7%，并在不同程度上有抑制水肿的作用。在制皂工业上，皂素可作清洁剂，有强效的去污能力，可作锅炉除垢剂、洗涤剂。油茶皂素是天然化合物，容易被酶水解，不易引起环境污染。用皂素制成的农药可代替DDT的乳化剂——抗乳2号；用皂素还可以代替乐果的乳化剂0204。这样既可以降低农药成本，又可以减轻农药对环境的污染和避免农药中毒。另外，近年油茶饼粕可用来研发生产厨房洗涤用品、洗发用品，还可用来制作养殖池塘消毒剂、饲料、防冻建筑材料、发泡剂等，以及制作抛光粉、生产有机肥和农药等。

三、油茶壳的利用价值

油茶果壳一般占整个茶果鲜重的50% ~ 90%，有些物种果壳比例大，如浙江红花油茶果壳占70% ~ 80%，广宁红花油茶达到85%以上。果壳中含有大量的木质素、多缩戊糖和鞣质、皂素等化学成分。油茶果壳是提取糖醛、木糖醇、皂素、栲胶以及木质素衍生品等工业原料的良好原材料，还能用来制作活性炭、用作观赏、药用植物和食用菌类培养基料和燃料等。近年中国林业科学研究院亚热带林业研究所又将油茶果壳开发出聚胺酯材料。

四、油茶的其他利用价值

当今工业发达，能源需求越来越大，油茶副产物可用来开发生物质能源。油茶是一种常绿、长寿树种，一般栽后8 ~ 10年郁闭成林，既能增加油源，又可提高森林覆盖率。特别是油茶物种非常丰富，普通油茶开白花，花果同期。腾冲红花油茶、浙江红花油茶和广宁红花油茶等既可生产优质油，又在春季前后开花，花色红且优美，形成片林景观和少数植株群植，极具观赏性。它有美化环境、保持水土、涵养水源、调节气候的生态效益。同时，油茶花色浓艳，既是观赏树，又是蜜源树。

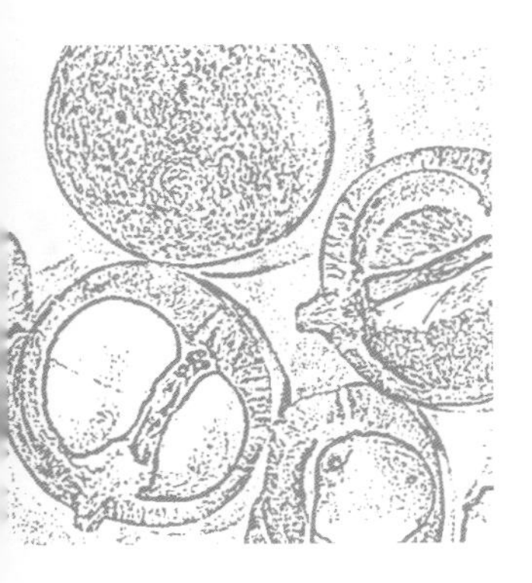

第二章　我国山茶属植物的分布及其特征

山茶属（*Camellia*）是山茶科中最大的属，和山茶科其他的属相比，它是相对较原始的种系，花的数目较多，分化水平较低。山茶属植物集中分布于亚洲东部和东南部，大约在南纬 7° 到北纬 35°、东经 80° 到 140° 之间，其中约 80% 以上的种类主要分布在我国西南和南部的广西、云南、广东、贵州、四川和湖南等省（自治区、直辖市），其余少数种散布于邻近的中南半岛、日本、印度及尼泊尔等国，是典型的华夏植物区系的代表。山茶属植物具有很重要的经济利用价值，其种子含油率高，是重要的食用油和工业用油原料；茶叶是世界流行的饮料，是国际贸易的重要商品。另外，大多数种类树形美观，花朵鲜艳，极具观赏价值，是很好的园林绿化树种；有少数种类还可供药用。

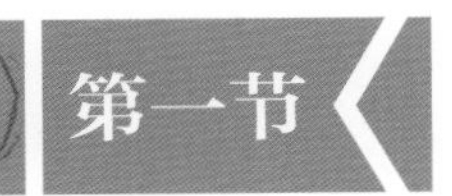

第一节　山茶属植物分类及分布特点

山茶属植物多为灌木或乔木。叶多为革质，羽状脉，有锯齿，具柄，少数抱茎叶近无柄。花两性，顶生或腋生，单花或 2 ~ 3 朵并生，有短柄；苞片 2 ~ 6 片，或更多；萼片 5 ~ 6，分离或基部连生，有时更多，苞片与萼片有时逐渐转变，组成苞被，从 6 片多至 15 片，脱落或宿存；花冠白色或红色，有时黄色，基部多少连合；花瓣 5 ~ 12 片，栽培种常为重瓣，覆瓦状排列；雄蕊多数，排成 2 ~ 6 轮，外轮花丝常于下半部连合成花丝管，并与花瓣基部合生；花药纵裂，背部着生，有时为基部着生；子房上位，3 ~ 5 室，花柱 3 ~ 5 条或 3 ~ 5 裂；每室有胚珠数个。果为蒴果，5 ~ 3 爿自上部裂开，少数从下部裂开，果爿木质或栓质；中轴存在，或因 2 室不育而无中轴；种子圆球形或半圆形，种皮角质，胚乳丰富。

20 世纪 30 年代以前，植物学界对山茶属已有初步的研究，Melchior 综合前人的见解，把山茶属分为 5 个组；Sealy J R 对本属植物做了综合性校订工作，发表了专著《A Revision of the Genius *Camellia*》，肯定了本属 82 个种分为 12 个组，还有 20 余种因资料不全或系统位置不很明确而有所保留。1949 年以后，经过广泛的植物资源调查和全面的系统整理，张宏达于 1981 年发表了《山茶属植物的系统研究》，将其分为 4 个亚属 19 个组 196 个种。20 世纪 80 年代以后，又有大量的新种被发现，一方面这些大量新种的分类学位置需要被确定，另一方面也是由于山茶属植物潜在的巨大的经济利用价值，使得许多专家和学者从事于山茶属植物的分类学研究，如张宏达、闵天禄、梁盛业、叶创兴、张文驹等。其中影响较大的主要是张宏达的分类系统。张宏达在他 1981 年发表的分类系统的基础上，经过重新订正，肯定了一些新种，在 1998 年发表的《中国植物志》第 49 卷第 3 册中将山茶属分为 22 个亚属（组）（表 2–1），280 种，保持了他原先的 4 个亚属不变，即原始山茶亚属、山茶亚属、茶亚属和后生山茶亚属，其中中国有分布的为 238 种（表 2–2），分属于 18 个组，占 85%，以云南、广西、广东及四川最多。其余产于中南半岛及日本。

表 2-1　山茶属植物分组表

描述	中文名	拉丁名
子房 5 室；花柱 5 条，离生；苞被未分化为苞片及萼片	原始山茶亚属	Subgen. *Protocamellia* Chang Gen.
苞被 12 ~ 16 片，宽大，长 2 ~ 4cm，宿存，包着蒴果；花大，直径 10 ~ 14cm	古茶组	Sect. *Archecamellia* Sealy Rev.
苞被 8 ~ 10 片，长 1 ~ 2cm；花直径 4cm	实果茶组	Sect. *Stereocarpus* (Pierre) Sealy Rev.
子房通常 3 室，花柱 3 条或 3 浅裂；少数为 4 ~ 5 室，但花柱单一，先端浅裂，稀离生；苞及萼分化或否，2 ~ 4 片，稀更多，宿存或脱落；苞片未分化，数目多于 10 片，花开放时即脱落；花大，直径 5 ~ 10cm，稀较小（2 ~ 4cm），花无柄；子房通常 3 室，稀 4 ~ 5 室；蒴果有中轴；花丝离生，或基部稍连生，缺花丝管；花瓣离生或稍连生，白色；花大，直径 5 ~ 10cm；雄蕊 4 ~ 6 轮，长 1.0 ~ 1.5cm；蒴果大；花柱长 1.0 ~ 1.5cm	山茶亚属	Subgen. *Camellia* Chang Tax.
苞被片革质；雄蕊 3 ~ 5 轮；花柱合生；蒴果无糠秕	油茶组	Sect. *Oleifera* Chang Tax.
苞被片松脆易碎；雄蕊 2 ~ 4 轮；花柱离生；蒴果有糠秕	糙果茶组	Sect. *Furfuracea* Chang Tax.
花小，花瓣近离生；花柱长 2 ~ 8mm；蒴果小，1 室，直径 1 ~ 2cm；果皮无糠秕；花丝连成短管；花瓣基部合生	短柱茶组	Sect. *Paracamellia* Sealy Rev.
花黄色，细小，不展开；子房有毛；花柱短于 1cm；蒴果球形花红色或白色，直径 3cm 以上，较展开；子房无毛或有毛；花柱长于 1cm；蒴果三球形	小黄花茶组	Sect. *Luteoflora* Chang in Act.
花白色；花柱 3（~ 5）条，离生；萼片干膜质，易碎，半宿存子房无沟；蒴果平滑；种子无毛；花瓣倒卵形	半宿萼茶组	Sect. *Pseudocamellia* Sealy Rev.
子房有沟；蒴果表面多瘤或皱折；种子常有毛；花瓣长圆形	瘤果茶组	Sect. *Tuberculata* Chang Tax.
花红色，有时淡白色；花柱连生，先端 3（~ 5）浅裂，稀离生	红山茶组	Sect. *Camellia* (L.) Dyer in Hook.
苞及萼明显分化，苞片宿存或脱落，萼片宿存，如苞与萼未分化，则全部宿存；花较小，直径 2 ~ 5cm，有花柄；雄蕊离生或稍连生；子房及蒴果 3（~ 5）室，稀 1 室；子房 3 室均发育；果大，果皮较厚，有中轴；萼片宿存；苞片宿存或脱落；花柱 3（~ 5）条，或连合而有浅裂	茶亚属	Subgen. *Thea* Chang
苞与萼未完全分化，宿存；花柄极短，稀长 1cm；花丝连生或略连生，细线形，离生，长 1cm；花柱 3 条，稀连生，长 6 ~ 10mm	离生雄蕊组	Sect. *Corallina* Sealy Rev.
花丝较粗短，多少连生，长 3 ~ 6mm；花柱合生或离生，长 1 ~ 4mm；苞与萼明显分化，苞宿存或脱落，萼宿存；花柄长 6 ~ 30mm；苞片 5 ~ 11 片，宿存	短蕊茶组	Sect. *Brachyandra* Chang
花金黄色；花丝离生或基部稍连生；花柱 3 条，离生	金花茶组	Sect. *Chrysantha* Chang

（续）

描述	中文名	拉丁名
花白色；花丝有短管；花柱 3 条或 3 裂	长柄山茶组	Sect. *Longipedicellata* Chang
苞片 2 片，早落；花丝近离生；蒴果从顶端开裂；花柄长 5 ~ 10mm	茶组	Sect. *Thea* (L.) Dyer in Hook.
蒴果仅下半部裂开；花柄长 3cm；花小	超长柄茶组	Sect. *Longissima* Chang
花丝下半部连生短管，秃净无毛	秃茶组	Sect. *Glaberrima* Chang
子房仅 1 室发育；果小，果皮薄，无中轴；苞及萼均宿存；雄蕊 1 ~ 2 轮；花柱长，连生，先端 3（~ 5）裂	后生山茶亚属	Subgen. *Metacamellia* Chang
花丝分离或下半部连生，无毛，稀有毛；子房无毛；花药背部着生	连蕊茶组	Sect. *Theopsis* Coh. St. in Meded.
花丝多数连生，稀离生，常被毛；子房全部有毛；蒴果有毛；花药基部着生	毛蕊茶组	Sect. *Eriandria* Coh. St.

表 2–2　我国山茶属植物物种表

编号	物种	拉丁文	编号	物种	拉丁文
1	尖苞瘤果茶	*C. acutiperulata*	19	白灵山红山茶	*C. bailinshanica*
2	尖齿离蕊茶	*C. acutiserrata*	20	竹叶红山茶	*C. bambusifolia*
3	长尖连蕊茶	*C. acutissima*	21	滇北红山茶	*C. boreali-yunnanica*
4	褪色红山茶	*C. albescens*	22	短蕊茶	*C. brachyandra*
5	大白山茶	*C. albogigas*	23	短蕊红山茶	*C. brachygyna*
6	白丝毛红山茶	*C. albo-sericea*	24	短轴红山茶	*C. brevicolumna*
7	白毛红山茶	*C. albovillosa*	25	短柄红山茶	*C. brevipetiolata*
8	抱茎短蕊茶	*C. amplexifolia*	26	短柱茶	*C. brevistyla*
9	狭叶茶	*C. angustifolia*	27	黄杨叶连蕊茶	*C. buxifolia*
10	安龙瘤果茶	*C. anlungensis*	28	美齿连蕊茶	*C. callidonta*
11	假多齿红山茶	*C. apolydonta*	29	钟萼连蕊茶	*C. campanisepala*
12	大树茶	*C. arborescens*	30	白毛蕊茶	*C. candida*
13	普洱茶	*C. assamica*	31	长尾毛蕊茶	*C. caudata*
14	香港毛蕊茶	*C. assimilis*	32	张氏红山茶	*C. changii*
15	大萼毛蕊茶	*C. assimiloides*	33	浙江红山茶	*C. chekiangoleosa*
16	老黑茶	*C. atrothea*	34	薄叶金花茶	*C. chrysanthoides*
17	直脉瘤果茶	*C. atuberculata*	35	重庆山茶	*C. chungkingensis*
18	五室金花茶	*C. aurea*	36	陈氏红山茶	*C. chunii*

（续）

编号	物种	拉丁文	编号	物种	拉丁文
37	扁果红山茶	*C. compressa*	69	高州油茶	*C. gauchowensis*
38	小果短柱茶	*C. confusa*	70	硬叶糙果茶	*C. gaudichaudii*
39	合柱糙果茶	*C. connatistyla*	71	秃茶	*C. glaberrima*
40	心叶毛蕊茶	*C. cordifolia*	72	大苞茶	*C. grandibracteata*
41	突肋茶	*C. costata*	73	弄岗金花茶	*C. grandis*
42	贵州连蕊茶	*C. costei*	74	大苞山茶	*C. granthamiana*
43	红皮糙果茶	*C. crapnelliana*	75	长瓣短柱茶	*C. grijsii*
44	厚轴茶	*C. crassicolumna*	76	秃房茶	*C. gymnogyna*
45	厚柄连蕊茶	*C. crassipes*	77	岳麓连蕊茶	*C. handelii*
46	厚瓣短蕊茶	*C. crassipetala*	78	河口超长柄茶	*C. hekouensis*
47	厚叶红山茶	*C. crassissima*	79	光果山茶	*C. henryana*
48	杯萼毛蕊茶	*C. cratera*	80	冬红短柱茶	*C. hiemalis*
49	皱叶茶	*C. crispula*	81	香港红山茶	*C. hongkongensis*
50	隐脉红山茶	*C. cryptoneura*	82	湖北瘤果茶	*C. hupehensis*
51	尖连蕊茶	*C. cuspidata*	83	冬青叶山茶	*C. ilicifolia*
52	浙江尖连蕊茶	*C. cuspidata* var. *chekiangensis*	84	凹脉金花茶	*C. impressinervis*
53	大花尖连蕊茶	*C. cuspidata* var. *grandiflora*	85	中越山茶	*C. indochinensis*
54	丹寨秃茶	*C. danzaiensis*	86	全缘糙果茶	*C. integerrima*
55	德宏茶	*C. dehungensis*	87	山茶	*C. japonica*
56	秃梗连蕊茶	*C. dubia*	88	缙云山茶	*C. jingyunshanica*
57	无齿毛蕊茶	*C. edentata*	89	金沙江红山茶	*C. jinshajiangica*
58	尖萼红山茶	*C. edithae*	90	九嶷山连蕊茶	*C. jiuyishanica*
59	长管连蕊茶	*C. elongata*	91	落瓣短柱茶	*C. kissi*
60	显脉金花茶	*C. euphlebia*	92	广南茶	*C. kwangnanica*
61	柃叶连蕊茶	*C. euryoides*	93	广西茶	*C. kwangsiensis*
62	簇蕊金花茶	*C. fascicularis*	94	广东秃茶	*C. kwangtungensis*
63	防城茶	*C. fengchengensis*	95	贵州红山茶	*C. kweichouensis*
64	淡黄金花茶	*C. flavida*	96	狭叶油茶	*C. lanceoleosa*
65	窄叶短柱茶	*C. fluviatilis*	97	披针萼连蕊茶	*C. lancicalyx*
66	蒙自连蕊茶	*C. forrestii*	98	披针叶连蕊茶	*C. lancilimba*
67	毛柄连蕊茶	*C. fraterna*	99	绵管红山茶	*C. lanosituba*
68	糙果茶	*C. furfuracea*	100	石果红山茶	*C. lapidea*

（续）

编号	物种	拉丁文	编号	物种	拉丁文
101	阔柄糙果茶	*C. latipetiolata*	133	细叶短柱茶	*C. microphylla*
102	四川毛蕊茶	*C. lawii*	134	微花连蕊茶	*C. minutiflora*
103	膜叶茶	*C. leptophylla*	135	莽山红山茶	*C. mongshanica*
104	乐业瘤果茶	*C. leyeensis*	136	多苞糙果茶	*C. multibracteata*
105	离蕊红山茶	*C. liberistamina*	137	多萼茶	*C. multisepala*
106	散柱茶	*C. liberistyla*	138	瘤叶短蕊茶	*C. muricatula*
107	肖散柱茶	*C. liberistyloides*	139	南川茶	*C. nanchuanica*
108	连山红山茶	*C. lienshanensis*	140	狭叶瘤果茶	*C. neriifolia*
109	柠檬金花茶	*C. limonia*	141	金花茶	*C. nitidissima*
110	黎平瘤果茶	*C. lipingensis*	142	能高连蕊茶	*C. nokoensis*
111	荔波连蕊茶	*C. lipoensis*	143	扁糙果茶	*C. oblata*
112	长萼连蕊茶	*C. longicalyx*	144	倒卵瘤果茶	*C. obovatifolia*
113	长果连蕊茶	*C. longicarpa*	145	钝叶短柱茶	*C. obtusifolia*
114	长尾红山茶	*C. longicaudata*	146	油茶	*C. oleifera*
115	长凸连蕊茶	*C. longicuspis*	147	寡脉红山茶	*C. oligophlebia*
116	长蕊红山茶	*C. longigyna*	148	峨眉红山茶	*C. omeiensis*
117	长柄山茶	*C. longipetiolata*	149	卵果红山茶	*C. oviformis*
118	超长柄茶	*C. longissima*	150	厚短蕊茶	*C. pachyandra*
119	长管红山茶	*C. longituba*	151	肖糙果茶	*C. parafurfuracea*
120	闪光红山茶	*C. lucidissima*	152	小长尾连蕊茶	*C. parvicaudata*
121	龙胜红山茶	*C. lungshenensis*	153	细尖连蕊茶	*C. parvicuspidata*
122	龙州金花茶	*C. lungzhouensis*	154	细花短蕊茶	*C. parviflora*
123	小黄花茶	*C. luteoflora*	155	小石果连蕊茶	*C. parvilapidea*
124	大萼连蕊茶	*C. macrosepala*	156	细叶连蕊茶	*C. parvilimba*
125	大花红山茶	*C. magniflora*	157	小瘤果茶	*C. parvimuricata*
126	大果红山茶	*C. magnocarpa*	158	小卵叶连蕊茶	*C. parviovata*
127	毛蕊红山茶	*C. mairei*	159	小瓣金花茶	*C. parvipetala*
128	马关茶	*C. makuanica*	160	细萼茶	*C. parvisepala*
129	楔花短柱茶	*C. maliflora*	161	拟细萼茶	*C. parvisepaloides*
130	广东毛蕊茶	*C. melliana*	162	寡瓣红山茶	*C. paucipetala*
131	膜叶连蕊茶	*C. membranacea*	163	腺叶离蕊茶	*C. paucipunctata*
132	小花金花茶	*C. micrantha*	164	五数离蕊茶	*C. pentamera*

（续）

编号	物种	拉丁文	编号	物种	拉丁文
165	五瓣红山茶	*C. pentapetala*	197	七瓣连蕊茶	*C. septempetala*
166	五柱茶	*C. pentastyla*	198	粗毛红山茶	*C. setiperulata*
167	超尖连蕊茶	*C. percuspidata*	199	陕西短柱茶	*C. shensiensis*
168	褐枝短柱茶	*C. phaeoclada*	200	茶	*C. sinensis*
169	栓壳红山茶	*C. phellocapsa*	201	斑枝红山茶	*C. stictoclada*
170	栓皮红山茶	*C. phelloderma*	202	五室连蕊茶	*C. stuartiana*
171	毛籽离蕊茶	*C. pilosperma*	203	肖长尖连蕊茶	*C. subacutissima*
172	平果金花茶	*C. pinggaoensis*	204	半秃连蕊茶	*C. subglabra*
173	西南红山茶	*C. pitardii*	205	全缘红山茶	*C. subintegra*
174	多齿红山茶	*C. polyodonta*	206	半宿萼茶	*C. szechuanensis*
175	多瓣糙果茶	*C. polypetala*	207	思茅短蕊茶	*C. szemaoensis*
176	毛叶茶	*C. ptilophylla*	208	大厂茶	*C. tachangensis*
177	汝城毛叶茶	*C. pubescens*	209	大理茶	*C. taliensis*
178	毛糙果茶	*C. pubifurfuracea*	210	大姚短柱茶	*C. tenii*
179	毛瓣金花茶	*C. pubipetala*	211	薄壳红山茶	*C. tenuivalvis*
180	斑枝毛蕊茶	*C. punctata*	212	阿里山连蕊茶	*C. ransarisanensis*
181	粉红短柱茶	*C. puniceiflora*	213	南投秃连蕊茶	*C. transnokoensis*
182	紫果茶	*C. purpurea*	214	三花连蕊茶	*C. triantha*
183	疏齿茶	*C. remotiserrata*	215	毛丝连蕊茶	*C. trichandra*
184	滇山茶	*C. reticulata*	216	毛果山茶	*C. trichocarpa*
185	皱果茶	*C. rhytidocarpa*	217	毛枝连蕊茶	*C. trichoclada*
186	皱叶瘤果茶	*C. rhytidophylla*	218	毛籽红山茶	*C. trichosperma*
187	玫瑰连蕊茶	*C. rosaeflora*	219	棱果毛蕊茶	*C. trigonocarpa*
188	川萼连蕊茶	*C. rosthorniana*	220	截叶连蕊茶	*C. truncata*
189	圆基茶	*C. rotundata*	221	云南连蕊茶	*C. tsaii*
190	荔波红瘤果茶	*C. rubimuricata*	222	金屏连蕊茶	*C. tsingpienensis*
191	厚壳红瘤果茶	*C. rubituberculata*	223	细萼连蕊茶	*C. tsofui*
192	柳叶毛蕊茶	*C. salicifolia*	224	瘤果茶	*C. tuberculata*
193	怒江红山茶	*C. saluenensis*	225	东安红山茶	*C. tunganica*
194	茶梅	*C. sasanqua*	226	东兴金花茶	*C. tunghinensis*
195	膜萼离蕊茶	*C. scariosisepala*	227	单体红山茶	*C. uraku*
196	南山茶	*C. semiserrata*	228	越南油茶	*C. vietnamensis*

（续）

编号	物种	拉丁文	编号	物种	拉丁文
229	小果毛蕊茶	*C. villicarpa*	234	黄花短蕊茶	*C. xanthochroma*
230	长毛红山茶	*C. villosa*	235	木果红山茶	*C. xylocarpa*
231	绿萼连蕊茶	*C. viridicalyx*	236	元江短蕊茶	*C. yankiangensis*
232	滇缅离蕊茶	*C. wardii*	237	攸县油茶	*C. yuhsienensis*
233	文山毛蕊茶	*C. wenshanensis*	238	五柱滇山茶	*C. yunnanensis*

山茶属中的油茶组 (Sect. *Oleifera*)、短柱茶组 (Sect. *Paracamellia*)、红山茶组 (Sect. *Camellia*)、糙果茶组 (Sect. *Furfuracea*)、原始山茶组 (Sect. *Protocamellia*) 中的全部物种都可以作为食用油资源。还有一些山茶组中的物种也具有作为油用资源开发利用的价值，比如，金花茶组 (Sect. *Chrysantha*)、瘤果茶组 (Sect. *Tuberculata*)、古茶组 (Sect. *Archecamellia*) 中的物种，但是这些资源可否直接作为油用，尚需要进行深入研究。另外连蕊茶组 (Sect. *Theopsis*)、毛蕊茶组 (Sect. *Eriandria*) 中的物种其油分不可直接食用，要经过深加工或者作为能源树种加以利用。以下分三大部分介绍山茶属中的可用油茶资源。

一、可以直接作为食用油利用的物种资源

众所周知，油茶 (*C. oleifera*) 在我国栽培面积最大，历史最高纪录是 5000 多万亩，其性状不再赘述。除此之外，还有许多山茶物种作为食用油资源已经被广泛栽培。这里主要挑选一些产油量高、油质高、具有开发利用潜力的物种介绍。

（一）油茶组中的主要物种

油茶组 (Sect. *Oleifera*) 共有 5 个物种，全部都可以油用。这里仅挑选 2 个加以介绍。

1. 高州油茶 (*C. gauchowensis* Chang)

油质优，是重要的食用油物种；开花稠密、芳香，树体高大，是优良园林树种之一；果实大，是培育大果实油茶新品种的优良杂交亲本。主要分布在广东西南部高州至茂名一带，广西西南部与广东接壤部分也有分布。

2. 越南油茶 (*C. vietnamensis* Huang)

食用油用，是园林观赏树种，也是培育大果实杂交种的优良亲本材料。主要分布于广东南部、海南省、广西靠近越南边界各县以及越南和老挝等地。应该注意的是，本种只能在广东、广西、福建南部栽培才能产果，在华东、华中一带只开花，不结果。

（二）短柱茶组中的主要物种

短柱茶组 (Sect. *Paracamellia*) 16 个物种全部都可以油用。这里仅挑选 9 个加以介绍。

1. 小果油茶 (*C. meiocarpa* Hu)

果径小、果皮薄、含油率高、高产是该物种的特点，但是采摘费工。因此，改良和选优是必要的。生产上已经涌现了不少高产果大的农家品种，但是要从根本上解决问题，就必须进行种间杂交。以该物种为杂交亲本，与大果实的普通油茶 (*C. oleifera*) 优良品种进行杂交，其后代很可能含有该物种的优良基因而获得丰产。该物种主要分布于江西宜春、赣州、南康、萍乡，湖南浏阳，福建南平等地，另外，浙江、广西亦有栽培。群体遗传学研究表明，小果油茶和普通油茶自然状态下存在频繁基因交流。

2. 攸县油茶 (*C. yuhsienensis* Hu)

果皮薄，含油率高，是山茶属中具发展潜力的油用物种之一；花白色，芳香，花朵稠密，亦是优良园林树种；作为育种材料，可以利用其果皮薄的性状与其他大果类山茶进行杂交，培育新

一代大果、薄皮、含油量高的新品种。湖南攸县、安仁、桂阳、郴州、衡阳、湘潭，江西黎川，湖北恩施、来风、宜昌，广东乐昌，陕西汉中和安康，贵州赤水等地的山地或低丘均有自然分布。

3. 南荣油茶 (*C. nanyongensis* Hu)

种子可榨油用，油质有待分析；开花稠密，株型美观，可作园林树种；可以与油茶组或短柱茶组中的物种进行杂交，以培育出更好的杂交种。分布于广西韶平南荣乡一带。

4. 威宁短柱茶 (*C. weiningensis* Li *ex* Chang)

果皮薄，出籽率高，耐瘠薄，抗逆性强，经过优选和改良，不失为优良的油用山茶物种；花色多样，开花稠密，植株矮性、紧凑，可作园林之用；可作杂交亲本，将其果皮薄和高抗逆性基因转移到杂交种上，培育更优秀的新品种。主要分布于贵州省的西部威宁到六盘水一带。

5. 短柱茶 [*C. brevistyla* (Hay) Cohen Stuart]

种子含油率高，适应性强，集约栽培，可以高产；可以作为杂交亲本与本组内大果的种类进行杂交，获得高产优质的杂交新品种。我国南方各省（自治区、直辖市）均有分布。

6. 红花短柱茶 (*C. brevistyla* form. *rudida* P. L. Chiu)

除了油用之外，稠密的红色小花使其在园林界观花经济中的应用成为可能；果皮薄，是培育薄皮类杂交种不可多得的亲本。分布于浙江省龙泉、泰顺一带的山区。

7. 粉红短柱茶 (*C. puniceiflora* Chang)

别名为泰顺粉红油茶 (C. *taishunensis* Hu)，含油率高，抗炭疽病比其他油茶要强，是良好的油用物种；也可以作为杂交亲本材料，与本组内其他物种重组优良基因，培育高产油茶新品种。浙江的天目山、龙泉市、云河县、泰顺县一带均有分布。

8. 窄叶短柱茶 (*C. fluviatilis* Handel-Mazzetti)

叶片小，狭长形，果实小，皮薄，耐瘠薄，抗性强，这些特性奠定了该物种作为杂交亲本材料的可用性。主要分布在广东、广西、海南等省（自治区、直辖市）。

9. 陕西短柱茶 (*C. shensiensis* Chang)

果皮极薄，叶片小，植株紧凑，开花稠密且芳香。基于这些特性，如果作为油用山茶就要进行改良，通过杂交途径，改小果为大果。本种作为观赏植物早已被世界各国广泛应用，并培育出了重瓣、白色、芳香的珍珠茶品种，颇受青睐。分布在陕西汉中和安康地区，湖北恩施地区以及重庆北碚缙云山。

（三）红山茶组中的主要物种

红山茶组 (Sect. *Camellia*) 共有 60 多个物种，全部都可以油用。这里仅挑选 15 个加以介绍。

1. 浙江红山茶 (*C. chekiangoleosa* Hu)

别名为浙江红花油茶，其果实大，含油量高，油质好，适应性强，在高海拔和低海拔地区均能生长，但结果要在 600m 海拔以上表现良好；花大、花红色，树皮灰白色，极具观赏性，是优秀的园林树种；因为果皮太厚，需要改良，作为杂交亲本，可与本组内果皮薄、含油量高的物种进行杂交，以期得到新品种。分布于浙江省温州、丽水、台州、金华、衢州等地区，江西和湖南东部、福建北部、湖北的西南部以及安徽的东南部也有分布。

2. 多齿红山茶 (*C. polyodonta* How ex Hu)

别名宛田红花油茶，该物种内的类型较多，要选择高产薄皮的类型用于油茶生产；花朵稠密，植株圆整，是良好的环境美化树种；可以作为杂交亲本，与本组内的其他物种进行种间杂交，创制油用高产新品种。分布于广西的西北部，宛田一带。实践已经证明，本种可以在华东一带开花结实。

3. 南山茶 (*C. semiserrata* Chi)

别名广宁红花油茶，果大，种子大，但是皮厚，出籽率比普通油茶要低得多。因此，该物种要选优，要通过杂交培育新品种。本种花色鲜艳，花型漂亮，叶片大，树体高大、美观，是优良的美化环境的树种。主要分布在广东西南部的广宁、

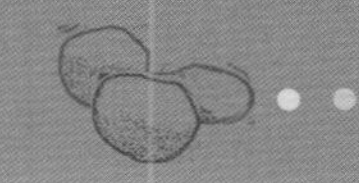

清远、德庆、信宜一带以及广西的东南部。应该提及的是，本种可以在华东一带开花结实，但是，在冬季极端低温的年份，产量将大幅度降低。

4. 滇山茶 (*C. reticulata* Lindl.)

别名腾冲红花油茶，果实大，油质好，但是果皮较厚。因此，通过选优和杂交，可以改良品种，大幅度提高产油量。本物种是颇受国内外茶花界关注的观赏树种，有数百个滇山茶品种在美化着人们的生活。分布于云南的大理、楚雄和保山地区，其中腾冲县野生分布最多。应该指出，由于气候原因，滇山茶在华东一带表现炭疽病严重，开花逐年退化而导致无产量。因此，华东一带引种该物种要倍加小心。

5. 全缘红山茶 (*C. subintegra* Huang ex Chang)

别名明月山红花油茶，种子含油率高，果皮较厚，抗寒性强，但是在低海拔环境下抗热性较差，这说明该物种需要通过杂交进行改良和选优才能提高产油量。本物种叶缘平滑无齿，花色鲜艳、花朵稠密，在环境美化中，颇受欢迎。分布在江西西部和湖南南部。

6. 大花红山茶 (*C. magniflora* Chang)

这是一个果皮厚但含油率高的物种。通过选育和定向杂交育种，一定会有产油量大幅提高的空间。分布于湖南西部的叙浦、辰溪、怀化一带。

7. 厚叶红山茶 (*C. crassissima* Chang et Shi)

该物种干仁含油率极高，如果通过选育和杂交育种，新一代品种将会成为我国油茶产业的后起之秀。分布在江西省西部与湖南茶陵县接壤的宁冈县和莲花县。

8. 西南红山茶 (*C. pitardii* Coh.St)

该物种分布范围大，种植资源极为丰富，类型也很多。人工选育和杂交育种一定能培育出高产优质的好品种。分布在四川、重庆、湖南、广西、云南和贵州。

9. 山茶 (*C. japonica* L.)

该物种在日本已广泛用于食用油和化妆品，是世界公认的优质山茶油资源。其种内有很多高产和观赏性很高的类型，无论油用还是观赏，都有很可观的开发利用价值。分布于我国东部沿海，比如，浙江的象山、奉化，山东的青岛。另外，日本也有大面积分布。

10. 栓壳红山茶 (*C. phellocapsa* Chang et B. K. Lee)

果大，出籽率和含油率等指标均不错，选育良种后可以作为油料树种大力发展。人们往往需要果大皮薄的油茶，因此，以该物种作为杂交亲本，与红山茶组中的其他薄皮的物种进行杂交，获得更理想的杂交种是必要的。主要分布在湖南东南部的茶陵县与江西莲花县、井冈山接壤的区域。

11. 寡瓣红山茶 (*C. paucipetala* Chang)

果实小，产果量不高，因此要大规模发展，需要选优和改良。另外，该物种也是培育耐寒品种的好亲本材料。在贵州毕节、赫章一带有大面积的自然分布。

12. 隐脉红山茶 (*C. cryptoneura* Chang)

该物种结果量不大，作为油用山茶，必须要经过改良，但是其花色漂亮，开花稠密，叶片大且光亮，可以作为观赏树种加以栽培。分布在广西北部、湖南西南部和贵州北部一带的深山区。

13. 金沙江红山茶 (*C. jinshajiangica* Chang et S. L. Lee)

该物种耐瘠薄、抗寒、抗病，同时也具有一定的产果量，不仅是培育高产油茶新品种的优良杂交亲本材料，也是优良的园林绿化树种。分布于金沙江流域，特别是四川攀枝花一带。

14. 薄壳红山茶 (*C. tenuivalvis* Chang)

本物种自然分布于高海拔地区四川会理龙肘山一带海拔 2000m 以上。常可看到积雪下盛开鲜花，证明其抗寒性是无可置疑的。该物种果皮极薄，类似于攸县油茶 (C. *yuhsienensis*)。这些宝贵性状使其对于今后创制薄皮或者抗寒新品种是不可多得的杂交亲本材料。

15. 杜鹃红山茶 (*C. azalea* Wei)

别名张氏红山茶 (*C. changii* Ye)，果实小，皮薄，四季开花，四季产果，但以冬、春、秋三个季节产果量较大。作为油用植物，目前尚无开发价值，然而，通过与其他山茶物种的杂交，可以期望获得大果实的反季节开花、反季节采果的新一代油用新品种。目前，有单位已经获得了南山茶 (*C. semiserrata*) × 杜鹃红山茶的 F_1 代杂交种。作为观赏植物，该物种在广东、广西、福建等省（自治区、直辖市）已经产业化发展了。分布于广东省阳春一带。

（四）糙果茶组中的主要物种

糙果茶组 (Sect. *Furfuracea*) 共有 14 个左右的物种，全部都可以油用。这里仅挑选 3 个加以介绍。

1. 博白大果油茶 (*C. gigantocarpa* Hu)

本物种果大、皮厚，但是果皮太厚，出籽率不高，改良途径就是与其他薄果皮的山茶物种杂交，创制新品种。该物种花朵大，稠密，芳香，树体高大，是良好的园林树种。主要分布在广西东南部的博白县境内。应该指出，本物种耐寒性较差，在通常的年份，可以在华东一带安全越冬和少量结果，但是冬季气温低于 -8℃的情况下，有可能会被冻死。本种在浙江富阳 31 种具有小量结果能力。

2. 茶梨油茶 (*C. octopetala* Hu)

该物种的优点是果大、抗寒性强，缺点是果皮厚，坐果量不高。实践证明，该物种的自然群体中也有果皮薄的类型，通过选育，可以获得较好的品种。通过与其他山茶物种的杂交，也可以获得理想的子代。分布于浙江省的东南部和福建省的西部。

3. 红皮糙果茶 (*C. crapnelliana* Tutcher)

与博白大果油茶相似，只是树皮砖红色。作为油用树种，需要选优和开展种间杂交育种。要提高其抗寒性，就要选择抗寒的物种，比如，茶梨油茶与之杂交。由于树体高大，花多稠密且具芳香，在园林上颇受欢迎。分布于广东封开县一带以及香港。

（五）原始山茶组中的主要物种

原始山茶组 (Sect. *Protocamellia*) 共有 5 个物种，全部都可以油用。这里仅挑选 1 个加以介绍。

大苞山茶 (*C. granthamiana* Sealy)

果实大，果皮厚，但种籽大，且量多，作为油料树种，在广东、广西、福建南部、海南岛等地可以栽培；作为观赏树种，也可以在该区域范围内用于环境美化。毫无疑问，该种质资源亦是宝贵的育种材料。主要分布于香港和广东的陆丰、海丰、封开、高州、茂名等地。

二、作为食用油植物资源有待深入研究的山茶物种

以下这些物种油分含量高，产果量大，但是很少有人采摘果实，取种子榨油作为食用油。需要科学家做深入研究，确定它们的利用价值。

（一）金花茶组中的物种

金花茶组 (Sect. *Chrysantha*) 共有 40 多个物种。这里只挑选 3 个加以介绍。

1. 金花茶 (*C. nitidissima* Chi)

金花茶油用于化妆品在国外已有商品出售，烘干加工后的金花茶花朵用于保健品已被市场认可，不菲的价格推动了金花茶产业的发展。另外，被誉为“茶族皇后”的金花茶也是世界驰名花卉之一。主要分布于广西南部以及越南北部。

2. 凹脉金花茶 (*C. impressinervis* Chang et S. Y. Liang)

种子可以榨油，但是油分需要进一步研究；黄色花朵、凹凸的叶面增加了观赏性，成为园林上喜用的林下开花树种；另外，其花朵同样可以深加工成保健品。分布在广西南部龙州县一带的石灰岩山地的常绿林中。

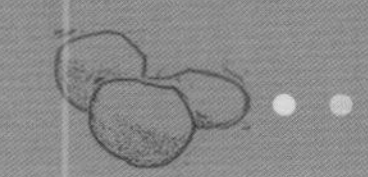

3. 崇左金花茶 (*C. chuangtsuoensis* Liang et Huang)

四季开花，四季结果，是反季节山茶育种的宝贵杂交亲本材料；花朵金黄色，叶片小，抗性强，可用于园林美化。主要分布于广西崇左的局部石灰岩低山地区。

（二）瘤果茶组中的物种

瘤果茶组 (Sect. *Tuberculata*) 共有 15 个物种。这里只挑选 3 个加以介绍。

1. 瘤果茶 (*C. Tuberculata* Chien)

果实荔枝状，表面凹凸不平，产果量大，但是其油分可否食用尚需研究。该物种与红山茶组中的物种具有杂交亲和力，因此，作为杂交亲本材料在创制新品种中将发挥作用。贵州西北部有集中连片分布，湖南西南部、四川东部和广西东北部也有零星分布。

2. 皱果茶 (*C. rhytidocarpa* Chang)

果皮皱褶，油分可食用性有待研究。可以开展与红山茶组中的物种之间的杂交工作，以期获得突破性的新品种。分布于广西东北部、贵州赤水地区、四川宜宾及湖南的西南部。

3. 厚壳红瘤果茶 (*C. rubituberculata* Chang)

油分和可食性有待进一步研究。花红色，果似荔枝果实，可作观赏树种。该物种与红山茶组中的物种之间的杂交已经成功，证明可以进行种间杂交，为今后创制新品种带来了希望。主要分布在贵州西南部的晴隆、兴仁、望漠一带。

（三）古茶组中的物种

古茶组 (Sect. *Archecamellia*) 共有 3 个物种。这里只挑选 1 个加以介绍。

越南抱茎茶 [(*C. amplexicaulis* (Pitard) Coh. St.)]

本种虽然不是我国原产，但是它 2000 年后已经被引入我国，并成功规模化栽培。该物种坐果累累，出籽率较高，其油分可否食用，有待深入研究。另外，本种花色鲜艳、开花稠密，叶片大，树体高大，可以作为观赏树种利用。已经证明，该物种与糙果茶组、红山茶组中的大部分物种具有较强的杂交亲和力，因此，它是极其宝贵的杂交亲本材料。分布在越南北部与云南河口接壤的地区。

三、可以作为能源树种利用的山茶物种资源

山茶属中的连蕊茶组（Sect. *Theopsis*）、毛蕊茶组（Sect. *Eriandria*）、长柄山茶组（Sect. *Longipedicellata*）、半宿萼茶组（Sect. *Pseudocamellia*）中的物种富含油，通过加工技术可以加工为食用植物油。连蕊茶组共有 50 多个物种，这里仅以该组为例，介绍 3 个物种。

1. 岳麓连蕊茶 (C. *handelii* Sealy)

种子油分可以作为能源或者在工业、医疗、美容方面加以利用，但要做深入研究。花小、稠密、芳香，枝条稠密，可作园林树种。分布在湖南、贵州、江西等地。

2. 毛花连蕊茶 (C. *fraterna* Hance)

种子油分可以作为能源或者在工业、医疗、美容方面加以利用。花小、稠密、芳香，植株紧凑。抗性强，可作园林树种，江浙一带常用该物种作砧木繁殖茶花。安徽、福建、江苏、江西、浙江等地均有分布。

3. 微花连蕊茶 (C. *minutiflora* Chang)

种子油分可以作为能源或者在工业、医疗、美容方面加以利用。花小、稠密、芳香，枝条披垂，叶片窄长、光亮，在园林工程中装点色块或营建花篱可大放异彩。主要分布于江西、广东以及香港，通常生长在林下或沟壑。

第二节 我国油茶的分布特点

油茶 (*Camellia* spp.) 属于山茶科山茶属，在生产上通常指山茶属中种子含油率较高、有栽培应用价值的一组物种的总称。其中该属中的普通油茶 (*Camellia oleifera*) 是分布最广、栽培面积最大的物种。该物种为灌木或中乔木。嫩枝有粗毛。叶革质，椭圆形、长圆形或倒卵形，先端尖而有钝头，有时渐尖或钝，基部楔形，长 5 ~ 7cm，宽 2 ~ 4cm，有时较长，上面深绿色，发亮，中脉有粗毛或柔毛，下面浅绿色，无毛或中脉有长毛，侧脉在上面能见，在下面不很明显，边缘有细锯齿，有时具钝齿，叶柄长 4 ~ 8mm，有粗毛。花顶生，近于无柄，苞片与萼片约 10 片，由外向内逐渐增大，阔卵形，长 3 ~ 12mm，背面有贴紧柔毛或绢毛，花后脱落，花瓣白色，5 ~ 7 片，倒卵形，长 2.5 ~ 3.0cm，宽 1 ~ 2cm，有时较短或更长，先端凹入或 2 裂，基部狭窄，近于离生，背面有丝毛，至少在最外侧的有丝毛；雄蕊长 1.0 ~ 1.5cm，外侧雄蕊仅基部略连生，偶有花丝管长达 7mm 的，无毛，花药黄色，背部着生；子房有黄长毛，3 ~ 5 室，花柱长约 1cm，无毛，先端不同程度 3 裂。蒴果球形或卵圆形，直径 2 ~ 4cm，3 室或 1 室，3 爿或 2 爿裂开，每室有种子 1 粒或 2 粒，果爿厚 3 ~ 5mm，木质，中轴粗厚；苞片及萼片脱落后留下的果柄长 3 ~ 5mm，粗大，有环状短节。花期冬春间。其他油用物种除了具有该属共性性状外，在植株株型、营养体性状、开花结实性状及果实与内含物均有很大差异，种间和种内变异极为丰富。

以普通油茶为代表的油茶是我国特有的木本食用油料树种，有 2300 多年的栽培和利用历史，与油橄榄、油棕、椰子并称为世界四大木本油料植物，与乌桕、油桐和核桃并称为我国四大木本油料植物。油茶适生于低山丘陵地带，在世界上分布不广，我国为其自然分布中心地区，不同物种在不同的地理环境及生境条件下趋异分布。油茶分布区的北界在淮河—秦岭一线；南界大致在北回归线附近；东界为东南海岸和台湾；西界是云南的怒江流域和青藏高原的东缘。垂直分布在东部地区一般在海拔 800m 以下，西部地区可达海拔 2000m。

一、油茶的水平分布

油茶分布范围，包括亚热带的南、中、北三个地带（庄瑞林等，2012）。自然条件差异很大，平均气温为 14 ~ 21℃，降水量为 800 ~ 2000mm，无霜期 200 ~ 360d。在这个范围内，一般都能生长，开花结果，但产量高低有所不同。降雨的季节分配愈向内陆季节差异愈大，西部气温较低，降水量偏少，干湿季节交替明显。气温年较差从南向北加大，从沿海向内陆增加。地理环境对气温年变幅、降雨多少和分配的作用非常明显。因此，油茶的分布常常受到气候、立地条件和油茶本身的生物学特性等因子的制约。油茶分布的北带边缘，由于气温低，冬季低温在 -3℃左右的天数较长，花期日均温在 12℃以下，果实生长期降雨少，所以开花结果较差。油茶分布北带的西部，如四川有些地方，由于光照不足和温度偏低的关系，普通油茶虽能生长，但有些地区开花结果有时受气候影响较大。油茶分布南带西部，由于气温高、湿度大，普通油茶生长和结果都受到一定的影响，成为越南油茶等耐热物种的主要发展地区。油茶分布的中部为普通油茶的中心产区，但由于东部、中部和西部在地形、地貌和气候条件差异较大，因此，生产力有所不同。一般在低纬度、中海拔的山地丘陵土层深厚的地方，产量较高，增产潜力大。

油茶林自然分布区内的地形，多为低山丘陵，亦有部分中山和高山；土壤为酸性红壤和黄壤，油茶在中性土壤中生长不良，这主要是因为树液

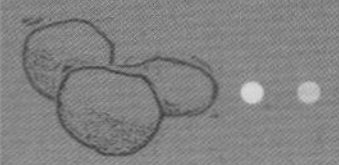

缓冲力在pH值为5时最好。油茶的植被属于亚热带针阔混交林，植物种类丰富。

我国有一定栽培面积和栽培历史的油茶物种有：普通油茶、小果油茶、越南油茶、攸县油茶、浙江红花油茶、广宁红花油茶、腾冲红花油茶、宛田红花油茶、茶梨、博白大果油茶、白花南山茶、南荣油茶和苍梧红花油茶等20多个种。其中，普通油茶面积最大，小果油茶次之，许多物种只是局部区域分布。

普通油茶是分布面积最广、栽培历史最久、占油茶总产量最多的一个宽生态幅物种。分布于北纬18°28' ~ 34°34'，东经100°0' ~ 122°0'的广阔范围内，东起浙江舟山、台湾、江苏连云港市的云台山；西至云南丽江、大理、元江，甘肃的文县、武都；南至福建的福州，广东，海南，广西的宁明、合浦；北至陕西秦岭南坡的洛南、镇安，湖北的郧西、均县，河南的平顶山、固始的广大地区。南北跨16个纬度，东西横过22个经度，包括福建、广东、广西、云南、贵州、台湾、浙江、江苏、江西、湖南、湖北、四川、重庆、海南、甘肃、陕西、河南和安徽18个省（自治区、直辖市）1100多个县，其中油茶林面积在10万亩以上的基地县有153个，约占全国总面积的70%，总产的85%以上，是我国油茶生产的商品基地。现在栽培面积和范围仍在不断扩大。

其他物种中，小果油茶，又名江西子，主要分布在江西宜春和福建、广西，栽培面积仅次于普通油茶。越南油茶，又名大果油茶，主要分布在广东高州县、广西南部、云南西南部，分布区与越南接壤，栽培面积占第三位。攸县油茶，又名野茶子，呈零星分布，主要分布在陕西南部、湖南攸县、浙江富阳等地。浙江红花油茶，主要分布在浙江、江西、福建及安徽、湖南等省，如浙江青田、缙云、磐安、遂昌，江西德兴、婺源，福建霞浦等地，油质好，花可入药，是优良的景观和庭园绿化品种，宜在高海拔地区推广。腾冲红花油茶主要集中分布在云南省腾冲县及周边地区，同时也是食用油生产和观赏功能俱佳的优良物种。茶梨油茶，又名八瓣油茶，主要分布在浙江龙泉、江西龙南。博白大果油茶，又名赤柏子，不宜在中亚热带栽种。白花南山茶，主要分布在广东封开、广西苍梧。南荣油茶，主要分布在广西韶平。邹果油茶，主要分布在广西龙胜、湖南永顺等地。威宁短柱油茶，主要分布在贵州威宁等地。

二、油茶的垂直分布

油茶不但水平分布广，而且垂直分布的变化也很大，随着海拔的升高、气候的变化和不同的土壤层及植被出现了一定分布规律。

油茶垂直分布上限和下限由东向西逐渐增高，东部地区一般在海拔200 ~ 600m低山丘陵，但亦有达1000m左右的山区，如浙江宁海望海岗海拔970m，安徽黄山云谷寺海拔为900m；中部地区大部分在800m以下，个别地方达1000m以上，如浙江庆元林口乡海拔1400m，湖南雪峰山为1050m；西部云南的广南海拔1250m，昆明为1860m，贵州毕节为2000m，云南永仁为2200m。尽管由于各种条件，油茶垂直分布高度各地互有差异，但由东向西，上限和下限逐渐增高的趋势是很明显的。

油茶垂直分布的这种经向变化与我国整个地貌由东向西越来越高的变化是一致的；云贵高原油茶垂直分布的上限和下限是最高的。从气候上说，这种经向变化与温度的变化有关，在纬度相同的情况下，虽然由于西高东低，西部年平均气温低于东部，但这样由东向西随海拔升高气温降低的程度却不如同一地区随海拔升高气温降低的那样明显，一般每升高100m，气温的垂直递减率为0.4 ~ 0.6℃，有的甚至是0.5 ~ 1.0℃。而空气湿度一般随海拔高度增加而上升，土壤湿度随海拔高度增加而下降，风速增大，光照增强。由于气温随海拔增高而下降，使油茶物候期推迟几天。因此，造成不同海拔高度的油茶生长和结实产生差异，一般低海拔地区油茶的产量普遍是较高的，而高海拔地区油茶的产量则有高有低，这是在不同海拔高度上温度、湿度和光照对油茶生长和结实综合影响的结果。从逐步回归因子方差贡献分析看出，在高海拔地区，偏西地带产量低，偏东地带产量高，这证明了经度对油茶产量的影响，这一结论与实践经验是基本上一致的。同时，还可以看出以下特点。

第一、油茶的垂直分布在低纬度地区比高纬度地区分布的上限和下限要高，北部一般在600m以下，最高为850m；南部一般在200 ~ 800m，最高达2200m左右。

第二、在峰峦相接的山区、丘陵和盆地间地区分布的高限大于在孤山的。

第三、在高山丘陵，一般南坡分布上限高于北坡。一般南坡、东坡和东南坡是最适合油茶生长的条件，其中尤以东坡为最佳立地条件，有利于油茶生长发育、开花结果和油脂的形成转化。因此，这些地方的油茶产量高。

第四、油茶的产量随海拔高度的增加而下降，一般在海拔 300m 左右范围内，油茶产量可以发挥最大增产潜力。从 400m 开始，随海拔高度的逐渐上升，油茶产量不断下降。同时，油茶产量随着坡度的增加而下降，一般低海拔山顶和高海拔的山坡上部结果较多，中海拔结实量较低。海拔高度相同，山顶生长的油茶较山腰和山麓生长的矮小，但结实量山顶高于山腰，山腰高于山麓，这主要是不同海拔高度的小气候上差异影响的结果。

第五、果实性状在不同地形和海拔上存在一定的差异。一般丘陵果实大，出籽率高；山地丘陵果实大小和平均出籽率比丘陵区为低，而山区含油量较山地丘陵为高。单果平均重、单果子量、出籽率、出仁率从低海拔到中海拔相应地有所降低。

此外，还应指出，油茶垂直分布幅度（上下限之差）大多数在 400 ~ 800m，在分布区的西南部（如云南、贵州）可在 1000m 以上，但分布并不连续，那里多数油茶林分布在海拔 1000 ~ 1500m，其他地区的分布幅度在 400 ~ 600m。

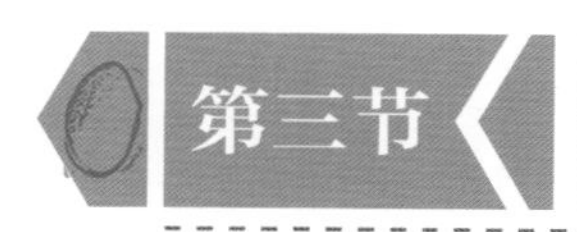

第三节 油茶果实性状

一、表型性状

1. 果实大小

陈丽等（2012）对贵州主要的 12 种油茶品种果实经济性状进行了研究。结果表明：果实分为小果型、普通型和大果型，果实大小差异较大。果实质量种间变化幅度较大，最大值为 315.25g（广宁红花油茶），最小值仅 2.77g（广西南荣）。籽质量变化幅度也较大，最大值为 49.02g（广西柏白大果茶），最小值为 1.51g（广西南荣）。果实质量和籽质量变化幅度大也导致果高、果径、心室数和籽数变化幅度较大，原因主要是油茶品种分为小果型、普通型和大果型。果形指数反映果实性状，其变化幅度不大，最大值为 1.304g（广西南荣），最小值为 0.844g（德化红花茶）。各品种中，广西博白大果的各项经济性状变异系数均较低，说明其果实差异性最小，果实产量稳定，属稳产品种；德化红花油茶果实各项经济性状变异系数均较高，表明其经济性状和产量均不稳定（表 2–3）。

2. 果形

油茶生产的最终目的是获取油茶籽油，其果实品质直接决定着油茶籽油的质量，而果实形态

表 2–3　12 个油茶品种果实的主要经济性状均值及变异系数（陈丽等，2012）

样品	果质量（g）	籽质量（g）	果高（mm）	果径（mm）	心室数(个)	籽数（粒）	果形指数
黎平大宝	3.30 (38.04)	1.87 (38.60)	20.51 (13.54)	17.28 (17.36)	1.26 (44.85)	1.26 (44.85)	1.187
攸县油茶	4.00 (36.00)	2.08 (44.82)	18.96 (10.16)	20.44 (14.20)	1.61 (38.41)	1.76 (43.46)	0.928
天心平家系油茶	12.48 (41.20)	4.16 (47.76)	27.97 (11.15)	28.53 (14.98)	2.00 (37.96)	2.67 (49.63)	0.980
羊古老家系油茶	6.91 (41.04)	3.01 (53.72)	25.36 (14.30)	24.25 (19.26)	2.10 (38.27)	2.71 (52.75)	1.046

（续）

样品	果质量（g）	籽质量（g）	果高（mm）	果径（mm）	心室数（个）	籽数（粒）	果形指数
广西南荣	2.77 (45.56)	1.51 (51.17)	21.04 (14.63)	16.13 (17.99)	1.98 (46.69)	1.99 (46.71)	1.304
永兴中苞红球	18.02 (46.05)	7.85 (59.62)	32.67 (14.57)	32.59 (17.41)	2.67 (38.93)	3.64 (50.45)	1.002
安徽大红果茶	16.02 (38.73)	4.91 (50.83)	30.87 (12.47)	30.75 (14.49)	2.76 (34.83)	5.50 (62.66)	1.004
望谟油茶	14.29 (36.62)	6.37 (43.65)	31.03 (12.46)	30.30 (15.38)	2.62 (35.97)	3.87 (52.40)	1.024
龙额油茶	6.48 (40.37)	2.20 (50.57)	19.82 (35.22)	16.72 (41.42)	1.67 (41.25)	1.99 (56.80)	1.185
广宁红花油茶	315.25 (44.08)	33.07 (59.57)	86.69 (11.30)	85.11 (18.20)	6.00 (47.14)	21.00 (6.73)	1.019
广西博白大果茶	300.27 (24.70)	49.02 (33.40)	80.72 (7.63)	84.34 (9.93)	3.18 (20.30)	13.67 (35.35)	0.957
德化红花油茶	29.67 (51.27)	5.45 (70.07)	33.73 (19.08)	39.97 (18.11)	2.66 (33.48)	5.56 (45.93)	0.844

表 2-4 不同果形小果油茶果实主要性状指标（谢一青等，2013）

项目	果纵径（mm）	果横径（mm）	果形指数	果皮厚度（mm）	单果质量（g）	单果籽质量（g）	鲜出籽率（%）	干出籽率（%）	干籽出仁率（%）
橄榄形	28.73[a]	20.54[a]	1.41[a]	1.30[a]	6.30[a]	3.60[a]	57.14[a]	34.54[a]	62.25[a]
桃形	25.38[bc]	21.79[ab]	1.15[bc]	1.31[ad]	6.55[ab]	4.25[ac]	64.89[bc]	37.57[a]	63.32[a]
脐形	24.27[bc]	21.37[ac]	1.18[b]	1.15[ac]	6.11[ac]	3.88[ad]	63.51[ac]	35.16[a]	62.48[a]
球形	22.49[bc]	20.82[ac]	1.03[b]	1.23[bcd]	6.42[a]	4.10[a]	63.84[ac]	37.07[a]	62.81[a]
平均值	25.22	21.13	1.19	1.25	6.35	3.96	62.35	36.09	62.72
标准差	2.63	0.56	0.16	0.07	0.19	0.28	3.52	1.46	0.46
变异系数（%）	10.42	2.65	13.32	5.94	2.95	7.14	5.65	4.05	0.74

注：不同字母表示在 $P < 0.05$ 水平上差异显著。

特征是最直观的、最易于辨别的质量性状。研究不同果形油茶的性状差异及其与经济指标间的相关性，探索其特点及规律，对选择和培育良种具有积极的理论和实际意义。

小果油茶是我国山茶属中栽培面积和年产量仅次于普通油茶的主栽物种，在经历了长期的自然选择、天然杂交和有意识的人工选择后，从野生到被人类广泛栽培利用，已形成了许多在果实形态和性状特征上差异明显的自然类型，常见的果实形态有橄榄形、脐形、桃形和球形。谢一青等（2013）对不同果形小果油茶的果实性状、含油率等进行了研究。结果表明：小果油茶籽含油率与果形有关，橄榄形果的果纵径、果形指数和鲜果含油率均大于桃形果、脐形果和球形果，但其鲜出籽率却低于其他 3 种果形（图 2-1，表 2-4）。

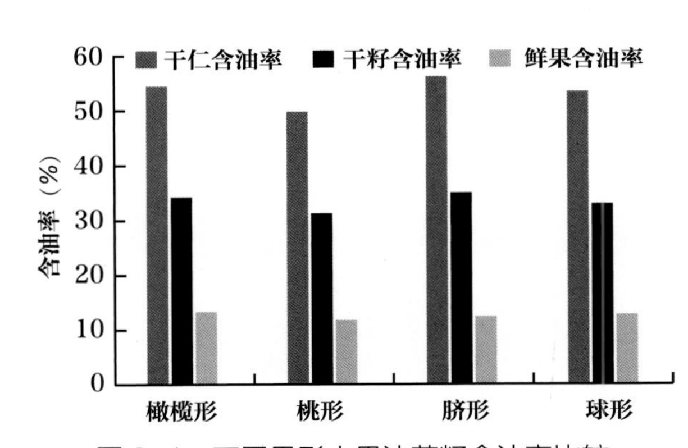

图 2-1 不同果形小果油茶籽含油率比较

由图 2-1 可见，不同果形小果油茶籽的干仁含油率在 49% ~ 56%，干籽含油率在 31% ~ 35%，鲜果含油率在 11% ~ 14%。其中，干仁含油率以脐形果最高（55.97%），其次是橄榄形果（54.40%）和球形果（53.18%），桃形果

（49.25%）最低；干籽含油率为脐形果（34.90%）和橄榄形果（34.16%）高于球形果（32.51%）和桃形果（31.13%）；鲜果含油率则以橄榄形果最高（13.25%），明显高于球形果（12.33%）、脐形果（12.12%）和桃形果（11.68%）。由此说明小果油茶籽含油率与果形有关，这与康志雄和邹达明（1989）对普通油茶的研究结果相似。

表 2–4 表明：不同果形小果油茶果实主要性状指标存在显著差异，其中橄榄形果的果纵径和果形指数为最大，但鲜出籽率却最低。在所测性状指标中，果形指数的变异系数最大（13.32%），其次是果纵径（10.42%），干籽出仁率的变异系数最小（0.74%），说明不同果形小果油茶的果实性状较为稳定。

3. 果色

已有研究表明，油茶果实颜色的不同是由于果皮所含的色素不同所致，而不同的色素由不同的基因控制，同时与光照条件密切相关。

黄勇等（2011）根据果色不同类型的调查结果来看（表 2–5），小果油茶果色主要是红色、青黄、青色及黄色 4 种类型，分布频率分别达 35.638%、25.266%、17.819% 及 10.638%，4 种果色占总体的 89.361%。

二、内含物变异

1. 含油率

油茶为世界四大木本油料作物之一，其种子含油率的高低是影响油茶种植推广及其开发利用的重要因素。陈丽等（2012）对贵州主要的 12 种油茶品种种子、干仁含油率进行了研究。试验结果表明（表 2–6），油茶种子品种之间含油率差异性较大，12 种油茶的干仁含油率平均值为 44.30%，最大值为龙额油茶（52.32%），最小值为攸县油茶（34.34%），变异系数为 14.14%。种子含油率平均值为 26.57%，最大值为安徽大红果茶（36.67%），最小值为广西博白大果茶（14.22%），变异系数为 32.77%。

表 2–5　小果油茶形态性状不同类型的频率分布和多样性指数（黄勇等，2011）

性状	频率分布（%）								多样性指数
	1	2	3	4	5	6	7	8	
果色	35.638（红色）	10.638（黄色）	17.819（青色）	1.33（红黄）	7.447（青红）	25.266（青黄）	7.979（青红黄）	1.064（褐色）	2.307
果型	32.932（球形）	15.261（梨形）	29.317（桃形）	17.671（桔形）	3.213（橄榄形）	0.402（球梨）	0.401（梨桃）	0.803（球桃）	2.182
种型	52.225（球形）	47.775（其他）							0.928

表 2–6　12 个油茶品种种仁和种子的含油率（陈丽等，2012）

样品	干仁含油率（%）	种子含油率（%）
黎平大宝	36.42	19.19
攸县油茶	34.34	22.81
天心平家系油茶	49.48	31.86
羊古老家系油茶	49.25	28.35
广西南荣	47.50	17.27
永兴中苞红球	44.22	32.37
安徽大红果茶	50.84	36.67
望谟油茶	37.61	28.16
龙额油茶	52.32	33.69
广宁红花油茶	49.12	29.85
广西博白大果茶	40.68	14.22
德化红花油茶	39.77	24.37

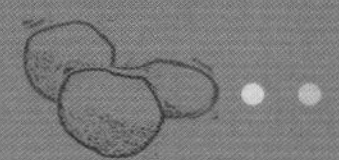

表 2-7　中国主要油茶物种种籽含油率及脂肪酸组成（庄瑞林等，1985）

物种	产地	含油量（%）		脂肪酸组成（%）				
		平均	幅度	16:0	18:0	18:1	18:2	18:3
小果油茶（*C.meiocarpa*）	富阳	45.88	45.13 ～ 48.6	9.84	1.90	76.63	10.25	1.38
攸县油茶（*C.yuhsienensis*）	富阳	44.48	41.13 ～ 56.64	8.25	1.64	81.25	8.49	0.36
南荣油茶（*C.nanyongensis*）	桂林	57.47	57.30 ～ 57.61	10.02	2.47	74.02	10.86	1.72
泰顺粉红油茶（*C.taishunensis*）	杭州	23.59	—	7.17	3.41	81.02	6.90	1.49
威宁短柱油茶（*C.weininggensis*）	威宁	53.27	52.78 ～ 53.77	14.53	3.09	71.29	9.50	1.59
普通油茶（*C. oleifera*）	富阳	47.08	30.14 ～ 55.50	11.73	1.81	75.08	10.51	0.87
昭平油茶（*C.carprellana*）	富阳	44.00	37.20 ～ 47.90	9.99	1.35	75.38	12.05	1.33
越南油茶（*C. vietnamensis*）	桂林	42.44	42.11 ～ 42.77	12.94	3.09	74.35	8.58	1.03
宛田红花油茶（*C. polyodonta*）	桂林	33.48	32.52 ～ 34.44	13.86	1.67	74.84	8.52	1.08
茶梨（*C. octopetala*）	富阳	47.32	47.08 ～ 47.56	14.06	2.35	66.66	14.82	1.07
浙江红花油茶（*C. chekiangoleosa*）	常山	63.05	62.48 ～ 63.62	13.02	4.26	68.79	12.43	1.49
白花南山茶（*C. semiserrata* var. *albiflora*）	封开	48.60	40.56 ～ 56.80	18.25	6.43	59.40	14.13	1.77
广宁红花油茶（*C. semiserrata*）	桂林	62.81	62.50 ～ 63.12	12.75	4.10	66.76	14.89	1.45

2. 脂肪酸组成及含量

从庄瑞林等（1985）对 13 个主要物种种子的脂肪酸含量的测量看出（表 2-7），它们由油酸（18:1）、亚油酸（18:2）、亚麻酸（18:3）、棕榈酸（16:0）、硬脂酸（18:0）五种脂肪酸组成，其中不饱和脂肪酸是主要成分，占 85% 以上。饱和酸的含量很低，所以茶油是诸植物油中最富有营养价值的食用油。不同物种含油率的差异是明显的，有的相差一倍，如浙江红花油茶样株为 63.05%，而泰顺粉红油茶样株只有 23.59%。另外，物种间油酸的含量有较明显的差异，如攸县油茶样株为 81.25%，而白花南山茶样株只有 59.40%，相差 21.85 个百分点；亚油酸、棕榈酸在不同物种间的含量也不同，这为油用物种的品质育种提供了可贵的基因材料。

第四节　油茶形态及生物学特征

油茶种类众多，种间形态差异显著。其中，普通油茶是我国目前第一位的主要栽培物种。除了特指物种以外，本节以普通油茶为例概述油茶的重要形态及生长发育特征。

一、根的形态与发育

油茶为轴状根型深根性树种（图 2-2），根皮紫褐色，弯曲度大，质脆易断。主根发达，向下深扎可达 1.5m 以上；在主根之上着生 4 ～ 6 条一级侧根，由侧根再分生为多轴根和吸收根（周政贤，1963）。随着树龄的增加，根系逐渐加深，但根系几乎集中在 0 ～ 40cm 深的土层，该区域根系数量占总量的比例最高，可达 98.7%，40cm 以下土层根系分布很少，但其数量随着树龄的增加而不断上升；根系水平分布随着树龄增加而增加，但是根幅小于冠幅，5 ～ 15 年生油茶根幅都在 2m 以内，15 ～ 30 年生时扩展到 4m 左右，根系主要分布在距树干基部 1m 的范围内，该区

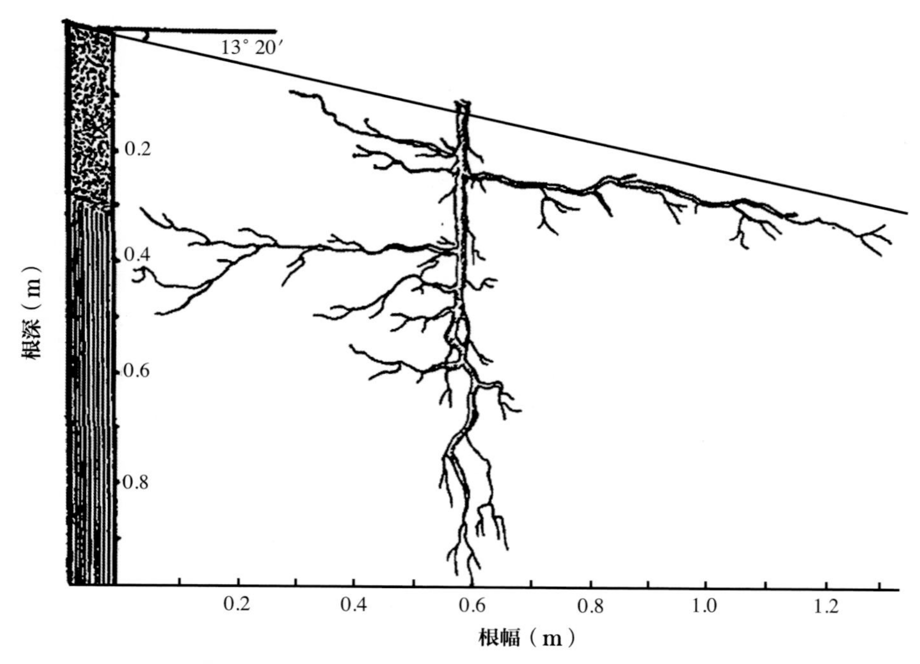

图 2-2　油茶根形态描绘图（《中国油茶》，2012）

域内的比例占整个根系数量的 58.2% 以上，但随着树龄的增加，在该区域内的根系比例逐渐下降，根系分布趋于均匀；不同树龄的各径阶根系所占比例不同，2mm 以下的根系是根系的主要部分，2mm 以上的根系随着树龄增加比例逐渐增大，表明随着冠幅增大，要支撑树体地上部分，必定需要大径阶根系；树南北方向剖面根系的数量基本一致，但由于水肥、地理等因素影响，南北剖面的根系数量也会出现一定差异，可见根系趋水肥性很强。

二、茎的形态与发育

油茶幼苗的主茎是由胚芽发育而成的。以后在主茎上分化出枝、叶和花，当芽发育时，幼叶展开长大，叶芽便逐步形成一个带叶的主枝和侧枝。因此，芽是茎叶的原始体。油茶主茎和侧枝的顶部都有生长点，由生长点细胞分裂产生新细胞，组成茎的各种构造。

茎的初生构造（图 2–3）包括表皮、皮层、中柱三部分。表皮是幼茎最外与外界接触的一层较厚细胞，厚度为 16.22μm，排列整齐，细胞壁靠外方壁角化，有表皮细胞上有表皮毛，

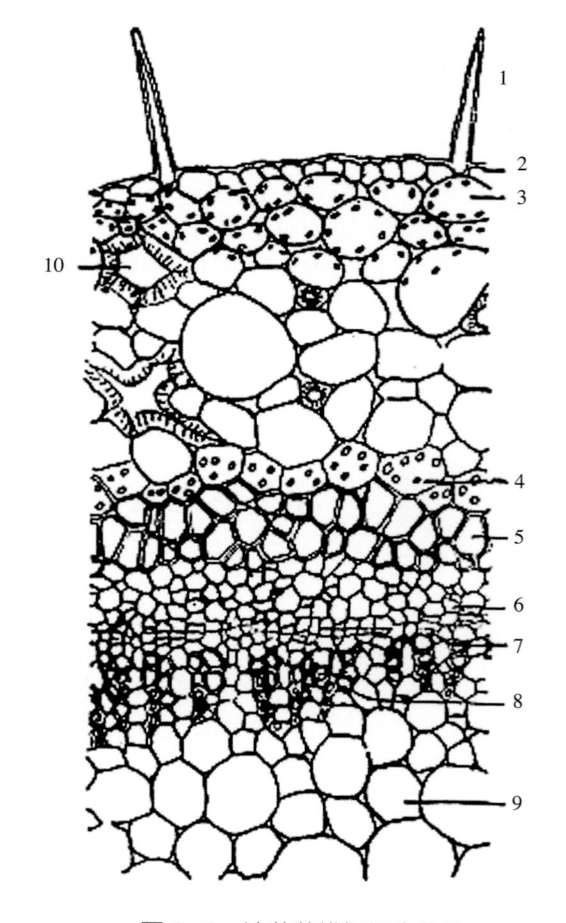

图 2-3　油茶茎横切初生构造
1. 表皮毛　2. 表皮　3. 厚角组织　4. 淀粉鞘　5. 中柱鞘
6. 初生韧皮部　7. 形成层　8. 初生木质部　9. 髓　10. 石细胞
（《中国油茶》，2012）

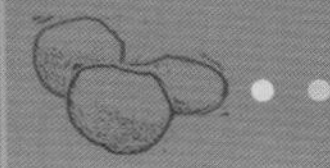

还有少量气孔，是茎内外气体交换的通路。不同物种表皮厚度有所不同，普通油茶表皮厚度16.22μm，而浙江红花油茶只有11.35μm，皮层位于表皮内的数层排列疏松的薄壁细胞，有明显的胞间隙。皮层中有石细胞。在靠表皮的一、二层细胞为厚角组织，厚度在25.95μm以上，起机械支持的作用。在最内一层含淀粉的细胞称为淀粉鞘。中柱是皮层以内所有部分的总称，包括中柱鞘、维管束和髓。中柱鞘在中柱最外面，由几层薄壁细胞围成筒形。小果油茶、博白大果油茶就没有中柱鞘。维管束呈圆筒形，是中柱主要组成部分。在初生韧皮部和初生木质部之间的长梭状扁平细胞构成形成层，这类形成层细胞分裂能力较强，使茎不断增粗。髓在茎的中心，有胞间隙，含有石细胞、单宁，也有淀粉粒（庄瑞林等，2012）。

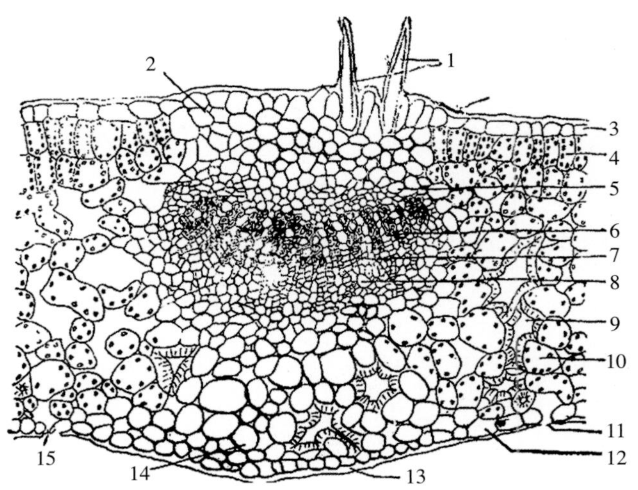

图2-4 油茶叶横切面部分放大结构

1. 表皮毛 2. 厚角组织 3. 上表皮 4. 栅栏组织 5. 维管束鞘 6. 木质部 7. 形成层 8. 韧皮部 9. 石细胞 10. 海绵组织 11. 气孔 12. 下表层 13. 角质层 14. 厚角组织 15. 气孔

（《中国油茶》，2012）

三、叶的形态与发育

叶是植物进行光合作用制造营养物质的重要场所。从幼小植物开始，随着年龄的增大，植株的叶片数量及叶面积迅速增长，以满足生长和结果的需要。

叶内部构造（图2-4）包括表皮、叶肉和叶脉三部分。所有物种的气孔都分布在叶的下表皮，气孔的大小和分布密度因物种而有所不同。气孔密度大的有浙江红花油茶、广宁红花油茶等物种。在南方和高海拔生长的物种，一般气孔较多，这可能是长期适应一定生态条件的结果。叶肉有栅栏组织和海绵组织两部分，叶脉在叶肉中，外形呈网状排列，叶片为绿色、扁平。油茶叶片的表皮、叶肉和叶脉的三部分，因物种不同，其表皮厚度，叶肉中的栅栏组织、海绵组织的层数和厚度、细胞类型等都有所差别（表2-8、表2-9）（庄瑞林等，2012）。

四、新梢形态与发育

油茶的新梢是指当年在树冠外层侧枝上发出的嫩枝，根据萌发季节可分为春梢、夏梢和秋梢三种。春梢一般在3月下旬萌发，夏梢一般在7月下旬萌发，最迟也有在9月萌发的，后一时期萌发的称为秋梢，秋梢数量少，多为营养枝。

油茶春梢长度一般为5～10cm，粗0.2～0.3cm，幼龄期和林地土壤肥力水平较高的壮年

表2-8 普通油茶、小果油茶等物种表皮、皮层、维管形成层一般构造 单位：μm

物种	表皮厚度	厚角组织		皮层薄壁细胞		射线个数	射线宽		射线高	维管形成层层数	维管形成层厚度	形成层细胞类型
		层数	厚度	细胞形状	细胞直径		木射线	韧皮射线				
普通油茶	16.22	1	25.95	圆或椭圆	76.23	21	14.60	19.46	437.44	3	17.70	长形薄皮细胞
浙江红花油茶	11.35	2	33.34	长圆	45.42	22	12.66	16.22	405.50	3	16.22	长形薄皮细胞
小果油茶	17.84	2	64.88	近圆形	71.37	21	13.67	16.22	814.00	3	17.07	长形薄皮细胞
博白大果油茶	14.60	1	24.33	近圆形	55.15	23	14.60	19.46	567.70	3	14.60	长形薄皮细胞

（《中国油茶》，2012）

表 2-9　普通油茶、小果油茶等物种表皮和叶肉的一般构造　　单位：μm

物种	上表皮			后角组织层次	全叶厚度	下表皮		栅栏组织			海绵组织			栅栏组织／海绵组织	气孔密度（气孔数／m^2）	气孔直径
	角质层厚度	单细胞长／宽	细胞厚度			角质层厚度	细胞厚度	厚度	细胞层数	单细胞长／宽	厚度	细胞形状	细胞个数			
普通油茶	8.11	32.44 ／ 25.95	25.95	2	468.20	6.49	19.46	178.42	2 ~ 3	64.88 ／ 22.71	185.45	长形近圆形	576	0.96	180	47.00
浙江红花油茶	6.49	24.33 ／ 22.71	22.71	2	350.00	6.49	17.03	161.47	2 ~ 3	27.84 ／ 17.84	162.20	近圆形	936	1.00	194	37.31
小果油茶	7.46	29.20 ／ 23.76	23.76	2	468.77	4.06	17.84	150.03	3 ~ 4	26.37 ／ 17.84	221.41	卵形圆形	957	0.92	324	37.3
博白大果油茶	2.92	37.25 ／ 27.90	27.90	2	417.93	1.62	17.84	136.25	1 ~ 2	60.64 ／ 12.17	174.31	长形不规则	899	0.78	394	32.4

（《中国油茶》，2012）

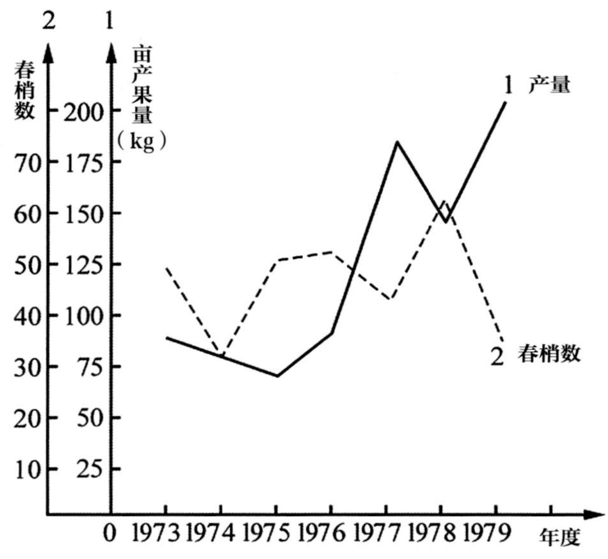

图 2-5　春梢数量与历年产量的关系
（《中国油茶》，2012）

油茶的春梢可达 15cm。春梢生长与气象因素关系密切，气温和降水量对春梢生长发育的影响较明显。在春梢抽长前，必须有温度和降水量的积累阶段，特别是气温的积累尤其重要。当年均气温稳定在 10℃以上时，春梢才开始萌动。春梢的生长不仅关系到当年花芽的分化，而且还关系翌年油茶产量（图 2-5）。

图 2-5 表明：春梢数量与翌年产果量呈正相关，油茶当年的产量是在上一年春梢生长基础上产生的。掌握春梢的抽长规律，采取相应的农业技术措施，促进春梢生长，是提高油茶产量的重要途径。

油茶的春梢和夏梢，随着林龄的不同，在生物学特性上有显著的区别。幼林特别是 3 ～ 4 年生的幼林，以营养生长为主，春梢和夏梢都能起相同的作用，能形成当年树冠。油茶到达成林以后，就以结实为主，每年在种实生长上要消耗大量的养分，其新梢的生长，以春梢为主，因为春梢是翌年结果的基本枝条，但是长夏梢的现象仍然存在，特别是土壤肥沃的林地更显得普遍，可是大部分夏梢萌发于树干基部或树冠上部。在树干基部萌发的夏梢，大部分成为徒长枝，徒长枝也能结果，但是由于它过于细长，同时又影响树冠的发育和树形的完整，所以除了个别的茶株由于树冠残缺，必须用徒长枝弥补以外，在整形修剪上需要控夏、秋梢。

五、芽形态与发育

油茶新梢生长和新叶展现的同时，在顶部和叶腋间又形成顶芽和腋芽，每处顶芽和腋芽的数量至少有一个，顶芽一般有 3 个着生在一起，多者达 5 个以上，腋芽也有 2 个着生在一起的。芽的多少取决于油茶本身生长条件，长期养分不足的油茶各枝条顶部和叶腋间有一个顶芽或腋芽，抚育管理较好养分也充足的油茶顶芽腋芽也多，每处最少着生一个顶芽或腋芽。顶芽和腋芽在初形成时很小，腋芽长约 1mm，径 0. 5mm，顶芽比腋芽较大，长的 2mm，径约 0.8mm，在顶芽中有 3 个或 3 个以上着生在一起时，中间的比较粗大，旁边的比较细小。顶芽和腋芽到 4 月下旬春梢生长基本停止。然后开始膨大，到 6 月下旬开始分化，凡圆而粗、呈红色的为花芽，细扁而尖、呈青绿色的为翌年萌发新梢的叶芽，待明年抽出春梢，也有个别的成为当年的夏梢。

油茶无专门的结果枝，花芽和叶芽均着生

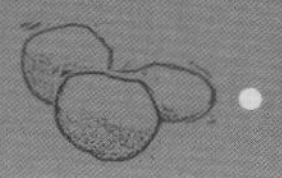

于春梢的枝顶上部的叶腋，花芽分化时在春梢基本结束生长后开始的，各地因气候条件不同而不同。例如，云南广南从5月上旬开始，江西、浙江是在5月下旬起至8月底基本结束。但也有少数花芽于9～10月分化的，这是不正常的现象。这种晚发育的花芽大部分发育不健全，易落芽落花，花芽分化最盛期大多在6～7月。根据花芽的形态变化，可以分为3期。①分化初期：芽顶端增大、凸起、变平，这是花芽分化的象征。②花瓣形成期：花芽开始膨大，鳞片现出红色，生长点周围形成5～7个凸起，即为花瓣原基，小凸起逐渐伸长、扩大、变扁、向内抱合。③雄蕊、雌蕊形成期：花芽更为膨大，在花瓣原基内出现80～150个波浪状小凸起，成轮状排列，即为雄蕊原基。与此同时，生长点中心向上形成3个凸出，基部逐渐接触愈合形成雌蕊原基，至此，分化组织分化完毕，花各部分雏形已清晰可辨。7月初，即可解剖观察到各部分。

六、花形态与发育

油茶花以白色、红色、黄色为主，花大蜜多，易吸引蜜蜂等传粉昆虫传粉。雌蕊高度（与雄蕊比）分为低、平、高3种类型，一般雌蕊高于或平于雄蕊，有利于授粉。《中国植物志》中对油茶花的描述为：花顶生，近于无柄，苞片与萼片约10片，由外向内逐渐增大，阔卵形，背面有贴紧柔毛或绢毛，花后脱落；花瓣白色，5～7片，倒卵形，长2.5～3.0cm，宽1～2cm，有时较短或更长，先端凹入或2裂，基部狭窄，近于离生；雄蕊长1.0～1.5cm，无毛，花药黄色，背部着生，子房有黄长毛，3～5室，花柱长约1cm，无毛，先端不同程度3裂。何汉杏等（2002）观察的油茶花：花无柄，为完全花，鳞片6～8片，花瓣5～7片，形大色白，雄蕊80～150个。黎章矩（1983）观察的油茶花：花径最大可达4.7cm，小的不到2cm，花瓣5～7瓣不等，雄蕊数89～158枚，雌蕊与雄蕊相对长度有3种情况——短、平（同一平面）、高。雌蕊花柱有分裂与不分裂之别，分裂的深浅和数量也有不同，有2、3、4、5裂不等，裂的深度不等，花的颜色有白、肉黄、淡绿及花瓣顶端有紫红色斑块等不同。油茶花的形态特征为：一般花柄0.5～0.7cm，花萼6～9个，花瓣6～9个，雄蕊花丝73～166个，花丝长1.0～1.4cm，雌蕊柱头长1.1～1.4cm，柱头3～5个分岔（图2–6、2–7）。

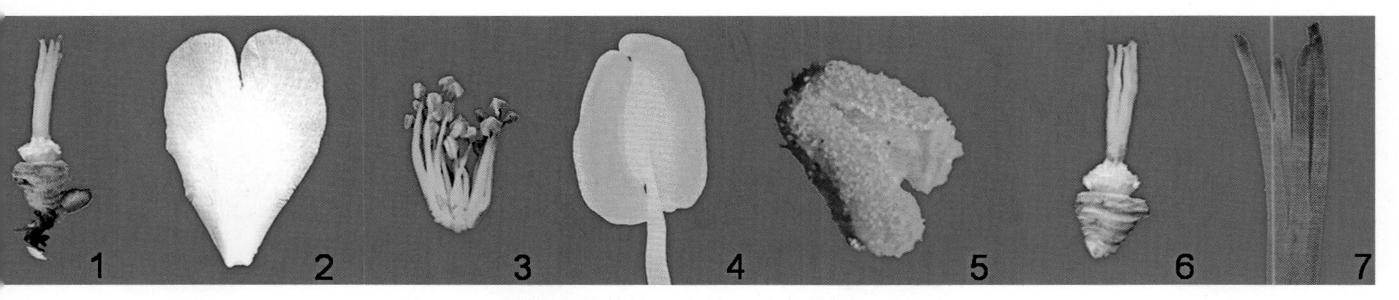

图2–6　越南油茶花的形态特征（龙伟摄，2015）
1.花柄　2.花瓣　3.雄蕊　4.花药　5.花药　6.雌蕊　7.柱头

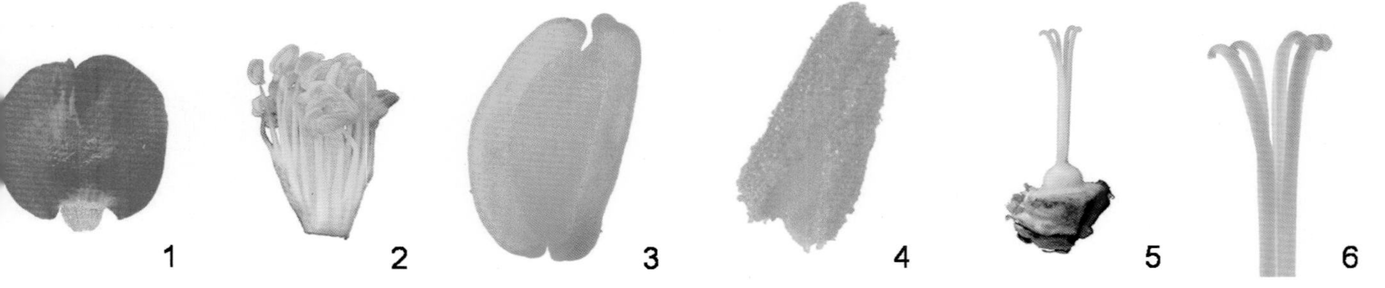

图2–7　浙江红花油茶花的形态特征（龙伟摄，2015）
1.花瓣　2.雄蕊　3.花药　4.花药　5.雌蕊　6.柱头

当花粉粒和胚囊发育成熟，鳞片松动，花瓣由包被状转为开展，露出雄蕊和雌蕊，即为开花。油茶花的开放明显地显示出蕾裂、初开、瓣立、瓣倒、柱萎 5 个时期。一株油茶树开花时间约 20 ~ 30 天（图 2-8、图 2-9）。以普通油茶为例，开花的顺序为主枝顶花、侧枝顶花、侧枝腋花。先开的花，坐果率高，果实也大。 由于品种不整齐，实生繁殖林分中一片油茶林开花时间延续 2.0 ~ 2.5 个月，10 月下旬为始花期，11 月中旬为盛花期，12 月初为终花期，个别株花期延至翌年的 2 月。浙江红花油茶、腾冲红花油茶等多从冬季至春季开花。

七、果实及种子

1. 果实及种子的生长发育

当花粉粒落到柱头后，几个小时便能萌发长出花粉管，沿着花柱内腔伸入胚珠。油茶的精细胞是在花粉管内形成的，由一个生殖核分裂为两个精子，一个精子与胚囊内前端的卵细胞合并；一个精子与胚囊中央的次级细胞合并，完成受精过程。受精次级细胞与反足细胞经过反复分裂，形成胚乳母细胞，胚乳母细胞继续分裂成为胚乳，供给幼胚营养。在进一步的发育中受精卵形

图 2-8　越南油茶开花过程示意图（龙伟摄，2015）

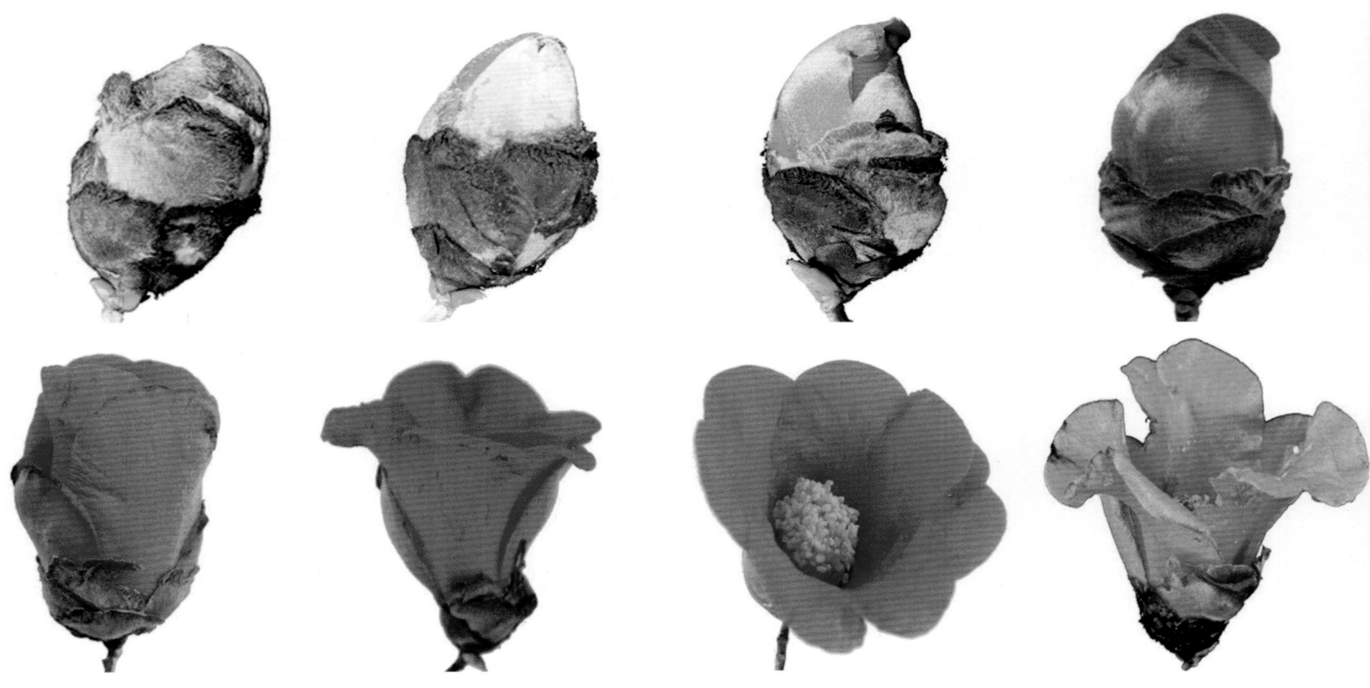

图 2-9　浙江红花油茶开花过程示意图（龙伟摄，2015）

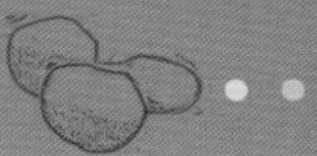

成种胚。

油茶受精卵的分化多在翌年 3 ~ 5 月进行。受精卵首先横裂成两个细胞，靠近珠孔的一个细胞在进行连续分裂，形成胚柄，使其上端一个细胞伸入胚囊中部，然后这两个细胞反复分裂，形成原胚。此时，胚乳细胞迅速分裂，外胚珠向外种皮分化，内胚珠向内种皮分化，子房壁向果皮分化。6 ~ 7 月，胚乳陆续吸入子叶，因而使子叶体积膨大，内种皮为适应这种变化，亦迅速延展并出现输导组织，通过胚柄输送母体营养，外种皮的细胞壁逐渐石质化，使种皮硬度加强，向固有的种子形态过渡。这时，果皮生长也很迅速，8 ~ 9 月子叶吸收所有的胚乳，种子内部再无游离胚乳存在，外种皮变为黄褐色，10 月外种皮转为黑褐色，子叶脆硬，幼胚具有发芽能力，果实成熟。

2. 果实与种子的生理变化规律

果实和种子发育过程中形态、生理代谢及基因调控变化是植物的重要物种特征。对多种经济林树种、园艺植物、农作物的果实和种子发育特征虽然进行了较为广泛的研究，但目前有关油茶果实和种子的成熟过程中形态、生理及遗传变化的研究报道较少。当前对油茶研究普遍关注于产量及成熟果实的特性，如油茶成熟果实形状和颜色的分类及油茶成熟果实脂肪酸、游离氨基酸的分析等。庄瑞林将果实生长粗略地分为幼果形成期、果实生长期和油脂转化积累期，对果实的生长进行了初步的描述。周国章等（1983）对普通油茶种子成熟过程中脂肪积累及物质转化进行了初步研究。

（1）种子的生理变化规律

周长富等（2013）基于前人研究的基础，以普通油茶中的长林 4 号、40 号和 166 号为材料对油茶果实和种子生长特性做了进一步分析。图 2-10 表明油茶种子 7 月为最大生长转折期，7 月之前种子小于 0.01g，7 月达到 0.5g，以后每月增长 0.5g 左右，最后到 10 月成熟时达到 2g 左右。7 月种皮逐步由白色开始变成黄色，之后逐渐变硬，种仁从液态逐渐变为固态。不同品种油茶生长速度及大小存在一定的差异。油茶种子主要由水分和有机物组成。随着油茶种子成熟，水分相对含量越来越低，7 月水分相对含量接近 90%，而到成熟的时候仅为 45% 左右；有机物组分中淀粉、蛋白质、茶皂素和脂类的相对含量都随着种子成熟而提高，其中脂类增长最快，其次为

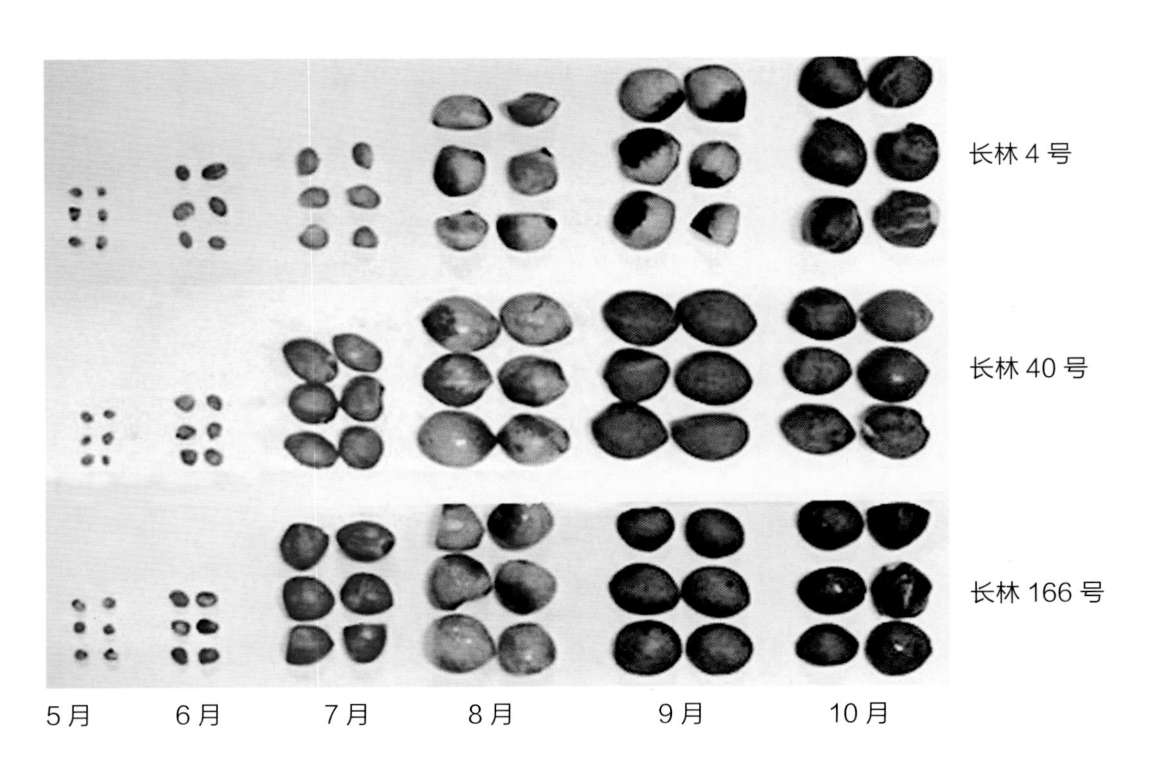

图 2-10　种子形态动态发育（周长富等，2013）

茶皂素，而可溶性糖在各时期相对含量变化不大。

对油茶蛋白质组成分析表明：组成蛋白质的氨基酸含量间有较大的差异，含量最高的为Glu、Arg和Leu。含量最小的氨基酸为Met、His和Cys。7 ~ 10 月，氨基酸含量一直递增，递增最快为9月，各氨基酸的平均含量为8月的1.96倍。但不同氨基酸增长速度也不完全一致，增加最快的为Arg，最慢的为Met。不同游离氨基酸含量不一样，最高为Arg，最低为Cys。总体来说，7 ~ 10 月是逐月增加的，但不是所有游离氨基酸都随着种子成熟而增加（图2–11）。

不同时期种子脂肪酸组成存在较大的差异。油酸含量最高，且随着种子成熟，含量迅速增加，到种子成熟时，油酸含量达到80%以上；其次为亚油酸，7月含量较高，但随着种子成熟迅速减少，最后仅占总量的6.80%；然后是亚麻酸、硬脂酸和棕榈酸，另外，棕榈烯酸和顺-11-二十碳烯酸各时期相对含量都低于1%（表2–10）。

（2）果实生理变化规律

周长富等（2013）以油茶长林4号、40号和166号为材料对果实生理变化进行了研究，结果表明（表2–11）：7 ~ 8 月是油茶果实横向的生长高峰，8月是纵向生长高峰，8月后，果实大小基本保持不变。果皮厚度5 ~ 7 月有较小的增厚，此后逐步慢慢变薄。因此，可将油茶果实生长划分为4个阶段，其中5、6月为第一阶段，7月为第二阶段，8、9月为第三阶段，10月为第四阶段。

油茶果实体积8月后基本变化不大，果皮厚

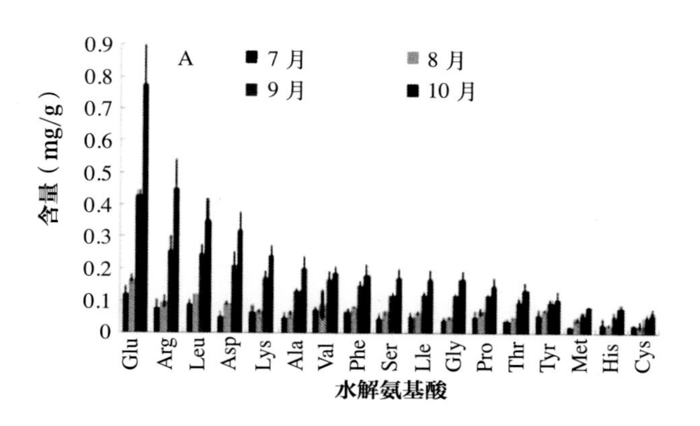

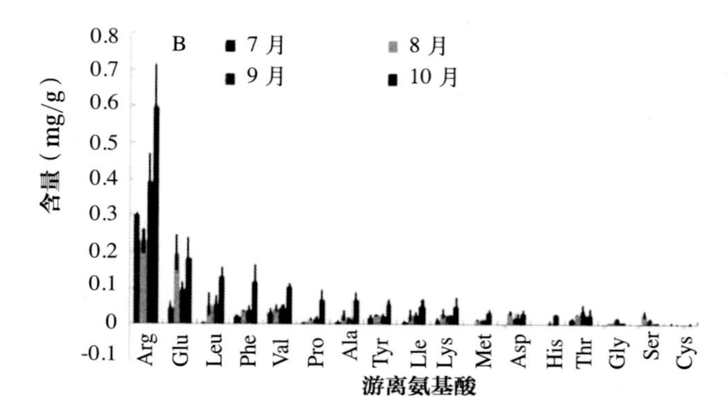

图2–11　7 ~ 10 月种子氨基酸含量变化（周长富等，2013）

表2–10　各月油茶种子脂肪酸组成变化（周长富等，2013）

脂肪酸组分	相对含量（%）			
	7月	8月	9月	10月
油酸 C18:1	37.43	57.67	74.90	81.53
亚油酸 C18:2	40.62	24.13	11.77	6.80
亚麻酸 C18:3	4.52	2.20	0.57	0.30
硬脂酸 C18:0	1.17	1.43	1.50	2.27
棕榈酸 C16:0	14.37	12.97	10.20	8.17
棕榈烯酸 C16:1	0.98	0.53	0.20	0.10
顺-11-二十碳烯酸 C20:1	0.66	0.70	0.57	0.53
其他	0.25	0.37	0.30	0.30

表 2–11　各月果实重量生长变化（周长富等，2013）　　单位：g

月份	单果鲜重	单果生长量	单果皮重	皮重生长量	单果籽重	籽重生长
5	3.06±0.81	—	1.86±0.49	—	0.12±0.04	—
6	4.62±0.46	1.56	2.44±0.87	0.58	0.21±0.11	0.09
7	7.33±2.61	2.71	5.51±1.67	3.07	1.82±1.11	1.61
8	14.22±4.79	6.89	7.83±2.21	2.32	6.10±2.63	4.28
9	14.40±4.71	0.18	8.12±2.51	0.29	6.57±2.84	0.47
10	16.93±5.34	2.53	9.35±2.55	1.23	7.58±2.98	1.01

表 2–12　各月果油率的变化结果（周长富等，2013）　　单位：%

月份	鲜果出籽率	鲜果出籽率月增加	籽含水率	籽含水率月增加	干籽出仁率	干籽出仁率月增加	种仁含油率	干仁含油率月增加	果油率	果油率月增加
5	3.87±1.04		96.30±3.66	—	—	—	—	—	—	—
6	7.04±3.21	3.17	92.14±2.45	-4.16	—	—	—	—	—	—
7	23.43±7.46	16.39	87.67±2.86	-4.47	15.00±2.45	—	1.03±0.21	—	0.01	—
8	41.76±8.17	18.33	80.06±2.46	-7.61	40.09±6.27	25.09	4.77±1.99	3.74	0.16	0.15
9	43.82±6.56	2.06	61.06±4.05	-19.00	52.17±6.32	12.08	30.69±5.84	25.92	2.77	2.61
10	44.58±5.61	0.76	45.49±0.95	-15.57	67.59±5.66	15.42	45.70±2.25	15.01	7.54	4.77

度 6 月后达到稳定，果实质量 8 月后基本不产生变化，果皮含水率则从 6 月始就基本不变，此后 2 个月变化较大的为种子内含物，其中种仁含水率极度下降，而含油率明显上升。因为种子中水分增加主要在 5 ~ 7 月，因此在栽培生产中应及时灌溉，而 8 ~ 10 月为有机物积累及油脂转化期（表 2–12）。

八、油茶物候期

油茶每年的生长发育都有与外界环境条件相适应的形态和生理机能的变化。这种与季节性气候变化相适应的器官动态时期称为油茶的物候期。

油茶是一种生长相对较慢的长寿树种，生命周期长，其花芽和果实生长发育历时 1 周年，秋花秋实，往往果期尚未结束，花期又至，所以民间称之为“抱子怀胎”，这是油茶植物异于其他果树的一大特征。花芽分化和花期是直接影响果实产量最关键的时期，而花芽分化伴随着果实生长发育，果实生长发育又伴随着抽梢的生长，因此抽梢、果实生长、花芽分化以及花期都是紧密联系并相互影响的。营养生长和生殖生长相互交错，期间的生境气候和管理措施直接影响到植物的生长、开花、受精和坐果，也直接影响到产量的高低和质量的好坏。因此，对油茶物候学进行深入研究，可以更好地了解油茶的生长、开花与结实等生物学特性和规律，对深入开展资源研究利用、良种选育、品种配置以及高效栽培管理等将有重要现实意义。

普通油茶是广生态幅树种，分布于全国 18 个省（自治区，直辖市），从北纬 18°30' 至

34°40′含多种类型的气候生态区，但其各个器官的顺序变化规律是一致的，只是因为当地的气候因素的影响，使物候期的发生有迟早的差别（表2–13）（《中国油茶》，2012）。研究油茶的营养循环和生殖循环，找出营养循环对生殖循环的影响和关系，对选种有现实作用。

表 2–13　不同经纬度普通油茶混杂群体的物候期（庄瑞林等，1984）

地点		经纬度		芽萌动期	展叶抽梢期		花芽分化期	花期			果实生长期	果熟期
省份	地名	经度	纬度		初期	盛期		初花	盛花	末花		
广东	阳春	117°47′	22°10′	1月下	2月中	4月中	5月上	10月中	11月上	12月下		10月中
广西	南宁	108°20′	22°50′	2月下	3月上	3月中	5月下至6月上	10月下	11月中	12月上		10月下
云南	广南	105°02′	24°02′	2月下	3月上		5月下至8月上	9月中	10月	12月上	3月上至8月下	9月上至10月下
广东	韶关	113°35′	24°48′	3月上	3月中		5月中至10月下	10月下	11月下	12月下	3月下至8月中	10月中下
福建	闽侯	119°18′	26°08′	2月下	3月上	3月中	5月下至7月下	11月上	12月上	12月下	3月下至9月中	10月下
贵州	贵阳	106°42′	26°35′	3月上	3月中		5月下开始	10月上	10月下	12月上		10月下
江西	宜春	114°23′	27°48′		3月中	4月上	6月上开始	10月上	10月中	12月下	2月下至7月下	10月中*
湖南	长沙	113°0′	28°12′	3月上	3月下	4月上	6月上开始	10月下	11月中	12月下	2月下至9月上	10月下
江西	南昌	115°58′	28°40′	3月上	3月下	4月上	6月上开始	10月下	11月上	12月下	2月下至9月下	10月中
浙江	巨县	118°53′	28°58′		3月下	4月上	6月下至8月下	10月下	11月中	12月下	3月中至9月上	10月下
安徽	歙县	118°20′	29°45′	3月上	3月中	3月下	6月上开始	10月上	10月下	11月下		10月下
浙江	富阳	119°58′	30°05′		3月中	3月下	6月至8月	10月上	10月中下	12月下	3月至8月下	10月下
湖北	武汉	114°04′	30°38′	3月上	3月下	4月上	5月下开始	10月上	11月中	11月下		10月中下
江苏	南京	118°45′	32°03′	3月下	4月上	5月下		10月中		1月下	3月中至9月下	10月下
陕西	南郑	106°58′	33°04′		3月下	4月中		9月下		12月上	3月下至9月中	10月中

* 为宜春白皮中子。

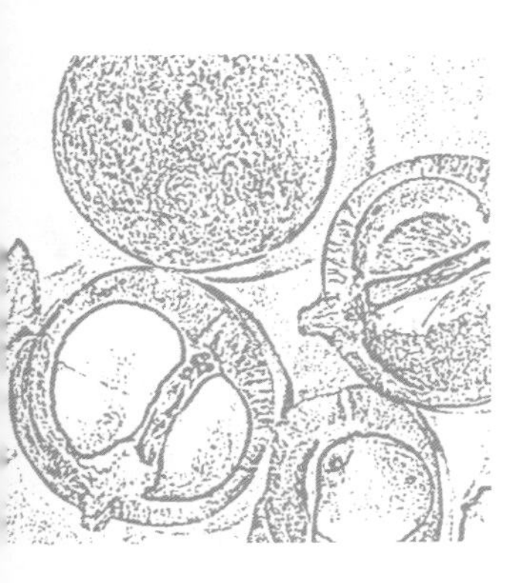

第三章　油茶主要栽培物种资源

我国有一定栽培面积和栽培历史的油茶物种主要有：普通油茶、小果油茶、越南油茶、攸县油茶、浙江红花油茶、广宁红花油茶、腾冲红花油茶、宛田红花油茶、茶梨、博白大果油茶、西南红山茶等物种。近十年来，随着研究的深入，许多具有油用价值的物种也不断被发现并开始利用，如西南红山茶、西南窄叶红山茶等物种。

一、普通油茶 (*Camellia oleifera* Abel.)

又名油茶、中果油茶等。它是我国目前第一位的主要油茶栽培物种，为常绿小乔木或乔木。树高一般为 2 ～ 4m，基径为 8 ～ 20cm，树龄 100 ～ 200 年，树皮光滑、褐色。小枝为棕褐色或淡褐色，有灰白色或褐色短毛。小枝有顶芽 1 ～ 3 个。叶一般为椭圆形、卵形，单叶、互生、革质，长 3.5 ～ 9.0cm；表面中脉有淡黄色细毛，侧脉近对生，叶表面显光泽。花为两性花，白色，花无柄。萼片 4 ～ 5 枚，彼此相等，呈覆瓦状排列，角质。花瓣倒卵形，脱落性，5 ～ 9 枚，彼此分离，一般先端凹入。雄蕊多数呈 2 ～ 4 轮排列，内轮分离，外轮 2 ～ 3 轮的花丝有部分联合着生于花瓣基部。子房 3 ～ 5 室。蒴果圆形、桃形、橘形等形状不一，每个果约 1 ～ 16 粒种子（图 3-1）。

油茶喜温暖，怕寒冷，要求年平均气温 16 ～ 18℃，花期平均气温为 12 ～ 13℃。突然的低温或晚霜会造成落花、落果。要求有较充足的阳光，否则只长枝叶，结果少，含油率低。要求水分充足，年降水量一般在 1000mm 以上，但花期连续降雨会影响授粉。要求在坡度和缓、侵蚀作用弱的地方栽植，对土壤要求不甚严格，一般适宜土层深厚的酸性土，而不适于石块多和土质坚硬的地方。

种子含油多在 30% 以上，它的栽培面积和产量均占全国第一位，是我国主要木本油料树种。

图 3-1　普通油茶
1. 花果枝　2. 果实　3. 种子　4. 雌蕊　5. 雄蕊
（《中国油茶》，2012）

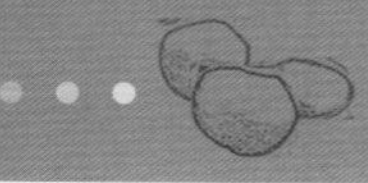

二、小果油茶
(*Camellia meiocarpa* Hu)

又名江西子、小茶、鸡心子等。灌木或小乔木。高度可达5m。嫩枝被密短柔毛，老枝光滑，灰褐色。叶椭圆形到阔椭圆形，先端渐尖或急尖，基部楔形或近圆形，长7.0 ~ 13.5cm，宽2.5 ~ 6.0cm，边缘具浅齿，中等绿色，两面有小疣点。叶正面中脉被微柔毛。叶柄长4 ~ 13mm，被短柔毛。秋末到冬末开花，花白色，略芳香，花径4.0 ~ 6.0cm，腋生，花芽密集。鳞片10枚，被微柔毛。花瓣5枚，长2.0 ~ 3.0cm，宽0.8 ~ 1.8cm，长圆形到倒卵形，先端凹，无毛。雄蕊长0.8 ~ 1.5cm，基部离生。雌蕊长5 ~ 12mm，花柱3裂，离生，子房被绒毛。蒴果卵形，长1.7 ~ 2.1cm，被稀疏长柔毛，成熟时呈绿色、黄色或红色，每果通常有1 ~ 2粒种子，鲜果重3.4 ~ 16.0g，果径2.2cm左右，果皮薄（图3-2）。鲜出籽率44% ~ 58%，出仁率66% ~ 70%，种子含油量40% ~ 53%，全籽含油率20.5% ~ 31.6%。在管理好的情况下，亩产油量通常可达15 ~ 25kg。高产品种产量与普通油茶相近。

图3-2 小果油茶
1. 花枝 2. 果枝 3. 种子 4. 果实
（《中国油茶》，2012）

小果油茶主要分布在福建闽侯、南平；江西南康、兴国、遂川、宜春、萍乡；湖南浏阳、靖县、道县；广西兴安、阳朔、三江、龙胜、临桂、融安；广东乳源、乐昌、饶平和贵州玉屏、锦屏、铜仁一带。浙江仙居、江苏宜兴亦有栽培。

小果油茶适应性、抗油茶炭疽病较强，产量较稳。在中亚热带的中、高山区通常造林后5 ~ 6年开花结果，盛产果期为50 ~ 60年，实生林分亩产油15 ~ 25kg。例如，江西宜春县有70多万亩油茶，基本上是小果油茶，宜春油茶林场的试验林平均亩产油达40kg；在南亚热带平均气温在22℃以上的地区，小果油茶生长发育不良；在北亚热带南部能正常生长、开花结果，故小果油茶作为中亚热带中山地带扩大造林树种是很有生产潜力的。

三、越南油茶
(*Camellia vietnamensis* Huang)

又名大果油茶、华南油茶、高州油茶、陆川油茶。灌木或乔木。高可达10m。嫩枝被稀疏或较多的长柔毛，后变秃净，枝条暗褐色，老枝光滑，灰铁锈色。叶片稠密，阔椭圆形至卵圆形，有时略呈倒卵形，先端急尖至短尖，基部楔形至圆形，长5.4 ~ 13.1cm，宽2.7 ~ 6.7cm，革质。叶表面中脉略凹陷，被微柔毛；叶背面中脉略凸起，无毛或带长柔毛。冬初开花，花朵极稠密，花白色，具芳香，直径7.5 ~ 13.9cm，单花顶生或腋生。花瓣8 ~ 10枚，长3.9 ~ 7.5cm，宽3.0 ~ 4.9cm，倒心形，先端有5 ~ 11mm的裂口，外轮花瓣背面被短柔毛，正面无毛，基部离生。雄蕊无毛，偏平，散射状，长1.2 ~ 2.0cm，基部略不规则连生，雄蕊数约100枚。雌蕊长1.2 ~ 2.0cm，花柱3 ~ 5个，无毛，离生或基部50%连生，子房被绒毛。蒴果球形，长2.5 ~ 6.0cm，直径3.0 ~ 7.0cm，被长柔毛，3 ~ 5室，平均果重38.0（25 ~ 140）g，最大达300g，果皮厚，一般在0.4 ~ 0.8cm（图3-3）。

图 3-3　越南油茶
1. 花枝　2. 果实　3. 种子　4. 雌蕊　5. 雄蕊
（《中国油茶》，2012）

图 3-4　攸县油茶
1. 枝叶　2. 花　3. 果实　4. 种子
（《中国油茶》，2012）

越南油茶产于广东省、海南省和云南文山、广西柳州及陆川一带，现广西多地推广栽培为油料植物。

20 世纪 80 年代，中、北亚地区湖南、浙江、江西、四川、湖北、安徽、河南和陕西等省的科研单位相继引种试验，试验说明在南方几省虽能生长，但开花结果不多，且果实变小，出籽率低。有的地方，如浙江富阳、安徽歙县虽生长良好，但只开花不结果。因此，该物种不宜在中亚热带以北发展。

四、攸县油茶
（*Camellia yuhsienensis* Hu）

又名长瓣短柱茶、野茶子、薄壳香油茶。灌木或小乔木。高可达 3m。嫩枝无毛或被稀疏柔毛，树皮光滑，锈灰色。叶片略下垂，卵圆形到阔椭圆形，先端急尖或渐尖，基部通常为圆形，偶然呈心形，长 5.4 ~ 11.5cm，宽 2.5 ~ 5.7cm。叶缘有齿，叶面中脉被绒毛或无毛，脉纹凹陷呈网状，叶背面中脉略被毛或无毛。脉纹凸起，具泛红色的腺点。叶柄长 8 ~ 11mm，略带柔毛或无毛。春季开花，花白色，芳香，花径 6.5 ~ 9.5cm，顶生或腋生。鳞片 8 ~ 10 枚，外侧先端被长柔毛。花瓣 7 ~ 11 枚，长 3.5 ~ 5.3cm，宽 2.9 ~ 3.9cm，倒卵形至倒心形，先端有 7 ~ 12mm 的凹口，基部离生或者与雄蕊柱连生 0.5 ~ 2mm。雄蕊长 1.2 ~ 1.7cm，排列呈五角状杯，花丝 50 ~ 70 枚。雌蕊长 6 ~ 7mm，花柱 3 裂，基部 25% ~ 80% 连合，子房被绒毛。蒴果卵圆形，长 1.8 ~ 2.4cm，直径 1.6 ~ 2.4cm，成熟前绒毛大部分脱落，表面呈糠秕状，绿色到棕黄色，3 ~ 4 室，每室有几粒种子，果皮很薄，平均果重 6.0（3.4 ~ 18.0）g（图 3-4）。种子含油量 38.31% ~ 44.48%。栽培条件下，每公顷攸县油茶林产油量可达 300kg。油分优质，营养丰富。

攸县油茶首先发现于湖南攸县，处野生状态，由中国林业科学研究研亚热带林业研究所育种组经过选种，于 1963 年引种到浙江富阳。15 年的试验证明，它是一个早实、高产、抗油茶炭疽病和经济性状优良的春华秋实的物种。据测定，攸县油茶虽然树体矮小，但单株平均叶面积却比普通油茶高 30% ~ 50%。从富阳试验林得知，直接造林的5年生攸县油茶，每亩220株的亩产油为29.9kg，每亩375株的为34.4kg。因此，攸县油茶造林应适当密植，各地可根据地形和土壤状况选择适当密度，以达到高产的目的。

攸县油茶主要分布在浙江丽水、淳安、富阳和湖南攸县、安仁、贵阳、郴州、衡阳和湘潭等地，江西的黎川，陕西的汉中、安康，湖北的恩施、来风和贵州的赤水，云南的广南亦有分布。

五、浙江红山茶（*Camellia chekiangoleosa* Hu）

又名浙江红花油茶。灌木或小乔木。高可达7m。嫩枝无毛，幼枝随生长由褐色变为黄褐色；老枝光滑，灰色。叶椭圆形，先端急尖，偶然尾尖，基部楔形至圆形，长6.7 ~ 12.5cm，宽2.3 ~ 6.0cm，边缘具齿，革质；叶面上下均无毛，叶面有光泽，浓绿色，光滑；叶背面略有光泽，淡绿色，中脉凸起。叶柄长5 ~ 13mm，无毛。冬季末至春季开花，花红色或者粉红色，直径7.7 ~ 12.0cm，单花顶生或腋生。鳞片宿存，10 ~ 16枚，外面被黑褐色绢毛，里面无毛，先端被绢毛。花瓣6 ~ 8枚，长5.9 ~ 8.4cm，宽3.3 ~ 6.7cm，倒心形，先端有5 ~ 14mm的裂口，基部与雄蕊柱连生10 ~ 15mm。雄蕊无毛，长2.7 ~ 5.0cm，外轮雄蕊基部连生成2cm的短管，雄蕊数约150 ~ 200枚。雌蕊长2.7 ~ 5.4cm，花柱3 ~ 5个，无毛，基部合生25% ~ 93%，子房无毛。蒴果球形，长4.0 ~ 7.0cm，直径4.0 ~ 6.5cm，无毛，3 ~ 5室，每室3 ~ 6粒种子，果皮厚8 ~ 15mm（图3-5）。种子含油量为27.0% ~ 34.1%。

浙江红花油茶主要分布于浙江丽水、衢州、金华、杭州、温州及福建北部和江西东部，其他省如湖北、陕西、安徽、湖南等均有引种栽培。浙江红花油茶的产量为全国第四位，含油率比普通油茶高出5% ~ 10%，油质好。如浙江丽水市青田县和缙云县交界的大洋山区有上万亩浙江红花油茶林，春季形成优美景观；该市遂昌县每年产茶籽约5万kg；遂昌县境内有集中分布400多亩浙江红花油茶，每年平均亩产茶油15kg。最近10多年来通过优树选择和无性系选育，浙江红花油茶产量有了较大提高。

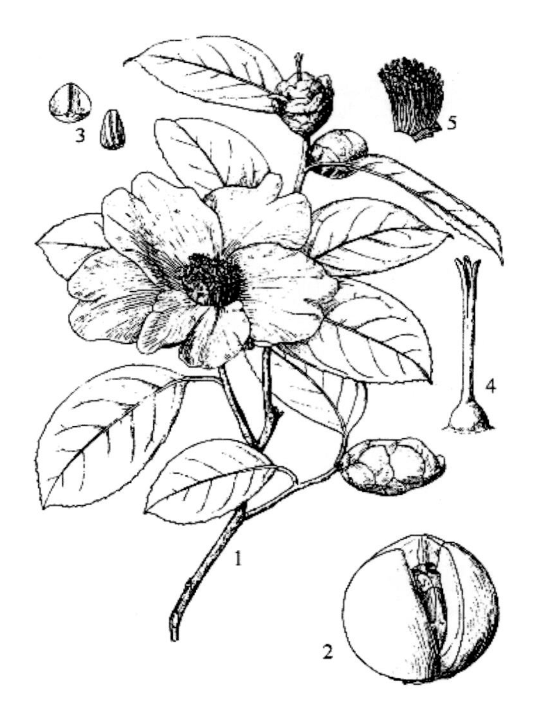

图3-5 浙江红花油茶
1.花枝 2.果实 3.种子 4.雌蕊 5.雄蕊
（《中国油茶》，2012）

浙江红花油茶主要在600m以上的海拔生长结实良好，在低海拔易感软腐病而开裂或落果。

六、南山茶(*Camellia semiserrata* Chi.)

又名广宁油茶、广宁红花油茶、华南红花油茶，是油茶的一个重要栽培物种。乔木。高可达15m。嫩枝无毛，紫褐色；老枝光滑，灰色。叶椭圆形至倒卵形，先端长尖到尾尖，基部楔形至圆形，长9.8 ~ 18.2cm，宽3.1 ~ 8.3cm，从基部起，20% ~ 50%的部分边缘无齿，其余部分边缘具齿；叶表面无毛，叶脉凹陷；叶背面无毛或中脉上被长柔毛，叶脉凸起。叶柄长8 ~ 16mm，无毛。冬末至春季开花，花粉红色至红色，花冠多为半开放，直径8.0 ~ 10.5cm，单花顶生和腋生。鳞片8 ~ 11枚，随花开放而宿存，外面被绢毛，里面密被绢毛。花瓣6 ~ 11枚，长5.6 ~ 7.6cm，宽4.0 ~ 6.1cm，倒心形，先端微凹，基部与雄蕊柱连生15mm。雄蕊无毛，长3.7 ~ 5.1cm，外轮

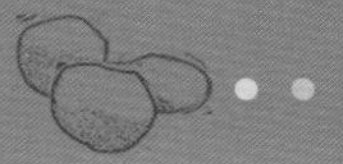

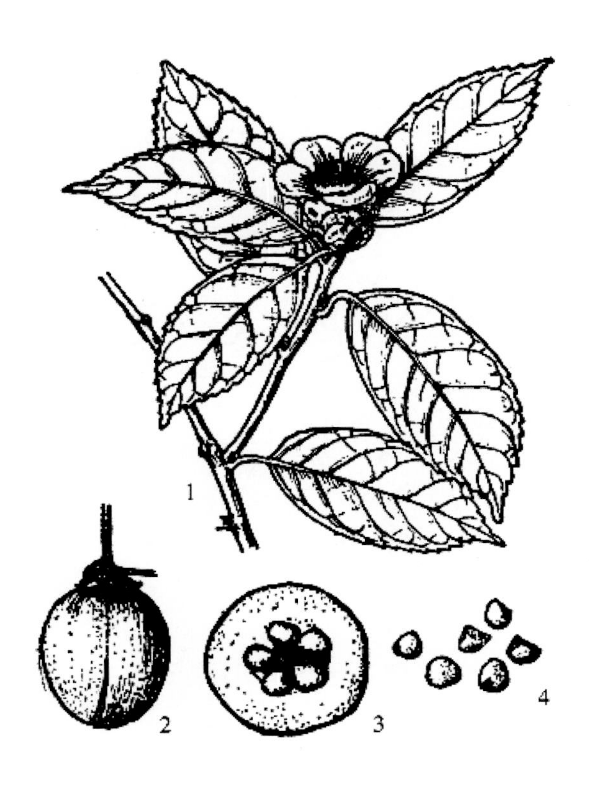

图 3-6 广宁红花油茶
1. 花枝 2. 果实 3. 果实横切面 4. 种子
（《中国油茶》，2012）

雄蕊基部连生呈 2.5cm 管状，雄蕊数约 200 枚。雌蕊长 3.5 ~ 6.0cm，花柱 3 ~ 5 裂，基部被毛，子房被绒毛。蒴果卵球形，长 6.0 ~ 8.0cm，直径 4.0 ~ 7.0cm，3 ~ 5 室，果重 200 ~ 1200kg，果皮厚 1.0 ~ 2.0cm。每个果有 10 ~ 21 粒种子，种子被短柔毛（图 3-6）。鲜出籽率 12% ~ 15%，种子含油量 20.5% ~ 29.4%。

广宁红花油茶主要分布于广东西部和广西东南部，其喜温暖湿润气候，喜光耐半阴，喜酸性肥沃土壤。通过引种到浙江、江西，有小量结果，但花朵和花苞数量较多，艳丽，较多用于庭院种植。广宁红花油茶种子含油量高、油质清香、果实硕大、花色艳丽，既是我国南方优良的木本食用油料树种，又是优良的园林观赏树。

广宁县现有该种油茶 76000 多亩，1979－1980 年年产籽 122 万 kg，在该县食用油中占据一定的比重。目前，从湖南、江西、浙江、安徽和湖北等省的引种情况看，除在江西赣南尚能正常结果外，在其他地区虽能开花，但结果不多。

七、滇山茶
（*Camellia reticulata* Lindl.）

又名腾冲红花油茶、野山茶、红花油茶等。灌木或小乔木。高可达 15m。嫩枝无毛；老枝光滑，灰色。叶椭圆形到阔椭圆形，先端渐尖，基部楔形，长 5.6 ~ 11.0cm，宽 2.0 ~ 3.9cm，边缘具疏齿；叶面中脉和侧脉凹陷，无毛；叶背面主脉和侧脉凸起，带有不同程度的长柔毛。叶柄长 6 ~ 11mm，无毛。冬末至春季开花，花玫瑰粉红色，花径 6.6 ~ 10.5cm，单花顶生或腋生。鳞片 7 ~ 10 枚，半宿存，两面被柔毛。花瓣 6 ~ 9 枚，长 5.1 ~ 6.8cm，宽 3.7 ~ 4.4cm，倒卵形或倒心形，先端凹缺 4 ~ 10mm，基部与雄蕊柱连生 15mm。雄蕊无毛，长 3.5 ~ 3.8cm，外轮花丝基部连生呈 2cm 长的管状，雄蕊数约 130 枚。雌蕊长 3.7 ~ 4.1cm，花柱 3 ~ 5 个，无毛，基部连生一半以上，子房被绒毛。蒴果扁球形，先端有凹痕，长 2.3 ~ 3.6cm，直径 2.5 ~ 4.4cm，表面粗糙，鳞片状，3 ~ 5 室，果皮厚 4 ~ 8mm，平均果重 60 ~ 100kg，每个果有种子 4 ~ 16 粒（图 3-7）。亩产油最高可达 15kg。

腾冲红花油茶播种后 8 ~ 9 年才能开花结果，15 年进入盛果期，花成果率高，种仁含油量高，油质好。近几年腾冲县由原来的 5 万亩发展到当前 30 多万亩，实生种植林分最高亩产油达 15kg，是高寒地区的油用植物。同时，通过低产林改造和新品种选育，该物种丰产性有了大幅度提高。该物种花性状变异大，有许多芽变重瓣品种，是我国茶花育种资源的重要来源，花大红艳，冬春开花花期长，具有较高的观赏价值。

该物种分布在云南的腾冲、龙陵、保山等县，腾冲县以云山、大鹿丛山周围的云华、古永、中和、固东、沙坝等地最为集中，滇中地区亦有栽培。

八、多齿红山茶
（*Camellia polyodonta* How ex Hu）

又名宛田红花油茶、宛田油茶籽。灌木或小乔木。高可达 6m。嫩枝无毛；老枝光滑，灰色。叶多为椭圆形至略微的倒阔卵形，先端渐尖至尾尖，基部阔楔形至圆形，长 7.4 ~ 13.2cm，宽

图 3-7 腾冲红花油茶花果枝
（《中国油茶》，2012）

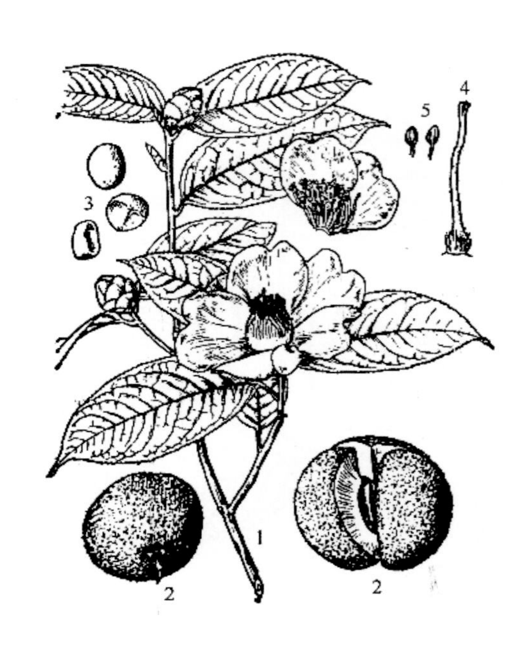

图 3-8 宛田红花油茶
1. 花枝 2. 果实 3. 种子 4. 雌蕊 5. 雄蕊
（《中国油茶》，2012）

2.4 ～ 4.5cm，边缘具尖齿；叶表面无毛，中脉和侧脉深凹陷；叶背面有短柔毛，中脉被长柔毛，主脉和侧脉明显凸起。叶柄长 8.0 ～ 13.0mm，无毛。冬末至春初开花，鲜艳的红色至深粉红色，花径 5.0 ～ 6.2cm，顶生和腋生。鳞片 12 枚，逐渐脱落，基部小苞片几乎无毛，上面较大的苞片被柔毛。花瓣 6 ～ 7 枚，长 4.5 ～ 5.3cm，宽 3.7 ～ 4.6cm，阔倒卵形至倒心形，先端凹缺 2 ～ 3mm，基部与雄蕊柱连生 10mm。雄蕊略被柔毛，长 3.8 ～ 4.5cm，外轮花丝基部连生形成一个 2.0cm 长的短管。雌蕊长 3.6 ～ 4.1cm，花柱先端 3 浅裂，基部被短柔毛，子房被柔毛。蒴果球形至梨形，表皮黄褐色，直径 5.0 ～ 8.0cm，每室有种子 3 ～ 5 粒，果皮厚约 1cm，果重 30 ～ 120kg（图 3-8）。种子无毛，鲜出籽率 12% ～ 20%。

宛田红花油茶在广西临桂县宛田分布最为集中，平均亩产油 15 ～ 17kg，有一定的生产潜力，为当地群众的食用油树种。浙江、湖南、江西、安徽和湖北等省一些地方县引种后，开花结果较好。该物种果皮厚，在有的地方产量很低。但该物种开花量大，在低海拔地区生长旺盛，是作为育种材料和庭院绿化的好树种。

九、茶梨油茶
（*Camellia octopetala* Hu）

又名梨茶、八瓣油茶。小乔木。高可达 10m。细枝无毛，黄褐色至褐色；老枝和树干光滑，灰色。叶浓绿，椭圆形，先端急尖至渐尖，基部楔形，长 9.1 ～ 17.6cm，宽 2.7 ～ 7.6cm，叶缘有细齿，但不太明显，齿间距 3 ～ 4mm；叶面光滑，主脉略凹陷，无毛；叶背面光滑，主脉略凸起，无毛。叶柄长 8 ～ 14mm，无毛。秋季开花，花淡黄色至黄绿色，花径 5.0 ～ 6.0cm，通常单花顶生。鳞片 10 枚，多为干组织，而后渐脱落，边缘膜质，外面顶部被柔毛，里面无毛。花瓣约 10 枚，长 3.0 ～ 4.0cm，宽 1.5 ～ 2.0cm，窄卵形至倒卵形，外轮花瓣先端略有裂口，外面多少被毛，里面无毛，基部与雄蕊柱连生达 5mm。雄蕊长 1.5cm，外轮花丝基部合生呈 5mm 长的短管状，雄蕊约 250 ～ 300 枚。雌蕊长约 1.7cm，花柱 4 ～ 5 条，基部离生，被长柔毛，子房被绒毛。蒴果梨形至球形，长 5.5 ～ 6.0cm，直径 5.0 ～ 7.0cm，棕黄色，粗糙，具褐色斑点，成熟时几无毛，4 ～ 5 室，每室有种子 1 ～ 5 粒，果皮厚 1 ～ 2cm。种子无毛（图 3-9）。

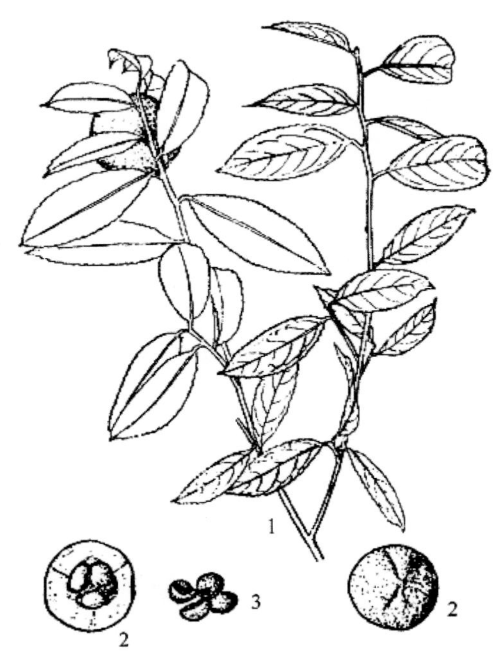

图 3-9　茶梨油茶
1. 果枝　2. 果实　3. 种子
（《中国油茶》，2012）

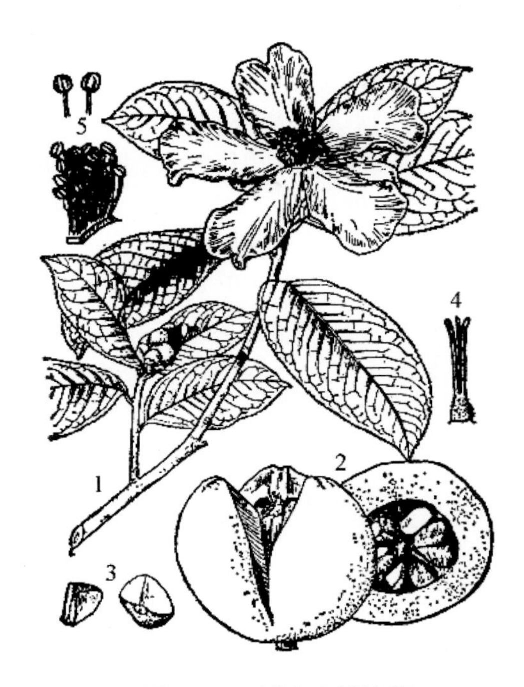

图 3-10　博白大果油茶
1. 花枝　2. 果实　3. 种子　4. 雌蕊　5. 雄蕊
（《中国油茶》，2012）

茶梨油茶分布在浙江龙泉、庆元、建德、杭州，福建霞浦、建阳、三明、尤溪，江西龙南、定南、上饶等地，呈间断分布。

茶梨油茶结实率中等。油橘黄色稍带涩味。在浙江建德县有一片茶梨油茶，平均亩产茶油 15kg，当地群众将其作为食用油树种。近几年，各地都进行了引种，能正常开花结果，可在中亚热带低山丘陵生长。

十、博白大果油茶（*Camellia gigantocarpa* Hu）

又名赤柏子。小乔木，高可达 10m。细枝和老枝灰绿色，无毛。树皮光滑，淡灰绿色。叶倒卵形至阔长圆形，先端短硬尖，基部楔形或近圆形，长 7.0 ~ 15.0cm，宽 3.0 ~ 9.5cm，叶缘具齿，薄革质；叶面中脉和侧脉凹陷；叶背面侧脉和主脉凸起，偶然被稀疏柔毛，有木栓瘤。叶柄长 8 ~ 12mm，上面有沟槽，无毛。秋季开花，花白色，有浓香味，花径 8.0 ~ 12.0cm，单花顶生。鳞片 9 ~ 12 枚，随果实成熟而脱落，外面被灰色绒毛，里面无毛，边缘有睫毛。花瓣 6 ~ 9 枚，长 3.8 ~ 6.5cm，宽 2.0 ~ 4.5cm，倒卵形，边缘起皱，先端有缺口，背面有短柔毛，基部与雄蕊柱略连生。雄蕊被毛，长 1.0 ~ 1.8cm，雄蕊约 300 枚。雌蕊长 8 ~ 15mm，花柱 3 ~ 4 条，基部离生，下部有疏柔毛，子房密被绒毛。蒴果球形，直径 7.0 ~ 12.0cm，表面粗糙，糠秕状，3 ~ 4 室，每室 3 ~ 5 粒种子，果皮厚 1.0 ~ 2.0cm，果重 0.4 ~ 1.0kg（图 3-10），鲜出籽率 12% ~ 18%。

博白大果油茶适宜在高温多雨的南亚热带地区生长，从各地引种的情况看，博白大果油茶生长快、抽梢发叶早。在广西博白一带，久经栽培，种子榨油供食用；在中亚热带浙江富阳一带，生长快，呈乔木状，但结果量较少。

十一、西南红山茶（*Camellia pitardii* Coh. St.）

又名匹它山茶、野茶树、红花茶。有一种白花变种叫西南白山茶 (*Camellia pitardii* var. *abla*

Chang)。灌木或小乔木。高可达 7m。嫩枝通常无毛，老枝光滑，灰色。叶片椭圆形，先端渐尖至尾尖，基部楔形至阔楔形，长 4.5 ~ 12.0cm，宽 1.8 ~ 4.5cm，边缘具规则叶齿，叶片两面通常光滑无毛。叶柄长 5 ~ 12mm，无毛或有短柔毛；冬末至春季开花，玫瑰红色或白色，花径约 4.5 ~ 7.0cm，顶生和腋生，花芽多。鳞片约 10 枚，逐渐脱落，两面无毛或被柔毛。花瓣 5 ~ 8 枚，长 3.5 ~ 5.5cm，宽 2.5 ~ 4.5cm，卵形至倒卵形，先端深凹，基部与雄蕊柱连生 10 ~ 15mm。雄蕊无毛或花丝离生部分稀被柔毛，长 2.0 ~ 3.0cm，外轮花丝基部连生形成一个 1.5 ~ 2.0cm 长的短管。雌蕊长 2.8 ~ 3.2cm，花柱 3 条，被柔毛，基部大部分合生，子房密被绒毛。蒴果扁圆球形至球形，先端有凹痕，长 3.5cm，直径 3.5 ~ 5.0cm，3 室，果皮厚 3 ~ 8mm，每果有 5 ~ 12 粒种子（图 3-11）。鲜出籽率 34% ~ 35%，出仁率 45% ~ 64%，干仁含油率 52% 左右。油脂理化性质：酸价 2.84，皂化值 185.85，碘价 83.90。

该种主要分布于云贵高原，如在贵州盘县约有 60 万株，分布在海拔 1800 ~ 2400m 的民生、羊场、坪地、西冲、乐民等地。此外，湖南的古丈、龙山、大庸、保靖等地，四川的凉山、会理、会东，广西资源和云南亦有成片的分布。

西南红山茶油质清香，出油率 23% ~ 30%。目前，已有成片林子，是高海拔地区可以利用的食用油料树种。同时，它花大鲜艳夺目，是很好的观赏树种。

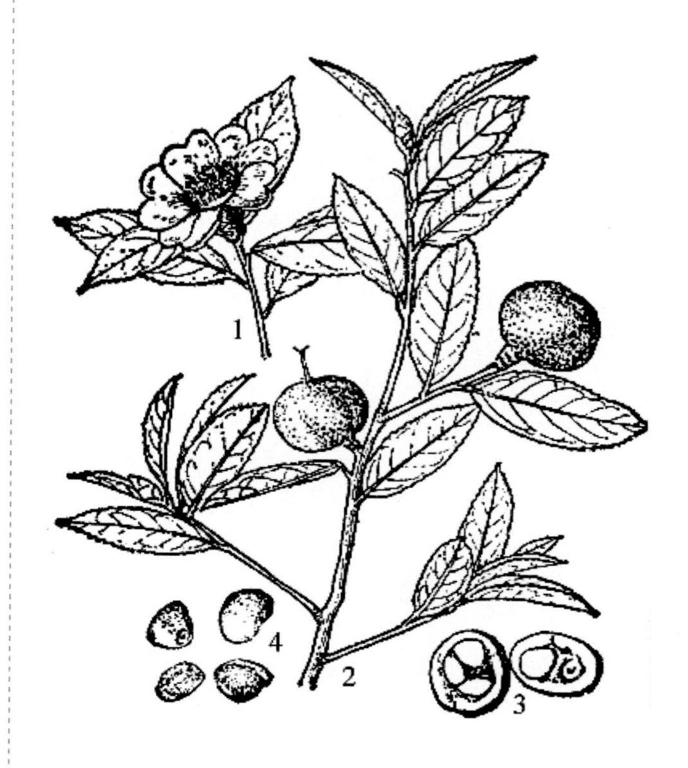

图 3-11　西南红山茶

1. 花枝　2. 果枝　3. 果实横切面　4. 种子

（《中国油茶》，2012）

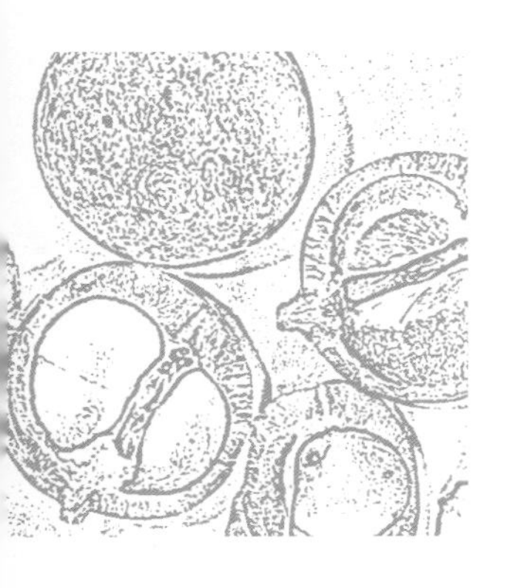

第四章　油茶良种选育

新中国成立后，由于党和政府的重视和关怀，中国林业科学研究院和各省（自治区）林业科学研究所先后立题开展油茶科学研究。1956 年，中国林业科学研究院林业研究所林少韩到江西宜春进行小果油茶栽培研究。江苏省林业科学研究所吴志曾于 1958 年到安徽歙县对普通油茶进行调查研究。1960 年 5 月，中国林业科学研究院油茶试验站成立，在湖南永兴、衡东、怀化设点，开展油茶良种选择、丰产栽培、病虫防治和生理等方面的研究。中国林业科学研究院批准由该院南京林业科学研究所（中国林业科学研究院亚热带林业研究所前身）组织油茶科研协作组，并于 1960 年 9 月底在湖南永兴县组织召开了第一届全国油茶科研协作会，成立了全国油茶科研协作组，制定了全国油茶科研协作计划（1961-1965 年），并提出了今后任务。从此，我国油茶良种选育和栽培技术的科研工作有计划地开展了起来。后来陆续召开了 6 次全国油茶科研协作组会议。2011 年，在浙江省富阳市成立“全国油茶技术协作组”，已分别在浙江、江西、云南召开 4 次油茶科研协作、技术培训和产业论坛。

育种目标是指培养新品种所要达到的目的和要求。高产、稳产、优质、高抗等是现代农林业生产对品种的基本要求，也是育种的主要目标，育种工作归根到底是为了提高生产，培育的新品种必须在生产上能具有实际效益。就油茶而言，提高产量是首要育种目标。围绕着选育“高产、稳产、优质、高抗”的油茶良种，全国油茶选育工作大致经历 4 个发展过程：① 油茶早期农家品种调查，即 20 世纪 50 年代到 60 年代末；② 选优树，测定优树和攻克油茶繁殖技术难关，即 20 世纪 60 年代末到 70 年代末；③ 油茶被列为国家重点攻关项目，全面开展油茶选种工作，即 20 世纪 70 年代初到 80 年代初期；④ 新品种选育及种质创新，即 21 世纪开始至今。

“六五”、“七五”、“十五”和“十一五”期间，全国油茶选种和科技攻关工作在中国林业科学研究院亚热带林业研究所的主持下，历经 40 多年，取得很大的成绩，在油茶良种方面先后获国家科技进步奖 3 项，部、省科技进步奖二等奖 4 项和三等奖 10 多项，为我国油茶科研和生产做出了较大贡献，也为当前及今后油茶科技进展打下了良好的基础。

第一节 油茶优良类型与优良家系选育

我国油茶早期育种以群体育种为主，主要以农家品种、优良类型和优良家系选择为主，其中农家品种，即在当地自然或栽培条件下，经长期自然或人为选择形成的品种，对当地自然或栽培环境具有较好的适应性。优良类型是那些经长期自然或人为选择，具有广泛适应性及优良栽培性状的遗传基础相似的资源统称。凡是由单株树木上生产的自由授粉子代，或由双亲控制授粉产生的子代，统称家系（family）。根据各家系植株性状的平均表现选择优良家系，即优良家系选育。20 世纪 60 年代前后，各地先后开展油茶品种类型调查与分类，先有广东省林业厅、广西林业科学研究所，后有中国林业科学研究院南京林业科学研究所、中国林业科学研究院亚热带林业研究所、南京林学院、浙江省林业科学研究所、江西省林业科学研究所，福建省林业科学研究所和湖南省林业科学研究所等单位参与其中。

油茶适生于低山丘陵地带，在世界上其他地区分布不广，我国为其自然分布中心地区，其水平分布具有分布区广、很多地区分布不连续以及分布区内不同地区气候条件差异很大的特点。我国有一定栽培面积和栽培历史的油茶物种有：普通油茶、小果油茶、越南油茶、攸县油茶、浙江红花油茶、广宁红花油茶、腾冲红花油茶、宛田红花油茶、茶梨、博白大果油茶、白花南山茶、南荣油茶和苍梧红花油茶等 20 多个种。普通油茶群众习惯按物候基本上分为霜降子、寒露子、秋分子、立冬子等几个品种群和十几个类型。广东林业厅李东生于 1958 年对广东省的广宁红花油茶的分布和分类做了调查研究，同时，广西林业科学研究所对广西境内的普通油茶品种类型及主要栽培物种做了调查和分类。1962 年，庄瑞林在湖南攸县调查时发现野茶子，群众取籽榨油食用，油色清香，经中国科学院山茶科分类学家胡先骕鉴定，定名为攸县油茶（1981 年中山大学张宏达教授又改定为长瓣短柱油茶）。攸县油茶被引种到浙江富阳栽种 40hm^2，经长达 15 年的全面系统观察，研究人员掌握了攸县油茶的生物学特性、开花习性、花期物候，研究了花的大小和类型与果实类型变异之间的关系、气象因子与产量的关系、染色体变化等方面的内容。后又经连续 5 年测产，攸县油茶年平均产油 50kg / 亩，是我国油茶研究中较全面、深入的物种之一。1963 年，原南京林学院叶培忠教授、王明庥先生带领一班学生到江西宜春进行小果油茶调查实习，完成了《小果油茶品种类型变异和分类研究》的报告。这与先前宜春地区林业科学研究所和宜春油茶林场所写的关于小果油茶的品种类型划分，基本观点是一致的，不同的是叶培忠教授的报告中，对小果油茶的类型变异做了分析，指出了一些相关性。小果油茶基本上划分为宜春白皮中子、宜春红皮中子几个类型。在 20 世纪 70 年代，贵州省林业科学研究所曾范安等又对分布在贵州省的物种生态条件、物种及分布进行了全面调查研究，从发表论文看，贵州是我国油茶物种最多、最丰富的省份之一。广西林业科学研究所梁盛业对我国金花茶的分布、品种进行了全面深入的研究。中国林业科学研究院亚热带林业研究所姚小华等人对浙江红花油茶的分布和果实经济性状等做了深入调查研究。所有这些都引起了油茶和山茶界的高度重视。

在优良类型和农家品种方面，全国各地选出油茶优良农家品种类型 20 多个，有岑溪软枝油茶（广西林业科学研究所选出）、永兴中苞红球（湖南省永兴县林业科学研究所选出）、衡东大桃（中国林业科学研究院亚热带林业研究所、衡东县林业局选出）葡萄茶（广西桂林地区林业科学研究所选出）、阳春油茶（广东阳春县林业科学研究所选出）、龙眼茶（福建林业科学研究所选出）、宜春白皮中子（江西宜春市油茶场选出）、石市红皮油茶（江西省林业科学研究所选出）、安徽大红（安徽黄山林业科学研究所选出）、谷城大红果（湖北林业科学研究所选出）、望谟油茶（贵州林业科学研究所选出）、巴陵油茶（湖南林业科学研究所选出）等。

为了解各地所选出的农家品种的适应范围和生产潜力，20 世纪 70 年代全国油茶科研协作

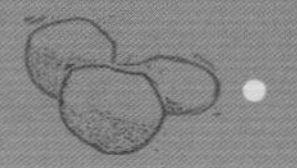

组在全国20多个农家品种中选出12个品种，用实生选种造林，在14个点进行全国区域性鉴定。根据测试品种在各点上的表现和产量高低，经综合评定，岑溪软枝油茶最优，其次是衡东大桃，再次是永兴中苞红球。这3个农家品种不但适应范围广，而且产量高。其中岑溪软枝油茶当时在广西境内推广达2万hm^2，单位面积增产30%～50%，增产效果显著。因此，岑溪软枝油茶在缺少优良无性系时也可作一般良种应用。

攸县油茶的引种成功为推广生产增加了一个新的栽培种。野生的攸县油茶引种到浙江省富阳市获得成功，经15年调查和定点观察证明，该物种具有抗炭疽病强，春华秋实，树体紧凑适于密植，果皮薄、出籽率高、油质好等优良性状，在一般的立地条件栽培能获得较高的产量。浙江省富阳市贤德乡查口村试种的6.3亩试验林，1980-1985年连续6年平均亩产油28kg，其中1.12亩连续5年每年产果量都超过700kg，亩产油达50kg以上，证明攸县油茶是一个有发展前途和高产潜力的物种。浙江富阳市已引种营造攸县油茶2000亩，在原产地攸县以及我国中、北亚热带的一些地区已发展攸县油茶几万亩。

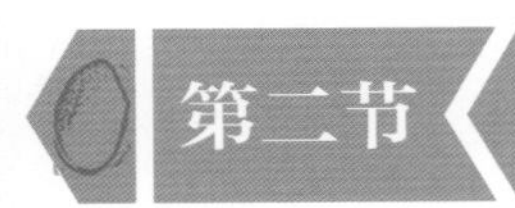

第二节　油茶无性系与无性系品种选育

由一树木单株通过无性繁殖所产生的所有分株称为一个无性系（clone）。当一个无性系具有独特的优良经济性状，而且这种性状能够通过扩大再生产推广到一定的区域，性状表现稳定，就可成为新的品系或品种。1974年9月，全国油茶科研协作组在湖南省永兴县召开了第四届全国油茶科研协作会，制定了5年协作计划，按计划要求，全国各地开展优树选择、优树子代测定和无性系测定工作。

一、优树选择

优树是指在产量和质量方面均表现优良但尚未经子代鉴定确证其遗传品质是否优良的那些优良单株。一旦通过鉴定，判明其遗传品种优良可靠，比对照品种或对照优株有明显的遗传增益者，即可作为一个优良家系或优良无性系加以培育扩大培养。为了获得油茶优良家系和无性系，我国从20世纪60年代起开展了以普通油茶为主的优树选择工作。1971年，中国林业科学研究院亚热带林业研究所首先在浙江安吉南湖林场、长兴小浦林场和武义百花山林场开展选优工作，并将选择区域扩大至全国产区。广西林业科学研究所、福建省林业科学研究所随后也开展了工作。1974年，根据中国林业科学研究院亚热带林业研究所主持全国油茶科研协作组制定的《油茶优树选择标准与方法》，各地积极行动起来，在全国各地选择了林相较好的6700hm^2油茶林进行选优，初选优树11000多株。经过复选和决选，最后决选出1000多株优树，其中，广西、江西、湖南、浙江等省（自治区）较多。随后，各地选择部分优树进行了子代和无性系测定。

2008年以来油茶发展很快，有些产区由于缺乏良种，将优株决选后进行良种认定，并在选育地生产应用。在没有良种的地区，这项工作有重要的意义。这些认定良种跨区（县）发展需要进行盛果期无性系测试评价才可靠。

二、优良家系和优良无性系的选育

中国林业科学研究院亚热带林业研究所主持全国油茶科研协作组于1976年9月在湖南邵东县黄草坪林场召开了全国油茶优树测定会，制定了《全国油茶优良家系和优良无性系选育标准和方法》，推动了各地优树测定工作。其中，中国林业科学研究院亚热带林业研究所、广西林业科学研究所、福建省林业科学研究所、浙江省林业科学研究所、广东韶关地区林业科学研究所、浙江常山油茶研究所等单位布置了10多处子代和无性系测定林，面积达40hm^2。

到1986年，我国第一批进行优树测定的单位已选鉴出一批优良无性系。中国林业科学研究院亚热带林业研究所选鉴出亚林1等3个优良家系和亚林6等14个优良无性系；福建林业科学研究所熊年康选鉴出11个优良家系和闽20等8个优良无性系；广东韶关地区林业科学研究所陈家耀选鉴出韶蒙等8个优良无性系；浙江林业科学研究所邹达明等选鉴出16个优良无性系；浙江常山油茶研究所沈清等选鉴出14个优良无性系。1993年以后，中国林业科学研究院亚热带林业研究所、江西赣州地区林业科学研究所、江西省林业科学研究所、湖南省林业科学研究所和广西林业科学研究所等都各自选出一批优良无性系。近期各地不断选育出优良无性系，如长林40、长林4号、长林3号、长林53号、长林18号、长林23号、长林27号、长林166号、长林55号、长林21号、亚林1号、亚林4号、亚林9号、桂无5号、赣无1号、赣永6号、赣抚20号、赣兴48号、赣石84-8号、桂普32、桂普34、桂普38、桂软1、桂软11等，目前，全国已选鉴出近400个优良无性系。这些优良无性系大部分是从中心产区选鉴出的，是我国新一代良种，现多数已在生产上广泛应用，在油茶产业发展中发挥了重要作用。但是，因为许多良种间并未一起参与比较试验，所以相互间公布的产量只能作为参考。特别是许多优株认定良种是采用大树单株估计的，与大面积的生产差别较大，只作参考。

无性系选择从优林选择到多点无性系测定结束，通常选育时间要求在15年以上。

三、油茶无性系全国区域性鉴定

为了解各单位所选优良无性系的适应性和生产潜力，中国林业科学研究院亚热带林业研究所庄瑞林主持“七五”攻关专题开展研究，江西、广西、湖南和浙江四省（自治区）各选10个无性系，在统一方案的指导下，采用大树嫁接换冠的方法完成了区域性布置鉴定。在南宁、长沙、南昌和富阳4处，嫁接无性系区域性鉴定林5.33hm^2，连续4年对经济性状和产量进行测定，经综合评定，选育出亚林1、亚林4、亚林9、湘林1、赣林2、桂林2、赣林6等19个新品种。这是我国首批将优树、优良无性系用无性测定的方法在全国区域性鉴定过程中经3轮选育而选育出的最佳优良无性系（即新品种）。目前，油茶新品种已推广6.7万km^{2}获得了很好效果，该项成果1998年获国家科技进步三等奖。

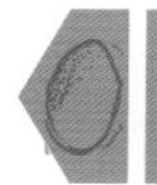

第三节 油茶杂交育种

杂交（hybridization）即不同基因型个体间的交配。杂交育种（hybridization breeding）是利用人工杂交，以期获得组合双亲优良性状个体及获得杂种优势的育种过程。山茶属种间的杂交育种始于1942年。英国学者J.C. 威廉（J.C. Willam）用怒江山茶与日本山茶杂交，育成的许多新品种就是山茶属内种间杂交得到的最早的品种，并以此为开端，进行了许多的种间杂交，培育出前所未有、变异丰富的新品种。相对来说，山茶杂交育种在观赏品种育种上应用早，成效也较显著。

一、亲本选择

正确地选择杂交亲本，是油茶杂交育种能否取得成功的关键之一。亲本选配得当，其后代可能出现较多的优良类型，也就比较容易选育出较多的优良品种。父母本都要具有较多的优点而没有突出的缺点，在主要性状上相互间能取长补短，这是选配亲本的首要原则。关于双亲性状互补，应着重于出籽率、含油率、抗病能力等遗传力高的与产量密切相关的性状方面。同时父本或母本之一，对当地的环境条件应有良好的适应性。品种对外界条件的适应能力是影响高产稳产的重要因素。自交亲本对环境的适应性，是可以通过杂交传递给后代的。

选作杂交育种的父本和母本，其开花期要比较一致，才有利于人工采粉和授粉的进行。一般情况下父、母本的开花期至少要有1/2 ~ 1/3是重叠的。在杂交育种中，宜用亲缘关系疏远、不同生态型的材料作亲本。最好是在当地油茶林中

选择生长、结实最好的优树作母本，与在地理上隔离较远的优良父本进行杂交。

二、油茶的杂交育种

庄瑞林经过多年对油茶花的生物学特性、开花特性、花粉采集与贮藏和杂交效果的研究以后，首次提出油茶自花不孕的观点，同时指出杂交育种是培育油茶新品种的重要途径。

在20世纪70年代，浙江林学院、广西桂林地区林业科学研究所、广东韶关地区林业科学研究所进行了普通油茶等几个组合的杂交；广西桂林地区林业科学研究所冯科志指出，宛田红花油茶、攸县油茶与金花茶杂交表现出有较高的可孕性。中国林业科学研究院亚热带林业研究所对13个物种进行了41个杂交组合试验，并对杂交后代F_1进行了观察和测定工作至今，并选出一批杂交无性系。

翁月霞首先将双系杂交用于攸县油茶种子园工作。20世纪80年代后期，筛选出配合力高，杂交后种子质量好的县级油茶无性系双系组合，利用浙江淳安县千岛湖区岛屿分别建立了4个双系种子园，生产种子用于早期生产。

"八五"和"九五"期间，中国林业科学研究院亚热带林业研究所与湖南省林业科学研究所共同承担了林业部指南项目"油茶两系杂交新技术育种的研究"，庄瑞林与王德斌对几十个优良无性系进行了可配性测定，有90个组合的坐果率在50%以上，其中优62×优46的坐果率高达86.7%，有20个组合在70%以上。还发现了几个油茶雄花不育系，在"油茶双系杂交育种"的基础上开展了研究工作并建立普通油茶杂交种子园。湖南林业科学院选出一批普通油茶杂交组合并建立种子园，以此为基础形成的科研成果"油茶雄性不育杂交新品种选育及高效栽培基础和示范"获得2009年国家科技进步奖二等奖。

当前，油茶育种从选择育种向选择育种和杂交育种并举方向发展。杂交育种需要更长的育种时间，从亲本选配到后代观测选择、无性系试验至少需要22年时间。

第四节　油茶的良种繁育

良种繁育是在保持原种优良品质的前提下，研究如何尽快地繁殖和推广良种的科学，以求尽快和有效地为林业生产服务。一个优良品种的选育成功，就是良种繁育工作的开始。良种繁育的任务是：既要繁育良种种苗，又要保持和提高良种的特性，防止品种混杂和退化。因此，油茶的良种繁育实质上仍属育种学的范畴，是选择育种的继续和发展，具有不断选择和优中选优的重要意义。

一、油茶无性繁殖技术

油茶良种繁育是从低级到高级的过程，是从群体选择到个体选择，再进到无性系的繁育和利用，实现高级良种化，也就是说主要是采用无性繁殖的方法进行良种繁育。无性繁殖是直接利用母本一部分的器官（嫁接、扦插）或细胞团（组织培养）等营养体通过简单的细胞丝分裂培育成完整植株的过程。

（一）嫁接

嫁接繁殖（grafting）是将一个植株的芽和短枝条，与另一植株的茎段或根系植株适当部位的形成层间相互结合，从而愈合生长在一起并发育成一新植株的方法。其中前者成为接穗（scion），而承受接穗的部分则称为砧木（rootstock）。

全国油茶科研协作组于1975年6月在浙江富阳中国林业科学研究院亚热带林业研究所召开了全国油茶嫁接技术现场交流会。在小苗嫁接中，由中国林业科学研究院亚热带林业研究所韩宁林等研究和创造发明的"油茶芽苗砧嫁接法"具有快速、简便和成活率高的优点。在大树嫁接中，由湖南林业科学研究所王德斌等人研究和创造的

“嵌合接枝法”、江西林业科学研究所邱金兴等和中国林业科学研究院亚热带林业研究所庄瑞林等研究人员提出的“大树切接法”具有方法简便、成活率高、实用性强的优点。当时，各地每年用芽苗嫁接繁殖良种苗木优良无性系都在 100 万株以上，大树嫁接采穗圃和各种测定林在千亩以上。目前，油茶发展加快，以韩宁林团队发明的芽苗砧嫁接技术为主的这些繁殖方法在我国油茶产业发展中得到了广泛应用，如 2009 年江西、湖南和浙江三省共采用芽苗砧嫁接技术繁育优良无性系苗木达 2 亿多株。

（二）扦插

扦插繁殖（cutting propagation）是指利用植物器官的再生机能，由原株上切取一定规格的茎、枝条、叶、根等材料插入基质中，在适宜的外部环境条件作用下，通过自身遗传以及生理机能调节，再次形成完整植株的繁殖方法。

全国油茶科研协作组于 1978 年 9 月在广西临桂、岑溪和广东佛岗召开了油茶优树测定会。佛岗县林业局和江苏省林业科学研究所介绍了油茶良种扦插苗造林情况。其中，佛岗县千亩扦插苗造林成活率高，生长良好，是我国油茶扦插苗造林的成功实例。在油茶良种繁殖上，不仅有嫁接良种苗造林，而且有扦插苗成片造林的实例，推动了油茶良种化的进行。中国林业科学研究院亚热带林业研究所于 20 世纪 70 年代在江苏省社渚林场对不同年份营造的扦插苗进行调查，调查发现：扦插苗造林，1 ~ 2 年没有主根，须根发达；4 ~ 5 年以后，植株开始自然形成类似主根和侧根的生长较粗而又长的几根根系，长达 40 ~ 50cm 以上；7 ~ 8 年以后主根、侧根明显，植株生长良好。扦插繁殖与嫁接繁殖相比，其早期根系不发达，苗木生长慢，目前在生产中应用少。

（三）组培

组培快繁（propagation by plant tissue）是指通过无菌操作，将植物的组织、器官、细胞等接种于培养基上，在人工控制的环境条件下进行培养，以获得完整再生植株的一种技术。

广西林业科学研究所颜慕勤于 1984 年采用组培油茶苗进行盆栽和上山造林获得成功；中国林业科学研究院亚热带林业研究所阙国宁也培养出油茶组培苗做造林试验。这为油茶无性繁殖创造出一条既快速又适宜工厂规模化生产的新途径。近 10 年来许多单位也进行了探索研究，但至今仍然没有实现生产实用化。

二、良种母树林、种子园及采穗圃的建立

在良种繁育制度不严格和技术措施不科学的情况下，无论是有性繁殖或无性繁殖都不能确保优良品种不发生混杂和种性退化的现象。建立母树林、种子园和采穗圃反映了我国油茶良种应用历史过程。

（一）良种母树林的建立

应用群体选择方法选择出来的优良品种类型或农家品种，经过区域性品种比较试验测定证明其确具优良性状，并通过鉴定被确认为优良品种后，便可正式把该品种原有的林分改建为采种母树林，进而建立提纯母树林。

母树林（seed production stand）是为生产提供初级良种的良种基地。建立母树林是在短期内获得品质较为优良、具有增产效益的种子的现实途径。我国从 20 世纪 70 年代中期到 80 年代初期建立过 25240 亩良种母树林，对当时提高造林效益起到了很好的作用。此外，还建立了人工提纯母树林 6000 亩，当时为生产提供较纯净的优良种子。早期母树林种子主要用于砧木培育和部分实生造林。因后来无性系砧木取种容易，母树林在生产中已没有应用。

（二）种子园的建立

种子园（seed orchard）是由优树的无性系或家系组成，以生产大量优质种子为目的的特种人工林。

应用单株选择法选择出来的优良单株，经过当代和子代鉴定证明母本的丰产优良性状能稳定传递给后代，能获得较高选择增益的优树便可用

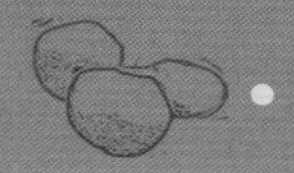

于建立种子园。到20世纪年代初期，我国模仿用材林做法已建立油茶种子园2000余亩，从种子园生产茶果5.8万kg。6年生的扦插苗无性系种子园，平均亩产茶果112.5kg，初步发挥了种子园的作用，如20世纪末在浙江淳安建立的攸县油茶双系杂交种子园和2000年在湖南浏阳建立的杂交种子园。

与提纯母树林不同，种子园是用优树或优良无性系的枝条或种子培育的苗木为材料，按一定的田间设计营造的具有优良遗传品质、能生产优质种子的林分。因此，它比提纯母树林能更有效地提高种子的产量和品质，使后代能获得较大的遗传增益。由于种子繁殖分离现象明显，目前很少用种子直接造林或培育实生苗造林。种子园失去了应有功能，培育种子主要用于砧木培育和小量实生苗培育。种子园生产方式在油茶良种生产中已很少应用。

（三）采穗圃的建立

采穗圃（cutting orchard）是提供良种优质无性繁殖材料的圃地。油茶采穗圃在优树决选且无性系测定后就要立即建立采穗圃，以便能及时地、方便地提供穗条进行生产。

采穗圃是为生产提供大量优质良种穗条的繁殖基地。但在完成穗条生产任务后，同样是油茶生产中一种良种丰产林分。我国在20世纪70年代中期以来，已建立各种性能的采穗圃2000余亩，在油茶科研和良种生产中起到了很大的作用。例如，早期在广西的临桂，广东的韶关、高州，浙江的常山，湖南的邵东等地建立了一批采穗圃，除为后来建圃提供成功经验外，还为各地提供了大量穗条；湖南省邵东县黄草坪林场的5.6亩油茶有23个无性系的采穗圃，第三年开始开花结果，第五年平均亩产油10.25kg。2008年以后我国各油茶产区相继建立优良品种规范采穗圃，已陆续产生效果，为当前良种苗木生产提供持续支持。

第五节 油茶育种程序

油茶育种程序（breeding procedure）是对油茶群体综合运用选择育种、杂交育种和无性繁殖手段，从中选育出高产、稳产、优质、高抗的油茶良种的创造性过程；是一个使育种遗传基础由宽变窄，再由窄变宽的螺旋式上升的发展过程；是一个短期效益和长期目标相互配合支持与发展的过程。

油茶育种程序有历史上的阶段性。通过对全国种质资源的调查与研究，根据育种目标，初步筛选与整理出了适宜的农家品系，进行区域试验，进而推广品种，并对一些经群体选择得到的优良群体改造成各种母树林，投入生产运用，产生短期效益，以期达到油茶选育的长期目标。在群体选择后，进行优树个体的选择，完善与改进优树无性繁殖技术，建立较大规模的无性系育种群体，对所选的优树进行全国的区域试验，然后形成可以推广的优良无性系，进行推广和构建优良无性系的采穗圃，这是一个育种遗传基础由宽变窄的过程。对选育出的优良单株，在育种目标性状的遗传规律的研究基础之上，为了充分获得杂种优势，选择配合力高的优良杂交亲本组合，通过人工控制杂交育种试验，进行基因重组，并对杂交的子代进行群体与子代选择，从中选定一些优良家系和优良个体进行区域试验后，进行无性系推广和种子园的构建，这又是一个育种遗传基础由窄变宽的过程。如此反复循环，使需要的遗传基因频率不断提高，繁殖材料的遗传品质不断优化，为进一步地达到长期目标提供了优秀的育种材料。

油茶育种过程归纳如图4-1，反映了从20世纪50年代以来我国油茶整个育种程序。油茶育种程序中的重点步骤随着生产发展有很大变化，当前以实生繁殖为主的母树林、种子园已很少在生产中应用，主要向以无性系和无性系品种为主方向发展。但为了丰富选育过程中的遗传基础，油茶遗传资源调查和种质资源保存一直受到重视。近年又相继在浙江金华、江西信丰、湖南长沙、湖北麻城、广西南宁建立了一批油茶种质资源库。2012 年来由国家林业局科技发展中心、中国林业科学研究院亚热带林业研究所主持开展了全国油茶遗传资源调查，发现了一大批优异物种和种内变异材料，近年陆续在种质资源库中保存，为长期育种打下了良好基础。

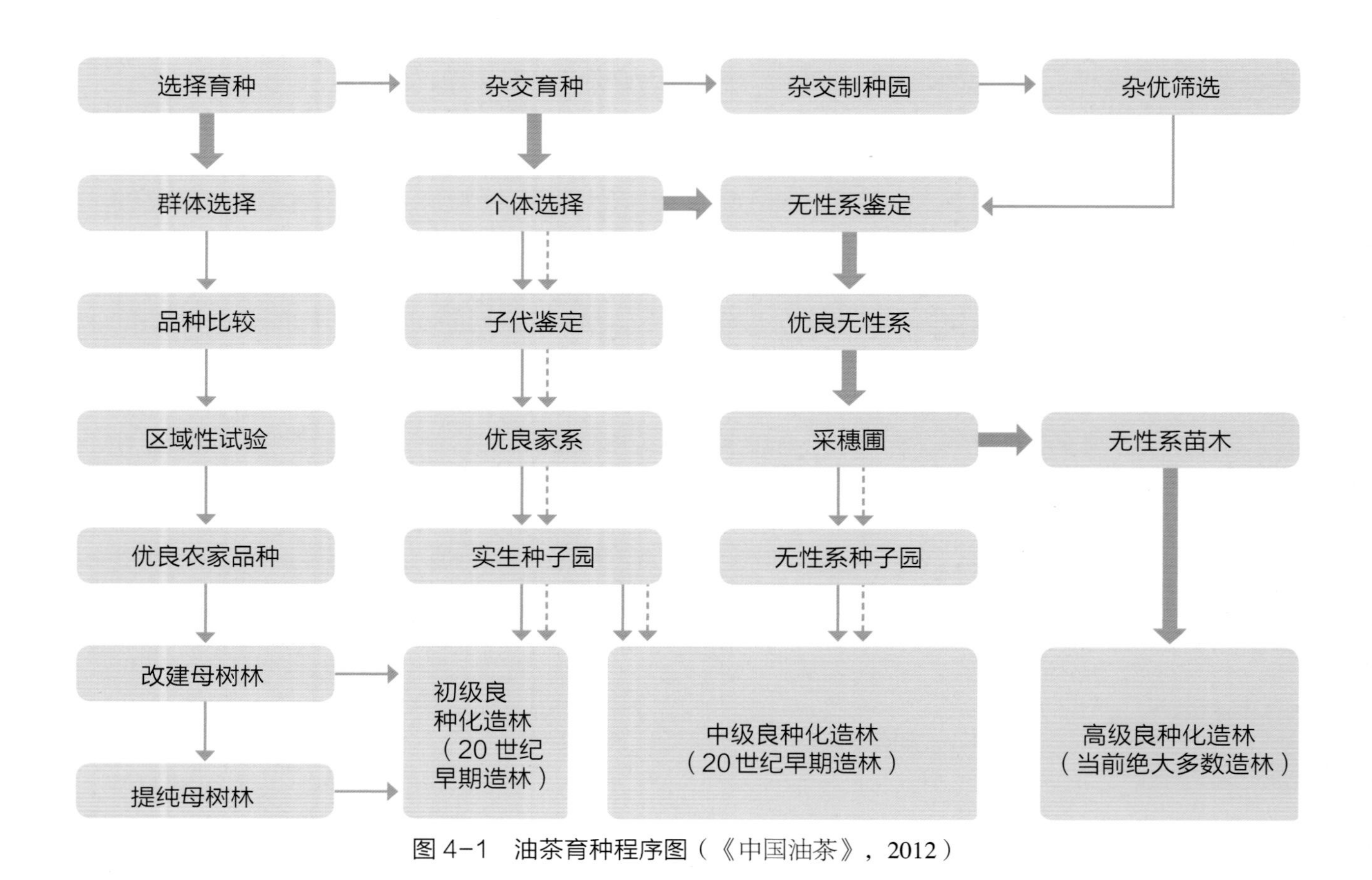

图 4-1 油茶育种程序图（《中国油茶》，2012）

第六节 油茶高产良种示范与推广

在高产良种选育的基础上，随着油茶生产发展，各地应用选育的良种取得了一大批高产典型，早期良种应用生产上实际规模产油量达到 350kg/hm^2，个别良种在单一年份出现 450kg/hm^2 以上（抽样测算）的产油量。当前在全国各地出现了许多规模高产典型，产油量多数在 450 ~ 750kg/hm^2。

2008 年，国家出台实施油茶产业发展规划（2009 - 2020 年），油茶良种生产和良种应用得到快速推进。在江西、浙江、湖南、广西、湖北、贵州、安徽等省（自治区）产生了良好的丰产示范效果，推动了高产新品种油茶的发展积极性。长林、亚林、赣无、湘林、桂无、赣州油、闽优、鄂油、滇油、黄山、韶关等系列良种成为各地生产发展的主要良种，这些良种大多数在“六五”、“七五”攻关计划及后期继续选育中产生。

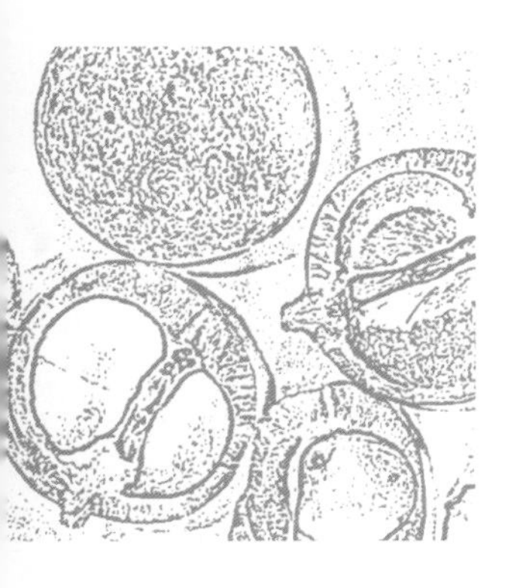

第五章　油茶良种性状调查描述规范

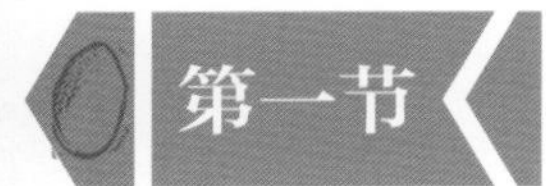

第一节　术语和定义

下列术语和定义适用于本标准。

一、油茶

油茶（Oil-tea camelia）：山茶属油用物种的总称。

二、叶面隆起性

叶面隆起性（foliar bulge）：叶片表面凹凸特性。

三、鲜果出籽率

鲜果出籽率（seed rate of fruit）：鲜籽质量占鲜果质量的百分率。

四、干籽出仁率

干籽出仁率（kernel rate）：烘干种子的种仁质量百分比。

五、干仁含油率

干仁含油率（oil content）：油脂占种仁的质量百分比。

第二节　性状指标测定与描述方法

一、生活型

生活型分为灌木型（无主干）、小乔木型（基部主干明显，中上部不明显）、乔木型（从下部到中上部有明显主干）。

二、树形

树形分圆球形、圆柱形、塔形、伞形，等等。

三、树姿

树姿分为：直立，即分枝角度≤ 30° ；半开张，即 30° < 分枝角度≤ 60° ；开张，即分枝角度 >60° 。

四、芽鳞颜色

芽鳞颜色分为白色、黄绿色、红色、紫绿色。

五、芽茸毛

芽茸毛分无、有。

六、叶片着生状态

叶片着生状态分为：上斜，即夹角 <60°；近水平，即 60°≤夹角 <90°；下垂，即夹角≥ 90°（图 5-1）。

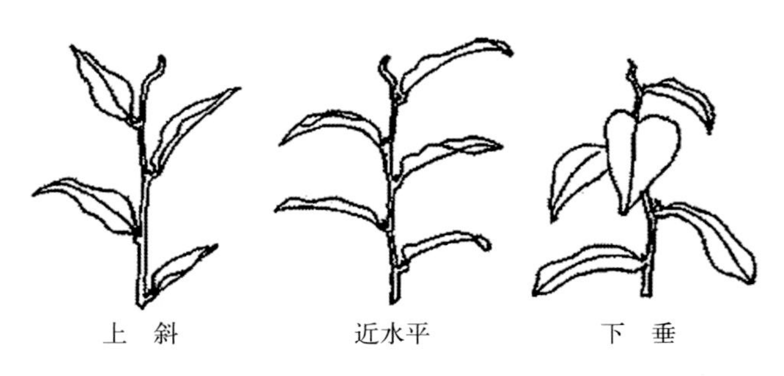

图 5-1 叶片着生状态

七、叶长、叶宽

叶长为树冠中部成熟叶片基部至叶尖的长度，叶宽为叶片最宽处的长度。量测叶片数不少于 30 片，以平均值表示，精确到 0.1cm。

八、叶片大小

以叶长、叶宽以及系数（0.7）的乘积值作为叶面积，并按叶面积确定叶片大小。叶片大小分为：小叶（叶面积 <20.0cm^2）、中叶（20.0cm^2≤叶面积 <40.0cm^2）、大叶（40.0cm^2≤叶面积 <60.0cm^2）和特大叶（叶面积≥ 60.0cm^2）。

九、叶形

根据叶片长宽比值确定叶形：近圆形（长宽比 <2.0）、椭圆形（2.0≤长宽比 <2.5，最宽处近中部）、长椭圆形（2.5≤长宽比 <3.0，最宽处近中部）、披针形（长宽比≥ 3.0，最宽处近中部）。

十、叶片侧脉数

计数主脉两侧侧脉数。

十一、叶色

观察成熟叶片正反两面的颜色，按最大相似原则确定叶色。正面叶色分黄绿色、中绿色、深绿色、其他。

十二、叶面隆起性

观察叶片正面的隆起状况，分为平、微隆起、隆起。

十三、叶齿锐度

观察叶缘中部锯齿的锐利程度，叶齿锐度分为锐、中、钝。

十四、叶齿密度

测量叶缘中部锯齿的密度，叶齿密度分为全缘、稀（密度 <2.5 个 /cm）、中（2.5 个 /cm≤密度 <5 个 /cm）、密（密度≥ 5 个 /cm）。

十五、叶基形状

叶片基部分为楔形、近圆形。

十六、叶尖

观察叶片端部的形态，按图 5-2 确定叶尖形

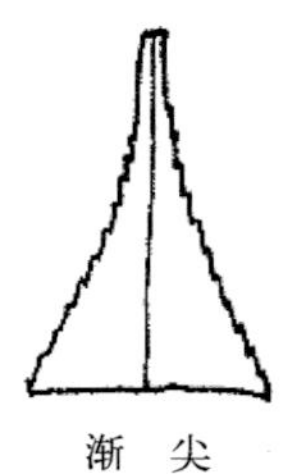

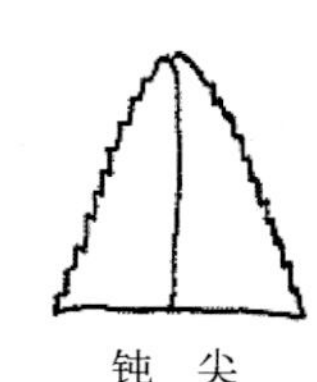

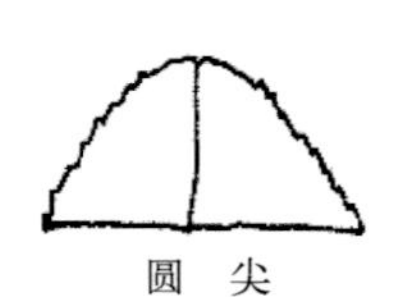

图 5-2 叶尖形态

态。叶尖分为渐尖、钝尖、圆尖。

十七、叶缘形态

观察确定叶片边缘的形态，叶缘分为平、波。

十八、花朵数

盛花期随机取 10 条标准开花枝，统计平均花朵数。

十九、盛花期

于花期观察 6 ~ 15 年生自然生长油茶树，每株随机观察 100 朵花蕾，记录盛花期。

二十、萼片颜色

观察典型花萼片的外部颜色。萼片颜色分为绿色、紫红色。

二十一、萼片茸毛

观察典型花萼片外部茸毛状况，以“无”、“有”表示。

二十二、花冠大小

取典型花，“十”字形测量发育正常、花瓣已完全开放时的花冠大小，结果以平均值表示，精确到 0.1cm。

二十三、花瓣颜色

观察典型花花瓣颜色。花瓣颜色分白色、粉红色、红色、深红色、黄色。

二十四、花瓣数

用典型花为样本，计数每朵花的花瓣数，单位为枚，结果以平均值表示，精确到整位数。

二十五、子房茸毛

观察典型花子房茸毛状况，以“无”、“有”表示。

二十六、花柱长度

测量 10 朵完全开放的正常花花柱基部至顶端的长度，结果以平均值表示，精确到 0.1cm。

二十七、花柱开裂数

观察典型花柱头的开裂数，花柱开裂数分为 2 裂、3 裂、4 裂、5 裂、5 裂以上。

二十八、柱头裂位

观察典型花花柱开裂部位，柱头裂位分为浅裂（分裂部位长度占花柱全长 <1/3）、中等（1/3 ≤ 分裂部位长度占花柱全长 <2/3）、深裂（2/3 ≤ 分裂部位长度占花柱全长 <1）、全裂（分裂部位达到花柱基部）。

二十九、成熟期

目测植株果实，记录 5% 果实自然开裂的时期，以月 / 日表示。

三十、结果量

随机测定 30 株（无性系）或者 50 株（农家品种、家系及野生资源）盛果期单株冠幅及果实产量，计算单位面积冠幅产量，结果以平均值表示，单位为 kg/m^2，精确到 0.1kg。

三十一、果实形状

在果实成熟期，随机选取发育正常的典型果实 20 个以上，观察果实形状。果实形状分为橘形、桃形、梨形、球形、卵形、橄榄形等。

三十二、果实大小

测量果实纵径与横径，测定 20 个以上典型果，结果以平均值表示，精确到 0.1cm。

三十三、果皮颜色

在果实成熟期观察成熟果表皮颜色。果皮颜色分为红色、青色、黄棕色、褐色。

三十四、果面

在果实成熟期观察果实表面。果实表面分为光滑、糠皮、凹凸。

三十五、单果重

随机测量 20 个以上典型果的重量，结果以平均值表示，精确到 0.1g。

三十六、果皮厚度

成熟期采摘 20 个果，测量果实中部果皮厚度，结果以平均值表示，精确到 0.1cm。

三十七、单果种子数

随机抽取 20 个正常果实，剖测每个果实含籽数，结果以平均数表示。

三十八、种子形状

果实采收后在室内阴凉处摊放，待自然开裂时随机选取典型饱满种子 10 粒，按图 5-3 确定种子形状。种子形状分为球形、半球形、锥形、似肾形、不规则形。

球　形

半球形

锥　形

似肾形

不规则形

图 5-3　种子形状

三十九、百粒重

随机选取 3 组成熟的典型饱满种子 100 粒，分别称量，结果以平均值表示，精确到 0.1g。

四十、种皮颜色

观察成熟饱满种子的种皮颜色。种皮颜色分为棕色、棕褐色、褐色、黑色。

四十一、干籽出仁率

计算烘干状态籽仁质量占种子质量的百分比，精确到 0.1%。按 SN/T 0803.10 执行。

四十二、种子均匀度

随机称测 30 粒种子重量，计算种子间重量变异系数。

四十三、含油率

按 GB/T 14488.1 执行。

四十四、油脂成分

按 GB/T 17376、GB/T 17377 执行。

四十五、耐寒性

采用田间自然鉴定法：冬季遇冻害时，越冬后，以株（丛）为单位调查 10 株树冻害程度，凡中上部叶片 1/3 以上赤枯或青枯即为受冻叶（表 5-1），并按表 5-2 进行分级。

四十六、抗病虫性

田间实测不少于 30 株样株的病害及虫害情况，计算感病率及虫害率，按百分比（%）表示，精确到 0.1%。

表 5-1 冻害分级表

级别	0	1	2	3	4
受冻叶片比例	≤ 5%	6% ~ 15%	16% ~ 25%	26% ~ 50%	＞51%

注：资源耐寒性指数按公式 $I=\sum(n_i \times x_i)/4N \times 100$ 计算，式中：I 为冻害指数；n_i 为各级受冻株数；x_i 为各级冻害级数；N 为调查总株数；4 为最高受害级别。计算结果表示到整位数，按表 5-2 确定耐寒性。

表 5-2 耐寒性分级表

耐寒性	强	较 强	中	弱
冻害指数	≤ 10	11 ~ 20	21 ~ 50	>51

第三节 良种资源性状特征照片拍摄要求

一、照片拍摄性状

每良种资源需拍摄反映良种特征的数码照片一套，包括树型、芽、叶、花、果、种子等。

二、照片拍摄要求

500 万像素以上的相机拍摄，幅面大小在 2560mm × 1920mm 以上。

第四节 油茶良种性状指标描述格式

油茶良种性状指标调查情况见表 5-3。

一、A 类：基本信息

1. 良种名称：审认定证书上的良种名。
2. 保存日期：格式如 1992/09/23。
3. 保存单位：保存单位（限 34 个字节＝ 17 个汉字）。
4. 保存编号：即保存单位对材料的编号。
5. 科名：限 12 个字节＝ 6 个汉字。
6. 属名：限 12 个字节＝ 6 个汉字。
7. 种名：限 12 个字节＝ 6 个汉字。
8. 译名：拉丁名或英文名（限 30 个字节）。
9. 种质来源：按实际来源填写，如：引进、优树选择、杂交后代等。
10. 选育地点：格式为省名＋县局名＋场乡名。
11. 选育单位：限 40 个字节。
12. 选育编号：即选育单位对材料的编号。
13. 选育日期：格式如 1988/01/13，以良种公告日为准。

二、B 类：生境信息

1. 纬度：格式为 ××°××'［×××× 表示应该填写数值的位（往下类同）］，例如，38°30'。
2. 经度：格式为 ××°××'，例如，108°30'。
3. 海拔高：格式为 ××××m。
4. 年均气温：格式为 ××.××℃。
5. 年降水：格式为 ××××mm。
6. 年均湿度：××%。

7. 年生长日数：格式为 ××× 天。

8. 地形：包括山地、丘陵、平原、岗地等（限4个字节）。

9. 坡向：包括东、南、西、北、东南、东北、西南、西北8种方位。

10. 坡位：分为上坡、中坡、下坡三类。

11. 坡度：格式为 ××°××'。

12. 成土母岩类别：母岩名称。

13. 土壤：根据中国土壤分类系统，记载到土类（限16个字节）。

14. 土层厚度：格式为 ×××cm。

15. 排水状况：分为较好（3）、中等（2）、较差（1）、共3级［填写时可以填代号（往下类同）］。

16. 立地指数（地位指数）：格式为树种名+××m（限9个字节）。

三、C类：植物学特征

1. 萌芽日期：格式如05/20（先月后日，往下类同）。

2. 抽梢日期：格式如05/20。

3. 开花日期：格式如05/20。

4. 果熟日期：格式如05/20。

5. 封顶日期：格式如05/20。

6. 分枝角度：格式如 ××°（指1、2级大枝的分枝角度）。

7. 冠幅大小：分为较大（3）、中等（2）较小（1），共3级。

8. 自然整枝：分为好（4）、较好（3）、中等（2）、较差（1）、差（0），共5级。

9. 枝下高：格式为 ××.×m。

10. 树体、叶、花、果、籽、油质等性状测定。

11. 喜光性：分为喜光性（2）、中性（1）不喜光（0），共3级。

12. 喜水湿性：分为极耐水湿（4）、耐水湿（3）、中等（2）、不耐水湿（1）、极不耐水湿（0），共5级。

13. 喜肥性：分为极耐瘠薄（4）、耐瘠薄（3）、一般（2）、不耐瘠薄（1）、极不耐瘠薄（0），共5级。

14. 识别特征：举典型的特征1～2个（限12个字节）。

四、D类：育种测定信息

1. 测定地点数：格式为 ×× 个。

2. 林龄：格式为 ××× 年。

3. 参试系数量：指同一试验中无性系个数，格式为 ×× 个。

4. 林分树高：格式为 ××.×m。

5. 遗传资源树高：格式为 ××.×m。

6. 林分地径：格式为 ××.×cm。

7. 遗传资源地径：格式为 ××.×cm。

8. 林分冠幅：分为较大（3）、中等（2）、较小（1），共3级；

9. 遗传资源冠幅：分为较大（3）、中等（2）、较小（1），共3级；

10. 林分冠幅产量：格式为 ××.×kg/m^2。

11. 遗传资源冠幅产量：格式为 ××.×kg/m^2。

12. 选择强度：格式为0.×× 或 1/××。

五、E类：收集与繁殖信息

1. 采集地点：省＋县＋地方名。

2. 采集日期：格式如1993/09/20。

3. 采集穗条量：格式为 ×××× 根。

4. 繁殖方法：包括扦插、嫁接等（限8个字节）。

5. 繁殖成活率：格式为 ××. ××%。

6. 资源独特性：指有别于其他的独特性状、功能或用途（限12字）。

六、F类：抗性、适应性及遗传多样性

1. 主要病害：填写1～2种（字长限18个字节）。

2. 抗病性：分为极抗（4）、抗（3）、一般（2）、感染（1）、严重感染（0），共5级。

3. 主要虫害：填写1～2种（字长限18个字节）。

4. 抗虫性：分为极抗（4）、抗（3）、一般（2）、感染（1）、严重感染（0），共5级。

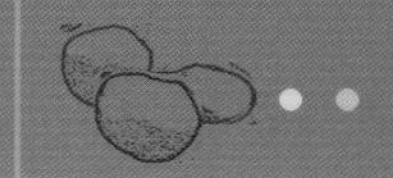

5. 抗旱性：分为强（4）、较强（3）、中（2）、较弱（1）、弱（0），共5级。

6. 抗寒性：分为强（4）、较强（3）、中（2）、较弱（1）、弱（0），共5级。

7. 适应性：分为好（4）、较好（3）、中（2）、较差（1）、差（0），共5级。

8. 遗传稳定性：分为好（4）、较好（3）、中（2）、较差（1）、差（0），共5级。

9. 染色体组型：限12个字节。

10. 特殊性状：限12个字节。

七、G类：经济性状特征信息

1. 干仁含油率：格式为××.×%。
2. 折光指数：×.×。
3. 相对密度：格式为××.×。
4. 碘值（I）：格式为××.×g/100g。
5. 皂化值（KOH）：格式为××.×mg/g。
6. 不皂化物：格式为××.×g/kg。
7. 主要脂肪酸组成××.×%：
8. 棕榈酸（C16:0）：格式为××.×%。
9. 硬脂酸（C18:0）：格式为××.×%。
10. 油酸（C18:1）：格式为××.×%。
11. 亚油酸（C18:2）：格式为××.×%。
12. 亚麻酸（C18）：格式为××.×%。

八、H类：保存库（点）观测记录信息

1. 1年均苗高：格式为×××cm。
2. 1年高标准差：格式为××.××cm。
3. 1年均地径：格式为××.××cm。
4. 1年径标准差：格式为××.×××cm。
5. 5年均树高：格式为×××cm。
6. 5年高标准差：格式为××.××cm。
7. 5年均胸径：格式为××.××cm。
8. 5年径标准差：格式为××.××cm。
9. 造林成活率：格式为××.××%。
10. 5年保存率：格式为××.××%。

九、I类：育种利用评价

表5-3　油茶良种资源调查描述表

A类 基本信息	良种名称：		保存日期：	
	保存单位：		保存编号：	
	科名：	属名：	种名：	树种拉丁名：
	种质来源：	选育地点：	选育方法：	
	选育单位：		选育日期：	
B类 生境信息	纬度：	经度：	海拔（m）：	
	年均气温（℃）：	年降水（mm）：		
	年均湿度（%）：	地形：		
	坡向：	坡位：	坡度：	
	成土母岩类型：	土壤：	土层厚度（cm）：	
	排水状况：	立地指数（地位指数）：		

（续）

C类 植物学特征	物候	萌芽日期：	抽梢日期：	开花日期：	果熟日期：
		封顶日期：			
	树体	分枝角度（°）			
		自然整枝	枝下高（m）：	冠幅（m）：	
	芽叶	芽茸毛：	芽鳞颜色：	叶片着生状态：	
		叶长（cm）：	叶宽：（cm）	叶形：	侧脉对数：
		嫩叶颜色：	叶面隆起性：	叶片质地：	
		叶齿锐度：	叶齿密度：	叶基：	叶尖形态：
	花	萼片数：	萼片颜色：	萼片茸毛：	
		花冠直径（cm）：	花瓣颜色：	花瓣数：	柱头开裂数：
		花柱裂位：	雌雄蕊相对高度：		香味：
	果	结果特性：	果皮颜色：	果面糠皮：	果实形状：
		果实纵径（cm）：	果实横径（cm）：	果皮厚度（mm）：	种子数（粒）：
	籽	种子形状：	种皮颜色：	百粒重（g）：	均匀度：
	林学特性	喜光性：	喜水湿性：	喜肥性：	
		识别特征：			
D类 育种测定信息		测定地点数：	林龄：	参试系数量：	
		林分树高（m）：		树高（m）：	
		林分地径（cm）：		地径（cm）：	
		林分冠幅（cm）：	遗传资源冠幅（cm）：	冠幅（m）：	
		林分冠幅产量（kg/m^2）：	遗传资源冠幅（cm）：	产量（kg/m^2）：	
E类 收集与繁殖信息		采集地点：	采集日期：	采集穗条量：	
		繁殖方法：	繁殖成活率（%）：		
		资源独特性：			

（续）

F 类 抗性、适应性及遗传多样性	主要病害：	抗病性：	主要虫害：	抗虫性：
	抗旱性：	抗寒性：	适应性：	遗传稳定性：
	染色体组型：		特殊性状：	
G 类 经济性状特征信息	干仁含油率（%）：		折光指数：	
	相对密度：		碘值（I）（g/100g）：	
	皂化值（KOH）（mg/g）：		不皂化物（g/kg）：	
	主要脂肪酸组成（%）：			
	棕榈酸（C16:0）（%）：		硬脂酸（C18:0）（%）：	
	油酸（C18:1）（%）：		亚油酸（C18:2）（%）：	
	亚麻酸（C18:3）（%）：			
H 类 保存库（点）观测记录信息	1 年均苗高（cm）：		1 年高标准差：（cm）	
	1 年均地径（cm）：		1 年径标准差（cm）：	
	5 年均树高（cm）：		5 年高标准差（cm）	
	5 年均胸径（cm）：		5 年径标准差（cm）：	
	造林成活率（%）：		5 年保存率（%）：	
I 类 生产应用评价	丰产性，稳定性，品种配置要求，抗病虫特性，典型识别特征，其他特有产量、质量、栽培方面的特异性			

第五节 油茶良种野外调查表格

一、油茶良种林分调查（表 5-4）

表 5-4　油茶良种林分概况表

良种名称：							
分类地位：　亚属　组　种　品种（类型）							
拉 丁 名：　品种审（认）定号：							
地理坐标：经度：　纬度：　海拔（m）：							
所在地点：　省（自治区、直辖市）　县（市）　乡（镇）　村							
林班　小班							
良种名称：							
群落名称：　群落面积（hm^2）：　伴生种：							
坡向：　坡度（°）：　坡位：1（上坡）、2（中坡）、3 下坡　郁闭度：							
土壤类型：　人为干扰方式：　人为干扰强度：							
喜光性：2(喜光性)、1(中性)、(不喜光湿)　喜肥性：4(极耐瘠薄)、3(耐瘠薄)、2(一般)、1(不耐瘠薄)、0(极不耐瘠薄)							
喜水湿性：4（极耐水湿）、3（耐水湿）、2（中等）、1（不耐水湿）、0（极不耐水湿）							
识别特征：							
气候特征							
年平均气温（℃）	极端最高气温（℃）	极端最低气温（℃）	10℃年积温（℃）	年均降水量(mm)	年均蒸发量(mm)	年日照时数(h)	年总无霜期(d)
物候							
萌芽日期	抽梢日期	开花日期	果熟日期	初花期	盛花期	末花期	封顶日期

调查日期：________年________月________日　　调查人：________________

填表说明

1. 分类地位：包括中文正名、地方名和拉丁学名（按《中国植物志》填写，命名人可略）。
2. 编号：以省（自治区、直辖市）简称、县名及物种名称开头，三者之间用“—”分隔，按顺序编号，如浙—富阳—普通油茶—001（002、003、004、005……）。
3. 地理坐标：用 GPS 实测。
4. 地点：除标明省、县、乡、村行政名外，还应标注相对于某一特定地标的方位、距离，如某山南 xkm，若在保护区（小区、点）内，应同时注明保护区（小区、点）全称。
5. 群落名称：按《中国植被》分类标准划分到群系。
6. 群落面积：在地形图、植被图或林相图上准确勾绘出目的物种所处群落的分布范围，经内业量算后填写。
7. 坡向、坡度：用地质罗盘实测。

二、油茶良种林分性状描述（表 5-5）

表 5-5　油茶良种林分调查表

资源编号＿＿＿＿＿＿＿＿＿＿＿＿＿＿＿＿林分号＿＿＿＿＿＿

生活型：1 乔木、2 小乔木、3 灌木	嫩枝颜色：1 紫红、2 红、3 绿	嫩叶颜色：1 红、2 绿
叶形：1 近圆形、2 椭圆形、3 长椭圆形、4 披针形	叶面：1 平、2 微隆起、3 隆起	叶缘：1 平、2 波
叶尖形状：1 渐尖、2 钝尖、3 圆尖	叶基形状：1 楔形、2 近圆形	叶颜色：1 黄绿色、2 中绿色、3 深绿色
叶片着生状态：1 上斜、2 近水平、3 下垂	侧脉对数：	叶片质地：1 厚革质、2 薄革质
叶齿锐度：1 锐、2 中、3 钝	叶齿密度：1 稀、2 中、3 密	
芽绒毛：1 有、2 无	芽鳞颜色：1 白色、2 黄绿色、3 绿色、4 紫绿色	

树体性状

株号	树形	树姿	高度（m）	枝下高（m）	地径（cm）	冠径（m）		结果数（个 /m²）
						东西	南北	
1								
2								
3								
4								
5								
6								
7								
8								
9								
10								
叶片大小								
叶长（cm）								
叶宽（cm）								

调查日期：＿＿＿＿年＿＿＿＿月＿＿＿＿日　　调查人：＿＿＿＿＿＿＿＿

填表说明

1. 目的物种生活型选相应备选项打“√”。
2. 叶片大小随机抽 4 株植株，每株测定 5 片叶测量叶长与叶宽。
3. 树形分为：1（圆球形）、2（塔形）、3（伞形）、4（其他）。树姿分为：1（直立）、2（半开张）、3（开张）。把相应序号填入表格内，不符合任何备选项的填入描述性文字。

三、油茶良种果实性状测定（表 5-6）

表 5-6　油茶良种果实性状测定表

资源编号________________________株号__________

<table>
<tr><td colspan="9">果形：1 橘形、2 桃形、3 梨形、4 球形、5 卵形、6 橄榄形、7 其他　　果皮颜色：1 红色 2 青色 3 黄棕色 4 褐色</td></tr>
<tr><td colspan="9">果面：1 光滑、2 糠皮、3 凹凸　　结实特性：1 特丰产、2 丰产、3 中等、4 少量、5 没果</td></tr>
<tr><td colspan="9">种子形状：1 球形、2 半球形、3 锥形、4 似肾形、5 不规则形</td></tr>
<tr><td colspan="9">种皮颜色：1 棕色、2 棕褐色、3 褐色、4 黑色</td></tr>
<tr><td colspan="9">良种名称：</td></tr>
<tr><td colspan="9">单果指标测定</td></tr>
<tr><td>果号</td><td>单果重（g）</td><td>果高（cm）</td><td>果径（cm）</td><td>果皮厚（cm）</td><td>籽数（粒）</td><td>鲜籽重（g）</td><td>干籽重（g）</td><td>干籽出仁率（%）</td></tr>
<tr><td>1</td><td></td><td></td><td></td><td></td><td></td><td></td><td></td><td></td></tr>
<tr><td>2</td><td></td><td></td><td></td><td></td><td></td><td></td><td></td><td></td></tr>
<tr><td>3</td><td></td><td></td><td></td><td></td><td></td><td></td><td></td><td></td></tr>
<tr><td>4</td><td></td><td></td><td></td><td></td><td></td><td></td><td></td><td></td></tr>
<tr><td>5</td><td></td><td></td><td></td><td></td><td></td><td></td><td></td><td></td></tr>
<tr><td>6</td><td></td><td></td><td></td><td></td><td></td><td></td><td></td><td></td></tr>
<tr><td>7</td><td></td><td></td><td></td><td></td><td></td><td></td><td></td><td></td></tr>
<tr><td>8</td><td></td><td></td><td></td><td></td><td></td><td></td><td></td><td></td></tr>
<tr><td>9</td><td></td><td></td><td></td><td></td><td></td><td></td><td></td><td></td></tr>
<tr><td>10</td><td></td><td></td><td></td><td></td><td></td><td></td><td></td><td></td></tr>
<tr><td>11</td><td></td><td></td><td></td><td></td><td></td><td></td><td></td><td></td></tr>
<tr><td>12</td><td></td><td></td><td></td><td></td><td></td><td></td><td></td><td></td></tr>
<tr><td>13</td><td></td><td></td><td></td><td></td><td></td><td></td><td></td><td></td></tr>
<tr><td>14</td><td></td><td></td><td></td><td></td><td></td><td></td><td></td><td></td></tr>
<tr><td>15</td><td></td><td></td><td></td><td></td><td></td><td></td><td></td><td></td></tr>
<tr><td>16</td><td></td><td></td><td></td><td></td><td></td><td></td><td></td><td></td></tr>
<tr><td>17</td><td></td><td></td><td></td><td></td><td></td><td></td><td></td><td></td></tr>
<tr><td>18</td><td></td><td></td><td></td><td></td><td></td><td></td><td></td><td></td></tr>
<tr><td>19</td><td></td><td></td><td></td><td></td><td></td><td></td><td></td><td></td></tr>
<tr><td>20</td><td></td><td></td><td></td><td></td><td></td><td></td><td></td><td></td></tr>
</table>

调查日期：________年________月________日　　调查人：________________

注：干籽出仁率（%）是每果随机取 30 粒绝对干籽测定的。

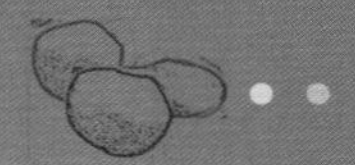

四、油茶良种无花性状调查情况（表 5-7）

表 5-7　油茶良种开花性状调查表

香味：1 有、2 无　萼片颜色：1 绿色、2 紫红色　萼片绒毛：1 有、2 无										
花瓣颜色：1 白色、2 粉红色、3 红色、4 深红、5 黄色　花瓣质地：1 薄、2 中、3 厚										
子房绒毛：1 有、2 无　花柱裂位：1 浅裂、2 中等、3 深裂、4 全裂　雌雄蕊相对高度：1 雌高、2 雄高、3 等高										
开花量										
株号	枝号									
	1	2	3	4	5	6	7	8	9	10
1										
2										
3										

花性状						
株号	序号	萼片数	花瓣数	花冠直径（cm）	花柱长度（cm）	柱头裂数
1	1					
	2					
	3					
	4					
	5					
2	1					
	2					
	3					
	4					
	5					
3	1					
	2					
	3					
	4					
	5					

调查日期：________年________月________日　　调查人：________________

下篇
油茶主要良种资源

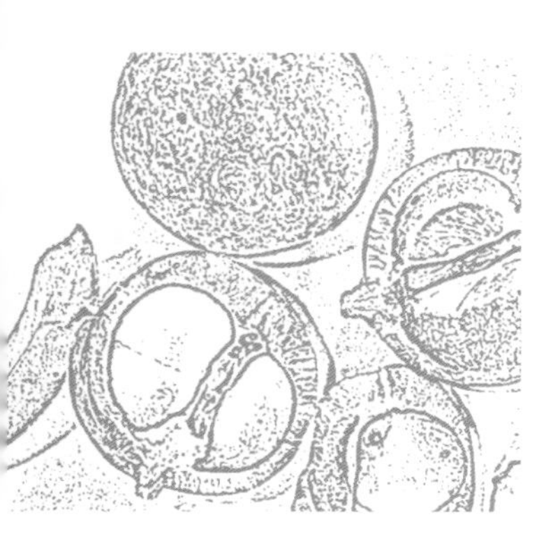

第六章 浙江省主要油茶良种

1 浙林 1 号

种名： 普通油茶
拉丁名： *Camellia oleifera*‘Zhelin 1’
审定编号： 浙 S-SC-CO-011-1991
品种类别： 无性系
选育地： 浙江常山、龙游、安壳
选育单位： 浙江省林业科学研究院
选育过程： 浙江省油茶优树鉴定协作组在多年油茶选优工作的基础上，自 1979 年开始，在多年表型选优的基础上，对全省 1000 多株优株，经 3 年实地考评，评出符合全国选优标准的优株 81 株。并加快无性系选育进程，采用随机机区组设计、裂区设计等 3 种不同的试验设计，用大砧嫁接，分别在常山、龙游、安吉南湖建立了鉴定林 15 亩。1983 年，在鉴定的基础上初选出 14 个优良无性系，分别在常山、丽水、龙游、安吉建立区域试验林 40 亩。通过多年多点鉴定和区域试验，选出优良无性系 17 个。
选育年份： 1991 年

植物学特征 树体开张，强壮；平均树高 1.9m，冠幅 1.8m × 1.9m；叶片椭圆形，叶尖渐尖，叶基楔形；花白色，萼片紫红色、有绒毛，花柱深裂，雌蕊高；青色桃形果，单果重 12 ~ 16g，果高 27 ~ 30mm，果径 29 ~ 33mm，果皮厚 3 ~ 6mm。

经济性状 嫁接苗定植后 6 ~ 9 年生连续 4 年测定（按冠幅面积折算），年均亩产油量 45.36kg。鲜果出籽率 49.67%，干仁含油率 49.26%，果含油率 7.48%。主要脂肪酸成分：软脂酸 8.6%，硬脂酸 3.10%，油酸 80.80%，亚油酸 6.40%。炭疽病感病指数 3.10% 以下。

生物学特性 无性系造林 3 年始果，6 年盛果期。萌动期：3 月 22 日至 4 月 8 日；始花期：10 月 20 ~ 30 日；盛花期：10 月 30 日至 11 月 10 日；果实成熟期：10 月 25 日至 11 月 5 日。早花型。

适应性及栽培特点 浙江全省丘陵山地均可栽培。嫁接或扦插育苗，大苗造林，造林时要求多系配植，也可用于低产油茶的高接换冠。造林或高接后要加强肥培管理和合理修剪。

典型识别特征 早熟种。自然坐果率高，大小年不明显。青色桃形果。

花　果实

树体

2　浙林 2 号

种名：普通油茶
拉丁名：*Camellia oleifera*‘Zhelin 2’
审定编号：浙 S-SC-CO-012-1991
品种类别：无性系

选育地：浙江常山、龙游、安壳
选育单位：浙江省林业科学研究院
选育过程：同浙林 1 号
选育年份：1991 年

植物学特征　圆筒形，强壮旺盛；平均树高 2.3m，冠幅 2.3m×2.4m；叶片椭圆形，叶尖渐尖，叶基楔形；花白色，萼片紫红色，有绒毛，花柱深裂，雌蕊高；青色桃形果，单果重 18 ~ 33g，果高 31 ~ 36mm，果径 31 ~ 41mm，果皮厚 3 ~ 5mm。

经济性状　嫁接苗定植后 6 ~ 9 年生连续 4 年测定（按冠幅面积折算），年均亩产油量 43.43kg。鲜果出籽率 43.88%，干仁含油率 53.88%，果含油率 8.18%。主要脂肪酸成分：软脂酸 7.8%，硬脂酸 2.8%，油酸 82.6%，亚油酸 5.7%，亚麻酸 0.3%。炭疽病感病指数 3.1% 以下。

生物学特性　无性系造林 3 年始果，6 年盛果期。萌动期 3 月 22 ~ 29 日；始花期 10 月 20 ~ 25 日；盛花期 10 月 25 ~ 30 日；果实成熟期 10 月 25 日至 11 月 5 日。特早花型。

适应性及栽培特点　浙江全省丘陵山地均可栽培。嫁接或扦插育苗，大苗造林，造林时要求多系配植，也可用于低产油茶的高接换冠。造林或高接后要加强肥培管理和合理修剪。

典型识别特征　早熟种。青色桃形果。

树体

花

果实

3 浙林 17 号

种名： 普通油茶
拉丁名： *Camellia oleifera* ‘Zhelin 17’
审定编号： 浙 S-SC-CO-013-1991
品种类别： 无性系

选育地： 浙江常山、龙游、安壳
选育单位： 浙江省林业科学研究院
选育过程： 同浙林 1 号
选育年份： 1991 年

植物学特征 树体强壮，开张形；平均树高 2.5m，冠幅 2.6m × 2.6m；叶片椭圆形，叶尖渐尖，叶基楔形；花白色，萼片紫红色，有绒毛，花柱浅裂，雄蕊高；青色桃形果，单果重 19 ～ 29g，果高 33 ～ 37mm，果径 34 ～ 39mm，果皮厚 3 ～ 6mm。

经济性状 嫁接苗定植后 6 ～ 9 年连续 4 年测定（按冠幅面积折算），年均亩产油量 40.25kg。鲜果出籽率 50.45%，干仁含油率 49.36%，果含油率 5.54%。主要脂肪酸成分：软脂酸 8.3%，硬脂酸 2.5%，油酸 80.2%，亚油酸 7.7%。炭疽病感病指数 3.1% 以下。

生物学特性 无性系造林 3 年始果，6 年盛果期。萌动期 3 月 15 日至 4 月 5 日；始花期 10 月 20 ～ 25 日；盛花期 10 月 25 ～ 30 日；果实成熟期 10 月 30 日至 11 月 10 日。早花型

适应性及栽培特点 浙江全省丘陵山地均可栽培。嫁接或扦插育苗，大苗造林，造林时要求多系配植，也可用于低产油茶的高接换冠。造林或高接后要加强肥培管理和合理修剪。

典型识别特征 早熟种。大小年不明显。青色桃形果。

树体

花

果实

6 浙林5号

种名： 普通油茶
拉丁名： *Camellia oleifera* 'Zhelin 5'
审定编号： 浙 S-SC-CO-004-2009
品种类别： 无性系

选育地： 浙江常山、龙游、安壳
选育单位： 浙江省林业科学研究院
选育过程： 同浙林1号
选育年份： 2009年

植物学特征 树体长势中等偏强，枝叶稍开张，树冠紧凑，内外结果性能好，适于密植；平均树高2.0m，冠幅2.1m×2.2m；叶片近圆形，叶尖钝尖，叶基楔形；花白色，萼片紫红色、有绒毛，花柱深裂，雌蕊高；青色桃形果，单果重12～17g，果高29～36mm，果径27～35mm，果皮厚4～6mm。

经济性状 嫁接苗定植后6～9年生连续4年测定（按冠幅面积折算），年均亩产油量33.35kg。鲜出果籽率48.3%，出仁率55.64%，干仁含油率55.20%，果含油率7.73%。主要脂肪酸成分：软脂酸9.4%，硬脂酸2.7，油酸79.7%，亚油酸7.1%。抗性强、适应性广。

生物学特性 无性系造林3年始果，6年盛果期。萌动期4月8～13日；始花期10月10～15日；盛花期10月15日至11月15日；果实成熟期10月20日至11月10日。早花型。

适应性及栽培特点 适于浙江省安吉、常山、龙游、丽水等油茶种植区。选择土层深厚、排水良好、pH值为4.5～6.0的阳坡，早期适当密植，盛产期后适时调整密度。造林要求苗木生长健壮，无病虫害，无机械损伤，苗高20cm以上。用腐熟的厩肥、堆肥和饼肥等有机肥作基肥，每穴施2～10kg，与回填表土充分拌匀，然后填满，待稍沉降后栽植。配置花期相似或一致的多系混栽。

典型识别特征 早熟种。果青皮，青桃。

树体

花

果实

7 浙林 6 号

种名：普通油茶
拉丁名：*Camellia Oleifera* ‘Zhelin 6’
审定编号：浙 S-SC-CO-005-2009
品种类别：无性系

选育地：浙江常山、龙游、安壳
选育单位：浙江省林业科学研究院
选育过程：同浙林 1 号
选育年份：2009 年

植物学特征 树体矮小，适于密植栽培，长势中等偏强，枝叶开张；平均树高 2.3m，冠幅 2m×2.5m；叶片近圆形，叶尖钝尖，叶基楔形；花白色，萼片紫红色、有绒毛，花柱浅裂，雄蕊高；青色桃形果，单果重 21 ~ 32g，果高 33 ~ 37mm，果径 33 ~ 40mm，果皮厚 3 ~ 4mm。

经济性状 嫁接苗定植后 6 ~ 9 年生连续 4 年测定（按冠幅面积折算），年均亩产油量 30.58kg。鲜果出籽率 43.45%，出仁率 52.31%，干仁含油率 39.78%，果含油率 5.54%。主要脂肪酸成分：软脂酸 8.8%，硬脂酸 2.3%，油酸 80.6%，亚油酸 7.2%。抗性强。

生物学特性 无性系造林 3 年始果，6 年盛果期。萌动期 3 月 15 ~ 25 日，始花期 10 月 20 ~ 25 日；盛花期 10 月 25 日至 11 月 5 日，果实成熟期 10 月 20 ~ 30 日。早花型。

适应性及栽培特点 适于浙江省安吉、常山、龙游、丽水等油茶种植区。选择土层深厚、排水良好、pH 值为 4.5 ~ 6.0 的阳坡，早期适当密植，盛产期后适时调整密度。造林要求苗木生长健壮，无病虫害，无机械损伤，苗高 20cm 以上。用腐熟的厩肥、堆肥和饼肥等有机肥作基肥，每穴施 2 ~ 10kg，与回填表土充分拌匀，然后填满，待稍沉降后栽植。配置花期相似或一致的多系混栽。

典型识别特征 早熟种。果青皮，青桃。

树体

花

果实

8　浙林 7 号

种名：普通油茶
拉丁名：*Camellia oleifera*‘Zhelin 7’
审定编号：浙 S-SC-CO-006-2009
品种类别：无性系

选育地：浙江常山、龙游、安壳
选育单位：浙江省林业科学研究院
选育过程：同浙林 1 号
选育年份：2009 年

植物学特征　树形半开张，树冠紧凑，长势旺，枝叶茂密；平均树高 2.0m，冠幅 2.4m × 2.0m；叶片近圆形，叶尖渐尖，叶基近圆形；花白色，萼片紫红色、有绒毛，花柱中裂，雄蕊高；青红色桃形果，单果重 16 ~ 23g，果高 31 ~ 37mm，果径 30 ~ 35mm，果皮厚 3.5 ~ 7mm。

经济性状　内外结果，适于密植。丰产性能好，嫁接苗定植后 6 ~ 9 年生连续 4 年测定（按冠幅面积折算），年均亩产油量 57.3kg。鲜果出籽率 46.14%，出仁率 63.45%，干仁含油率 57.72%，果含油率 10.42%。主要脂肪酸成分：软脂酸 9.2%，硬脂酸 2.6%，油酸 80.5，亚油酸 6.5%。

生物学特性　无性系造林 3 年始果，6 年盛果期。萌动期 3 月 20 日至 4 月 5 日；始花期 10 月 20 ~ 25 日；盛花期 10 月 25 日至 11 月 5 日；果实成熟期 10 月 20 ~ 30 日。早花型。

适应性及栽培特点　适于浙江省安吉、常山、龙游、丽水等油茶种植区。选择土层深厚、排水良好、pH 值为 4.5 ~ 6.0 的阳坡，早期适当密植，盛产期后适时调整密度。造林要求苗木生长健壮，无病虫害，无机械损伤，苗高 20cm 以上。用腐熟的厩肥、堆肥和饼肥等有机肥作基肥，每穴施 2 ~ 10kg，与回填表土充分拌匀，然后填满，待稍沉降后栽植。配置花期相似或一致的多系混栽。

典型识别特征　早熟种。果实桃形，青带红色。

树体

花

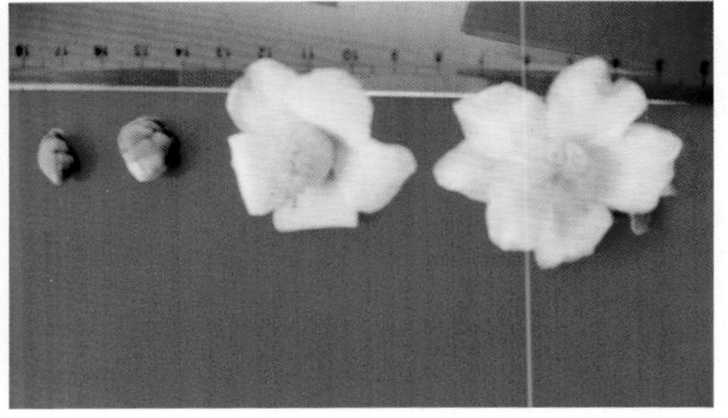

果实

9 浙林 8 号

种名： 普通油茶
拉丁名： *Camellia oleifera*‘Zhelin 8’
审定编号： 浙 S-SC-CO-007-2009
品种类别： 无性系

选育地： 浙江常山、龙游、安壳
选育单位： 浙江省林业科学研究院
选育过程： 同浙林 1 号
选育年份： 2009 年

植物学特征 树势中等偏强，枝叶茂密、开张，树圆筒形；平均树高 2.5m，冠幅 2.4m×2.3m；叶片近圆形，叶尖渐尖，叶基楔形；花白色，萼片紫红色、有绒毛，花柱深裂，雄蕊高；果桃形，青红色，种色栗黑，单果重 20 ~ 35g，果高 34 ~ 43mm，果径 33 ~ 38mm，果皮厚 2 ~ 4mm。

经济性状 嫁接苗定植后 6 ~ 9 年生连续 4 年测定（按冠幅面积折算），年均亩产油量 39.56kg。鲜果出籽率 50.98%，出仁率 58.05%，干仁含油率 45.56%，果含油率 6.88%。主要脂肪酸成分：软脂酸 8.2%，硬脂酸 2.6%，油酸 82.9%，亚油酸 5.3%。抗病性强。

生物学特性 无性系造林 3 年始果，6 年盛果期。萌动期 3 月 20 日至 4 月 8 日；始花期 10 月 20 ~ 25 日；盛花期 10 月 30 日至 11 月 5 日；果实成熟期 10 月 25 日至 11 月 5 日。早花型。

适应性及栽培特点 适于浙江省安吉、常山、龙游、丽水等油茶种植区。选择土层深厚、排水良好、pH 值为 4.5 ~ 6.0 的阳坡，早期适当密植，盛产期后适时调整密度。造林要求苗木生长健壮，无病虫害，无机械损伤，苗高 20cm 以上。用腐熟的厩肥、堆肥和饼肥等有机肥作基肥，每穴施 2 ~ 10kg，与回填表土充分拌匀，然后填满，待稍沉降后栽植。配置花期相似或一致的多系混栽。

典型识别特征 中熟种。大小年不明显。树圆筒形。果桃形，青红色。种色栗黑。

树体

果实

花

10　浙林 9 号

种名：普通油茶
拉丁名：*Camellia oleifera*‘Zhelin 9’
审定编号：浙 S-SC-CO-008-2009
品种类别：无性系

选育地：浙江常山、龙游、安壳
选育单位：浙江省林业科学研究院
选育过程：同浙林 1 号
选育年份：2009 年

植物学特征　树冠紧凑，枝叶茂密，结果性能好；平均树高 2.5m，冠幅 2.4m×1.1m；叶片近圆形，叶尖钝尖，叶基近圆形；花白色，萼片紫红，有绒毛，花柱浅裂，雄蕊高；青色桃形果，单果重 11 ~ 18g，果高 30 ~ 36mm，果径 27 ~ 32mm，果皮厚 2 ~ 4mm。

经济性状　嫁接苗定植后 6 ~ 9 年生连续 4 年测定（按冠幅面积折算），年均亩产油量 38.39kg。鲜果出籽率 43.71%，出仁率 61.10%，干仁含油率 55.18%，果含油率 8.53%。主要脂肪酸成分：软脂酸 8.3%，硬脂酸 2.9%，油酸 82.5%，亚油酸 5.2%。抗病性强。

生物学特性　无性系造林 3 年始果，6 年盛果期。萌动期 3 月 25 日至 4 月 5 日；始花期 10 月 20 ~ 30 日；盛花期 10 月 30 日至 11 月 5 日；果实成熟期 10 月 30 日至 11 月 5 日。霜降籽。

适应性及栽培特点　适于浙江省安吉、常山、龙游、丽水等油茶种植区。选择土层深厚、排水良好、pH 值为 4.5 ~ 6.0 的阳坡，早期适当密植，盛产期后适时调整密度。造林要求苗木生长健壮，无病虫害，无机械损伤，苗高 20cm 以上。用腐熟的厩肥、堆肥和饼肥等有机肥作基肥，每穴施 2 ~ 10kg，与回填表土充分拌匀，然后填满，待稍沉降后栽植。配置花期相似或一致的多系混栽。

典型识别特征　树形伞形。花序单生。果青色，皮薄，桃形，每 500g 果数 25 个。

树体

果实

花

11 浙林 10 号

种名：普通油茶
拉丁名：*Camellia oleifera*‘Zhelin 10’
审定编号：浙 S-SC-CO-009-2009
品种类别：无性系

选育地：浙江常山、龙游、安壳
选育单位：浙江省林业科学研究院
选育过程：同浙林 1 号
选育年份：2009 年

植物学特征 树势偏强，树形开张；结果层厚，果黄带红色；平均树高 2.0m，冠幅 2.3m × 2.0m；叶片近圆形，叶尖渐尖，叶基近圆形；花白色，萼片紫红色、有绒毛，花柱中裂，雄蕊高；青色桃形果，黄带红色，单果重 12 ~ 26g，果高 31 ~ 36mm，果径 29 ~ 37mm，果皮厚 3 ~ 4mm。

树体

经济性状 嫁接苗定植后 6 ~ 9 年生连续 4 年测定（按冠幅面积折算），年均亩产油量 37.83kg。鲜果出籽率 46.68%，出仁率 50.94%，干仁含油率 44.77%，果含油率 7.24%。主要脂肪酸成分：软脂酸 8.8%，硬脂酸 2.9%，油酸 80.7%，亚油酸 6.4%。抗病性强，适应性广。

生物学特性 无性系造林 3 年始果，6 年盛果期。萌动期 3 月 20 日至 4 月 5 日；始花期 10 月 15 ~ 25 日；盛花期 10 月 25 ~ 30 日；果实成熟期 10 月 25 日至 11 月 5 日。早花型。

适应性及栽培特点 适于浙江省安吉、常山、龙游、丽水等油茶种植区。选择土层深厚、排水良好、pH 值为 4.5 ~ 6.0 的阳坡，早期适当密植，盛产期后适时调整密度。造林要求苗木生长健壮，无病虫害，无机械损伤，苗高 20cm 以上。用腐熟的厩肥、堆肥和饼肥等有机肥作基肥，每穴施 2 ~ 10kg，与回填表土充分拌匀，然后填满，待稍沉降后栽植。配置花期相似或一致的多系混栽。

花

果实

典型识别特征 青色桃形果，黄带红色，每 500g 果数 22 个。

12　浙林 11 号

种名： 普通油茶
拉丁名： *Camellia oleifera*‘Zhelin 11’
审定编号： 浙 S-SC-CO-010-2009
品种类别： 无性系

选育地： 浙江常山、龙游、安壳
选育单位： 浙江省林业科学研究院
选育过程： 同浙林 1 号
选育年份： 2009 年

植物学特征　树势较强，枝叶茂密，叶短矩形；平均树高 2.2m，冠幅 2.1m × 2.1m；叶片近圆形，叶尖渐尖，叶基近圆形；花白色，萼片紫红色、有绒毛，花柱中裂，雄蕊高；青色桃形果，单果重 21 ～ 36g，果高 33 ～ 38mm，果径 33 ～ 41mm，果皮厚 3 ～ 4mm。

经济性状　嫁接苗定植后 6 ～ 9 年生连续 4 年测定（按冠幅面积折算），年均亩产油量 35.66kg。果大皮薄，鲜果出籽率 37.31%，出仁率 58.59%，干仁含油率 50.85%，果含油率 7.88%。主要脂肪酸成分：软脂酸 7.2%，硬脂酸 2.4%，油酸 85.0%，亚油酸 4.6%。抗病性强，适应性广。

生物学特性　无性系造林 3 年始果，6 年盛果期。萌动期 3 月 25 日至 4 月 10 日；始花期 10 月 25 ～ 30 日；盛花期 11 月 1 ～ 15 日；果实成熟期 10 月 30 日至 11 月 10 日。中花型。

适应性及栽培特点　适于浙江省安吉、常山、龙游、丽水等油茶种植区。选择土层深厚、排水良好、pH 值为 4.5 ～ 6.0 的阳坡，早期适当密植，盛产期后适时调整密度。造林要求苗木生长健壮，无病虫害，无机械损伤，苗高 20cm 以上。用腐熟的厩肥、堆肥和饼肥等有机肥作基肥，每穴施 2 ～ 10kg，与回填表土充分拌匀，然后填满，待稍沉降后栽植。配置花期相似或一致的多系混栽。

典型识别特征　红皮中熟种。果桃形，青色，每 500g 鲜果数 30 个。

树体

花

果实

13　浙林 12 号

种名：普通油茶
拉丁名：*Camellia oleifera*　‘Zhelin 12’
审定编号：浙 S-SC-CO-011-2009
品种类别：无性系

选育地：浙江常山、龙游、安壳
选育单位：浙江省林业科学研究院
选育过程：同浙林 1 号
选育年份：2009 年

植物学特征　枝叶开张；平均树高 2.2m，冠幅 2.2m×2.4m；叶片近圆形，叶尖渐尖，叶基楔形；花白色，萼片紫红色、有绒毛，花柱浅裂，雄蕊高；青色桃形果，单果重 16 ~ 26g，果高 24 ~ 33mm，果径 34 ~ 40mm，果皮厚 2 ~ 4mm。

经济性状　嫁接苗定植后 6 ~ 9 年生连续 4 年测定（按冠幅面积折算），年均亩产油量 38.22kg。果皮薄，出籽率高，鲜果出籽率 52.27%，出仁率 57.60%，干仁含油率 49.43%，果含油率 7.86%。主要脂肪酸成分：软脂酸 8.7%，硬脂酸 2.4%，油酸 81.0%，亚油酸 6.9%。抗炭疽病能力强。

生物学特性　无性系造林 3 年始果，6 年盛果期。萌动期 3 月 20 日至 4 月 5 日；始花期 10 月 20 ~ 25 日；盛花期 10 月 25 ~ 30 日；果实成熟期 10 月 25 日至 11 月 5 日。早花型。

适应性及栽培特点　适于浙江省安吉、常山、龙游、丽水等油茶种植区。选择土层深厚、排水良好、pH 值为 4.5 ~ 6.0 的阳坡，早期适当密植，盛产期后适时调整密度。造林要求苗木生长健壮，无病虫害，无机械损伤，苗高 20cm 以上。用腐熟的厩肥、堆肥和饼肥等有机肥作基肥，每穴施 2 ~ 10kg，与回填表土充分拌匀，然后填满，待稍沉降后栽植。配置花期相似或一致的多系混栽。

典型识别特征　青色桃形果，每 500g 果数 40 个。

树体

花

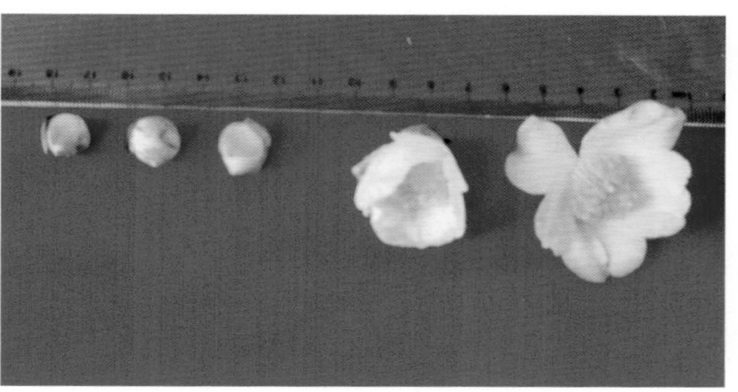
果实

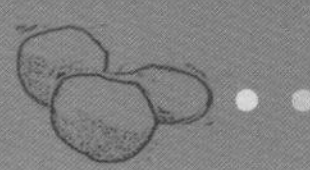

14　浙林13号

种名： 普通油茶
拉丁名： *Camellia oleifera* ‘Zhelin 13’
审定编号： 浙 S-SC-CO-012-2009
品种类别： 无性系

选育地： 浙江常山、龙游、安壳
选育单位： 浙江省林业科学研究院
选育过程： 同浙林1号
选育年份： 2009年

植物学特征　树体紧凑、矮小、适于密植；平均树高2.3m，冠幅2.1m×2.2m；叶片近圆形，叶尖渐尖，叶基楔形；花白色，萼片紫红色、有绒毛，花柱浅裂，雄蕊高；青色桃形果，单果重16～26g，果高29～38mm，果径31～37mm，果皮厚2～4mm。

经济性状　嫁接苗定植后6～9年生连续4年测定（按冠幅面积折算），年均亩产油量35.48kg。果大皮薄，出籽率高，鲜果出籽率54.57%，出仁率53.42%，干仁含油率45.47%，果含油率6.6%。主要脂肪酸成分：软脂酸9.0%，硬脂酸1.9%，油酸78.9%，亚油酸9.1%。

生物学特性　无性系造林3年始果，6年盛果期。萌动期3月30日至4月10日；始花期10月30日至11月5日；盛花期11月5～15日；果实成熟期10月30日至11月15日。中花型。

适应性及栽培特点　适于浙江省安吉、常山、龙游、丽水等油茶种植区。选择土层深厚、排水良好、pH值为4.5～6.0的阳坡，早期适当密植，盛产期后适时调整密度。造林要求苗木生长健壮，无病虫害，无机械损伤，苗高20cm以上。用腐熟的厩肥、堆肥和饼肥等有机肥作基肥，每穴施2～10kg，与回填表土充分拌匀，然后填满，待稍沉降后栽植。配置花期相似或一致的多系混栽。

典型识别特征　早熟种。花芽丛生。果桃形，青色，每500g果数25个。

树体

果实

花

15 浙林 14 号

种名： 普通油茶
拉丁名： *Camellia oleifera* ‘Zhelin 14’
审定编号： 浙 S-SC-CO-013-2009
品种类别： 无性系

选育地： 浙江常山、龙游、安壳
选育单位： 浙江省林业科学研究院
选育过程： 同浙林 1 号
选育年份： 2009 年

植物学特征 树形圆头形，单生花序，树势中等偏强，枝叶茂密；平均树高 2.4m，冠幅 2.8m × 3.0m；叶片椭圆形，叶尖钝尖，叶基楔形；花白色，萼片紫红色、有绒毛，花柱中裂，雄蕊高；青色桃形果，单果重 19 ~ 28g，果高 31 ~ 40mm，果径 33 ~ 37mm，果皮厚 2 ~ 4mm。

树体

经济性状 嫁接苗定植后 6 ~ 9 年生连续 4 年测定（按冠幅面积折算），年均亩产油量 33.29kg。鲜果出籽率 49.34%，出仁率 54.30%，干仁含油率 52.40%，果含油率 9.72%。主要脂肪酸成分：软脂酸 8.3%，硬脂酸 3.0%，油酸 79.7%，亚油酸 8.1%。抗炭疽病能力强，适应性广。

生物学特性 无性系造林 3 年始果，6 年盛果期。萌动期 3 月 20 日至 4 月 5 日；始花期 10 月 25 ~ 30 日；盛花期 11 月 1 ~ 10 日；果实成熟期 11 月 1 ~ 15 日。中花型。

适应性及栽培特点 适于浙江省安吉、常山、龙游、丽水等油茶种植区。选择土层深厚、排水良好、pH 值为 4.5 ~ 6.0 的阳坡，早期适当密植，盛产期后适时调整密度。造林要求苗木生长健壮，无病虫害，无机械损伤，苗高 20cm 以上。用腐熟的厩肥、堆肥和饼肥等有机肥作基肥，每穴施 2 ~ 10kg，与回填表土充分拌匀，然后填满，待稍沉降后栽植。配置花期相似或一致的多系混栽。

典型识别特征 中熟种。丰产性好，大小年不明显。果青色桃形，每 500g 果数 27 个。

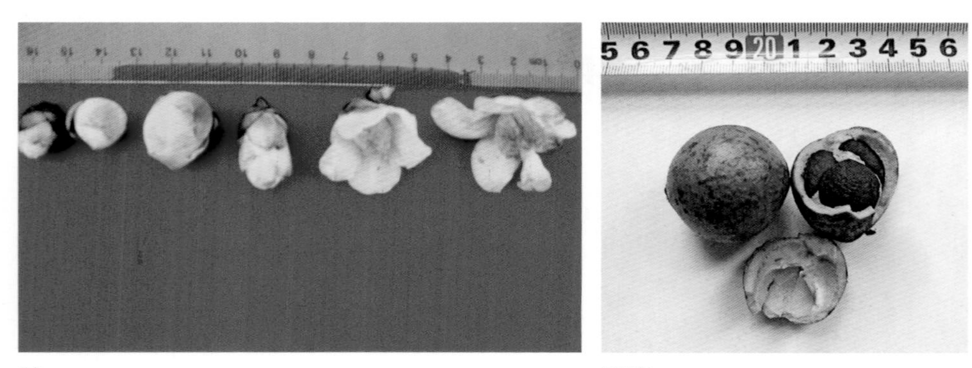
花

果实

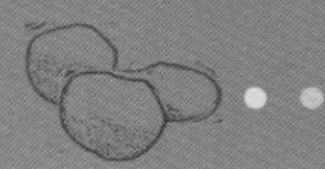

16　浙林 15 号

种名： 普通油茶
拉丁名： *Camellia oleifera*‘Zhelin 15’
审定编号： 浙 -SC-CO-014-2009
品种类别： 无性系

选育地： 浙江常山、龙游、安壳
选育单位： 浙江省林业科学研究院
选育过程： 同浙林 1 号
选育年份： 2009 年

植物学特征　树体矮小，枝条下垂，便于采摘；平均树高 2.6m，冠幅 1.9m×2.4m；叶片椭圆形，叶尖渐尖，叶基楔形；花白色，萼片紫红色，有绒毛，花柱深裂，雄蕊高；青色桃形果，单果重 23 ~ 36g，果高 36 ~ 42mm，果径 35 ~ 42mm，果皮厚 3 ~ 4mm。

经济性状　嫁接苗定植后 6 ~ 9 年生连续 4 年测定，年均亩产油量 44.60kg。鲜果出籽率 52.07%，出仁率 56.75%，干仁含油率 53.83%，果含油率 10.9%。主要脂肪酸成分：软脂酸 7.5%，硬脂酸 2.8%，油酸 83.4%，亚油酸 5.5%。抗性好，适应性广。

生物学特性　无性系造林 3 年始果，6 年盛果期。萌动期 3 月 23 日至 4 月 4 日；始花期 10 月 20 ~ 30 日；盛花期 10 月 30 日至 11 月 5 日；果实成熟期 10 月 30 日至 11 月 10 日。早花型。

适应性及栽培特点　适于浙江省安吉、常山、龙游、丽水等油茶种植区。选择土层深厚、排水良好、pH 值为 4.5 ~ 6.0 的阳坡，早期适当密植，盛产期后适时调整密度。造林要求苗木生长健壮，无病虫害，无机械损伤，苗高 20cm 以上。用腐熟的厩肥、堆肥和饼肥等有机肥作基肥，每穴施 2 ~ 10kg，与回填表土充分拌匀，然后填满，待稍沉降后栽植。配置花期相似或一致的多系混栽。

典型识别特征　早熟品种。青色桃形果。

树体

果实

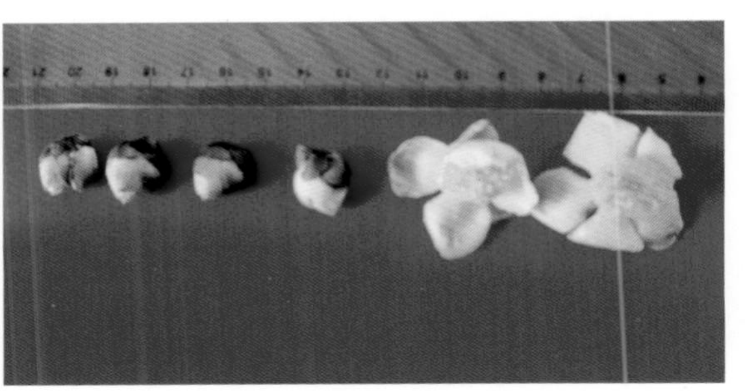
花

17 浙林 16 号

种名： 普通油茶
拉丁名： *Camellia oleifera* ‘Zhelin 16’
审定编号： 浙 S-SC-CO-015-2009
品种类别： 无性系

选育地： 浙江常山、龙游、安壳
选育单位： 浙江省林业科学研究院
选育过程： 同浙林 1 号
选育年份： 2009 年

植物学特征 长势中等，枝叶茂密；平均树高 2.5m，冠幅 2.6m×2.6m；叶片近圆形，叶尖钝尖，叶基楔形；花白色，萼片紫红色、有绒毛，花柱深裂，雌蕊高；青带黄色桃形果，单果重 14 ~ 18g，果高 30 ~ 37mm，果径 29 ~ 34mm，果皮厚 2 ~ 4mm。

经济性状 嫁接苗定植后 6 ~ 9 年生连续 4 年测定，年均亩产油量 35.49kg。干仁含油率 51.0%，果含油率 9.09%。主要脂肪酸成分：软脂酸 7.8%，硬脂酸 4.0%，油酸 84.3%，亚油酸 2.9%。抗炭疽病强，适应性广。

生物学特性 无性系造林 3 年始果，6 年盛果期。萌动期 3 月 20 日至 4 月 5 日；始花期 10 月 20 ~ 25 日；盛花期 10 月 25 日至 11 月 5 日；果实成熟期 10 月 30 日至 11 月 10 日。

适应性及栽培特点 适于浙江省安吉、常山、龙游、丽水等油茶种植区。选择土层深厚、排水良好、pH 值为 4.5 ~ 6.0 的阳坡，早期适当密植，盛产期后适时调整密度。造林要求苗木生长健壮，无病虫害，无机械损伤，苗高 20cm 以上。用腐熟的厩肥、堆肥和饼肥等有机肥作基肥，每穴施 2 ~ 10kg，与回填表土充分拌匀，然后填满，待稍沉降后栽植。配置花期相似或一致的多系混栽。

典型识别特征 丰产性好，大小年不明显。果皮青带黄色。

树体

花

果实

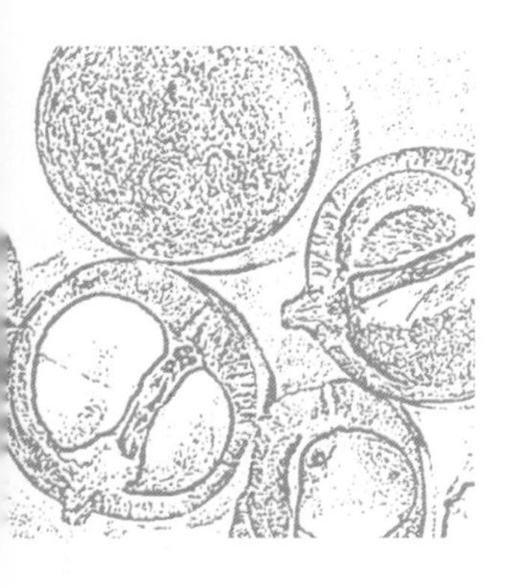

第七章　安徽省主要油茶良种

1　大别山 1 号

种名：油茶
拉丁名：*Camellia oleifera*‘Dabieshan 1’
认定编号：皖 R-SV-CO-001-2006
品种类别：无性系
选育地：安徽省舒城县
选育单位：安徽德昌苗木有限公司、安徽农业大学
选育过程：安徽德昌苗木有限公司与安徽农业大学合作，从 1999 年始开展油茶良种选育。通过优良类型选择和优树的预选、初选、复选、决选等程序，最终选出适宜于大别山区栽培的优良品种——大别山 1 号。近 8 年来在安徽省舒城、潜山县、太湖、黄山、东至、霍山等地进行区域试验。该良种丰产稳定，鲜果出籽率、出仁率、干仁含油率高，抗病虫性强。
选育年份：2006 年

植物学特征　树体高大，母树平均树高 2.0 ~ 3.6m，冠幅 5.1m × 9.5m；叶椭圆形，叶缘锯齿波状较浅，叶面平，新梢幼叶嫩红；花白色，花瓣 7 ~ 8 枚，雄蕊高；果实圆形，幼果向阳面桃红色，尖桃形，成熟时麻黄色，果皮薄，果实中等偏大且大小均匀，鲜果直径 2.850cm ~ 3.043cm，果皮厚度 2.36mm。

经济性状　该品种 3 年挂果，亩产鲜果 979.02kg，平均单果鲜重 9.6g、籽数 3.6 个。鲜果出籽率 26.7%，干籽出仁率 64.1%，干仁含油率 48.5%，果含油率 8.37%。经舒城、潜山、太湖、黄山试验区测试，亩产鲜果分别是 979.02kg、834.41kg、789.76kg、466.52kg，平均为 767.43kg；亩产油分别为 83.2kg、70.0kg、66.4kg、38.2kg，平均为 64.5kg。主要脂肪酸成分：棕榈酸（C16：0）7.2%、硬脂酸（C18：0）2.0%、油酸（C18：1）82.8%、亚油酸（C18：2）7.3%、亚麻酸（C18：3）0.3%、顺 -11- 二十碳烯酸（C20：1）0.4%。

生物学特性　3 月下旬芽开始萌动，4 月上旬开始抽梢展叶，10 月初始花，10 月下旬末花。果实 10 月上中旬成熟（寒露期左右）。5 ~ 7 年进入盛果期。

适应性及栽培特点　该品种可在大别山地区、安徽省的皖东地区、沿江地区、皖东南地区等地栽植。具有较强的抗逆性，尤其对炭疽病有较强的抗性。采用芽苗砧嫁接技术进行繁殖。早春，将油茶种子进行沙藏催芽，培育芽苗砧；5 月中旬至 6 月中旬选用当年生半木质化穗条进行嫁接；培育 2 年后出圃造林。选择丘陵缓坡中下部的阳坡、半阳坡，土层 60cm 以上，pH 值 5.5 ~ 6.5 的立地造林，按株行距 2m × 3m 挖穴（60cm × 60cm × 50cm）种植，每亩栽植 110 株。

典型识别特征 2～3代无性系植株性状稳定，表现为早实、稳产、丰产。果实大小均匀，果大皮薄，鲜果出籽率、出仁率、干仁含油率、出油率高。

单株（舒城）

果枝（黄山）

果枝（舒城）

单株（黄山）

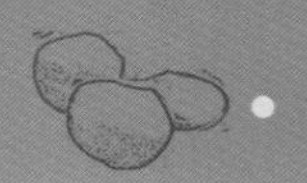

单株（潜山）

林分（潜山）

果枝（太湖）

单株（太湖）

2 黄山1号

种名： 油茶
拉丁名： *Camellia oleifera* ‘Huangshan 1’
审定编号： 皖 S-SC-CO-002-2008
品种类别： 无性系
原产地： 安徽省黄山市
选育地： 黄山市徽州区
选育单位： 黄山市林业科学研究所
选育过程： 1974年开始，在黄山市近10万亩油茶林分中选出油茶优树33株。1976年，从优良单株上采集种子进行分系育苗、造林，开展家系子代测定工作。1985年，从中筛选出徽岩74-21、徽岩74-3等11个优良家系。2005-2007年，在家系子代测定林中选出8个优良单株，分别定名为黄山1号～黄山8号，并分别无性系化。2008年，黄山1号通过省林木品种审定委员会审定。
选育年份： 2008年

植物学特征 灌木至小乔木，树冠浓密，自然圆球形至伞形，半开张；树高2.1～3.1m，冠幅2.8m×3.0m；大枝斜展，小枝直至斜生，嫩枝粗壮，有时具棱，绿至红色；叶革质，长5.1～8.1cm，宽2.5～4.0cm，椭圆形；先端渐尖而具钝头，有时呈镰状侧弯，基部宽楔形；上面深绿色，略亮，中脉上有粗毛，下面浅绿色，无毛，侧脉不明显，边缘具细锯齿，基部不明显，至先端渐密；叶柄较长，达7～8mm，有粗毛；叶片在小枝上斜向着生，嫩叶暗红色。花顶生，近无柄，花苞在开放前露出萼片部分呈粉红色，萼片6枚，由绿色渐变褐色，外具绒毛；花冠直径4.7～6.7cm，花瓣8片，白色，先端凹入，基部狭窄，倒心形，近离生，有丝毛，雄蕊长1.3～1.4cm，高于柱头，花药黄色，背部着生，花柱长约1.2cm，无毛，先端不同程度3浅裂，子房有黄色毛；花期10月下旬至11月上旬。蒴果球形，果实大小均匀，直径3.3～3.5cm，高3.4～3.9cm，表面光滑，红色略带黄，具4棱，果皮厚3.15mm，2～3室，每室有种子1～23粒，每果种子3～9粒，半球形至不规则形，黑色。果熟期10月中旬。

经济性状 试验林盛果期亩产油84kg，单果重23.3g。鲜果出籽率43.1%，干仁含油率42%，果油率9.5%。主要脂肪酸成分：棕榈酸（C16∶0）97.9%、棕榈烯酸（C16∶1）0.1%、硬脂酸（C18∶0）3.0%、油酸（C18∶1）83.3%、亚油酸（C18∶2）6.95.0%、亚麻酸（C18∶3）0.3%、顺-11-二十碳烯酸（C20∶1）0.5%。

生物学特性 个体发育生命周期：苗期，芽苗砧无性系嫁接苗期2年；营养生长期，2年生嫁接苗造林后当年为缓苗期，第二年营养生长迅速，第三年始花，第四年少数植株结果，此时以营养生长为主；始果期，第五年多数植株结果，第六年林分正式结果，结果量逐年增加，此时生殖生长与营养生长同时进行，需要大量水分和养分；盛果期，第八年进入盛果期，盛产历时可达25年，产量高低视经营管理水平而异。年生长发育周期：萌动期3月19日；枝叶生长期（春梢伸长）3月25日；始花期（首花开放）10月20日，初花期（5%花开）10月22日，盛花期（25%花开）10月24日，末花期（95%花落）12月2日；果熟期（5%果落）10月20日；封顶期（顶芽休眠）12月15日。

适应性及栽培特点 抗病虫害，对气候、土壤适应性强，现已在皖南山区、丘陵油茶立地类型区和大别山油茶立地类型区栽培。选择山地、丘陵缓坡中下部的阳坡、半阳坡，土层60cm以上，pH值5.5～6.5的立地造林。苗木采用芽苗砧嫁

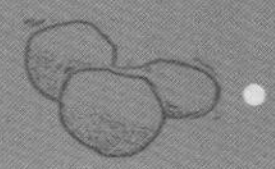

接方法繁殖。

典型识别特征　树形半开张。叶柄较长，嫩叶暗红色。花苞先端露出部分粉红色。果球形，红色略带黄，具4棱。

花与果实

花

果实

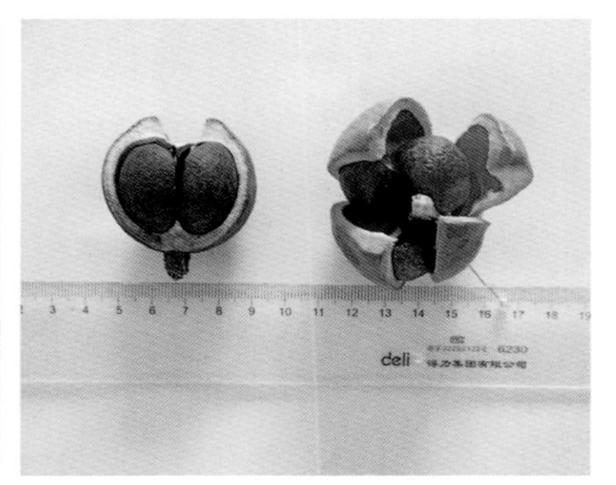

果实剖面

单株

3 皖徽1号

种名： 普通油茶
拉丁名： *Camellia oleifera* ‘Wanhui 1’
认定编号： 皖 R-SF-CO-006-2009
品种类别： 家系
通过类别： 认定（5年）
原产地： 安徽省歙县歙西林场
选育地： 歙县歙西林场
选育单位： 歙县歙西林场、安徽农业大学林学与园林学院、安徽省林业高科技开发中心
选育过程： 2005年7月，歙县歙西林场与安徽农业大学林学与园林学院、安徽省林业高科技开发中心合作，着手皖南山区油茶良种选育工作，先后3次在油茶主产区开展油茶品种资源调查，共选中表现较好的优树52株。按照优树标准，从已经选中的优树（油茶的生物学、生态学及其主要经济性状）中，经测试决选出徽州1号、徽州2号、徽州3号、徽州4号、徽州5号等5个优良单株，并对其主要形态特征、适生环境、生物学特性、抗逆性以及经济性状等进行了描述与分析测定。2009年12月29日，经安徽省林木品种审定委员会第七次会议参会专家评审后，徽州1号～徽州3号3个油茶良种被认定为优良家系，并统一命名为皖徽1号～皖徽3号，在安徽省长江以南油茶适宜种植区予以推广。
选育年份： 2005 - 2009年

植物学特征 小乔木，主干明显，3 ~ 5个分枝，侧枝分布均匀，树姿开张，多为圆球形；成年树体高度2.7m，地径6.5cm，冠幅2.9m×2.1m；芽被白色细绒毛，较多；芽鳞及嫩叶黄绿色，叶互生，上斜，叶片较为肥大，浓绿色，质地中，叶长4.55 ~ 6.27cm，宽2.11 ~ 3.27cm，椭圆形，侧脉6 ~ 9对，叶面微隆起，叶齿密，4 ~ 6个/cm，锐度中，叶基近圆形，尾端钝尖；花萼绿色，萼片6 ~ 8片，被有绒毛，花瓣白色，花冠直径5.3 ~ 7.1cm，6 ~ 7瓣，花柱3浅裂，雄蕊相对较高，有淡香味；蒴果，果实球形，横径2.40 ~ 4.41cm，纵径2.75 ~ 4.33cm，外果皮光滑，有光泽，向光面鲜红色，背光面红色夹带青色，果皮厚度0.24 ~ 0.53cm，种子棕褐色，3 ~ 13粒，半球形。

经济性状 结实大小年2 ~ 3年，平均果径3.41cm×3.28cm，单果重10.03 ~ 34.38g，种子均匀，百粒重184.08 ~ 247.05g。鲜果出籽率39.02% ~ 47.80%，干果出籽率24.98% ~ 27.00%，干籽出仁率66.40% ~ 67.40%，种仁干基含油率42.1% ~ 48.2%。折光指数1.4621，碘值(I)84.5g/100g，皂化值KOH189mg/g，不皂化物7.2g/kg。主要脂肪酸组成：棕榈酸（C16：0）8.2%、硬脂酸（C18：0）1.9%、油酸（C18：1）83.2%、亚油酸（C18：2）5.9%、亚麻酸（C18：3）0.2%、其他脂肪酸0.6%。丰产性能好，盛果期亩年产可达850kg，折油67.92kg。抗病性和适应性较强。

生物学特性 多年生常绿小乔木，无性系造林2 ~ 3年后开花挂果，4 ~ 5年即可投产，6 ~ 8年后逐渐进入盛果期，正常栽培情况下盛产期可达40 ~ 50年。3月上旬芽开始萌动，下旬进入嫩叶伸长期，5月中下旬春梢停止生长，12月中旬顶芽休眠。花芽分化期5月下旬至10月初，10月上旬首花开放，中旬初花（5%花开），10月下旬末进入盛花期，末花期（95%花落）11月中下旬。开花坐果后，3月下旬果实开始膨大，7 ~ 8月为果实膨大高峰期，9月下旬果实停止生长，进入油脂转化积累期，10月20日前后进入果实成熟期（5%果落）。霜降籽。

适应性及栽培特点　该品种目前在黄山市种植发展，适宜在安徽省长江以南油茶适宜种植区栽培。选择土层较厚的丘陵山地、缓坡地和岗地；有明显坡向的，应选择东坡、东南坡和南坡。坡度较平缓的，全垦整地；坡度较大的，带状或穴状整地。施入适量基肥。造林应配置适宜本地种植、盛花期基本一致、5个以上品系的合格苗木混合栽植，建议初植密度的株行距为2m×3m，每亩111株，栽植做到根系舒展，深度适中，栽紧踏实，浇透定根水，并用土将穴面培成馒头形，嫁接口要露出土面。适时抚育管理、追施肥料和防治病虫害。

典型识别特征　树形开张。叶肥大，浓绿色，椭圆形，尾端钝尖。花白色，6 ~ 7瓣，花柱3浅裂。果实球形，较大，外果皮光滑，有光泽，向光面鲜红色，背光面红色夹带青色。

单株

花

果实

果枝

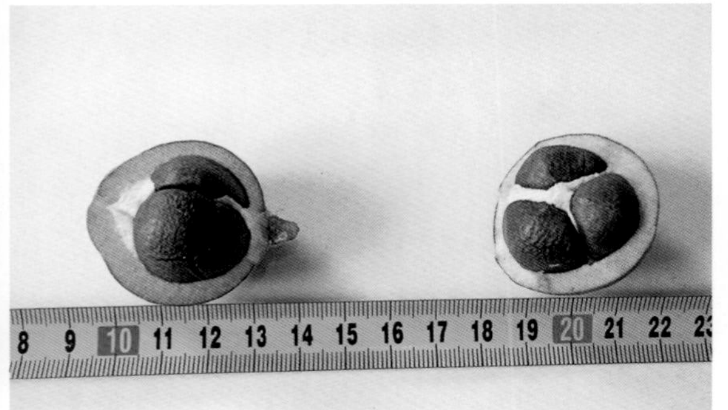

果实剖面

4 皖徽2号

种名： 普通油茶
拉丁名： *Camellia oleifera* ‘Wanhui 2’
认定编号： 皖 R-SF-CO-007-2009
品种类别： 家系
通过类别： 认定（5年）
原产地： 安徽省歙县歙西林场

选育地： 安徽省歙县歙西林场
选育单位： 安徽省歙县歙西林场、安徽农业大学林学与园林学院、安徽省林业高科技开发中心
选育过程： 同皖徽1号
选育年份： 2005 - 2009年

植物学特征 小乔木，主干粗壮，3 ~ 5个分枝，树姿开张，多为伞形；成年树体高度2.7m，地径16.9cm，冠幅3.2m×3.4m；芽被白色细绒毛，芽鳞及嫩叶黄绿色，叶互生，上斜，中等大小，绿色，质地中，叶长4.25 ~ 6.68cm，宽2.10 ~ 3.37cm，椭圆形，侧脉5 ~ 10对，叶面平，叶齿密，4 ~ 7个/cm，锐度中，叶基近圆形，尾端钝尖；花萼绿色，萼片被有绒毛，花瓣白色，花冠直径5.6 ~ 7.3cm，6 ~ 9瓣，花柱3 ~ 4浅裂，雄蕊相对较高，有淡香味；蒴果，果实卵形（形似鸡心），顶部突尖，横径2.93 ~ 3.38cm，纵径2.86 ~ 3.86cm，外果皮光滑，背光面青色，向光面红色，有光泽，果皮厚度0.22 ~ 0.37cm，种子棕褐色，1 ~ 11粒，形状不规则。

经济性状 结实大小年2 ~ 3年，平均果径3.49cm×3.19cm，单果重14.31 ~ 20.58g，种子大小不均匀，百粒重120.40 ~ 129.68g。鲜果出籽率36.60% ~ 45.10%，干果出籽率24.30% ~ 24.80%，干籽出仁率54.0% ~ 67.2%，种仁干基含油率47.9% ~ 48.7%。折光指数1.4607，碘值（I）85.0g/100g，皂化值（KOH）189mg/g，不皂化物10.6g/kg。主要脂肪酸组成：棕榈酸（C16：0）8.2%、硬脂酸（C18：0）2.1%、油酸（C18：1）81.6%、亚油酸（C18：2）7.3%、亚麻酸（C18：3）0.2%、其他脂肪酸0.5%。丰产性能好，盛果期亩年产可达785kg，折油63.74kg。抗病性和适应性较强。

生物学特性 多年生常绿小乔木，无性系造林2 ~ 3年后开花挂果，4 ~ 5年即可投产，6 ~ 8年后逐渐进入盛果期，正常栽培情况下盛产期可达40 ~ 50年。3月中旬芽开始萌动，4月上旬进入伸长期，5月下旬春梢停止生长，12月中旬起顶芽休眠。花芽分化期5月下旬至10月上旬，10月中旬首花开放，下旬初进入初花期（5%花开），10月下旬末为盛花期，末花期（95%花落）11月中旬。开花坐果后，3月下旬果实开始膨大，7 ~ 8月为果实膨大高峰期，9月下旬果实停止生长，进入油脂转化积累期，10月20日前后进入果实成熟期（5%果落）。霜降籽。

适应性及栽培特点 该品种目前在黄山市种植发展，适宜在安徽省长江以南油茶适宜种植区栽培。选择土层较厚丘陵山地、缓坡地和岗地；有明显坡向的，应选择东坡、东南坡和南坡。坡度较平缓的，全垦整地；坡度较大的，带状或穴状整地。施入适量基肥。造林应配置适宜本地种植、盛花期基本一致、5个以上品系的合格苗木混合栽植，建议初植密度的株行距为2m×3m，每亩111株，栽植做到根系舒展，深度适中，栽紧踏实，浇透定根水，并用土将穴面培成馒头形，嫁接口要露出土面。适时抚育管理、追施肥料和防治病虫害。

典型识别特征 树形开张。叶中等大小，绿色，椭圆形，尾端钝尖。花白色，6 ~ 9瓣，花柱3 ~ 4

浅裂。果实卵形（鸡心形），顶部突尖，外果皮光滑，背光面青色，向光面红色。

单株

花

树上果实特写

果实

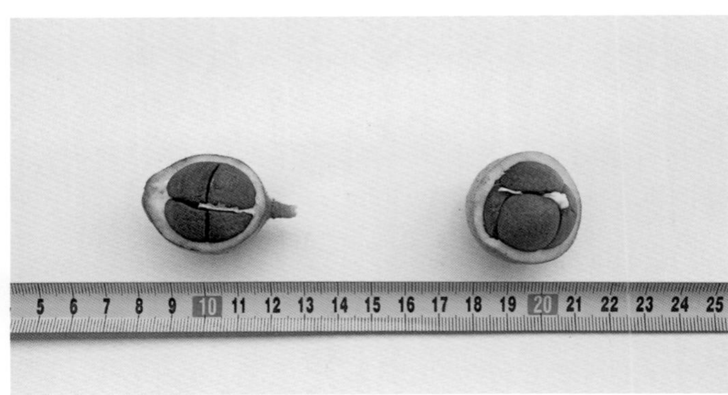
果实剖面

5 皖徽3号

种名： 普通油茶
拉丁名： *Camellia oleifera* ‘Wanhui 3’
认定编号： 皖 R-SF-CO-008-2009
品种类别： 家系
通过类别： 认定（5年）
原产地： 安徽省歙县歙西林场

选育地： 安徽省歙县歙西林场
选育单位： 安徽省歙县歙西林场、安徽农业大学林学与园林学院、安徽省林业高科技开发中心
选育过程： 同皖徽1号
选育年份： 2005－2009年

植物学特征 小乔木，树体中等，主干粗壮，3～5个分枝，树姿开张，多为伞形；成年树体高度3.26m，地径14.0cm，冠幅3.96m×3.68m；芽被白色细绒毛，芽鳞黄绿色，新梢展叶时略带红色，后随生长逐步转化为黄绿色，叶互生，上斜，中等大小，绿色，质地中，叶长4.51～6.14cm，宽2.09～3.03cm，长椭圆形，侧脉5～9对，叶面微隆起，叶齿密度中，3～5个/cm，锐度中，叶基楔形，尾端渐尖；花萼绿色，萼片6～8片，被有绒毛，花瓣白色，花冠直径6.5～8.7cm，5～8瓣，花柱3浅裂，雄蕊相对较高，有淡香味；蒴果，果实球形，果实横径2.66～3.80cm，纵径2.53～3.44cm，外果皮略粗糙，背光面青色，向光面黄棕色，果皮厚度0.27～0.39cm，种子棕褐色，3～9粒，形状不规则。

经济性状 结实大小年2～3年，平均果径3.49cm×3.33cm，单果重15.37～24.60g，种子大小不均匀，百粒重136.80～177.78g。鲜果出籽率36.02%～41.10%，干果出籽率17.20%～22.26%，干籽出仁率60.7%～68.8%，种仁干基含油率49.4%～50.6%。折光指数1.4601，碘值（I）85.2g/100g，皂化值（KOH）189mg/g，不皂化物：4.1g/kg。主要脂肪酸组成：棕榈酸（C16:0）8.5%、硬脂酸（C18:0）1.9%、油酸（C18:1）81.7%、亚油酸（C18:2）7.0%、亚麻酸（C18:3）0.3%、其他脂肪酸0.5%。丰产性能好，盛果期亩年产可达740kg，折油57.35kg。抗病性和适应性较强。

生物学特性 多年生常绿小乔木，无性系造林2～3年后开花挂果，4～5年即可投产，6～8年后逐渐进入盛果期，正常栽培情况下盛产期可达40～50年。3月中旬芽开始萌动，4月上旬进入嫩叶伸长期，5月下旬春梢停止生长，12月中旬起顶芽休眠。花芽分化期5月下旬至10月上旬，10月下旬初首花开放，下旬末初花（5%花开），11月上旬进入盛花期，末花期（95%花落）11月下旬。开花坐果后，3月下旬果实开始膨大，7～8月为果实膨大高峰期，9月下旬果实停止生长，进入油脂转化积累期，10月20日前后进入果实成熟期（5%果落）。霜降籽。

适应性及栽培特点 该品种目前在黄山市种植发展，适宜在安徽省长江以南油茶适宜种植区栽培。选择土层较厚丘陵山地、缓坡地和岗地，有明显坡向的，应选择东坡、东南坡和南坡。坡度较平缓的，全垦整地；坡度较大的，带状或穴状整地。施入适量基肥。造林应配置适宜本地种植、盛花期基本一致、5个以上品系的合格苗木混合栽植，建议初植密度的株行距为2m×3m，每亩111株，栽植做到根系舒展，深度适中，栽紧踏实，浇透定根水，并用土将穴面培成馒头形，嫁接口要露出土面。适时抚育管理、追施肥料和防治病虫害。

典型识别特征　树形开张。新梢展叶略红，后随生长转化为黄绿色。叶长椭圆形，叶基楔形，尾端渐尖。花白色，5 ~ 8 瓣，花柱 3 浅裂。果实球形，外果皮略粗糙，背光面青色，向光面黄棕色。

单株

果枝

花

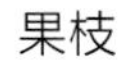

果实

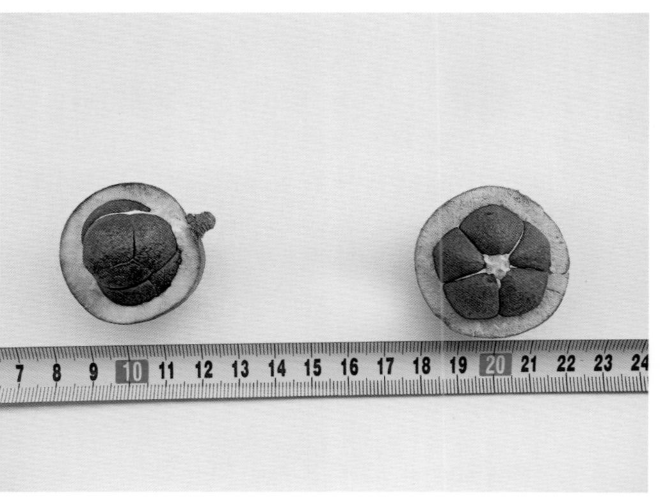

果实剖面

6 绩溪1号

种名： 油茶
拉丁名： *Camellia oleifera* 'Jixi 1'
认定编号： 皖R-SF-CO-002-2011
品种类别： 优株
原产地： 安徽省绩溪县
选育单位： 绩溪水源合作社、安徽农业大学、宣城市林业局、绩溪县林业局
选育过程： ① 初选：自2005年走访种植户，对种植户推荐的80株绩溪境内优良单株逐一核实、观测、登记，初选出优株50株。② 复选：2008-2010年，在对初选出的50株优树连续3年逐株测产的基础上，复选出32株优树。③ 决选：2010年8月，针对2009年持续低温，油茶普遍因冻害造成落花落果严重、产量锐减等现象，调查复选优株的寒害、冻害、病虫等情况，筛选出16株抗性强的优株；再依据花芽量、结实量等稳定性等指标，决选8株优树。④ 现场测产、审核、评审：2010年10月18日，安徽省林木良种审定委员会组织油茶专家赴现场对8株决选优株进行现场测定，并取样送安徽省粮油产品质量监督检测站做含油率等经济指标测定，经过对比分析鲜籽率、干籽率、出仁率等经济性状，筛选出综合性状好的6株优树。并于2011年2月26日，通过安徽省林木良种委员会组织的专家会议评审，命名为绩溪1号油茶良种。
选育年份： 2011年

植物学特征 树体高大，树高3～4m，冠幅达4.5m×4m，干径16～20cm；叶革质，叶形长椭圆形，叶色深绿；花白色，盛花期在霜降前；果实成熟期较早，为10月上旬；果实尖桃型，果色阳面红色、阴面青红；果大皮薄，果实横径3.5～3.8cm，果实长度3.8～4.0cm，果皮厚度0.2cm。无落果和病害现象，稳产。树势健壮，抗病抗寒性强。

经济性状 大小年不明显，单果重25g，鲜籽质量498.5g/株，干籽质量326.2g/株，仁质量208.3g/株。鲜果出籽率51.57%，干果出籽率32.12%，果仁率22.28%，干仁含油率43.2%，果含油率9.62%。单位面积冠幅产果量2.18kg/m^2，亩产果量871kg，亩产油量83.8kg。

生物学特性 绩溪1号油茶良种无性系造林营养生长期较短，2～3年始果，7年达盛产期，盛产期30年。春梢3月中旬开始生长，夏梢5月中旬开始生长，秋梢始于9月上旬，到11月下旬终止。4月初，在当年春梢上花芽，开始分化，少数夏梢也能形成花芽。3月中旬以前，幼果生长缓慢，3月下旬至8月下旬果实以体积增长为主。8月中旬以后，果实增长停止，但重量和油脂继续增长、转化，10月上旬果熟。

适应性及栽培技术要点 适应性较强，无病虫害。适宜在中等以上立地条件、海拔600m以下的中低山区造林。种植范围为皖南山区，尤其以宣城市及黄山市的中低山区为主。宜选择土层深厚，石砾含量在10%左右，质地疏松的棕壤或黄棕壤阳坡林地进行造林。株行距为2m×3m，“品”字形布穴。定植前整地，挖40cm×40cm×60cm的定植穴，施复合肥0.1kg，栽植时浇足定根水。裸根苗要栽深栽紧，做到三提三踩，同时要截干，保持苗高30～40cm，并适当摘除部分叶片，以提高造林成活率。

典型识别特征 树体高大。果实尖桃形，果皮薄。

单株

果枝

花

果实

茶籽

7 绩溪2号

种名：油茶
拉丁名：*Camellia oleifera* ‘Jixi 2’
认定编号：皖 R-SF-CO-003-2011
品种类别：优株
原产地：安徽省绩溪县
选育单位：绩溪水源合作社、安徽农业大学、宣城市林业局、绩溪县林业局

选育过程：在对绩溪县油茶种质资源广域调查的基础上，采取产区农户报优、连续测产比选、专家评优等相结合的方法，经过5年的初选、复选、决选，并经安徽省林木良种委员会认定为油茶良种绩溪2号。
选育年份：2011年

植物学特征 树高3.2m，冠幅4.0m×4.7m，干径15cm。叶革质，长椭圆形且先端尖，上表面深绿色且发亮。果实球形，果大，3.8cm×3.7cm×3.8cm，果色黄、青，果皮薄。树势健壮，冠幅浓密，丰产、稳产。

经济性状 单果重28g。鲜籽质量522.5g/株，干籽质量325.4g/株，仁质量225.7g/株。鲜果出籽率49.05%，干果出籽率32.1%，果仁率20.5%，干仁含油率51.1%，果含油率10.48%。单位面积冠幅产果量2.08kg/m^2，折合亩产果量831kg，折合亩产油量87.1kg。

生物学特性 绩溪2号油茶良种无性系造林后3年始果，7～8年达盛产期，盛产期30年。春梢3月中旬开始生长，夏梢5月中旬开始生长，秋梢始于9月上旬，到11月下旬终止。4月初，在当年春梢上花芽开始分化，少数夏梢也能形成花芽。3月中旬以前，幼果生长缓慢，3月下旬至8月下旬果实以体积增长为主。8月中旬以后，果实体积增长基本停止，10月上旬果熟。

适应性及栽培技术要点 适宜于中等以上立地条件、海拔600m以下的中低山造林。种植范围为皖南山区，尤其是宣城市、黄山市的中低山区也可以栽植。适宜立地为土层深厚，石砾含量在10%左右，质地疏松的棕壤或黄棕壤阳坡。株行距2m×3m，“品”字形布穴为佳。定植前穴状整地，定植穴40cm×40cm×60cm为宜。

典型识别特征 枝叶浓密。果大。

树上果实特写

花

单株

果实

果实剖面

茶籽

8 绩溪 3 号

种名：油茶
拉丁名：*Camellia oleifera* 'Jixi 3'
认定编号：皖 R-SF-CO-004-2011
品种类别：优株
原产地：安徽省绩溪县
选育单位：安徽农业大学、绩溪水源合作社、宣城市林业局

选育过程：在对绩溪县油茶种质资源调查的基础上，采取产区农户报优、连续测产比选、专家评优等相结合的方法，经为期 5 年的初选、复选、决选，并经安徽省林木良种委员会认定为油茶良种绩溪 3 号。
选育年份：2011 年

植物学特征 树高 2.3m，冠幅 3.2m × 3.0m，干径 20cm；叶革质，倒卵形，有时渐尖；花白色；果实球形，果色泽红色，果皮薄。树势紧凑，冠幅浓密，丰产、稳产。

经济性状 单果重 21g，每果平均籽数 5.8 个，鲜籽质量 477.3g/ 株，干籽质量 261.4g/ 株，仁质量 225.7g/ 株；鲜果出籽率 37.66%，干果出籽率 23.98%，果仁率 15.94%，干仁含油率 48.1%，果含油率 7.67%。单位面积冠幅产果量 2.38kg/m^2，折合亩产果量 951kg，折合亩产油量 72.9kg。

生物学特性 绩溪 3 号油茶良种无性系造林营养生长期短，2 ~ 3 年始果，7 年可达盛产期，盛产期达 30 年。春梢 3 月中旬开始生长，夏梢 5 月中旬开始生长，秋梢始于 9 月上旬，到 11 月

单株

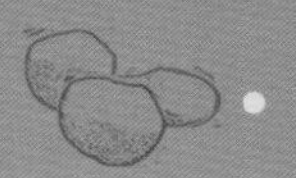

下旬终止。4 月初，在当年春梢上花芽开始分化，少数夏梢也能形成花芽。3 月中旬以前，幼果生长缓慢，3 月下旬至 8 月下旬果实以体积增长为主。8 月中旬以后，果实增长停止，但重量和油脂继续增长、转化，10 月上旬果熟。

适应性及栽培技术要点 抗寒抗冻性强。适宜于中等以上立地条件、海拔 600m 以下的中低山地区。种植范围为皖南山区，尤其以宣城市及黄山市的中低山区为主。宜选择土层深厚，质地疏松的棕壤或黄棕壤阳坡低山地进行造林。株行距为 2m×3m，穴状整地，细致栽植及管理。

典型识别特征 果色泽红，观赏性良好。

树上果实特写

花

果实剖面

果实

茶籽

9 绩溪4号

种名： 油茶
拉丁名： *Camellia oleifera* ‘Jixi 4’
认定编号： 皖 R-SF-CO-005-2011
品种类别： 优株
原产地： 安徽省绩溪县
选育单位： 安徽农业大学、绩溪水源合作社、宣城市林业局等

选育过程： 在对绩溪县油茶种质资源调查的基础上，采取产区农户报优、连续测产比选、专家评优等相结合的方法，经初选、复选、决选，并经安徽省林木良种委员会审定为油茶良种绩溪4号。
选育年份： 2011年

植物学特征 从生状，主干不明显，树冠紧凑；树高2.7m，冠幅1.4m×2.2m，地径11cm；叶窄椭圆形，长5cm，宽2cm，上面深绿色，发亮，中脉有粗毛。花瓣白色，7片，倒卵形；果实球形，较小，平均横径3.3cm、纵经3.2cm、柔皮厚0.34cm，果色红润，果皮薄。树体稍小，树势健壮，抗性强。

经济性状 无大小年。单果重19g，每果平均籽数5.1个，鲜籽质量388.6g/株，干籽质量247.4g/株，仁质量164.5g/株；鲜果出籽率46.61%，干果出籽率25.53%，果仁率18.04%，干仁含油率50.2%，果含油率9.06%。单位面积冠幅产果量2.13kg/m^2，折合亩产果量851kg，折合亩产油量77.1kg。

生物学特性 绩溪4号油茶良种无性系造林成

花

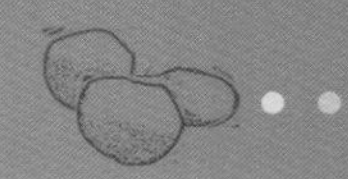

活率高，2 ~ 3 年始果，7 年达盛产期，盛产期 30 年。春梢 3 月中旬开始生长，夏梢 5 月中旬开始生长，秋梢始于 9 月上旬，到 11 月下旬终止。4 月初，在当年春梢上花芽开始分化，少数夏梢也能形成花芽。3 月中旬以前，幼果生长缓慢，3 月下旬至 8 月下旬果实以体积增长为主。8 月中旬以后，果实体积增长基本停止，10 月上旬果熟。

适应性及栽培技术要点　抗病抗寒性强。适宜于中等以上立地条件、海拔 600m 以下的中低山地区。种植范围为安徽广域中低山区，尤其以皖南山区为主。宜选择土层深厚，质地疏松的棕壤或黄棕壤阳坡，株行距 2m × 3m，穴状整地，细致栽植及管理，造林成活率高。

典型识别特征　丛生状，主干不明显，稳产。

树上果实特写

单株

茶籽

果实

10 绩溪5号

种名： 油茶
拉丁名： *Camellia oleifera* ‘Jixi 5’
认定编号： 皖 R-SF-CO-006-2011
原产地： 安徽省绩溪县
品种类别： 优株
选育单位： 绩溪水源合作社、安徽农业大学、宣城市林业局、绩溪县林业局

选育过程： 在对绩溪县油茶种质资源调查的基础上，采取产区农户报优、连续测产比选、专家评优等相结合的方法，经初选、复选、决选，并经安徽省林木良种委员会认定为油茶良种绩溪5号。
选育年份： 2011年

植物学特征 树高3.3m，冠幅3.7m×3.2m，地径11cm；叶革质，长椭圆形或倒卵形，先端尖而有钝头，有时渐尖或钝，基部楔形，长5～7cm，宽2～4cm，上面深绿色，发亮，中脉有粗毛或柔毛，下面浅绿色，无毛或中脉有长毛，边缘有细锯齿，有时具钝齿，叶柄长4～8mm，有粗毛；花顶生，近于无柄，苞片与萼片约10片，由外向内逐渐增大，阔卵形，长3～12mm，背面有紧贴柔毛或绢毛，花后脱落，花瓣白色，5～7片，倒卵形，长2.5～3cm，宽1～2cm，有时较短或更长，先端凹入或2裂，基部狭窄，雄蕊长1～1.5cm，花药黄色，子房有黄长毛，3～5室，花柱长约1cm，无毛，先端不同程度3裂；蒴果球形或卵圆形，直径3～4cm，木质，中轴粗厚，苞片及萼片脱落后留下的果柄长3～5mm，粗大，有环状短节。花期冬春间。果实球形，果色阳面红色，阴面青黄色，果皮薄。树势健壮，树冠圆满，丰产、稳产。

经济性状 单果重22g，每果平均籽数6.2个，鲜籽质量431.2g/株，干籽质量225.2g/株，仁质量142.6g/株；鲜果出籽率43.71%，干果出籽率22.83%，果仁率14.45%，干仁含油率47.0%，果含油率6.79%。单位面积冠幅产果量2.11kg/m^2，每亩产果量843kg，每亩产油量57.2kg。

生物学特性 绩溪5号油茶良种无性系造林后2～3年始果，7年达盛产期，盛产期30年。春梢3月中旬开始生长，夏梢5月中旬开始生长，秋梢始于9月上旬，到11月下旬终止。4月初，在当年春梢上花芽开始分化，少数夏梢也能形成花芽。3月中旬以前，幼果生长缓慢，3月下旬至8月下旬果实以体积增长为主。8月中旬以后，果实体积增长基本停止，10月上旬果熟。

适应性及栽培技术要点 抗性强。适宜于中等以上立地条件、海拔600m以下的中低山地区。种植范围为皖南山区，尤其以宣城市及黄山市的中低山区为主。宜选择土层深厚，质地疏松的棕壤或黄棕壤阳坡低山地进行造林。株行距以2m×3m为宜，穴状整地，细致栽植及管理。

典型识别特征 树体中等，树势健壮，丰产、稳产。

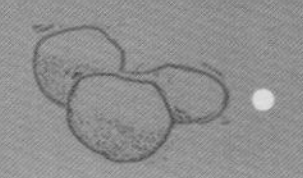

单株

果枝

花

果实

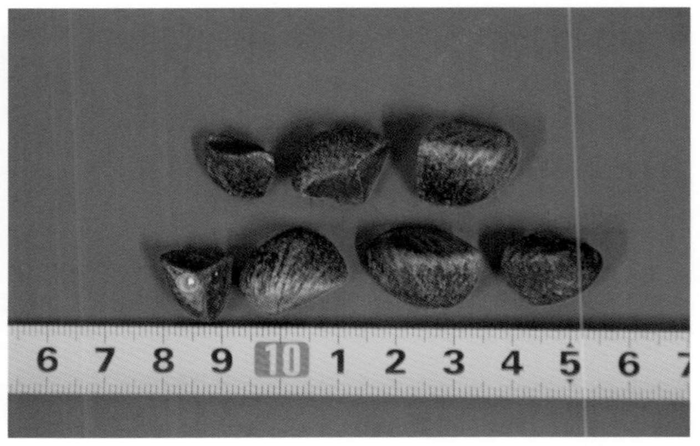

茶籽

11 皖潜1号

种名：油茶
拉丁名：*Camellia oleifera* ‘Wanqian 1’
俗名：皖潜23号
认定编号：皖R-SF-CO-007-2011
品种类别：家系
原产地：安徽省潜山县余井镇松岭村
选育地（包括区试点）：安徽省潜山县余井镇松岭村普通实生油茶林，海拔268m。区试点有安徽潜山、太湖、霍邱、舒城等地
选育单位：安徽省林业科学研究院、潜山县林业科技推广中心
选育过程：安徽省林业科学研究院与潜山县林业科技推广中心自2006年起合作开展油茶北缘分布区优良品种选育，经过群众报优、专家论证、林间生物学性状调查、室内经济性、优良单株选择5个程序，预选出116株，初选65株，第一次复选28株，第二次复选6株，2010年最终决选皖潜1号优良单株。
选育年份：2011年2月

植物学特征 树体高大，自然圆头形，树高2.7m，冠高2.0m，冠幅21.6m^2；叶窄长形，叶缘有钝锯齿；叶片长7.5cm，宽3.5cm，厚0.69mm；叶色较浓绿，叶绿素含量1.04mg/g；平均每枝条花芽数8.0个，花白色，花茎长7.6cm，单瓣长3.6cm；果实扁球形，果皮红色，大小均匀，果实大，平均横径3.67m、纵径3.76cm，果皮厚0.42cm。

经济性状 该优株树冠大，花期早，抗寒性强，结实大小年现象不明显，丰产稳产。经4年观察测试，平均单果重24.2g，年均株产鲜果48.3kg（45kg ~ 50kg），每平方米产量2.24kg，折合亩产鲜果1120kg；经测算，鲜果出籽率42.8%，鲜籽含水分37.1%，亩产鲜籽净重479.4kg；干果出籽率26.8%，干籽出仁率63.8%，亩产干仁重191.5kg；出油率40.9%，每平方米产油0.16kg，亩产茶油78.3kg。主要脂肪酸成分：棕榈酸5.9%，棕榈一烯酸1.9%，硬脂酸0.9%，油酸64.2%，亚油酸18.7%，亚麻酸6.7%，花生酸1.7%。较抗炭疽病。

生物学特性 年生长发育周期：3月底至4月初芽萌动，4月上旬抽梢展叶，6月中旬春梢停止生长；10月下旬初花，11月上旬盛花，花期较早；7月上旬至8月中旬为果实膨大期，10月下旬果实成熟，属霜降籽类型。

适应性及栽培特点 适宜安徽省长江以北油茶适宜种植区，选择土层较厚丘陵山地、缓坡地和岗地。有明显坡向的，应选择东坡、东南坡和南坡；坡度较平缓的，全垦整地；坡度较大的，带状或穴状整地。施入适量基肥。造林应配置适宜本地种植、盛花期基本一致、5个以上品系的

花芽

合格苗木混合栽植，建议初植密度的株行距为2m×3m，每亩110株，栽植做到根系舒展，深度适中，栽紧踏实，浇透定根水，并用土将穴面培成馒头形。适时抚育管理、追施肥料和防治病虫害。

典型识别特征　树体自然圆头形。叶窄长形，叶缘有钝锯齿。花白色。果实扁球形，果皮红色。

单株

花

果实

树上果实特写

12 皖潜2号

种名：油茶
拉丁名：*Camellia oleifera*‘Wanqian 2’
俗名：皖潜11号
认定编号：皖R-SF-CO-008-2011
品种类别：家系
原产地：安徽省潜山县槎水镇逆水村
选育地（包括区试点）：安徽省潜山县槎水镇逆水村普通实生油茶林，海拔675m。区试点有安徽潜山、太湖、霍邱、舒城等地
选育单位：安徽省林业科学研究院、潜山县林业科技推广中心
选育过程：同皖潜1号
选育年份：2011年2月

植物学特征 树体高大，自然圆头形，树高4.7m，冠高3m，冠幅24m^2。叶窄长形，较厚，叶缘有钝锯齿，叶脉清晰；叶片长7.3cm，宽3.3cm，厚0.67mm；叶色浓绿，有光泽，叶绿素含量1.12mg/g。平均每枝条花芽数7.0个。花白色，花茎长5.5cm，单瓣长2.6cm。果实球形，果皮青绿色，大小均匀，平均横径3.09cm、纵径3.07cm、果皮厚0.33cm，中等大小。

单株

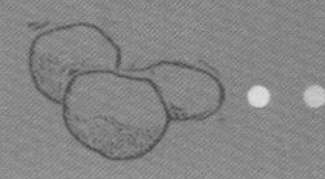

经济性状　该优株树冠丰满、完整，花期较早，叶片相对电导度小于27%，抗寒性强，结实大小年现象不明显，丰产、稳产。经4年观察测试，平均单果重12.1g，年均株产鲜果44.3kg（40.0kg ~ 50.0kg），每平方米产量1.85kg，折合亩产鲜果925kg。经测算，鲜果出籽率41.0%，鲜籽含水分35.9%，亩产鲜籽净重379.3kg；干果出籽率26.2%，干籽出仁率60.4%，亩产干仁重146.4kg；出油率41.0%，每平方米产油0.12kg，亩产茶油60.0kg。抗炭疽病。主要脂肪酸成分：棕榈酸7.4%，棕榈一烯酸2.0%，硬脂酸0.8%，油酸63.2%，亚油酸16.1%，亚麻酸8.3%，花生酸2.3%。

生物学特性　年增长发育周期：3月底4月初芽萌动，4月上旬抽梢展叶，6月中旬春梢停止生长；10月下旬初花，11月上旬盛花，花期较早；7月上旬至8月中旬为果实膨大期，10月下旬为果实成熟期，属霜降籽类型。

适应性及栽培特点　适宜安徽省长江以北油茶适宜种植区，选择土层较厚丘陵山地、缓坡地和岗地。有明显坡向的，应选择东坡、东南坡和南坡；坡度较平缓的，全垦整地；坡度较大的，带状或穴状整地。施入适量基肥。造林应配置适宜本地种植、盛花期基本一致、5个以上品系的合格苗木混合栽植。建议初植密度的株行距为2m×3m或2m×4m，每亩83 ~ 110株。栽植做到根系舒展，深度适中，栽紧踏实，浇透定根水，并用土将穴面培成馒头形。适时抚育管理、追施肥料和防治病虫害。

典型识别特征　树体自然圆头形。叶窄长形，叶缘有钝锯齿。花白色。果实球形，果皮青绿色。

花

果实

花芽

果实与茶籽

13 凤阳1号

种名： 油茶
拉丁名： *Camellia oleifera* 'Fengyang 1'
认定编号： 皖R-SF-CO-013-2011
品种类别： 家系
通过类别： 认定（5年）
原产地： 安徽省凤阳县
选育地： 安徽省凤阳县曹店林场
选育单位： 安徽省林业高科技开发中心
选育过程： ① 资源调查 2007年始，通过各种途径，对皖东地区油茶分布情况进行调查了解，摸清油茶资源分布状况。② 预选 2007年，挂果多、抗病能力强、树势好，预选优树挂牌标记，并测产。③ 初选 2008年，观察植物学、生物学、经济性状及抗病性、抗寒性状况，初选标记并测产。④ 第一次复选 2009年，对初选单株进行生物学性状、物候期、经济性状的观察与测定；记录2008年暴雪对优单生长和产量的影响，根据综合性状，复选并标记。⑤ 第二次复选 2010年，对第一次复选单株进一步测定，再次复选并标记。⑥ 决选与良种申报 2011年，依据高产稳产特性、抗逆性（抗病、抗寒、抗旱等）特征和茶籽的品质，决选出优良单株；撰写油茶良种选育报告，提交安徽省林木良种委员会审（认）定。通过认定，命名为凤阳1号。
选育年份： 2007-2011年

植物学特征 小乔木，性喜温暖，对土壤要求不严，耐瘠薄、耐干旱，抗寒性强。枝干丛生状，地径0.12m，分枝点低，枝下高0.15m，树姿半开张，枝条较直立，树冠呈圆头形，主干皮呈浅褐色，树高2.5m，冠幅3.0m×2.7m；叶片长椭圆形，叶色深绿，革质、较厚，单叶互生，叶片上斜，叶面较平展，侧脉对数7；花两性，白色，5瓣，萼片数6，有芽茸毛，芽鳞绿色；幼果顶端红色，呈桃形，果面糠皮光滑，果皮较薄，种子半球形。

经济性状 四年平均产果1.55kg/m^2，每千克茶果平均有71个，单果重14g，鲜果出籽率44.30%，干果籽率58.72%，出仁率72.33%，干仁含油率51.7%。不饱和脂肪酸含量89.6%，其中油酸79.3%，亚油酸10.3%。单位面积产油量：折合每公顷产油量平均1050kg左右。

生物学特性 4月1～5日萌芽、抽梢、展叶；4月10～15日幼果开始生长；5月10～20日新梢停止生长，油茶果发育加快，膨大明显，花芽开始分化；8月20日至9月2日籽壳渐硬变黑，开始油化；9月底至10月初茶果成熟；10月10～15日采收。10月15～20日初花期；10月25日至11月10日盛花期；12月初末花期。

适宜性及栽培特点 适宜安徽省江淮之间油茶适宜种植区，选择土层较厚丘陵山地、缓坡地和岗地。有明显坡向的，应选东坡、东南坡和南坡；坡度较平缓的，全垦整地；坡度较大的，带状或穴状整地。施入适量基肥。造林应配置适宜本地种植、盛花期基本一致、5个以上品系的合格苗木混合栽植，建议初植密度的株行距为2m×3m，每亩111株，栽植做到根系舒展，深度适中，栽紧踏实，浇透定根水，并用土将穴面

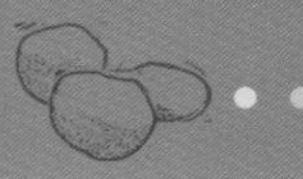

培成馒头形。适时抚育管理、追施肥料和防治病虫害。

典型识别特征　树姿半开张，树冠圆头形。枝下高较低，枝条较直立。叶片上斜。果红色，呈桃形。

单株

花

叶

花芽

14 凤阳2号

种名： 油茶
拉丁名： *Camellia oleifera* ‘Fengyang 2’
认定编号： 皖 R-SF-CO-014-2011
品种类别： 家系
通过类别： 认定（5年）

原产地： 安徽省凤阳县
选育地： 安徽省凤阳县曹店林场
选育单位： 安徽省林业高科技开发中心
选育过程： 同凤阳1号
选育年份： 2007-2011年

植物学特征 小乔木，性喜温暖，对土壤要求不严，耐瘠薄、耐干旱，抗寒性强。丛生状，主干皮浅褐色，叶细长，树高2.66m，枝下高0.55m，地径0.14m，冠幅1.90m×2.00m，树形伞形，树姿半开张，枝下高较低；茶果小，呈圆形，果皮较薄，茶籽小呈浅褐色；叶片长椭圆形，叶色深绿，革质、较厚，单叶互生，叶片上斜，叶面较平展，侧脉对数8；花两性，白色，5瓣，萼片数6，有芽茸毛，芽鳞绿色；幼果顶端红色，呈圆球形，果面糠皮，果皮薄，种子半球形或球形。

经济性状 4年平均产茶果1.20kg/m^2，每千克茶果平均有125个，单果重8g，大小年不明显。鲜果出籽率52.20%，干果籽率69.84%，出仁率76.50%，干仁含油率54.0%。不饱和脂肪酸含量89.8%左右，其中油酸78.0%，亚油酸11.8%。单位面积产油量：折合每公顷产油量平均1265.7kg左右。

生物学特性 4月1～5日萌芽、抽梢、展叶；4月10～15日幼果开始生长；5月10～20日新梢停长，茶果迅速生长，花芽开始分化；8月20日至9月2日籽壳渐硬变黑，开始油化；9月底至10月初茶果成熟；10月10～15日采收。10月15～20日初花期；10月底至11月10日盛花期；11月底至12月初末花期。

适宜性及栽培特点 适宜安徽省江淮之间油

单株

茶适宜种植区。选择土层较厚丘陵山地、缓坡地和岗地。有明显坡向的，应选择东坡、东南坡和南坡；坡度较平缓的，全垦整地；坡度较大的，带状或穴状整地。施入适量基肥。造林应配置适宜本地种植、盛花期基本一致、5 个以上品系的合格苗木混合栽植，建议初植密度的株行距为 2m×3m，每亩 111 株，栽植做到根系舒展，深度适中，栽紧踏实，浇透定根水，并用土将穴面培成馒头形。适时抚育管理、追施肥料和防治病虫害。

典型识别特征　树姿半开张，树冠圆头形。枝下高较低，枝条较直立。叶片上斜。果红色，呈圆球形。

花

花芽

果枝

15 凤阳3号

种名： 油茶
拉丁名： *Camellia oleifera* ‘Fengyang 3’
认定编号： 皖 R-SF-CO-015-2011
品种类别： 家系
通过类别： 认定（5年）

原产地： 安徽省凤阳县
选育地： 安徽省凤阳县蒋庄
选育单位： 安徽省林业高科技开发中心
选育过程： 同凤阳1号
选育年份： 2007－2011年

植物学特征 小乔木，性喜温暖，对土壤要求不严，耐瘠薄、耐干旱，抗寒性强。30～40年生，丛生状，树高2.76m，从地面25cm处分2叉，后分为4叉，主干皮褐色，冠幅2.70m×2.15m；早春幼果生长快，茶果成熟时，阳面微红，果面粗糙呈褐色，桃形；叶色浓绿，椭圆形，成熟新梢棕褐色，革质、较厚，单叶互生，叶片近水平，侧脉对数8；花两性，白色，6瓣，萼片数6，有芽茸毛，芽鳞黄绿色。

经济性状 4年平均产茶果1.38kg/m^2；每千克茶果平均46个，单果重22g，大小年不明显，产量稳定；鲜果出籽率45.10%，干果籽率58.52%，出仁率69.33%，仁含油率53.20%。不饱和脂肪酸含量91.1%，其中油酸83.6%，亚油酸7.5%。单位面积产油量：折合每公顷产油量平均940.8kg。

生物学特性 4月1～5日萌芽、抽梢、展叶；4月10～15日幼果开始生长；5月25日至6月10日新梢停长，茶果生长加快，花芽开始分化；8月25日至9月5日籽壳变黑渐硬，开始油化；9月底至10月初茶果成熟；10月15～20日采收。10月20～25日初花期；11月10～20日盛花期；12月上旬末花期。

适宜性及栽培特点 适宜安徽省江淮之间油茶适宜种植区。选择土层较厚丘陵山地、缓坡地和岗地。有明显坡向的，应选择东坡、东南坡和

单株

南坡；坡度较平缓的，全垦整地；坡度较大的，带状或穴状整地。施入适量基肥。造林应配置适宜本地种植、盛花期基本一致、5个以上品系的合格苗木混合栽植，建议初植密度的株行距为2m×3m，每亩111株，栽植做到根系舒展，深度适中，栽紧踏实，浇透定根水，并用土将穴面培成馒头形。适时抚育管理、追施肥料和防治病虫害。

典型识别特征　树姿半开张，树冠伞形。枝下高较低，枝条较平展。叶片近水平。果褐色，呈桃形。

树上果实特写

花

果实

花芽

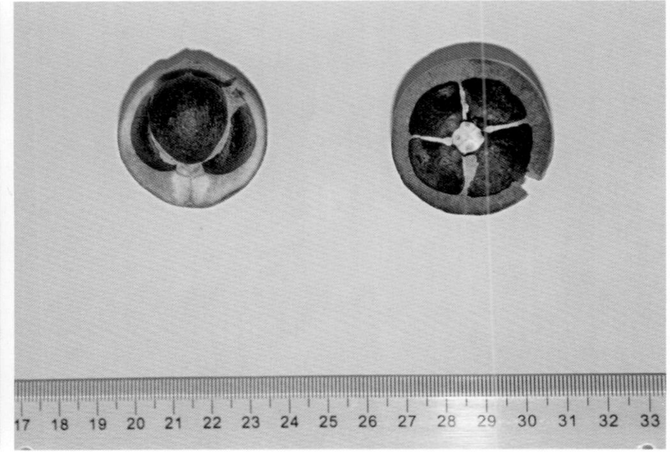

果实剖面

16 凤阳4号

种名： 油茶
拉丁名： *Camellia oleifera* ‘Fengyang 4’
认定编号： 皖 R-SF-CO-016-2011
品种类别： 家系
通过类别： 认定（5年）

原产地： 安徽省凤阳县
选育地： 安徽省凤阳县蒋庄
选育单位： 安徽省林业高科技开发中心
选育过程： 同凤阳1号
选育年份： 2007－2011年

植物学特征 小乔木，性喜温暖，对土壤要求不严，耐瘠薄、耐干旱，抗寒性强。30 ~ 40年生，丛生状，地径0.15m，枝下高0.30m，地上部分7叉，主干皮色深褐色，树高2.50m，冠幅3.0m×2.4m，生长势强健；新梢淡绿色，幼叶淡红色，成叶狭长卵圆形，叶色较浅，革质、较厚，单叶互生，叶片上斜，叶面较平，侧脉对数8；花两性，白色，5瓣，萼片数6，有芽茸毛，芽鳞绿色，花芽较长；幼果长圆形，果顶端红色，多数果脐稍凸，茶果近圆球形红果，果面糠皮，果皮薄，种子半球形或球形。

单株

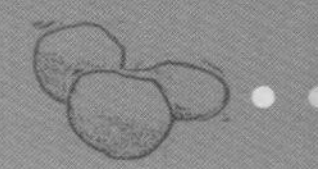

经济性状　4年平均产茶果1.50kg/m²。鲜果出籽率42.66%，干果出籽率56.34%，出仁率68.00%，仁含油率47.7%。不饱和脂肪酸含量91.1%，其中油酸81.3%，亚油酸9.8%。单位面积亩产油量50.96kg～58.24kg（平均：54.60kg）。单位面积产油量：折合每公顷产油量平均819kg左右。

生物学特性　4月1～5日萌芽、抽梢、展叶；4月10～15日幼果开始生长；5月25日至6月10日新梢停长，茶果生长加快，花芽开始分化；8月25日至9月5日籽壳渐硬变黑，油化开始；9月底至10月初茶果成熟；10月15～20日采收。10月20～25日初花期；11月10～20日盛花期；12月上旬末花期。

适宜性及栽培特点　适宜安徽省江淮之间油茶适宜种植区。选择土层较厚丘陵山地、缓坡地和岗地。有明显坡向的，应选择东坡、东南坡和南坡；坡度较平缓的，全垦整地；坡度较大的，带状或穴状整地。施入适量基肥。造林应配置适宜本地种植、盛花期基本一致、5个以上品系的合格苗木混合栽植，建议初植密度的株行距为2m×3m，每亩111株，栽植做到根系舒展，深度适中，栽紧踏实，浇透定根水，并用土将穴面培成馒头形。适时抚育管理、追施肥料和防治病虫害。

典型识别特征　树姿半开张，树冠圆头形。枝下高较低。叶片上斜。果顶端红色，呈近圆球形，红果。

果枝

树上果实特写

花

果实

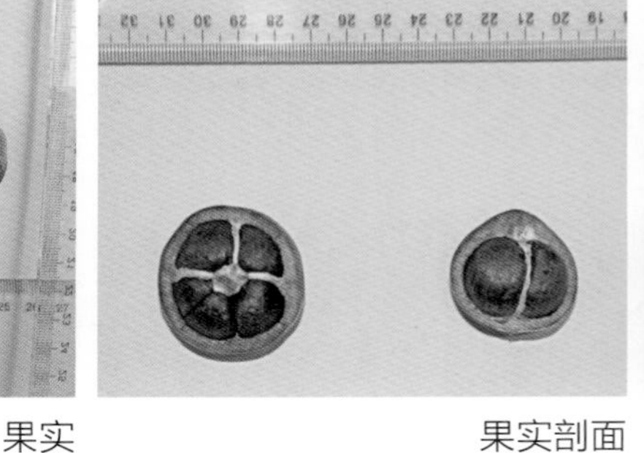

果实剖面

花芽

17 皖祁 1 号

种名： 油茶
拉丁名： *Camellia oleifera* ‘Wanqi 1’
认定编号： 皖 R-SF-CO-017-2011
品种类别： 家系
通过类别： 认定（5 年）
原产地： 安徽省黄山市祁门县祁红乡
选育地： 安徽省黄山市祁门县祁红乡
选育单位： 安徽省黄山市祁门县林业局
选育过程： 2006 年秋季，祁门县林业局在全县范围内开展了油茶优树选育工作，并对全县油茶主要产区内的油茶资源进行调查，确定祁红、平里、祁山等 6 个乡（镇）为全县油茶优树选育重点乡（镇）。在 6 个油茶生产重点乡（镇）内发动群众，特别是油茶种植大户，报选油茶林内历年高产、稳产、抗性强、无病虫害的优良油茶单株，聘请安徽省油茶首席专家潘新建等到祁门县祁红乡、祁山镇等地对群众推荐的油茶优树进行认证，即把长势和树型好、果大果型好、结果多、花期早、无病虫害、抗逆性强的油茶植株作为初选优树，并对初选优树进行标记。对标记的初选油茶优树进行系统观察，详细记录单株的生长发育规律和开花结果习性、病虫害、干旱、低温冻害等情况，从中确定产量高、抗性强、性状稳定的初选优良单株。对收集初选优良单株的油茶果，在室内开展油茶果的果皮厚度、茶籽粒数、鲜果籽率、出仁率等各项经济指标测定。通过连续 4 年的初选、观测、复选和决选四个阶段，预选 11 株，初选 9 株，第一次复选 7 株，第二次复选 4 株，2010 年最终选定皖祁 1 号。
选育年份： 2006－2009 年

植物学特征 树高 4.2m，树冠较紧凑，纵椭圆形，冠幅 4.0m × 3.5m；叶长椭圆形，先端尾尖，边缘有钝锯齿，叶面光滑，叶片长 5.0 ～ 7.0cm，宽 1.9 ～ 5.0cm；花瓣心形，6 瓣，直径 5.5 ～ 6.0cm；果单生，果实扁球形，果高 3.3cm，果径 3.8 ～ 4.4cm，果皮大红色，较薄，每 500g 果数 18 ～ 22 个。

经济性状 3 年平均单位冠面积产量为 1.53kg/m²，折合亩产茶果达 714.4kg。鲜果出籽率 46.4%，干果出籽率 27.3%，干仁含油率 47.3%，果含油率 8.51%。折合亩产油量 62.2kg 左右。

生物学特性 10 月下旬初花，11 月中下旬盛花，果实 10 月下旬成熟。

适应性 适宜安徽省长江以南油茶适宜种植区。

典型识别特征 树冠较紧凑。叶长椭圆形，先端尾尖，边缘有钝锯齿，叶面光滑。花瓣心形。果单生，果实扁球形，果皮大红色，较薄。

单株

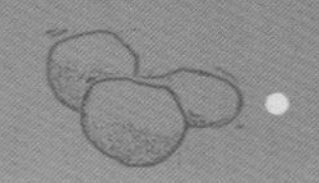

树上果实特写

花

果实

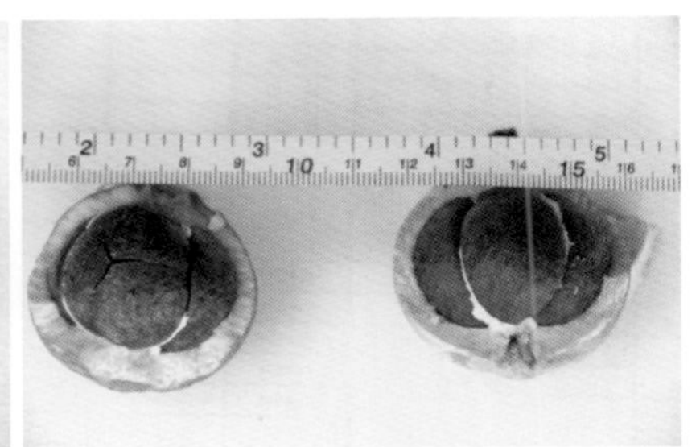

茶籽及果实剖面

18　皖祁2号

种名：油茶
拉丁名：*Camellia oleifera* ‘Wanqi 2’
认定编号：皖 R-SF-CO-018-2011
品种类别：家系
通过类别：认定（5年）

原产地：安徽省黄山市祁门县祁红乡
选育地：安徽省黄山市祁门县祁红乡
选育单位：安徽省黄山市祁门县林业局
选育过程：同皖祁1号
选育年份：2006－2009年

植物学特征　树高3.3m，树冠开张，冠幅2.6m×4.3m；叶椭圆形，先端渐尖，边缘2/3以上有细锯齿。花圆形，花瓣8～9瓣，花径7.5～8.0cm，花蕊金黄色，雄蕊4柱头，与雌蕊近等高；果单生，少2生，果实球形，果高4.2cm，果径4.6～4.2cm，果皮黄红色，果皮较薄，每500g果数16～20个。

经济性状　3年平均单位冠面积产量为1.08kg/m²，折合亩产油茶果518kg。鲜果出籽率48.7%，干果出籽率30.50%，干仁含油率50.20%，果含油率10.11%。折合亩产油量52.4kg左右。

生物学特性　10月下旬初花，11月中下旬盛花，果实10月下旬成熟。

适应性　适宜安徽省长江以南油茶适宜种植区。

典型识别特征　树冠开张。叶椭圆形，先端渐尖，边缘2/3以上有细锯齿。花圆形，花蕊金黄色。果实球形，果皮黄红色，果皮较薄。

树上果实特写

果实

果实剖面

茶籽

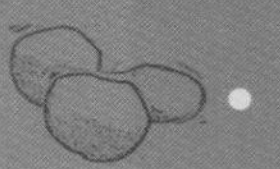

19　皖祁 3 号

种名： 油茶
拉丁名： *Camellia oleifera* ‘Wanqi 3’
认定编号： 皖 R-SF-CO-019-2011
品种类别： 家系
通过类别： 认定（5 年）

原产地： 安徽省黄山市祁门县柏溪乡
选育地： 安徽省黄山市祁门县柏溪乡
选育单位： 安徽省黄山市祁门县林业局
选育过程： 同皖祁 1 号
选育年份： 2006 – 2009 年

植物学特征　树高 3.1m，树冠较紧凑，近圆形，冠幅 4.2m × 4.0m。叶椭圆形，先端尾尖，边缘有锯齿。花瓣 6 ~ 7 瓣，直径 7.5 ~ 7.8cm，花蕊黄色，雄蕊 3 柱头，比雌蕊低 3 ~ 5mm。果实球形，果径 3.9 ~ 4.2cm，果皮黄红色，果皮薄，每 500g 果数 20 ~ 26 个。

经济性状　3年平均单位冠面积产量为1.08kg/m^2，折合亩产果 504kg。鲜果出籽率 53.20%，干果出籽率 35.00%，干仁含油率 42.80%，果含油率 10.11%。折合亩产油量 51.0kg 左右。

生物学特性　10 月下旬初花，11 月中下旬盛花，果实 10 月下旬成熟。

适应性　适宜安徽省长江以南油茶适宜种植区。

典型识别特征　树冠较紧凑，近圆形。叶椭圆形，先端尾尖，边缘有锯齿。花蕊黄色。果实球形，果皮黄红色，果皮薄。

单株

花

果实

果实剖面

茶籽

20 皖祁4号

种名： 油茶
拉丁名： *Camellia oleifera* ‘Wanqi 4’
认定编号： 皖 R-SF-CO-020-2011
品种类别： 家系
通过类别： 认定（5年）

原产地： 安徽省黄山市祁门县祁山镇
选育地： 安徽省黄山市祁门县祁山镇
选育单位： 安徽省黄山市祁门县林业局
选育过程： 同皖祁1号
选育年份： 2006－2009年

植物学特征 树高2.1m，树体较小，树冠较紧凑，近圆锥形，冠幅2.1m×1.6m。叶椭圆形，先端渐尖，边缘有钝锯齿。花瓣5～6瓣，花径7.5～7.7cm，花蕊黄色，雄蕊4柱头，雌蕊高于雄蕊。果单生，果实球形，果径4.2～4.0cm，果皮黄红色，果皮较薄，每500g果数18～24个。

经济性状 3年平均单位冠面积产果量为1.06kg/m^2，折合亩产茶果471.6kg。鲜果出籽率40.10%，干果出籽率29.00%，干仁含油率52.50%，果含油率11.67%。折合亩产油量55.0kg左右。

生物学特性 10月下旬初花，11月中下旬盛花，果实10月下旬成熟。

适应性 适宜安徽省长江以南油茶适宜种植区。

典型识别特征 树冠较紧凑，近圆锥形。叶椭圆形，先端渐尖，边缘有钝锯齿。果单生，果实球形，果皮黄红色，果皮较薄。

果枝

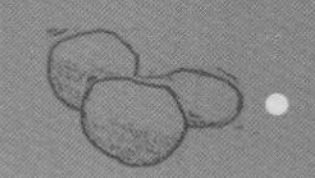

单株

花

果实

茶籽

21 黄山2号

种名： 油茶
拉丁名： *Camellia oleifera* ‘Huangshan 2’
审定编号： 皖 S-SC-CO-010-2014
品种类别： 无性系
原产地： 安徽省黄山市
选育地： 黄山市徽州区
选育单位： 黄山市林业科学研究所
选育过程： 1974年开始，在黄山市近10万亩油茶林分中选出油茶优树33株。1976年，从优良单株上采集种子进行分系育苗、造林，开展家系子代测定工作。1985年，从中筛选出徽岩74-21、徽岩74-3等共11个优良家系。2005-2007年，在家系子代测定林中选出8个优良单株，分别定名为黄山1号～黄山8号并分别无性系化。2009年，采用大树高接换优的方式进行无性系测定，并采用芽苗砧嫁接技术培育嫁接苗，在黄山市林业科学研究所、祁门县、东至、金寨以及浙江金华等地开展区域测定试验。对该品种生物学特性、开花结果习性、抗逆性进行观测、调查，并对果实产量、果实经济性状（出籽率、出仁率、干仁含油率、果油率等）进行测定、分析，经综合评价，选育出油茶良种黄山2号。2014年，黄山2号通过安徽省林木品种审定委员会审定。
选育年份： 2014年

植物学特征 灌木，树冠开张、通透，自然扁球形，稀疏，内膛透光，树高2.15～3m，冠幅4.0m×4.5m。大枝平展、开张，小枝半下垂，嫩枝暗红色。叶革质，长5.5～7.0cm，宽2.5～3.8cm，椭圆形；先端渐尖，下弯，基部宽楔形至两侧对称；上面暗绿色，中脉具粗毛；下面黄绿色，无毛，侧脉6对，不很明显；叶面平整，有时略呈波状，边缘具细锯齿，叶柄较短，仅4mm，有粗毛。花顶生，近无柄，萼片6枚，具绒毛；花冠直径4.4～6.8cm，花瓣7～8片，白色，倒卵形，长3.4～4.0cm，宽2.0～2.5cm，先端凹缺浅而明显，基部宽3～4mm，近离生，背面可见丝毛；雄蕊高，长约1.2cm，花药黄色，背部着生；花柱短于雄蕊，无毛，先端不同程度4浅裂；子房密被黄色绒毛，内膛结果，果实大小均匀，蒴果球形，直径3.1～3.7cm，果皮光滑，红色，具5棱，果片厚2.28mm，半木质；多为3室，3片开裂，每室有种子多为2粒，平均每果6粒，单籽重1.94g，种子半球形，黑色。霜降籽。

经济性状 盛果期亩产果858kg，折合亩产油86.7kg。单果重32g，鲜果出籽率61.1%，干果出籽率41.8%，干籽出仁率52.2%，干仁含油率46.2%，果含油率10.1%。主要脂肪酸成分及含量为：棕榈酸（C16：0）9.0%、棕榈烯酸（C16：1）0.1%、硬脂酸（C18：0）1.6%、油酸C18：1）81.7%、亚油酸（C18：2）6.9%、亚麻酸（C18：3）0.3%、顺-11-二十碳烯酸（C20：1）0.5%。

生物学特性 个体发育生命周期：苗期，芽苗砧无性系嫁接苗期2年；营养生长期，2年生嫁接苗造林后当年为缓苗期，第二年营养生长迅速，第三年始花，第四年少数植株结果，此时以营养生长为主；始果期，第五年多数植株结果，第六年林分正式结果，结果量逐年增加，此时生殖生长与营养生长同时进行，需要大量水分和养分；盛果期，第八年进入盛果期，盛产历时可达25年，产量高低视经营管理水平而异。年生长发育周期：萌动期3月25日，枝叶生长期（春梢伸长）3月30日；始花期（首花开放）11月19日，初

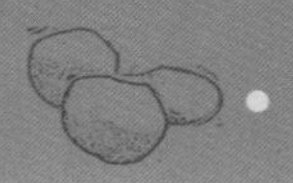

花期（5% 花开）10 月 21 日，盛花期（25% 花开）10 月 23 日，末花期（95% 花落）11 月 15 日；果熟期（5% 果落）11 月 20 日；封顶期（顶芽休眠）12 月 15 日。

适应性及栽培特点　抗病虫害，对气候、土壤适应性强，现已在皖南山区、丘陵油茶立地类型区和大别山油茶立地类型区栽培。选择山地、丘陵缓坡中下部的阳坡、半阳坡，土层 60cm 以上，pH 值 5.5 ~ 6.5 的立地造林。苗木采用芽苗砧嫁接方法繁殖。

典型识别特征　树冠开张不浓密，透光性好，内膛结果。果球形，红色，具 5 棱。

单株

果枝

花

果实

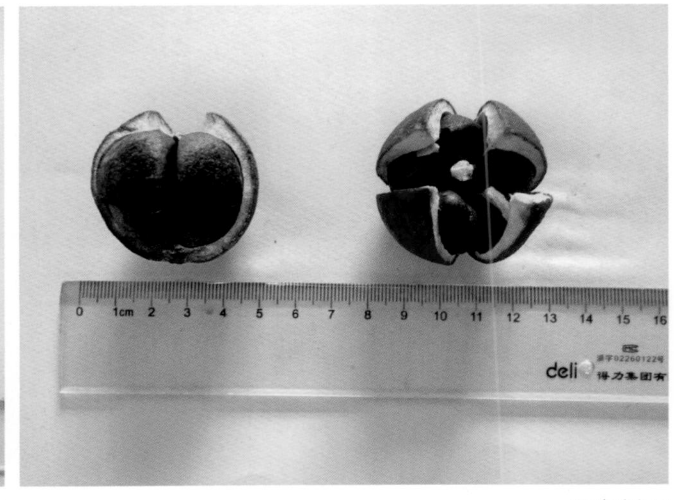

果实剖面

22 黄山3号

种名： 油茶
学名： *Camellia oleifera*‘Huangshan 3’
审定编号： 皖 S-SC-CO-011-2014
品种类别： 无性系
原产地： 安徽省黄山市

选育地： 黄山市徽州区
选育单位： 黄山市林业科学研究所
选育过程： 同黄山2号
选育年份： 2014年

植物学特征　灌木至小乔木，树高达4.9m，冠幅4.5m×5.0m。树冠开张，自然圆球形，略浓密。大枝斜展，小枝平伸至略下垂，嫩枝健壮，殷红色。叶革质，近水平着生，长5.5 ~ 7.8cm，宽2.50 ~ 3.85cm，长圆形至椭圆形，先端渐尖具钝头，下弯，基部宽楔形，略偏斜，上面深绿色，发亮，中脉有粗毛，下面淡绿色，无毛，侧脉6对，在两面均不明显，叶面反向隆起，中脉偏，两侧不对称，边缘平整，锯齿细小，在基部不明显，叶柄0.4 ~ 0.5cm，具粗毛。花顶生，近无柄；

单株

萼片6枚，紫红色，具绒毛，花冠直径7cm，花瓣7片，白色，倒卵形，先端不规则深凹，基近离生，雄蕊与雌蕊等高，花药黄色，背部着生，花柱3～4中裂；蒴果近球形，直径3.3～3.5cm，果高3.4～3.7cm，果皮光滑，红色略带青，具4棱，其中2棱明显，2棱近隐形，果片厚0.3cm，平均每果6粒种子，种子半球形至似肾形，黑色。霜降籽。

经济性状　盛果期平均亩产果774kg，折合亩产油54.2kg。单果重31g，鲜果出籽率47.1%，干果出籽率27.7%，干籽出仁率55.2%，干仁含油率45.8%，果含油率7.0%。主要脂肪酸成分及含量为：棕榈酸（C16:0）7.6%、棕榈烯酸（C16:1）0.1%、硬脂酸（C18:0）3.4%、油酸（C18:1）83.4%、亚油酸（C18:2）4.9%、亚麻酸（C18:3）0.2%、顺-11-二十碳烯酸（C20:1）0.4%。

果枝

生物学特性　个体发育生命周期：苗期，芽苗砧无性系嫁接苗期2年；营养生长期，2年生嫁接苗造林后当年为缓苗期，第二年营养生长迅速，第三年始花，第四年少数植株结果，此时以营养生长为主；始果期，第五年多数植株结果，第六年林分正式结果，结果量逐年增加，此时生殖生长与营养生长同时进行，需要大量水分和养分；盛果期，第八年进入盛果期，盛产历时可达25年，产量高低视经营管理水平而异。年生长发育周期：萌动期4月3日，枝叶生长期（春梢伸长）4月28日；始花期（首花开放）10月24日，初花期（5%花开）10月30日，盛花期（25%花开）11月7日，末花期（95%花落）12月2日；果熟期（5%果落）10月25日；封顶期（顶芽休眠）12月15日。

适应性及栽培特点　抗病虫害，对气候、土壤适应性强，现已在皖南山区、丘陵油茶立地类型区和大别山油茶立地类型区栽培。选择山地、丘陵缓坡中下部的阳坡、半阳坡，土层60cm以上，pH值5.5～6.5的立地造林。苗木采用芽苗砧嫁接方法繁殖。

典型识别特征　树体高大，树冠开张。叶两侧不对称。雌雄蕊等高，花萼片紫红色。果近球桃，红色带青，具4棱，2棱明显，2棱近隐形。

花

果实

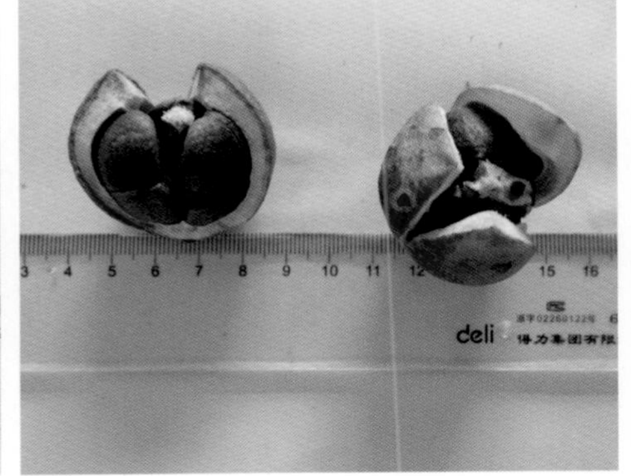

果实剖面

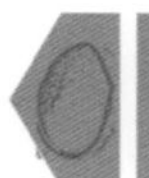

23 黄山 4 号

种名：油茶
拉丁名：*Camellia oleifera*‘Huangshan 4’
审定编号：皖 S-SC-CO-012-2014
品种类别：无性系
原产地：安徽省黄山市

选育地：黄山市徽州区
选育单位：黄山市林业科学研究所
选育过程：同黄山 2 号
选育年份：2014 年

植物学特征 灌木，树高 2.5 ~ 3.0m，冠幅 2.5m×53.0m；树冠自然圆球形，较浓密，半开张。大枝斜展，小枝略下垂，嫩枝多直立。叶革质，叶面平整，近水平着生，长 5 ~ 8cm，宽 2.4 ~ 4.0cm，长椭圆形，先端渐尖，尖头下弯，基部楔形；上面深绿色，发亮，中脉隆起，有粗毛；下面淡黄绿色，中脉稍隆起，粗毛少而不显，侧脉 7 对，不明显，边缘 1/3 以下无锯齿，向上细齿渐显而密。叶柄 0.7 ~ 0.8cm，略弯曲，粗毛明显。花顶生，萼片 4 ~ 6 枚，黄绿色，多有绒毛；花冠直径 7 ~ 8cm，花瓣 7 ~ 9 片，白色，倒长心形，先端凹缺明显，基部狭窄，近离生；雄蕊高于雌蕊，花柱长 1.6 ~ 1.8cm，柱头 3 裂，裂位中。蒴果近球形，直径 3.3 ~ 3.5cm，果高 3.4 ~ 3.7cm，果皮光滑，青黄色，具 4 棱，每果籽数多为 2 ~ 3 粒，常有单籽，籽褐色。果霜降籽。

经济性状 盛果期平均亩产果 745.3kg，折合亩产油 88.4kg。单果重 27g，鲜果出籽率 52.2%，干果出籽率 38.0%，干籽出仁率 60.3%，干仁含油率 49.9%，果含油率 11.4%。主要脂肪酸成分及含量为：棕榈酸（C16:0）8.0%、棕榈烯酸（C16:1）0.1%、硬脂酸（C18:0）2.5%、油酸（C18:1）83.6%、亚油酸（C18:2）5.2%、亚麻酸（C18:3）0.2%、顺-11-二十碳烯酸（C20:1）0.5%。

生物学特性 个体发育生命周期：苗期，芽苗砧无性系嫁接苗期 2 年；营养生长期，2 年生嫁接苗造林后当年为缓苗期，第二年营养生长迅速，第三年始花，第四年少数植株结果，此时以营养生长为主；始果期，第五年多数植株结果，第六年林分正式结果，结果量逐年增加，此时生殖生长与营养生长同时进行，需要大量水分和养分；盛果期，第八年进入盛果期，盛产历时可达 25 年，产量高低视经营管理水平而异。年生长发育周期：萌动期 3 月 16 日，枝叶生长期（春梢伸长）3 月 25 日；始花期（首花开放）10 月 18 日，初花期（5% 花开）10 月 21 日，盛花期（25% 花开）10 月 24 日，末花期（95% 花落）11 月 8 日；果熟期（5% 果落）10 月 20 日；封顶期（顶芽休眠）12 月 5 日。

适应性及栽培特点 抗病虫害，对气候、土壤适应性强，现已在皖南山区、丘陵油茶立地类型区和大别山油茶立地类型区栽培。选择山地、丘陵缓坡中下部的阳坡、半阳坡，土层 60cm 以上，pH 值 5.5 ~ 6.5 的立地造林。苗木采用芽苗砧嫁接方法繁殖。

典型识别特征 树冠浓密，半开张。叶窄长，亮绿色。果近球形，青黄色，每果籽粒数少，常有单籽。

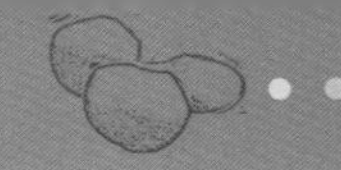

单株

果枝

花

果实

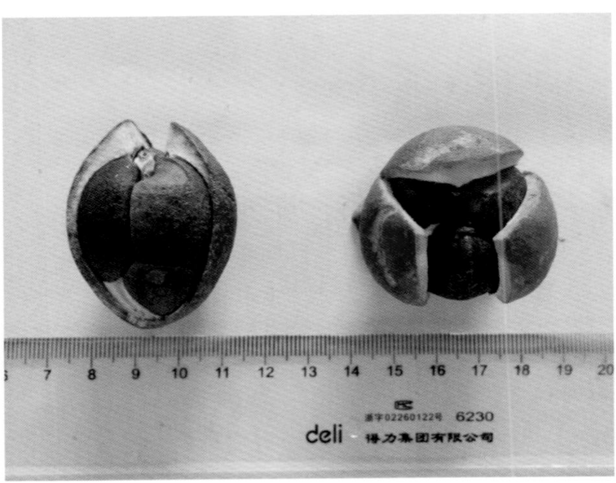

果实剖面

24 黄山6号

种名： 油茶
拉丁名： *Camellia oleifera* ‘Huangshan 6’
审定编号： 皖 S-SC-CO-013-2014
品种类别： 无性系
原产地： 安徽省黄山市

选育地： 黄山市徽州区
选育单位： 黄山市林业科学研究所
选育过程： 同黄山2号
选育年份： 2014年

植物学特征 灌木，树高达2.9m，冠幅2.7m×2.8m。树冠自然圆球形，半开张，稀疏，内膛通透。大枝斜展，小枝斜生略下垂。叶革质，长6.5 ~ 10.0cm，宽2.5 ~ 4.0cm，椭圆形至长圆形，先端短渐尖，尖头钝、下弯，基部楔形；上面深绿色，中脉细，略隆起，有粗毛；下面淡绿色，靠近基部有少量粗毛，侧脉5 ~ 6对，在上面能见，在下面不明显；叶面多呈上下波状，略不平整，边缘锯齿明显，较粗钝，齿尖内弯；叶柄0.8 ~ 1.0cm，疏生粗毛。花顶生，近无柄；萼片6枚，具黄褐色绒毛；花冠直径5.5 ~ 7.5cm，花瓣5 ~ 6片，白色，倒卵形，长3 ~ 4cm，宽2.0 ~ 2.4cm，先端不规则凹入，基部狭窄，近离生；雄蕊长1.3 ~ 1.5cm，仅外侧基部略连生，花药黄色，背部着生；花柱长1.2 ~ 1.3cm，低于雄蕊，无毛，先端不同程度3 ~ 4裂；蒴果桃形，直径2.7 ~ 3.8cm，果高3.0 ~ 3.9cm，表面光滑，青红色，果皮木质，厚3.5 ~ 6.0mm，2 ~ 3室，每室具种子2 ~ 3粒，平均每果种子6粒，单籽重1.45g，种子不规则形至半球形，褐色。霜降籽。

经济性状 盛果期平均亩产果886.4kg，折合亩产油71.8kg。单果重29g，鲜果出籽率58.6%，干果出籽率36.2%，干籽出仁率52.8%，干仁含油率42.3%，果含油率8.1%。主要脂肪酸成分及含量为：棕榈酸（C16:0）6.7%、棕榈烯酸（C16:1）0.1%、硬脂酸（C18:0）2.6%、油酸（C18:1）84.8%、亚油酸（C18:2）4.9%、亚麻酸（C18:3）0.3%、顺-11-二十碳烯酸（C20:1）0.6%。

生物学特性 个体发育生命周期：苗期，芽苗砧无性系嫁接苗期2年；营养生长期，2年生嫁接苗造林后当年为缓苗期，第二年营养生长迅速，第三年始花，第四年少数植株结果，此时以营养生长为主；始果期，第五年多数植株结果，第六年林分正式结果，结果量逐年增加，此时生殖生长与营养生长同时进行，需要大量水分和养分；盛果期，第八年进入盛果期，盛产历时可达25年，产量高低视经营管理水平而异。年生长发育周期：萌动期3月16日，枝叶生长期（春梢伸长）3月25日；始花期（首花开放）10月18日，初花期（5%花开）10月21日，盛花期（25%花开）10月25日，末花期（95%花落）11月5日；果熟期（5%果落）10月20日；封顶期（顶芽休眠）12月5日。

适应性及栽培特点 抗病虫害，对气候、土壤适应性强，现已在皖南山区、丘陵油茶立地类型区和大别山油茶立地类型区栽培。选择山地、丘陵缓坡中下部的阳坡、半阳坡，土层60cm以上，pH值5.5 ~ 6.5的立地造林。苗木采用芽苗砧嫁接方法繁殖。

典型识别特征 树体自然圆球形，半开张、稀疏，内膛通透。叶片较大，叶面多呈波状而不平整。果桃形，青红色。

单株

果枝

花

果实

果实剖面

25 黄山8号

种名：油茶
拉丁名：*Camellia oleifera*‘Huangshan 8’
审定编号：皖 S-SC-CO-014-2014
品种类别：无性系
原产地：安徽省黄山市

选育地：黄山市徽州区
选育单位：黄山市林业科学研究所
选育过程：同黄山2号
选育年份：2014年

植物学特征 灌木，树高2.2～2.5m，冠幅2.5m×53m。树冠扁球形，半开张，较浓密。大枝斜展，小枝略下垂，有粗毛。叶革质，长5.8～8.4cm，宽2.2～43.5cm，较窄长，长椭圆形，先端渐尖，尖头略钝，基部宽楔形。上面亮绿色，中脉隆起，有粗毛；下面淡绿色，中脉稍略隆起，无毛，侧脉5～6对，两面均不明显；叶面平整，边缘具细锯齿，齿尖头黑色。叶柄长

单株

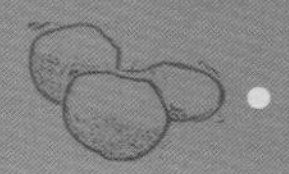

0.7 ~ 0.8cm，较细，多弯曲，有粗毛；花顶生，近无柄，萼片6枚，黄褐色，花冠直径4 ~ 7cm，花瓣6片，白色，较狭长，呈倒长心形，先端深凹入，基部略宽，近离生，雄蕊高于雌蕊，外侧雄蕊仅基部略连生，无毛，花药黄色，背部着生，花柱长1.0 ~ 1.3cm，无毛，先端不同程度3裂，蒴果桃形，平均直径3.0cm，果高3.6cm，果皮光滑，青黄色，3室或2室，每室有种子1或2粒，果皮厚3.1mm，半木质，每果籽数2 ~ 9粒，半球形至不规则形，褐色，单籽重1.67g。霜降籽。

经济性状　盛果期平均亩产果793.5kg，折合亩产油65.9kg。单果重20g，鲜果出籽率55.0%，干果出籽率35.5%，干籽出仁率51.8%，干仁含油率45.0%，果含油率8.3%。主要脂肪酸成分及含量为：棕榈酸（C16∶0）7.2%、棕榈烯酸（C16∶1）0.1%、硬脂酸（C18∶0）3.4%、油酸（C18∶1）84.8%、亚油酸（C18∶2）3.8%、亚麻酸（C18∶3）0.3%、顺-11-二十碳烯酸（C20∶1）0.5%。

树上果实特写

生物学特性　个体发育生命周期：苗期，芽苗砧无性系嫁接苗期2年；营养生长期，2年生嫁接苗造林后当年为缓苗期，第二年营养生长迅速，第三年始花，第四年少数植株结果，此时以营养生长为主；始果期，第五年多数植株结果，第六年林分正式结果，结果量逐年增加，此时生殖生长与营养生长同时进行，需要大量水分和养分；盛果期，第八年进入盛果期，盛产历时可达25年，产量高低视经营管理水平而异。

年生长发育周期　萌动期3月16日，枝叶生长期（春梢伸长）3月25日；始花期（首花开放）10月18日，初花期（5%花开）10月21日，盛花期（25%花开）10月24日，末花期（95%花落）11月8日；果熟期（5%果落）10月20日；封顶期（顶芽休眠）12月5日。

适应性及栽培特点　抗病虫害，对气候、土壤适应性强，现已在皖南山区、丘陵油茶立地类型区和大别山油茶立地类型区栽培。选择山地、丘陵缓坡中下部的阳坡、半阳坡，土层60cm以上，pH值5.5 ~ 6.5的立地造林。苗木采用芽苗砧嫁接方法繁殖。

典型识别特征　树冠扁球形，较浓密。叶较狭长，表面亮绿色。果高大于果径，呈桃形，青黄色。

花

果实

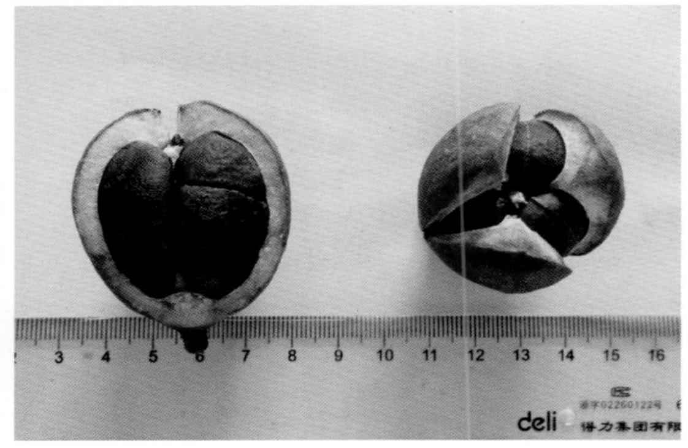

果实剖面

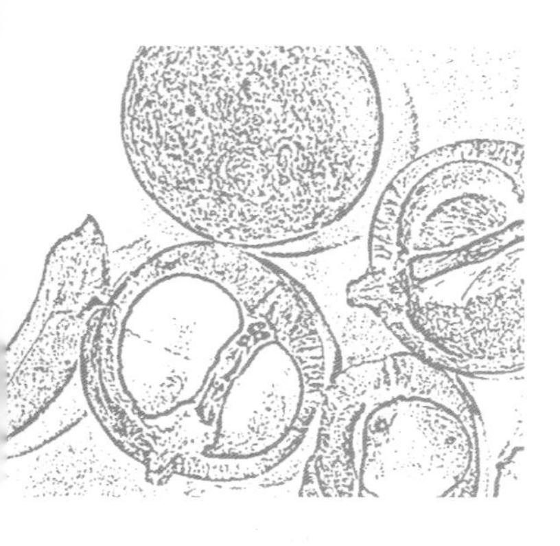

第八章　福建省主要油茶良种

1　闽 43

种名： 普通油茶
拉丁名： *Camellia oleifera*‘Min 43’
审定编号： 闽 S-SC-CO-005-2008
品种类别： 无性系
原产地： 福建福安
选育地： 闽侯、福安
选育单位： 福建省林业科学研究院、闽侯桐口国有林场
选育过程： 省级审定 5 个良种优良无性系。1973 - 1976 年，福建省林业科学研究所（福建省林业科学研究院前身）在福建省西北部武夷山脉区域宁化县田背村、中部戴云山脉区域大田县早兴村、东北部太姥山脉区域福安市墩头村等油茶重点产区近 600m^2 油茶林分内初选出 47 个单株，经 2 年复选、3 年决选，按全国油茶优树选择标准，获得优树 37 株，分 2 批进行了无性系测定。其中，1976 年对福安的 10 个优树进行采穗，培育扦插苗，1978 年在闽侯桐口国有林场山场定植，采用顺序随机、往返走向、单株小区、多重复排列设计，建立了无性系测定林 23 亩。1981 - 1985 年，连续对试验林生长结实及主要经济性状进行了调查观测，筛选出油茶闽 43、闽 48、闽 60 等 3 个优良无性系，产油量 659.7 ~ 470.6kg/m^2（熊年康，1986）。1986 - 1996 年，在闽东、闽中、闽北等地开展区域测试和推广种植，生长结实良好（李志真等，2013）。2009 年，油茶闽 43、闽 48、闽 60 通过了福建省林木品种委员会的良种审定，成为福建省首批油茶良种。第二批无性系测定始于 1981 年，将福建大田、漳平、南平、闽侯等 4 个县的 27 株优树扦插苗，以第一批无性系闽 43、闽 48、闽 60 和普通油茶对照为对比，同样采用顺序随机、单株小区、多重复排列设计在闽侯桐口林场建立了无性系测定林，经 1986 - 1989 年连续 4 年的观测调查，选育出闽 20、闽 79、闽 81、闽 7415 等 4 个优良无性系，产油 721.6 ~ 512.3kg/hm^2（熊年康等，1991），并于 1990 - 2011 年在闽东、闽中地区进行推广区域试验，表现优良（李志真等，2013）。2012 年，油茶闽 20、闽 79 等 2 个无性系通过了福建省林木品种委员会的良种审定，成为福建省第二批油茶良种。
选育年份： 1973 - 1986 年

植物学特征　成年树体高 2.0 ~ 3.0m，树冠自然圆头形，早期速生，冠幅 2.0 ~ 3.6m × 1.8 ~ 3.2m；叶长椭圆形，长 5.7 ~ 7.4cm，宽 2.4 ~ 4.0cm，叶面光滑，微隆，革质，侧脉对数 8 ~ 11，先端渐尖，边缘有细锯齿，叶齿密，尖锐，叶基楔形，上斜着生，叶柄长 0.6 ~ 1.2cm，嫩叶、嫩枝均红色，茸毛中等；花白色，顶生，近无柄，萼片 8 ~ 10 片，暗褐色，有绒毛，雌蕊高于雄蕊，花柱长约 1.0 ~ 1.3cm，浅裂或深裂，3 ~ 4 裂，子房有绒毛，花冠直径 5.5 ~ 7.5cm，花瓣 5 ~ 7 片，倒心形，质地薄，

先端凹入或2裂，基部狭窄，近离生；果实11月上旬至中旬成熟，单生，桃形，果皮红色带青，果面光滑，果高35～50mm，果径30～48mm，果皮厚2.1～3.0mm，每500g果数11～18个，心室3～4个，种子锥形或似肾形，种皮褐色或深褐色（熊年康等，1986；李志真等，2013）。

经济性状　4～8年试验林年平均产油659.7kg/m^2，产鲜籽3485.4kg/m^2；28～32年年均产油1083.2kg/m^2，产鲜籽5742.5kg/m^2，结实大小年不明显。单果重23～44g，鲜果出籽率45.70%，干果出籽率27.80%，干出仁率60.60%，干仁含油率51.40%，鲜果含油率8.65%。籽油主要由棕榈酸（9.2%）、硬脂酸（1.4%）、油酸（79.5%）、亚油酸（8.9%）、亚麻酸（0.4%）和顺-11-二十碳烯酸（0.6%）等脂肪酸组成，其中不饱和脂肪酸占89.4%（熊年康等，1986；李志真等，2013）。

生物学特性　立冬种群，生长快，结实早，产油量高，具有较强的抗病虫能力。其个体生长发育的生命周期约70～80年，无性系造林第一至第三年幼年期为营养生长期，第三至第五年为始果期，第七至第八年为盛产期前期，盛产历时50～60年。年生长发育周期：根系萌动期为2月中旬，春梢枝叶生长期为3月中旬至5月下旬；始花期11中旬，盛花期11月下旬，末花期12月上旬；果实膨大期3～9月，果实成熟期11月上中旬（熊年康等，1986；李志真等，2013）。

适应性及栽培特点　已在闽北、闽东、闽中、闽西、闽南各地广泛地推广种植。采用芽苗砧嫁接繁殖苗木。按《LY1328-2006油茶栽培技术规程》进行造林地选择、整地挖穴、栽植、科学施肥和抚育管理。初植密度以1500～1650株/hm^{2}为宜。幼树高50～60cm时进行打顶定干，并适度修剪。适宜种植范围：宜在福建省低山丘陵区域推广。

典型识别特征　树形半开张至开张，树冠圆头形。果实桃形、中部略长，果皮红色，背面略呈黄青色。

单株

果枝

花

果实

果实剖面和茶籽

2 闽48

种名： 普通油茶
拉丁名： *Camellia oleifera* ‘Min 48’
审定编号： 闽 S-SC-CO-006-2008
品种类别： 无性系
原产地： 福建福安

选育地： 闽侯、福安、尤溪、光泽
选育单位： 福建省林业科学研究院、闽侯桐口国有林场
选育过程： 同闽 43
选育年份： 1973－1986 年

植物学特征 成年树体高 2.1 ～ 2.8m，树冠自然圆头形，早期速生，冠幅大小 1.8 ～ 2.8m × 2.0 ～ 3.0m；叶长椭圆形，长 5.6 ～ 7.6cm，宽 2.1 ～ 3.4cm，叶面光滑，平，革质，侧脉对数 9 ～ 10，边缘有细锯齿，叶齿密，锐度中等，先端渐尖，叶基楔形，上斜着生，叶柄长 0.2 ～ 0.8cm，嫩叶、嫩枝黄绿色，茸毛少；花白色，顶生，近无柄，萼片 6 ～ 9 片，暗褐色，有绒毛，雌蕊高于雄蕊，花柱长约 1.0 ～ 1.3cm，柱头深裂，3 裂或 4 裂，子房有绒毛，花冠直径 6.0 ～ 8.0cm，花瓣 6 ～ 10 片，倒心形，质地薄，先端凹入或 2 裂，基部狭窄，近离生；果实单生，球形至圆橘形，果皮黄色或黄青色，果面光滑，果高 30 ～ 45mm，果径 35 ～ 50mm，果皮厚 2.7 ～ 3.5mm，每 500g 果数 11 ～ 20 个，心室 2 ～ 3 个，种子锥形、似肾形或不规则形，种皮深褐色或黑色（熊年康等，

单株

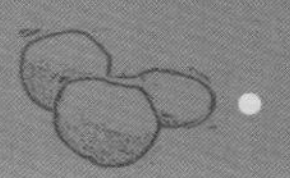

1986；李志真等，2013）。

经济性状 4～8年试验林年平均亩产油496.5kg/hm^2，产鲜籽2538.0kg/hm^2；28～32年生年均产油738.3kg/hm^2，产鲜籽3774.2kg/hm^2。结实大小年不明显。单果重23～45g，鲜果出籽率41.1%，干果出籽率26.7%，干出仁率61.9%，干仁含油率48.7%，鲜果含油率8.04%。籽油主要由棕榈酸（10.1%）、硬脂酸（1.3%）、油酸（71.9%）、亚油酸（14.4%）、亚麻酸（1.4%）和顺-11-二十碳烯酸（0.7%）等脂肪酸组成，其中不饱和脂肪酸占87.4%（熊年康等，1986；李志真等，2013）。

生物学特性 属立冬种群，生长快，结实早，产量高，具有较强抗病虫能力。生命周期约70～80年，无性系造林第二至第三年为幼年期，即营养生长期，第三至第五年为始果期，第七至八年为盛产期前期，盛产期约50～60年。年生长发育周期：根系萌动期为2月中旬，春梢枝叶生长期为3月中旬至6月上旬；始花期11下旬，盛花期12月上旬至中旬，末花期12月下旬；果实膨大期3～9月，果实成熟期10月下旬至11月上旬（熊年康等，1986；李志真等，2013）。

适应性及栽培特点 已在闽北、闽东、闽中、闽西、闽南各地广泛地推广种植。采用芽苗砧嫁接繁殖苗木。按《LY1328-2006油茶栽培技术规程》进行造林地选择、整地挖穴、栽植、科学施肥和抚育管理。初植密度以1500～1650株/hm^{2}为宜。幼树高50～60cm时进行打顶定干，并适度修剪。适宜种植范围：宜在福建省低山丘陵区域种植。

典型识别特征 树形半开张，树冠圆头形。果实球形至圆橘形，果皮黄色或黄青色。

果枝

花

果实剖面与茶籽

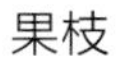

3 闽 60

种名： 普通油茶
拉丁名： *Camellia oleifera* ‘Min 60’
审定编号： 闽 S-SC-CO-007-2008
品种类别： 无性系
原产地： 福建福安

选育地： 闽侯、福安、尤溪、光泽
选育单位： 福建省林业科学研究院、闽侯桐口国有林场
选育过程： 同闽 43
选育年份： 1973－1986 年

植物学特征 成年树体高 2.0 ～ 2.7m，树冠自然圆头形，早期速生，冠幅大小 1.8 ～ 2.6m × 2.0 ～ 3.2m；叶长椭圆形，长 5.4 ～ 6.8cm，宽 2.2 ～ 3.0cm，叶面光滑，微隆，革质，侧脉对数 8 ～ 10，边缘有细锯齿，叶齿密度中等，锐度中等，先端渐尖，叶基楔形，上斜着生，叶柄长 0.2 ～ 0.5cm，嫩叶黄绿色，嫩枝红绿色，茸毛中等；花白色，顶生，近无柄，萼片 6 ～ 9 片，暗褐色，有绒毛，雄蕊高于雌蕊，花柱长约 0.9 ～ 1.2cm，柱头先端浅裂，3 ～ 5 裂，子房有绒毛；花冠幅直径 7.5 ～ 10.0cm，花瓣 6 ～ 8 片，倒心形，质地薄，先端凹入或 2 裂，基部狭窄，近于离生；果实单生，底部内凹为脐形，果皮青色或青黄色，果面光滑，果高 35 ～ 50mm，果径 35 ～ 48mm，果皮厚 2.6 ～ 3.7mm，每 500g 果数 10 ～ 18 个，心室 3 ～ 5 个，种子锥形或不规则形，种皮黑色或棕色（熊年康等，1986；李志真等，2013）。

经济性状 4 ～ 8 年试验林年平均产油 470.9kg/hm^2，产鲜籽 3007.8kg/hm^2；28 ～ 32 年年均产油 787.8kg/hm^2，产鲜籽 5032.5kg/hm^2。结实大小年不明显。单果重 23 ～ 44g，鲜果出籽率 40.50%，干果出籽率 25.50%，干出仁率 60.10%，干仁含油率 41.60%，鲜果含油率 6.34%。籽油主要由棕榈酸（9.6%）、硬脂酸（1.4%）、油酸（76.0%）、亚油酸（11.9%）、亚麻酸（0.6%）和顺－11－二十碳烯酸（0.6%）等脂肪酸组成，其中不饱和脂肪酸占 89.1%（熊年康等，1986；李志真等，2013）。

生物学特性 属立冬种群，生长快，结实早，产量高，具有较强的抗病虫能力。生命周期约 70 ～ 80 年，无性系造林第一至第三年幼年期为营养生长期，第三至第五年开始结果，第七至第十年为盛产期前期，盛产期达 50 ～ 60 年。年生长发育周期：根系萌动期为 2 月中旬，春梢枝叶生长期为 3 月下旬至 6 月上旬；始花期 11 中下旬，盛花期 11 月下旬至 12 月上旬，末花期 12 月上下旬；果实膨大期 3 月至 9 月下旬，果实成熟期 10 月下旬至 11 月上旬（熊年康等，1986；李志真等，2013）。

适应性及栽培特点 已在闽北、闽东、闽中、闽西、闽南各地广泛地推广种植。采用芽苗砧嫁接繁殖苗木。按《LY1328－2006 油茶栽培技术规程》进行造林地选择、整地挖穴、栽植、科学施肥和抚育管理。造林密度以 1500 ～ 1650 株 /hm^2 为宜。幼树高 50 ～ 60cm 时进行打顶定干，并适度修剪。适宜种植范围：宜在福建省低山丘陵区域种植。

典型识别特征 树形半开张，树冠圆头形。果实底部内凹为脐形，果皮青色或青黄色。

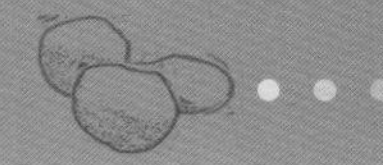

林分

单株

果枝

花

果实

果实剖面与茶籽

4 龙眼茶

种名： 小果油茶
拉丁名： *Camellia meiocarpa* 'Longyan'
认定编号： 闽 R-SV-CO-018-2008
品种类别： 农家品种
原产地： 福建
选育地： 福州、闽清、闽侯
选育单位： 福建省林业科学研究院、闽侯桐口国有林场
选育过程： 小果油茶是福建省主栽的油茶物种之一，面积达60多万亩，主要分布于福州、南平、三明、莆田、龙岩、漳州、宁德等地。在我国淮河、长江以南的福建、江西、广西、广东、贵州等地，经长期的自然选择、天然杂交和人工选择，形成了龙眼茶、羊屎茶和珍珠茶等三个农家品种，其中龙眼茶果实较大（熊年康等，1987）。1980年，福建省林业科学研究院对全国12个农家品种进行比较试验，其中龙眼茶产量位居第一，4 ~ 8年年平均亩产油23.72kg，超过岑溪软枝油茶、衡东大桃等农家品种，比参试品种平均值增产45.11%，果皮薄，出籽率高，优良性状稳定，受到地方群众的喜爱（熊年康等，1992）。2008-2012年福建省林业科学研究院对仙游县、闽清县等地龙眼茶，表形性状、实生群体产量和经济性状等进行持续观测，表现丰产（李志真等，2013；黄勇，2013；黄勇等，2014）。2009年，龙眼茶通过福建省林木品种委员会的良种审定。
选育年份： 1973-2011年

植物学特征 龙眼茶属小果油茶的大果类型，它与普通油茶的主要区别是叶、花、果都比较小，嫩梢也稍细，花芽多，无毛，果皮薄，主要在霜降、立冬季节成熟。龙眼茶树体较平展、开张，成年树体高2.0m以上，分枝多且角度较大，枝叶繁茂，冠层较高，树冠多呈伞形或开张圆球形；叶椭圆形或长椭圆形，先端渐尖，边缘有细锯齿，叶面光滑，长约4 ~ 6cm，宽度约2 ~ 3cm；花白色，有香味，顶生，近无柄，柱头浅裂、中裂，或深裂、全裂，3 ~ 4裂，子房有绒毛，萼片无绒毛，倒心形，5 ~ 7片，质地薄，先端凹入或2裂，基部狭窄，近离生；部分植株果实有丛生性，果实较大，果高、果径2.0 ~ 3.5cm，果皮薄，果皮厚约0.08 ~ 0.24cm，每500g有鲜果30 ~ 70个，心室1 ~ 4个，种子1 ~ 4粒，圆球形、半球形或似肾形，种皮褐色、深褐色或黑色（李志真等，2013；黄勇等，2014）。

经济性状 据2008-2012年对福建仙游、闽清4片龙眼茶优良实生林分的测产结果，每亩产鲜果7761 ~ 10878kg，折合每亩790.1 ~ 1211.7kg。平均鲜果出籽率64.5%，干果出籽率36.3%，干出仁率60.8%，干仁含油率35.4/%，干仁含油率51.9%，鲜果含油率11.2%。脂肪酸成分为：油酸75.09% ~ 81.55%，亚油酸6.88% ~ 12.53%，棕榈酸7.16% ~ 8.76%，硬脂酸1.35% ~ 2.07%；棕榈烯酸0.09% ~ 0.15%，亚麻酸0.25% ~ 0.43%，顺-11-二十碳烯酸0.47% ~ 0.61%。其中：单不饱和脂肪酸75.23% ~ 81.55%，多不饱和脂肪酸7.7% ~ 13.56%，不饱和脂肪酸合计87.36% ~ 89.6%，饱和脂肪酸8.8% ~ 10.58%（李志真等，2013；黄勇等，2013）。

生物学特性 属霜降种群，生长快，结实早，产油量高，抗油茶炭疽病和台风的能力强，优良性状的遗传稳定性良好。个体生长发育的生命周期约70 ~ 80年，无性系造林幼年期第一至第三年为营养生长期，第三至第五年为始果期，第七至第八年为盛产期前期。选优的实生种子育苗造林第二至第三年开花结实，第六至第八年盛产期

前期，盛产期达 50 ~ 60 年。年生长发育周期：顶芽、叶芽于 2 月下旬开始膨大，3 月中旬春梢生长迅速，4 月 10 日前后展叶，下旬开始逐步木质化；5 月下旬起在春梢的顶芽、叶芽周围陆续分化，出现花芽，10 月中旬至 11 月下旬为花期，盛花期多在 10 月下旬至 11 月下旬；受孕花朵萎缩后子房略有膨大，至翌年 2 月下旬起孕果开始生长发育，以 6 ~ 7 月生长最快，9 月上旬果实基本定型，10 月下旬至 11 月上旬果实成熟（李志真等，2013；黄勇等，2014）。

适应性及栽培特点 已在闽东、闽中、闽西、闽南、闽北等地广泛栽培，适合于南方低山丘陵的油茶栽培区推广栽植。按《LY1328－2006 油茶栽培技术规程》进行造林地选择、整地挖穴、栽植和抚育，加强水肥管理。初植密度以 1500 ~ 1650 株 /hm^2 为宜，因树冠开张，盛产期保留密度 950 ~ 1100 株 /hm^2。幼树高 50 ~ 60cm 时打顶定干，适度修剪，形成矮化丰产树冠。

典型识别特征 树冠多呈伞形或开张圆球形。叶椭圆形或长椭圆形。果圆球形、半球形或似肾形。种皮褐色、深褐色或黑色。

林分

单株

果枝

花

果实

果实剖面与茶籽

5 闽 20

种名： 普通油茶
拉丁名： *Camellia oleifera* 'Min 20'
审定编号： 闽 S-SC-CO-006-2011
品种类别： 无性系
原产地： 福建大田

选育地： 闽侯、沙县、长汀、福安
选育单位： 福建省林业科学研究院
选育过程： 同闽 43
选育年份： 1976 - 2011 年

植物学特征 成年树体高 2.0 ~ 3.0m，树冠开张，早期速生，冠幅大小 1.8 ~ 2.8m × 1.9 ~ 2.7m；叶长椭圆形，长 5.5 ~ 9.0cm，宽 2.4 ~ 4.0cm，叶面光滑，微隆，革质，侧脉对数 9 ~ 10，边缘有细锯齿，叶齿密、锐，先端渐尖；叶基楔形，上斜着生，叶柄长 0.3 ~ 0.8cm，嫩叶红色或红黄色，嫩枝黄绿色，茸毛少；花白色，顶生，近无柄，萼片 5 ~ 8 片，青色，有绒毛，雄蕊高于雌蕊，花柱长约 1.0 ~ 1.1cm，先端浅裂，3 裂或 4 裂，子房有绒毛，花冠直径 6.5 ~ 8.5cm，花瓣 8 ~ 10 片，倒心形，质地薄，先端凹入或 2 裂，基部狭窄，近于离生；果实单生，球形，果皮青黄色，果面稍糠皮，果高 30 ~ 45mm，果径 35 ~ 45mm，果皮厚 2.5 ~ 3.8mm，每 500g 果数 15 ~ 20 个，心室 3 ~ 4 个，种子锥形、似肾形或不规则形，种皮深褐色或黑色（熊年康等，1991；李志真等，2013）。

经济性状 4 ~ 8 年试验林年平均产油 721.7kg/hm^2，产鲜籽 3589.4kg/m^2；28 ~ 32 年年均产油 892.9kg/hm^2，产鲜籽 4775.5kg/hm^2。结实大小年不明显。单果重 23 ~ 38g，鲜果出籽率 46.10%，干果出籽率 30.40%，干出仁率 59.40%，干仁含油率 47.80%，鲜果含油率 8.62%。籽油主要由棕榈酸（7.7%）、硬脂酸（2.0%）、油酸（84.1%）、亚油酸（5.3%）、亚麻酸（0.2%）和顺-11-二十碳烯酸（0.6%）等脂肪酸组成，其中不饱和脂肪酸占 90.2%（熊年康等，1991；李志真等，2013）。

生物学特性 属立冬种群，生长快，结实早，产量高，具有较强的抗病虫能力。个体生长发育的生命周期约 70 ~ 80 年，无性系造林第一至第三年幼年期为营养生长期，第三至第五年开始结果，第七至第十年为盛产期前期，盛产期达 50 ~ 60 年。年生长发育周期：根系萌动期为 2 月中旬，春梢枝叶生长期为 3 月中旬至 5 月下旬；始花期 11 中旬，盛花期 11 月下旬，末花期 12 月中下旬；果实膨大期 3 ~ 9 月，果实成熟期 10 月下旬至 11 月上旬（熊年康等，1991；李志真等，2013）。

适应性及栽培特点 已在福建省中部、西部、东部、南部地区推广栽种。采用芽苗砧嫁接繁殖苗木。按《LY1328 - 2006 油茶栽培技术规程》进行造林地选择、整地挖穴、栽植、科学施肥和抚育管理。初植密度以 1500 ~ 1650 株 /hm^2 为宜。幼树高 50 ~ 60cm 时进行打顶定干，并适度修剪。宜在福建省低山丘陵地区推广。

典型识别特征 树形开张，树冠圆头形。果实圆球形，果皮青黄色，果面少量糠皮。

单株

果枝

果实与果实剖面

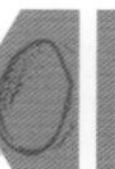

6 闽79

种名：普通油茶
拉丁名：*Camellia oleifera*‘Min 79’
审定编号：闽 S-SC-CO-007-2011
品种类别：无性系
原产地：福建漳平

选育地：闽侯、沙县、长汀、福安
选育单位：福建省林业科学研究院
选育过程：同闽43
选育年份：1973－2011年

植物学特征 成年树体高2.3～3.5m，树冠圆头形，早期速生，冠幅大小1.9～2.8m×2.0～3.0m；叶长椭圆形，长5.5～7.8cm，宽2.2～3.1cm，叶面光滑，隆起，革质，侧脉对数7，边缘有细锯齿，叶齿密，锐度中等或钝，先端渐尖，叶基楔形，上斜着生，叶柄长0.4～0.8cm，嫩叶、嫩枝均为黄绿色，茸毛少；花白色，顶生，近无柄，萼片6～8片，暗褐色，有绒毛，雄蕊高于雌蕊，花柱长约0.8～1.0cm，柱头全裂，3裂或4裂，子房有绒毛，花冠直径5.5～7.5cm，花瓣5～9片，倒心形，质地薄，先端凹入或2裂，基部狭窄，近于离生；果实单生，球形，果皮黄色，果面光滑，果高25～38mm，果径30～40mm，果皮厚2.0～3.0mm，每500g果数15～28个，心室3～4个，种子半球形或锥形，种皮深褐色或黑色（熊年康等，1991；李志真等，2013）。

经济性状 4～8年试验林年平均产油643.4kg/hm^2，产鲜籽2816.4kg/hm^2；28～32年平均产油1100.85kg/hm^2，产鲜籽4819.1kg/hm^2。结实大小年不明显。单果重20～30g，鲜果出籽率41.50%，干果出籽率31.50%，干出仁率63.68%，干仁含油率47.30%，鲜果含油率9.48%。籽油主要由棕榈酸（8.6%）、硬脂酸（2.0%）、油酸（78.8%）、亚油酸（9.8%）、亚麻酸（0.2%）和顺-11-二十碳烯酸（0.5%）等脂肪酸组成，其中不饱和脂肪酸占89.3%（熊年康等，1991；李志真等，2013）。

生物学特性 属霜降种群，生长快，结实早，产量高，具有较强的抗病虫能力。生命周期约70～80年，无性系造林第一至第三年幼年期为营养生长期，第三至第五年开始结果，第七至第十年为盛产期前期，盛产期达50～60年。年生长发育周期：根系萌动期为2月中旬，春梢生长期为3月中旬至5月中旬；始花期11月上中旬，盛花期11月下旬，末花期12月上旬；果实膨大期3～9月，果实成熟期10月中旬至11月上旬（熊年康等，1991；李志真等，2013）。

适应性及栽培特点 已在福建省中部、西部、东部、南部地区推广栽种。采用芽苗砧嫁接繁殖苗木。按《LY1328－2006油茶栽培技术规程》进行造林地选择、整地挖穴、栽植、科学施肥和抚育管理。初植密度以1500～1650株/hm^{2}为宜。幼树高50～60cm时进行打顶定干，并适度修剪。适宜种植范围：宜在福建省低山丘陵地区推广。

典型识别特征 树形半开张，树冠圆头形。果实球形，底部有凹纹，果皮黄色。

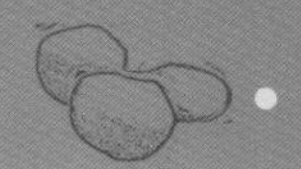

单株

果实与果实剖面

树上果实特写

7 闽杂优 1

种名：普通油茶

拉丁名：*Camellia oleifera*‘Minzayou 1’

认定编号：闽 R-SC-CO-033-2011

品种类别：杂优品系

原产地：福建福州

选育地：闽侯、南安、长汀、沙县、福安

选育单位：福建省林业科学研究院、闽侯桐口国有林场

选育过程：1973 年，在福建省西北部武夷山脉区域宁化县田背村、中部戴云山脉区域大田县早兴村、东北部太姥山脉区域福安市墩头村等油茶重点产区近 600m^2 油茶林分内初选出 47 个单株，经 2 年复选、3 年决选，按全国油茶优树选择标准，确定中选的 10 株优树定为杂交亲本观测。1976 - 1977 年，采穗培育扦插苗。1978 年，在闽侯桐口林场上山营造无性系林分。1980 年，始花。1981 - 1984 年连续 4 年对开花性状和产量进行观测，确定为油茶杂交亲本。1983 - 1984 年，开花后进行互交配对，杂交授粉，成果后单采，育苗，并按完全随机区组、单株小区排列的试验设计，于 1985 年 1 月在闽侯桐口林场营造 F_1 杂交试验林 20.5 亩，定植约 1400 株。1992 年 1 月，因临近村火烧山蔓延烧毁，保留试验林 7.18 亩。1994 - 1997 年，对最终保存的 493 株杂交子代进行结实和经济性状调查测定，经方差分析结果评定，筛选出 32 株杂交优良品系（个体）（吴孔雄等，2001）。2005 - 2009 年陆续采穗嫁接和扦插，在闽东、闽中、闽西、闽南等地建立了杂优品系的无性系测定和区域试验林。2009 - 2012 年进行了结果观测，其中 19 个杂优品系于 2012 年通过了福建省林木品种委员会的良种认定（李志真等，2013）

选育年份：1981 - 2011 年

植物学特征 成年树高 2.4 ~ 3.3m，树冠伞形，半开张，枝叶较稀疏，冠幅生长较快，大小 2.0 ~ 2.8m × 1.7 ~ 2.6m；叶长椭圆形，长 5.0 ~ 8.6cm，宽 2.1 ~ 3.5cm，叶面光滑，微隆，革质，侧脉对数 9，边缘有细锯齿，叶齿密，锐度中等，先端渐尖，叶基楔形，上斜着生，叶柄长 0.2 ~ 0.7cm，嫩叶黄红色，嫩枝红绿色，茸毛少；花白色，顶生或腋生，近无柄，萼片 6 ~ 8 片，暗褐色，有绒毛，雄蕊高于雌蕊，花柱长约 0.8 ~ 1.1cm，3 裂，裂位中等，子房有绒毛，花冠直径 6.5 ~ 9.0cm，花瓣 5 ~ 8 片，倒心形，质地薄，先端凹入或 2 裂，基部狭窄，近离生；果实单生，球形至近桃形，果皮红色或红青色，果面光滑，有棱，果高 34 ~ 46mm，果径 33 ~ 49mm，果皮厚 2.2 ~ 4.0mm，每 500g 果数 14 ~ 20 个，心室 3 ~ 4 个，种子似肾形、锥形或不规则形，种皮深褐色或黑色。

经济性状 盛果期试验林 4 年平均产油 1046.85kg/hm^2，产籽 6614.9kg/hm^2，比优良无性系增产 132.65%，且结实大小年不明显。品质：单果重 24 ~ 36g，鲜出籽率 45.18%，干出籽率 25.32%，干出仁率 60.57%，干仁含油率 46.62%，鲜果含油率 7.15%。籽油主要由棕榈酸（8.9%）、硬脂酸（1.6%）、油酸（79.3%）、亚油酸（9.2%）、亚麻酸（0.4%）和顺 - 11 - 二十碳烯酸（0.5%）等脂肪酸组成，其中不饱和脂肪酸占 89.4%。

生物学特性 属立冬成熟种群，生长快，结实早，产量高，抗病虫的能力较强。个体生长发育的生命周期约 70 ~ 80 年，无性系造林第一至

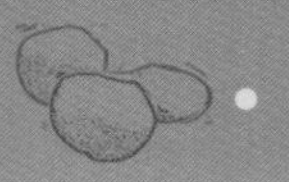

第三年幼年期为营养生长期，第三至第五年为始果期，第七至第十年为盛产期前期，盛产期达50 ~ 60年。年生长发育周期：根系萌动期为2月中旬，春梢枝叶生长期为3月中旬至5月下旬；始花期11月上旬至中旬，盛花期11月中旬至下旬，末花期11月下旬至12月上旬；果实膨大期3 ~ 9月，果实成熟期10月上旬至11月上旬。

适应性及栽培特点 已在福建省东部、西北部、中部、东部、南部地区推广种植。采用芽苗砧嫁接繁殖苗木。按《LY1328-2006油茶栽培技术规程》进行造林地选择、整地挖穴、栽植、科学施肥和抚育管理。初植密度以1500 ~ 1650株/hm^2为宜。幼树高50 ~ 60cm时进行打顶定干，逐年适度修剪。宜在福建省立冬种群适宜栽培的低山丘陵地区推广。

典型识别特征 树冠伞形。果实球形至近桃形，果皮红色或红青色，有棱。

单株

果实剖面与茶籽

8 闽杂优 2

种名： 普通油茶
拉丁名： *Camellia oleifera* ‘Minzayou 2’
认定编号： 闽 R-SC-CO-034-2011
品种类别： 杂优品系
原产地： 福建福州
选育地： 闽侯、长汀、沙县、福安

选育单位： 福建省林业科学研究院、闽侯桐口国有林场
选育过程： 同闽杂优 1
选育年份： 1981 - 2011 年

植物学特征 成年树高 2.0 ~ 3.0m，树冠直立，伞形，枝叶较紧密，冠幅生长速度中等，大小 1.8 ~ 2.7m × 2.2 ~ 3.0m；叶长椭圆形，长 5.0 ~ 7.2cm，宽 2.0 ~ 3.4cm，叶面光滑，微隆，革质，侧脉对数 9，先端渐尖，边缘有细锯齿，叶齿密，锐度中等，叶基楔形，上斜着生，叶柄长 0.2 ~ 0.5cm，嫩叶黄绿色，少量红黄色，嫩枝黄绿色，茸毛少；花白色，顶生或腋生，近无柄，萼片 6 ~ 9 片，绿色，有绒毛，雄蕊高于雌蕊，花柱长约 0.7 ~ 1.0cm，3 ~ 4 裂，全裂，子房有绒毛，花冠直径 4.5 ~ 8.5cm，花瓣 6 ~ 9 片，倒心形，质地薄，先端凹入或 2 裂，基部狭窄，近离生；果实单生，球形，果皮红色，果面光滑，果高 25 ~ 35mm，果径 27 ~ 41mm，果皮厚 2.3 ~ 4.2mm，每 500g 果数 17 ~ 23 个，心室 3 ~ 4 个，种子似肾形或不规则形，种皮深褐色或黑色。

经济性状 盛果期试验林 4 年平均亩产油 1022.25kg/hm^2，产鲜籽 4345.4kg/hm^2，比优良无性系增产 127.18%，结实大小年不明显。单果重 20 ~ 30g，鲜果出籽率 39.15%，干果出籽率 32.93%，干出仁率 61.01%，干仁含油率 45.84%，鲜果含油率 9.21%。籽油主要由棕榈酸（8.6%）、硬脂酸（1.7%）、油酸（80.2%）、亚油酸（8.6%）、亚麻酸（0.3%）和顺 - 11 - 二十碳烯酸（0.5%）等脂肪酸组成，其中不饱和脂肪酸占 89.6%。

单株

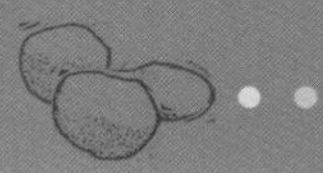

生物学特性　属立冬成熟种群，生长快，结实早，产油量高，有较强的抗病虫能力。个体生长发育的生命周期约 70 ~ 80 年，无性系造林第一至第三年幼年期为营养生长期，第三至第五年始果期，第七至第八年为盛产期前期，盛产期达 50 ~ 60 年。年生长发育周期：根系萌动期为 2 月中旬，春梢枝叶生长期为 3 月下旬至 6 月上旬；开花迟，为晚花型，始花期 11 月中下旬，盛花期 12 月上中旬，末花期 12 月下旬；果实膨大期 3 ~ 9 月，果实成熟期 10 月中旬至 11 月上旬。

果实与果实剖面

适应性及栽培特点　已在福建省东部、西北部、中部、东部、南部地区推广种植。采用芽苗砧嫁接繁殖苗木。按《LY1328－2006 油茶栽培技术规程》进行造林地选择、整地挖穴、栽植、科学施肥和抚育管理。初植密度以 1500 ~ 1650 株 /hm^2 为宜。幼树高 50 ~ 60cm 时进行打顶定干，逐年适度修剪。宜在福建省立冬种群适宜栽培的低山丘陵地区推广。

典型识别特征　树冠伞形。果实球形，果皮红色。

果枝

9 闽杂优 3

种名： 普通油茶
拉丁名： *Camellia oleifera* ‘Minzayou 3’
认定编号： 闽 R-SC-CO-035-2011
品种类别： 杂优品系
原产地： 福建福州

选育地： 闽侯、长汀、沙县、福安
选育单位： 福建省林业科学研究院、闽侯桐口国有林场
选育过程： 同闽杂优 1
选育年份： 1981 - 2011 年

植物学特征 成年树高 2.0 ~ 2.8m，树冠圆头形，半开张至开张，枝叶较稀疏，冠幅生长速度较快，大小 2.4 ~ 3.0m × 2.0 ~ 2.8m；叶长椭圆形，长 5.5 ~ 6.5cm，宽 2.2 ~ 3.0cm，叶面光滑，隆起，革质，侧脉对数 8，先端钝尖，边缘有细锯齿，叶齿密度中等，锐度中等，叶基楔形，上斜着生，叶柄长 0.3 ~ 0.6cm，嫩叶黄绿色，嫩枝绿色，茸毛少；花白色，无香味，顶生或腋生，

单株

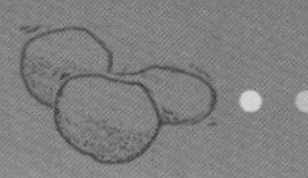

近无柄，萼片 6 ~ 9 片，绿色，少量暗褐色，有绒毛，雄蕊高于雌蕊，花柱长约 0.8 ~ 1.1cm，先端 3 ~ 4 裂，浅裂，子房有绒毛，花冠直径 5.5 ~ 8.0cm，花瓣 6 ~ 8 片，倒心形，质地薄，先端凹入或 2 裂，基部狭窄，近离生；果实单生，桃形，果皮黄色或黄青色，果面光滑，底部中心内凹，果高 25 ~ 40mm，果径 26 ~ 44mm，果皮厚 1.8 ~ 3.5mm，每 500g 果数 20 ~ 35 个，心室 2 ~ 3 个，种子锥形、半球形或不规则形，种皮褐色或深褐色。

经济性状　盛果期试验林 4 年平均产油 1006.35kg/hm^2，产鲜籽 4424.5kg/hm^2，比优良无性系增产 123.62%，结实大小年不明显。品质：单果重 15 ~ 35g，鲜果出籽率 41.68%，干果出籽率 31.21%，干出仁率 63.64%，干仁含油率 47.73%，鲜果含油率 9.48%。籽油主要由棕榈酸（9.7%）、硬脂酸（1.6%）、油酸（79.2%）、亚油酸（8.8%）、亚麻酸（0.2%）和顺-11-二十碳烯酸（0.5%）等脂肪酸组成，其中不饱和脂肪酸占 88.7%。

生物学特性　属立冬成熟种群，生长快，结实早，产量高，有较强的抗病虫能力。个体生长发育的生命周期约 70 ~ 80 年，无性系造林第一至第三年幼年期为营养生长期，第三至第五年开始结果，第七至第八年为盛产期前期，盛产期 50 ~ 60 年。年生长发育周期：根系萌动期为 2 月中旬，春梢枝叶生长期为 3 月中旬至 5 月下旬；始花期 11 月上旬至中旬，盛花期 11 月中旬至下旬，末花期 12 月上旬至中旬；果实膨大期 3 ~ 9 月，果实成熟期 10 月中旬至 11 月上旬。

适应性及栽培特点　已在福建省东部、西北部、中部、东部、南部地区种植。采用芽苗砧嫁接繁殖苗木。按《LY1328-2006 油茶栽培技术规程》进行造林地选择、整地挖穴、栽植、科学施肥和抚育管理。初植密度以 1500 ~ 1650 株 /hm^2 为宜。幼树高 50 ~ 60cm 时进行打顶定干，逐年适度修剪。宜在福建省立冬种群适宜栽培的低山丘陵地区推广。

典型识别特征　树冠圆头形。果实桃形，果皮黄色或黄青色，底部中心内凹。

果实与果实剖面

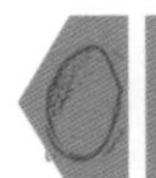

10 闽杂优 4

种名： 普通油茶
拉丁名： *Camellia oleifera* ‘Minzayou 4’
认定编号： 闽 R-SC-CO-036-2011
品种类别： 杂优品系
原产地： 福建福州

选育地： 闽侯、长汀、沙县、福安
选育单位： 福建省林业科学研究院、闽侯桐口国有林场
选育过程： 同闽杂优 1
选育年份： 1981 - 2011 年

植物学特征 成年树体高 2.5 ~ 3.7m，树冠圆头形，开张，枝叶较稀疏，冠幅生长速度快，大小 2.5 ~ 3.8m×2.3 ~ 3.7m；叶椭圆形，长 5.5 ~ 7.0cm，宽 2.2 ~ 3.2cm，叶面光滑，微隆，革质，侧脉对数 9，先端渐尖，边缘有细锯齿，叶齿密度中等，锐度中等，叶基楔形，上斜着生，叶柄长 0.3 ~ 0.6cm，嫩叶、嫩枝黄绿色，茸毛少；花白色，顶生或腋生，近无柄，萼片 6 ~ 8 片，青绿色，有绒毛，雄蕊高于雌蕊或与雌蕊等高；花柱长约 1.0 ~ 1.2cm，先端 3 裂或 4 裂，浅裂，子房有绒毛，花冠直径 5.5 ~ 8.5cm，花瓣 5 ~ 8 片，倒心形，质地薄，先端凹入或 2 裂，基部狭窄，近离生；果实单生，球形或脐形，果皮红色，果面光滑，有棱，果高 20 ~ 42mm，果径 24 ~ 43mm，果皮厚 2.0 ~ 3.5mm，每 500g 果数 21 ~ 30 个，心室 3 ~ 4 个，种子似肾形，部分形状不规则，种皮黑色或深褐色。

经济性状 盛果期试验林 4 年平均产油 987.30kg/hm^2，产鲜籽 6141.7kg/hm^2，比优良无性系增产 119.38%，结实大小年不明显。单果重 15 ~ 25g，鲜果出籽率 46.78%，干果出籽率 27.36%，干出仁率 59.58%，干仁含油率 46.14%，鲜果含油率 7.52%。籽油主要由棕榈酸（8.3%）硬脂酸（2.2%）、油酸（81.5%）、亚油酸（7.2%）、亚麻酸（0.3%）和顺-11-二十碳烯酸（0.5%）等脂肪酸组成，其中不饱和脂肪酸占 89.5%。

生物学特性 属立冬成熟种群，生长快，结实早，产量高，具有较强的抗病虫能力。油茶个体生长发育的生命周期约 70 ~ 80 年，无性系造林时幼年期第一至第三年为营养生长期，第三至第五年开始结果，第七至第八年为盛产期前期，盛产期 50 ~ 60 年。年生长发育周期：根系萌动期为 2 月中旬，春梢枝叶生长期为 3 月下旬至 6 月上旬；始花期 11 月上旬至中旬，盛花期 11 月中旬至 12 月上旬，末花期 12 月上旬至中旬；果实膨大期 3 ~ 9 月，果实成熟期 10 月上旬至 11 月上旬。

适应性及栽培特点 已在福建省东部、西北部、中部、东部、南部地区推广种植。采用芽苗砧嫁接繁殖苗木。按《LY1328 - 2006 油茶栽培技术规程》进行造林地选择、整地挖穴、栽植、科学施肥和抚育管理。初植密度以 1500 ~ 1650 株 /hm^2 为宜。幼树高 50 ~ 60cm 时进行打顶定干，逐年适度修剪。宜在福建省立冬种群适宜栽培的低山丘陵地区推广。

典型识别特征 树冠圆头形。果实球形，或者底部内凹为脐形，果皮红色，有棱。

果实剖面与茶籽

单株

11 闽杂优 5

种名： 普通油茶
拉丁名： *Camellia oleifera* 'Minzayou 5'
认定编号： 闽 R-SC-CO-037-2011
品种类别： 杂优品系
原产地： 福建福州

选育地： 闽侯、长汀、沙县、福安
选育单位： 福建省林业科学研究院、闽侯桐口国有林场
选育过程： 同闽杂优 1
选育年份： 1981 - 2011 年

植物学特征 成年树体高 2.2 ~ 3.0m，树冠开张，伞形，冠幅生长速度慢，大小 2.2 ~ 2.8m × 2.0 ~ 2.7m；叶椭圆形，长 6.0 ~ 7.5cm，宽 2.4 ~ 3.4cm，叶面光滑，微隆，革质，侧脉对数 8，先端渐尖，边缘有细锯齿，叶齿稀，锐度中等，叶基楔形，上斜着生，叶柄长 0.2 ~ 1.0cm，嫩叶红黄色，嫩枝红黄或黄绿色，茸毛少；花白色，顶生或腋生，近无柄，萼片 7 ~ 9 片，青绿色，有绒毛，雄蕊高于雌蕊或与雌蕊等高，花柱长约 1.0 ~ 1.2cm，先端浅裂，3 ~ 4 裂，子房有绒毛，花冠直径 6.5 ~ 7.5cm，花瓣 5 ~ 7 片，倒心形，质地薄，先端凹入或 2 裂，基部狭窄，近离生；果实单生，球形，果皮红色，果面光滑，果高 25 ~ 45mm，果径 25 ~ 42mm，果皮厚 2.2 ~ 3.6mm，每 500g 果数 16 ~ 29 个，心室 3 ~ 4 个，种子锥形或不规则形，种皮黑色或深褐色。

经济性状 盛果期试验林 4 年平均产油 932.1kg/hm^2，产鲜籽 4454.1kg/hm^2，比优良无性系增产 107.12%。结实大小年不明显。单果重 15 ~ 32g，鲜果出籽率 42.29%，干果出籽率 33.58%，干果出仁率 62.37%，干仁含油率 42.25%，鲜果含油率 8.85%。籽油主要由棕榈酸（9.4%）、硬脂酸（1.7%）、油酸（80.2%）、亚油酸（7.9%）、亚麻酸（0.4%）和顺 - 11 - 二十碳烯酸（0.5%）等脂肪酸组成，其中不饱和脂肪酸占 89.0%。

生物学特性 属立冬成熟种群，生长快，结实早，产油量高，具有较强的抗病虫能力。个体生长发育的生命周期约 70 ~ 80 年，无性系造林第一至第三年幼年期为营养生长期，第三至第五年开始结果，第七至第八年为盛产期前期，盛产期 50 ~ 60 年。年生长发育周期：根系萌动期为 2 月中旬，春梢枝叶生长期为 3 月下旬至 5 月中旬；始花期 11 月上旬至中旬，盛花期 11 月中旬至下旬，末花期 12 月上旬至中旬；果实膨大期 3 ~ 9 月，果实成熟期 10 月上旬至 11 月上旬。

适应性及栽培特点 已在福建省东部、西北部、中部、东部、南部地区种植。采用芽苗砧嫁接繁殖苗木。按《LY1328 - 2006 油茶栽培技术规程》进行造林地选择、整地挖穴、栽植、科学施肥和抚育管理。初植密度以 1500 ~ 1650 株 /hm^2 为宜。幼树高 50 ~ 60cm 时进行打顶定干，逐年适度修剪。宜在福建省立冬种群适宜栽培的低山丘陵地区推广。

典型识别特征 树冠开张，伞形。果实球形，果皮红色。

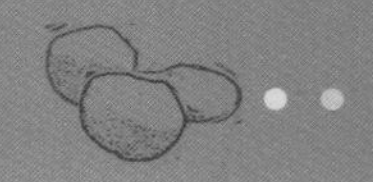

单株

果实与果实剖面

果枝

12 闽杂优 6

种名：普通油茶
拉丁名：*Camellia oleifera*‘Minzayou 6’
认定编号：闽 R-SC-CO-038-2011
品种类别：杂优品系
原产地：福建福州

选育地：闽侯、长汀、沙县、福安
选育单位：福建省林业科学研究院、闽侯桐口国有林场
选育过程：同闽杂优 1
选育年份：1981－2011 年

植物学特征 成年树体高 2.3 ～ 3.2m，树冠圆头形，冠幅生长速度快，大小 2.4 ～ 3.4m × 2.0 ～ 3.1m；叶近圆形或椭圆形，长 5.6 ～ 9.0cm，宽 2.7 ～ 4.2cm，叶面光滑，微隆，革质，侧脉对数 9，先端渐尖或钝尖，边缘有细锯齿，叶齿密度中等，锐度中等，叶基楔形或近圆形，上斜着生，叶柄长 0.3 ～ 0.8cm，嫩叶红黄色，嫩枝红色，茸毛少；花白色，顶生或腋生，近无柄，萼片 7 ～ 9 片，青绿色，有绒毛，雄蕊和雌蕊等高，花柱长约 0.8 ～ 1.1cm，3 ～ 4 裂，裂位中等，子房有绒毛，花冠直径 5.0 ～ 7.5cm，花瓣 7 ～ 9 片，倒心形，质地薄，先端凹入或 2 裂，基部狭窄，近离生；果实单生，球形，果皮红色，果面光滑，果高 29 ～ 45mm，果径 31 ～ 44mm，果皮厚 2.6 ～ 3.8mm，每 500g 果数 13 ～ 21 个，心室 3 ～ 4 个，种子似肾形、或不规则形，种皮深褐色或黑色。

经济性状 盛果期试验林 4 年平均产油 930.45kg/hm^2，产鲜籽 4284.4kg/hm^2，比优良无性系增产 106.78%，结实大小年不明显。单果重 22 ～ 40g，鲜果出籽率 40.89%，干果出籽率 30.91%，干出仁率 60.15%，干仁含油率 47.76%，鲜果含油率 8.88%。籽油主要由棕榈酸（7.1%）、硬脂酸（2.0%）、油酸（85.3%）、亚油酸（6.8%）、亚麻酸（0.2%）和顺－11－二十碳烯酸（0.5%）等脂肪酸组成，其中不饱和脂肪酸占 92.8%。

单株

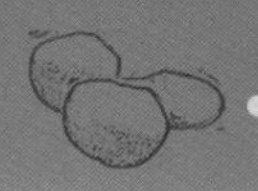

生物学特性 属立冬成熟种群，生长快，结实早，产油量高，具有较强的抗病虫能力。个体生长发育的生命周期约 70 ~ 80 年，无性系造林第一至第三年幼年期为营养生长期，第三至第五年为始果期，第七至第八年为盛产期前期，盛产期 50 ~ 60 年。年生长发育周期：根系萌动期为 2 月中旬，春梢枝叶生长期为 3 月中旬至 5 月中旬；开花较迟，晚花型，始花期 11 月中旬至下旬，盛花期 12 月上旬至中旬，末花期 12 月中旬至下旬；果实膨大期 3 ~ 9 月，果实成熟期 10 月上旬至 11 月上旬。

适应性及栽培特点 已在福建省东部、西北部、中部、东部、南部地区推广种植。采用芽苗砧嫁接繁殖苗木。按《LY1328－2006 油茶栽培技术规程》进行造林地选择、整地挖穴、栽植、科学施肥和抚育管理。初植密度以 1500 ~ 1650 株 /hm^2 为宜。幼树高 50 ~ 60cm 时进行打顶定干，逐年适度修剪。宜在福建省立冬种群适宜栽培的低山丘陵地区推广。

典型识别特征 树冠圆头形。果实球形，果皮红色。

果实与果实剖面

13 闽杂优 7

种名： 普通油茶
拉丁名： *Camellia oleifera*‘Minzayou 7’
认定编号： 闽 R-SC-CO-039-2011
品种类别： 杂优品系
原产地： 福建福州

选育地： 闽侯、长汀、沙县、福安
选育单位： 福建省林业科学研究院、闽侯桐口国有林场
选育过程： 同闽杂优 1
选育年份： 1981 - 2011 年

植物学特征 成年树体高 2.3 ~ 3.2m，树冠圆头形，冠幅生长速度慢，大小 1.8 ~ 2.5m × 1.7 ~ 2.4m；叶椭圆形，长 3.8 ~ 6.0cm，宽 1.8 ~ 3.2cm，叶面光滑，平，革质，侧脉对数 8；先端渐尖或钝尖，边缘有细锯齿，叶齿密度中等，锐度中等，叶基楔形，上斜着生，叶柄长 0.2 ~ 0.6cm，嫩叶红黄色，嫩枝红青色，茸毛少；花白色，无香味，顶生或腋生，近无柄，萼片 6 ~ 9 片，绿色，有绒毛，雄蕊和雌蕊等高，花柱长约 0.8 ~ 1.2cm，3 裂或 4 裂，浅裂、中裂，偶见深裂，子房有绒毛，花冠直径 5.5 ~ 7.5cm，花瓣 6 ~ 9 片，倒心形，质地薄，先端凹入或 2 裂，基部狭窄，近于离生；果实单生，圆球形，果皮黄红色，果面光滑，果高 30 ~ 44mm，果径 31 ~ 50mm，果皮厚 2.7 ~ 4.5mm，每 500g 果数 9 ~ 18 个，心室 3 ~ 4 个，种子似肾形或不规则形，种皮褐色、深褐色。

经济性状 盛果期试验林 4 年平均产油 844.65kg/hm^2，产鲜籽 4315.0kg/hm^2，比优良无性系增产 87.69%，结实大小年不明显。单果重 32 ~ 55g，鲜果出籽率 39.49%，干果出籽率 25.26%，干出仁率 59.14%，干仁含油率 51.74%，鲜果含油率 7.73%。籽油主要由棕榈酸（7.2%）、硬脂酸（2.4%）、油酸（83.6%）、亚油酸（6.0%）、亚麻酸（0.3%）和顺 - 11 - 二十碳烯酸（0.5%）等脂肪酸组成，其中不饱和脂肪酸占 90.4%。

单株

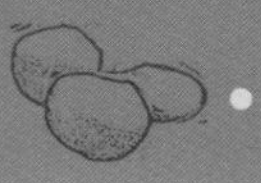

生物学特性　属立冬成熟种群，生长快，结实早，产量高，具有较强的抗病虫能力。个体生长发育的生命周期约 70 ～ 80 年，无性系造林第一至第三年幼年期为营养生长期，第三至第五年为始果期，第七至第八年为盛产期前期，盛产期 50 ～ 60 年。年生长发育周期：根系萌动期为 2 月中旬，春梢枝叶生长期为 3 月下旬至 5 月中旬；始花期 11 上旬至中旬，盛花期 11 月中旬至下旬，末花期 12 月上旬至中旬；果实膨大期 3 ～ 9 月，果实成熟期 10 月上旬至 11 月上旬。

适应性及栽培特点　已在福建省东部、西北部、中部、东部地区推广种植。采用芽苗砧嫁接繁殖苗木。按《LY1328－2006 油茶栽培技术规程》进行造林地选择、整地挖穴、栽植、科学施肥和抚育管理。初植密度以 1500 ～ 1650 株 /hm^2 为宜。幼树高 50 ～ 60cm 时进行打顶定干，逐年适度修剪。宜在福建省立冬种群适宜栽培的低山丘陵地区推广。

典型识别特征　树冠圆头形。果实圆球形，果皮黄红色。

果实与果实剖面

14 闽杂优 8

种名： 普通油茶
拉丁名： *Camellia oleifera* ‘Minzayou 8’
认定编号： 闽 R-SC-CO-040-2011
品种类别： 杂优品系
原产地： 福建福州

选育地： 闽侯、长汀、沙县、福安
选育单位： 福建省林业科学研究院、闽侯桐口国有林场
选育过程： 同闽杂优 1
选育年份： 1981 - 2011 年

植物学特征 成年树体高 2.5 ~ 3.6m，树冠圆头形，枝叶浓密，冠幅生长速度中等，大小 2.4 ~ 3.4m×2.6 ~ 4.0m；叶椭圆形，长 5.5 ~ 8.5cm，宽度 2.4 ~ 4.2cm，叶面光滑，微隆，革质，侧脉对数 8，先端渐尖，边缘有细锯齿，叶齿密度中等，锐度中等，叶基近圆形，上斜着生，叶柄长 0.3 ~ 1.2cm，嫩叶红黄色，嫩枝红青色，茸毛少；花白色，无香味，顶生或腋生，

单株

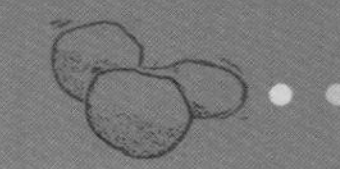

近无柄，萼片 6 ~ 7 片，绿色，有绒毛，雄蕊低于雌蕊，花柱长约 1.2 ~ 1.7cm，柱头 3 裂，浅裂，子房有绒毛，花冠直径 5.0 ~ 7.5cm，花瓣 6 ~ 9 片，倒心形，质地薄，先端凹入或 2 裂，基部狭窄，近离生；果实单生，球形，果皮红青色，果面光滑，果高 25 ~ 40mm，果径 28 ~ 42mm，果皮厚 1.9 ~ 4.0mm，每 500g 果数 14 ~ 26 个，心室 3 ~ 4 个，种子似肾形或不规则形，种皮深褐色或黑色。

经济性状　盛果期试验林 4 年平均产油 831.6kg/hm^2，产鲜籽 4739.0kg/hm^2，比优良无性系增产 87.8%，结实大小年不明显。单果重 15 ~ 35g，鲜果出籽率 41.60%，干果出籽率 25.83%，干出仁率 67.22%，干仁含油率 42.04%，鲜果含油率 7.30%。籽油主要由棕榈酸（9.0%）、硬脂酸（1.7%）、油酸（79.1%）、亚油酸（9.3%）、亚麻酸（0.3%）和顺-11-二十碳烯酸（0.6%）等脂肪酸组成，其中不饱和脂肪酸占 89.3%。

生物学特性　属立冬成熟种群，生长快，结实早，产油量高，具有较强的抗病虫能力。个体生长发育的生命周期约 70 ~ 80 年，无性系造林第一至第三年幼年期为营养生长期，第三至第五年始果期，第七至第八年为盛产期前期，盛产期 50 ~ 60 年。年生长发育周期：根系萌动期为 2 月中旬，春梢枝叶生长期为 3 月中旬至 5 月中旬，开花较迟，晚花型，始花期 11 中旬至下旬，盛花期 12 月上旬至中旬，末花期 12 月中旬至下旬；果实膨大期 3 ~ 9 月，果实成熟期 10 月上旬至 11 月上旬。

适应性及栽培特点　已在福建省东部、西北部、中部、东部、南部地区推广种植。采用芽苗砧嫁接繁殖苗木。按《LY1328-2006 油茶栽培技术规程》进行造林地选择、整地挖穴、栽植、科学施肥和抚育管理。初植密度以 1500 ~ 1650 株 /hm^2 为宜。幼树高 50 ~ 60cm 时进行打顶定干，逐年适度修剪。宜在福建省立冬种群适宜栽培的低山丘陵地区推广。

典型识别特征　树冠圆头形。果实球形，果皮红青色。

果实与果实剖面

15 闽杂优 11

种名： 普通油茶
拉丁名： *Camellia oleifera* ‘Minzayou 11’
认定编号： 闽 R-SC-CO-041-2011
品种类别： 杂优品系
原产地： 福建福州

选育地： 闽侯、长汀、沙县、福安
选育单位： 福建省林业科学研究院、闽侯桐口国有林场
选育过程： 同闽杂优 1
选育年份： 1981－2011 年

植物学特征 成年树体高 2.2 ~ 3.4m，伞形，半开张，冠幅生长速度中等，大小 1.9 ~ 2.5m × 2.4 ~ 3.7m；叶长椭圆形，长 6.0 ~ 8.5cm，宽 2.6 ~ 3.7cm，叶面光滑，微隆，革质，侧脉对数 9，先端渐尖，边缘有细锯齿，叶齿密、锐；叶基楔形，上斜着生，叶柄长 0.2 ~ 0.8cm，嫩叶黄红色，嫩枝红或红青色，茸毛少；花白色，无香味，顶生或腋生，近无柄，萼片 6 ~ 9 片，绿色，有绒毛，雄蕊和雌蕊等高，花柱长约 1.1 ~ 1.4cm，先端浅裂，4 裂，子房有绒毛，花冠直径 6.0 ~ 8.0cm，花瓣 5 ~ 7 片，倒心形，质地薄，先端凹入或 2 裂，基部狭窄，近离生；果实单生，球形，果皮黄色，果面光滑，果高 27 ~ 42mm，果径 30 ~ 42mm，果皮厚 2.3 ~ 3.8mm，每 500g 果数 20 ~ 27 个，心室 3 ~ 4 个，种子似肾形或不规则形，种皮褐色、深褐色或黑色。

经济性状 盛果期试验林 4 年平均产油 811.2kg/hm^2，产鲜籽 3906.9kg/hm^2，比优良无性系增产 83.08%，结实大小年不明显。单果重 15 ~ 25g，鲜果出籽率 46.38%，干果出籽率 30.72%，干果出仁率 70.05%，干仁含油率 44.74%，鲜果含油率 9.63%。籽油主要由棕榈酸（7.6%）、硬脂酸（1.9%）、油酸（82.2%）、亚油酸（7.5%）、亚麻酸（0.3%）和顺－11－二十碳烯酸（0.5%）等脂肪酸组成，其中不饱和脂肪酸占 90.5%。

单株

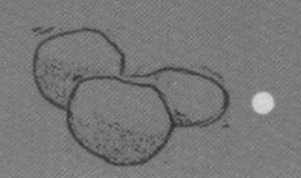

生物学特性　属立冬成熟种群，生长快，结实早，产油量高，具有较强的抗病虫能力。个体生长发育的生命周期约70～80年，无性系造林第一至第三年幼年期为营养生长期，第三至第五年为始果期，第七至第八年为盛产期前期，盛产期50～60年。年生长发育周期：根系萌动期为2月中旬，春梢枝叶生长期为3月中旬至5月中旬；始花期10月中旬至下旬，盛花期11月上旬至中旬，末花期11月中旬至下旬；果实膨大期3～9月，果实成熟期10月上旬至下旬。

适应性及栽培特点　已在福建省东部、西北部、中部、东部、南部地区推广种植。采用芽苗砧嫁接繁殖苗木。按《LY1328－2006油茶栽培技术规程》进行造林地选择、整地挖穴、栽植、科学施肥和抚育管理。初植密度以1500～1650株/hm^2为宜。幼树高50～60cm时进行打顶定干，逐年适度修剪。宜在福建省立冬种群适宜栽培的低山丘陵地区推广。

典型识别特征　树冠伞形。果实球形，果皮黄色。

果实与果实剖面

16 闽杂优 12

种名： 普通油茶
拉丁名： *Camellia oleifera* 'Minzayou 12'
认定编号： 闽 R-SC-CO-042-2011
品种类别： 杂优品系
原产地： 福建福州

选育地： 闽侯、长汀、沙县、福安
选育单位： 福建省林业科学研究院、闽侯桐口国有林场
选育过程： 同闽杂优 1
选育年份： 1981 - 2011 年

植物学特征 成年树高 2.4 ~ 3.2m，树冠伞形，较直立，枝叶稀疏，冠幅生长速度较慢，大小 1.8 ~ 2.4m×1.7 ~ 2.3m；叶椭圆形，长 5.0 ~ 8.2cm，宽 2.5 ~ 4.1cm，叶面光滑，微隆，革质，侧脉对数 10，先端钝尖，边缘有细锯齿，叶齿密、锐，叶基楔形，上斜着生，叶柄长 0.2 ~ 0.7cm，嫩叶绿色，嫩枝绿色，茸毛少；花白色，有香味，顶生或腋生，近无柄，萼片 7 ~ 9 片，暗褐色，有绒毛，雄蕊高于雌蕊，花柱长约 0.8 ~ 1.0cm，3 裂或 4 裂，浅裂或中裂，子房有绒毛，花冠直径 6.0 ~ 8.5cm，花瓣 5 ~ 7 片，倒心形，质地薄，先端凹入或 2 裂，基部狭窄，近离生；果实单生，球形，果皮红黄色或黄色，果面光滑，果高 23 ~ 38mm，果径 25 ~ 43mm，果皮厚 2.6 ~ 4.1mm，每 500g 果数 18 ~ 29 个，心室 3 ~ 4 个，种子似肾形或不规则形，种皮褐色或深褐色。

经济性状 盛果期试验林 4 年平均产油 810.9kg/hm^2，产鲜籽 3884.8kg/hm^2，比优良无性系增产 80.20%，结实大小年不明显。单果重 15 ~ 30g，鲜果出籽率 39.38%，干果出籽率 27.73%，干出仁率 66.25%，干仁含油率 44.74%，鲜果含油率 8.22%。籽油主要由棕榈酸（7.6%）、硬脂酸（1.7%）、油酸（83.1%）、亚油酸（6.7%）、亚麻酸（0.2%）和顺 - 11 - 二十碳烯酸（0.6%）等脂肪酸组成，其中不饱和脂肪酸占 90.6%。

单株

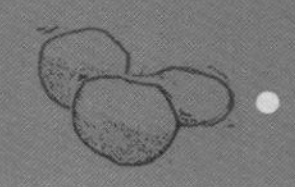

生物学特性 属立冬成熟种群，生长快，结实早，产量高，具有较强的抗病虫能力。个体生长发育的生命周期约 70 ～ 80 年，无性系造林第一至第三年幼年期为营养生长期，第三至第五年为始果期，第七至第八年为盛产期前期，盛产期 50 ～ 60 年。年生长发育周期：根系萌动期为 2 月中旬，春梢枝叶生长期为 3 月中旬至 5 月中旬；始花期 11 月上旬至中旬，盛花期 11 月中旬至下旬，末花期 12 月上旬至中旬；果实膨大期 3 ～ 9 月，果实成熟期 10 月上旬至 11 月上旬。

适应性及栽培特点 已在福建省东部、西北部、中部、东部、南部地区推广种植。采用芽苗砧嫁接繁殖苗木。按《LY1328－2006 油茶栽培技术规程》进行造林地选择、整地挖穴、栽植、科学施肥和抚育管理。初植密度以 1500 ～ 1650 株 /hm^2 为宜。幼树高 50 ～ 60cm 时进行打顶定干，逐年适度修剪。宜在福建省立冬种群适宜栽培的低山丘陵地区推广。

典型识别特征 树冠伞形。果实球形，果皮红黄色或黄色。

果实与果实剖面

17 闽杂优 13

种名： 普通油茶
拉丁名： *Camellia oleifera* ‘Minzayou 13’
认定编号： 闽 R-SC-CO-043-2011
品种类别： 杂优品系
原产地： 福建福州

选育地： 闽侯、长汀、沙县、福安
选育单位： 福建省林业科学研究院、闽侯桐口国有林场
选育过程： 同闽杂优 1
选育年份： 1981－2011 年

植物学特征 成年树高 2.2 ~ 2.7m，树冠圆头形，枝叶稀疏，冠幅生长速度较快，大小 2.3 ~ 3.1m×2.0 ~ 2.7m；叶长椭圆形，长 2.4 ~ 6.8cm，宽 0.6 ~ 3.0cm，叶面光滑，微隆，革质，侧脉对数 8，先端渐尖，边缘有细锯齿，叶齿密度中等，锐度中等，叶基楔形，上斜着生，叶柄长 0.3 ~ 0.8cm，嫩叶、嫩枝均黄绿色，茸毛少；花白色，无香味，顶生或腋生，近无柄，

单株

萼片 6 ~ 8 片，暗褐色，有绒毛，雄蕊高于雌蕊，花柱长约 0.9 ~ 1.4cm，裂位中等，3 裂或 4 裂，子房有绒毛，花冠直径 6.5 ~ 8.0cm，花瓣 6 ~ 8 片，倒心形，质地薄，先端凹入或 2 裂，基部狭窄，近离生；果实单生，球形，果皮红色或红青色，有棱，果面光滑，果高 29 ~ 49mm，果径 30 ~ 45mm，果皮厚 1.7 ~ 4.0mm，每 500g 果数 10 ~ 18 个，心室 3 ~ 4 个，种子似肾形或不规则形，种皮深褐色或黑色。

经济性状　盛果期试验林 4 年平均产油 808.8kg/hm^2，产鲜籽 4857.0kg/hm^2，比优良无性系增产 79.73%，结实大小年不明显。单果重 25 ~ 50g，鲜果出籽率 46.00%，干果出籽率 24.61%，干出仁率 62.12%，干仁含油率 50.10%，鲜果含油率 7.66%。籽油主要由棕榈酸（7.8%）、硬脂酸（2.4%）、油酸（83.7%）、亚油酸（5.2%）、亚麻酸（0.3%）和顺-11-二十碳烯酸（0.5%）等脂肪酸组成，其中不饱和脂肪酸占 89.7%。

生物学特性　属立冬成熟种群，生长快，结实早，产量高，具有较强的抗病虫能力。个体生长发育的生命周期约 70 ~ 80 年，无性系造林第一至第三年幼年期为营养生长期，第三至第五年为始果期，第七至第八年为盛产期前期，盛产期 50 ~ 60 年。年生长发育周期：根系萌动期为 2 月中旬，春梢枝叶生长期为 3 月下旬至 5 月下旬；始花期 11 月上旬至中旬，盛花期 11 月中旬至下旬，末花期 12 月上旬至中旬；果实膨大期 3 ~ 9 月，果实成熟期 10 月上旬至 11 月上旬。

适应性及栽培特点　已在福建省东部、西北部、中部、东部、南部地区推广种植。采用芽苗砧嫁接繁殖苗木。按 LY1328-2006《油茶栽培技术规程》进行造林地选择、整地挖穴、栽植、科学施肥和抚育管理。初植密度以 1500 ~ 1650 株 /hm^2 为宜。幼树高 50 ~ 60cm 时进行打顶定干，逐年适度修剪。宜在福建省立冬种群适宜栽培的低山丘陵地区推广。

典型识别特征　树冠圆头形。果实球形，果皮红色或红青色。

果实与果实剖面

18 闽杂优 14

种名：普通油茶
拉丁名：*Camellia oleifera*‘Minzayou 14’
认定编号：闽 R-SC-CO-044-2011
品种类别：杂优品系
原产地：福建福州

选育地：闽侯、长汀、沙县、福安
选育单位：福建省林业科学研究院、闽侯桐口国有林场
选育过程：同闽杂优 1
选育年份：1981 - 2011 年

植物学特征　成年树高 2.5 ~ 3.6m，树冠圆头形，枝叶稀疏，冠幅生长速度快，大小 2.5 ~ 3.3m×2.1 ~ 2.9m；叶椭圆形，长 2.5 ~ 7.2cm，宽 2.5 ~ 3.4cm，叶面光滑，微隆，革质，侧脉对数 9，先端渐尖，边缘有细锯齿，叶齿密度中等，锐度中等，叶基楔形，上斜着生，叶柄长 0.4 ~ 0.9cm，嫩叶红黄色，嫩枝红色，茸毛少；花白色，有香味，顶生或腋生，近无柄，萼片 6 ~ 9 片，绿色，有绒毛，雄蕊和雌蕊等高，花柱长约 1.0 ~ 1.2cm，先端浅裂，3 裂或 4 裂，子房有绒毛，花冠直径 6.5 ~ 8.5cm，花瓣 6 ~ 9 片，倒心形，质地薄，先端凹入或 2 裂，基部狭窄，近离生；果实单生，球形，果皮红色，果面光滑，果高 29 ~ 39mm，果径 26 ~ 42mm，果皮厚 2.1 ~ 3.5mm，每 500g 果数 18 ~ 27 个，心室 3 ~ 4 个，种子似肾形或不规则形，种皮褐色或黑色。

单株

经济性状 盛果期试验林4年平均产油800.3kg/hm²，产鲜籽3413.7kg/hm²，比优良无性系增产77.79%，结实大小年不明显。单果重15～35g，鲜果出籽率37.71%，干果出籽率29.34%，干出仁率70.33%，干仁含油率42.84%，鲜果含油率8.84%。茶籽油主要由棕榈酸（7.9%）、硬脂酸（2.1%）、油酸（82.2%）、亚油酸（7.1%）、亚麻酸（0.3%）和顺-11-二十碳烯酸（0.5%）等脂肪酸组成，其中不饱和脂肪酸占90.1%。

生物学特性 属立冬成熟种群，生长快，结实早，产量高，具有较强的抗病虫能力。个体生长发育的生命周期约70～80年，无性系造林第一至第三年幼年期为营养生长期，第三至第五年为始果期，第七至第八年为盛产期前期，盛产期50～60年。年生长发育周期：根系萌动期为2月中旬，春梢枝叶生长期为3月下旬至5月下旬；始花期11中旬，盛花期11月中旬至下旬，末花期12月上旬至中旬；果实膨大期3～9月，果实成熟期10月上旬至11月上旬。

适应性及栽培特点 已在福建省东部、西北部、中部、东部、南部地区推广种植。采用芽苗砧嫁接繁殖苗木。按《LY1328-2006油茶栽培技术规程》进行造林地选择、整地挖穴、栽植、科学施肥和抚育管理。初植密度以1500～1650株/hm²为宜。幼树高50～60cm时进行打顶定干，逐年适度修剪。宜在福建省立冬种群适宜栽培的低山丘陵地区推广。

典型识别特征 树冠圆头形。果实球形，果皮红色。

果实与果实剖面

19 闽杂优 18

种名：普通油茶
拉丁名：*Camellia oleifera*‘Minzayou 18’
认定编号：闽 R-SC-CO-045-2011
品种类别：杂优品系
原产地：福建福州

选育地：闽侯、长汀、沙县、福安
选育单位：福建省林业科学研究院、闽侯桐口国有林场
选育过程：同闽杂优 1
选育年份：1981－2011 年

植物学特征 成年树高 2.2 ~ 2.9m，树冠圆头形，冠幅生长速度中等，大小 1.8 ~ 2.5m × 2.0 ~ 2.7m；叶椭圆形，长 4.5 ~ 7.5cm，宽 2.4 ~ 4.2cm，叶面光滑，微隆，革质，侧脉对数 8，先端渐尖，边缘有细锯齿，叶齿密，锐度中等，上斜着生，叶基楔形，叶柄长 0.5 ~ 1.3cm，嫩叶黄绿色，部分红黄色，嫩枝红黄色或黄绿色，茸毛少；花白色，有香味，顶生或腋生，近于无柄，萼片 6 ~ 8 片，绿色，有绒毛，雄蕊高于雌蕊或等高，花柱长约 1.0 ~ 1.3cm，先端浅裂，3 ~ 5 裂，子房有绒毛，花冠直径 5.5 ~ 8.0cm，花瓣 6 ~ 8 片，倒心形，质地薄，先端凹入或 2 裂，基部狭窄，近离生；果实单生，桃形，底部稍内凹，果皮红色或红青色，果面光滑，果高 31 ~ 41mm，果径 29 ~ 42mm，果皮厚 3.7 ~ 5.0mm，每 500g 果数 12 ~ 18 个，心室 3 ~ 4 个，种子似半球形、肾形或不规则形，种皮褐色、深褐色或黑色。

经济性状 盛果期试验林 4 年平均产油 767.1kg/hm^2，产鲜籽 3655.4kg/hm^2，比优良无性系增产 70.48%，结实大小年不明显。单果重 25 ~ 45g，鲜果出籽率 34.50%，干果出籽率 23.62%，干出仁率 68.07%，干仁含油率 45.02%，鲜果含油率 7.24%。籽油主要由棕榈酸（8.8%）、硬脂酸（1.7%）、油酸（79.3%）、亚油酸（9.5%）、亚麻酸（0.2%）和顺-11-二十碳烯酸（0.5%）等脂肪酸组成，其中不饱和脂肪酸占 89.5%。

生物学特性 属立冬成熟种群，生长快，结实早，产量高，具有较强的抗病虫能力。个体生

单株

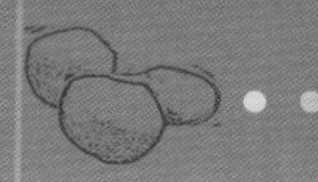

果实

果实剖照

长发育的生命周期约 70 ～ 80 年，无性系造林第一至第三年幼年期为营养生长期，第三至第五年为始果期，第七至第八年为盛产期前期，盛产期 50 ～ 60 年。年生长发育周期：根系萌动期为 2 月中旬，春梢枝叶生长期为 3 月下旬至 5 月下旬；始花期 11 月中旬，盛花期 11 月中旬至下旬，末花期 12 月上旬至中旬；果实膨大期 3 ～ 9 月，果实成熟期 10 月上旬至 11 月上旬。

适应性及栽培特点　已在福建省东部、西北部、中部、东部、南部地区推广种植。采用芽苗砧嫁接繁殖苗木。按《LY1328－2006 油茶栽培技术规程》进行造林地选择、整地挖穴、栽植、科学施肥和抚育管理。初植密度以 1500 ～ 1650 株 /hm^2 为宜。幼树高 50 ～ 60cm 时进行打顶定干，逐年适度修剪。宜在福建省立冬种群适宜栽培的低山丘陵地区推广。

典型识别特征　树冠圆头形。果实桃形，底部稍内凹，果皮红色或红青色，背面青黄色。

20 闽杂优 19

种名：普通油茶
拉丁名：*Camellia oleifera*‘Minzayou 19’
认定编号：闽 R-SC-CO-046-2011
品种类别：杂优品系
原产地：福建福州

选育地：闽侯、长汀、沙县、福安
选育单位：福建省林业科学研究院、闽侯桐口国有林场
选育过程：同闽杂优 1
选育年份：1981 - 2011 年

植物学特征 成年树高 2.5 ～ 3.1m，树冠圆头形，枝叶稀疏，冠幅生长速度中等，大小 2.1 ～ 2.8m × 1.7 ～ 2.2m；叶椭圆形或长椭圆形，长 4.5 ～ 7.2cm，宽 2.2 ～ 3.7cm，叶面光滑，隆起，革质，侧脉对数 8，先端渐尖，边缘有细锯齿，叶齿密度中等，锐度中等，上斜着生，叶基楔形，叶柄长 0.3 ～ 0.7cm，嫩叶、嫩枝绿色，茸毛中等；花白色，无香味，顶生或腋生，近无柄，萼片 6 ～ 8 片，绿色，有绒毛，雄蕊高于雌蕊或与雌蕊等高，花柱长约 1.0 ～ 1.3cm，先端浅裂，4 裂，子房有绒毛，花冠直径 6.5 ～ 8.0cm，花瓣 5 ～ 7 片，倒心形，质地薄，先端凹入或 2 裂，基部狭窄，近离生；果实单生，球形，果皮红色、红黄色，果面光滑，果高 28 ～ 40mm，果径 30 ～ 50mm，果皮厚 3.8 ～ 4.8mm，每 500g 果数 11 ～ 19 个，心室 3 ～ 4 个，种子似肾形或不规则形，种皮褐色、深褐色或黑色。

经济性状 盛果期试验林 4 年平均产油 751.5kg/hm^2，产鲜籽 3447.9kg/hm^2，比优良无性系增产 67.01%，结实大小年不明显。单果重 22 ～ 45g，鲜果出籽率 37.53%，干果出籽率 29.46%，干出仁率 54.31%，干仁含油率 51.12%，鲜果含油率 8.18%。籽油主要由棕榈酸（7.9%）、硬脂酸（2.3%）、油酸（81.0%）、亚油酸（8.1%）、亚麻酸（0.2%）和顺 - 11 - 二十碳烯酸（0.5%）等脂肪酸组成，其中不饱和脂肪酸占 89.8%。

生物学特性 属立冬成熟种群，生长快，结

单株

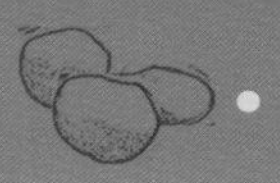

实早，产油量高，具有较强的抗病虫能力。个体生长发育的生命周期约 70 ～ 80 年，无性系造林第一至第三年幼年期为营养生长期，第三至第五年为始果期，第七至第八年为盛产期前期，盛产期 50 ～ 60 年。年生长发育周期：根系萌动期为 2 月中旬，春梢枝叶生长期为 3 月中旬至 5 月中旬；始花期为 11 月上旬至中旬，盛花期 11 月中旬，末花期 11 月下旬至 12 月上旬；果实膨大期 3 ～ 9 月，果实成熟期 10 月上旬至下旬。

适应性及栽培特点　已在福建省东部、西北部、中部、东部、南部地区推广种植。采用芽苗砧嫁接繁殖苗木。按《LY1328－2006 油茶栽培技术规程》进行造林地选择、整地挖穴、栽植、科学施肥和抚育管理。初植密度以 1500 ～ 1650 株 /hm^2 为宜。幼树高 50 ～ 60cm 时进行打顶定干，逐年适度修剪。宜在福建省立冬种群适宜栽培的低山丘陵地区推广。

典型识别特征　树冠伞形。果实球形，果皮红色、红黄色。

果实与果实剖面

21 闽杂优 20

种名：普通油茶
拉丁名：*Camellia oleifera*‘Minzayou 20’
认定编号：闽 R-SC-CO-047-2011
品种类别：杂优品系
原产地：福建福州

选育地：闽侯、长汀、沙县、福安
选育单位：福建省林业科学研究院、闽侯桐口国有林场
选育过程：同闽杂优 1
选育年份：1981 - 2011 年

植物学特征 成年树体高 2.2 ~ 2.8m，树冠伞形，冠幅生长速度较慢，大小 2.0 ~ 2.7m × 2.3 ~ 3.1m；叶长椭圆形，长 5.0 ~ 7.2cm，宽 2.0 ~ 3.4cm，叶面光滑，微隆，革质，侧脉对数 9，先端渐尖，边缘有细锯齿，叶齿密度中等，锐度中等，叶基楔形，上斜着生，叶柄长 0.2 ~ 0.5cm，嫩叶、嫩枝绿色，茸毛少；花白色，顶生或腋生，近无柄，萼片 6 ~ 8 片，暗褐色，有绒毛，雄蕊

单株

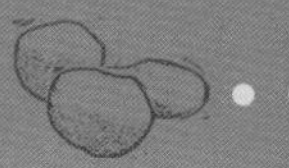

高于雌蕊，花柱长约 0.9 ～ 1.1cm，3 ～ 5 裂，中等裂位，子房有绒毛，花冠直径 6.5 ～ 8.5cm，花瓣 5 ～ 8 片，倒心形，质地薄，先端凹入或 2 裂，基部狭窄，近于离生；果实单生，球形，果皮红青色，果面光滑，果高 28 ～ 42mm，果径 30 ～ 43mm，果皮厚 2.5 ～ 3.8mm，每 500g 果数 20 ～ 26 个，心室 3 ～ 4 个，种子似肾形或不规则形，种皮深褐色或黑色。

经济性状　盛果期试验林 4 年平均产油 750.6kg/hm^2，产鲜籽 3184.8kg/hm^2，比优良无性系增产 66.79%，结实大小年不明显。单果重 17 ～ 45g，鲜果出籽率 34.92%，干果出籽率 27.56%，干出仁率 60.57%，干仁含油率 49.31%，鲜果含油率 8.23%。籽油主要由棕榈酸（8.3%）、硬脂酸（2.2%）、油酸（82.4%）、亚油酸（6.4%）、亚麻酸（0.3%）和顺-11-二十碳烯酸（0.5%）等脂肪酸组成，其中不饱和脂肪酸占 89.6%。

生物学特性　属立冬成熟种群，生长快，结实早，产油量高，具有较强的抗病虫能力。个体生长发育的生命周期约 70 ～ 80 年，无性系造林第一至第三年幼年期为营养生长期，第三至第五年为始果期，第七至第八年为盛产期前期，盛产期 50 ～ 60 年。年生长发育周期：根系萌动期为 2 月中旬，春梢枝叶生长期为 3 月下旬至 6 月上旬；始花期为 11 月中旬，盛花期 11 月下旬，末花期 12 月上旬；果实膨大期 3 ～ 9 月，果实成熟期 10 月上旬至下旬。

适应性及栽培特点　已在福建省东部、西北部、中部、东部、南部地区推广种植。采用芽苗砧嫁接繁殖苗木。按《LY1328-2006 油茶栽培技术规程》进行造林地选择、整地挖穴、栽植、科学施肥和抚育管理。初植密度以 1500 ～ 1650 株 /hm^2 为宜。幼树高 50 ～ 60cm 时进行打顶定干，逐年适度修剪。宜在福建省立冬种群适宜栽培的低山丘陵地区推广。

典型识别特征　树冠伞形。果实球形，果皮红青色。

果实、果实剖面与茶籽

22 闽杂优 21

种名： 普通油茶
拉丁名： *Camellia oleifera*‘Minzayou 21’
认定编号： 闽 R-SC-CO-048-2011
品种类别： 杂优品系
原产地： 福建福州

选育地： 闽侯、长汀、沙县、福安
选育单位： 福建省林业科学研究院、闽侯桐口国有林场
选育过程： 同闽杂优 1
选育年份： 1981－2011 年

植物学特征 成年树体高 2.3 ～ 3.7m，树冠圆头形，冠幅生长速度较快，大小 1.8 ～ 2.4m×2.2 ～ 3.1m；叶长椭圆形，长 5.8 ～ 7.6cm，宽 2.5 ～ 3.7cm，叶面光滑，平，革质，侧脉对数 8，先端渐尖，边缘有细锯齿，叶齿密度中等，锐度中等，叶基楔形，上斜着生，叶柄长 0.3 ～ 1.0cm，嫩叶红色或黄绿色，嫩枝红色，茸毛少；花白色，顶生或腋生，近无柄，萼片 5 ～ 7

单株

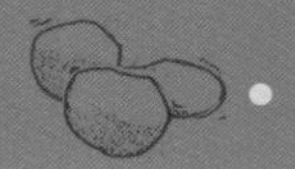

片，绿色，有绒毛；雄蕊低于雌蕊，花柱长约1.1 ~ 1.4cm，3裂，中等裂位，子房有绒毛，花冠直径6.0 ~ 8.0cm，花瓣6 ~ 10片，倒心形，质地薄，先端凹入或2裂，基部狭窄，近于离生；果实单生，球形，果皮红色或红黄色，果面较光滑，果高28 ~ 54mm，果径38 ~ 55mm，果皮厚3.2 ~ 5.5mm，每500g果数8 ~ 18个，心室3 ~ 4个，种子似肾形或半球形，种皮黑色。

经济性状　盛果期试验林4年平均产油749.4kg/hm^2，产鲜籽4904.7kg/hm^2，比优良无性系增产66.54%，结实大小年不明显。单果重25 ~ 65g，鲜果出籽率48.89%，干果出籽率23.67%，干出仁率62.13%，干仁含油率50.79%，鲜果含油率7.47%。籽油主要由棕榈酸（7.5%）、硬脂酸（2.2%）、油酸（83.8%）、亚油酸（5.5%）、亚麻酸（0.3%）和顺-11-二十碳烯酸（0.6%）等脂肪酸组成，其中不饱和脂肪酸占90.2%。

生物学特性　属立冬成熟种群，生长快，结实早，产油量高，具有较强的抗病虫能力。个体生长发育的生命周期约70 ~ 80年，无性系造林第一至第三年幼年期为营养生长期，第三至第五年为始果期，第七至第八年为盛产期前期，盛产期50 ~ 60年。年生长发育周期：根系萌动期为2月中旬，春梢枝叶生长期为3月中旬至5月中旬；始花期为11月中旬，盛花期11月下旬，末花期12月上旬；果实膨大期3 ~ 9月，果实成熟期10月上旬至下旬。

适应性及栽培特点　已在福建省东部、西北部、中部、东部、南部地区推广种植。采用芽苗砧嫁接繁殖苗木。按《LY1328-2006油茶栽培技术规程》进行造林地选择、整地挖穴、栽植、科学施肥和抚育管理。初植密度以1500 ~ 1650株/hm^{2}为宜。幼树高50 ~ 60cm时进行打顶定干，逐年适度修剪。宜在福建省立冬种群适宜栽培的低山丘陵地区推广。

典型识别特征　树冠圆头形。果实球形，果皮红色或红黄色。

果实与果实剖面

23 闽杂优 25

种名： 普通油茶
拉丁名： *Camellia oleifera* 'Minzayou 25'
认定编号： 闽 R-SC-CO-049-2011
品种类别： 杂优品系
原产地： 福建福州

选育地： 闽侯、长汀、沙县、福安
选育单位： 福建省林业科学研究院、闽侯桐口国有林场
选育过程： 同闽杂优 1
选育年份： 1981 - 2011 年

植物学特征 成年树体高 2.5 ~ 3.5m，树冠圆头形，冠幅生长速度较快，大小 2.4 ~ 3.5m×2.5 ~ 3.4m；叶椭圆形，长 5.1 ~ 7.5cm，宽 2.4 ~ 3.6cm，叶面光滑，微隆，革质，侧脉对数 8 ~ 10，先端渐尖，边缘有细锯齿，叶齿密，锐度中等，叶基楔形，上斜着生，叶柄长 0.2 ~ 0.6cm，嫩叶红色或黄绿色，嫩枝红色或红青色，茸毛少；花白色，顶生或腋生，近无柄，萼片 6 ~ 10 片，暗褐色，有绒毛，雄蕊高于雌蕊或与雌蕊等高，花柱长约 0.8 ~ 1.3cm，先端浅裂，4 ~ 5 裂，子房有绒毛，花冠直径 6.5 ~ 7.5cm，花瓣 8 ~ 10 片，倒心形，质地薄，先端凹入或 2 裂，基部狭窄，近离生；果实单生，球形底部中心有内凹线，果皮红色、红青色，果面光滑，果高 27 ~ 41mm，果径 33 ~ 47mm，果皮厚 2.9 ~ 5.5mm，每 500g 果数 12 ~ 18 个，心室 3 ~ 4 个，种子似肾形、三角形或不规则形，种皮褐色、深褐色或黑色。

经济性状 盛果期试验林 4 年平均产油 749.4kg/hm^2，产鲜籽 4537.3kg/hm^2，比优良无性系增产 58.33%，结实大小年不明显。单果重 25 ~ 45g，鲜果出籽率 46.62%，干果出籽率 25.65%，干出仁率 67.27%，干仁含油率 44.62%，鲜果含油率 7.70%。籽油主要由棕榈酸（7.9%）、硬脂酸（2.0%）、油酸（78.6%）、亚油酸（10.6%）、亚麻酸（0.3%）和顺-11-二十碳烯酸（0.6%）等脂肪酸组成，其中不饱和脂肪酸占 90.1%。

单株

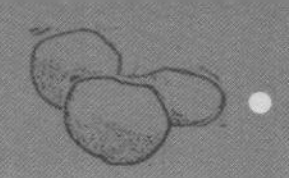

生物学特性 属立冬成熟种群，生长快，结实早，产油量高，具有较强的抗病虫能力。个体生长发育的生命周期约 70 ~ 80 年，无性系造林第一至第三年幼年期为营养生长期，第三至第五年为始果期，第七至第八年为盛产期前期，盛产期 50 ~ 60 年。年生长发育周期：根系萌动期为 2 月中旬，春梢枝叶生长期为 3 月中旬至 5 月中旬；始花期为 11 月中旬，盛花期 11 月下旬，末花期 12 月上旬；果实膨大期 3 ~ 9 月，果实成熟期 10 月上旬至下旬。

适应性及栽培特点 已在福建省东部、西北部、中部、东部、南部地区推广种植。采用芽苗砧嫁接繁殖苗木。按《LY1328 - 2006 油茶栽培技术规程》进行造林地选择、整地挖穴、栽植、科学施肥和抚育管理。初植密度以 1500 ~ 1650 株/hm^2为宜。幼树高 50 ~ 60cm 时进行打顶定干，逐年适度修剪。宜在福建省立冬种群适宜栽培的低山丘陵地区推广。

典型识别特征 树冠圆头形；果实球形，底部中心有内凹线，果皮红色、红青色。

果枝

果实、果实剖面与茶籽

24 闽杂优 28

种名：普通油茶
拉丁名：*Camellia oleifera*‘Minzayou 28’
认定编号：闽 R-SC-CO-050-2011
品种类别：杂优品系
原产地：福建福州

选育地：闽侯、长汀、沙县、福安
选育单位：福建省林业科学研究院、闽侯桐口国有林场
选育过程：同闽杂优 1
选育年份：1981－2011 年

植物学特征　成年树体高 2.5 ~ 3.5m，树冠圆头形，冠幅生长速度快，大小 2.3 ~ 2.8m × 2.4 ~ 3.5m；叶长椭圆形，长 5.5 ~ 7.0cm，宽 2.4 ~ 3.0cm，叶面光滑，微隆，革质，侧脉对数 11，先端渐尖，边缘有细锯齿，叶齿密、锐，叶基楔形，近水平着生，叶柄长 0.3 ~ 0.9cm，嫩叶黄绿色，嫩枝红色，茸毛中等；花白色，顶生或腋生，近无柄，萼片 6 ~ 8 片，绿色或紫红色，有绒毛，雄蕊与雌蕊等高，花柱长约 1.2 ~ 1.5cm，4 裂，浅裂、中等或深裂，子房有绒毛，花冠直径 5.0 ~ 8.0cm，花瓣 7 ~ 9 片，倒心形，质地薄，先端凹入或 2 裂，基部狭窄，近离生；果实单生，桃形，果皮红色或底部稍内凹，果面光滑，果高 34 ~ 42mm，果径 34 ~ 45mm，果皮厚 3.1 ~ 4.5mm，每 500g 果数 10 ~ 18 个，心室 3 ~ 4 个，种子似肾形、半球形或不规则形状，种皮深褐色或黑色。

经济性状　盛果期试验林 4 年平均产油 749.4kg/hm^2，产鲜籽 3564.0kg/hm^2，比优良无性系增产 55.84%，结实大小年不明显。单果重 25 ~ 47g，鲜果出籽率 39.33%，干果出籽率 25.39%，干出仁率 64.50%，干仁含油率 50.50%，鲜果含油率 8.27%。籽油主要由棕榈酸（7.8%）、硬脂酸（2.1%）、油酸（83.2%）、亚油酸（6.1%）、亚麻酸（0.2%）和顺-11-二十碳烯酸（0.6%）等脂肪酸组成，其中不饱和脂肪酸占 90.1%。

单株

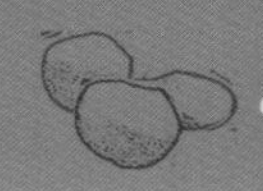

生物学特性　属立冬成熟种群，生长快，结实早，产油量高，具有较强的抗病虫能力。个体生长发育的生命周期约70 ~ 80年，无性系造林第一至第三年幼年期为营养生长期，第三至第五年为始果期，第七至第八年为盛产期前期，盛产期50 ~ 60年。年生长发育周期：根系萌动期为2月中旬，春梢枝叶生长期为3月中旬至5月中旬；开花迟，为晚花型，始花期为11月中下旬，盛花期12月上旬，末花期12月中旬；果实膨大期3 ~ 9月，果实成熟期10月上旬至下旬。

适应性及栽培特点　已在福建省东部、西北部、中部、东部、南部地区推广种植。采用芽苗砧嫁接繁殖苗木。按《LY1328－2006油茶栽培技术规程》进行造林地选择、整地挖穴、栽植、科学施肥和抚育管理。初植密度以1500 ~ 1650株/hm^2为宜。幼树高50 ~ 60cm时进行打顶定干，逐年适度修剪。宜在福建省立冬种群适宜栽培的低山丘陵地区推广。

典型识别特征　树冠圆头形。果实桃形，果皮红色或底部稍内凹。

果实与果实剖面

25 闽杂优 30

种名：普通油茶
拉丁名：*Camellia oleifera*'Minzayou 30'
认定编号：闽 R-SC-CO-051-2011
品种类别：杂优品系
原产地：福建福州

选育地：闽侯、长汀、沙县、福安
选育单位：福建省林业科学研究院、闽侯桐口国有林场
选育过程：同闽杂优 1
选育年份：1981 - 2011 年

植物学特征 成年树体高 2.6 ~ 3.2m，树冠圆头形，冠幅生长速度中等，大小 2.3 ~ 3.1m × 1.8 ~ 2.6m；叶椭圆形，长 5.4 ~ 6.8cm，宽 2.5 ~ 3.7cm，叶面光滑，平，革质，侧脉对数 9 ~ 10。先端钝尖，边缘有细锯齿，叶齿密，锐度中等；叶基近圆形，上斜着生，叶柄长 0.3 ~ 0.8cm，嫩叶红黄色，嫩枝红青色，茸毛少；花白色，顶生或腋生，近无柄，萼片 6 ~ 8 片，紫红色，有绒毛，雄蕊高于或低于雌蕊，花柱长约 1.1 ~ 1.4cm，中等裂，3 裂或 4 裂，子房有绒毛，花冠直径 7.0 ~ 9.0cm，花瓣 5 ~ 8 片，倒心形，质地薄，先端凹入或 2 裂，基部狭窄，近离生；果实单生，球形，果皮红色，底部中心稍内凹，果面光滑，果高 30 ~ 45mm，果径 33 ~ 46mm，果皮厚 2.6 ~ 3.8mm，每 500g 果数 13 ~ 20 个，心室 3 ~ 4 个，种子似肾形或不规则形，种皮深褐色或黑色。

经济性状 盛果期试验林 4 年平均产油 749.4kg/hm^2，产鲜籽 3893.7kg/hm^2，比优良无性系增产 54.92%，结实大小年不明显。单果重 20 ~ 50g，鲜果出籽率 39.28%，干果出籽率 23.15%，干出仁率 66.69%，干仁含油率 48.96%，鲜果含油率 7.56%。籽油主要由棕榈酸（9.1%）、硬脂酸（1.4%）、油酸（79.8%）、亚油酸（8.8%）、亚麻酸（0.3%）和顺 - 11 - 二十碳烯酸（0.5%）等脂肪酸组成，其中不饱和脂肪酸占 89.4%。

单株

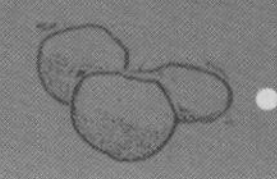

生物学特性　属立冬成熟种群，生长快，结实早，产油量高，具有较强的抗病虫能力。个体生长发育的生命周期约 70 ～ 80 年，无性系造林第一至第三年幼年期为营养生长期，第三至第五年为始果期，第七至第八年为盛产期前期，盛产期 50 ～ 60 年。年生长发育周期：根系萌动期为 2 月中旬，春梢枝叶生长期为 3 月下旬至 5 月下旬；始花期为 11 月中下旬，盛花期 12 月上旬，末花期 12 月中旬；果实膨大期 3 ～ 9 月，果实成熟期 10 月上旬至 11 月上旬。

适应性及栽培特点　已在福建省东部、西北部、中部、东部、南部地区推广种植。采用芽苗砧嫁接繁殖苗木。按《LY1328－2006 油茶栽培技术规程》进行造林地选择、整地挖穴、栽植、科学施肥和抚育管理。初植密度以 1500 ～ 1650 株 /hm^2 为宜。幼树高 50 ～ 60cm 时进行打顶定干，逐年适度修剪。宜在福建省立冬种群适宜栽培的低山丘陵地区推广。

典型识别特征　树冠圆头形。果实球形，果皮红色，底部中心稍内凹。

果实与果实剖面

果枝

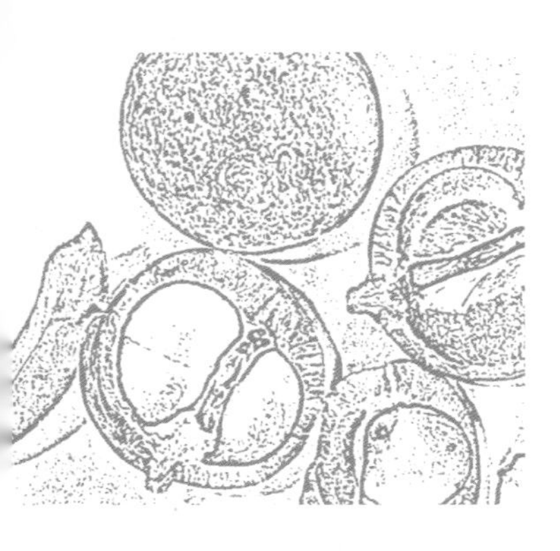

第九章　江西省主要油茶良种

1　赣石 84-8

种名：油茶
拉丁名：*Camellia oleifera*‘Ganshi 84-8’
审定编号：国 S-SC-CO-003-2007
品种类别：无性系
原产地：江西省林业科学院
选育地：宜丰县、抚州市林业科学研究所、江西省林业科学院、赣州市林业科学研究所等
选育单位：江西省林业科学院
选育过程：赣石 84-8 是江西省林业科学院于 1991 年选育出的优良无性系。项目组于 1964 年开始参加了国家“六五”、“七五”攻关计划油茶优树选育工作，第二批无性系以改良拉皮切接法改冠换优进行丰产性等系统的选育研究，于 1985 年在江西省林业科学院青岚油茶试验林布置优树无性系测定林试验点，地理位置为东经 115° 48′、北纬 28° 41′，土壤为第四纪红壤发育的酸性红壤。无性系测定有大树砧嫁接，嫁接砧木为 20 年生普通油茶霜降籽。赣石 84-8 是自 1988 年开始连续 4 年的单株产量测定后，参照全国油茶攻关协作组制定的油茶高产无性系评选标准，选育出的优良无性系之一。
选育年份：2007 年

植物学特征　树龄 23 年，树高达 2.3 ~ 2.6m，树冠开心形；冠幅 2.0 ~ 2.3cm × 2.4 ~ 3.2cm；叶片长椭圆形；花顶生或腋生，两性花，白色，花瓣倒卵形，顶端常 2 裂；果实为丛生性，橄榄形，红褐色，果高 3.295 ~ 3.782cm，果径 2.784 ~ 3.196cm，单果种子 8 ~ 9 粒，果皮较薄，厚度 0.252 ~ 0.375cm。

经济性状　产果量 0.26kg/m^2，每 500g 鲜果数 55 个。鲜果出籽率 56.0%，干籽出仁率 71.4%，干仁含油率 62.7%，鲜果含油率 17.2%。连续 4 年平均亩产油量达 122.8kg。主要脂肪酸成分：亚油酸 10.5%，油酸 79.6%，亚麻酸 0.2%，棕榈酸 9.3%，硬脂酸 0.3% 等。

生物学特性　个体发育生命周期：50 年，无性系造林营养生长期第三年、始果期第四年，盛产期 30 年左右。年生长发育周期：萌动期 3 月上旬，枝叶生长期（春梢抽花期）3 月中旬；始花期 10 月下旬，盛花期 11 月上旬；果实膨大期 6 月上旬开始，果实成熟期 10 月下旬。

适应性及栽培特点　该优良无性系喜生在海拔 100m 以下的低丘陵地区，繁殖采用芽苗砧嫁接技术。该品系适应范围广，经区试结果证明，在我国南方油茶中心产区都适宜栽植，其抗炭疽病、软腐病的能力强，成熟期霜降时。适宜江西全省各地（市）油茶产区、南方油茶中心产区。选择丘陵林地，带状或块状细致大穴整地。选用合格芽苗砧嫁接苗造林，每亩 60 ~ 120 株。施

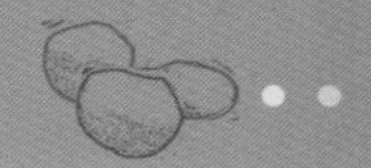

足基肥，即时抚育、施肥，促进幼林生长。结果树要做好抚育，及时补充营养，保持高产稳产。

典型识别特征　树体生长旺盛，树冠紧凑，树势开张，分枝均匀。抗性强，结实早，产量高，丰产性能好。老叶叶色深绿，叶脉模糊，叶中部厚。果实橄榄形，红果，果皮薄，出籽率高。

单株

林分

树上果实特写

花

果实

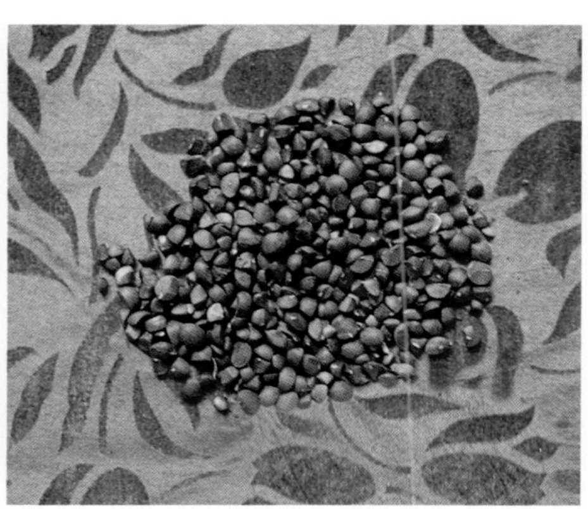

茶籽

2 赣抚 20

种名：油茶
拉丁名：*Camellia oleifera*‘Ganfu 20’
审定编号：国 S-SC-CO-004-2007
品种类别：无性系
原产地：江西省林业科学院
选育地（包括区试点）：江西省林业科学院，江西省上饶市林业科学研究所，江西省抚州市林业科学研究所，江西省赣州市林业科学研究所，江西省丰城市白土镇
选育单位：江西省林业科学院
选育过程：同赣石 84-8
选育年份：2007 年

植物学特征 树龄 15 年，树高 1.9 ~ 2.3m，树冠自然开心形，冠幅 2.0 ~ 2.3cm×2.2 ~ 2.7cm；叶片卵圆形；花顶生或腋生，两性花，白色，花瓣倒卵形，顶端常 2 裂；果实丛生性，橘形，果皮青色，果高 2.947 ~ 3.377cm，果径 2.571 ~ 2.946cm，单果种子 2 ~ 6 粒，果皮稍厚，厚度 0.30 ~ 0.34cm。

经济性状 盛果期平均冠幅产果量 0.17kg/hm^2，每 500g 鲜果数 44 个。鲜果出籽率 46.7%，干籽出仁率 30.8%，干仁含油率 60.1%，鲜果含油率 11.8%。连续 4 年平均亩产油量达 79.2kg。主要脂肪酸成分：亚油酸 7.2%，油酸 82.1%，亚麻酸 0.3%，棕榈酸 9.7%，硬脂酸 0.5%。

生物学特性 个体发育生命周期：50 年，无性系造林营养生长期第三年、始果期第四年，盛产期 30 年左右。年生长发育周期：萌动期 3 月上旬，枝叶生长期（春梢抽发期）3 月中旬；始花期 10 月下旬，盛花期 11 月上旬；果实膨大期 6 月上旬开始，果实成熟期 10 月下旬。

适应性及栽培特点 适应于江西全省各地（市）油茶产区、南方油茶中心产区。繁殖方式有嫁接、扦插、组织培养等，主要以刚出苗未展叶的油茶为砧木，以优良母树枝条为接穗进行芽苗砧嫁接批量繁殖。选择丘陵林地，带状或块状细致大穴整地。选用合格芽苗砧嫁接苗造林，每亩 60 ~ 120 株。施足基肥，即时抚育、施肥，促进幼林生长。结果树要做好抚育，及时补充营养，保持高产稳产。

典型识别特征 树体生长旺盛，树冠紧凑，分枝均匀。抗性强，结实早，产量高，丰产性能好。新梢青色，节间短。叶片中等，卵圆形。果色青色，果实橘形，果皮薄，出籽率高。

单株

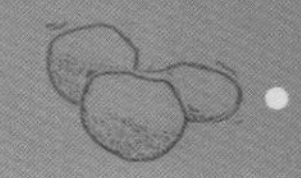

林分

树上果实特写

花

果实

茶籽

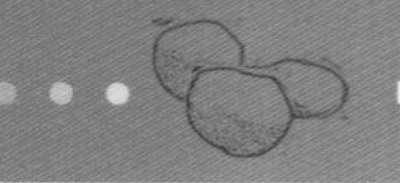

3 赣永 6

种名：油茶
拉丁名：*Camellia oleifera*‘Ganyong 6’
审定编号：国 S-SC-CO-005-2007
品种类别：无性系
原产地：江西省林业科学院
选育地（包括区试点）：江西省林业科学院，湖南省林业科学院，江西省上饶市林业科学研究所，江西省吉安市林业科学研究所，江西省赣州市林业科学研究所，安徽省祁门县
选育单位：江西省林业科学院
选育过程：同赣石 84-8
选育年份：2007 年

植物学特征　树龄 15 年，树高 1.9 ~ 2.5m，树冠自然开心形，冠幅 2.1 ~ 2.5cm × 2.3 ~ 3.1cm；叶片椭圆形；花顶生或腋生，两性花，白色，花瓣倒卵形，顶端常 2 裂；果实丛生性，桃形或圆球形，果皮红黄色至红色，果高 2.629 ~ 2.898cm，果径 2.384 ~ 2.629cm，单果种子 4 ~ 6 粒，果皮较薄，厚度 0.205 ~ 0.225cm。

经济性状　盛果期平均冠幅产果量 0.12kg/m^2，每 500g 鲜果数 62 个。鲜果出籽率 63.0%，干籽出仁率 35.7%，干仁含油率 44.1%，鲜果含油率 9.3%。连续 4 年平均亩产油量达 58.6kg。主要脂肪酸成分：亚油酸 8.3%，油酸 82.5%，亚麻酸 0.0%，棕榈酸 8.5%，硬脂酸 0.6%。

生物学特性　个体发育生命周期：50 年，无性系造林营养生长期第三年、始果期第四年，盛产期 30 年左右。年生长发育周期：萌动期 3 月上旬，枝叶生长期（春梢抽发）3 月中旬；始花期 10 月下旬，盛花期 11 月上旬；果实膨大期 6 月上旬开始，果实成熟期 10 月下旬。

适应性及栽培特点　适应于江西全省各地（市）油茶产区、南方油茶中心产区。繁殖方式有嫁接、扦插、组织培养等，主要以刚出苗未展叶的油茶为砧木，以优良母树枝条为接穗进行芽苗砧嫁接批量繁殖。选择丘陵林地，带状或块状细致大穴整地。选用合格芽苗砧嫁接苗造林，每亩 60 ~ 120 株。施足基肥，即时抚育、施肥，促进幼林生长。结果树要做好抚育，及时补充营养，保持高产稳产。

典型识别特征　树体生长旺盛、树冠紧凑，分枝均匀。抗性强，结实早，产量高，丰产性能好。新梢青红相间，新梢红色，新叶两侧及顶部扭曲。果实桃形居多，果色红黄色至红色，果毛银白，果皮薄，出籽率高。

单株

林分

树上果实特写

花

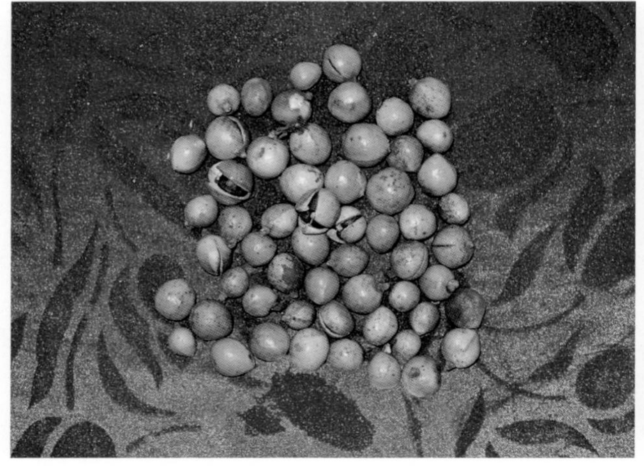

果实

茶籽

4 赣兴 48

种名： 油茶
拉丁名： *Camellia oleifera*‘Ganxing 48’
审定编号： 国 S-SC-CO-006-2007
品种类别： 无性系
原产地： 江西省林业科学院
选育地（包括区试点）： 江西省林业科学院，湖南省林业科学院，江西省上饶市林业科学研究所，江西省吉安市林业科学研究所，安徽省祁门县
选育单位： 江西省林业科学院
选育过程： 赣兴 48 是江西省林业科学院于 1990 年选育出的优良无性系。项目组于 1964 年参加国家“六五”、“七五”攻关计划，开始了油茶优树选育工作，第一批以 227 株优树无性系进行丰产性等系统的选育研究，于 1982 年在江西省林业科学院青岚油茶试验林布置优树无性系测定林试验点，地理位置为东经 115° 48′、北纬 28° 41′，土壤为第四纪红壤发育的酸性红壤。无性系测定有大树砧嫁接，嫁接砧木为 20 年生普通油茶霜降籽。赣兴 48 是自 1987 年开始连续 4 年的单株产量测定后，参照全国油茶攻关协作组制定的油茶高产无性系评选标准，选育出的优良无性系之一。
选育年份： 2007 年

植物学特征 树龄 15 年，树高 1.7 ~ 2.7m，树冠自然开心形，冠幅 2.2 ~ 2.4cm×2.3 ~ 3.1cm；叶片椭圆形；花顶生或腋生，两性花，白色，花瓣倒卵形，顶端常 2 裂；果实丛生性，圆球形，果皮黄褐色，果高 2.453 ~ 2.679cm，果径为 2.245 ~ 2.453cm，单果种子 5 ~ 6 粒，果皮稍厚，厚度 0.275 ~ 0.335cm。

经济性状 盛果期平均冠幅产果量 0.16kg/m^2，鲜果大小为 64 个 /500g，鲜果出籽率 40.5%，干籽出仁率 26.6%，干仁含油率 56.7%，鲜果含油率 10.1%。连续 4 年平均亩产油量达 72.6kg。主要脂肪酸成分：亚油酸 5.8%，油酸 86.5%，亚麻酸 0.3%，棕榈酸 6.2%，硬脂酸 0.6%。

生物学特性 个体发育生命周期：50 年，无性系造林营养生长期第三年、始果期第四年，盛产期 30 年左右。年生长发育周期：萌动期 3 月上旬，枝叶生长期（春梢抽发期）3 月中旬，始花期 10 月下旬，盛花期 11 月上旬；果实膨大期 6 月上旬开始，果实成熟期 10 月下旬。

适应性及栽培特点 适应于江西全省各地（市）油茶产区、南方油茶中心产区。繁殖方式有嫁接、扦插、组织培养等。主要以刚出苗未展叶的油茶为砧木，以优良母树枝条为接穗进行芽苗砧嫁接批量繁殖。选择丘陵林地，带状或块状

单株

细致大穴整地。选用合格芽苗砧嫁接苗造林，每亩 60 ~ 120 株。施足基肥，即时抚育、施肥，促进幼林生长。结果树要做好抚育，及时补充营养，保持高产稳产。

典型识别特征　树体生长旺盛，树冠紧凑，分枝均匀。抗性强，结实早，产量高，丰产性能好。新梢青红色，幼树果实簇生。果实中等圆球形，果皮黄褐色，果皮薄，出籽率高。

林分

树上果实特写

花

果实

5 赣无 1

种名： 油茶
拉丁名： *Camellia oleifera* 'Ganwu 1'
俗名： 鸡心子
审定编号： 国 S-SC-CO-007-2007
品种类别： 无性系
原产地： 江西省林业科学院

选育地（包括区试点）： 江西省林业科学院、丰城市白土镇、宜春市袁州区、吉安市林业科学研究所
选育单位： 江西省林业科学院
选育过程： 同赣兴 48
选育年份： 2007 年

植物学特征 树龄 15 年，树高达 1.6 ~ 2.3m，树冠开心形，冠幅 2.1 ~ 2.3cm×2.5 ~ 3.0cm；叶片多为卵形；花顶生或腋生，两性花，白色，花瓣倒卵形，顶端常 2 裂；果实为丛生性，鸡心形，红褐色，果高 2.232 ~ 2.709cm，果径 2.71 ~ 3.29cm，单果种子 4 ~ 6 粒，果皮较薄，厚度 0.205 ~ 0.220cm。

经济性状 试验林盛果期亩产油量 67.3kg，结实大小年不明显。单果重 11.36g，鲜果出籽率 56.0%、干出籽率 37.7%、干籽出仁率 64.3%、鲜果含油率 13.4%。主要脂肪酸成分：亚油酸 9.1%，油酸 81.3%，亚麻酸 0.4%，棕榈酸 8.5%，硬脂酸 0.6% 等。

生物学特性 个体发育生命周期：50 年，无性系造林营养生长期第三年，始果期第四年，盛产期 30 年左右。年生长发育周期：萌动期 3 月上

林分

旬，枝叶生长期（春梢抽发期）3 月中旬；始花期 10 月下旬，盛花期 11 月上旬；果实膨大期 7 月中旬，果实成熟期 10 月下旬。

适应性及栽培特点　该优良无性系喜生在海拔 100m 以下的低丘陵地区，繁殖采用芽苗砧嫁接技术。该品系适应范围广，经区试结果证明，在我国南方油茶中心产区都适宜栽植，其抗炭疽病、软腐病的能力强，成熟期霜降时。适宜江西全省各地（市）油茶产区、南方油茶中心产区。选择丘陵林地，带状或块状细致大穴整地。选用合格芽苗砧嫁接苗造林，每亩 60 ~ 120 株。施足基肥，即时抚育、施肥，促进幼林生长。结果树要做好抚育，及时补充营养，保持高产稳产。

典型识别特征　树形开张，呈自然开心形。新梢深红色。叶片中大。果实鸡心形，果皮红褐色，果皮较薄。

单株

花

树上果实特写

果实

茶籽

6 GLS 赣州油 3 号

种名： 普通油茶

拉丁名: *Camellia oleifera* ‘GLS Ganzhouyou 3’

俗名： 丰 460

审定编号： 国 S-SC-CO-008-2007

品种类别： 无性系

原产地： 上犹县紫阳乡

选育地（区试点）： 田间试验在赣州市林业科学研究所沙石油茶试验区进行。区域试验分别在赣州市的章贡区、赣县、南康、安远、上犹、崇义、宁都、兴国、龙南、石城、信丰等 10 余个县（市、区）

选育单位： 赣州市林业科学研究所

选育过程： 首先进行群体选择，在油茶主要产区选择优良林分、优良类型、优良母树（单株），然后采种育苗，营造示范林，进行个体选择工作，观测记录产果量、坐果率及花器结构和其他经济性状分析，利用个体选择选出的高产优树穗条进行嫁接，连续 4 年逐株测定各项性状。历经 28 年全面系统的选择、测定，该优良无性系于 1998 年 5 月 11 日经省林木良种审定委员会审定为良种，命名为‘GLS 赣州油 3 号’。2007 年，经国家林木良种审定委员会审定为良种，命名为‘GLS 赣州油 3 号’。

选育年份： 1964 - 1991 年

植物学特征　该品种属普通油茶，小乔木，成年树具明显主干，树冠开张角度大而呈圆球形，成年树高可达 2 ～ 3m，冠幅可达 3 ～ 4m^2；嫩枝绿色；嫩叶绿色，叶椭圆形，叶面平，叶边缘平，叶尖钝尖，叶基呈楔形，成熟叶片中绿色，近水平着生，侧脉 7 ～ 9 对，厚革质，叶齿密、锐度中，芽鳞绿色，芽被绒毛；花白色，具香味，花瓣 6 ～ 7 瓣，质地薄，花冠直径 4 ～ 6cm，萼片 3 片，紫红色，被绒毛，子房被绒毛，花柱 3 ～ 4 深裂，柱长 1cm 左右，雄蕊高于雌蕊，单枝花量 1 ～ 3 朵；果桃形，果皮红色，面光滑，结实量大，果实以单或对状丛生，果高 3.62cm 左右，果径 3.3cm 左右。

经济性状　试验林盛果期亩产油量 57.441kg，亩产籽量 201.05kg，树冠每平方米产果量 1.318kg。集约经营条件下大小年不明显，粗放管理情况下大小年呈“一小一大一平”分布。单果重 17.86g，鲜果出籽率 46.33%，干出籽率 26.47%，干籽出仁率 66.96%，干仁含油率 52.6235%，鲜果含油率 9.327%。主要脂肪酸成分：油酸 82.04%，亚油酸 8.38%，亚麻酸 0.22%，硬脂酸 1.15%，棕榈酸 7.68%。

生物学特性　该品种无性系造林前 3 年为营养生长期，采取人工摘除或药剂抑制等方法去掉花苞或抑制花芽分化，第四年进入始果期，7 ～ 10 年进入盛果期，良好生长条件下盛果期可维持 50 年以上。本品种属霜降种，树体 2 月上旬开始萌动，春梢 3 月下旬开始抽发，夏梢 5 月下旬开始抽发，秋梢 9 月上旬开始抽发；花芽 6 月上旬开始分化，11 月中旬进入始花期，12 月中下旬盛花期；果期 2 ～ 10 月，果实膨大期 6 ～ 8 月，油脂转化期 9 ～ 10 月，果实霜降前后成熟。

适应性及栽培特点　该品种原产地为江西省赣州市，适宜江西南部种植。造林地应选择海拔 500m 以下的低山丘陵或平原岗地地区，选择阳光充足、坡度 25° 以下、土层厚 80 ～ 100cm、排水良好、交通便利的酸性土壤种植。密度 110 株 / 亩，株行距 2m × 3m。整穴时应以表土返穴，适当施入以磷为主的复合肥 0.5 ～ 1kg 或有机肥 10kg 左右作基肥。一株一穴，舒展根系，栽紧踩实，然后覆一层松土。种植当年为保护根系，在夏季可不松土抚育，结合雨天拔除周围杂草。每穴植株旁挖一小条沟，施尿素并覆土，秋季可全砍杂，铲去穴周围杂草，并适当松土、扩穴、施肥，当年 4 月，有条件的进行覆盖，覆盖物以稻草、芒萁为主。第二年起每年抚育 1 ~ 2 次，主要是松土、除草、培土、扩穴，辅以施肥，防治病虫害。

典型识别特征　树冠开张，圆球形。叶片近水平着生。花期 11 月中旬至 12 月中下旬。果桃形，果皮红色，皮薄。

林分

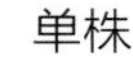

单株

树上果实特写

花

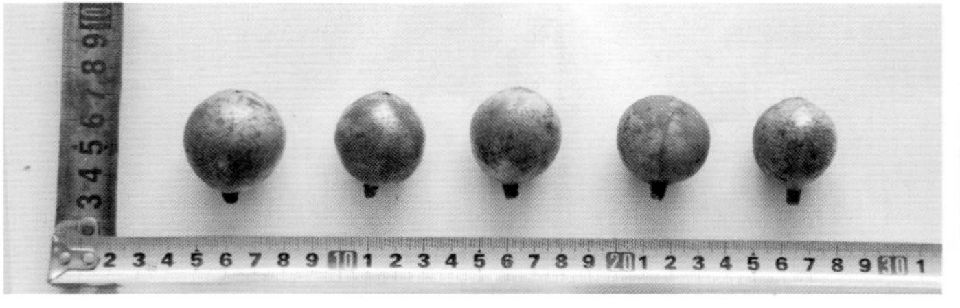

果实

果实剖面与茶籽

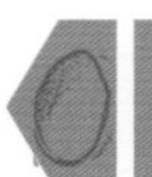

7 GLS 赣州油 4 号

种名：普通油茶
拉丁名：*Camellia oleifera* 'GLS Ganzhouyou 4'
俗名：丰 453
审定编号：国 S-SC-CO-009-2007
品种类别：无性系
原产地：上犹县紫阳乡
选育地（区试点）：田间试验在赣州市林业科学研究所沙石油茶试验区进行。区域试验分别在赣州市的章贡区、赣县、南康、安远、上犹、崇义、宁都、兴国、龙南、石城、信丰等 10 余个县（市、区）
选育单位：赣州市林业科学研究所
选育过程：同 GLS 赣州油 3 号
选育年份：1964－1991 年

植物学特征　该品种属普通油茶，小乔木，成年树具明显主干，树冠开张角度大而呈圆球形，成年树高可达 2 ~ 3m，冠幅可达 3 ~ 4m^2，嫩枝绿色；嫩叶绿色，叶椭圆形，叶面平，叶边缘平，叶尖钝尖，叶基呈楔形，成熟叶片深绿色，近水平着生，侧脉 8 ~ 9 对，厚革质，叶齿密度中、锐度中，芽鳞黄绿色，芽被绒毛；花白色，具香味，花瓣 7 瓣，质地薄，花冠直径 6 ~ 7cm，萼片 3 片，紫红色，被绒毛，子房被绒毛，花柱 3 浅裂，柱长 1cm 左右，雄蕊高于雌蕊，单枝花量 1 ~ 6 朵；果球形，果皮红色、面光滑，结实量大，果丛生，果高 3.58cm 左右，果径 3.49cm 左右。

经济性状　试验林盛果期亩产油量 54.17kg，亩产籽量 189.601kg，树冠每平方米产果量 1.41kg。单果重 18.87g，鲜果出籽率 37.80%，干出籽率 22.73%，干籽出仁率 63.66%，干仁含油率 56.67%，鲜果含油率 8.20%。主要脂肪酸成分为：油酸 84.01%，亚油酸 5.24%，亚麻酸 0.16%，硬脂酸 1.70%，棕榈酸 8.35%。集约经营条件下大小年不明显。

生物学特性　该品种无性系造林前 3 年为营养生长期，采取人工摘除或药剂抑制等方法去掉花苞或抑制花芽分化，第四年进入始果期，7 ~ 10 年进入盛果期，良好生长条件下盛果期可维持 50 年以上。本品种属霜降种，树体 2 月上旬开始萌动，春梢 3 月下旬开始抽发，夏梢 5 月下旬开始抽发，秋梢 9 月上旬开始抽发；花芽 6 月上旬开始分化，花期 11 月至 12 月上旬；果期 2 ~ 10 月，果实膨大期 6 ~ 8 月，油脂转化期 9 ~ 10 月，果实霜降前后成熟。

适应性及栽培特点　该品种原产地为江西省赣州市，适宜江西南部种植。造林地应选择海拔 500m 以下的低山丘陵或平原岗地地区，选择阳光充足、坡度 25° 以下、土层厚 80 ~ 100cm、排水良好、交通便利的酸性土壤种植。密度 110 株 / 亩，株行距 2m × 3m。整穴时应以表土返穴，适当施入以磷为主的复合肥 0.5 ~ 1kg 或有机肥 10kg 左右作基肥。一株一穴，舒展根系，栽紧踩实，然后覆一层松土。种植当年为保护根系，在夏季可不松土抚育，结合雨天拔除周围杂草。每穴植株旁挖一小条沟，施尿素并覆土，秋季可全砍杂，铲去穴周围杂草，并适当松土、扩穴、施肥，当年 4 月有条件的进行覆盖，覆盖物以稻草、芒萁为主。第二年起每年抚育 1 ~ 2 次，主要是松土、除草、培土、扩穴，辅以施肥，防治病虫害。

典型识别特征　树冠开张，圆球形。叶片近水平着生。花期 11 月至 12 月上旬。果球形，果皮红色，皮薄。

林分

树上果实特写

单株

花

果实

果实剖面与茶籽

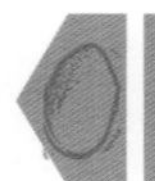

8 GLS 赣州油 5 号

种名： 普通油茶
拉丁名： *Camellia oleifera* ‘GLS Ganzhouyou 5’
俗名： 丰 15
审定编号： 国 S-SC-CO-010-2007
品种类别： 无性系
原产地： 上犹县紫阳乡
选育地（区试点）： 田间试验在赣州市林业科学研究所沙石油茶试验区进行。区域试验分别在赣州市的章贡区、赣县、南康、安远、上犹、崇义、宁都、兴国、龙南、石城、信丰等 10 余个县（市、区）
选育单位： 赣州市林业科学研究所
选育过程： 同 GLS 赣州油 3 号
选育年份： 1964－1991 年

植物学特征 该品种属普通油茶，小乔木，成年树具明显主干，树冠开张角度大而呈圆球形，成年树高可达 2 ~ 3m，冠幅可达 3 ~ 4m^2，嫩枝绿色；嫩叶绿色，叶椭圆形，叶面平，叶边缘平，叶尖钝尖，叶基呈楔形，成熟叶片深绿色，近水平着生，侧脉 7 ~ 9 对，厚革质，叶齿密、锐度中，芽鳞黄绿色，芽被绒毛；花白色，具香味，花瓣 6 ~ 7 瓣，质地薄，花冠直径 6 ~ 10cm，萼片 3 片，紫红色，被绒毛，子房被绒毛，花柱 3 ~ 4 浅裂，柱长 1 ~ 1.3cm 左右，雄蕊高于雌蕊，单枝花量 1 ~ 3 朵；果球形，果皮红色，面光滑，结实量大，果实以单或对状丛生，果高 3.21cm 左右，果径 2.96cm 左右。

经济性状 试验林盛果期亩产油量 52.77kg，亩产籽量 184.69kg，树冠每平方米产果量 1.58kg。集约经营条件下大小年不明显。单果重 20.00g，鲜果出籽率 37.34%，干出籽率 20.70%，干籽出仁率 63.00%，干仁含油率 54.91%，鲜果含油率 7.16%。主要脂肪酸成分：油酸 79.94%，亚油酸 8.42%，亚麻酸 0.23%，硬脂酸 1.60%，棕榈酸 9.35%。

生物学特性 该品种无性系造林前 3 年为营养生长期，采取人工摘除或药剂抑制等方法去掉花苞或抑制花芽分化，第四年进入始果期，7 ~ 10 年进入盛果期，良好生长条件下盛果期可维持 50 年以上。本品种属霜降种，树体 2 月上旬开始萌动，春梢 3 月下旬开始抽发，夏梢 5 月下旬开始抽发，秋梢 9 月上旬开始抽发；花芽 6 月上旬开始分化，花期 11 月；果期 2 ~ 10 月，果实膨大期 6 ~ 8 月，油脂转化期 9 ~ 10 月，果实霜降前后成熟。

适应性及栽培特点 该品种原产地为江西省赣州市，适宜在江西南部种植。造林地应选择海拔 500m 以下的低山丘陵或平原岗地地区，选择阳光充足、坡度 25° 以下、土层厚 80 ~ 100cm、排水良好、交通便利的酸性土壤种植。密度 110 株 / 亩，株行距 2m × 3m。整穴时应以表土返穴，适当施入以磷为主的复合肥 0.5 ~ 1kg 或有机肥 10kg 左右作基肥。一株一穴，舒展根系，栽紧踩实，然后覆一层松土。种植当年为保护根系，在夏季可不松土抚育，结合雨天拔除周围杂草。每穴植株旁挖一小条沟，施尿素并覆土，秋季可全砍杂，铲去穴周围杂草，并适当松土、扩穴、施肥，当年 4 月有条件的进行覆盖，覆盖物以稻草、芒萁为主。第二年起每年抚育 1 ~ 2 次，主要是松土、除草、培土、扩穴，辅以施肥，防治病虫害。

典型识别特征 树冠开张，圆球形。叶片近水平着生。花期 11 月，花大，花柱 3 ~ 4 浅裂。果球形，果皮红色，皮薄。

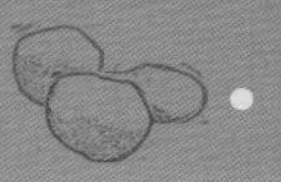

林分

单株

树上果实特写

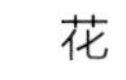
花

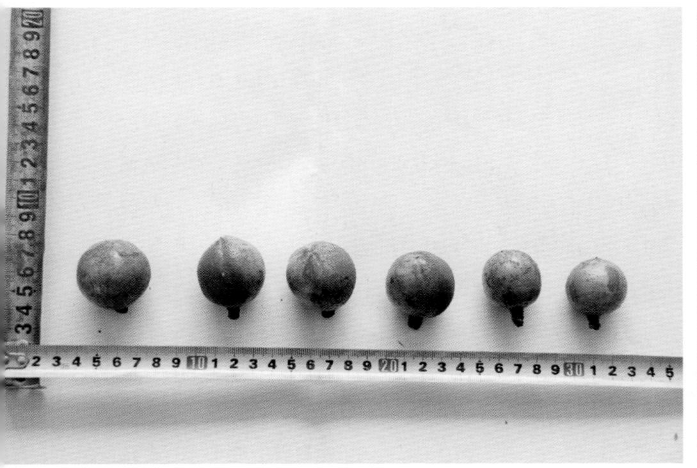
果实

果实剖面与菜籽

9 赣州油1号

种名： 普通油茶
拉丁名： *Camellia oleifera* 'Ganzhouyou 1'
俗名： 丰579
审定编号： 国S-SC-CO-014-2008
品种类别： 无性系
原产地： 上犹县紫阳乡
选育地（区试点）： 田间试验在赣州市林业科学研究所沙石油茶试验区进行。区域试验分别在赣州市的章贡区、赣县、南康、安远、上犹、崇义、宁都、兴国、龙南、石城、信丰等10余个县（市、区）以及邻近的广东和平、福建长汀等地和江西南昌、吉安等地
选育单位： 赣州市林业科学研究所

选育过程： 首先进行群体选择，在油茶主要产区选择优良林分、优良类型、优良母树（单株），然后采种育苗，营造示范林，进行个体选择工作，观测记录产果量、坐果率及花器结构和其他经济性状分析，利用个体选择选出的高产优树穗条，进行嫁接，连续4年逐株测定各项性状。历经28年全面系统的选择、测定，该优良无性系于1998年5月11日经省林木良种审定委员会审定为良种，命名为GLR赣州油1号。2008年，经国家林木良种审定委员会审定为良种，命名为赣州油1号。
选育年份： 2008年

植物学特征 该品种属普通油茶，成年树具明显主干，树冠开张角度大而呈圆球形，成年树高可达2～3m，冠幅可达3～4m^2；嫩枝绿色；嫩叶绿色，叶椭圆形，叶面平，叶边缘平，叶尖钝尖，叶基呈楔形，成熟叶片深绿色，上斜着生，侧脉7～9对，厚革质，叶齿密而钝，芽鳞绿色，被绒毛；花白色，具香味，花瓣6～7瓣，花冠直径4～6cm，紫红色萼片3～4片，被绒毛，柱头3裂，中等裂，柱长1.1cm左右，雄蕊高于雌蕊，单枝花量1～4朵；果球形，果皮红色，面光滑，结实量大，种子似肾形，果实以单或对状丛生，果高3.8cm左右，果径3.51cm左右。

经济性状 试验林盛果期亩产油量56.97g，亩产籽量190.86kg，树冠每平方米产果量2.10kg。单果重33.33g，鲜果出籽率35.15%，干出籽率18.70%，干籽出仁率62.48%，干仁含油率49.67%，鲜果含油率5.08%。集约经营条件下大小年不明显。

生物学特性 该品种无性系造林前3年为营养生长期，采取人工摘除或药剂抑制等方法去掉花蕊或抑制花芽分化，第四年进入始果期，7～10年进入盛果期，生长良好条件下盛果期可维持50年以上。本品种属霜降种，树体2月上旬开始萌动，春梢3月下旬开始抽发，幼树夏梢5月下旬开始抽发，秋梢9月上旬开始抽发；花芽6月上旬开始分化，花期11月；果期2～10月，果期膨大期6～8月，油脂转化期9～10月，果实霜降前后成熟。

适应性及栽培特点 该品种原产地为江西省赣州市，适宜在江西、广东、福建油茶适生区种植。造林地应选择海拔500m以下的低山丘陵或平原岗地地区，选择阳光充足、坡度25°以下、土层厚80～100cm、排水良好、交通便利的酸性土壤种植。密度110株/亩，株行距2m×3m。整穴时应以表土返穴，适当施入以磷为主的复合肥0.5～1kg或有机肥10kg左右作基肥。一株一穴，舒展根系，栽紧踩实，然后覆一层松土。种植当年为保护根系，在夏季可不松土抚育，结合雨天拔除周围杂草。每穴植株旁挖一小条沟，施尿素并覆土，秋季可全砍杂，铲去穴周围杂草，并适当松土、扩穴、施肥，当年4

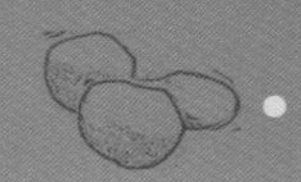

月有条件的进行覆盖，覆盖物以稻草、芒萁为主。第二年起每年抚育 1 ~ 2 次，主要是松土、除草、培土、扩穴，辅以施肥，防治病虫害。

典型识别特征　树冠开张，圆球形。叶片上斜着生。花期 11 月。果球形，果皮红色，皮薄。

林分

单株

树上果实特写

花

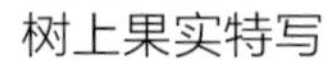

果实

果实剖面与茶籽

10 赣州油 2 号

种名：普通油茶
拉丁名：*Camellia oleifera* 'Ganzhouyou 2'
俗名：丰 522
审定编号：国 S-SC-CO-015-2008
品种类别：无性系
原产地：上犹县紫阳乡
选育地（区试点）：田间试验在赣州市林业科学研究所沙石油茶试验区进行。区域试验分别在赣州市的章贡区、赣县、南康、安远、上犹、崇义、宁都、兴国、龙南、石城、信丰等 10 余个县（市、区）以及邻近的广东和平、福建长汀等地和江西南昌、吉安等地
选育单位：赣州市林业科学研究所
选育过程：同赣州油 1 号
选育年份：1964－1991 年

植物学特征 该品种属普通油茶，成年树具明显主干，树冠开张角度大而呈圆球形，成年树高可达 2 ～ 3m，冠幅可达 3 ～ 4m^2，嫩枝绿色；嫩叶绿色，叶椭圆形，叶面平，叶边缘平，叶尖圆尖，叶基呈楔形，成熟叶片中绿色，近水平着生，侧脉 7 ～ 9 对，薄革质，叶齿稀而钝，芽鳞黄绿色，被绒毛；花白色，具香味，花瓣 7 片，薄质，花冠直径 6cm 左右，紫红色萼片 3 片，被绒毛，柱头 3 全裂，柱长 1.0cm 左右，雄蕊高于雌蕊，单枝花量 1 ～ 4 朵；果橄榄形，果皮红色，面光滑，结实量大，种子似肾形，果实以单或对状丛生，果高 3.32cm 左右，果径 3.06cm 左右。

经济性状 试验林盛果期亩产油量 48.10kg，亩产籽量 168.35kg，树冠每平方米产果量 2.00kg。单果重 13.51g，鲜果出籽率 37.51%，干出籽率 19.23%，干籽出仁率 55.53%，干仁含油率 48.15%，鲜果含油率 5.18%。集约经营条件下大小年不明显。

生物学特性 该品种无性系造林前 3 年为营养生长期，采取人工摘除或药剂抑制等方法去掉花苞或抑制花芽分化，第四年进入始果期，7 ～ 10 年进入盛果期，生长良好条件下盛果期可维持 50 年以上。本品种属霜降种，树体 2 月上旬开始萌动，春梢 3 月下旬开始抽发，幼树夏梢 5 月下旬开始抽发，秋梢 9 月上旬开始抽发；花芽 6 月上

单株

旬开始分化，花期10月中旬至11月中旬；果期2～10月，果实膨大期6～8月，油脂转化期9～10月，果实霜降前后成熟。

适应性及栽培特点　该品种原产地为江西省赣州市，适宜在江西全省各地（市）油茶中心产区种植。造林地应选择海拔500m以下的低山丘陵或平原岗地地区，选择阳光充足、坡度25°以下、土层厚80～100cm、排水良好、交通便利的酸性土壤种植。密度110株/亩，株行距2m×3m。整穴时应以表土返穴，适当施入以磷为主的复合肥0.5～1kg或有机肥10kg左右作基肥。一株一穴，舒展根系，栽紧踩实，然后覆一层松土。种植当年为保护根系，在夏季可不松土抚育，结合雨天拔除周围杂草，每穴植株旁挖一小条沟，施尿素并覆土，秋季可全砍杂，铲去穴周围杂草，并适当松土、扩穴、施肥，当年4月有条件的进行覆盖，覆盖物以稻草、芒萁为主。第二年起每年抚育1～2次，主要是松土、除草、培土、扩穴，辅以施肥，防治病虫害。

典型识别特征　树冠开张，圆球形。叶片近水平着生。花期10月中旬至11月中旬。果橄榄形，果皮红色，皮薄。

林分

树上果实特写

花

果实

果实剖面与茶籽

11 赣州油 6 号

种名： 普通油茶
拉丁名： *Camellia oleifera* ‘Ganzhouyou 6’
俗名： 丰 314
审定编号： 国 S-SC-CO-016-2008
品种类别： 无性系
原产地： 上犹县紫阳乡
选育地（区试点）： 田间试验在赣州林业科学研究所沙石油茶试验区进行。区域试验分别在赣州市的章贡区、赣县、南康、安远、上犹、崇义、宁都、兴国、龙南、石城、信丰等 10 余个县（市、区）
选育单位： 赣州市林业科学研究所
选育过程： 同赣州油 1 号
选育年份： 1964 - 1991 年

植物学特征 该品种属普通油茶，小乔木，成年树具明显主干，树冠开张角度大而呈圆球形，成年树高可达 2 ~ 3m，冠幅可达 3 ~ $4m^2$，嫩枝绿色；嫩叶绿色，叶椭圆形，叶面平，叶边缘平，叶尖渐尖，叶基呈楔形，成熟叶片中绿色，上斜着生，侧脉 7 ~ 10 对，厚革质，叶齿锐、密度稀，芽鳞紫绿色，芽被绒毛；花白色，具香味，花瓣 7 瓣，质地薄，花冠直径 5 ~ 6cm，萼片 4 片，绿色，被绒毛，子房被绒毛，花柱 3 浅裂，柱长 1.0 ~ 1.4cm 左右，雌蕊高于雄蕊，单枝花量 1 ~ 6 朵；果桃形，果皮黄棕色，面光滑，结实量大，果丛生，果高 3.61cm 左右，果径 3.08cm 左右。

经济性状 试验林盛果期亩产油量 48.57kg，亩产籽量 169.99kg，树冠每平方米产果量 1.58kg；单果重 25.00g，鲜果出籽率 44.02%，干出籽率 22.30%，干籽出仁率 59.14%，干仁含油率 49.76%，鲜果含油率 6.56%。主要脂肪酸成分：油酸 85.56%，亚油酸 4.54%，亚麻酸 0.21%，硬脂酸 2.35%，棕榈酸 6.68%。集约经营条件下大小年不明显。

生物学特性 该品种无性系造林前 3 年为营养生长期，采取人工摘除或药剂抑制等方法去掉花苞或抑制花芽分化，第四年进入始果期，7 ~ 10 年进入盛果期，生长良好条件下盛果期可维持 50 年以上。本品种属霜降种，树体 2 月上旬开始萌动，春梢 3 月下旬开始抽发，夏梢 5 月下旬开始抽发，秋梢 9 月上旬开始抽发；花芽 6 月上旬开始分化，花期 11 月；果期 2 ~ 10 月，果实膨大期 6 ~ 8 月，油脂转化期 9 ~ 10 月，果实霜降前后成熟。

适应性及栽培特点 该品种原产地为江西省赣州市，适宜在江西省油茶适生区种植。造林地应选择海拔 500m 以下的低山丘陵或平原岗地地区，选择阳光充足、坡度 25° 以下、土层厚 80 ~ 100cm、排水良好、交通便利的酸性土壤种植。密度 110 株 / 亩，株行距 2m × 3m。整穴时应以表土返穴，适当施入以磷为主的复合肥 0.5 ~ 1kg 或有机肥 10kg 左右作基肥。一株一穴，舒展根系，栽紧踩实，然后覆一层松土。种植当年为保护根系，在夏季可不松土抚育，结合雨天拔除周围杂草。每穴植株旁挖一小条沟，施尿素并覆土，秋季可全砍杂，铲去穴周围杂草，并适当松土、扩穴、施肥，当年 4 月有条件的进行覆盖，覆盖物以稻草、芒萁为主。第二年起每年抚育 1 ~ 2 次，主要是松土、除草、培土、扩穴，辅以施肥，防治病虫害。

典型识别特征 树冠开张，圆球形。叶片上斜着生。花期 11 月，雌蕊高于雄蕊。果桃形，果皮黄棕色，皮薄。

林分

单株

花

树上果实特写

果实

果实剖面与茶籽

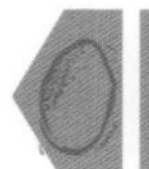

12 赣州油 7 号

种名：普通油茶
拉丁名：*Camellia oleifera* ‘Ganzhouyou 7’
俗名：丰 107
审定编号：国 S-SC-CO-017-2008
品种类别：无性系
原产地：上犹县紫阳乡
选育地（区试点）：田间试验在赣州林业科学研究所沙石油茶试验区进行。区域试验分别在赣州市的章贡区、赣县、南康、安远、上犹、崇义、宁都、兴国、龙南、石城、信丰等 10 余个县（市、区）
选育单位：赣州市林业科学研究所
选育过程：同赣州油 1 号
选育年份：1964 - 1991 年

植物学特征 该品种属普通油茶，小乔木，成年树具明显主干，树冠开张角度大而呈圆球形，成年树高可达 2 ~ 3m，冠幅可达 3 ~ 4m^2，嫩枝绿色；嫩叶绿色，叶椭圆形，叶面平，叶边缘平，叶尖钝尖，叶基呈楔形，成熟叶片中绿色，近水平着生，侧脉 7 ~ 9 对，厚革质，叶齿锐、密度稀，芽鳞黄绿色，被绒毛；花白色，具香味，花瓣 7 瓣，质地薄，花冠直径 5 ~ 6cm，萼片 3 片，绿色，被绒毛，子房被绒毛，花柱 3 浅裂，柱长 1cm 左右，雄蕊高于雌蕊，单枝花量 1 ~ 3 朵；果球形，果皮青色、面光滑，结实量大，果高 3.61cm 左右，果径 3.08cm 左右。

经济性状 试验林盛果期亩产油量 48.10kg，亩产籽量 168.35kg，树冠每平方米产果量 1.45kg。单果重 25.00g，鲜果出籽率 39.19%，干出籽率 22.05%，干籽出仁率 58.72%，干仁含油率 54.89%，鲜果含油率 7.10%。主要脂肪酸成分：油酸 81.30%，亚油酸 7.95%，亚麻酸 0.26%，硬脂酸 1.05%，棕榈酸 8.79%。集约经营条件下大小年不明显。

生物学特性 该品种无性系造林前 3 年为营养生长期，采取人工摘除或药剂抑制等方法去掉花苞或抑制花芽分化，第四年进入始果期，7 ~ 10 年进入盛果期，生长良好条件下盛果期可维持 50 年以上。本品种属霜降种，树体 2 月上旬开始萌动，春梢 3 月下旬开始抽发，夏梢 5 月下旬开始抽发，秋梢 9 月上旬开始抽发；花芽 6 月上旬开始分化，花期 11 月；果期 2 ~ 10 月，果实膨大期 6 ~ 8 月，油脂转化期 9 ~ 10 月，果实霜降前后成熟。

适应性及栽培特点 该品种原产地为上犹县紫阳乡，适宜在江西、广东、福建油茶适生区种植。造林地应选择海拔 500m 以下的低山丘陵或平原岗地地区，选择阳光充足、坡度 25° 以下、土层厚 80 ~ 100cm、排水良好、交通便利的酸性土壤种植。密度 110 株 / 亩，株行距 2m × 3m。整穴时应以表土返穴，适当施入以磷为主的复合肥 0.5 ~ 1kg 或有机肥 10kg 左右作基肥。一株一穴，舒展根系，栽紧踩实，然后覆一层松土。种植当年为保护根系，在夏季可不松土抚育，结合雨天拔除周围杂草。每穴植株旁挖一小条沟，施尿素并覆盖土，秋季可全砍杂，铲去穴周围杂草，并适当松土、扩穴、施肥，当年 4 月有条件的进行覆盖，覆盖物以稻草、芒萁为主。第二年起每年抚育 1 ~ 2 次，主要是松土、除草、培土、扩穴，辅以施肥，防治病虫害。

典型识别特征 树冠开张，圆球形。嫩叶绿色，叶椭圆形，叶面平，叶边缘平，叶尖钝尖，叶基呈楔形，成熟叶片中绿色，近水平着生，侧脉 7 ~ 9 对，厚革质，叶齿锐、密度稀。花期 11 月，雄蕊高于雌蕊。果球形，果皮青色。

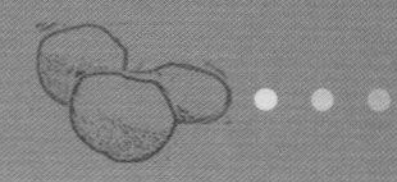

林分

单株

树上果实特写

花

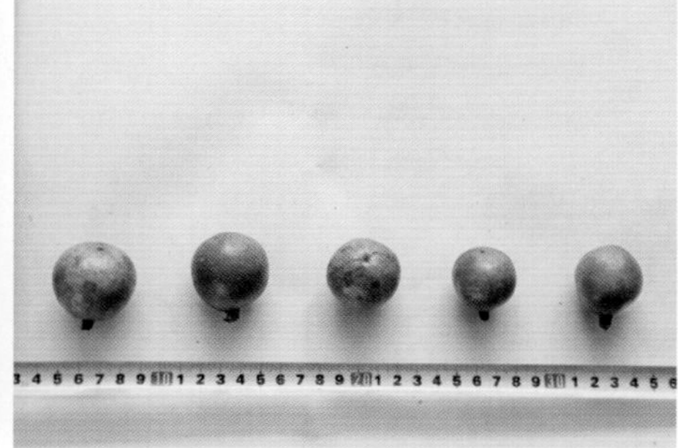

果实

果实剖面与茶籽

13 赣州油 8 号

种名： 普通油茶
拉丁名： *Camellia oleifera* ‘Ganzhouyou 8’
俗名： 丰 262
审定编号： 国 S-SC-CO-018-2008
品种类别： 无性系
原产地： 上犹县紫阳乡
选育地（区试点）： 田间试验在赣州市林业科学研究所沙石油茶试验区进行。区域试验分别在赣州市的章贡区、赣县、南康、安远、上犹、崇义、宁都、兴国、龙南、石城、信丰等 10 余个县（市、区）
选育单位： 赣州市林业科学研究所
选育过程： 同赣州油 1 号
选育年份： 1964 - 1991 年

植物学特征 该品种属普通油茶，小乔木，成年树具明显主干，树冠开张角度大而呈圆球形，成年树高可达 2 ~ 3m，冠幅可达 3 ~ 4m^2，嫩枝绿色；嫩叶绿色，叶椭圆形，叶面平，叶边缘平，叶尖渐尖，叶基呈楔形，成熟叶片深绿色，近上斜着生，侧脉 7 ~ 9 对，厚革质，叶齿锐度中、密度中，芽鳞绿色，芽被绒毛；花白色，具香味，花瓣 5 ~ 7 瓣，质地薄，花冠直径 5 ~ 7cm，萼片 3 片绿色，被绒毛，子房被绒毛，花柱 3 ~ 4 深浅裂，柱长 1.2cm 左右，雌蕊高于雄蕊，单枝花量 1 ~ 3 朵；果球形，果皮红色，面光滑，结实量大，果高 3.18cm 左右，果径 3.33cm 左右。

经济性状 试验林盛果期亩产油量 47.17kg，亩产籽量 165.09kg，树冠每平方米产果量 1.60kg。单果重 24.39g，鲜果出籽率 38.93%，干果出籽率 21.33%，干籽出仁率 58.26%，干仁含油率 50.61%，鲜果含油率 6.29%。主要脂肪酸成分：油酸 82.73%，亚油酸 8.27%，亚麻酸 0.20%，硬脂酸 1.10%，棕榈酸 6.92%。集约经营条件下大小年不明显。

生物学特性 该品种无性系造林前 3 年为营养生长期，采取人工摘除或药剂抑制等方法去掉花苞或抑制花芽分化，第四年进入始果期，7 ~ 10 年进入盛果期，生长良好条件下盛果期可维持 50 年以上。本品种属霜降种，树体 2 月上旬开始萌动，春梢 3 月下旬开始抽发，夏梢 5 月下旬开始抽发，秋梢 9 月上旬开始抽发；花芽 6 月上旬开始分化，花期 10 月下旬至 12 月上旬；果期 2 ~ 10 月，果实膨大期 6 ~ 8 月，油脂转化期 9 ~ 10 月，果实霜降前后成熟。

适应性及栽培特点 该品种原产地为江西省赣州市，适宜在江西、广东、福建油茶适生区种植。造林地应选择海拔 500m 以下的低山丘陵或平原岗地地区，选择阳光充足、坡度 25° 以下、土层厚 80 ~ 100cm、排水良好、交通便利的酸性土壤种植。密度 110 株 / 亩，株行距 2m × 3m。整穴时应以表土返穴，适当施入以磷为主的复合肥 0.5 ~ 1kg 或有机肥 10kg 左右作基肥。一株一穴，舒展根系，栽紧踩实，然后覆盖一层松土。种植当年为保护根系，在夏季可不松土抚育，结合雨天拔除周围杂草。每穴植株旁挖一小条沟，施尿素并覆盖土，秋季可全砍杂，铲去穴周围杂草，并适当松土、扩穴、施肥，当年 4 月有条件的进行覆盖，覆盖物以稻草、芒萁为主。第二年起每年抚育 1 ~ 2 次，主要是松土、除草、培土、扩穴，辅以施肥，防治病虫害。

典型识别特征 树冠开张，圆球形。嫩叶绿色，叶椭圆形，叶面平，叶边缘平，叶尖渐尖，叶基呈楔形，成熟叶片深绿色，近上斜着生，侧脉 7 ~ 9 对。花期 10 月下旬至 12 月上旬。果球形，果皮红色，面光滑，皮薄。

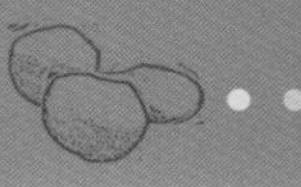

林分

单株

树上果实特写

花

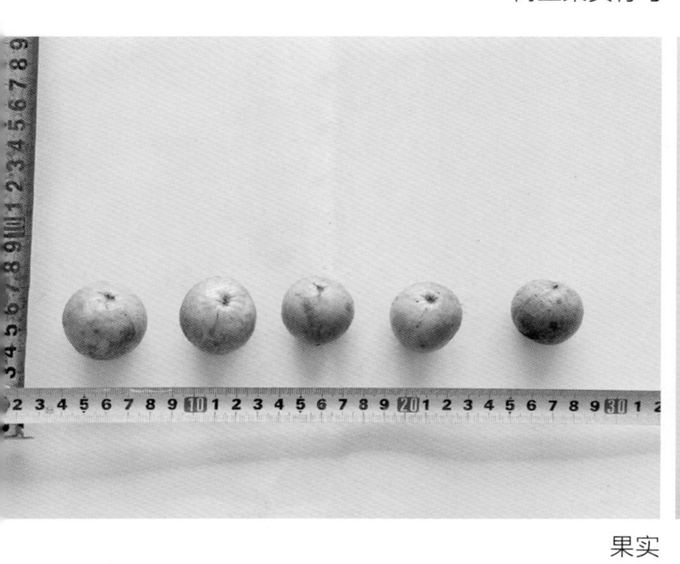

果实

果实剖面与茶籽

14 赣州油9号

种名： 普通油茶

拉丁名： *Camellia oleifera*‘Ganzhouyou 9’

俗名： 丰12

审定编号： 国S-SC-CO-019-2008

品种类别： 无性系

原产地： 上犹县紫阳乡

选育地（区试点）： 田间试验在赣州市林业科学研究所沙石油茶试验区进行。区域试验分别在赣州市的章贡区、赣县、南康、安远、上犹、崇义、宁都、兴国、龙南、石城、信丰等10余个县（市、区）

选育单位： 赣州市林业科学研究所

选育过程： 同赣州油1号

选育年份： 1964－1991年

植物学特征 该品种属普通油茶，小乔木，成年树具明显主干，树冠开张角度大而呈圆球形，成年树高可达2～3m，冠幅可达3～4m^2，嫩枝绿色；嫩叶绿色，叶近圆形，叶面平，叶边缘平，叶尖圆尖，叶基呈楔形，成熟叶片深绿色，近水平着生，侧脉7～9对，厚革质，叶齿锐度钝、密度中，芽鳞绿色，芽被绒毛；花白色，具香味，花瓣5～7瓣，质地薄，花冠直径3.5～7.0cm，萼片3片，紫红色，被绒毛，子房被绒毛，花柱3～4中裂，柱长1.2cm左右，雄蕊高于雌蕊，单枝花量1～3朵；果橘形，果皮红色，面光滑，结实量大，果高2.97cm左右，果径2.92cm左右。

林分

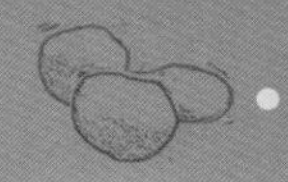

经济性状　试验林盛果期亩产油量45.77kg，亩产籽量160.18kg，树冠每平方米产果量1.50kg；单果重19.61g，鲜出籽率40.57%，干出籽率21.17%，干籽出仁率62.18%，干仁含油率49.41%，鲜果含油率6.50%。主要脂肪酸成分：油酸74%，亚油酸13.21%，亚麻酸0.28%，硬脂酸1.31%，棕榈酸9.84%。集约经营条件下大小年不明显。

生物学特性　该品种无性系造林前3年为营养生长期，采取人工摘除或药剂抑制等方法去掉花苞或抑制花芽分化，第四年进入始果期，7 ~ 10年进入盛果期，生长良好条件下盛果期可维持50年以上。本品种属霜降种，树体2月上旬开始萌动，春梢3月下旬开始抽发，夏梢5月下旬开始抽发，秋梢9月上旬开始抽发；花芽6月上旬开始分化，花期11月；果期2 ~ 10月，果实膨大期6 ~ 8月，油脂转化期9 ~ 10月，果实霜降前后成熟。

适应性及栽培特点　该品种原产地为江西省赣州市，适宜在江西省油茶适生区种植。造林地应选择海拔500m以下的低山丘陵或平原岗地地区，选择阳光充足、坡度25°以下、土层厚80 ~ 100cm、排水良好、交通便利的酸性土壤种植。密度110株/亩，株行距2m×3m。整穴时应以表土返穴，适当施入以磷为主的复合肥0.5 ~ 1kg或有机肥10kg左右作基肥。一株一穴，舒展根系，栽紧踩实，然后覆盖一层松土。种植当年为保护根系，在夏季可不松土抚育，结合雨天拔除周围杂草。每穴植株旁挖一小条沟，施尿素并覆盖土，秋季可全砍杂，铲去穴周围杂草，并适当松土、扩穴、施肥，当年4月有条件的进行覆盖，覆盖物以稻草、芒萁为主。第二年起每年抚育1 ~ 2次，主要是松土、除草、培土、扩穴，辅以施肥，防治病虫害。

典型识别特征　树冠开张，圆球形。嫩叶绿色，叶近圆形。花期11月。果橘形，果皮红色，面光滑，皮薄。

单株

树上果实特写

花

果实

果实剖面与茶籽

15 赣 8

种名：油茶
拉丁名：*Camellia oleifera*‘Gan 8’
审定编号：国 S-SC-CO-020-2008
品种类别：无性系
原产地：江西省林业科学院
选育地（包括区试点）：江西省林业科学院，江西省上饶市林业科学研究所，江西省抚州市林业科学研究所，江西省赣州市林业科学研究所，江西省丰城市白土镇
选育单位：江西省林业科学院
选育过程：同赣石 84-8
选育年份：2008 年

植物学特征 树龄 15 年，树高 1.8 ～ 2.3m，树冠自然开心形，冠幅 2.1 ～ 2.3m×2.4 ～ 2.8m；叶片椭圆形；花顶生或腋生，白色，花瓣倒卵形，顶端常 2 裂；果实丛生性，圆球形，果皮桃红色或青黄色；果高 3.30 ～ 3.53cm，果径为 3.08 ～ 3.30cm，单果种子 6 ～ 16 粒。果皮较薄，厚度 0.33 ～ 0.38cm。

经济性状 盛果期平均冠幅产果量 0.16kg/ ㎡，鲜果大小为 35 个 /500g。鲜果出籽率 47.9%，干籽出仁率 57.5%，干仁含油率 53.9%，鲜果含油率 8.5%，连续 4 年平均亩产油量达 72.6kg。主要脂肪酸成分：亚油酸 7.5%，油酸 82.8%，亚麻酸 0.3%，棕榈酸 8.6%，硬脂酸 0.6%。

生物学特性 个体发育生命周期：50 年，无性系造林营养生长期第三年、始果期第四年，盛产期30年左右。年生长发育周期：萌动期3 月上旬，枝叶生长期（春梢抽发期）3 月中旬；始花期 10 月下旬，盛花期 11 月上旬；果实膨大期 6 月上旬开始，果实成熟期 10 月下旬。

适应性及栽培特点 适应于江西全省各地（市）油茶产区、南方油茶中心产区。繁殖方式有嫁接、扦插、组织培养等。主要以芽苗砧嫁接技术（已有行标）批量繁殖。选择丘陵林地，带状或块状细致大穴整地。选用合格芽苗砧嫁接苗造林，每亩 60 ～ 120 株。施足基肥，即时抚育、施肥，促进幼林生长。结果树要做好抚育，及时补充营养，保持高产稳产。

典型识别特征 树体生长旺盛，树冠自然开心形，分枝均匀。抗性强，结实早，产量高，丰产性能好。部分新叶红色，节间短，新叶上卷，枝条细短。果皮薄，出籽率高。

单株

林分

树上果实特写

花

果实

茶籽

16 赣 190

种名： 油茶
拉丁名： *Camellia oleifera*‘Gan 190’
审定编号： 国 S-SC-CO-021-2008
品种类别： 无性系
原产地： 江西省林业科学院
选育地（包括区试点）： 江西省林业科学院，江西省上饶市林业科学研究所，江西省抚州市林业科学研究所，江西省赣州市林业科学研究所，江西省丰城市白土镇
选育单位： 江西省林业科学院
选育过程： 同赣石 84-8
选育年份： 2008 年

植物学特征 树龄 30 年，树高 1.8 ~ 2.6m，树冠自然开心形，冠幅 2.3 ~ 2.6m×2.5 ~ 3.0m；叶片椭圆形；花顶生或腋生，白色，花瓣倒卵形，顶端常 2 裂；果实丛生性，桃形或圆球形，果皮红色或红褐色，果高 3.38 ~ 3.68cm，果径为 3.10 ~ 3.38cm，单果种子 1 ~ 3 粒，果皮较厚，厚度 0.28 ~ 0.41cm。

经济性状 盛果期产果量 0.13kg/ ㎡，每 500g 鲜果数 35 个。鲜果出籽率 51.9%，干籽出仁率 29.8%，干出仁率 66.2%，干仁含油率 50.9%，鲜果含油率 10.1%。连续 4 年平均亩产油量达 62.6kg。主要脂肪酸成分：亚油酸 8.7%，油酸 81.7%，亚麻酸 0.4%，棕榈酸 8.4%，硬脂酸 0.6%。

生物学特性 个体发育生命周期 50 年，无性系造林营养生长期第三年、始果期第四年，盛产期 30 年左右。年生长发育周期：萌动期 3 月上旬，枝叶生长期（春梢抽发期）3 月中旬；始花期 10 月下旬，盛花期 11 月上旬；果实膨大期 6 月上旬开始，果实成熟期 10 月下旬。

适应性及栽培特点 适应于江西全省各地（市）油茶产区、南方油茶中心产区。繁殖方式有嫁接、扦插、组织培养等。主要以刚出苗未展叶的油茶为砧木，以优良母树枝条为接穗进行芽苗砧嫁接批量繁殖。选择丘陵林地，带状或块状细致大穴整地。选用合格芽苗砧嫁接苗造林，每亩 60 ~ 120 株。施足基肥，即时抚育、施肥，促进幼林生长。结果树要做好抚育，及时补充营养，保持高产稳产。

典型识别特征 树体生长旺盛，树冠自然开心形，分枝均匀。抗性强，结实早，产量高，丰产性能好。新梢基部红。果实毛色银白浓密、直立，果色红褐色，果皮薄，出籽率高。

单株

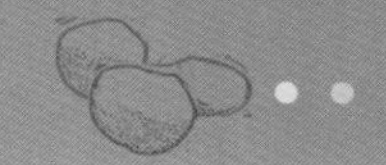

林分

树上果实特写

花

果实

茶籽

17 赣447

种名：油茶
拉丁名：*Camellia oleifera* ‘Gan 447’
审定编号：国 S-SC-CO-022-2008
品种类别：无性系
原产地：江西省林业科学院
选育地（包括区试点）：江西省林业科学院，江西省吉安市林业科学研究所，江西省宜春市袁州区，江西省赣州市林业科学研究所，江西省丰城市白土镇
选育单位：江西省林业科学院
选育过程：同赣石 84-8
选育年份：2008 年

植物学特征 树龄 15 年，树高 2.3 ~ 2.6m，树冠自然开心形，冠幅 2.3 ~ 2.7m×2.8 ~ 3.2m；叶片卵形；花顶生或腋生，白色，花瓣倒卵形，顶端常 2 裂；果实丛生性，圆球形，果皮红色或红褐色；果高 2.63 ~ 2.65cm，果径为 2.60 ~ 2.63cm，单果种子 3 ~ 11 粒，果皮较薄，厚度 0.29 ~ 0.34cm。

经济性状 盛果期平均冠幅产果量 0.17kg/m^2，每 500g 鲜果数 44 个。鲜果出籽率 46.7%，干籽出仁率 30.8%，干仁含油率 60.1%，鲜果含油率 11.8%。连续 4 年平均亩产油量达 79.2kg。主要脂肪酸成分：亚油酸 7.3%，油酸 82.1%，亚麻酸 0.3%，棕榈酸 9.7%，硬脂酸 0.5%。

生物学特性 个体发育生命周期 50 年，无性系造林营养生长期第三年，始果期第四年，盛产期 30 年左右。年生长发育周期：萌动期 3 月上旬，枝叶生长期（春梢抽发期）3 月中旬；始花期 10 月下旬，盛花期 11 月上旬；果实膨大期 6 月上旬开始，果实成熟期 10 月下旬。

适应性及栽培特点 适应于江西全省各地（市）油茶产区、南方油茶中心产区。繁殖方式有嫁接、扦插、组织培养等。主要以刚出苗未展叶的油茶为砧木，以优良母树枝条为接穗进行芽苗砧嫁接批量繁殖。选择丘陵林地，带状或块状细致大穴整地。选用合格芽苗砧嫁接苗造林，每亩 60 ~ 120 株。施足基肥，即时抚育、施肥，促进幼林生长。结果树要做好抚育，及时补充营养，保持高产稳产。

典型识别特征 树体生长旺盛，树冠自然开心形，分枝均匀。抗性强，结实早，产量高，丰产性能好。新叶卵形，新枝青色，全树老叶大小参差，树形开心直立。果皮薄，出籽率高。

单株

林分

树上果实特写

花

果实

茶籽

18 赣石 84-3

种名：油茶
拉丁名：*Camellia oleifera*‘Ganshi 84-3’
审定编号：国 S-SC-CO-023-2008
品种类别：无性系
原产地：江西省林业科学院
选育地（包括区试点）：江西省林业科学院，湖南省林业科学院，广西壮族自治区林业科学院，江西省丰城市白土镇等
选育单位：江西省林业科学院
选育过程：同赣石 84-8
选育年份：2008 年

植物学特征　树龄 14 年，树高 2.1 ~ 2.4m；树冠自然开心形；冠幅 1.9 ~ 2.3m×2.5 ~ 3.2m；叶片阔卵状；花顶生或腋生，白色，花瓣倒卵形，顶端常 2 裂；果实丛生性，果形为肾形或圆球形，青色或青黄色；花期 11 月 7 日至 12 月 8 日；果高 3.10 ~ 3.57cm，果径 2.69 ~ 3.10cm，单果种子 6 ~ 8 粒，果皮稍厚，厚度 0.22 ~ 0.25cm。

经济性状　产果量 0.13kg/ ㎡，每 500g 鲜果数 49 个。鲜果出籽率 42.5%，干籽出仁率 67.5%，干仁含油率 55.7%，鲜果含油率 10.8%。连续 4 年平均亩产油量达 60.9kg。主要脂肪酸成分：亚油酸 8.3%，油酸 82.5%，亚麻酸 0.3%，棕榈酸 8.1%，硬脂酸 0.6% 等。

生物学特性　个体发育生命周期 50 年，无性系造林营养生长期第三年、始果期第四年，盛产期 30 年左右。年生长发育周期：萌动期 3 月上旬，枝叶生长期（春梢抽发期）3 月中旬；始花期 10 月下旬，盛花期 11 月上旬；果实膨大期 6 月上旬开始，果实成熟期 10 月下旬。

适应性及栽培特点　在我国南方油茶中心产区都适宜栽植，其抗炭疽病、软腐病的能力强，繁殖采用芽苗砧嫁接技术，成熟期霜降时。选择丘陵林地，带状或块状细致大穴整地。选用合格芽苗砧嫁接苗造林，每亩 60 ~ 120 株。施足基肥，即时抚育、施肥，促进幼林生长。结果树要做好抚育，及时补充营养，保持高产稳产。

典型识别特征　树体生长旺盛，树冠自然开心形，分枝均匀。抗性强，结实早，产量高，丰产性能好。新梢青红相间。果皮薄，出籽率高，果毛褐黄色，果形为肾形或圆球形，无果棱，节间较短。

单株

林分

树上果实特写

花

果实

茶籽

19 赣石 83-1

种名：油茶
拉丁名：*Camellia oleifera*‘Ganshi 83-1’
审定编号：国 S-SC-CO-024-2008
品种类别：无性系
原产地：江西省林业科学院
选育地（包括区试点）：江西省林业科学院、江西省吉安市林业科学研究所、江西省赣州市林业科学研究所、江西省抚州市林业科学研究所、江西省丰城市白土镇等
选育单位：江西省林业科学院
选育过程：同赣石 84-8
选育年份：2008 年

植物学特征　树龄 15 年，树高 2.3 ~ 2.8m；树冠圆球形，冠幅 2.2 ~ 2.6m×2.5 ~ 3.0m；叶片卵状长椭圆形；花顶生或腋生，两性花，白色，花瓣倒卵形，顶端常 2 裂；果实丛生性，圆球形，青黄色，果高 3.25 ~ 3.28cm，果径 3.22 ~ 3.24cm，单果种子 5 ~ 7 粒，果皮较薄，厚度 0.32 ~ 0.39cm。

经济性状　试验林盛果期产果量 0.13kg/m^2，每 500g 鲜果数 49 个。鲜果出籽率 42.5%，干籽出仁率 71.4%，干仁含油率 62.7%，鲜果含油率 10.8%。连续 4 年平均亩产油量达 63.0kg。主要脂肪酸成分：亚油酸 8.7%，油酸 81.4%，亚麻酸 0.3%，棕榈酸 7.8%，硬脂酸 0.5% 等。

生物学特性　个体发育生命周期 50 年，无性系造林营养生长期第三年、始果期第四年，盛产期 30 年左右。年生长发育周期：萌动期 3 月上旬，枝叶生长期（春梢抽发期）3 月中旬，始花期 10 月下旬，盛花期 11 月上旬。果实膨大期 6 月上旬开始，果实成熟期 10 月下旬。

适应性及栽培特点　繁殖采用芽苗砧嫁接技术。在我国南方油茶中心产区都适宜栽植，尤其喜生在海拔 100m 以下的低丘陵地区，其抗炭疽病、软腐病的能力强，成熟期霜降时。选择丘陵林地，带状或块状细致大穴整地。选用合格芽苗砧嫁接苗造林，每亩 60 ~ 120 株。施足基肥，即时抚育、施肥，促进幼林生长。结果树要做好抚育，及时补充营养，保持高产稳产。

典型识别特征　树体生长旺盛，树冠紧凑，分枝均匀。抗性强，结实早，产量高，丰产性能好。全树老叶皱缩，枝条下垂，萎焉状。果实圆球形，果皮薄，出籽率高。

林分

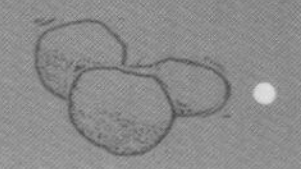

单株

树上果实特写

花

果实

茶籽

20 赣 83-4

种名：油茶
拉丁名：*Camellia oleifera* ‘Gan 83-4’
审定编号：国 S-SC-CO-025-2008
品种类别：无性系
原产地：江西省林业科学院
选育地（包括区试点）：江西省林业科学院、江西省吉安市林业科学研究所、江西省上饶市林业科学研究所、江西省赣州市林业科学研究所、江西省宜春市袁州区
选育单位：江西省林业科学院
选育过程：同赣石 84-8
选育年份：2008 年

植物学特征　树龄 15 年，树高 1.9 ~ 2.4m，树冠自然开心形，冠幅 2.1 ~ 2.4m×2.5 ~ 2.7m；叶片椭圆形；花顶生或腋生，两性花，白色，花瓣倒卵形，顶端常 2 裂；果实丛生性，圆球形，果皮青黄色或青色，果高 3.25 ~ 3.27cm，果径为 3.23 ~ 3.25cm，单果种子 5 ~ 7 粒，果皮较厚，厚度 0.32 ~ 0.39cm。

经济性状　盛果期产果量 0.11kg/m^2。鲜果大小为 44 个 /500g，鲜果出籽率 48.3%，干籽出仁率 65.6%，干仁含油率 59.6%，鲜果含油率 11.9%。连续 4 年平均亩产油量达 54.7kg。主要脂肪酸成分：亚油酸 8.7%，油酸 81.4%，亚麻酸 0.3%，棕榈酸 7.8%，硬脂酸 0.5%。

林分

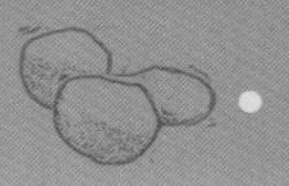

生物学特性　个体发育生命周期50年，无性系造林营养生长期第三年、始果期第四年，盛产期30年左右。年生长发育周期：萌动期3月上旬，枝叶生长期（春梢抽发期）3月中旬；始花期10月下旬，盛花期11月上旬；果实膨大期6月上旬开始，果实成熟期10月下旬。

适应性及栽培特点　适应于江西全省各地（市）油茶产区、南方油茶中心产区。繁殖方式有嫁接、扦插、组织培养等，主要以刚出苗未展叶的油茶为砧木，以优良母树枝条为接穗进行芽苗砧嫁接批量繁殖。选择丘陵林地，带状或块状细致大穴整地。选用合格芽苗砧嫁接苗造林，每亩60 ~ 120株。施足基肥，即时抚育、施肥，促进幼林生长。结果树要做好抚育，及时补充营养，保持高产稳产。

典型识别特征　树体生长旺盛，自然开心形。分枝均匀，抗性强，结实早，产量高，丰产性能好。全树老叶皱缩，枝条下垂，萎蔫状。果实圆球形，果皮薄，出籽率高。

单株

树上果实特写

花

果实

茶籽

21 赣无 2

种名：油茶
拉丁名：*Camellia oleifera*‘Ganwu 2’
审定编号：国 S-SC-CO-026-2008
品种类别：无性系
原产地：江西省林业科学院
选育地（包括区试点）：江西省林业科学院、江西省宜春市袁州区、江西省吉安市林业科学研究所、江西省赣州市林业科学研究所、江西省丰城市白土镇
选育单位：江西省林业科学院
选育过程：同赣兴 48
选育年份：2008 年

植物学特征 树龄 15 年，树高 2.2 ~ 2.5m，树冠圆球形，冠幅 2.3 ~ 2.7m × 2.4 ~ 3.2m；叶片矩圆形；花顶生或腋生，白色，花瓣倒卵形，顶端常 2 裂；果实丛生性，圆球形，果皮红色，果高为 2.81 ~ 2.81cm，果径为 2.80 ~ 2.81cm，单果种子 4 ~ 10 粒，果皮较厚，厚度 0.36 ~ 0.41cm。

经济性状 冠幅 2.2 ~ 2.6m × 2.5 ~ 3.0m，产果量 $0.09kg/m^2$，鲜果大小为 41 个 /500g，鲜出籽率 48.1%，干籽出仁率 27.8%，干仁含油率 49.4%，鲜果含油率 8.1%。连续 4 年平均亩产油量达 49.0kg。主要脂肪酸成分：亚油酸 6.4%，油酸 82.2%，亚麻酸 0.4%，棕榈酸 9.2%，硬脂酸 0.6%。

生物学特性 个体发育生命周期：50 年，无性系造林营养生长期第三年，始果期第四年，盛产期 30 年左右。年生长发育周期：萌动期 3 月上旬，枝叶生长期（春梢抽发期）3 月中旬；始花期 10 月下旬，盛花期 11 月上旬；果实膨大期 6 月上旬开始，果实成熟期 10 月下旬。

适应性及栽培特点 适应于江西全省各地（市）油茶产区、南方油茶中心产区。繁殖方式有嫁接、扦插、组织培养等。主要以刚出苗未展叶的油茶为砧木，以优良母树枝条为接穗进行芽苗砧嫁接批量繁殖。选择丘陵林地，带状或块状细致大穴整地。选用合格芽苗砧嫁接苗造林，每亩 60 ~ 120 株。施足基肥，即时抚育、施肥，促进幼林生长。结果树要做好抚育，及时补充营养，保持高产稳产。

典型识别特征 树体生长旺盛，树冠紧凑，分枝均匀。抗性强，结实早，产量高，丰产性能好。老叶、新叶矩圆形，树形圆球形。果皮红色，果皮薄，出籽率高。

林分

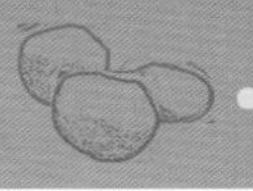

树上果实特写

单株

花

果实

茶籽

22 赣无 11

种名：油茶
拉丁名：*Camellia oleifera*‘Ganwu 11’
审定编号：国 S-SC-CO-027-2008
品种类别：无性系
原产地：江西省林业科学院
选育地（包括区试点）：江西省林业科学院、江西省吉安市林业科学研究所、江西省宜春市袁州区、江西省赣州市林业科学研究所、江西省丰城市白土镇
选育单位：江西省林业科学院
选育过程：同赣兴 48
选育年份：同 2008 年

植物学特征　树龄 15 年，树高 1.8 ~ 2.3m，树冠自然开心形，冠幅 2.1 ~ 2.3m×2.4 ~ 2.8m；叶片椭圆形；花顶生或腋生，白色，花瓣倒卵形，顶端常 2 裂；果实丛生性，圆球形，果皮青色，果高 3.29 ~ 3.48cm，果径为 3.12 ~ 3.29cm，单果种子 2 ~ 8 粒，果皮较厚，厚度 0.35 ~ 0.56cm。

经济性状　盛果期平均冠幅产果量 0.18kg/m^2，鲜果大小为 36 个 /500g。鲜果出籽率 51.4%，干籽出仁率 30.5%，干仁含油率 57.8%，鲜果含油

林分

率12.4%。连续4年平均亩产油量达92.2kg。主要脂肪酸成分：亚油酸8.6%，油酸82.5%，亚麻酸0.3%，棕榈酸7.9%，硬脂酸0.6%。

生物学特性　个体发育生命周期50年，无性系造林营养生长期第三年、始果期第四年，盛产期30年左右。年生长发育周期：萌动期3月上旬，枝叶生长期（春梢抽发期）3月中旬；始花期10月下旬，盛花期11月上旬，末花期11月中下旬；果实膨大期6月上旬开始，果实成熟期10月下旬。

适应性及栽培特点　适应于江西全省各地（市）油茶产区、南方油茶中心产区。繁殖方式有嫁接、扦插、组织培养等，主要以刚出苗未展叶的油茶为砧木，以优良母树枝条为接穗进行芽苗砧嫁接批量繁殖。选择丘陵林地，带状或块状细致大穴整地。选用合格芽苗砧嫁接苗造林，每亩60～120株。施足基肥，即时抚育、施肥，促进幼林生长。结果树要做好抚育，及时补充营养，保持高产稳产。

典型识别特征　树体生长旺盛，树冠自然开心形，分枝均匀。抗性强，结实早，产量高，丰产性能好。新梢青红相间，叶片平展。果皮有疤痕，果色青色，果皮薄，出籽率高。

单株

树上果实特写

花

果实

茶籽

23 赣兴 46

种名：油茶
拉丁名：*Camellia oleifera*'Ganxing 46'
审定编号：国 S-SC-CO-028-2008
品种类别：无性系
原产地：江西省林业科学院
选育地（包括区试点）：江西省林业科学院、江西省永丰县腾田镇、江西省抚州市林业科学研究所、江西省丰城市白土镇
选育单位：江西省林业科学院
选育过程：同赣兴 48
选育年份：2008 年

植物学特征 树龄 15 年，树高 1.9 ~ 2.4m，树冠自然开心形；冠幅 2.0 ~ 2.2m×2.3 ~ 2.8m；叶片椭圆形；花顶生或腋生，白色，花瓣倒卵形，顶端常 2 裂；果实丛生性，圆球形，果皮青色；果高 2.75 ~ 3.10cm，果径为 2.43 ~ 2.74cm，单果种子 2 ~ 8 粒，果皮较薄，厚度 0.16 ~ 0.29cm。

经济性状 盛果期平均冠幅产果量 0.14kg/m^2，鲜果大小为 65 个 /500g。鲜果出籽率 52.1%，干籽出仁率 28.6%，干仁含油率 45.1%，鲜果含油

林分

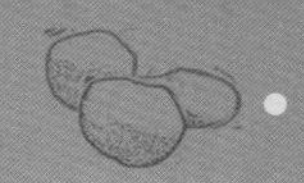

率 8.1%。连续 4 年平均亩产油量达 63.5kg。主要脂肪酸成分：亚油酸 9.0%，油酸 81.1%，亚麻酸 0.5%，棕榈酸 8.7%，硬脂酸 0.6%。生物学特性：个体发育生命周期 50 年，无性系造林营养生长期第三年，始果期第四年，盛产期 30 年左右。年生长发育周期：萌动期 3 月上旬，枝叶生长期（春梢抽发期）3 月中旬；始花期 10 月下旬，盛花期 11 月上旬；果实膨大期 6 月上旬开始，果实成熟期 10 月下旬。

适应性及栽培特点　适应于江西全省各地（市）油茶产区、南方油茶中心产区。繁殖方式有嫁接、扦插、组织培养等，主要以刚出苗未展叶的油茶为砧木，以优良母树枝条为接穗进行芽苗砧嫁接批量繁殖。选择丘陵林地，带状或块状细致大穴整地。选用合格芽苗砧嫁接苗造林，每亩 60 ～ 120 株。施足基肥，即时抚育、施肥，促进幼林生长。结果树要做好抚育，及时补充营养，保持高产稳产。

典型识别特征　树体生长旺盛，树冠自然开心形，分枝均匀。抗性强，结实早，产量高，丰产性能好。老叶叶背面有明显腺点，枝条夹角较小。果皮薄，出籽率高。

单株

树上果实特写

花

果实

茶籽

24 赣永 5

种名：油茶
拉丁名：*Camellia oleifera*‘Ganyong 5’
审定编号：国 S-SC-CO-029-2008
品种类别：无性系
原产地：江西省林业科学院
选育地（包括区试点）：江西省林业科学院、江西省吉安市林业科学研究所、江西省宜春市袁州区、江西省赣州市林业科学研究所，江西省丰城市白土镇
选育单位：江西省林业科学院
选育过程：同赣石 84-8
选育年份：2008 年

植物学特征 树龄 15 年，树高 1.8 ~ 2.3m，树冠自然开心形，冠幅 2.0 ~ 2.4m × 2.2 ~ 3.1m；叶片卵形；花顶生或腋生，白色，花瓣倒卵形，顶端常 2 裂；果实丛生性，桃形、圆球形，果皮青白色，果高为 3.14 ~ 3.31cm，果径为 2.98 ~ 3.14cm，单果种子 6 ~ 9 粒，果皮较厚，厚度 0.38 ~ 0.40cm。

经济性状 盛果期平均冠幅产果量 0.14kg/ ㎡，鲜果大小为 55 个 /500g。鲜果出籽率 50.1%，干籽出仁率 61.8%，干仁含油率 48.2%，鲜果含油率 7.4%。连续 4 年平均亩产油量达 66.4kg。主要脂肪酸成分：亚油酸 3.6%，油酸 88.4%，亚麻酸 0.0%，棕榈酸 6.7%，硬脂酸 0.6%。

生物学特性 个体发育生命周期 50 年，无性系造林营养生长期第三年，始果期第四年，盛产期 30 年左右。年生长发育周期：萌动期 3 月上旬，枝叶生长期（春梢抽发期）3 月中旬；始花期 10 月下旬，盛花期 11 月上旬，末花期；果实膨大期 6 月上旬开始，果实成熟期 10 月下旬。

适应性及栽培特点 适应于江西全省各地（市）油茶产区、南方油茶中心产区。繁殖方式有嫁接、扦插、组织培养等，主要以刚出苗未展叶的油茶为砧木，以优良母树枝条为接穗进行芽苗砧嫁接批量繁殖。选择丘陵林地，带状或块状细致大穴整地。选用合格芽苗砧嫁接苗造林，每亩 60 ~ 120 株。施足基肥，即时抚育、施肥，促进幼林生长。结果树要做好抚育，及时补充营养，保持高产稳产。

典型识别特征 树体生长旺盛，树冠自然开心形，分枝均匀。抗性强，结实早，产量高，丰产性能好。新叶平展，新梢枝干青红色，叶片大。果色青白色，果皮薄，出籽率高。

单株

林分

树上果实特写

花

果实

茶籽

25 赣 70

种名： 油茶
拉丁名： *Camellia oleifera*‘Gan 70’
审定编号： 国 R-SC-CO-025-2010
品种类别： 无性系
原产地： 江西省林业科学院
选育地（包括区试点）： 江西省林业科学院、湖南省林业科学院、广西壮族自治区林业科学研究院、江西省吉安市林业科学研究所、江西省赣州市林业科学研究所、江西省抚州市林业科学研究所等
选育单位： 江西省林业科学院
选育过程： 同赣石 84-8
选育年份： 2010 年

植物学特征 树龄 15 年，树高 2.2 ~ 2.9m，树冠自然开心形，冠幅 2.0 ~ 2.2m×2.4 ~ 2.6m；叶片卵形或长椭圆形；花顶生或腋生，白色，花瓣倒卵形，顶端常 2 裂；果实丛生性，肾形或圆球形，红色或青黄色，果高 2.89 ~ 5.04cm，果径为 2.92 ~ 3.83cm，单果种子 2 ~ 8 粒，果皮较薄，厚度 0.33 ~ 0.35cm。

经济性状 产果量 0.11kg/m^2，鲜果大小为 28 个 /500g。鲜果出籽率 49.2%，干出籽率为 29.1%，干出仁率 65.1%，干仁含油率 50.5%，鲜果含油率为 9.6%。连续 4 年平均亩产油量达 52.8kg。主要脂肪酸成分：亚油酸 6.4%，油酸 84.0%，亚麻酸 0.4%，棕榈酸 8.4%，硬脂酸 0.5%。

生物学特性 个体发育生命周期 50 年，无性系造林营养生长期第三年，始果期第四年，盛产期 30 年左右。

年生长发育周期 萌动期 3 月上旬，枝叶生长期（春梢抽发期）3 月中旬；始花期 10 月下旬，盛花期 11 月上旬；果实膨大期 6 月上旬开始，果实成熟期 10 月下旬。

适应性及栽培特点 适应于江西全省各地（市）油茶产区、南方油茶中心产区。繁殖方式有嫁接、扦插、组织培养等，主要以刚出苗未展叶的油茶为砧木，以优良母树枝条为接穗进行芽苗砧嫁接批量繁殖。选择丘陵林地，带状或块状细致大穴整地。选用合格芽苗砧嫁接苗造林，每亩 60 ~ 120 株。施足基肥，即时抚育、施肥，

单株

促进幼林生长。结果树要做好抚育，及时补充营养，保持高产稳产。

典型识别特征　树型直立型，树体生长旺盛，树冠自然开心形，分枝均匀。抗性强，结实早，产量高，丰产性能好。新梢青色，新梢节间较长。叶片较大。果皮薄，出籽率高。

林分

树上果实特写

花

果实

茶籽

26 赣无 12

种名： 油茶
拉丁名： *Camellia oleifera*‘Ganwu 12’
审定编号： 国 R-SC-CO-026-2010
品种类别： 无性系
原产地： 江西省林业科学院
选育地（包括区试点）： 江西省林业科学院、湖南省林业科学院、广西壮族自治区林业科学研究院、江西省上饶市林业科学研究所、江西省永丰县、江西省丰城市白土镇
选育单位： 江西省林业科学院
选育过程： 同赣兴 48
选育年份： 2010 年

植物学特征 树龄 15 年，树高 1.8 ~ 2.4m；树冠自然开心形，冠幅 2.2 ~ 2.6m×2.5 ~ 3.0m；叶片卵状椭圆形；花顶生或腋生，白色，花瓣倒卵形，顶端常 2 裂；果实丛生性，肾形或圆球形，红色或黄红色，果高 3.42 ~ 4.19cm、果径 2.79 ~ 3.42cm，单果种子 3 ~ 5 粒，果皮较薄，厚度 0.30 ~ 0.39cm。

经济性状 试验林盛果期平均单位面积冠幅产果量 0.14kg，鲜果大小为 42 个 /500g。鲜果出籽率 40.3%，干出籽率 24.2%，干出仁率 61.4%，干仁含油率 52.1%，鲜果含油率 7.8%。连续 4 年平均亩产油量达 68.9kg。主要脂肪酸成分：亚油酸 8.2%，油酸 82.7%，亚麻酸 0.3%，棕榈酸 8.0%，硬脂酸 0.6%。

生物学特性 个体发育生命周期 50 年，无性系造林营养生长期第三年，始果期第四年，盛产期 30 年左右。年生长发育周期：萌动期 3 月上旬，枝叶生长期（春梢）3 月中旬；始花期 10 月下旬，盛花期 11 月上旬；果实膨大期 6 月上旬开始，果实成熟期 10 月下旬。

适应性及栽培特点 适应于江西全省各地（市）油茶产区、南方油茶中心产区。繁殖方式有嫁接、扦插、组织培养等，主要以刚出苗未展叶的油茶为砧木，以优良母树枝条为接穗进行芽苗砧嫁接批量繁殖。选择丘陵林地，带状或块状细致大穴整地。选用合格芽苗砧嫁接苗造林，每亩 60 ~ 120 株。施足基肥，即时抚育、施肥，促进幼林生长。结果树要做好抚育，及时补充营养，保持高产稳产。

典型识别特征 树体生长旺盛，树冠自然开心形，分枝均匀。抗性强，结实早，产量高，丰产性能好。该品系新梢青红相间，节间短，托叶宿存。果皮薄，出籽率高。

单株

林分

树上果实特写

花

果实

茶籽

27 赣无 24

种名：油茶
拉丁名：*Camellia oleifera*‘Ganwu 24’
审定编号：国 R-SC-CO-027-2010
品种类别：无性系
原产地：江西省林业科学院
选育地（包括区试点）：宜丰县、抚州市林业科学研究所、江西省林业科学院、赣州市林业科学研究所等
选育单位：江西省林业科学院
选育过程：同赣兴 48
选育年份：2010 年

植物学特征 树龄 15 年，树高 1.7 ~ 2.3m，树冠自然开心形；冠幅 2.1 ~ 2.3m×2.7 ~ 3.1m；叶片椭圆形；花顶生或腋生，两性花，白色，花瓣倒卵形，顶端常 2 裂；果实丛生性，桃形或圆球形，果皮红色或红褐色，果高 3.38 ~ 3.68cm，果径 3.10 ~ 3.38cm，单果种子 1 ~ 3 粒，果皮较厚，厚度 0.28 ~ 0.41cm。

经济性状 盛果期单位冠幅面积产果量 0.13kg/m^2，鲜果大小为 35 个 /500g。鲜果出籽率 51.9%，干籽出仁率 29.8%，干出仁率 66.2%，干仁含油率 50.9%，鲜果含油率 10.1%。连续 4 年平均亩产油量达 62.6kg。主要脂肪酸成分：亚油酸 8.7%，油酸 81.7%，亚麻酸 0.4%，棕榈酸 8.4%，硬脂酸 0.6%。

生物学特性 个体发育生命周期 50 年，无性系造林营养生长期第三年，始果期第四年，盛产期 30 年左右。年生长发育周期：萌动期 3 月上旬，枝叶生长期（春梢抽发期）3 月中旬；始花期 10 月下旬，盛花期 11 月上旬；果实膨大期 6 月上旬开始，果实成熟期 10 月下旬。

适应性及栽培特点 适应于江西全省各地（市）油茶产区、南方油茶中心产区。繁殖方式有嫁接、扦插、组织培养等，主要以刚出苗未展叶的油茶为砧木，以优良母树枝条为接穗进行芽苗砧嫁接批量繁殖。选择丘陵林地，带状或块状细致大穴整地。选用合格芽苗砧嫁接苗造林，每亩 60 ~ 120 株。施足基肥，即时抚育、施肥，促进幼林生长。结果树要做好抚育，及时补充营养，保持高产稳产。

典型识别特征 树体生长旺盛，树冠半开张，分枝均匀。抗性强，结实早，产量高，丰产性能好。新梢基部红。果实毛色银白色，浓密、直立，果色红色或红褐色，果皮薄，出籽率高。

单株

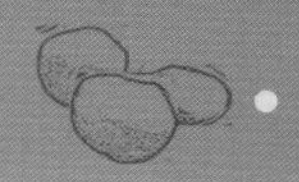

林分

树上果实特写

花

果实

茶籽

28 赣州油 10 号

种名：普通油茶
拉丁名：*Camellia oleifera* ‘Ganzhouyou 10’
俗名：丰 269
审定编号：赣 S-SC-CO-016-2003
品种类别：无性系
原产地：上犹县紫阳乡
选育地（区试点）：田间试验在赣州市林业科学研究所沙石油茶试验区进行。区域试验分别在赣州市的章贡区、赣县、南康、安远、上犹、崇义、宁都、兴国、龙南、石城、信丰等 10 余个县(市、区)
选育单位：赣州市林业科学研究所

选育过程：首先进行群体选择，在油茶主要产区选择优良林分、优良类型、优良母树（单株），然后采种育苗，营造示范林，进行个体选择工作，观测记录产果量、坐果率及花器结构和其他经济性状，利用个体选择选出的高产优树穗条进行嫁接，连续 4 年逐株测定各项性状。该无性系是历经 28 年全面系统的选择、测定，选育出的 33 个高产优良无性系之一，于 2003 年经省林木良种审定委员会审定为良种，命名为赣州油 10 号。
选育年份：1964－1991 年

植物学特征 该品种属普通油茶，小乔木，成年树具明显主干，树冠开张角度大而呈圆球形，成年树高可达 2 ～ 3m，冠幅可达 3 ～ 4m^2；嫩枝绿色；嫩叶绿色，叶近圆形，叶面平，叶边缘平，叶尖渐尖，叶基呈楔形，成熟叶片深绿色，上斜着生，侧脉 7 ～ 9 对，厚革质，叶齿锐度中、密度大，芽鳞绿色，芽被绒毛；花白色，具香味，花瓣 5 ～ 7 瓣，质地薄，花冠直径 5 ～ 7cm，萼片 3 片，紫红色，被绒毛，子房被绒毛，花柱 3 ～ 4 中裂，柱长 0.7cm 左右，雌蕊高于雄蕊，单枝花量 1 ～ 3 朵；果球形，果皮红色，面光滑，结实量大，果高 2.81cm 左右，果径 2.69cm 左右。

经济性状 试验林盛果期亩产油量 45.77kg，亩产籽量 160.18kg，每平方米冠幅产果量 1.18kg，单果重 20g。鲜果出籽率 42.69%，干出籽率 24.73%，干籽出仁率 63.33%，干仁含油率 52.95%，鲜果含油率 8.29%。主要脂肪酸成分：油酸 81.17%，亚油酸 8.14%，亚麻酸 0.20%，硬脂酸 0.82%，棕榈酸 6.76%。集约经营条件下大小年不明显。

生物学特性 该品种无性系造林前 3 年为营养生长期，采取人工摘除或药剂抑制等方法去掉花苞或抑制花芽分化，第四年进入始果期，7 ～ 10 年进入盛果期，良好生长条件下盛果期可维持 50 年以上。本品种属霜降种，树体 2 月上旬开始萌动，春梢 3 月下旬开始抽发，夏梢 5 月下旬开始抽发，秋梢 9 月上旬开始抽发；花芽 6 月上旬开始分化，花期 10 月下旬至 11 月上旬；果期 2 ～ 10 月，果实膨大期 6 ～ 8 月，油脂转化期 9 ～ 10 月，果实霜降前后成熟。

适应性及栽培特点 该品种原产地为江西省赣州市，适宜在江西省油茶适生区种植。造林地应选择海拔 500m 以下的低山丘陵或平原岗地地区，选择阳光充足、坡度 25° 以下、土层厚 80 ～ 100cm、排水良好、交通便利的酸性土壤种植。密度 110 株 / 亩，株行距 2m × 3m。整穴时应以表土返穴，适当施入以磷为主的复合肥 0.5 ～ 1kg 或有机肥 10kg 左右作基肥。一株一穴，舒展根系，栽紧踩实，然后覆一层松土。种植当年为保护根系，在夏季可不松土抚育，结合雨天拔除周围杂草。每穴植株旁挖一小条沟，施尿素并覆土，秋季可全砍杂，铲去穴周围杂草，并适当松土、扩穴、施肥，当年 4 月有条件的进行覆

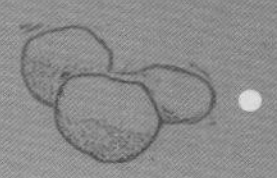

盖，覆盖物以稻草、芒萁为主。第二年起每年抚育1～2次，主要是松土、除草、培土、扩穴，辅以施肥，防治病虫害。

典型识别特征　树冠开张，圆球形。嫩叶绿色，叶近圆形。花期10月下旬至11月上旬。果球形，果皮红色，面光滑，皮薄。

林分

单株

树上果实特写

花

果实

果实剖面与茶籽

29 赣州油11号

种名： 普通油茶
拉丁名： *Camellia oleifera* ‘Ganzhouyou 11’
俗名： 丰607
审定编号： 赣S-SC-CO-017-2003
品种类别： 无性系
原产地： 上犹县紫阳乡
选育地（区试点）： 田间试验在赣州市林业科学研究所沙石油茶试验区进行。区域试验分别在赣州市的章贡区、赣县、南康、安远、上犹、崇义、宁都、兴国、龙南、石城、信丰等10余个县（市、区）
选育单位： 赣州市林业科学研究所
选育过程： 同赣州油10号
选育年份： 1964－1991年

植物学特征 该品种属普通油茶，小乔木，成年树具明显主干，树冠开张角度大而呈圆球形，成年树高可达2～3m，冠幅可达3～4m^2；嫩枝绿色；嫩叶绿色，叶近圆形，叶面平，叶边缘平，叶尖渐尖，叶基呈楔形，成熟叶片中绿色，上斜着生，侧脉7～9对，厚革质，叶齿锐度中、密度大，芽鳞紫绿色，芽被绒毛；花白色，具香味，花瓣5～7瓣，质地薄，花冠直径4～5cm，萼片3片，紫红色，被绒毛，子房被绒毛，花柱3中裂，柱长1.1cm左右，雄蕊高于雌蕊，单枝花量1～5朵；果橘形，果皮红色，面光滑，结实量大，果高3.15cm左右，果径3.12cm左右。

经济性状 试验林盛果期亩产油量45.30kg，亩产籽量158.74kg，每平方米冠幅产果量0.87kg。单果重17.86g，鲜果出籽率44.46%，干出籽率28.53%，干籽出仁率69.31%，干仁含油率56.82%，鲜果含油率11.24%。主要脂肪酸成分：油酸80.45%，亚油酸7.62%，亚麻酸0.27%，硬脂酸1.60%，棕榈酸8.95%。集约经营条件下大小年不明显。

生物学特性 该品种无性系造林前3年为营养生长期，采取人工摘除或药剂抑制等方法去掉花苞或抑制花芽分化，第四年进入始果期，7～10年进入盛果期，良好生长条件下盛果期可维持50年以上。本品种属霜降种，树体2月上旬开始萌动，春梢3月下旬开始抽发，夏梢5月下旬开始抽发，秋梢9月上旬开始抽发；花芽6月上旬开始分化，花期11月；果期2～10月，果实膨大期6～8月，油脂转化期9～10月，果实霜降前后成熟。

适应性及栽培特点 该品种原产地为江西省赣州市，适宜在江西省油茶适生区种植。造林地应选择海拔500m以下的低山丘陵或平原岗地地区，选择阳光充足、坡度25°以下、土层厚80～100cm、排水良好、交通便利的酸性土壤种植。密度110株/亩，株行距2m×3m。整穴时应以表土返穴，适当施入以磷为主的复合肥0.5～1kg或有机肥10kg左右作基肥。一株一穴，

林分

舒展根系，栽紧踩实，然后覆盖一层松土。种植当年为保护根系，在夏季可不松土抚育，结合雨天拔除周围杂草。每穴植株旁挖一小条沟，施尿素并覆土，秋季可全砍杂，铲去穴周围杂草，并适当松土、扩穴、施肥，当年4月有条件的进行覆盖，覆盖物以稻草、芒萁为主。第二年起每年抚育1～2次，主要是松土、除草、培土、扩穴，辅以施肥，防治病虫害。

典型识别特征　树冠开张，圆球形。嫩叶绿色，叶近圆形。花期11月。果球橘形，果皮红色，面光滑，皮薄。

单株

树上果实特写

花

果实

果实剖面与茶籽

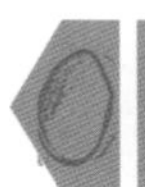

30 赣州油 12 号

种名： 普通油茶
拉丁名： *Camellia oleifera* ‘Ganzhouyou 12’
俗名： 丰 336
审定编号： 赣 S-SC-CO-018-2003
品种类别： 无性系
原产地： 上犹县紫阳乡
选育地（区试点）： 田间试验在赣州市林业科学研究所沙石油茶试验区进行。区域试验分别在赣州市的章贡区、赣县、南康、安远、上犹、崇义、宁都、兴国、龙南、石城、信丰等10余个县（市、区）
选育单位： 赣州市林业科学研究所
选育过程： 同赣州油10号
选育年份： 1964－1991年

植物学特征 该品种属普通油茶，小乔木，成年树具明显主干，树冠开张角度大而呈圆球形，成年树高可达2～3m，冠幅可达3～4m^2；嫩枝绿色；嫩叶绿色，叶近圆形，叶面平，叶边缘平，叶尖钝尖，叶基呈楔形，成熟叶片深绿色，上斜着生，侧脉8～9对，厚革质，叶齿锐度中、密度大，芽鳞紫绿色，芽被绒毛；花白色，具香味，花瓣6瓣，质地薄，花冠直径4～6cm，萼片3片，紫红色，被绒毛，子房被绒毛，花柱3浅裂，柱长1cm左右，雄蕊高于雌蕊，单枝花量1～8朵；果橘形，果皮红色，面光滑，结实量大，果单或对状丛生于冠上层，果高3.17cm左右，果径3.05cm左右。

经济性状 试验林盛果期亩产油量44.37kg，亩产籽量155.38kg，每平方米冠幅产果量1.22kg。单果重18.87g，鲜果出籽率43.82%，干出籽率25.63%，干籽出仁率57.86%，干仁含油率52.84%，鲜果含油率7.84%。主要脂肪酸成分：油酸82.18%，亚油酸8.99%，亚麻酸0.31%，硬脂酸1.27%，棕榈酸6.46%。集约经营条件下大小年不明显。

生物学特性 该品种无性系造林前3年为营养生长期，采取人工摘除或药剂抑制等方法去掉花苞或抑制花芽分化，第四年进入始果期，7～10年进入盛果期，生长良好条件下盛果期可维持50年以上。本品种属霜降种，树体2月上旬开始萌动，春梢3月下旬开始抽发，夏梢5月下旬开始抽发，秋梢9月上旬开始抽发；花芽6月上旬开始分化，花期11月；果期2～10月，果实膨大期6～8月，油脂转化期9～10月，果实霜降前后成熟。

适应性及栽培特点 该品种原产地为江西省赣州市，适宜在江西省油茶适生区种植。造林地应选择海拔500m以下的低山丘陵或平原岗地地区，选择阳光充足、坡度25°以下、土层厚80～100cm、排水良好、交通便利的酸性土壤种植。密度110株/亩，株行距2m×3m。整穴时应以表土返穴，适当施入以磷为主的复合肥0.5～1kg或有机肥10kg左右作基肥。一株一穴，舒展根系，栽紧踩实，然后覆盖一层松土。种植当年为保护根系，在夏季可不松土抚育，结合雨天拔除周围杂草。每穴植株旁挖一小条沟，施尿素并覆盖土，秋季可全砍杂，铲去穴周围杂草，并适当松土、扩穴、施肥，当年4月有条件的进行覆盖，覆盖物以稻草、芒萁为主。第二年起每年抚育1～2次，主要是松土、除草、培土、扩穴，辅以施肥，防治病虫害。

典型识别特征 树冠开张，圆球形。嫩叶绿色，叶近圆形。花期11月。果橘形，果皮红色，面光滑，皮薄。

林分

单株

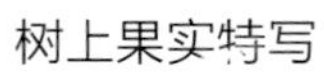
树上果实特写

花

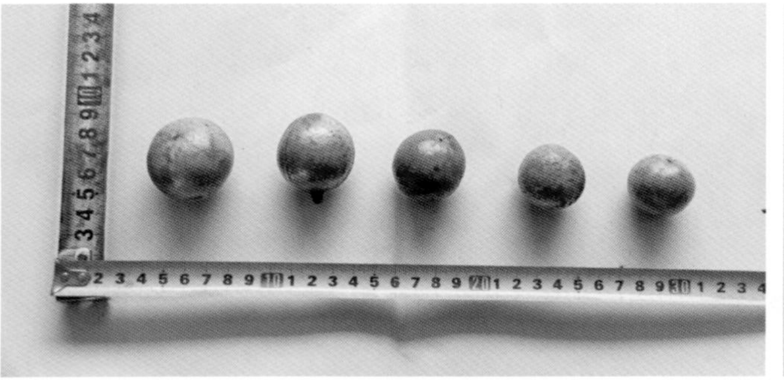
果实

果实剖面与茶籽

31 赣州油16号

种名： 普通油茶
拉丁名： *Camellia oleifera*‘Ganzhouyou 16’
俗名： 丰435
审定编号： 赣S-SC-CO-001-2009
品种类别： 无性系
原产地： 上犹县紫阳乡
选育地（区试点）： 田间试验在赣州市林业科学研究所沙石油茶试验区进行。区域试验分别在赣州市的章贡区、赣县、南康、安远、上犹、崇义、宁都、兴国、龙南、石城、信丰等10余个县（市、区）以及邻近的广东和平、福建长汀等地和江西南昌、吉安等地
选育单位： 赣州市林业科学研究所

选育过程： 首先进行群体选择，在油茶主要产区选择优良林分、优良类型、优良母树（单株），然后采种育苗，营造示范林，进行个体选择工作，观测记录产果量、坐果率及花器结构和其他经济性状分析，利用个体选择选出的高产优树穗条，进行嫁接，连续4年逐株测定各项性状。历经28年全面系统的选择、测定，该优良无性系于1998年5月经省林木良种审定委员会审定为良种。2009年11月，由省林木良种审定委员会审定为良种，命名为赣州油16号。
选育年份： 1964 - 1991年

植物学特征 该品种属普通油茶，成年树具明显主干，树冠开张角度大而呈圆球形，成年树高可达2～3m，冠幅可达3～4m^2；嫩枝绿色；嫩叶绿色，叶椭圆形，叶面平，叶边缘平，叶尖渐尖，叶基呈楔形，成熟叶片中绿色，上斜着生，侧脉8～9对，薄革质，叶齿密度中、锐度中，芽鳞紫绿色被绒毛；花白色，具香味，花瓣6～7瓣，质地薄，花冠直径5cm左右，萼片紫红色，被绒毛，花柱3中等裂，柱长0.7cm左右，雄蕊高于雌蕊，单枝花量1～3朵；果桃形，果皮红色，面光滑，结实量大，种子似肾形，果实以单或对状丛生，果高3.56cm左右，果径2.97cm左右。

经济性状 试验林盛果期亩产油量43.43kg，亩产籽量152.08kg，每平方米冠幅产果量1.07kg。集约经营条件下大小年不明显，粗放管理情况下大小年呈“一大一小一平”分布。单果重19.61g，鲜果出籽率41.57%，干出籽率25.40%，干籽出仁率60.94%，干仁含油率56.20%，鲜果含油率8.70%。

生物学特性 该品种无性系造林前3年为营养生长期，采取人工摘除或药剂抑制等方法去掉花蕊或抑制花芽分化，第四年进入始果期，7～10年进入盛果期，良好生长条件下盛果期可维持50年以上。本品种属霜降种，树体2月上旬开始萌动，春梢3月下旬开始抽发，幼树夏梢5月下旬开始抽发，秋梢9月上旬开始抽发；花芽6月上旬开始分化，花期11月；果期2～10月，果实膨大期6～8月，油脂转化期9～10月，果实霜降前后成熟。

适应性及栽培特点 该品种原产地为江西省赣州市，适宜在江西全省各地（市）油茶产区种植。造林地应选择海拔500m以下的低山丘陵或平原岗地地区，选择阳光充足、坡度25°以下、土层厚80～100cm、排水良好、交通便利的酸性土壤种植。密度110株/亩，株行距2m×3m。整穴时应以表土返穴，适当施入以磷为主的复合肥0.5～1kg或有机肥10kg左右作基肥。一株一穴，舒展根系，栽紧踩实，然后覆盖一层松土。种植当年为保护根系，在夏季可不松土抚育，结合雨天拔除周围杂草。每穴植株旁挖一小条沟，施尿素并覆盖土，秋季可全砍杂，

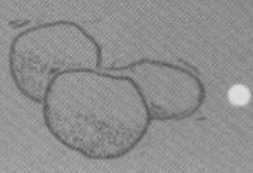

铲去穴周围杂草，并适当松土、扩穴、施肥，当年4月有条件的进行覆盖，覆盖物以稻草、芒萁为主。第二年起每年抚育1～2次，主要是松土、除草、培土、扩穴，辅以施肥，防治病虫害。

典型识别特征　树冠开张，圆球形。叶片上斜着生。花期11月。果桃形，果皮红色，皮薄。

林分

单株

树上果实特写

花

果实

果实剖面与茶籽

32 赣州油 17 号

种名：普通油茶
拉丁名：*Camellia oleifera*‘Ganzhouyou 17’
俗名：丰 113
审定编号：赣 S-SC-CO-002-2009
品种类别：无性系
原产地：上犹县紫阳乡
选育地（区试点）：田间试验在赣州市林业科学研究所沙石油茶试验区进行。区域试验分别在赣州市的章贡区、赣县、南康、安远、上犹、崇义、宁都、兴国、龙南、石城、信丰等 10 余个县（市、区）以及邻近的广东和平、福建长汀等地和江西南昌、吉安等地
选育单位：赣州市林业科学研究所
选育过程：同赣州油 16 号
选育年份：1964 - 1991 年

植物学特征 该品种属普通油茶，成年树具明显主干，树冠开张角度大而呈圆球形，成年树高可达 2 ~ 3m，冠幅可达 3 ~ 4m^2；嫩枝绿色；嫩叶绿色，叶近圆形，叶面平，叶边缘平，叶尖钝尖，叶基呈楔形，成熟叶片中绿色，上斜着生，侧脉 8 ~ 9 对，厚革质，叶齿密而锐，芽鳞绿色被绒毛；花白色，具香味，花瓣 6 ~ 8 瓣，质地薄，花冠直径 3.9 ~ 5.3cm，萼片 4 片，紫红色，被绒毛，花柱 4 深裂，柱长 0.9cm 左右，雄蕊高于雌蕊，单枝花量 1 ~ 3 朵；果球形，果皮青色，面光滑，结实量大，种子锥形，果实以单或对状丛生，果高 2.79cm 左右，果径 2.95cm 左右。

经济性状 试验林盛果期亩产油量 41.56kg，亩产籽量 145.47kg，每平方米冠幅产果量 1.59kg；集约经营条件下大小年不明显。单果重 19.61g，鲜果出籽率 44.02%，干出籽率 20.15%，干籽出仁率 56.15%，干仁含油率 49.02%，鲜果含油率 5.55%。

生物学特性 该品种无性系造林前 3 年为营养生长期，采取人工摘除或药剂抑制等方法去掉花蕊或抑制花芽分化，第四年进入始果期，7 ~ 10 年进入盛果期，生长良好条件下盛果期可维持 50 年以上。本品种属霜降种，树体 2 月上旬开始萌动，春梢 3 月下旬开始抽发，幼树夏梢 5 月下旬开始抽发，秋梢 9 月上旬开始抽发；花芽 6 月上旬开始分化，花期 11 月；果期 2 ~ 10 月，果实膨大期 6 ~ 8 月，油脂转化期 9 ~ 10 月，果实霜降前后成熟。

适应性及栽培特点 该品种原产地为江西省赣州市，适宜在江西全省各地（市）油茶产区种植。造林地应选择海拔 500m 以下的低山丘

单株

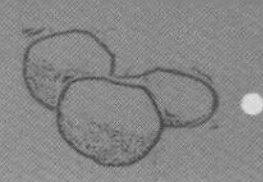

陵或平原岗地地区，选择阳光充足、坡度25°以下、土层厚80 ~ 100cm、排水良好、交通便利的酸性土壤种植。密度110株/亩，株行距2m×3m。整穴时应以表土返穴，适当施入以磷为主的复合肥0.5 ~ 1kg或有机肥10kg左右作基肥。一株一穴，舒展根系，栽紧踩实，然后覆盖一层松土。种植当年为保护根系，在夏季可不松土抚育，结合雨天拔除周围杂草。每穴植株旁挖一小条沟，施尿素并覆盖土，秋季可全砍杂，铲去穴周围杂草，并适当松土、扩穴、施肥，当年4月有条件的进行覆盖，覆盖物以稻草、芒萁为主。第二年起每年抚育1 ~ 2次，主要是松土、除草、培土、扩穴，辅以施肥，防治病虫害。

典型识别特征　树冠开张，圆球形。叶片上斜着生。花期11月。果球形，果皮青色，皮薄。

林分

树上果实特写

花

果实

果实剖面与茶籽

33 赣州油 18 号

种名： 普通油茶
拉丁名： *Camellia oleifera*‘Ganzhouyou 18’
俗名： 丰 298
审定编号： 赣 S-SC-CO-003-2009
品种类别： 无性系
原产地： 上犹县紫阳乡
选育地（区试点）： 田间试验在赣州市林业科学研究所沙石油茶试验区进行。区域试验分别在赣州市的章贡区、赣县、南康、安远、上犹、崇义、宁都、兴国、龙南、石城、信丰等 10 余个县（市、区）以及邻近的广东和平、福建长汀等地和江西南昌、吉安等地
选育单位： 赣州市林业科学研究所
选育过程： 同赣州油 16 号
选育年份： 1964 - 1991 年

植物学特征 该品种属普通油茶，成年树具明显主干，树冠开张角度大而呈圆球形，成年树高可达 2 ～ 3m，冠幅可达 3 ～ 4m^2；嫩枝绿色；嫩叶绿色，叶椭圆形，叶面平，叶边缘平，叶尖钝尖，叶基呈楔形，成熟叶片深绿色，上斜着生，侧脉 7 ～ 9 对，厚革质，叶齿密、锐度中，芽鳞紫绿色被绒毛；花白色，具香味，花瓣 6 瓣，质地薄，花冠直径 5.7 ～ 8.2cm，萼片 3 片，紫红色，被绒毛，花头 3 深裂，柱长 1.1cm 左右，雄蕊高于雌蕊，单枝花量 1 ～ 2 朵；果桃形，果皮青色，面光滑，结实量大，种子似肾形，果实以单或对状丛生，果高 3.2cm 左右，果径 3.23cm 左右。

经济性状 试验林盛果期亩产油量 41.56kg，亩产籽量 149.63kg，每平方米冠幅产果量 1.35kg。集约经营条件下大小年不明显。单果重 20g，

林分

鲜果出籽率 43.02%，干出籽率 22.85%，干籽出仁率 60.70%，干仁含油率 47.69%，鲜果含油率 6.61%。

生物学特性　该品种无性系造林前 3 年为营养生长期，采取人工摘除或药剂抑制等方法去掉花蕊或抑制花芽分化，第四年进入始果期，7 ~ 10 年进入盛果期，良好生长条件下盛果期可维持 50 年以上。本品种属霜降种，树体 2 月上旬开始萌动，春梢 3 月下旬开始抽发，幼树夏梢 5 月下旬开始抽发，秋梢 9 月上旬开始抽发；花芽 6 月上旬开始分化，花期 11 月；果期 2 ~ 10 月，果实膨大期 6 ~ 8 月，油脂转化期 9 ~ 10 月，果实霜降前后成熟。

适应性及栽培特点　该品种原产地为江西省赣州市，适宜在江西全省各地（市）油茶产区种植。造林地应选择海拔 500m 以下的低山丘陵或平原岗地地区，选择阳光充足、坡度 25° 以下、土层厚 80 ~ 100cm、排水良好、交通便利的酸性土壤种植。密度 110 株 / 亩，株行距 2m × 3m。整穴时应以表土返穴，适当施入以磷为主的复合肥 0.5 ~ 1kg 或有机肥 10kg 左右作基肥。一株一穴，舒展根系，栽紧踩实，然后覆盖一层松土。种植当年为保护根系，在夏季可不松土抚育，结合雨天拔除周围杂草。每穴植株旁挖一小条沟，施尿素并覆盖土，秋季可全砍杂，铲去穴周围杂草，并适当松土、扩穴、施肥，当年 4 月有条件的进行覆盖，覆盖物以稻草、芒萁为主。第二年起每年抚育 1 ~ 2 次，主要是松土、除草、培土、扩穴，辅以施肥，防治病虫害。

典型识别特征　树冠开张，圆球形。叶片上斜着生。花期 11 月。果桃形，果皮青色，皮薄。

单株

树上果实特写

花

果实

果实剖面与茶籽

34 赣州油 20 号

种名：普通油茶
拉丁名：*Camellia oleifera* ‘Ganzhouyou 20’
俗名：丰 650
审定编号：赣 S-SC-CO-004-2009
品种类别：无性系
原产地：上犹县紫阳乡
选育地（区试点）：田间试验在赣州市林业科学研究所沙石油茶试验区进行。区域试验分别在赣州市的章贡区、赣县、南康、安远、上犹、崇义、宁都、兴国、龙南、石城、信丰等 10 余个县（市、区）以及邻近的广东和平、福建长汀等地和江西南昌、吉安等地
选育单位：赣州市林业科学研究所
选育过程：同赣州油 16 号
选育年份：1964 - 1991 年

植物学特征 该品种属普通油茶，成年树具明显主干，树冠开张角度大而呈圆球形，成年树高可达 2 ~ 3m，冠幅可达 3 ~ 4m^2 左右；嫩枝绿色；嫩叶绿色，叶椭圆形，叶面平，叶边缘平，叶尖钝尖，叶基呈楔形，成熟叶片中绿色，上斜着生，侧脉 7 ~ 9 对，厚革质，叶齿密度中、锐度中，芽鳞玉白色，被绒毛；花白色，具香味，花瓣 7 瓣，质地薄，花冠直径 6.5 ~ 8.0cm，萼片 3 片，紫红色，被绒毛，柱头 4 浅裂，柱长 1.4cm，雄蕊高于雌蕊，单枝花量 1 ~ 2 朵；果球形，果皮黄棕色，面光滑，结实量大，种子似锥形，果实以单或对状丛生，果高 3.28cm 左右，果径 3.26cm 左右。

单株

经济性状 试验林盛果期亩产油量 45.77kg，亩产籽量 151.78kg，每平方米冠幅产果量 1.16kg。集约经营条件下大小年不明显。单果重 32.26g，鲜果出籽率 43.50%，干出籽率 19.70%，干籽出仁率 62.62%，干仁含油率 49.73%，鲜果含油率 6.14%。

生物学特性 该品种无性系造林前 3 年为营养生长期，采取人工摘除或药剂抑制等方法去掉花蕊或抑制花芽分化，第四年进入始果期，7 ~ 10 年进入盛果期，良好生长条件下盛果期可维持 50 年以上。本品种属霜降种，树体 2 月上旬开始萌动，春梢 3 月下旬开始抽发，幼树夏梢 5 月下旬开始抽发，秋梢 9 月上旬开始抽发；花芽 6 月上

旬开始分化，花期 11 月；果期 2 ~ 10 月，果实膨大期 6 ~ 8 月，油脂转化期 9 ~ 10 月，果实霜降前后成熟。

适应性及栽培特点　该品种原产地为江西省赣州市，适宜在江西全省各地（市）油茶产区种植。造林地应选择海拔 500m 以下的低山丘陵或平原岗地地区，选择阳光充足、坡度 25° 以下、土层厚 80 ~ 100cm、排水良好、交通便利的酸性土壤种植。密度 110 株 / 亩，株行距 2m×3m。整穴时应以表土返穴，适当施入以磷为主的复合肥 0.5 ~ 1kg 或有机肥 10kg 左右作基肥。一株一穴，舒展根系，栽紧踩实，然后覆盖一层松土。种植当年为保护根系，在夏季可不松土抚育，结合雨天拔除周围杂草。每穴植株旁挖一小条沟，施尿素并覆盖土，秋季可全砍杂，铲去穴周围杂草，并适当松土、扩穴、施肥，当年 4 月有条件的进行覆盖，覆盖物以稻草、芒萁为主。第二年起每年抚育 1 ~ 2 次，主要是松土、除草、培土、扩穴，辅以施肥，防治病虫害。

典型识别特征　树冠开张，圆球形。叶片上斜着生。花期 11 月。果球形，果皮黄棕色，皮薄。

林分

树上果实特写

花

果实

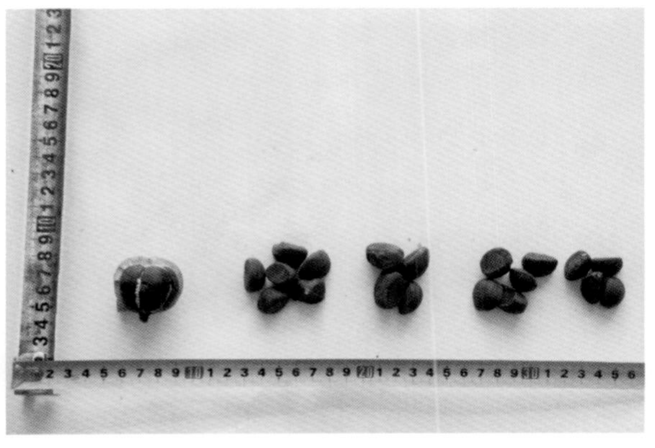

果实剖面与茶籽

35 赣州油 21 号

种名： 普通油茶
拉丁名： *Camellia oleifera* ‘Ganzhouyou 21’
俗名： 丰 655
审定编号： 赣 S-SC-CO-005-2009
品种类别： 无性系
原产地： 上犹县紫阳乡
选育地（区试点）： 田间试验在赣州市林业科学研究所沙石油茶试验区进行。区域试验分别在赣州市的章贡区、赣县、南康、安远、上犹、崇义、宁都、兴国、龙南、石城、信丰等 10 余个县（市、区）以及邻近的广东和平、福建长汀等地和江西南昌、吉安等地
选育单位： 赣州市林业科学研究所
选育过程： 同赣州油 16 号
选育年份： 1964 - 1991 年

植物学特征 该品种属普通油茶，成年树具明显主干，树冠开张角度大而呈圆球形，成年树高可达 2 ～ 3m，冠幅可达 3 ～ 4m^2；嫩枝绿色；嫩叶绿色，叶椭圆形，叶面平，叶边缘平，叶尖钝尖，叶基呈楔形，成熟叶片中绿色，上斜着生，侧脉 8 ～ 9 对，薄革质，叶齿密度中、锐度中，芽鳞黄绿色，被绒毛；花白色，具香味，花瓣 7 瓣，质地薄，花冠直径 6cm 左右，萼片 3 片，紫红色，被绒毛，柱头 3 浅裂，柱长 1cm 左右，雄蕊高于雌蕊，单枝花量 1 ～ 3 朵；果桃形，果皮黄棕色，面光滑，结实量大，种子似锥形，果实以单或对状丛生，果高 3.41cm 左右，果径 2.97cm 左右。

经济性状 试验林盛果期亩产油量 32.70kg，亩产籽量 124.56kg，每平方米冠幅产果量 0.89kg；单果重 21.28g，鲜果出籽率 41.65%，干出籽率 23.85%，干籽出仁率 65.34%，干仁含油率 49.92%，鲜果含油率 7.78%。集约经营条件下大小年不明显。

生物学特性 该品种无性系造林前 3 年为营养生长期，采取人工摘除或药剂抑制等方法去掉花蕊或抑制花芽分化，第四年进入始果期，7 ～ 10 年进入盛果期，生长良好条件下盛果期可维持 50 年以上。本品种属霜降种，树体 2 月上旬开始萌动，春梢 3 月下旬开始抽发，幼树夏梢 5 月下旬开始抽发，秋梢 9 月上旬开始抽发；花芽 6 月上

单株

旬开始分化，花期 11 月；果期 2 ~ 10 月，果实膨大期 6 ~ 8 月，油脂转化期 9 ~ 10 月，果实霜降前后成熟。

适应性及栽培特点　该品种原产地为江西省赣州市，适宜江西全省各地（市）油茶产区种植。造林地应选择海拔 500m 以下的低山丘陵或平原岗地地区，选择阳光充足、坡度 25° 以下、土层厚 80 ~ 100cm、排水良好、交通便利的酸性土壤种植。密度 110 株 / 亩，株行距 2m × 3m。整穴时应以表土返穴，适当施入以磷为主的复合肥 0.5 ~ 1kg 或有机肥 10kg 左右作基肥。一株一穴，舒展根系，栽紧踩实，然后覆盖一层松土。种植当年为保护根系，在夏季可不松土抚育，结合雨天拔除周围杂草。每穴植株旁挖一小条沟，施尿素并覆盖土，秋季可全砍杂，铲去穴周围杂草，并适当松土、扩穴、施肥，当年 4 月有条件的进行覆盖，覆盖物以稻草、芒萁为主。第二年起每年抚育 1 ~ 2 次，主要是松土、除草、培土、扩穴，辅以施肥，防治病虫害。

典型识别特征　树冠开张，圆球形。叶片上斜着生。花期 11 月。果桃形，果皮黄棕色，皮薄。

林分

树上果实特写

花

果实

果实剖面与茶籽

36 赣州油 22 号

种名：普通油茶
拉丁名：*Camellia oleifera*‘Ganzhouyou 22’
俗名：丰 342
审定编号：赣 S-SC-CO-006-2009
品种类别：无性系
原产地：上犹县紫阳乡
选育地（区试点）：田间试验在赣州市林业科学研究所沙石油茶试验区进行。区域试验分别在赣州市的章贡区、赣县、南康、安远、上犹、崇义、宁都、兴国、龙南、石城、信丰等 10 余个县（市、区）以及邻近的广东和平、福建长汀等地和江西南昌、吉安等地
选育单位：赣州市林业科学研究所
选育过程：同赣州油 16 号
选育年份：1964 - 1991 年

植物学特征　该品种属普通油茶，成年树具明显主干，树冠开张角度大而呈圆球形，成年树高可达 2 ~ 3m，冠幅可达 3 ~ 4m^2；嫩枝绿色；嫩叶绿色，叶椭圆形，叶面平，叶边缘平，叶尖钝尖，叶基呈楔形，成熟叶片深绿色，近水平着生，侧脉 7 ~ 9 对，薄革质，叶齿密而锐，芽鳞紫绿色，被绒毛；花白色，具香味，花瓣 7 ~ 8 瓣，质地薄，花冠直径 5.8cm 左右，萼片 3 片，紫红色，被绒毛，柱头 3 浅裂，柱长 0.9cm 左右，雄蕊高于雌蕊，单枝花量 1 ~ 3 朵；果球形，果皮红色，面光滑，结实量大，种子似锥形，果实以单或对状丛生，果高 3.54cm 左右，果径 3.3cm 左右。

经济性状　试验林盛果期亩产油量 32.22kg，亩产籽量 124.68kg，每平方米冠幅产果量 0.70kg。单果重 18.87g，鲜果出籽率 52.84%，干出籽率 28.95%，干籽出仁率 70.46%，干仁含油率 48.34%，鲜果含油率 9.86%。主要脂肪酸成分：油酸 82.04%，亚油酸 8.38%，亚麻酸 0.22%，硬脂酸 1.15%，棕榈酸 7.68%。集约经营条件下大小年不明显。

生物学特性　该品种无性系造林前 3 年为营养生长期，采取人工摘除或药剂抑制等方法去掉花蕊或抑制花芽分化，第四年进入始果期，7 ~ 10 年进入盛果期，生长良好条件下盛果期可维持 50

单株

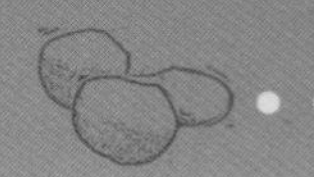

年以上。本品种属霜降种，树体2月上旬开始萌动，春梢3月下旬开始抽发，幼树夏梢5月下旬开始抽发，秋梢9月上旬开始抽发；花芽6月上旬开始分化，花期10月下旬至11月中旬；果期2～10月，果实膨大期6～8月，油脂转化期9～10月，果实霜降前后成熟。

适应性及栽培特点　该品种原产地为江西省赣州市，适宜在江西全省各地(市)油茶产区种植。造林地应选择海拔500m以下的低山丘陵或平原岗地地区，选择阳光充足、坡度25°以下、土层厚80～100cm、排水良好、交通便利的酸性土壤种植。密度110株/亩，株行距2m×3m。整穴时应以表土返穴，适当施入以磷为主的复合肥0.5～1kg或有机肥10kg左右作基肥。一株一穴，舒展根系，栽紧踩实，然后覆盖一层松土。种植当年为保护根系，在夏季可不松土抚育，结合雨天拔除周围杂草。每穴植株旁挖一小条沟，施尿素并覆盖土，秋季可全砍杂，铲去穴周围杂草，并适当松土、扩穴、施肥，当年4月有条件的进行覆盖，覆盖物以稻草、芒萁为主。第二年起每年抚育1～2次，主要是松土、除草、培土、扩穴，辅以施肥，防治病虫害。

典型识别特征　树冠开张，圆球形。叶片近水平着生。花期10月下旬至11月中旬。果球形，果皮红色，皮薄。

林分

树上果实特写

花

果实

果实剖面与茶籽

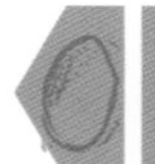

37 赣州油23号

种名： 普通油茶
拉丁名： *Camellia oleifera*‘Ganzhouyou 23’
俗名： 丰318
审定编号： 赣S-SC-CO-007-2009
品种类别： 无性系
原产地： 上犹县紫阳乡
选育地（区试点）： 田间试验在赣州市林业科学研究所沙石油茶试验区进行。区域试验分别在赣州市的章贡区、赣县、南康、安远、上犹、崇义、宁都、兴国、龙南、石城、信丰等10余个县（市、区）以及邻近的广东和平、福建长汀等地和江西南昌、吉安等地
选育单位： 赣州市林业科学研究所
选育过程： 同赣州油16号
选育年份： 1964-1991年

植物学特征 该品种属普通油茶，成年树具明显主干，树冠开张角度大而呈圆球形，成年树高可达2～3m，冠幅可达3～4m²；嫩枝绿色；嫩叶绿色，叶椭圆形，叶面平，叶边缘平，叶尖钝尖，叶基呈楔形，成熟叶片深绿色，近水平着生，侧脉7～9对，厚革质，叶齿密而锐，芽鳞黄绿色，被绒毛；花白色，具香味，花瓣7～8瓣，质地薄，花冠直径6.5cm左右，萼片3片，紫红色，被绒毛，柱头4裂，中等裂，柱长0.9cm左右，雄蕊高于雌蕊，单枝花量1～3朵；果球形，果皮红色，

林分

面光滑，结实量大，种子似肾形，果实以单或对状丛生，果高3.05cm左右，果径3.65cm左右。

经济性状　试验林盛果期亩产油量39.89kg，亩产籽量147.16kg，每平方米冠幅产果量1.18kg；单果重25g，鲜果出籽率37.99%，干出籽率22.17%，干籽出仁率47.85%，干仁含油率50.75%，鲜果含油率5.38%。集约经营条件下大小年不明显。

生物学特性　该品种无性系造林前3年为营养生长期，采取人工摘除或药剂抑制等方法去掉花蕊或抑制花芽分化，第四年进入始果期，7～10年进入盛果期，良好生长条件下盛果期可维持50年以上。本品种属霜降种，树体2月上旬开始萌动，春梢3月下旬开始抽发，幼树夏梢5月下旬开始抽发，秋梢9月上旬开始抽发；花芽6月上旬开始分化，花期11月中旬至12月中旬；果期2～10月，果实膨大期6～8月，油脂转化期9～10月，果实霜降前后成熟。

适应性及栽培特点　该品种原产地为江西省赣州市，适宜在江西全省各地(市)油茶产区种植。造林地应选择海拔500m以下的低山丘陵或平原岗地地区，选择阳光充足、坡度25°以下、土层厚80～100cm、排水良好、交通便利的酸性土壤种植。密度110株/亩，株行距2m×3m。整穴时应以表土返穴，适当施入以磷为主的复合肥0.5～1kg或有机肥10kg左右作基肥。一株一穴，舒展根系，栽紧踩实，然后覆盖一层松土。种植当年为保护根系，在夏季可不松土抚育，结合雨天拔除周围杂草。每穴植株旁挖一小条沟，施尿素并覆盖土，秋季可全砍杂，铲去穴周围杂草，并适当松土、扩穴、施肥，当年4月有条件的进行覆盖，覆盖物以稻草、芒萁为主。第二年起每年抚育1～2次，主要是松土、除草、培土、扩穴，辅以施肥，防治病虫害。

典型识别特征　树冠开张，圆球形。叶片近水平着生。花期11月中旬至12月中旬。果球形，果皮红色，皮薄。

单株

树上果实特写

花

果实

果实剖面与茶籽

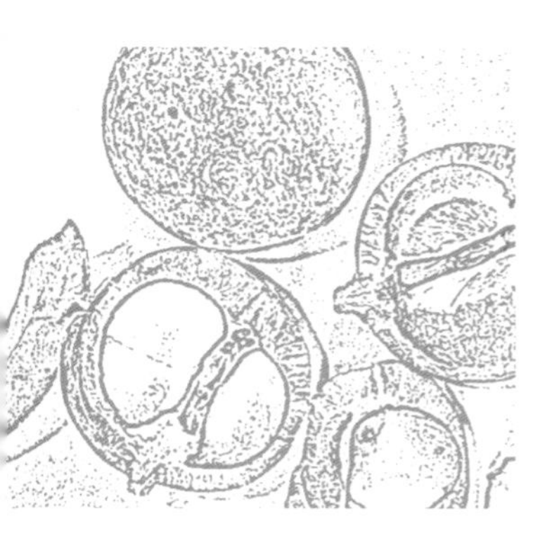

第十章　河南省主要油茶良种

1　豫油茶1号

种名： 油茶
拉丁名： *Camellia oleifera*‘Yuyoucha 1’
认定编号： 豫 R-SV-CO-031-2009
品种类别： 优株
原产地： 湖南省攸县
选育地： 河南省信阳市商城县
选育单位： 河南省林业科学研究院
选育过程： 1975年，河南省商城县林业局从湖南省攸县引进17个优良农家品种的种子，在位于商城县中北部浅山区商城县林业科学研究所山场试验地进行了直播造林，造林总面积5.7m^2。树木生长结果后，经过几年的初步观察，发现该品种适应性强，丰产性好，病虫害少。之后，于2001年，又用该品种的种子直播，建立了实生子代测定林，该品种的实生子代树木仍然表现出了亲本的优良性状，被看作油茶一个新的优良品种。
选育年份： 2007年3月16日至2009年10月30日

植物学特征　树冠圆头形，主干灰黄色，光滑，平均树高3.7m，平均地径12cm，平均冠幅3.8m×4.5m；树枝灰绿色，微被短柔毛；树叶生长较稀疏，卵形，单叶互生，叶片厚革质，叶长4.72～6.10cm（平均5.28cm），叶宽2.66～3.73cm（平均3.00cm），叶柄长0.34～0.51cm（平均0.44cm），叶厚度0.05～0.08cm（平均0.07cm），先端钝尖，基部楔形，边缘具细锯齿，上面亮绿色，侧脉不明显；两性花，1～3朵生于枝顶或叶腋，直径3～5cm，无梗，萼片通常5个，近圆形，外被绢毛，花瓣5～7瓣，白色，分离，倒卵形，长2.5～4.5cm，先端常有凹缺，外面有毛，雄蕊多数，无毛，外轮花丝仅基部连合；子房上位，密被白色丝状绒毛，花柱先端3浅裂；果实单生，蒴果近球形，果皮厚3mm，木质，籽数6粒，果皮灰绿色，纵径2.4～4.4cm（平均3.83cm），横径2.4～4.4cm（平均3.60cm）；种子背圆，腹扁。

经济性状　鲜果平均单果重28.23g，鲜籽重9.3g，籽重5.1g，鲜果出籽率33.51%，鲜籽出仁率69.18%，干籽出仁率50.55%，仁含油率36.45%。主要脂肪酸成分：油酸85.6%，亚油酸4%，亚麻酸0.3%，硬脂酸3.1%，棕榈酸6.5%。

生物学特性　深根性树种，主根发达，向下深扎1.5m以上，细根集中于10～35cm范围。根系于每年2月中旬开始活动，于新梢开始生长前出现生长高峰，12月至翌年2月缓慢生长，具有强烈的趋水趋肥性及萌蘖性。每年3月初，叶芽开始膨大萌发，3～4月间新梢开始生长，按抽发季节可分为春梢、夏梢及秋梢，成年阶段以春梢为主，换叶期出现在4月下旬至5月中旬。花从蕾裂到脱落历时6～8天，全树花期历时约20～50天。花传粉媒介以昆虫为主，花期易受低温降雨影响。果实越冬时停止生长，至翌年气

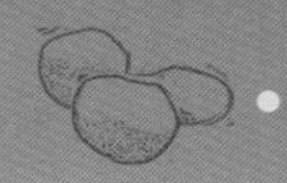

温回升后继续生长，4 月果实开始膨大，7 ~ 8 月进入迅速生长期，10 月中旬前后成熟。采用 1 ~ 2 年生嫁接苗进行造林，始花期 5 ~ 6 年，至树龄 6 ~ 10 年阶段进入生长旺盛期，大量分枝，开花结果量逐步增加，产量逐年上升，10 年后进入盛果期，生殖占据优势，对光、热、水、肥需求增加，产量趋于稳定。该品种萌芽日期 4 月 3 日，抽梢日期 4 月 25 日；初花期 10 月 28 日，盛花期 11 月 02 日，末花期 11 月 18 日；果熟日期 10 月 10 日。

适应性及栽培特点　适生范围是河南省南部大别山低山丘陵区、桐柏山低山丘陵区、淮南垄岗区和伏牛山南坡低山丘陵区。适宜栽植的立地类型主要有大别山低山丘陵区的阳坡中厚土类型、阳坡薄层土类型、阴坡中厚土类型、阴坡薄层土类型；桐柏山低山丘陵区阳坡中厚土类型、阳坡薄层土类型；淮南垄岗区壤土型；伏牛山南坡低山丘陵区的阳坡中厚土类型、阳坡薄层土类型。选择河南省南部黄棕壤土层深厚、疏松、排水良好、向阳的丘陵地，提前一个季节带状整地，小于 15° 缓坡全垦或带状整地，陡坡撩壕或鱼鳞坑整地。行距 2.5 ~ 3.0m，株距 2.0 ~ 3.0m。选取生长健壮的 1 ~ 2 年生一二级苗造林，容器杯苗高 10cm 以上，1 年生优良家系苗高 20cm 以上，2 年生嫁接苗高 25cm 以上，基径粗 0.4cm 以上，根系完整、无病虫害。间种矮秆耐阴的经济作物进行立体种植，花期放养蜜蜂促进授粉。10 月 20 日以后树上 5% 的茶果微裂时采收。

典型识别特征　树形开张，冠幅大。叶片椭圆形。球形青果。

单株

果枝

花

果实

果实剖面

果横径

果纵径

2 豫油茶2号

种名： 油茶
拉丁名： *Camellia oleifera* ‘Yuyoucha 2’
认定编号： 豫 R-SV-CO-032-2009
品种类别： 优株
原产地： 湖南省攸县

选育地： 河南省商城县林业科学研究所山场
选育单位： 河南省林业科学研究院
选育过程： 同豫油茶1号
选育年份： 2009年

植物学特征 树体生长旺盛，树形比较直立，树高达4m左右，树冠开张，圆头形，冠幅大，有利于丰产；树叶生长较稀疏，椭圆形，单叶互生，叶片厚革质，先端钝尖，基部楔形，边缘具细锯齿，上叶面亮绿色，侧脉不明显，叶长4.72～7.28cm（平均6.47cm），叶宽2.89～3.93cm（平均3.45cm），叶柄长0.79～1.12cm（平均0.97cm），叶厚度0.08～0.13cm（平均0.11cm）；两性花，1～3朵生于枝顶或叶腋，直径3～5cm，无梗，萼片近圆形，外被绢毛，花瓣5～7瓣，白色，分离，倒卵形，长2.5～4.5cm，先端常有凹陷，外面有毛，雄蕊多数，无毛，外轮花丝仅基部连合，子房上位，密被白色丝状绒毛，花柱先端3浅裂；果实为蒴果，单生，近球形，果皮厚，木质，果皮青红色，纵径2.6～4.0cm（平均3.31cm），横径2.6～4.5cm（平均3.63cm），每平方米冠幅平均产鲜果0.97kg；种子背圆，腹扁。

经济性状 盛果期亩产油量67.40kg，籽产量267.92kg，结实大小年周期为1～2年。鲜果平均单果重23.32g，每千克41粒左右，鲜果出籽率41.41%，鲜籽出仁率70.37%，仁含油率35.75%。主要脂肪酸成分：油酸82.4%，亚油酸6.7%，亚麻酸0.3%，硬脂酸2.4%，棕榈酸7.6%，棕榈烯酸含量0.1%。

生物学特性 深根性树种，主根发达，向下深扎1.5m以上，细根集中于10～35cm范围，根系于每年2月中旬开始活动，于新梢开始生长前出现生长高峰，12月至翌年2月缓慢生长，具有强烈的趋水趋肥性及萌蘖性。每年3月初，叶芽开始膨大萌发，3～4月间新梢开始生长，按抽发季节可分为春梢、夏梢及秋梢，成年阶段以春梢为主，换叶期出现在4月下旬至5月中旬。花从蕾裂到脱落历时6～8天，全树花期历时约20～50天。花传粉媒介以昆虫为主，花期易受低温降雨影响。果实越冬时停止生长，至翌年气温回升后继续生长，4月果实开始膨大，7～8月进入迅速生长期，10月中旬前后成熟。采用1～2年生嫁接苗进行造林，始花期5～6年，至树龄6～10年阶段进入生长旺盛期，大量分枝，开花结果量逐步增加，产量逐年上升，10年后进入盛果期，生殖占据优势，对光、热、水、肥需求增加，产量趋于稳定。萌芽日期3月16日，春梢抽梢日期4月5日；初花期10月30日，盛花期11月7日，末花期11月26日；果熟日期10月17日。

适应性及栽培特点 适生范围是河南省南部大别山低山丘陵区、桐柏山低山丘陵区、淮南垄岗区和伏牛山南坡低山丘陵区。适宜栽植的立地类型主要有大别山低山丘陵区的阳坡中厚土类型、阳坡薄层土类型、阴坡中厚土类型、阴坡薄层土类型；桐柏山低山丘陵区阳坡中厚土类型、阳坡薄层土类型；淮南垄岗区壤土型；伏牛山南坡低山丘陵区的阳坡中厚土类型、阳坡薄层土类型。采用插叶、芽苗嫁接、扦插、直播等方法进行繁殖。选择河南省南部黄棕壤土层深厚、疏松、排水良好、向阳的丘陵地，提前一个季节带状整地，小于15°缓坡全垦或带状整地，陡

坡撩壕或鱼鳞坑整地。行距 2.5 ～ 3.0m，株距 2.0 ～ 3.0m。选取生长健壮的 1 ～ 2 年生一二级苗造林，容器杯苗高 10cm 以上，1 年生优良家系苗高 20cm 以上，2 年生嫁接苗高 25cm 以上，基径粗 0.4cm 以上，根系完整、无病虫害。间种矮秆耐阴的经济作物进行立体种植，花期放养蜜蜂促进授粉。10 月 20 日以后树上 5% 的茶果微裂时采收。

典型识别特征　树形开张，圆头形。果实近球形，果皮 4 裂，青红色。种子半球形。

单株

花

树上果实特写

果实

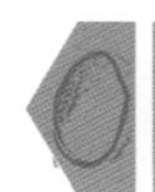

3 豫油茶3号

种名： 油茶
拉丁名： *Camellia oleifera* ‘Yuyoucha 3’
认定编号： 豫 R-SV-CO-033-2009
品种类别： 优株
原产地： 湖南省攸县

选育地： 河南省商城县林业科学研究所山场
选育单位： 河南省林业科学研究院
选育过程： 同豫油茶1号
选育年份： 2007年3月16日至2009年10月30日

植物学特征 树体生长旺盛，树姿开张，树高3.8m左右，树冠圆头形，冠幅大，有利于丰产；树叶生长较稀疏，卵状椭圆形，单叶互生，叶片厚革质，先端钝尖，基部楔形，边缘具细锯齿，上叶面亮绿色，侧脉不明显，叶长4.07～6.51cm（平均5.65cm），叶宽2.16～3.00cm（平均2.57cm），叶柄长0.48～0.82cm（平均0.67cm），叶厚度0.06～0.10cm（平均0.07cm）；两性花，1～3朵生于枝顶或叶腋，直径3～5cm，无梗；萼片近圆形，外被绢毛，花瓣5～7瓣，白色，分离，倒卵形，长2.5～4.5cm，先端常有凹陷，外面有毛，雄蕊多数，无毛，外轮花丝仅基部连合，子房上位，密被白色丝状绒毛，花柱先端3浅裂；果实为蒴果，单生，近椭圆形，果皮厚，木质，果皮铁红色，纵径3.3～4.0cm（平均3.72cm），横径3.0～3.9cm（平均3.46cm），每平方米冠幅平均产鲜果0.85kg；种子背圆，腹扁。

经济性状 盛果期亩产油量71.06kg，籽产量215.27kg，结实大小年周期为1～2年。鲜果平均单果重22.14g，每千克45粒左右，鲜果出籽率37.97%，鲜籽出仁率73.95%，仁含油率44.64%。主要脂肪酸成分：油酸83.5%，亚油酸6.1%，亚麻酸0.3%，硬脂酸1.8%，棕榈酸7.8%，棕榈烯酸含量0.1%。

生物学特性 深根性树种，主根发达，向下深扎1.5m以上，细根集中于10～35cm范围，根系于每年2月中旬开始活动，于新梢开始生长前出现生长高峰，12月至翌年2月缓慢生长，具有强烈的趋水趋肥性及萌蘖性。每年3月初，叶芽开始膨大萌发，3～4月新梢开始生长，按抽发季节可分为春梢、夏梢及秋梢，成年阶段以春梢为主，换叶期出现在4月下旬至5月中旬。花从蕾裂到脱落历时6～8天，全树花期历时约20～50天。花传粉媒介以昆虫为主，花期易受低温降雨影响。果实越冬时停止生长，至翌年气温回升后继续生长，4月果实开始膨大，7～8月进入迅速生长期，10月中旬前后成熟。采用1～2年生嫁接苗进行造林，始花期5～6年，至树龄6～10年阶段进入生长旺盛期，大量分枝，开花结果量逐步增加，产量逐年上升，10年后进入盛果期，生殖占据优势，对光、热、水、肥需求增加，产量趋于稳定。萌芽日期3月25日，春梢抽梢日期4月3日；初花期10月28日，盛花期11月30日，末花期11月14日；果熟日期10月12日。

适应性及栽培特点 适生范围是河南省南部大别山低山丘陵区、桐柏山低山丘陵区、淮南垄岗区和伏牛山南坡低山丘陵区。适宜栽植的立地类型主要有大别山低山丘陵区的阳坡中厚土类型、阳坡薄层土类型、阴坡中厚土类型、阴坡薄层土类型；桐柏山低山丘陵区阳坡中厚土类型、阳坡薄层土类型；淮南垄岗区壤土型；伏牛山南坡低山丘陵区的阳坡中厚土类型、阳坡薄层土类型。采用插叶、芽苗嫁接、扦插、直播等方法进行繁殖。选择河南省南部黄棕壤土层深厚、疏松、排水良好、向阳的丘陵地，提前一个季节带状整地，小于15°缓坡全垦或带状整地，陡坡撩壕或鱼鳞坑

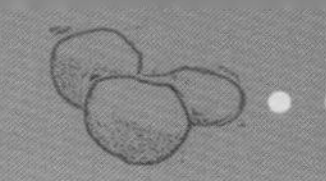

整地。行距 2.5 ～ 3.0m，株距 2.0 ～ 3.0m。选取生长健壮的 1 ～ 2 年生一二级苗造林，容器杯苗高 10cm 以上，1 年生优良家系苗高 20cm 以上，2 年生嫁接苗高 25cm 以上，基径粗 0.4cm 以上，根系完整、无病虫害。间种矮秆耐阴的经济作物立体种植，花期放养蜜蜂促进授粉。10 月 20 日以后树上 5% 的茶果微裂时采收。

典型识别特征　树冠圆头形，半开张。果实近椭圆形，果皮铁红色。种子半球形。

单株

果枝

花

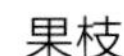

果实

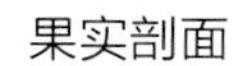

果实剖面

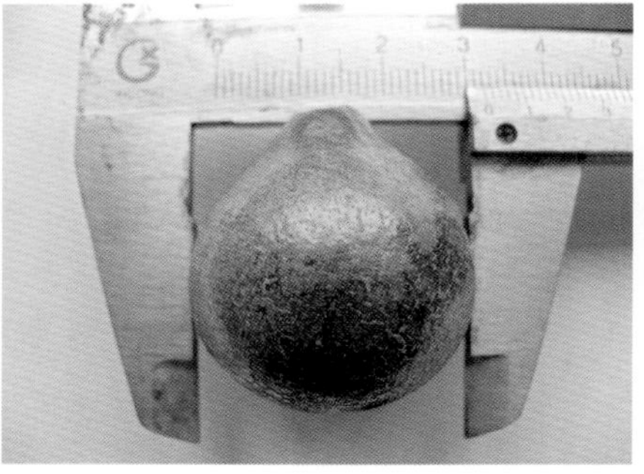

果横径

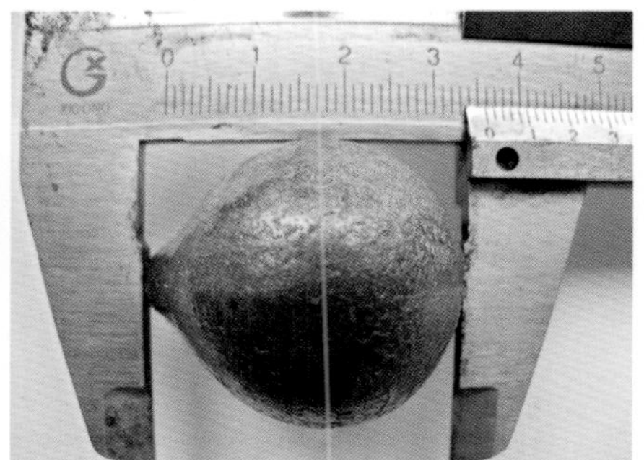

果纵径

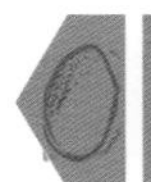

4 豫油茶 4 号

种名：油茶
拉丁名：*Camellia oleifera* ‘Yuyoucha 4’
认定编号：豫 R-SV-CO-034-2009
品种类别：优株
原产地：湖南省攸县

选育地：河南省商城县中北部浅山区商城县林业科学研究所山场试验地
选育单位：河南省林业科学研究院
选育过程：同豫油茶 1 号
选育年份：2009 年

植物学特征 树姿半开张，树形为伞形，树冠圆头形，平均树高 4.1m，平均枝下高 0.8m，平均地径 9.5cm，平均冠幅 2.8m × 4.1m；主干灰黄色，光滑，树枝灰绿色，微被短柔毛；树叶生长较密，长椭圆形，叶长平均 5.3cm，叶宽平均 2.78cm，叶柄长平均 0.58cm，叶厚度平均 0.06cm，侧脉 6 对；两性花，1 ~ 3 朵生于枝顶或叶腋，直径 3 ~ 5cm，无梗，萼片通常 5，近圆形，外被绢毛，花瓣 5 ~ 7 瓣，白色，分离，倒卵形，长 2.5 ~ 4.5cm，先端常有凹缺，外面有毛，雄蕊多数，无毛，外轮花丝仅基部连合，子房上位，密被白色丝状绒毛，花柱先端 3 浅裂；果实单生，蒴果球形，果皮 4 裂，红褐色，果高 2.9cm，纵径平均 2.84cm，横径平均 2.98cm，果皮厚 3mm；种子半球形，褐色。

经济性状 结实大小年周期为 1 ~ 2 年，平均每平方米冠幅产鲜果 0.79kg，比当地品种增产 20% ~ 70%，平均结果 46 个 /m^2，鲜果出籽率 32.87%，鲜果平均单果重 15.7g，籽数 4 粒，鲜籽重 5.6g，干籽重 3.1g，干籽出仁率 64.41%，鲜籽出仁率 82.48%，仁含油率 51.96%。主要脂肪酸成分：油酸 84%，亚油酸 5%，亚麻酸 0.3%，硬脂酸 2.3%，棕榈酸 7.8%，棕榈烯酸 0.1%。

生物学特性 深根性树种，主根发达，向下深扎 1.5m 以上，细根集中于 10 ~ 35cm 范围，根系于每年 2 月中旬开始活动，于新梢开始生长前出现生长高峰，12 月至翌年 2 月缓慢生长，具有强烈的趋水趋肥性及萌蘖性。每年 3 月初，叶芽开始膨大萌发，3 ~ 4 月间新梢开始生长，按抽发季节可分为春梢、夏梢及秋梢，成年阶段以春梢为主，换叶期出现在 4 月下旬至 5 月中旬。花从蕾裂到脱落历时 6 ~ 8 天，全树花期历时约 20 ~ 50 天。花传粉媒介以昆虫为主，花期易受低温降雨影响。果实越冬时停止生长，至翌年气温回升后继续生长，4 月果实开始膨大，7 ~ 8 月进入迅速生长期，10 月中旬前后成熟。采用 1 ~ 2 年生嫁接苗进行造林，始花期 5 ~ 6 年，至树龄 6 ~ 10 年阶段进入生长旺盛期，大量分枝，开花结果量逐步增加，产量逐年上升，10 年后进入盛果期，生殖占据优势，对光、热、水、肥需求增加，产量趋于稳定。萌芽日期 3 月 5 日，抽梢日期 3 月 26 日；初花期 10 月 26 日，盛花期 10 月 30 日，末花期 11 月 14 日；果熟日期 10 月 13 日。

适应性及栽培特点 适生范围是河南省南部大别山低山丘陵区、桐柏山低山丘陵区、淮南垄岗区和伏牛山南坡低山丘陵区。适宜栽植的立地类型主要有大别山低山丘陵区的阳坡中厚土类型、阳坡薄层土类型、阴坡中厚土类型、阴坡薄层土类型；桐柏山低山丘陵区阳坡中厚土类型、阳坡薄层土类型；淮南垄岗区壤土型；伏牛山南坡低山丘陵区的阳坡中厚土类型、阳坡薄层土类型。对自然条件的适应性较强，具有抗旱、耐土地瘠薄、耐病虫害等特点，在该品种上尚未发现油茶炭疽病。采用插叶、芽苗嫁接、扦插、直播等方法进行繁殖。选择河南省南部黄棕壤土层深厚、疏松、排水良好、向阳的丘陵地，提前一个季节带状整地，小于 15° 缓坡全垦或带状整地，

陡坡撩壕或鱼鳞坑整地。行距 2.5 ～ 3.0m，株距为 2.0 ～ 3.0m。选取生长健壮的 1 ～ 2 年生一二级苗造林，容器杯苗高 10cm 以上，1 年生优良家系苗高 20cm 以上，2 年生嫁接苗高 25cm 以上，基径粗 0.4cm 以上，根系完整、无病虫害。间种矮秆耐阴的经济作物进行立体种植，花期放养蜜蜂促进授粉。

典型识别特征　树冠圆头形。树叶长椭圆形。果实球形，红褐色。

单株

果枝

花

果实

果实剖面

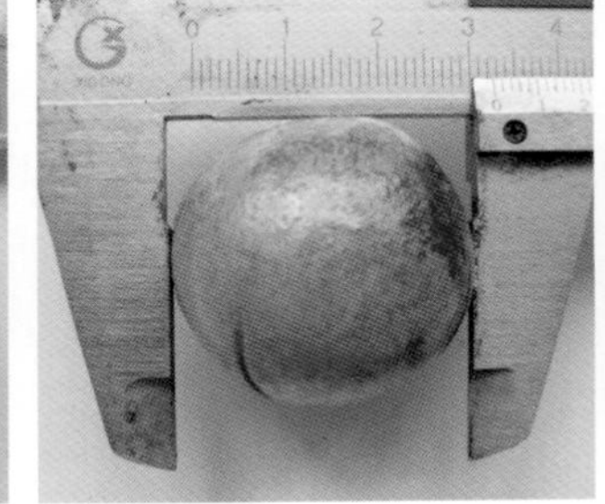

果横径

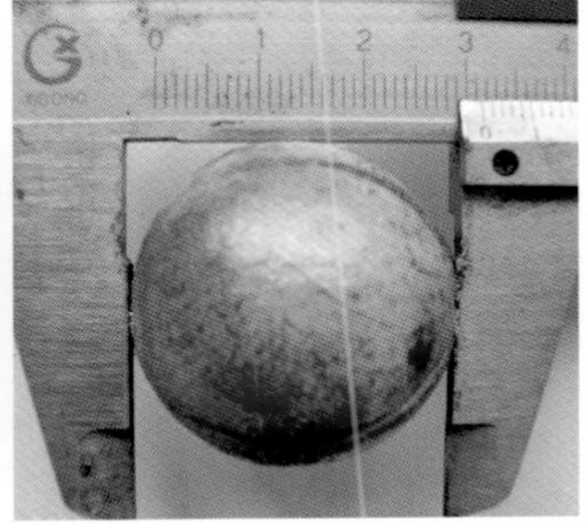

果纵径

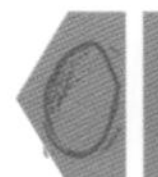

5 豫油茶5号

种名： 油茶
拉丁名： *Camellia oleifera* ‘Yuyoucha 5’
认定编号： 豫 R-SV-CO-035-2009
品种类别： 优株
原产地： 湖南省攸县

选育地： 河南省商城县中北部浅山区商城县林业科学研究所山场试验地
选育单位： 河南省林业科学研究院
选育过程： 同豫油茶1号
选育年份： 2009年

植物学特征　树姿开张，树形为伞形，平均树高3.5m，平均枝下高0.1m，平均地径11.5cm，平均冠幅3.7m×2.9m；树皮灰绿色，光滑；树叶生长较密，宽椭圆形，叶长平均5.78cm，叶宽平均2.58cm，叶柄长平均0.69cm，叶厚度平均0.05cm，侧脉6对；两性花，单枝花量1朵，萼片数5个，花瓣数6瓣，花冠直径6.5cm，柱头裂数4；平均结果27个/m^2，果实扁圆形，果高3.2cm，纵径平均4.04cm，横径平均4.21cm，籽数4粒，果皮厚4mm，果皮4裂，青红色，有明显果脐；种子半球形，棕色。

经济性状　结实大小年周期为1～2年，平均每平方米冠幅产鲜果0.64kg，比当地品种增产10%～40%。鲜果平均单果重30.0g，鲜果出籽率35.67%，鲜籽出仁率80.71%，鲜籽重7.4g，干籽重4.1g，干籽出仁率60.12%，仁含油率35.41%。主要脂肪酸成分：油酸79.6%，亚油酸9.4%，亚麻酸0.4%，硬脂酸1.1%，棕榈酸8.8%，棕榈烯酸0.2%。

生物学特性　深根性树种，主根发达，向下深扎1.5m以上，细根集中于10～35cm范围，根系于每年2月中旬开始活动，于新梢开始生长前出现生长高峰，12月至翌年2月缓慢生长，具有强烈的趋水趋肥性及萌蘖性。每年3月初，叶芽开始膨大萌发，3～4月间新梢开始生长，按抽发季节可分为春梢、夏梢及秋梢，成年阶段以春梢为主，换叶期出现在4月下旬至5月中旬。花从蕾裂到脱落历时6～8天，全树花期历时约20～50天。花传粉媒介以昆虫为主，花期易受低温降雨影响。果实越冬时停止生长，至翌年气温回升后继续生长，4月果实开始膨大，7～8月进入迅速生长期，10月中旬前后成熟。采用1～2年生嫁接苗进行造林，始花期5～6年，至树龄6～10年阶段进入生长旺盛期，大量分枝，开花结果量逐步增加，产量逐年上升，10年后进入盛果期，生殖占据优势，对光、热、水、肥需求增加，产量趋于稳定。萌芽日期3月16日，抽梢日期4月2日；初花期11月5日，盛花期11月18日，末花期11月30日；果熟日期翌年10月8日。

适应性及栽培特点　适生范围是河南省南部大别山低山丘陵区、桐柏山低山丘陵区、淮南垄岗区和伏牛山南坡低山丘陵区。适宜栽植的立地类型主要有大别山低山丘陵区的阳坡中厚土类型、阳坡薄层土类型、阴坡中厚土类型、阴坡薄层土类型；桐柏山低山丘陵区阳坡中厚土类型、阳坡薄层土类型；淮南垄岗区壤土型；伏牛山南坡低山丘陵区的阳坡中厚土类型、阳坡薄层土类型。对自然条件的适应性较强，具有抗旱、耐土地瘠薄、耐病虫害等特点，当地其他品种经常发生的油茶炭疽病在该品种上很少出现。采用插叶、芽苗嫁接、扦插、直播等方法进行繁殖。选择河南省南部黄棕壤土层深厚、疏松、排水良好、向阳的丘陵地，提前一个季节带状整地，小于15°缓坡全垦或带状整地，陡坡撩壕或鱼鳞坑整地。行距2.5～3.0m，株距2.0～3.0m。选取生长健壮的1～2年生一二级苗造林，容器杯苗高

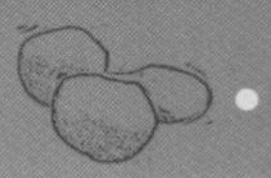

10cm以上，1年生优良家系苗高20cm以上，2年生嫁接苗高25cm以上，基径粗0.4cm以上，根系完整、无病虫害。间种矮秆耐阴的经济作物进行立体种植，花期放养蜜蜂促进授粉。

典型识别特征　树冠开张，树形为伞形。树叶宽椭圆形。果实扁圆形，青红色。

单株

果枝

果实

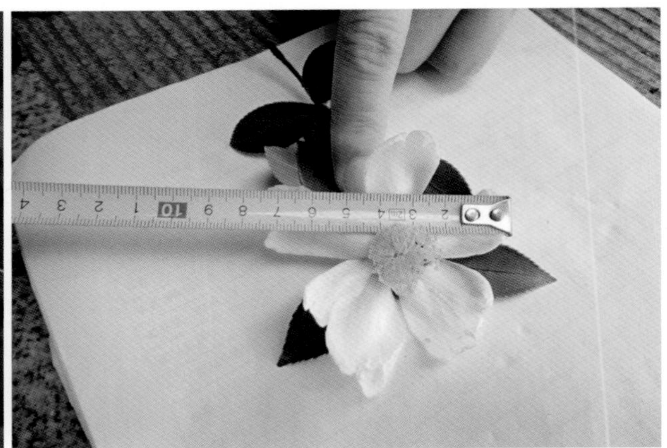
花

6 豫油茶6号

种名：油茶
拉丁名：*Camellia oleifera*'Yuyoucha 6'
认定编号：豫R-SV-CO-036-2009
原产地：湖南省攸县
品种类别：优株

选育地（区试点）：河南省新县、光山、商城
选育单位：河南省林业科学研究院
选育过程：同豫油茶1号
选育年份：2007年3月16日至2009年10月30日

植物学特征 小乔木，树姿半开张，树形伞形；树皮灰黄色，光滑；树枝灰绿色，微被短柔毛；树高4.3m，枝下高0.3m，地径10.3cm，冠幅2.4m×3.7m；树叶生长浓密，叶片椭圆形，叶长5.1～7.8cm（平均6.44cm），叶宽1.9～3.6cm（平均2.76cm），叶柄平均长0.86cm，叶平均厚度0.05cm，叶面平，叶缘平，叶尖渐尖，叶基楔形，中绿色，上斜着生，侧脉对数平均8，薄革质，叶齿锐度大、密度大，叶芽有绒毛，芽鳞黄绿色，嫩枝绿色，嫩叶绿色；两性花，1～3朵生于枝顶或叶腋，无梗，花朵白色，有香味，萼片紫红色有绒毛，花冠近圆形，直径3.9～5.5cm，平均4.9cm，萼片5～6片，平均6片，花瓣5～7片，平均6片，分离，倒卵形，长2.5～4.5cm，先端常有凹缺，外面有毛，雄蕊多数，无毛，外轮花丝仅基部连合，子房上位，密被白色丝状绒毛，花柱长度1.0～1.2cm（平均1.1cm），花柱裂位浅裂，柱头裂数3～4裂（平均3裂），雄蕊比雌蕊高；果实单生，橄榄形，果皮平均厚3mm，单果籽粒数1～10粒，平均籽粒数5粒，果皮3裂，青红色，果面光滑，中等大小，果纵径3.9～5.2cm（平均4.11cm），横径2.5～4.1cm（平均3.37cm）；种子锥形，种皮棕褐色。

经济性状 每平方米冠幅鲜果产量0.73kg，鲜籽产量0.31kg，产油量0.04kg。结实大小年周期1～2年，大小年产量差异不明显。平均单果重21.4g，每千克46粒左右，鲜籽重0.8～3.9g，平均单重2.3g，烘干籽重0.5～2.1g，平均单重1.3g。鲜果出籽率42.82%，干出籽率24.20%，鲜籽出仁率80.29%，干籽出仁率55.32%，仁含油率45.43%。主要脂肪酸成分：油酸85.4%，亚油酸4.7%，亚麻酸0.3%，硬脂酸2.0%，棕榈酸6.9%，棕榈烯酸0.1%。

生物学特性 深根性树种，主根发达，向下深扎1.5m以上，细根集中于10～35cm范围，根系于每年2月中旬开始活动，于新梢开始生长前出现生长高峰，12月至翌年2月缓慢生长，具有强烈的趋水趋肥性及萌蘖性。每年3月初，叶芽开始膨大萌发，3～4月间新梢开始生长，按抽发季节可分为春梢、夏梢及秋梢，成年阶段以春梢为主，换叶期出现在4月下旬至5月中旬。花从蕾裂到脱落历时6～8天，全树花期历时约20～50天。花传粉媒介以昆虫为主，花期易受低温降雨影响。果实越冬时停止生长，至翌年气温回升后继续生长，4月果实开始膨大，7～8月进入迅速生长期，10月中旬前后成熟。采用1～2年生嫁接苗进行造林，始花期5～6年，至树龄6～10年阶段进入生长旺盛期，大量分枝，开花结果量逐步增加，产量逐年上升，10年后进入盛果期，生殖占据优势，对光热水肥需求增加，产量趋于稳定。萌芽日期3月2日，春梢抽梢日期3月25日；初花期10月30日，盛花期11月6日，末花期11月24日；果熟日期10月15日。

适应性及栽培特点 适生范围是河南省南部大别山低山丘陵区、桐柏山低山丘陵区、淮南垄

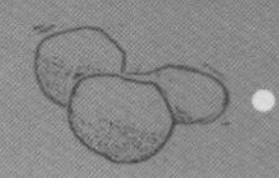

岗区和伏牛山南坡低山丘陵区。适宜栽植的立地类型主要有大别山低山丘陵区的阳坡中厚土类型、阳坡薄层土类型、阴坡中厚土类型、阴坡薄层土类型；桐柏山低山丘陵区阳坡中厚土类型、阳坡薄层土类型；淮南垄岗区壤土型；伏牛山南坡低山丘陵区的阳坡中厚土类型、阳坡薄层土类型。采用插叶、芽苗嫁接、扦插、直播等方法进行繁殖。选择河南省南部黄棕壤土层深厚、疏松、排水良好、向阳的丘陵地，提前一个季节带状整地，小于 15° 缓坡全垦或带状整地，陡坡撩壕或鱼鳞坑整地。行距 2.5 ~ 3.0m，株距 2.0 ~ 3.0m。选取生长健壮的 1 ~ 2 年生一二级苗造林，容器杯苗高 10cm 以上，1 年生优良家系苗高 20cm 以上，2 年生嫁接苗高 25cm 以上，基径粗 0.4cm 以上，根系完整、无病虫害。间种矮秆耐阴的经济作物进行立体种植，花期放养蜜蜂促进授粉。

典型识别特征　树姿半开张。橄榄形青红果。

单株

果枝

花

果实

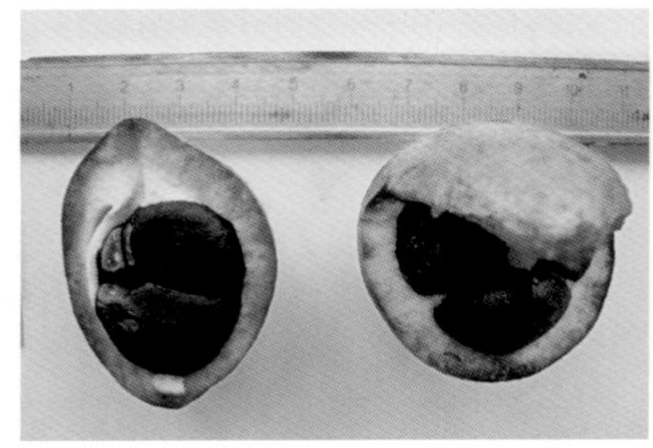

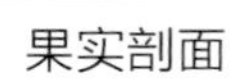

果实剖面

果横径

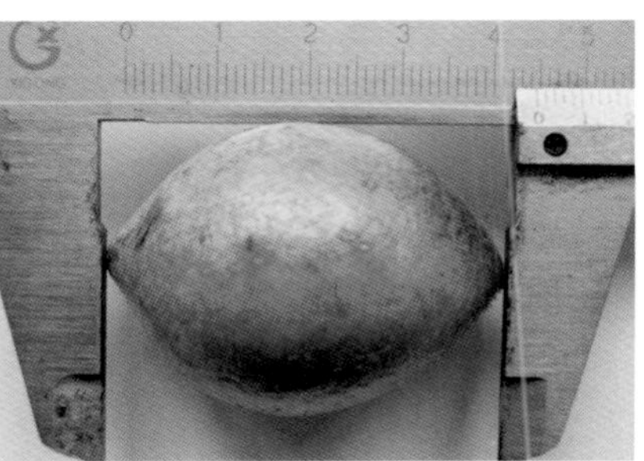

果纵径

7 豫油茶7号

种名： 油茶
拉丁名： *Camellia oleifera* ‘Yuyoucha 7’
认定编号： 豫 R-SV-CO-037-2009
原产地： 湖南省攸县
品种类别： 优株

选育地（区试点）： 湖南省新县、光山、商城
选育单位： 河南省林业科学研究院
选育过程： 同豫油茶1号
选育年份： 2007年3月16日至2009年10月30日

植物学特征 小乔木，树姿直立，树形伞形；树皮灰绿色，光滑；树枝灰绿色，微被短柔毛，树高3.2m，枝下高0.4m，地径7.5cm，冠幅3.2m×2.3m；树叶生长较稀疏，叶型小，长椭圆形，叶长平均5.42cm，叶宽平均2.22cm，叶柄长平均0.84cm，叶厚度平均0.05cm，叶面平，叶缘平，叶尖渐尖，叶基楔形，中绿色，上斜着生，侧脉对数平均6对，薄革质，叶齿锐度大、密度大，叶芽有绒毛，芽鳞颜色绿色，嫩枝红色，嫩叶红色；两性花，1～3朵生于枝顶或叶腋，无梗，花朵白色，有香味，萼片紫红色，有绒毛，花冠近圆形，直径3.9～5.2cm，平均4.5cm，萼片5～7片，平均6片，花瓣7～9片，平均8片，分离，倒卵形，长2.5～4.5cm，先端常有凹缺，外面有毛，雄蕊多数，无毛，外轮花丝仅基部连合，子房上位，密被白色丝状绒毛，花柱长度0.9～1.1cm，平均1.0cm，花柱裂位浅裂，柱头裂数3～4裂，平均4裂，雌蕊比雄蕊高；果实单生，果实椭圆形，果皮平均厚4mm，单果籽粒数3～9粒，平均籽粒数6粒，果皮4裂，青红色，果面光滑，中等大小，果纵径3.8～5.4cm，平均3.55cm，横径3.0～4.2cm，平均3.64cm，种子锥形，种皮褐色。

经济性状 每平方米冠幅鲜果产量0.68kg，鲜籽产量0.22kg，产油量0.02kg。结实大小年周期1～2年，大小年产量差异不明显。单果平均重27.3g，每千克36粒左右，鲜籽重1.2～3.2g（平均单重2.0g），烘干籽重0.6～1.6g（平均单重1.0g）。鲜果出籽率32.51%，干出籽率16.26%，鲜籽出仁率85.33%，干籽出仁率45.10%，仁含油率43.95%。主要脂肪酸成分：油酸87.0%，亚油酸3.5%，亚麻酸0.3%，硬脂酸2.0%，棕榈酸6.7%，棕榈烯酸0.1%。

生物学特性 深根性树种，主根发达，向下深扎1.5m以上，细根集中于10～35cm范围，根系于每年2月中旬开始活动，于新梢开始生长前出现生长高峰，12月至翌年2月缓慢生长，具有强烈的趋水趋肥性及萌蘖性。每年3月初，叶芽开始膨大萌发，3～4月间新梢开始生长，按抽发季节可分为春梢、夏梢及秋梢，成年阶段以春梢为主，换叶期出现在4月下旬至5月中旬。花从蕾裂到脱落历时6～8天，全树花期历时约20～50天。花传粉媒介以昆虫为主，花期易受低温降雨影响。果实越冬时停止生长，至翌年气温回升后继续生长，4月果实开始膨大，7～8月进入迅速生长期，10月中旬前后成熟。采用1～2年生嫁接苗进行造林，始花期5～6年，至树龄6～10年阶段进入生长旺盛期，大量分枝，开花结果量逐步增加，产量逐年上升，10年后进入盛果期，生殖占据优势，对光热水肥需求增加，产量趋于稳定。萌芽日期3月20号，春梢抽梢日期4月15日；初花期10月28日，盛花期10月30日，末花期11月13日；果熟日期10月15日。

适应性及栽培特点 适生范围是河南省南部大别山低山丘陵区、桐柏山低山丘陵区、淮南垄岗区和伏牛山南坡低山丘陵区。适宜栽植的立地

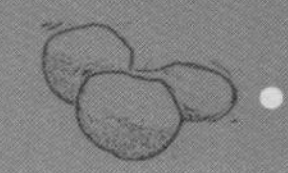

类型主要有大别山低山丘陵区的阳坡中厚土类型、阳坡薄层土类型、阴坡中厚土类型、阴坡薄层土类型；桐柏山低山丘陵区阳坡中厚土类型、阳坡薄层土类型；淮南垄岗区壤土型；伏牛山南坡低山丘陵区的阳坡中厚土类型、阳坡薄层土类型。采用插叶、芽苗嫁接、扦插、直播等方法进行繁殖。选择河南省南部黄棕壤土层深厚、疏松、排水良好、向阳的丘陵地，提前一个季节带状整地，小于15°缓坡全垦或带状整地，陡坡撩壕或鱼鳞坑整地。行距2.5 ~ 3.0m，株距2.0 ~ 3.0m。选取生长健壮的1 ~ 2年生一二级苗造林，容器杯苗高10cm以上，1年生优良家系苗高20cm以上，2年生嫁接苗高25cm以上，基径粗0.4cm以上，根系完整、无病虫害。间种矮秆耐阴的经济作物进行立体种植，花期放养蜜蜂促进授粉。

典型识别特征　树姿直立。椭圆形青红果。

单株

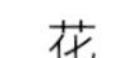

花

果枝

果实

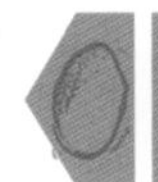

8 豫油茶 8 号

种名：油茶
拉丁名：*Camellia oleifera*‘Yuyoucha 8’
认定编号：豫 R-SV-CO-036-2010
品种类别：优株
原产地：河南省光山县南向店乡
选育地：河南省光山县南向店乡闵冲村魏冲组
选育单位：河南省林业科学研究院
选育过程：1970 年，河南省光山县南向店乡闵冲村采集当地品种的种子，在位于光山县南向店乡闵冲村魏冲组里洼山进行了直播造林，造林总面积 $1.7m^2$。成林后，经过多年来的实际采摘与初步观察，发现该品种丰产性好，适应性强，病虫害少，被看作油茶一个新的优良品种。
选育年份：2007 年 3 月 10 日至 2010 年 10 月 30 日

植物学特征 树龄 40 年，树高 4.6m，枝下高 1.1m，树冠伞形，树形开张，冠幅 3.1m × 4.9m；主干灰黄色，光滑；树枝灰绿色，微被短柔毛，当年新抽枝平均 5.25cm；树叶生长较稠密，椭圆形，颜色深绿，单叶互生，叶片厚革质，叶长 6.0 ~ 7.6cm，（平均 7.12cm）；叶宽 2.1 ~ 4.1cm，（平均 3.37cm），叶柄长 0.47 ~ 0.71cm（平均 0.60cm），叶厚度 0.04 ~ 0.05cm（平均 0.05cm），先端渐尖，基部楔形，边缘具细锯齿；两性花，1 ~ 3 朵生于枝顶或叶腋，直径 3 ~ 5cm，无梗，萼片通常 5 片，近圆形，外被绢毛，花瓣 5 ~ 7 片，白色，分离，倒卵形，长 2.5 ~ 4.5cm，先端常有凹缺，外面有毛，雄蕊多数，无毛，外轮花丝仅基部连合，子房上位，密被白色丝状绒毛，花柱先端 3 浅裂；果实桃形，纯青色，中等大小，果纵径平均 3.50cm，果横径平均 2.82cm，果皮厚 3mm，籽数 4 粒，翌年 10 月上旬果成熟。

经济性状 单株鲜果产量 14.69kg，每平方米冠幅产果 1.17kg。平均单果重 15.3g，鲜籽重 4.7g，干籽重 2.6g。鲜果出籽率 35.45%，鲜籽出仁率 75.59%，干籽出仁率 55.56%，仁含油率 42.5%。主要脂肪酸成分：油酸 80.90%，亚油酸 5.80%，亚麻酸 0.40%，硬脂酸 3.20%，棕榈酸 9.40%。

生物学特性 深根性树种，主根发达，向下深扎 1.5m 以上，细根集中于 10 ~ 35cm 范围，根系于每年 2 月中旬开始活动，于新梢开始生长前出现生长高峰，12 月至翌年 2 月缓慢生长，具有强烈的趋水趋肥性及萌蘖性。每年 3 月初，叶芽开始膨大萌发，3 ~ 4 月间新梢开始生长，按抽发季节可分为春梢、夏梢及秋梢，成年阶段以春梢为主，换叶期出现在 4 月下旬至 5 月中旬。花从蕾裂到脱落历时 6 ~ 8 天，全树花期历时约 20 ~ 50 天。花传粉媒介以昆虫为主，花期易受低温降雨影响。果实越冬时停止生长，至翌年气温回升后继续生长，4 月果实开始膨大，7 ~ 8 月进入迅速生长期，10 月中旬前后成熟。采用 1 ~ 2 年生嫁接苗进行造林，始花期 5 ~ 6 年，至树龄 6 ~ 10 年阶段进入生长旺盛期，大量分枝，开花结果量逐步增加，产量逐年上升，10 年后进入盛果期，生殖占据优势，对光热水肥需求增加，产量趋于稳定。该品种萌芽日期 3 月 11 日，抽梢日期 4 月 2 日；初花期 10 月 16 日，盛花期 10 月 20 日，末花期 11 月 16 日；果熟日期 10 月 7 日。

适应性及栽培特点 适生范围是河南省南部大别山低山丘陵区、桐柏山低山丘陵区、淮南垄岗区和伏牛山南坡低山丘陵区。适宜栽植的立地类型主要有大别山低山丘陵区的阳坡中厚土类型、阳坡薄层土类型、阴坡中厚土类型、阴坡薄层土类型；桐柏山低山丘陵区阳坡中厚土类型、阳坡薄层土类型；淮南垄岗区壤土型；伏牛山南

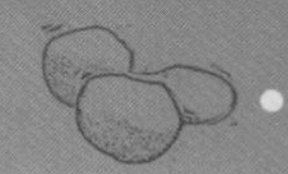

坡低山丘陵区的阳坡中厚土类型、阳坡薄层土类型。采用插叶、芽苗嫁接、扦插、播种等方法进行繁殖。选择河南省南部黄棕壤土层深厚、疏松、排水良好、向阳的丘陵地，提前一个季节带状整地，小于 15° 缓坡全垦或带状整地，陡坡撩壕或鱼鳞坑整地。行距 2.5 ～ 3.0m，株距 2.0 ～ 3.0m。选取生长健壮的 1 ～ 2 年生一二级苗造林，容器杯苗高 10cm 以上，1 年生优良家系苗高 20cm 以上，2 年生嫁接苗高 25cm 以上，基径粗 0.4cm 以上，根系完整、无病虫害。间种矮秆耐阴的经济作物进行立体种植，花期放养蜜蜂促进授粉。10 月 20 日以后树上 5% 的茶果微裂时采收。

典型识别特征　树冠伞形，树姿开张。叶片椭圆形。桃形青果，果面光滑。

单株

花

果枝

果实

9 豫油茶9号

种名： 油茶
拉丁名： *Camellia oleifera* ‘Yuyoucha 9’
认定编号： 豫 R-SV-CO-037-2010
品种类别： 优株
原产地： 河南省光山县南向店乡闵冲村
选育地： 河南省光山县南向店乡闵冲村魏冲组里洼山
选育单位： 河南省林业科学研究院
选育过程： 1975年，河南省光山县南向店乡闵冲村采集当地品种的种子，在位于光山县南向店乡闵冲村魏冲组里洼山进行了直播造林，造林总面积1.3m^2。成林后，经过多年来的实际采摘与初步观察，发现该品种丰产性好，适应性强，病虫害少，选作油茶一个新的优良品种。
选育年份： 2007年3月10日至2010年10月30日

植物学特征 树龄35年，树高3.5m，枝下高0.7m，冠幅3.7m×3.5m；叶长6.2 ~ 7.6cm（平均6.61cm），叶宽2.6 ~ 3.5cm（平均3.11cm），叶柄长0.55 ~ 0.81cm（平均0.70cm），叶厚度0.04 ~ 0.05cm（平均0.04cm），当年新抽枝平均长5.93cm；果实橘形，青色，有圆形凸出果脐，果较小，果纵径平均2.75cm，果横径平均2.99cm。树势强健，树冠紧凑，具较强的抗病虫能力。

经济性状 盛果期亩产油量68.81kg，单株鲜果产量10.24kg，籽产量245.15kg，每平方米冠幅产果1.01kg。结实大小年周期为1 ~ 2年。鲜果平均单果重13.2g，鲜果出籽率36.39%，鲜籽出仁率73.88%，仁含油率37.99%。种子主要脂肪酸成分：油酸78.20%，亚油酸9.70%，亚麻酸0.40%，硬脂酸1.50%，棕榈酸9.70%。

生物学特性 深根性树种，主根发达，向下深扎1.5m以上，细根集中于10 ~ 35cm范围，根系于每年2月中旬开始活动，于新梢开始生长前出现生长高峰，12月至翌年2月缓慢生长，具有强烈的趋水趋肥性及萌蘖性。每年3月初，叶芽开始膨大萌发，3 ~ 4月间新梢开始生长，按抽发季节可分为春梢、夏梢及秋梢，成年阶段以春梢为主，换叶期出现在4月下旬至5月中旬。花从蕾裂到脱落历时6 ~ 8天，全树花期历时约20 ~ 50天。花传粉媒介以昆虫为主，花期易受低温降雨影响。果实越冬时停止生长，至翌年气温回升后继续生长，4月果实开始膨大，7 ~ 8月进入迅速生长期，10月中旬前后成熟。采用1 ~ 2年生嫁接苗进行造林，始花期5 ~ 6年，至树龄6 ~ 10年阶段进入生长旺盛期，大量分枝，开花结果量逐步增加，产量逐年上升，10年后进入盛果期，生殖占据优势，对光、热、水、肥需求增加，产量趋于稳定。萌芽日期3月11日，春梢抽梢日期4月3日；初花期10月15日，盛花期10月22日，末花期11月12日；果熟日期10月10日。

适应性 适生范围是河南省南部大别山低山丘陵区、桐柏山低山丘陵区、淮南垄岗区和伏牛山南坡低山丘陵区。适宜栽植的立地类型主要有大别山低山丘陵区的阳坡中厚土类型、阳坡薄层土类型、阴坡中厚土类型、阴坡薄层土类型；桐柏山低山丘陵区阳坡中厚土类型、阳坡薄层土类型；淮南垄岗区壤土型；伏牛山南坡低山丘陵区的阳坡中厚土类型、阳坡薄层土类型。

典型识别特征 树形为圆头形，树姿开张。果橘形，果皮青色。种子半球形。

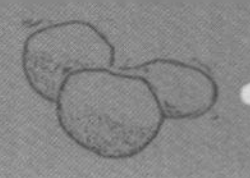

单株

花

果枝

果实

10 豫油茶10号

种名： 油茶
拉丁名： *Camellia oleifera* 'Yuyoucha 10'
认定编号： 豫 R-SV-CO-038-2010
品种类型： 优株
原产地： 河南省光山县
选育地（区试点）： 河南省新县、光山、商城
选育单位： 河南省林业科学研究院
选育过程： 1977年，河南省光山县南向店乡闵冲村采集当地品种的种子，在位于光山县南向店乡闵冲村魏冲组里洼山进行了直播造林，造林总面积$1.9m^2$。成林后，经过多年来的实际采摘与初步观察，发现该品种丰产性好，适应性强，病虫害少，选作油茶一个新的优良品种。
选育年份： 2007年3月10日至2010年10月30日

植物学特征 小乔木，树姿开张，树形伞形；树皮灰绿色，光滑；树枝灰绿色，微被短柔毛，树高3.2m，枝下高0.5m，地径7.1cm，冠幅2.8m×3.1m；树叶生长稠密，椭圆形，叶长6.2～7.6cm，平均6.78cm，叶宽3.1～4.0cm（平均3.63cm），叶柄长0.61～0.91cm（平均0.75cm），叶厚度0.05～0.07cm（平均0.05cm），叶面平，叶缘平，叶尖渐尖，叶基近圆形，嫩绿色，近水平着生，侧脉对数平均6，厚革质，叶齿锐度大，密度大，叶芽有绒毛，芽鳞颜色黄绿色，当年新抽枝平均长6.31cm，嫩枝绿色，嫩叶绿色；两性花，1～3朵生于枝顶或叶腋，无梗，花朵白色，有香味，萼片绿色，有绒毛，花冠近圆形，直径6.3～7.3cm，平均6.8cm，萼片3～4片，平均3片，花瓣5～6片，平均5片，分离，倒卵形，长2.5～4.5cm，先端常有凹缺，外面有毛，雄蕊多数，无毛，外轮花丝仅基部连合，子房上位，密被白色丝状绒毛，花柱长度1.0～1.2cm，平均1.1cm，花柱裂位浅裂，柱头裂数3～4裂，平均3裂，雌蕊比雄蕊高；果实单生，球形，青褐色，果面光滑，中等大小，果纵径2.40～3.50cm（平均3.23cm），果横径2.50～3.40cm（平均2.97cm），果皮平均厚4mm，单果籽粒数2～6粒，平均4粒；种子半球形，种皮黑色。

经济性状 单株鲜果产量14.07kg，每平方米冠幅鲜果产量2.06kg，鲜籽产量0.67kg，产油量0.076kg。结实大小年周期1～2年，大小年产量差异不明显。平均单果重16.8g，每千克60粒左右，鲜籽重0.6～2.1g（平均单重1.2g），烘干籽重0.3～1.2g（平均单重0.7g）。鲜果出籽率32.51%，干出籽率18.96%，鲜籽出仁率65.15%，干籽出仁率57.69%，仁含油率33.82%。主要脂肪酸成分：油酸82.2%，亚油酸7.4%，亚麻酸0.3%，硬脂酸2.2%，棕榈酸7.5%。

生物学特性 深根性树种，主根发达，向下深扎1.5m以上，细根集中于10～35cm范围，根系于每年2月中旬开始活动，于新梢开始生长前出现生长高峰，12月至翌年2月缓慢生长，具有强烈的趋水趋肥性及萌蘖性。每年3月初，叶芽开始膨大萌发，3～4月间新梢开始生长，按抽发季节可分为春梢、夏梢及秋梢，成年阶段以春梢为主，换叶期出现在4月下旬至5月中旬。花从蕾裂到脱落历时6～8天，全树花期历时约20～50天。花传粉媒介以昆虫为主，花期易受低温降雨影响。果实越冬时停止生长，至翌年气温回升后继续生长，4月果实开始膨大，7～8月进入迅速生长期，10月中旬前后成熟。采用1～2年生嫁接苗进行造林，始花期5～6年，至树龄6～10年阶段进入生长旺盛期，大量分枝，开花结果量逐步增加，产量逐年上升，10年后进入盛果期，生殖占据优势，对光、热、水、肥需求增加，产量趋于稳定。萌芽日期3月7日，

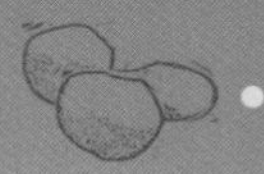

春梢抽梢日期 3 月 25 日；初花期 10 月 20 日，盛花期 10 月 25 日，末花期 11 月 12 日；果熟日期 10 月 21 日。

适应性及栽培特点　适生范围是河南省南部大别山低山丘陵区、桐柏山低山丘陵区、淮南垄岗区和伏牛山南坡低山丘陵区。适宜栽植的立地类型主要有大别山低山丘陵区的阳坡中厚土类型、阳坡薄层土类型、阴坡中厚土类型、阴坡薄层土类型；桐柏山低山丘陵区阳坡中厚土类型、阳坡薄层土类型；淮南垄岗区壤土型；伏牛山南坡低山丘陵区的阳坡中厚土类型、阳坡薄层土类型。采用插叶、芽苗嫁接、扦插、直播等方法进行繁殖。选择河南省南部黄棕壤土层深厚、疏松、排水良好、向阳的丘陵地，提前一个季节带状整地，小于 15° 缓坡全垦或带状整地，陡坡撩壕或鱼鳞坑整地。行距 2.5 ~ 3.0m，株距 2.0 ~ 3.0m。选取生长健壮的 1 ~ 2 年生一二级苗造林，容器杯苗高 10cm 以上，1 年生优良家系苗高 20cm 以上，2 年生嫁接苗高 25cm 以上，基径粗 0.4cm 以上，根系完整、无病虫害。间种矮秆耐阴的经济作物进行立体种植，花期放养蜜蜂促进授粉。

典型识别特征　树姿开张。球形青褐色果。

单株

果枝

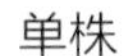

花

果实

11 豫油茶11号

种名： 油茶
拉丁名： *Camellia oleifera* 'Yuyoucha 11'
认定编号： 豫R-SV-CO-039-2010
品种类别： 优株
原产地： 河南省新县
选育地： 河南省新县西北部浅山区
选育单位： 河南省林业科学研究院

选育过程： 1977年，河南省新县八里乡整山村采集的本地农家品种种子，在位于新县西北部浅山区进行了直播造林，造林总面积 $2.1m^2$。树木生长结果后，经过几年的初步观察，发现该品种适应性强，丰产性好，病虫害少，选作油茶一个新的优良品种
选育年份： 2010年

植物学特征 树姿半开张，树形为伞形；树皮灰绿色，光滑；树龄33年，树高3.0m，枝下高0.8m（平均地径15cm），冠幅3.2m×3.6m；叶长4.3～7.2cm（平均5.38cm），叶宽2.3～3.4cm（平均2.91cm），叶柄长0.61～1.21cm（平均0.77cm），叶厚度0.038～0.054cm（平均0.042cm），侧脉6对，当年新抽枝平均长3.94cm；两性花，单枝花量1朵，萼片数4个，花瓣7瓣，花冠直径6.8cm，柱头裂数3；果实桃形，青红色，果较小，果高3.4cm，果纵径平均2.69cm，果横径平均2.63cm，果皮厚5mm，籽数7粒；种子锥形，棕褐色。

经济性状 单位面积冠幅平均产鲜果 $1.51kg/m^2$，平均结果50个/m^2，单株鲜果产量13.75kg。结实大小年周期为1～2年。平均单果重11.1g，鲜籽重6.9g，干籽重4.0g。鲜果出籽率29.08%，鲜籽出仁率68.29%，干籽出仁率59.15%，仁含油率38.69%。主要脂肪酸成分：油酸82.9%，亚油酸6.8%，亚麻酸0.3%，硬脂酸2.4%，棕榈酸7.1%。

生物学特性 深根性树种，主根发达，向下深扎1.5m以上，细根集中于10～35cm范围，根系于每年2月中旬开始活动，于新梢开始生长前出现生长高峰，12月至翌年2月缓慢生长，具有强烈的趋水趋肥性及萌蘖性。每年3月初，叶芽开始膨大萌发，3～4月间新梢开始生长，按抽发季节可分为春梢、夏梢及秋梢，成年阶段以春梢为主，换叶期出现在4月下旬至5月中旬。花从蕾裂到脱落历时6～8天，全树花期历时约20～50天。花传粉媒介以昆虫为主，花期易受低温降雨影响。果实越冬时停止生长，至翌年气温回升后继续生长，4月果实开始膨大，7～8月进入迅速生长期，10月中旬前后成熟。采用1～2年生嫁接苗进行造林，始花期5～6年，至树龄6～10年阶段进入生长旺盛期，大量分枝，开花结果量逐步增加，产量逐年上升，10年后进入盛果期，生殖占据优势，对光热水肥需求增加，产量趋于稳定。萌芽日期3月5日，抽梢日期4月2日；初花期10月15日，盛花期10月20日，末花期11月6日；果熟日期10月9日。

适应性及栽培特点 适生范围是河南省南部大别山低山丘陵区、桐柏山低山丘陵区、淮南垄岗区和伏牛山南坡低山丘陵区。适宜栽植的立地类型主要有大别山低山丘陵区的阳坡中厚土类型、阳坡薄层土类型、阴坡中厚土类型、阴坡薄层土类型；桐柏山低山丘陵区阳坡中厚土类型、阳坡薄层土类型；淮南垄岗区壤土型；伏牛山南坡低山丘陵区的阳坡中厚土类型、阳坡薄层土类型。对不同环境均有较强的适应性，对旱、霜冻及油茶炭疽病等均有较强的抗性，树体生长健壮，保持了高产和优良品质的遗传稳定性。采用插叶、芽苗嫁接、扦插、直播等方法进行繁殖。选择河南省南部黄棕壤土层深厚、疏松、排水良

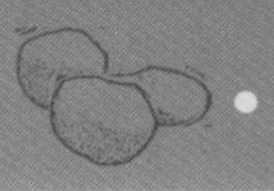

好、向阳的丘陵地，提前一个季节带状整地，小于15°缓坡全垦或带状整地，陡坡撩壕或鱼鳞坑整地。行距2.5 ~ 3.0m，株距2.0 ~ 3.0m。选取生长健壮的1 ~ 2年生一二级苗造林，容器杯苗高10cm以上，1年生优良家系苗高20cm以上，2年生嫁接苗高25cm以上，基径粗0.4cm以上，根系完整、无病虫害。间种矮秆耐阴的经济作物进行立体种植，花期放养蜜蜂促进授粉。

典型识别特征　树形为伞形。果实桃形，青红色。

单株

果枝

花

果实

12 豫油茶12号

种名： 油茶
拉丁名： *Camellia oleifera* ‘Yuyoucha 12’
认定编号： 豫 R-SV-CO-040-2010
品种类别： 优株
原产地： 河南省信阳市新县
选育地： 河南省信阳市新县周河乡柳铺村野猪河组
选育单位： 河南省林业科学研究院

选育过程： 1977年，河南省新县周河乡柳铺村从本地农家品种采集的种子，在位于新县西北部浅山区进行了直播造林，造林总面积2.4m^2。树木生长结果后，经过几年的初步观察，发现该品种适应性强，丰产性好，病虫害少，选作油茶一个新的优良品种。
选育年份： 2010年

植物学特征 树高2.6m，枝下高0.8m，冠幅3.2m×2.9m；树皮灰绿色，光滑；树冠圆头形，树姿紧凑，冠形匀称；树枝灰绿色，微被短柔毛，当年新抽枝平均长7.82cm；树叶生长较稠密，椭圆形，单叶互生，叶片厚革质，叶长4.2～6.5cm（平均5.73cm），叶宽2.6～3.9cm（平均3.26cm），叶柄长0.54～0.70cm（平均0.59cm），叶厚度0.05～0.06cm（平均0.06cm），先端钝尖，基部楔形，边缘具细锯齿，上面亮绿色，侧脉不明显；两性花，1～3朵生于枝顶或叶腋，直径3～5cm，无梗，萼片通常5片，近圆形，外被绢毛，花瓣5～7瓣，白色，分离，倒卵形，长2.5～4.5cm，先端常有凹缺，外面有毛，雄蕊多数，无毛，外轮花丝仅基部连合，子房上位，密被白色丝状绒毛，花柱先端3浅裂；果实橄榄形，青红色，中等大小，籽数4粒，果皮厚5mm，果皮4裂，果纵径平均3.36cm，果横径平均2.75cm，果实在树冠上分布均匀稠密。

经济性状 单株鲜果产量16.87kg，每平方米冠幅产果2.31kg。平均单果重13.8g，鲜籽重4.3g，干籽重2.7g。干籽出仁率64.37%，仁含油率41.88%。主要脂肪酸成分：油酸81.9%，亚油酸7.1%，亚麻酸0.3%，硬脂酸2.9%，棕榈酸7.4%。

生物学特性 深根性树种，主根发达，向下深扎1.5m以上，细根集中于10～35cm范围，根系于每年2月中旬开始活动，于新梢开始生长前出现生长高峰，12月至翌年2月缓慢生长，具有强烈的趋水趋肥性及萌蘖性。每年3月初，叶芽开始膨大萌发，3～4月间新梢开始生长，按抽发季节可分为春梢、夏梢及秋梢，成年阶段以春梢为主，换叶期出现在4月下旬至5月中旬。花从蕾裂到脱落历时6～8天，全树花期历时20～50天。花传粉媒介以昆虫为主，花期易受低温降雨影响。果实越冬时停止生长，至翌年气温回升后继续生长，4月果实开始膨大，7～8月进入迅速生长期，10月中旬前后成熟。采用1～2年生嫁接苗进行造林，始花期5～6年，至树龄6～10年阶段进入生长旺盛期，大量分枝，开花结果量逐步增加，产量逐年上升，10年后进入盛果期，生殖占据优势，对光热水肥需求增加，产量趋于稳定。萌芽日期3月11日，抽梢日期4月2日；初花期10月16日，盛花期10月20日，末花期11月16日；果熟日期10月7日。

适应性 适生范围是河南省南部大别山低山丘陵区、桐柏山低山丘陵区、淮南垄岗区和伏牛山南坡低山丘陵区。适宜栽植的立地类型主要有大别山低山丘陵区的阳坡中厚土类型、阳坡薄层土类型、阴坡中厚土类型、阴坡薄层土类型；桐柏山低山丘陵区阳坡中厚土类型、阳坡薄层土类型；淮南垄岗区壤土型；伏牛山南坡低山丘陵区的阳坡中厚土类型、阳坡薄层土

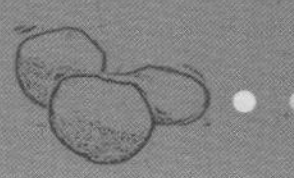

类型。

繁殖方法、栽培技术要点 该品种采用插叶、芽苗嫁接、扦插、直播等方法进行繁殖。选择河南省南部黄棕壤土层深厚、疏松、排水良好、向阳的丘陵地，提前一个季节带状整地，小于15° 缓坡全垦或带状整地，陡坡撩壕或鱼鳞坑整地。行距 2.5 ~ 3.0m，株距 2.0 ~ 3.0m。选取生长健壮的 1 ~ 2 年生一二级苗造林，容器杯苗高 10cm 以上，1 年生优良家系苗高 20cm 以上，2 年生嫁接苗高 25cm 以上，基径粗 0.4cm 以上，根系完整、无病虫害。间种矮秆耐阴的经济作物进行立体种植，花期放养蜜蜂促进授粉。10 月 20 日以后树上 5% 的茶果微裂时采收。

典型识别特征 树姿半开张。叶片椭圆形，叶面微隆起。果实橄榄形，青红色。

单株

果枝

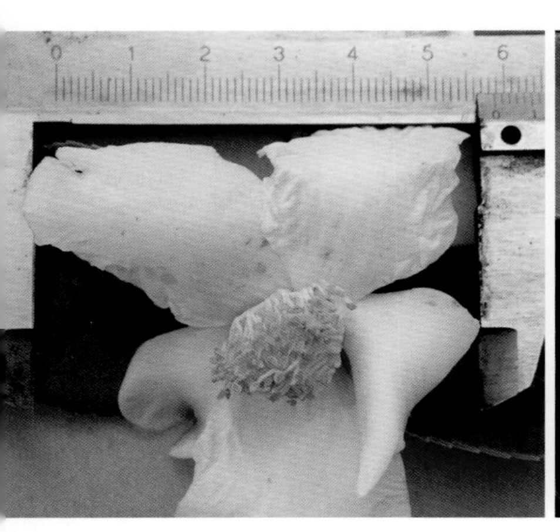

花

果实

13 豫油茶13号

种名：油茶
拉丁名：*Camellia oleifera*'Yuyoucha 13'
认定编号：豫R-SV-CO-041-2010
品种类别：优株
原产地：河南省新县周河乡柳铺村
选育地：河南省新县西北部浅山区
选育单位：河南省林业科学研究院
选育过程：1970年，河南省新县周河乡柳铺村选用本地农家品种的种子，在位于新县西北部浅山区进行了直播造林，造林总面积2.3m^2。树木生长结果后，经过几年的初步观察，发现该品种适应性强，丰产性好，病虫害少，选作油茶一个新的优良品种。
选育年份：2007年3月16日至2010年10月30日

植物学特征 树皮灰黄色，光滑；枝叶内松外密，椭圆形；树高5.3m，枝下高0.9m，冠幅8.0m×7.6m；叶长5.60～6.80cm（平均6.16cm），叶宽2.5～4.1cm（平均3.23cm），叶柄长0.56～0.77cm（平均0.69cm），叶厚度0.05～0.07cm（平均0.06cm），当年新抽枝平均6.41cm；果实橘形，青褐色，果纵径平均3.41cm，果横径平均4.04cm。树势强健，树冠开张，冠幅大，果实在树冠上分布均匀。对不同环境均有较强的适应性，对旱、霜冻及油茶炭疽病等均有较强的抗性，树体生长健壮，保持了高产和优良品质的遗传稳定性。

经济性状 盛果期亩产油量51.61kg，单株鲜果产量45.44kg，每平方米冠幅产果0.95kg，籽产量187.31kg。结实大小年周期为1～2年。鲜果平均单果重31.6g，鲜果出籽率29.56%，鲜籽出仁率62.64%，仁含油率43.99%。种子主要脂肪酸成分：油酸83.20%，亚油酸7.20%，亚麻酸0.30%，硬脂酸1.90%，棕榈酸7.00%。

生物学特性 深根性树种，主根发达，向下深扎1.5m以上，细根集中于10～35cm范围，根系于每年2月中旬开始活动，于新梢开始生长前出现生长高峰，12月至翌年2月缓慢生长，具有强烈的趋水趋肥性及萌蘖性。每年3月初叶芽开始膨大萌发，3～4月间新梢开始生长，按抽发季节可分为春梢、夏梢及秋梢，成年阶段以春梢为主，换叶期出现在4月下旬至5月中旬。花从蕾裂到脱落历时6～8天，全树花期历时20～50天。花传粉媒介以昆虫为主，花期易受低温降雨影响。果实越冬时停止生长，至翌年气温回升后继续生长，4月果实开始膨大，7～8月进入迅速生长期，10月中旬前后成熟。采用1～2年生嫁接苗进行造林，始花期5～6年，至树龄6～10年阶段进入生长旺盛期，大量分枝，开花结果量逐步增加，产量逐年上升，10年后进入盛果期，生殖占据优势，对光、热、水、肥需求增加，产量趋于稳定。萌芽日期3月11日，春梢抽梢日期4月3日；初花期10月25日，盛花期10月30日，末花期11月25日；果熟日期10月7日。

适应性 该品种适生范围是河南省南部大别山低山丘陵区、桐柏山低山丘陵区、淮南垄岗区和伏牛山南坡低山丘陵区。适宜栽植的立地类型主要有大别山低山丘陵区的阳坡中厚土类型、阳坡薄层土类型、阴坡中厚土类型、阴坡薄层土类型；桐柏山低山丘陵区阳坡中厚土类型、阳坡薄层土类型；淮南垄岗区壤土型；伏牛山南坡低山丘陵区的阳坡中厚土类型、阳坡薄层土类型。

典型识别特征 树形为伞形，树姿开张。果实橘形，果皮青褐色。种子似肾形。

单株

花

果枝

果实

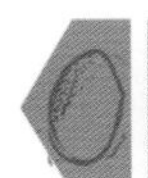

14 豫油茶14号

种名：油茶
拉丁名：*Camellia oleifera* 'Yuyoucha 14'
认定编号：豫 R-SV-CO-042-2010
品种类型：优株
原产地：河南新县新集镇姚冲村
选育地（区试点）：河南省新县、光山、商城
选育单位：河南省林业科学研究院
选育过程：1971年，河南省新县新集乡姚冲村村民采集本地农家品种的种子，在位于新县北部浅山区进行了直播造林，造林总面积 $1.9m^2$。树木生长结果后，经过几年的初步观察，发现该品种适应性强，丰产性好，病虫害少，选作油茶一个新的优良品种
选育年份：2007年3月16日至2010年10月30日

植物学特征 小乔木，树姿半开张，树形伞形；树皮灰黄色，光滑；树枝灰绿色，微被短柔毛；树高4.5m，枝下高0.8m，地径16.3cm，冠幅4.9m×4.8m，枝叶内松外密；叶片近圆形，叶长5.6～6.9cm(平均6.31cm)，叶宽2.60～4.20cm（平均3.41cm），叶柄长0.68～0.98cm（平均0.88cm），叶厚度0.04～0.05cm（平均0.04cm），叶面平，叶缘平，叶尖渐尖，叶基楔形，深绿色，近水平着生，侧脉对数平均6，薄革质，叶齿钝，叶齿密度中等，叶芽有绒毛，芽鳞黄绿色，当年新抽枝平均长度6.49cm，嫩枝紫红色，嫩叶绿色；两性花，1～3朵生于枝顶或叶腋，无梗，花朵白色，无香味，萼片绿色有绒毛，花冠近圆形，直径5.4～7.9cm（平均7.3cm），萼片3～6片（平均5片），花瓣6～8片（平均6片），分离，倒卵形，长2.5～4.5cm，先端常有凹缺，外面有毛，雄蕊多数，无毛，外轮花丝仅基部连合，子房上位，密被白色丝状绒毛，花柱长度1.2～1.4cm，平均1.3cm，花柱裂位浅裂，柱头裂数3～4裂，平均3裂，雄蕊比雌蕊高。果实单生，橄榄形，青红色，果面光滑，中等大小，果纵径3.1～4.4cm，平均3.50cm，横径2.7～4.5cm，平均3.06cm，果皮平均厚5mm，单果籽粒数1～5粒，平均籽粒数3粒；种子半球形，种皮棕褐色。

经济性状 每平方米冠幅鲜果产量0.62kg，鲜籽产量0.17kg，产油量0.01kg。结实大小年周期1～2年，大小年产量差异不明显。平均单果重15.60g，每千克64粒左右，鲜籽重1.10～5.00g（平均单重2.50g），烘干籽重0.30～2.70g（平均单重1.40g）。鲜果出籽率28.10%，干出籽率15.74%，鲜籽出仁率62.58%，干籽出仁率47.83%，仁含油率38.48%。主要脂肪酸成分：油酸82.90%，亚油酸11.40%，亚麻酸0.30%，硬脂酸1.90%，棕榈酸9.60%。

生物学特性 深根性树种，主根发达，向下深扎1.5m以上，细根集中于10～35cm范围，根系于每年2月中旬开始活动，于新梢开始生长前出现生长高峰，12月至翌年2月缓慢生长，具有强烈的趋水趋肥性及萌蘖性。每年3月初，叶芽开始膨大萌发，3～4月间新梢开始生长，按抽发季节可分为春梢、夏梢及秋梢，成年阶段以春梢为主，换叶期出现在4月下旬至5月中旬。花从蕾裂到脱落历时6～8天，全树花期历时20～50天。花传粉媒介以昆虫为主，花期易受低温降雨影响。果实越冬时停止生长，至翌年气温回升后继续生长，4月果实开始膨大，7～8月进入迅速生长期，10月中旬前后成熟。采用1～2年生嫁接苗进行造林，始花期5～6年，至树龄6～10年阶段进入生长旺盛期，大量分枝，开花结果量逐步增加，产量逐年上升，10年后进入盛果期，生殖占据优势，对光热水

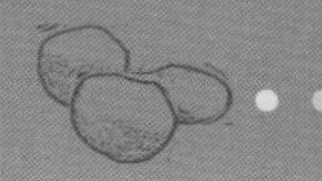

肥需求增加，产量趋于稳定。萌芽日期 3 月 2 日，春梢抽梢日期 3 月 23 日；初花期 10 月 13 日，盛花期 10 月 21 日，末花期 11 月 9 日；果熟日期 10 月 13 日。

适应性及栽培特点　适生范围是河南省南部大别山低山丘陵区、桐柏山低山丘陵区、淮南垄岗区和伏牛山南坡低山丘陵区。适宜栽植的立地类型主要有大别山低山丘陵区的阳坡中厚土类型、阳坡薄层土类型、阴坡中厚土类型、阴坡薄层土类型；桐柏山低山丘陵区阳坡中厚土类型、阳坡薄层土类型；淮南垄岗区壤土型；伏牛山南坡低山丘陵区的阳坡中厚土类型、阳坡薄层土类型。采用插叶、芽苗嫁接、扦插、直播等方法进行繁殖。选择河南省南部黄棕壤土层深厚、疏松、排水良好、向阳的丘陵地，提前一个季节带状整地，小于 15° 缓坡全垦或带状整地，陡坡撩壕或鱼鳞坑整地。行距 2.5 ~ 3.0m，株距为 2.0 ~ 3.0m。选取生长健壮的 1 ~ 2 年生一二级苗造林，容器杯苗高 10cm 以上，1 年生优良家系苗高 20cm 以上，2 年生嫁接苗高 25cm 以上，基径粗 0.4cm 以上，根系完整、无病虫害。间种矮秆耐阴的经济作物进行立体种植，花期放养蜜蜂促进授粉。

典型识别特征　树姿半开张。橄榄形青红果。

单株

果枝

花

果实

15 豫油茶 15 号

种名： 油茶
拉丁名： *Camellia oleifera* 'Yuyoucha 15'
认定编号： 豫 R-SV-CO-043-2010
品种类别： 优株
原产地： 湖南省攸县
选育地： 河南省新县田铺乡唐畈村西高山村民组山地
选育单位： 河南省林业科学研究院

选育过程： 1971 年，河南省新县田铺乡唐畈村西高山组村民从本地农家品种挑选种子，在位于新县南部田铺乡唐畈村西高山村民组山地进行了直播造林，造林总面积 $1.5m^2$。树木生长结果后，经过几年的初步观察，发现该品种适应性强，丰产性好，病虫害少，选作油茶一个新的优良品种
选育年份： 2010 年

植物学特征 树姿半开张，树形为伞形；树皮灰黄色，光滑；树高 4.3m，枝下高 0.9m，（平均地径 16.5cm），冠幅 3.7m × 3.6m；叶片长椭圆形，叶长 5.1 ~ 7.8cm（平均 6.56cm），叶宽 2.5 ~ 3.6cm（平均 3.21cm），叶柄长 0.54 ~ 0.95cm（平均 0.80cm），叶厚 0.40 ~ 0.50cm（平均 0.05cm），当年新抽枝平均长 4.71cm，侧脉 6 对；两性花，单枝花量 1 朵，萼片数 5 个，花瓣数 7 瓣，花冠直径 6.1cm，柱头裂数 3 裂；果实桃形，青红色，中等大小，果高 2.8cm，果纵径平均 3.10cm，果横径平均 3.15cm，果皮厚 5mm，籽数 3 粒；种子半球形，棕色。树势强健，树冠紧凑，果实在树冠上分布均匀。对不同环境均有较强的适应性，对旱、霜冻及油茶炭疽病等均有较强的抗性，树体生长健壮，保持了高产和优良品质的遗传稳定性。

经济性状 单株鲜果产量 5.85kg，平均单果重 16.10g，每平方米冠幅产果 0.56kg。结实大小年周期为 1 ~ 2 年，平均结果 46 个 $/m^2$，鲜籽重 2.6g，干籽重 1.9g。鲜果出籽率 26.71%，鲜籽出仁率 78.63%，干籽出仁率 67.07%，仁含油率 42.16%。主要脂肪酸成分：油酸 78.5%，亚油酸 9.0%，亚麻酸 0.3%，硬脂酸 2.4%，棕榈酸 9.4%。

生物学特性 深根性树种，主根发达，向下深扎 1.5m 以上，细根集中于 10 ~ 35cm 范围，根系于每年 2 月中旬开始活动，于新梢开始生长前出现生长高峰，12 月至翌年 2 月缓慢生长，具有强烈的趋水趋肥性及萌蘖性。每年 3 月初，叶芽开始膨大萌发，3 ~ 4 月间新梢开始生长，按抽发季节可分为春梢、夏梢及秋梢，成年阶段以春梢为主，换叶期出现在 4 月下旬至 5 月中旬。花从蕾裂到脱落历时 6 ~ 8 天，全树花期历时约 20 ~ 50 天。花传粉媒介以昆虫为主，花期易受低温降雨影响。果实越冬时停止生长，至翌年气温回升后继续生长，4 月果实开始膨大，7 ~ 8 月进入迅速生长期，10 月中旬前后成熟。采用 1 ~ 2 年生嫁接苗进行造林，始花期 5 ~ 6 年，至树龄 6 ~ 10 年阶段进入生长旺盛期，大量分枝，开花结果量逐步增加，产量逐年上升，10 年后进入盛果期，生殖占据优势，对光热水肥需求增加，产量趋于稳定。萌芽日期 3 月 9 日，抽梢日期 4 月 3 日；初花期 10 月 8 日，盛花期 10 月 13 日，末花期 10 月 30 日。果熟日期 10 月 15 日。

适应性及栽培特点 该品种适生范围是河南省南部大别山低山丘陵区、桐柏山低山丘陵区、淮南垄岗区和伏牛山南坡低山丘陵区。适宜栽植的立地类型主要有大别山低山丘陵区的阳坡中厚土类型、阳坡薄层土类型、阴坡中厚土类型、阴坡薄层土类型；桐柏山低山丘陵区阳坡中厚土类

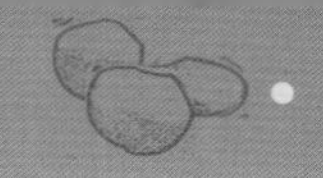

型、阳坡薄层土类型；淮南垄岗区壤土型；伏牛山南坡低山丘陵区的阳坡中厚土类型、阳坡薄层土类型。对不同环境均有较强的适应性，对旱、霜冻及油茶炭疽病等均有较强的抗性，树体生长健壮，保持了高产和优良品质的遗传稳定性。采用插叶、芽苗嫁接、扦插、直播等方法进行繁殖。选择河南省南部黄棕壤土层深厚、疏松、排水良好、向阳的丘陵地，提前一个季节带状整地，小于 15° 缓坡全垦或带状整地，陡坡撩壕或鱼鳞坑整地。行距 2.5 ~ 3.0m，株距 2.0 ~ 3.0m。选取生长健壮的 1 ~ 2 年生一二级苗造林，容器杯苗高 10cm 以上，1 年生优良家系苗高 20cm 以上，2 年生嫁接苗高 25cm 以上，基径粗 0.4cm 以上，根系完整、无病虫害。间种矮秆耐阴的经济作物进行立体种植，花期放养蜜蜂促进授粉。

典型识别特征　树形为伞状。叶片长椭圆形。果实桃形，青红色。

单株

果枝

花

果实

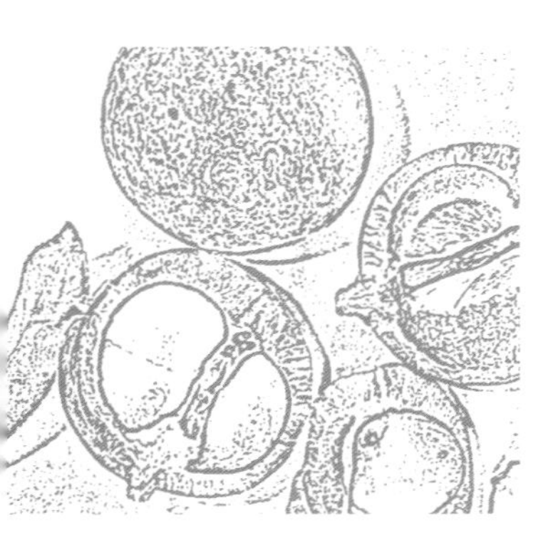

第十一章　湖北省主要油茶良种

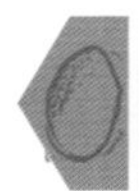

1　鄂林油茶 151

种名： 普通油茶
拉丁名： *Camellia oleifera* ‘Elinyoucha 151’
审定编号： 鄂 S-SC-CO-016-2002
品种类别： 优株
原产地： 湖北省麻城市
选育单位： 湖北省林业科学研究院
选育过程： 从 20 世纪 70 年代开始，湖北林业科学研究院按照油茶选优标准在全省开展了优树选择工作，选出优良单株 1011 株。1978 年，在麻城市五脑山林场采用高接换冠的方法建立油茶品比试验林 0.84hm^2，对选出的优良单株连续 10 年进行产量和果实品质测定，决选出单株鲜果重在 15kg 以上、冠幅产量每平方米 1kg 以上、鲜出籽率 40% 以上、干仁含油率 42% 以上、大小年差异不明显、且抗性强的油茶优良单株 10 个。1988 年，采用芽苗砧嫁接的方法繁殖良种壮苗营造油茶区域试验林，在湖北麻城市五脑山林场、西张店林场、红安县张胡家村等地开展品比试验和区域试验，试验结果表现为丰产、优质、抗性强，根据林木良种审定规范将 151 号优良无性系命名为鄂林油茶 151。
选育年份： 2002 年

植物学特性　常绿小乔木，树高 2.5 ~ 3.0m，冠幅 2.5 ~ 3.0m×3.4 ~ 4.0m，树冠圆头形，分枝力强，分枝角度大，树势较开张；枝条为棕褐色或淡褐色，有灰白色或褐色短毛，有顶芽 1 ~ 3 个；叶椭圆形，单生，革质，先端渐尖，边缘有细或钝齿，长 3.5 ~ 5.0cm，宽 1.8 ~ 3.0cm，叶片光滑，上端密下部稀，表面中脉有淡黄色细毛，侧脉近对生；花为两性花，白色，直径 5.0 ~ 6.5cm，萼片 4 ~ 5 枚，呈覆瓦状排列，花瓣倒卵形，5 ~ 6 瓣，雄蕊 2 ~ 4 轮排列，内轮分离，外轮 2 ~ 3 轮的花丝有部分联合着生于花瓣基部，花药黄色，雌蕊 3 ~ 5 裂，柱头稍膨大，子房 3 ~ 5 室；果实中等大小，圆球形，青黄色，外果壳较薄，平均果高 2.79cm，平均果径 3.03cm，果形指数 0.92，果皮平均厚度 0.26cm，种子黑色饱满，单果平均种子数 3.6 粒。适应性强，耐瘠薄，果实炭疽病感染率 3% 以下。

经济性状　试验林盛果期 4 年平均单位面积冠幅产果 1.49/m^2，4 年平均产茶油 918kg/hm^2，折合 4 年平均每亩产茶油 61.2kg，比参试无性系平均值增产 101.5%。结实大小年现象不明显。平均单果重 13.6g，鲜果出籽率 44.70%，干出籽率 26.40%，鲜果出干仁率 19.43%，干仁含油率 56.56%。主要脂肪酸成分：油酸 82.20%，亚油酸 6.90%，亚麻酸 0.30%，棕榈酸 8.10%，硬脂酸 2.10%。

生物学特性　幼苗定植前 3 年为营养生长期，3 年后开始挂果，6 ~ 10 年进入生长结果期，10 年以后进入盛果期，盛产期可以延续 40 ~ 50 年。

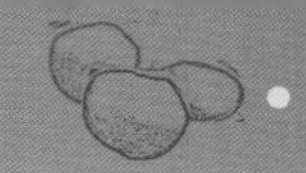

每年 3 月中旬树液流动、新根出现，3 月下旬大量发叶展叶，4 月中旬到 5 月下旬抽梢发叶、春梢生长，4 月上旬到 5 月下旬幼果形成、逐渐膨大，5 月上旬到 7 月上旬夏梢抽发、花芽分化，8 月下旬到 9 月上旬花芽膨大形成花蕾，10 月上旬果实开始成熟，10 月下旬始花期，11 月上旬盛花期，11 月中旬末花期。

适应性　成熟期早、丰产稳产，鲜出籽率、干出籽率、干仁含油率高，适应性和抗病性强，适宜在湖北省油茶产区栽培。

典型识别特征　树冠圆头形，分枝力强，分枝角度大，树形较开张。果实圆球形，青黄色，外果壳较薄。

林分

单株

果枝

花

果实与茶籽

果横径

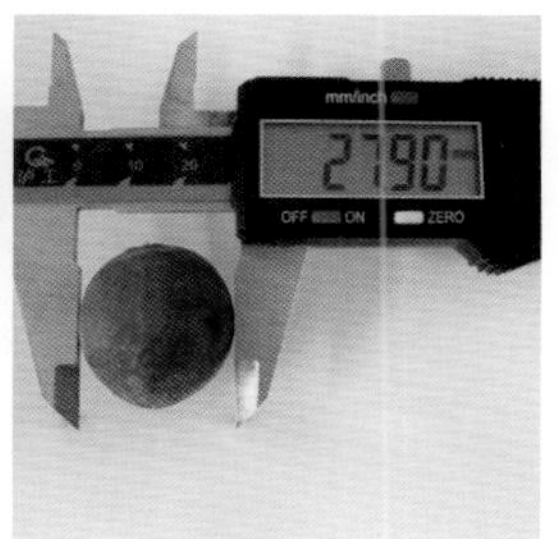

果纵径

2　鄂林油茶 102

种名：普通油茶
拉丁名：*Camellia oleifera*‘Elinyoucha 102’
审定编号：鄂 S-SC-CO-017-2002
品种类别：优株

原产地：湖北省麻城市
选育单位：湖北省林业科学研究院
选育过程：同鄂林油茶 151
选育年份：2002 年

植物学特性　常绿小乔木，树高 2.5 ~ 3.5m，冠幅 3.0 ~ 3.5m×4.0 ~ 4.5m，树冠圆头型，开张，分枝角度较大，枝条细而软，树势中等；枝条为棕褐色或淡褐色，有灰白色或褐色短毛，有顶芽 1 ~ 3 个，其中紫红色为花芽；叶椭圆形，单生，革质，先端渐尖，边缘有较深的锯齿，长 4.0 ~ 5.0cm，宽 2.0 ~ 3.0cm，叶片光滑，上端密下部稀，表面中脉有淡黄色细毛，侧脉近对生；花为两性花，白色，直径 5.0 ~ 6.5cm，萼片 4 ~ 5 枚，呈覆瓦状排列，花瓣倒卵形，5 ~ 6 瓣，雄蕊 2 ~ 4 轮排列，内轮分离，外轮 2 ~ 3 轮的花丝有部分联合着生于花瓣基部，花药黄色，雌蕊 3 ~ 5 裂，柱头稍膨大，子房 3 ~ 5 室；果实中等大小，果桃形，红色，果皮薄，平均果高 3.28cm，平均果径 2.51cm，果形指数 1.31，果皮平均厚度 0.22cm，种子黑色饱满，单果平均种子数 3.3 粒。适应性强，耐瘠薄，果实炭疽病感染率 3% 以下。

经济性状　试验林盛果期 4 年平均单位面积冠幅产果 1.82 /m^2，4 年平均产茶油 729kg/hm^2，折合 4 年平均每亩产茶油 48.60kg，比参试无性系平均值增产 60.00%。结实大小年现象不明显。平均单果重 12.10g，鲜果出籽率 42.60%，干出籽率 23.30%，鲜果出干仁率 17.22%，干仁含油率 51.71%。主要脂肪酸成分：油酸 83.40%，亚油酸 5.40%，亚麻酸 0.60%，棕榈酸 7.90%，硬脂酸 2.10%。

生物学特性　幼苗定植前 3 年为营养生长期，3 年后开始挂果，6 ~ 10 年进入生长结果期，10 年以后进入盛果期，盛产期可以延续 40 ~ 50 年。每年 3 月中旬树液流动、新根出现，3 月下旬大量发叶展叶，4 月中旬到 5 月下旬抽梢发叶、春梢生长，4 月上旬到 5 月下旬幼果形成逐渐膨大，5 月上旬到 7 月上旬夏梢抽发、花芽分化，8 月下旬到 9 月上旬花芽膨大形成花蕾，10 月中旬果实开始成熟，11 月上旬始花期，11 月中旬盛花期，11 月下旬末花期。

适应性　鄂林油茶 102 丰产稳产，鲜出籽率、干出籽率、干仁含油率高，适应性和抗病性强，适宜在湖北省油茶产区栽培。

典型识别特征　树冠圆头型，开张，分枝角度较大，枝条细而软，树势中等。果实桃形，红色，果皮薄。

单株

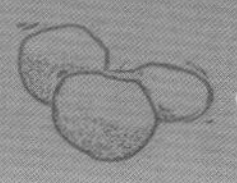

林分

花

果枝

果横径测量

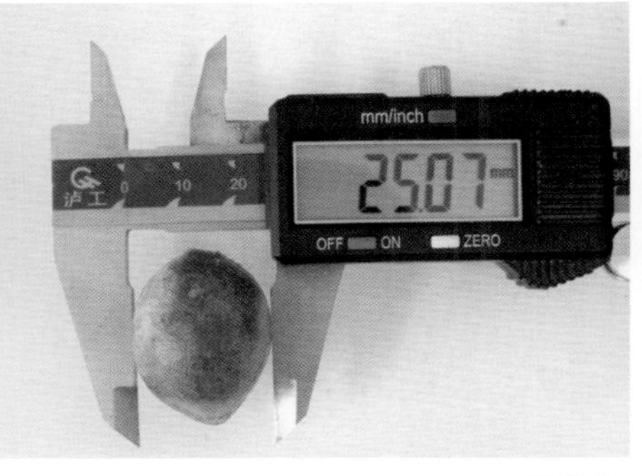

果纵径

果实

3 鄂油 54 号

种名：普通油茶
拉丁名：*Camellia oleifera*‘Eyou 54’
审定编号：鄂 S-SC-CO-001-2008
品种类别：优株

原产地：湖北省麻城市
选育单位：湖北省林业科学研究院
选育过程：同鄂林油茶 151
选育年份：2008 年

植物学特性 常绿小乔木，树高 3.5 ~ 4.0m，冠幅 3.5 ~ 4.0m×4.0 ~ 4.5m，树冠高大，分枝角度较大，树势比较开张；枝条生长快，较细弱，棕褐色或淡褐色，有灰白色或褐色短毛，有顶芽 1 ~ 3 个；叶椭圆形，单生，革质，先端渐尖，边缘有较深的锯齿，长 3.0 ~ 5.0cm，宽 2.0 ~ 3.0cm，叶片光滑，上端密下部稀，表面中脉有淡黄色细毛，侧脉近对生；花为两性花，白色，直径 4.5 ~ 6.0cm，萼片 4 ~ 5 枚，呈覆瓦状排列，花瓣倒卵形，5 ~ 6 瓣，雄蕊 2 ~ 4 轮排列，内轮分离，外轮 2 ~ 3 轮的花丝有部分联合着生于花瓣基部，花药黄色，雌蕊 3 ~ 5 裂，柱头稍膨大，子房 3 ~ 5 室；果实中等大小，圆球形，青红色，平均果高 2.68cm，平均果径 2.71cm，果形指数 0.99，果皮平均厚度 0.23cm，种子黑色饱满，单果平均种子数 3.2 粒。适应性强，耐瘠薄，炭疽病感染率 3% 以下。

经济性状 试验林盛果期 4 年平均单位面积冠幅产果 1.52 /m^2，4 年平均产茶油 897kg/hm^2，折合 4 年平均每亩产茶油 56.06kg。结实大小年现象不明显，平均单果重 10.2g，鲜果出籽率 40.90%，干出籽率 24.76%，鲜果出干仁率 15.90%，干仁含油率 53.40%。主要脂肪酸成分：油酸 80.3%，亚油酸 8.4%，亚麻酸 0.3%，棕榈酸 9.1%，硬脂酸 1.5%。

生物学特性 幼苗定植前 3 年为营养生长期，3 年后开始挂果，6 ~ 10 年进入生长结果期，10 年

林分

单株

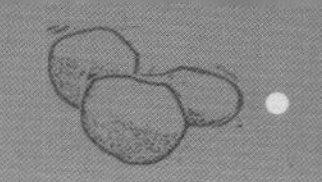

以后进入盛果期，盛产期可以延续 40 ~ 50 年。每年 3 月中旬树液流动、新根出现，3 月下旬大量发叶展叶，4 月中旬到 5 月下旬抽梢发叶、春梢生长，4 月上旬到 5 月下旬幼果形成逐渐膨大，5 月上旬到 7 月上旬夏梢抽发、花芽分化，8 月下旬到 9 月上旬花芽膨大形成花蕾，10 月中下旬果实开始成熟，11 月上旬始花期，11 月中旬盛花期，11 月下旬末花期。

适应性　鄂油 54 号丰产稳产，鲜出籽率、干出籽率、干仁含油率高，适应性和抗病性强，适宜在湖北省油茶产区栽培。

典型识别特征　树冠高大，分枝角度较大，树势比较开张，枝条生长快，较细弱。果实中等大小，圆球形，成熟后带红色。

果枝

花

果实

果横径

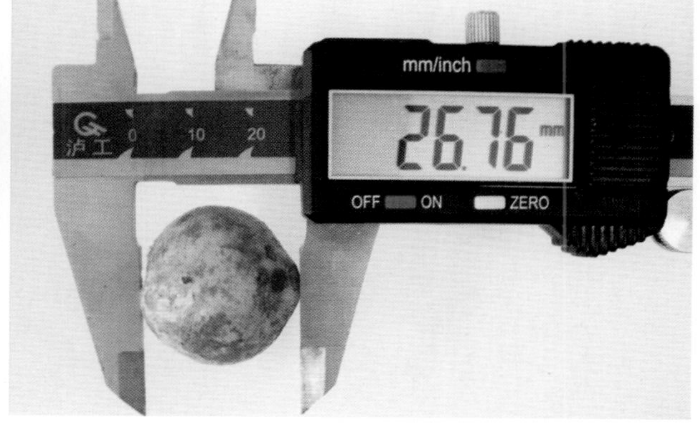

果纵径

4 鄂油 465 号

种名： 普通油茶
拉丁名： *Camellia oleifera* ‘Eyou 465’
审定编号： 鄂 S-SC-CO-002-2008
品种类别： 无性系
原产地： 湖北省麻城市
选育单位： 湖北省林业科学研究院
选育过程： 同鄂林油茶 151
选育年份： 2008 年

植物学特性 常绿小乔木，树高 3.0 ~ 4.0m，冠幅 3.0 ~ 3.5m×4.0 ~ 4.5m，树冠圆锥型，树势直立，分枝角度小；枝条为棕褐色或淡褐色，有灰白色或褐色短毛，有顶芽 1 ~ 3 个，其中紫红色为花芽；叶椭圆形，单生，革质，先端渐尖，边缘有较深的锯齿，长 3.5 ~ 5.0cm，宽 1.8 ~ 3.0cm，叶片光滑，上端密下部稀，表面中脉有淡黄色细毛，侧脉近对生；花为两性花，白色，直径 5.0 ~ 6.5cm，萼片 4 ~ 5 枚，呈覆瓦状排列，花瓣倒卵形，5 ~ 6 瓣，雄蕊 2 ~ 4 轮排列，内轮分离，外轮 2 ~ 3 轮的花丝有部分联合着生于花瓣基部，花药黄色，雌蕊 3 ~ 5 裂，柱头稍膨大，子房 3 ~ 5 室；果实中等大小，球形，鲜红色，成熟后的果壳易从果柄处裂开，成熟度整齐，平均果高 2.98cm，平均果径 3.00cm，果形指数 0.99，果皮平均厚度 0.24cm，种子黑色饱满，单果平均种子数 3 粒。适应性强，耐瘠薄，有轻微炭疽病感染。

经济性状 试验林盛果期 4 年平均单位面积冠幅产果 1.27/m^2，4 年平均产茶油 837kg/hm^2，折合 4 年平均每亩产茶油 55.8kg。结实大小年现象不明显。平均单果重 12.5g，鲜果出籽率 47.40%，干出籽率 24.50%，鲜果出干仁率 16.80%，干仁含油率 56.17%。主要脂肪酸成分：油酸 81.70%，亚油酸 7.10%，亚麻酸 0.30%，棕榈酸 8.50%，硬脂酸 1.90%。

生物学特性 幼苗定植前 3 年为营养生长期，3 年后开始挂果，6 ~ 10 年进入生长结果期，10

林分

单株

年以后进入盛果期，盛产期可以延续40～50年。每年3月中旬树液流动、新根出现，3月下旬大量发叶展叶，4月中旬到5月下旬抽梢发叶、春梢生长，4月上旬到5月下旬幼果形成逐渐膨大，5月上旬到7月上旬夏梢抽发、花芽分化，8月下旬到9月上旬花芽膨大形成花蕾，10月上旬果实开始成熟，10月下旬始花期，11月上旬盛花期，11月中旬末花期。

适应性　鄂油465号成熟期早，丰产稳产，鲜出籽率、干出籽率、干仁含油率高，适应性强，适宜在湖北省油茶产区栽培。

典型识别特征　树冠圆锥型，树势直立，分枝角度小。花芽略带红色。果实中等大小，球形，鲜红色，成熟后的果壳易从果柄处裂开。

果枝

花

果实

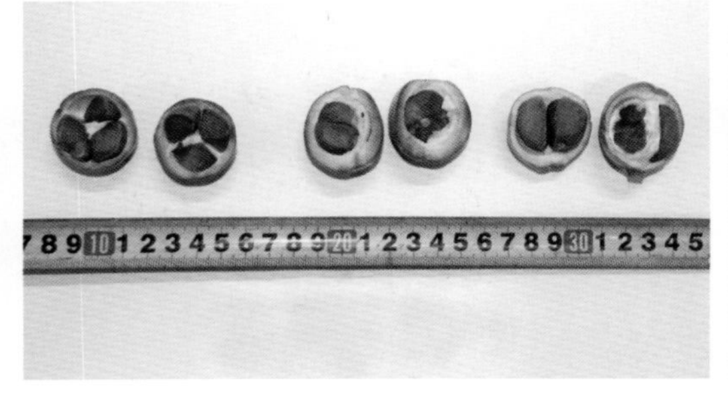

果实剖面

果横径

果纵径

5 鄂油 63 号

种名：普通油茶
拉丁名：*Camellia oleifera*‘Eyou 63’
审定编号：鄂 S-SC-CO-007-2011
品种类别：优株

原产地：湖北省麻城市
选育单位：湖北省林业科学研究院
选育过程：同鄂林油茶 151
选育年份：2011 年

植物学特性 常绿小乔木，树高 3.5 ～ 4.0m，冠幅 3.0 ～ 4.0m×3.5 ～ 4.0m，树冠生长旺，分枝角度大，开张；枝条为棕褐色或淡褐色，有灰白色或褐色短毛，有顶芽 1 ～ 3 个；叶椭圆形，单生，革质，先端渐尖，边缘有较深的锯齿，长 3.5 ～ 5.0cm，宽 2.0 ～ 3.0cm，叶片光滑，上端密下部稀，表面中脉有淡黄色细毛，侧脉近对生；花为两性花，白色，直径 4.0 ～ 6.0cm，萼片 4 ～ 5 枚，呈覆瓦状排列，花瓣倒卵形，5 ～ 6 瓣，雄蕊 2 ～ 4 轮排列，内轮分离，外轮 2 ～ 3 轮的花丝有部分联合着生于花瓣基部，花药黄色，雌蕊 3 ～ 5 裂，柱头稍膨大，子房 3 ～ 5 室；果实中等大小，桃形，青红色，平均果高 3.59cm，平均果径 2.81cm，果形指数 1.28，果皮平均厚度 0.28cm，种子黑色饱满，单果平均种子数 3.5 粒。适应性强，耐瘠薄，炭疽病感染率 3% 以下。

经济性状 试验林盛果期 4 年平均单位面积冠幅产果 1.92/m^2，4 年平均产茶油 684kg/hm^2，折合 4 年平均每亩产茶油 45.6kg。结实大小年现象不明显。平均单果重 12.2g，鲜果出籽率 40.23%，干出籽率 22.15%，鲜果出干仁率 13.32%，干仁含油率 47.74%。主要脂肪酸成分：油酸 84.1%，亚油酸 6.8%，亚麻酸 0.5%，棕榈酸 6.5%，硬脂酸 1.7%。

生物学特性 幼苗定植前 3 年为营养生长期，3 年后开始挂果，6 ～ 10 年进入生长结果期，10 年以后进入盛果期，盛产期可以延续 40 ～ 50 年。每年 3 月中旬树液流动、新根出现，3 月下旬大量发叶展叶，4 月中旬到 5 月下旬抽梢发叶、春梢生长，4 月上旬到 5 月下旬幼果形成逐渐膨大，5 月上旬到 7 月上旬夏梢抽发、花芽分化，8 月下旬到 9 月上旬花芽膨大形成花蕾，10 月上旬果实开始成熟，10 月下旬始花期，11 月上旬盛花期，11 月中旬末花期。

适应性 鄂油 63 号成熟期早、丰产稳产，鲜出籽率、干出籽率、干仁含油率高，适应性和抗病性强，适宜在湖北省油茶产区栽培。

典型识别特征 树冠生长旺，分枝角度大，开张。果实中等大小，桃形，青红色。

林分

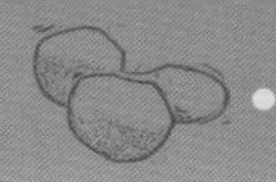

单株

果枝

花

果实

果实与果实剖面

果横径

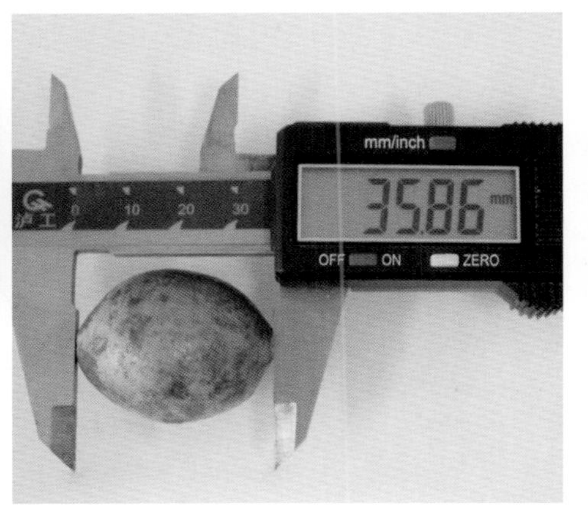

果纵径

6 鄂油 81 号

种名： 普通油茶
拉丁名： *Camellia oleifera*‘Eyou 81’
审定编号： 鄂 S-SC-CO-008-2011
品种类别： 优株

原产地： 湖北省麻城市
选育单位： 湖北省林业科学研究院
选育过程： 同鄂林油茶 151
选育年份： 2011 年

植物学特性 常绿小乔木，树高 3.0 ~ 3.5m，冠幅 3.0 ~ 3.5m×3.5 ~ 4.0m，树冠较小，分枝角度大，树势开张；枝条为棕褐色或淡褐色，有灰白色或褐色短毛，有顶芽 1 ~ 3 个；叶椭圆形，单生，革质，先端渐尖，边缘有较深的锯齿，长 3.5 ~ 5.0cm，宽 2.0 ~ 3.0cm，叶片光滑，上端密下部稀，表面中脉有淡黄色细毛，侧脉近对生；花为两性花，白色，直径 4.0 ~ 6.0cm，萼片 4 ~ 5 枚，呈覆瓦状排列，花瓣倒卵形，5 ~ 6 瓣，雄蕊 2 ~ 4 轮排列，内轮分离，外轮 2 ~ 3 轮的花丝有部分联合着生于花瓣基部，花药黄色，雌蕊 3 ~ 5 裂，柱头稍膨大，子房 3 ~ 5 室；果实中等大小，圆球形，青红色，平均果高 3.67cm，平均果径 3.30cm，果形指数 1.11，果皮平均厚度 0.26cm，种子黑色饱满，单果平均种子数 4.0 粒。适应性强，耐瘠薄，炭疽病感染率 3% 以下。

经济性状 试验林盛果期 4 年平均单位面积冠幅产果 1.64/m^2，4 年平均产茶油 710kg/hm^2，折合 4 年平均每亩产茶油 47.3kg。结实大小年现象不明显，品质平均单果重 13.2g，鲜果出籽率 40.00%，干出籽率 20.20%，鲜果出干仁率 12.20%，干仁含油率 45.10%。主要脂肪酸成分：油酸 80.3%，亚油酸 9.4%，亚麻酸 0.4%，棕榈酸 7.9%，硬脂酸 1.4%。

生物学特性 幼苗定植前 3 年为营养生长期，3 年后开始挂果，6 ~ 10 年进入生长结果期，10 年以后进入盛果期，盛产期可以延续 40 ~ 50 年。每年 3 月中旬树液流动、新根出现，3 月下旬大量发叶展叶，4 月中旬到 5 月下旬抽梢发叶、春梢生长，4 月上旬到 5 月下旬幼果形成逐渐膨大，5 月上旬到 7 月上旬夏梢抽发、花芽分化，8 月下旬到 9 月上旬花芽膨大形成花蕾，10 月中旬果实开始成熟，11 月上旬始花期，11 月中旬盛花期，11 月下旬末花期。

适应性 鄂油 81 号丰产稳产，鲜出籽率、干出籽率、干仁含油率高，适应性和抗病性强，适宜在湖北省油茶产区栽培。

典型识别特征 树冠较小，分枝角度大，树势开张。果实中等大小，圆球形，青红色。

单株

林分

果枝

花

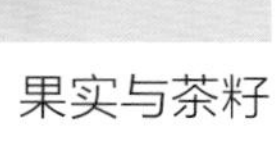

果实与茶籽

果横径

果纵径

7 阳新米茶 202 号

种名： 油茶
拉丁名： *Camellia oleifera*‘Yangxinmicha 202’
审定编号： 鄂 S-SC-CO-006-2012
品种类别： 无性系
原产地： 湖北省阳新县
选育地： 湖北省阳新县、湖北省曾都市曾都区、湖北省通城县
选育单位： 湖北省林业厅林木种苗管理总站、阳新县林业局
选育过程： 2006 年开始油茶选优，在阳新县排市镇、龙港镇和洋港镇等地的阳新米茶和阳新桐茶的优良林分内初选出优树 269 株。2007 年，对表现较好的前 50 个优良单株进行边测边繁，随后继续进行产量测定及经济性状测定，选择出平均鲜果产量在 1kg/m^2 以上、鲜出籽率 40% 以上、干出籽率 25% 以上、病果率 3% 以下的优良单株 29 株。以农家品种阳新米茶、阳新桐茶、湘林 1 号、长林 4 号等为对照，2008 年在阳新县白沙镇平原村营造品比试验林 50 亩，2009 年分别在阳新县经济林示范场、阳新县排市镇泉山村、曾都区北郊双寺村和通城县四庄乡向家村分别营造品比试验林 100 亩、60 亩、50 亩和 60 亩，开展品比试验。
选育年份： 2012 年

植物学特性 长势较旺盛，枝叶茂密，树冠疏散分层形或自然圆头形；叶宽椭圆形，先端渐尖，边缘有细锯齿或钝齿，长 4.5 ~ 7.0cm，宽 2.3 ~ 3.6cm，叶面平展，叶尖稍外卷；花白色，花瓣倒心形，6 ~ 8 瓣；蒴果球形或橘形，蒂尖，青红色，果横径 2.7 ~ 3.3cm，果纵径 2.3 ~ 2.9cm，平均单果重 13.6g，心室 1 ~ 3 个；种子棕黑色，有光泽。

经济性状 鲜果出籽率 44.21%，干出籽率 26.95%，干籽出仁率 62.73%，干仁含油率 53.32%，干籽含油率 33.45%，鲜果含油率 9.01%。单位面积冠幅鲜果产量 2.02kg/m^2，进入盛果期平均亩产茶油 66.85kg，比当地对照平均增产 31.6%。抗病性强，果实感病率 3% 以下。

生物学特性 造林第二至第三年开始始花，之后产量逐年增加，6 ~ 10 年进入生长结果期，10 年以后进入盛果期，可以延续 50 年，之后进入衰老期。春梢 3 月中旬开始生长，5 月中旬基本结束；夏梢 5 月中旬开始生长，7 月中旬终止；二次夏梢 7 月中旬至 8 月下旬；秋梢始于 9 月上旬，到 11 月下旬终止。油茶花芽 4 月开始在当年春梢上分化，10 月初开始开花，10 月中旬至 11 月中旬为盛花期，11 月下旬为末花期。12 月下旬至翌年 2 月中旬为果实形成期，2 月下旬至 5 月下旬为果实生长期，7 月上旬到 8 月下旬果实生长、油分形成，8 月下旬到 9 月上旬花芽膨大形成花蕾，8 月下旬到 9 月下旬油分继续积累，10 月上旬果实成熟。

适应性及栽培特点 适应性：适应性强，耐瘠薄，对炭疽病有较好的抗性。适宜栽培区：湖北省油茶适生区。已栽培发展地区：鄂南、鄂北、鄂东南、鄂西南等地。栽培技术特点：① 造林地选择及整地。选择土层深厚、排水良好、pH 值为 4.5 ~ 6.5 的阳坡山地建园。在选择好的造林地上进行全垦或者带状整地，按等高线要求将坡地开成梯地，在梯地上再挖宽 60 ~ 80cm、深 50 ~ 60cm 的沟。然后在梯地内开挖深沟，沟内每隔 3 ~ 4m 挖一个长、宽、深 60cm 的穴，形成竹节沟，有利于保土、保水、保肥。② 栽植

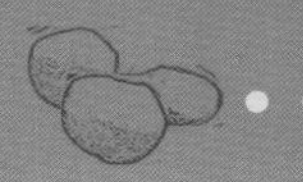

密度和时间。定植密度适宜的行距为2.5 ~ 3.0m，株距为2.0 ~ 3.0m，每亩为56 ~ 111株。栽植时间在冬季11月下旬到翌年春季的3月下旬均可。用腐熟的厩肥、堆肥和饼肥等有机肥作基肥，每穴施3 ~ 10kg。③ 中耕除草。幼林油茶一般每年松土除草2次，第一次在5月，第二次在9月，松土深度一般3 ~ 5cm。成林油茶宜深挖垦复，深度一般为20cm，2年一次。④ 肥水管理。幼林施肥一年2次，冬季每株施有机肥5 ~ 10kg，春季施速效肥，每株施尿素50 ~ 100g。对成年的油茶林，冬季每株施有机肥25 ~ 50kg，春季株施复合肥0.5 ~ 1.0kg，使用穴施或沟施均可。油茶园雨季要注意排水，夏秋干旱时应及时灌水。⑤ 整形修剪。修剪时间以11月至翌年2月为宜。定植后第二年在主干30 ~ 50cm处定干，保留3 ~ 5个健壮分枝作为主枝。幼树修剪应摘除头3年的全部花蕾，保证营养生长，修剪量宜小不宜大，通过整形，使其成为自然开心形或疏散形。成年树修剪以疏删、轻剪为主，不宜短截，主要剪去病虫枝、下脚枝、重叠枝、徒长枝、细弱枝等。⑥ 病虫害防治。油茶的主要病害有炭疽病、软腐病、煤污病，主要虫害有蓝翅天牛、油茶毒蛾、尺蠖、象甲、蛀茎虫等，病虫害的防治坚持以预防为主，生物防治和化学防治相结合的原则。

典型识别特征　树冠疏散分层形或自然圆头形。叶宽椭圆形，先端渐尖，边缘有细锯齿或钝齿。花白色。蒴果球形或橘形，青红色。

林分

单株

果枝

花

果实

茶籽

8 阳新桐茶 208 号

种名：油茶
拉丁名：*Camellia oleifera* 'Yangxintongcha 208'
审定编号：鄂 S-SC-CO-007-2012
品种类别：无性系
原产地：湖北省阳新县
选育地：湖北省阳新县、湖北省曾都市曾都区、湖北省通城县
选育单位：湖北省林业厅林木种苗管理总站、阳新县林业局
选育过程：同阳新米茶 202 号
选育年份：2012 年

植物学特性 长势中等，枝叶茂密，树冠自然开心形；叶长椭圆形，先端渐尖，边缘有细锯齿或钝齿，长 3.5 ～ 6.5cm，宽 1.6 ～ 3.3cm，叶面平展，叶尖稍外卷；花白色，花瓣倒心形，5 ～ 7 瓣；果球形或梨形，青红色，有微棱，果横径 2.0 ～ 2.9cm，果纵径 2.5 ～ 3.1cm，平均单果重 10.4g，心室 2 ～ 4 个。

经济性状 平均单果重 10.4g，鲜果出籽率 46.13%，干出籽率 25.07%，干籽出仁率 67.15%，干仁含油率 54.40%，干籽含油率 36.53%，鲜果含油率 9.16%。单位面积冠幅鲜果产量 2.05kg/m^2，进入盛果期平均亩产茶油 65.57kg，比对照阳新米茶农家品种增产 29.1%，大小年不明显。抗病虫害能力强，果实感病率 3% 以下。

生物学特性 造林第二至第三年开始始花，之后产量逐年增加，6 ～ 10 年进入生长结果期，10 年以后进入盛果期，可以延续 40 ～ 50 年，之后进入衰老期。春梢 3 月中旬开始生长，5 月中旬基本结束；夏梢 5 月中旬开始生长，7 月中旬终止；二次夏梢 7 月中旬至 8 月下旬；秋梢始于 9 月上旬，到 11 月下旬终止。油茶花芽 4 月开始在当年春梢上分化，10 月下旬开始开花，11 月上旬至 11 月底为盛花期，12 月上旬为末花期。12 月下旬至翌年 2 月中旬为果实形成期，2 月下旬至 5 月下旬为果实生长期，7 月上旬到 8 月下旬果实生长、油分形成，8 月下旬到 9 月上旬花芽膨大形成花蕾，8 月下旬到 10 月中旬油分继续积累，10 月下旬果实成熟。

适应性及栽培特点 适应性：适应性强，耐瘠薄，对炭疽病有较好的抗性。适宜栽培区：湖北省油茶适生区。已栽培发展地区：鄂南、鄂北、鄂东南、鄂西南等地。栽培技术特点：① 造林地选择及整地。选择土层深厚、排水良好、pH 值为 4.5 ～ 6.5 的阳坡山地建园。在选择好的造林地上进行全垦，按等高线要求将坡地开成梯地，在梯地上再挖宽 60 ～ 80cm、深 50 ～ 60cm 的沟。然后在梯地内开挖深沟，沟内每隔 3 ～ 4m 挖一个长、宽、深 60cm 的穴，形成竹节沟，有利于保土、保水、保肥。② 栽植密度和时间。定植密度适宜的行距为 2.5 ～ 3.0m，株距为 2.0 ～ 3.0m，每亩为 56 ～ 111 株。栽植时间在冬季 11 月下旬到翌年春季的 3 月下旬均可。用腐熟的厩肥、堆肥和饼肥等有机肥作基肥，每穴施 3 ～ 10kg。③ 中耕除草。幼林油茶一般每年松土除草 2 次，第一次在 5 月，第二次在 9 月，松土深度一般 3 ～ 5cm。成林油茶宜深挖垦复，深度一般为 20cm，2 年一次。④ 肥水管理。幼林施肥一年 2 次，冬季每株施有机肥 5 ～ 10kg，春季施速效肥，每株施尿素 50 ～ 100g。对成年的油茶林，冬季每株施有机肥 25 ～ 50kg，春季株施复合肥 0.5 ～ 1.0kg，使用穴施沟施均可。油茶园雨季要注意排水，夏秋干旱时应及时灌水。⑤ 整形修剪。修剪时间以 11 月至翌年 2 月为宜。定植后第二

年在主干 30 ～ 50cm 处定干，保留 3 ～ 5 个健壮分枝作为主枝。幼树修剪应摘除头 3 年的全部花蕾，保证营养生长，修剪量宜小不宜大，通过整形，使其成为自然开心形或疏散形。成年树修剪以疏删、轻剪为主，不宜短截，主要剪去病虫枝、下脚枝、重叠枝、徒长枝、细弱枝等。⑥ 病虫害防治。油茶的主要病害有炭疽病、软腐病、煤污病，主要虫害有蓝翅天牛、油茶毒蛾、尺蠖、象甲、蛀茎虫等，病虫害的防治坚持以预防为主，生物防治和化学防治相结合的原则。

典型识别特征　树冠自然开心形。叶长椭圆形。花白色，花瓣倒心形。果球形或梨形，青红色。

单株

果枝

花

果实

茶籽

9 谷城大红果 8 号

种名： 油茶
拉丁名： *Camellia oleifera* ‘Guchengdahongguo 8’
审定编号： 鄂 S-SC-CO-005-2013
品种类别： 优株
原产地： 湖北省谷城县茨河镇
选育地： 湖北省谷城县冷集镇、宜城市种畜场、阳新县排市镇、英山县温泉镇
选育单位： 湖北省林业厅林木种苗管理总站、谷城县林业局

选育过程： 2004 - 2007 年，湖北省林业厅林木种苗管理总站与谷城县林业局在谷城县境内的多处油茶林中开展选优工作。2008 年，对最终选定的 10 个优良单株进行嫁接苗木繁殖。2009 年，在湖北省内建立 4 个区域试验测定林。到 2013 年，通过区域试验结果最终选育谷城大红果 8 号为油茶良种
选育年份： 2004 - 2013 年

植物学特征 树形为自然圆头形，树姿开张，成年树体平均树高为 2.5 ～ 4m，冠幅为 2.5 ～ 3.5m × 2.5 ～ 3.5m；叶厚革质，椭圆形，叶色黄绿色，平均侧脉 8 对，平均叶长 7.0cm，平均叶宽 2.7cm，叶尖端渐尖，基部楔形；两性花，花白色，平均花径 7.1cm，萼片绿色，外有绒毛，花瓣数 8 片，花柱顶端多为 3 裂，基部有毛；果实圆球形，果色红色，表面光滑，平均果高 3.2cm，平均果径 3.4cm，种壳颜色为棕褐色，果皮厚平均为 3.8mm，每果实含种子数 4 ～ 8 个，性状不规则。

经济性状 通过对谷城大红果 8 号油茶母树和实验林连续 5 年的调查检测显示，盛果期结实大小年情况不明显，平均亩产鲜果 400kg。平均单果重 33.3g，鲜果出籽率 42.7%，鲜果出干籽率 24.8%，干籽出仁率 65.1%，干仁含油率 56.66%。平均亩产茶油 55kg。

生物学特性 一般 2 月下旬树液开始流动，3 月上旬芽萌动，逐渐萌发，3 月下旬至 4 月中旬为展地抽梢期，6 月中旬开始花芽分化，10 月下旬开始开花，3 月上旬至 9 月中旬为果实生长期，11 月上旬果实成熟。

根：为主根发达的深根性树种，主根最深可达 1.55m，但细根密集在 10 ～ 35cm 的范围。一年中有 2 个生长高峰，2 月中旬开始活动，3 ～ 4 月间即新梢快速生长之前，根系生长出现第一个生长高峰；9 月即花芽分化，果实生长停止以后，开花之前，根系生长出现第二个高峰。12 月至翌年 2 月根系生长缓慢。其根系生长具有强烈的趋水趋肥性及较强的愈合力和再生力。

芽：依其在枝梢着生位置可分为顶芽和腋芽；依其性质则可分为叶芽和花芽。顶芽一般 1 ～ 3 枚，中间 1 枚为叶芽，余为花芽；腋芽一般 1 ～ 2 枚并生于叶腋处，其中一为叶芽，余为花芽。叶芽瘦长，花芽肥大。

花芽分化规律：花芽分化一般在春梢基本结束生长后开始，盛期在 6 月中旬至 7 月上旬，约占 75%，其余花芽在 7 月中旬至 10 初陆续分化。经营水平高时花芽分化率高，且分化期早；在同植株上，树冠上中部的花芽多；在一根枝条上以顶端的花芽较多；树冠南向较北向分化率高。

枝梢：按抽发的季节可分为春梢、夏梢和秋梢。幼年阶段，当水肥条件较好时，常三者兼而有之。成年阶段主要抽发春梢，少有夏梢。单枝具有 3 片叶以上才能形成花芽，开花坐果；全株每果平均有叶 15 ～ 20 片才能保证稳定均衡生长，叶片过少，翌年会出现小年。

花：10 月下旬开始开花，11 月为盛花期，12 月下旬开花基本结束。一朵花从蕾裂到花蕾，历时 6 ～ 8 天。

果实：花授粉受精以后，子房略有膨大，12 月中旬以后，因气温过低而停止增长，3 月气温回升，幼果继续生长，4 ~ 8 月果实体积增长较快，7 ~ 8 月为果实迅速增长期，11 月上旬成熟。

适应性及栽培特点　通过在多地进行栽植试验得出，谷城大红果 8 号油茶适应性广，适合在湖北省范围内海拔 600m 以下低山丘陵地区栽植。苗木繁殖主要采用芽苗砧嫁接技术繁殖，2 月底或 3 月上旬催芽，5 月中旬进行嫁接。栽植密度一般每亩栽植 70 ~ 100 株，栽植前深挖定植穴，苗木定植深度以超过原圃地根际 1 ~ 2cm 为宜。

典型识别特征　树形为自然圆头形，树姿开张。花白色。果实圆球形，果色红色，表面光滑。

林分

单株

果枝

花

果实

果实剖面

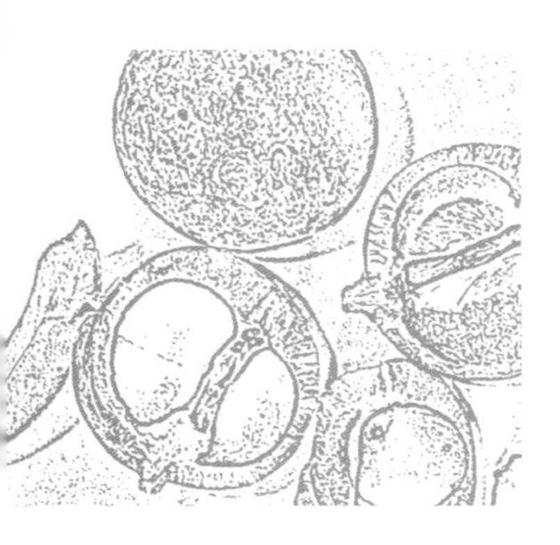

第十二章　湖南省主要油茶良种

1　湘林 XLJ14

审定编号：国 R-SC-CO-005-2006
品种类别：无性系

选育单位：湖南省林业科学研究院
选育年份：2003 年

灌木，自然圆头形，基部分枝较多，底部和中部树冠较大；叶革质，中等大小，表面光滑，幼树叶色较灰暗，无毛，主脉凹陷，叶缘有细锯齿，先端渐尖；花白色，顶生、单生或并生，花萼覆被细绒毛，5 ～ 7 瓣，倒卵形，顶端 1 ～ 2 浅裂，雄蕊多数，外轮花丝合生，花期 11 ～ 12 月，花柱顶端 3 短裂；蒴果，表面覆盖细绒毛，顶端有长柔毛，有浅棱，红色、卵形或球形。鲜果大小 29.9 个 /500g，鲜果出籽率 42.5%，鲜果含油率 7.5%，年产油 491.0kg/hm^2，比对照增产 32.8%。果实成熟期 10 月下旬。适用于各主要油茶产区。

单株

树上果实特写

花

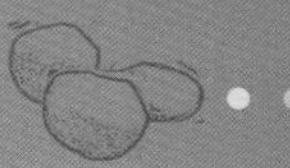

2　湘 5

别名： 湘林 1 号
审定编号： 国 R-SC-CO-006-2006
品种类别： 家系
选育单位： 湖南省林业科学研究院
选育年份： 1987 年

灌木；自然开心形，基部以上分枝繁茂，树冠近球形；叶革质，椭圆形，中等大小，表面光亮无毛，上面中脉凹陷，叶缘有细锯齿，近柄端无锯齿，顶端短钝、急尖；花白色，顶生、单生或并生，花瓣 5 ~ 7 瓣，分离，倒卵形，顶端深 1 ~ 2 裂，雄蕊多数，外轮花丝基部合生，花期 11 ~ 12 月，花柱顶端 3 短裂；蒴果，顶端有长柔毛，黄色，有浅棱，中等大小，果瓣厚木质，3 裂。果实成熟期 10 月下旬，年产量 552.0kg/hm^2，鲜果出籽率 41.9%，鲜果含油率 7.06%，超过参试家系平均值 28.2%。适用于南方各主要油茶产区。

单株

花

树上果实特写

3 湘林 1

别名： 羊古老 1 号、区 1 号
审定编号： 国 S-SC-CO-013-2006
品种类别： 无性系
选育单位： 湖南省林业科学研究院
选育年份： 1990 年

单株

树势旺盛，树体紧凑，枝条分枝角 40° 左右，树冠自然圆头形或塔形；叶椭圆形，先端渐尖，边缘有细锯齿或钝齿，长 5.0 ~ 6.5cm，宽 3.0 ~ 4.0cm，叶面光滑，绿色至墨绿色；花期稍晚，通常于 11 月上旬至 12 月下旬开花，花白色，直径 6.0 ~ 8.5cm，花瓣倒心形，5 ~ 6 瓣；果实成熟期 10 月下旬，果球橄榄形，红黄色，果径 30 ~ 44mm，每 500g 果数 15 ~ 30 个，心室 2 ~ 4 个。鲜果出籽率 46.8%，干籽含油率 35%，鲜果含油率 8.869%。丰产性能好，平均产油 722.5kg/hm^2，在湖南、江西、贵州、浙江等全国区试中平均产油 684kg/hm^2，适用于各主要油茶产区。

树上果实特写

花

4 湘林 104

审定编号： 国 S-SC-CO-014-2006
品种类别： 无性系
选育单位： 湖南省林业科学研究院
选育年份： 1994 年

树冠自然圆头形；叶椭圆形，先端渐尖，边缘有细锯齿或钝齿，长 5.0 ～ 6.0cm，宽 3.2cm 左右，叶面光滑；花期稍早，通常于 10 月中下旬至 12 月中下旬开花，花白色，直径 5.0 ～ 6.5cm，花瓣倒心形，5 瓣；果实成熟期 10 月中旬，果球形或橘形，青红色，果径 26 ～ 51mm，每 500g 果数 15 ～ 50 个，心室 3 ～ 4 个。鲜果出籽率 42.25%，干出仁率 66.61%，干仁含油率 49.56%，果油率 8.7550%。单位面积冠幅产果量为 1.37kg/m^2，产油量为 839.70kg/hm^2，比参试无性系平均值增产 92.8%，适用于各主要油茶产区。

单株

花

果实

树上果实特写

5 湘林 XLC15

审定编号： 国 S-SC-CO-015-2006
品种类别： 无性系
选育单位： 湖南省林业科学研究院
选育年份： 2003 年

树冠自然圆头形，树势旺盛、树形开张；叶椭圆形，较细长，先端渐尖，边缘有细锯齿或钝齿，长 5.0 ~ 6.5cm，宽 2.6 ~ 3.2cm，叶面光滑；花期适中，通常于 10 月底至 12 月下旬开花，花白色，直径 5.5 ~ 7.5cm，花瓣倒心形，6 ~ 7 瓣；果实成熟期 10 月下旬，果球形或橘形，青黄或青红色，果径 33 ~ 48mm，每 500g 果数 15 ~ 30 个，心室 2 ~ 4 个。鲜果出籽率 44.8%，干籽含油率 36% ~ 41%，平均产油量为 618.75kg/hm^2，适于湖南、江西、广西、浙江等油茶主产区。

单株

树上果实特写

花

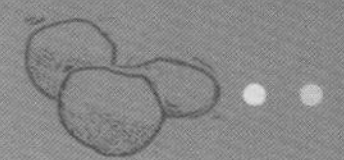

6 湘林 51

审定编号：国 R-SC-CO-001-2008
品种类别：无性系
选育单位：湖南省林业科学研究院
选育年份：1990 年

树冠自然圆头形；叶椭圆形，较细长，先端渐尖，边缘有细锯齿或钝齿，长 4.0 ～ 6.0cm，宽 2.5 ～ 3.2cm，叶面光滑；花期较早，通常于 10 月中旬至 12 月中下旬开花，花白色，直径 5.0 ～ 7.0cm，花瓣倒心形，5 ～ 6 瓣；果实成熟期 10 月下旬，果橄榄形，青红或青黄色，果径 26 ～ 35mm，每 500g 果数 25 ～ 45 个，心室 1 ～ 3 个。鲜果出籽率 51.6% ～ 53.35%，干出仁率 67.81%，干仁含油率 55.64%。鲜果含油率 12.998%。单位面积冠幅产果量为 0. 916kg/m^2，产油量为 836.25kg/hm^2，比参试无性系平均值增产 65%。

树上果实特写

花

单株

果实

7 湘林 64

审定编号： 国 R-SC-CO-002-2008
品种类别： 无性系
选育单位： 湖南省林业科学研究院
选育年份： 1990 年

树冠自然圆头形；叶椭圆形，先端渐尖，边缘有细锯齿或钝齿，长 4.0 ~ 6.0cm，宽 2.8 ~ 3.2cm，叶面光滑；通常于 10 月下旬至 12 月下旬开花，花白色，直径 5.0 ~ 7.0cm，花瓣倒心形，5 ~ 6 瓣；果实成熟期 10 月下旬，果球形，青红或青黄色，果径 26 ~ 51mm，每 500g 果数 15 ~ 40 个，心室 3 ~ 4 个。鲜果出籽率 40.9% ~ 43.13%，鲜果含油率 7.08%，产油量为 674.25kg/hm^2，比参试无性系平均值增产 33.5%。适应湖南省油茶产区。

树上果实特写

单株

花

果实

茶籽

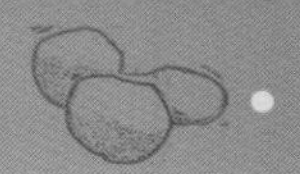

8　油茶良种 XLJ2

审定编号： 国 R-SF-CO-003-2008
品种类别： 无性系
选育单位： 湖南省林业科学研究院
选育年份： 2007 年

树体生长旺盛，树冠自然圆头形；果实青红球，每 500g 果数为 27.6 个。鲜果出籽率 44.2% ~ 48.9%，籽含油率 33% ~ 37%，鲜果含油率 6.9%，年平均产油量为 513kg/hm^2（34.2kg/ 亩），盛产期平均产油量达 750kg/hm^2（50kg/ 亩）。油质好，油酸含量 84.54%，亚油酸含量 4.11%。早实丰产，果皮薄，油酸含量高，适应性广，抗性强。适应湖南省油茶产区。

单株

树上果实特写

花

9 华鑫

种名： 普通油茶
拉丁名： *Camellia oleifera* ‘Huaxin’
审定编号： 国 S-SC-CO-009-2009
品种类别： 优株
原产地： 湖南省茶陵县
选育单位： 中南林业科技大学
选育过程： 针对我国油茶品种果实普遍偏小、产量低的现状，中南林业科技大学油茶课题组以大果、高产、抗性强为育种目标，从湖南茶陵县的油茶实生林分中发现1株结果性能好、抗性强的优良单株，1986年建立无性系测定林和油茶优良无性系品比试验，证实该无性系综合性状最优，选育出大果高产油茶新品种华鑫。该品种表现出高产、稳产、抗性强等优点，并于2009年12月通过国家林业局林木品种审定委员会良种审定。
选育年份： 2009年

植物学特征 树体生长旺盛，高大，树冠自然圆头形，树干呈黄褐色，树势强，树姿较开张，30年生平均树高3.3m，干周40cm，分枝高25cm，冠高0.5m，平均冠幅10.54m^2；叶革质，宽卵形，叶色深绿，叶片稍下卷，叶尖渐尖，叶边缘锯齿，叶背面无毛，叶柄有毛，叶片平均长度65.95mm，叶片平均宽度39.36mm，叶形指数1.68，叶厚0.44mm，光补偿点54.24μmol/(m^2·s)，光饱和点684.85 μmol/（m^2·s）；花白色，花瓣5～7瓣，倒卵形，顶生、单生或并生，雄蕊多数，平均雄蕊数135个，外轮花丝合生，花冠大小横径48.84mm，雄蕊平均长度13.0mm，雌蕊平均长度9.48mm，花瓣29.31mm，萼片10.28mm，花期10月底至12月中旬；蒴果，果实较大，果形扁圆形，8～9月果皮为红色，成熟时为青黄色，果顶宿存有毛，果实平均横径51.26mm，平均纵径43.44mm，果皮平均厚度3.84mm，心皮4～5个，种子黄褐色，种籽数6～15粒。

经济性状 平均单果重48.83g，最大单果重66.30g，鲜果出籽率52.56%，出仁率70.53%，干籽含油率39.97%，酸值0.73mg/g，皂化值193.04，碘值83.26g/100g，过氧化值4.94mmol/kg，折光系数1.469。盛果期亩产鲜果约1300kg，亩产油量约70kg，高产，稳产，结实大小年现象不明显。油酸88.90%，亚油酸含量8.38%，亚麻酸0.06%，硬脂酸1.46%。

生物学特性 华鑫个体发育过程分为童期（幼年）、壮年、衰老三个阶段。幼年期3年左右，造林第四年时开始开花，第五年开始挂果，第六年进入结果初期，第10年进入结果盛期，盛产历程40～50年，以后开始进入衰老期。3月初抽春梢，5月下旬半木质化，新梢无毛，新梢平均长度91.18mm，新梢平均粗度1.88mm，夏梢在6～7月，秋梢在9～10月。油茶根系每年均发生大量新根，每年早春当土温达到10℃时开始萌动，3月春梢停止生长之前出现第一个生长高峰，这时的土温17℃左右；其后与新梢生长交替进行，当温度超过37℃时根系生长受到抑制，所以夏季树蔸基部培土或覆草能降低地温，减少地表水分蒸发，利于根系的生长。9月，果实停止生长至开花之前又出现第二个生长高峰，这时的土温是大约27℃、含水量17%左右。12月后逐渐缓慢。

华鑫油茶花芽属于混合芽，在湖南地区，6月初花芽开始分化，8月上旬花芽开始萌动，芽鳞开裂，9月下旬完成花芽分化。10下旬开花，开花时间通常为每天9：00～15：00。从花芽分化、花芽膨大、芽鳞张开、花药颜色变黄、花蕾露出、花朵开放等，总共经历时间约150天。开花坐果后，在3月第一次果实膨大时有一个生

理落果高峰，7 ~ 8 月是油茶果实膨大的重要高峰期，这个时期的果实体积增大占果实总体积的 60% ~ 70%，也可能存在第二次落果高峰；8 ~ 9 月为油脂转化和积累期，油脂积累占果实含油量的 50% ~ 60%。华鑫属霜降籽类型，果实成熟期为 10 月下旬。

适应性及栽培特点 华鑫对气候、土壤立地环境的要求与普通油茶基本相同，但与其他品种相比，其生长活力强，抗逆能力强，光合效能高，适应范围更广，可在湖南、江西、广西、湖北、贵州等油茶主产区栽培应用。造林地宜选择海拔 500m 以下、坡度 25° 以下的阳坡或半阳坡，酸性至微酸性土壤。撩壕或挖大穴整地造林，适宜密植栽培，株距 2 ~ 3m，行距 3 ~ 4m。自花结实率较低，生产中需配置授粉树，最适宜与国审良种华硕、华金和湘林 XLC15 配置栽培。树形宜采用自然圆头形和小冠疏散分层形，幼林期整形修剪采用少剪多拉为主，注意开张角度，尽快培育丰产树形。每年追施富氮速效肥或生物肥等一次，适当培蔸抗夏秋干旱，提倡以耕代抚，加强抚育管理，保持高产稳产。

典型识别特征 树冠自然圆头形，树姿较开张。叶宽卵形，叶色深绿。果实扁圆形，成熟时果色为青黄色，果壳较薄。

林分

单株

树上果实特写

花

果横径

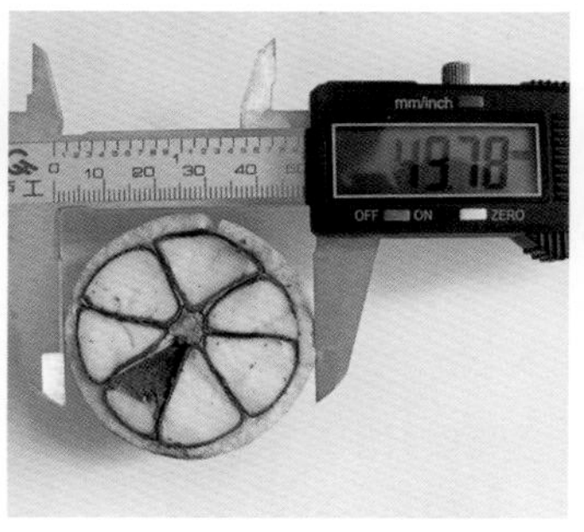

果实横剖面

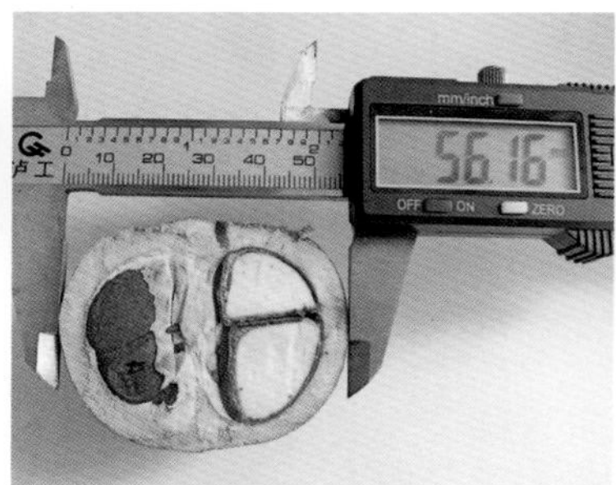

果实纵剖面

果实与茶籽

10 华金

种名：普通油茶
拉丁名：*Camellia oleifera* ‘Huajin’
审定编号：国 S-SC-CO-010-2009
品种类别：优株

原产地：湖南省茶陵县
选育单位：中南林业科技大学
选育过程：同华鑫
选育年份：2009 年

植物学特征 树体生长旺盛，高大，树冠紧凑，纺锤形，树姿较直立，树皮呈黄褐色，较光滑，30 年生平均树高 4.6m，干周 44cm，分枝高 45cm，冠高 1.5m，平均冠幅 12.24m^2；叶长卵形，叶片稍内扣，叶尖下翻，叶缘细锯齿或钝齿，叶色浓绿富光泽，叶背面无毛，叶柄有毛，叶片平均长度 65.79mm，叶片平均宽度 29.57mm，叶形指数 2.23，百叶重 0.57kg，光补偿点 58.49μmol/m^2·s），光饱和点 638.8μmol/m^2·s）；花白色，花瓣 5 ～ 7 瓣，倒卵形，顶生、单生或并生，雄蕊多数，平均雄蕊数 111 个，外轮花丝合生，花冠大小横径 54.48mm，雄蕊平均长度 13.29mm，雌蕊平均长度 5.73mm，花瓣 36.55mm，萼片 9.73mm；蒴果，果实较大，8 ～ 9 月果皮为红色，成熟时为青色，果椭圆形，果顶端有“人”字形凹槽，果实平均横径 45.55mm，平均纵径 48.71mm，果形指数 0.935，果皮厚度 5.47mm，心皮 3 ～ 4 个，种子黑褐色，种籽数 6 ～ 10 粒。

经济性状 平均单果重 51.59g，最大单果重 80.4g，鲜果出籽率 36.38%，出仁率 81.15%，干籽含油率 46.00%，酸值 0.44mg/g，皂化值 194.00mg/g，碘值 82.82g/100g，过氧化值 4.90mmol/kg，折光系数 1.4695。盛果期亩产鲜果约 1100kg，亩产油量约 60kg，丰产，稳产，结实大小年现象不明显。亚油酸含量 9.22%，棕榈油酸 6.14%，硬脂酸 2.20%。

生物学特性 华金个体发育过程分为童期（幼年）、壮年、衰老三个阶段。幼年期 3 年左右，造林第四年时开始开花，第五年开始挂果，第六年进入结果初期，第 10 年进入结果盛期，盛产历程 40 ～ 50 年，以后开始进入衰老期。2 月底抽春梢，5 月上旬半木质化，新梢无毛，新梢平均长度 118.20mm，新梢平均粗度 2.29mm。夏梢在 6 ～ 7 月，秋梢在 9 ～ 10 月，油茶根系每年均发生大量新根，每年早春当土温达到 10℃时开始萌动，3 月春梢停止生长之前出现第一个生长高峰，这时的土温 18℃左右；其后与新梢生长交替进行，当温度超过 37℃时根系生长受到抑制，所以夏季树蔸基部培土或覆草能降低地温，减少地表水分蒸发，利于根系的生长。9 月，果实停止生长至开花之前又出现第二个生长高峰，这时的土温是大约 28℃、含水量 15% 左右。12 月后逐渐缓慢。

华金油茶花芽属于混合芽，在湖南地区，6 月初花芽开始分化，8 月上旬花芽开始萌动，芽鳞开裂，9 月中旬完成花芽分化。10 中下旬开花，开花时间通常为每天 9：00 ～ 15：00。从花芽分化、花芽膨大、芽鳞张开、花药颜色变黄、花蕾露出、花朵开放等，总共经历时间约 140 天。开花坐果后，在 3 月第一次果实膨大时有一个生理落果高峰，7 ～ 8 月是油茶果实膨大的重要高峰期，这个时期的果实体积增大占果实总体积的 50% ～ 65%，也可能存在第二次落果高峰；8 ～ 9 月为油脂转化和积累期，油脂积累占果实含油量的 40% ～ 50%。华金属霜降籽类型，果实成熟期为 10 月下旬。

适应性及栽培特点　华金对气候、土壤立地环境的要求与普通油茶基本相同，但与其他品种相比，其生活力更强，抗逆能力强，光合效能高，适应范围更广，可在湖南、江西、广西、湖北、贵州等油茶主产区栽培应用。造林地、山区选择海拔500m以下、坡度25°以下的背风向阳的阳坡或半阳坡，红壤、黄红壤，酸性至微酸性土壤。撩壕或挖大穴整地造林，适宜密植栽培，株距2～3m，行距3～4m。油茶为异花授粉植物，生产中需配置授粉树，最适宜与国审良种华硕、华鑫和湘林XLC15配置栽培。树形宜采用自然圆头形和开心形，幼林期整形修剪采用少剪多拉为主，注意开张角度，尽快培育丰产树形。每年追施富氮速效肥或生物肥等一次，适当培蔸抗夏秋干旱，提倡以耕代抚，加强抚育管理，保持高产稳产。

典型识别特征　树冠紧凑，树形多为纺锤形。果实较大，8～9月果皮为红色，成熟时为青色，椭圆形，果顶端有“人”字形凹槽。

林分

单株

花

树上果实特写

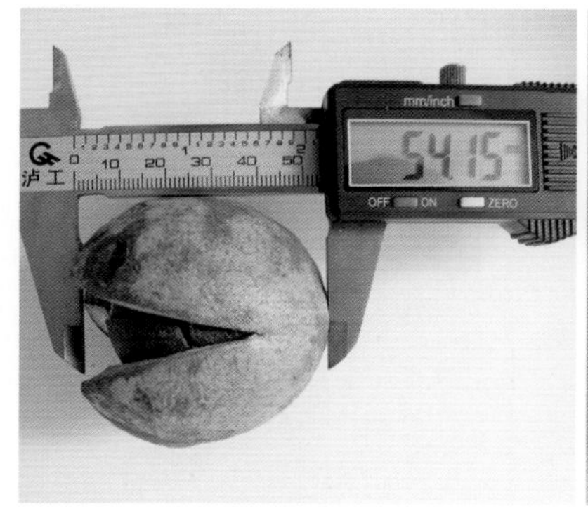

果纵径

果横径

果实与茶籽

11 华硕

种名： 普通油茶
拉丁名： *Camellia oleifera* 'Huashuo'
审定编号： 国 S-SC-CO-011-2009
品种类别： 优株

原产地： 湖南省茶陵县
选育单位： 中南林业科技大学
选育过程： 同华鑫
选育年份： 2009 年

植物学特征 树体生长旺盛，树势强，树姿半开张，树冠自然圆头形且较密，30 年树龄，平均树高 3.3m，分枝高 45cm，干周 30cm，冠高 3.1m，平均冠幅 9.9m²，树皮黄褐色、光滑；叶宽卵形，叶色墨绿，叶片平展，叶尖渐尖，叶缘锯齿，叶片平均长度 61.37mm，平均宽度 33.39mm，平均厚度 0.48mm，光补偿点 43.81μmol/（m²·s），光饱和点 693.2μmol/（m²·s）；花白色，顶生、单生或并生，花瓣 5 ~ 7 瓣，倒卵形，花冠平均直径 53.32mm，单花雄蕊平均数 125 个，外轮花丝合生，雄蕊平均长度 15.54mm，雌蕊平均长度 12.41mm，柱头 4 ~ 5 裂，花期 11 月初至 12 月上旬；果实为蒴果，扁圆形，多具 5 棱，黄棕色，顶端凹陷，宿存有毛；果实大，平均横径 57.73mm，平均纵径 44.68mm，果形指数 1.29，果皮平均厚度 5.29mm，心皮 4 ~ 5 个，种子黄褐色，种籽数 7 ~ 18 粒。

经济性状 平均单果重 68.75g，最大单果重 99.20g，鲜果出籽率 45.51%，种籽百粒重 250.0g，酸值 0.53mg/g，皂化值 189.0mg/g，碘值 86.50g/100g，过氧化值 5.03mmol/kg，折光系数 1.4694。出仁率 69.28%，干籽含油率 41.71%，盛果期亩产鲜果约 1200kg，亩产油量约 65kg，丰产，稳产，结实大小年现象不太明显，主要脂肪酸成分：油酸 89.89%，亚油酸含量 7.77%，亚麻酸 0.06%，硬脂酸 1.63%。

生物学特性 华硕个体发育过程分为童期（幼年）、壮年、衰老三个阶段。幼年期 3 年左右，造林第四年时开始开花，第五年开始挂果，第六年进入结果初期，第 10 年进入结果盛期，盛产历程 40 ~ 50 年，以后开始进入衰老期。3 月初抽春梢，5 月下旬半木质化，新梢无毛，新梢平均长 97.55mm，新梢平均粗 2.51mm，叶片稍下卷，正反叶脉均有毛，但反面较少。夏梢在 6 ~ 7 月，秋梢在 9 ~ 10 月。油茶根系每年均发生大量新根，每年早春当土温达到 10℃时开始萌动，3 月春梢停止生长之前出现第一个生长高峰，这时的土温 16℃左右；其后与新梢生长交替进行，当温度超过 37℃时根系生长受到抑制，所以夏季树蔸基部培土或覆草能降低地温，减少地表水分蒸发，利于根系的生长。9 月，果实停止生长至开花之前又出现第二个生长高峰，这时的土温是大约 26℃、含水量 15% 左右。12 月后逐渐缓慢。

华硕油茶花芽属于混合芽，在湖南地区，6 月初花芽开始分化，8 月上旬花芽开始萌动，芽鳞开裂，9 月下旬完成花芽分化。10 下旬开花，开花时间通常为每天 9：00 ~ 15：00。从花芽分化、花芽膨大、芽鳞张开、花药颜色变黄、花蕾露出、花朵开放等，总共经历时间约 150 天。开花坐果后，在 3 月第一次果实膨大时有一个生理

落果高峰，7 ~ 8 月是油茶果实膨大的重要高峰期，这个时期的果实体积增大占果实总体积的 60% ~ 75%，也可能存在第二次落果高峰；8 ~ 9 月为油脂转化和积累期，油脂积累占果实含油量的 50% ~ 60%。华硕属霜降籽类型，果实成熟期为 10 月下旬。

适应性及栽培特点　华硕对气候、土壤立地环境的要求与普通油茶基本相同，但与其他品种相比，其生长活力更强，抗逆能力更大，光合效能更高，适应范围更广，可在湖南、江西、广西、湖北、贵州等油茶主产区栽培应用。造林地宜选择海拔 500m 以下、坡度 25° 以下的阳坡或半阳坡，酸性至微酸性土壤。撩壕或挖大穴整地造林，适宜密植栽培，株距 2 ~ 3m，行距 3 ~ 4m。自花结实率较低，生产中需配置授粉树，最适宜与国审良种华金、华鑫和湘林 XLC15 配置栽培。树形宜采用自然圆头形和小冠疏散分层形，幼林期整形修剪采用少剪多拉为主，注意开张角度，尽快培育丰产树形。每年追施富氮速效肥或生物肥等一次，适当培蔸抗夏秋干旱，提倡以耕代抚，加强抚育管理，保持高产稳产。

典型识别特征　树冠自然圆头形且较密。叶尖渐尖。果实扁圆形，黄棕色。

林分

单株

树上果实特写

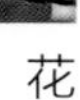

花

果实与果实剖面

果横径

果实横剖面

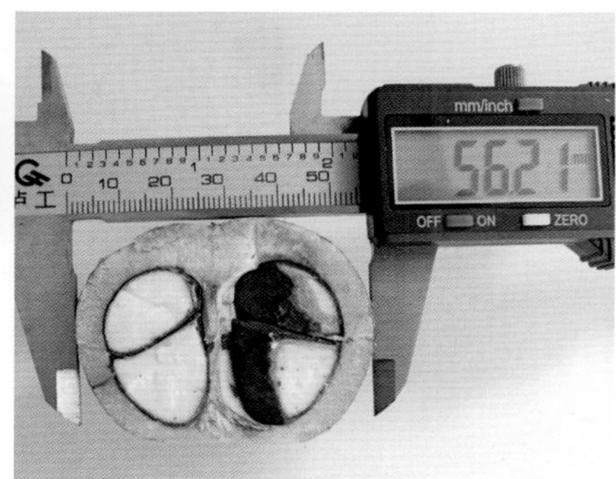

果实纵剖面

茶籽

12 湘林 5

审定编号： 国 S-SC-CO-012-2009
品种类别： 无性系
选育单位： 湖南省林业科学研究院
选育年份： 1990 年

树冠自然圆头形，枝叶浓密；叶长椭圆形，较细长，先端渐尖，边缘有细锯齿或钝齿，长 4.5 ~ 7.0cm，宽 2.0 ~ 3.2cm，叶面光滑；花期适中，通常于 10 月底至 12 月中下旬开花，花白色，直径 6.0 ~ 8.0cm，花瓣倒心形，6 ~ 7 瓣；果实成熟期 10 月下旬，果球形，青红色或青黄色，果径 30 ~ 40mm，每 500g 果数 17 ~ 30 个，心室 4 个。鲜果出籽率 40.29% ~ 45.18%，干仁含油率 50.30%，果油率 9.38%，产油量为 732.3kg/hm^2。

花

单株

树上果实特写

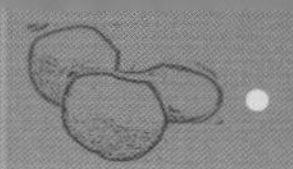

13　湘林 27

审定编号：国 S-SC-CO-013-2009
品种类别：无性系
选育单位：湖南省林业科学研究院
选育年份：1990 年

树冠自然圆头形；叶椭圆形，较细长，先端渐尖，边缘有细锯齿或钝齿，长 4.0 ~ 7.0cm，宽 2.5 ~ 3.2cm，叶面光滑；花期适中，通常于 10 月下旬至 12 月中下旬开花，花白色，直径 6.0 ~ 8.5cm，花瓣倒心形，5 ~ 6 瓣；果实成熟期 10 月下旬，果实球形或卵形，青红色，果径 30 ~ 45mm，每 500g 果数 15 ~ 28 个，心室 3 ~ 5 个，皮薄。鲜果出籽率 50% ~ 56%，干出仁率 54.67%，干籽含油率 34% ~ 37%，鲜果含油率 10.7%。单位面积冠幅产果量为 1.386kg/m^2，产油量为 995.4kg/hm^2，比参试无性系平均值增产 60%。

单株

树上果实特写

花

14 湘林 56

审定编号： 国 S-SC-CO-014-2009
品种类别： 无性系
选育单位： 湖南省林业科学研究院
选育年份： 1990 年

树冠自然圆头形；叶椭圆形，较细长，先端渐尖，边缘有细锯齿或钝齿，长 4.00 ~ 6.50cm，宽 2.50 ~ 3.20cm，叶面光滑；通常于 10 月下旬至 12 月中下旬开花，花白色，直径 5.0 ~ 7.0cm，花瓣倒心形，6 ~ 7 瓣；果实成熟期 10 月下旬，果实球形或橄榄形，青红色，果径 25 ~ 34mm，每 500g 果数 35 ~ 50 个，心室 3 个。鲜果出籽率 43.91%，干出仁率 65.68%。干仁含油率 45.42%，鲜果含油率 11.60%。单位面积冠幅产果量为 1.92kg/m^2，产油量为 842.70kg/hm^2，比参试无性系平均值增产 67%。

单株

果枝

花

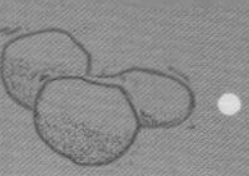

15　湘林 67

审定编号： 国 S-SC-CO-015-2009
品种类别： 无性系
选育单位： 湖南省林业科学研究院
选育年份： 1990 年

树冠自然圆头形；叶椭圆形，先端渐尖，长 4.0 ~ 6.0cm，宽 3.2cm 左右，叶面光滑；花期较早，通常于 10 月上中旬至 12 月中下旬开花，花白色，直径 5.0 ~ 7.0cm，花瓣倒心形，8 瓣；果实成熟期 10 月中下旬，果实球形，青黄或青红色，果径 25 ~ 39mm，每 500g 果数 20 ~ 40 个，心室 3 ~ 4 个。鲜果出籽率 46.79%，干出仁率 68.30%。干仁含油率 60.35%，鲜果含油率 9.08%。单位面积冠幅产果量为 1.64kg/m^2，产油量为 1044.45kg/hm^2，比参试无性系平均值增产 107%。

单株

果枝

花

16 湘林 69

审定编号： 国 S-SC-CO-016-2009
品种类别： 无性系
选育单位： 湖南省林业科学研究院
选育年份： 1990 年

树冠自然圆头形；叶椭圆形，先端渐尖，边缘有细锯齿或钝齿，长 4.0 ~ 5.8cm，宽 2.8 ~ 3.2cm，叶面光滑；花期稍早，通常于 10 月上中旬至 12 月中下旬开花，花白色，直径 5.0 ~ 6.5cm，花瓣倒心形，6 ~ 7 瓣；果实成熟期 10 月下旬，果实球形，红色或青红色，果径 25 ~ 38mm，每 500g 果数 21 ~ 40 个，心室 1 ~ 3 个。鲜果出籽率 44%，干出仁率 69.19%，干仁含油率 55.48%，鲜果含油率 12.97%。单位面积冠幅产果量为 1.25kg/m^2，产油量为 1132.65kg/hm^2，比参试无性系平均值增产 124%。

单株

树上果实特写

花

17　湘林 70

审定编号： 国 S-SC-CO-017-2009
品种类别： 无性系
选育单位： 湖南省林业科学研究院
选育年份： 1990 年

树冠自然开心形；叶长椭圆形，先端渐尖，边缘有细锯齿或钝齿，长 4.0 ～ 6.0cm，宽 3.2cm 左右，叶面光滑；花期稍早，通常于 10 月中旬至 12 月中下旬开花，花白色，直径 5.0 ～ 6.5cm，花瓣倒心形，6 瓣；果实成熟期 10 月下旬，果实球形，青黄色或青红色，果径 27 ～ 44mm，每 500g 果数 18 ～ 40 个，心室 3 ～ 5 个。鲜果出籽率 44.0% ～ 50%，干出仁率 76.07%，干仁含油率 57.32%，鲜果含油率 11.95%。单位冠幅产果量为 1.04kg/m^2，产油量为 872.85kg/hm^2，比参试无性系平均值增产 73%。

单株

树上果实特写

花

18 湘林 82

审定编号： 国 S-SC-CO-018-2009
品种类别： 无性系
选育单位： 湖南省林业科学研究院
选育年份： 1990 年

树冠自然圆头形；叶椭圆形，先端渐尖，边缘有细锯齿或钝齿，长 4.0 ~ 6.0cm，宽 3.5cm 左右，叶面光滑；花期稍早，通常于 10 月中旬至 12 月中下旬开花，花白色，直径 5.0 ~ 6.5cm，花瓣倒心形，8 ~ 9 瓣；果实成熟期 10 月下旬，果实球形或卵形，青红色，果径 29 ~ 44mm，每 500g 果数 17 ~ 35 个，心室 3 ~ 5 个，鲜果出籽率 44.53%，干出仁率 71.24%，干仁含油率 54.35%，鲜果含油率 12.41%。产油量为 1098.45kg/hm^2，比参试无性系平均值增产 117%。

单株

果枝

花

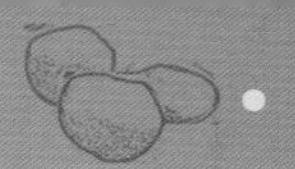

19　湘林 97

审定编号：国 S-SC-CO-019-2009
品种类别：无性系

选育单位：湖南省林业科学研究院
选育年份：1990 年

树冠自然圆头形；叶椭圆形，先端渐尖，长 4.0 ~ 6.0cm，宽 3.2cm 左右，叶面光滑；通常于 10 月下旬至 12 月中下旬开花，花白色，直径 5.0 ~ 7.0cm，花瓣倒心形，6 瓣；果实成熟期 10 月下旬，果实球形或卵形，青红色，果径 26 ~ 37mm，每 500g 果数 21 ~ 40 个，心室 3 个，鲜果出籽率 43.41% ~ 46.40%，干出仁率 68.59%，干仁含油率 50.51%，鲜果含油率 10.86%。产油量为 901.50kg/hm^2，比参试无性系平均值增产 78%。

单株

树上果实特写

花

20 湘林 32

审定编号： 国 S-SC-CO-033-2011
品种类别： 无性系

选育单位： 湖南省林业科学研究院
选育年份： 1990 年

树冠自然圆头形；叶椭圆形，先端渐尖，长 4.0 ~ 6.5cm，宽 3.2cm 左右，叶面光滑；通常于 10 月下旬至 12 月下旬开花，花白色，直径 5.5 ~ 7.5cm，花瓣倒心形，6 ~ 7 瓣；果实成熟期 10 月下旬，果实球形，青黄色或青红色，果径 30 ~ 35mm，每 500g 果数 25 ~ 40 个，心室 3 ~ 4 个，鲜果出籽率 47.9%，干出仁率 61.74%，干籽含油率 39.7% ~ 41.6%，鲜果含油率 11.4% ~ 12.7%。产油量为 $816kg/hm^2$，比参试无性系平均值增产 33%。

林分

单株

果枝

花

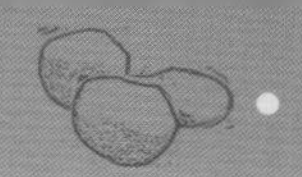

21　湘林 63

审定编号： 国 S-SC-CO-034-2011
品种类别： 无性系

选育单位： 湖南省林业科学研究院
选育年份： 1990 年

树冠自然圆头形；叶椭圆形，较细长，先端渐尖，边缘有细锯齿或钝齿，长 4.0 ~ 6.5cm，宽 2.5 ~ 3.0cm，叶面光滑；通常于 10 月中下旬至 12 月下旬开花，花白色，直径 5.0 ~ 7.0cm，花瓣倒心形，6 瓣；果实成熟期 10 月下旬，果实球形，青黄色或青红色，果径 30 ~ 39mm，每 500g 果数 20 ~ 40 个，心室 3 ~ 4 个。鲜果出籽率 43.13%，干出仁率 67.69%，干仁含油率 57.39%，鲜果含油率 10.71%。产油量为 798.60kg/hm^2，比参试无性系平均值增产 58.10%。

大树

小树

树上果实特写

花

22 湘林 78

审定编号： 国 S-SC-CO-035-2011
品种类别： 无性系
选育单位： 湖南省林业科学研究院
选育年份： 1990 年

树冠自然圆头形；叶椭圆形，先端渐尖，边缘有细锯齿或钝齿，长 4.0 ~ 6.0cm，宽 3.2cm 左右，叶面光滑；花期稍早，通常于 10 月中旬至 12 月中下旬开花，花白色，直径 5.0 ~ 6.5cm，花瓣倒心形，6 瓣；果实成熟期 10 月下旬，果实球形或卵形，青黄色或青红色，果径 27 ~ 37mm，每 500g 果数 20 ~ 40 个，心室 3 ~ 4 个。鲜果出籽率 44.5% ~ 47.0%，干出仁率 64.37%，干仁含油率 48.95%，鲜果含油率 8.04%。单位面积冠幅产果量为 1.40kg/m^2，产油量为 818.7kg/hm^2，比参试无性系平均值增产 56%。

大树

小树

树上果实特写

花

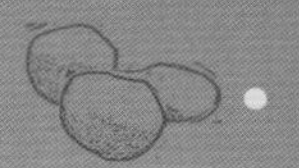

23 湘林 4

审定编号：湘 S9640-CO2
通过类别：1998 年通过审定
品种类别：优良无性系
选育单位：湖南省林业科学研究院
选育年份：1990 年

树冠自然圆头开张形；叶椭圆形，先端渐尖，边缘有细锯齿或钝齿，长 4.5 ~ 6.5cm，宽 2.5 ~ 3.5cm，叶面光滑；花期稍早，通常于 10 月中旬至 12 月中旬开花，花白色，直径 5.0 ~ 7.0cm，花瓣倒心形，5 ~ 6 瓣；果实成熟期 10 月下旬，果实球形，青红色或青黄色，果径 30 ~ 39mm，每 500g 果数 15 ~ 30 个，心室 1 ~ 4 个，皮较薄。鲜果出籽率 43.9%，干出仁率 54.17%，干籽含油率 35% ~ 39%，鲜果含油率 10.71%。产油量为 775.5kg/hm^2，比参试无性系平均值增产 25%。

单株

树上果实特写

花

果实

24 湘林 16

审定编号： 湘 S9641-CO2
通过类别： 1998 年通过审定
品种类别： 无性系

选育单位： 湖南省林业科学研究院
选育年份： 1990 年

树冠自然圆头形；叶椭圆形，先端渐尖，边缘有细锯齿或钝齿，长 4.0 ~ 6.6cm，宽 3.2cm 左右，叶面光滑；花期适中，通常于 10 月下旬至 12 月下旬开花，花白色，直径 5.0 ~ 7.0cm，花瓣倒心形，5 ~ 6 瓣；果实成熟期 10 月下旬，果实球形或橘形，有棱，青黄色或青红色，果径 32 ~ 50mm，每 500g 果数 15 ~ 28 个，心室 3 ~ 5 个。鲜果出籽率 53.40% ~ 54.50%，干籽含油率 31% ~ 36%，果油率 7.60% ~ 8.30%。单位面积冠幅产果量为 1.54kg/m^2，产油量为 713.10kg/hm^2，比参试无性系平均值增产 15%。

单株

树上果实特写

花

果实

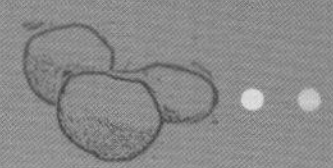

25　湘林 28

审定编号： 湘 S9643-CO2
通过类别： 1998 年通过审定
品种类别： 无性系

选育单位： 湖南省林业科学研究院
选育年份： 1990 年

树冠自然圆头形；叶椭圆形，先端渐尖，边缘有细锯齿或钝齿，长 4.0 ~ 7.0cm，宽 2.8 ~ 3.3cm，叶面光滑；花期适中，通常于 10 月下旬至 12 月下旬开花，花白色，直径 6.0 ~ 8.0cm，花瓣倒心形，6 ~ 7 瓣；果实成熟期 10 月下旬，果青黄色，球形，果径 30 ~ 42mm，每 500g 果数 20 ~ 40 个，心室 3 ~ 5 个。鲜果出籽率 47% ~ 49.4%，干出仁率 57.60%，干仁含油率 42.99%，干籽含油率 32% ~ 36%，鲜果含油率 11.34%。单位面积冠幅产果量为 0.99kg/m^2，产油量为 769.20kg/hm^2，比参试无性系平均值增产 24%。

树上果实特写

单株

26 湘林 31

审定编号：湘 S9644-CO2
通过类别：1998 年通过审定
品种类别：无性系

选育单位：湖南省林业科学研究院
选育年份：1990 年

树冠自然圆头形；叶椭圆形，先端渐尖，边缘有细锯齿或钝齿，长 4.0 ~ 6.5cm，宽 3.0 ~ 3.5cm，叶面光滑；花期稍早，通常于 10 月中旬至 12 月下旬开花，花白色，直径 5.5 ~ 7.5cm，花瓣倒心形，5 ~ 6 瓣；果实成熟期 10 月下旬，果实球形，青红色或青黄色，果径 30 ~ 38mm，每 500g 果数 20 ~ 40 个，心室 3 ~ 4 个。鲜果出籽率 47.5% ~ 52%，干出仁率 60.87%，干籽含油率 36.00% ~ 41.95%，鲜果含油率 11.40% ~ 12.90%。产油量为 715.50kg/hm^2，比参试无性系平均值增产 23%。

单株

树上果实特写

花

果实

27　湘林 35

审定编号： 湘 S9647-CO2
通过类别： 1998 年通过审定
品种类别： 无性系
选育单位： 湖南省林业科学研究院
选育年份： 1990 年

树冠自然圆头形；叶椭圆形，先端渐尖，边缘有细锯齿或钝齿，长 4.0 ~ 6.5cm，宽 3.2cm 左右，叶面光滑；通常于 10 月下旬至 12 月下旬开花，花白色，直径 5.5 ~ 7.0cm，花瓣倒心形，6 瓣；果实成熟期 10 月下旬，果球形，青红色或青黄色，果径 30 ~ 47mm，每 500g 果数 15 ~ 26 个，心室 3 ~ 5 个。鲜果出籽率 44.70%，干出仁率 51.81%，干仁含油率 35.46%，鲜果含油率 7.75%。单位面积冠幅产果量为 1.33kg/m^2，产油量为 720.76kg/hm^2，比参试无性系平均值增产 16%。

单株

树上果实特写

花

果实

28 湘林 36

审定编号： 湘 S9648-CO2
通过类别： 1998 年通过审定
品种类别： 无性系

选育单位： 湖南省林业科学研究院
选育年份： 1990 年

树冠自然圆头形；叶椭圆形，先端渐尖，边缘有细锯齿或钝齿，长 4.0 ~ 6.5cm，宽 3.2cm 左右，叶面光滑；通常于 10 月中下旬至 12 月下旬开花，花白色，直径 5.0 ~ 7.0cm，花瓣倒心形，5 瓣；果实成熟期 10 月下旬，果球形或卵形，青红色，果径 30 ~ 39mm，每 500g 果数 20 ~ 36 个，心室 3 ~ 4 个。鲜果出籽率 51.60%，干出仁率 61.92%，干仁含油率 38.02%。鲜果含油率 11.54%，产油量为 848.25kg/hm^2，比参试无性系平均值增产 37%。

树上果实特写

果实

单株

花

29 湘林 46

审定编号： 湘 S9651-CO2
通过类别： 1998 年通过审定
品种类别： 无性系

选育单位： 湖南省林业科学研究院
选育年份： 1990 年

树冠自然圆头形；叶椭圆形，先端渐尖，边缘有细锯齿或钝齿，长 4.0 ~ 6.5cm，宽 3.2cm 左右，叶面光滑；通常于 10 月下旬至 12 月下旬开花，花白色，直径 6.0 ~ 8.0cm，花瓣倒心形，8 瓣；果实成熟期 10 月下旬，果球形，青红色，果径 30 ~ 40mm，每 500g 果数 25 ~ 35 个，心室 3 个，鲜出籽率 35% ~ 42.4%，干出仁率 62.69%，干仁含油率 49.37%。鲜果含油率 7.64%。单位面积冠幅产果量为 1.36kg/m^2，产油量为 729.90kg/hm^2，比参试无性系平均值增产 44%。

单株

树上果实特写

花

果实

30 湘林47

审定编号： 湘S9652-CO2
通过类别： 1998年通过审定
品种类别： 无性系

选育单位： 湖南省林业科学研究院
选育年份： 1990年

树冠自然圆头形；叶椭圆形，先端渐尖，边缘有细锯齿或钝齿，长4.0 ~ 6.5cm，宽3.2cm左右，叶面光滑；通常于10月下旬至12月下旬开花，花白色，直径6.0 ~ 7.5cm，花瓣倒心形，5 ~ 6瓣；果实成熟期10月下旬，果球形，青红色，果径30 ~ 40mm，每500g果数20 ~ 30个，心室4 ~ 5个。鲜果出籽率42.14% ~ 52.8%，干出仁率59.07%，干仁含油率42.28%，鲜果含油率6.21%。单位面积冠幅产果量为1.59kg/m^2，产油量为691.35kg/hm^2，比参试无性系平均值增产37%。

单株

树上果实特写

果实

31 湘林 65

审定编号： 湘 S9658-CO2
通过类别： 1998 年通过审定
品种类别： 无性系
选育单位： 湖南省林业科学研究院
选育年份： 1990 年

树冠自然圆头形；叶椭圆形，先端渐尖，边缘有细锯齿或钝齿，长 4.0 ~ 6.0cm，宽 3.2cm 左右，叶面光滑；通常于 10 月下旬至 12 月下旬开花，花白色，直径 5.0 ~ 7.0cm，花瓣倒心形，5 ~ 6 瓣；果实成熟期 10 月下旬，果橘形，青红色或青黄色，果径 30 ~ 38mm，每 500g 果数 20 ~ 38 个，心室 3 ~ 4 个。鲜果出籽率 40.09%，干出仁率 62.23%，干仁含油率 50.08%，鲜果含油率 8.41%。单位面积冠幅产果量为 1.08%，产油量为 635.40kg/hm^2，比参试无性系平均值增产 26%。

单株

树上果实特写

花

果实

32 湘林 81

审定编号： 湘 S9664-CO2
通过类别： 1998 年通过审定
品种类别： 无性系
选育单位： 湖南省林业科学研究院
选育年份： 1990 年

树冠自然圆头形；叶椭圆形，先端渐尖，边缘有细锯齿或钝齿，长 4.0 ~ 6.0cm，宽 3.2cm 左右，叶面光滑；花期稍早，通常于 10 月中旬至 12 月中下旬开花，花白色，直径 5.0 ~ 6.5cm，花瓣倒心形，8 ~ 9 瓣；果实成熟期 10 月下旬，果球形或橘形，青黄色，果径 29 ~ 46mm，每 500g 果数 17 ~ 35 个，心室 4 ~ 5 个。鲜果出籽率 49.3%，干出仁率 64.54%，干仁含油率 49.90%，鲜果含油率 10.10%。单位面积冠幅产果量为 1.56%，产油量为 1102.65kg/hm^2，比参试无性系平均值增产 118%。

单株

果枝

果实

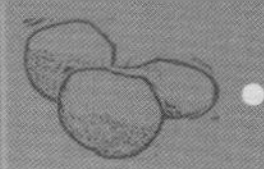

33　湘林 89

审定编号：湘 S9666-CO2
通过类别：1998 年通过审定
品种类别：无性系
选育单位：湖南省林业科学研究院
选育年份：1990 年

树冠自然圆头形；叶椭圆形，先端渐尖，边缘有细锯齿或钝齿，长 5.0 ~ 6.5cm，宽 3.5cm 左右，叶面光滑；通常于 10 月中下旬至 12 月下旬开花，花白色，直径 5.0 ~ 6.5cm，花瓣倒心形，6 瓣；果实成熟期 10 月下旬，果球形或橘形，有棱，青红色，果径 29 ~ 44mm，每 500g 果数 20 ~ 45 个，心室 3 ~ 4 个。鲜果出籽率 51.64%，干出仁率 65. 41%，干仁含油率 55.42%，鲜果含油率 7.10%。单位面积冠幅产果量为 1.28%，产油量为 636.75kg/hm^2，比参试无性系平均值增产 26%。

单株

树上果实特写

花

果实

34 油茶无性系 6

审定编号： 湘 S0701-CO2
通过类别： 2007 年通过审定
品种类别： 无性系

选育单位： 湖南省林业科学研究院
选育年份： 1990 年

树冠自然圆头形；叶长椭圆形，较宽，先端渐尖，边缘有细锯齿或钝齿，长 5.0 ~ 6.5cm，宽 2.8 ~ 4.0cm，叶面光滑；通常于 11 月上旬至 12 月下旬开花，花白色，直径 5.0 ~ 7.0cm，花瓣倒心形，5 ~ 6 瓣；果实成熟期 10 月下旬，果球形或橘形，青黄色，果径 30 ~ 49mm，每 500g 果数 15 ~ 35 个，心室 3 ~ 5 个。鲜果出籽率 43.30%，鲜果含油率 7.64%，产油量为 577.63kg/hm^2。产量高，丰产性能好，抗病性强。

单株

树上果实特写

花

35　油茶无性系 8

审定编号： 湘 S0702-CO2
通过类别： 2007 年通过审定
品种类别： 无性系

选育单位： 湖南省林业科学研究院
选育年份： 1990 年

树冠自然圆头形；叶椭圆形，较细长，边缘有细锯齿或钝齿，先端渐尖，长 4.5 ～ 6.5cm，宽 2.5 ～ 3.2cm，叶面光滑；花期稍早，通常于 10 月中下旬至 12 月中下旬开花，花白色，直径 4.5 ～ 6.5cm，花瓣倒心形，8 ～ 9 瓣；果实成熟期 10 月中下旬，果实球或橘形，青黄色或青红色，果径 30 ～ 39mm，每 500g 果数 15 ～ 30 个，心室 3 ～ 4 个。鲜果出籽率 42% ～ 46%，干籽含油率 31% ～ 37%，果油率 8.10% ～ 8.60%。产油量为 634.65kg/hm^2。

单株

树上果实特写

花

36 油茶无性系 22

审定编号： 湘 S0703-CO2
通过类别： 2007 年通过审定
品种类别： 无性系

选育单位： 湖南省林业科学研究院
选育年份： 1990 年

树冠自然圆头形；叶椭圆形，先端渐尖，边缘有细锯齿或钝齿，长 5.0 ~ 6.5cm，宽 3.2cm 左右，叶面光滑；花期适中，通常于 10 月下旬至 12 月下旬开花，花白色，直径 5.0 ~ 7.0cm，花瓣倒心形，5 ~ 6 瓣；果实成熟期 10 月下旬，果实球形，青色或青红色，果径 30 ~ 40mm，每 500g 果数 15 ~ 30 个，心室 2 ~ 3 个，籽粒较大。鲜果出籽率 46% ~ 50%，干籽含油率 31% ~ 36%，果油率 7.80% ~ 8.30%。产油量为 990.90kg/hm^2。

单株

树上果实特写

花

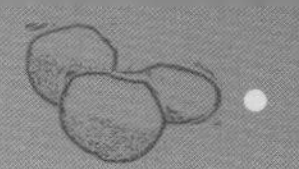

37　油茶无性系 23

审定编号： 湘 S0704-CO2
通过类别： 2007 年通过审定
品种类别： 无性系

选育单位： 湖南省林业科学研究院
选育年份： 1990 年

树冠自然圆头形；叶椭圆形，先端渐尖，边缘有细锯齿或钝齿，长 5.0 ~ 6.6cm，宽 3.2cm 左右，叶面光滑；花期适中，通常于 10 月下旬至 12 月下旬开花，花白色，直径 5.0 ~ 7.0cm，花瓣倒心形，5 ~ 6 瓣；果实成熟期 10 月下旬，果实球形，青红色，果径 30 ~ 38mm，每 500g 果数 16 ~ 40 个，心室 2 ~ 3 个。鲜果出籽率 42.23%，干籽含油率 30% ~ 35%，果油率 7.30% ~ 7.90%。产油量为 500.40kg/hm^2。

单株

树上果实特写

花

38　油茶无性系 26

审定编号： 湘 S0705-CO2
通过类别： 2007 年通过审定
品种类别： 无性系
选育单位： 湖南省林业科学研究院
选育年份： 1990 年

树势旺盛，分枝力强，抽梢早，树冠自然圆头形；叶椭圆形，先端渐尖，边缘有细锯齿或钝齿，长 5.0 ~ 6.0cm，宽 2.5 ~ 3.2cm，叶面光滑；通常于 11 月上中旬至 12 月下旬开花，花白色，直径 5.0 ~ 6.5cm，花瓣倒心形，6 ~ 7 瓣；果实成熟期 10 月下旬，果实球形或卵形，青黄色，果径 30 ~ 38mm，每 500g 果数 25 ~ 40 个，心室 2 ~ 4 个。鲜果出籽率 36.33%，干仁含油率 45.43%。产油量为 617.40kg/hm^2。抗病性强。

单株

树上果实特写

花

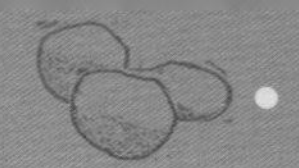

39　油茶杂交组合 13

审定编号： 湘 S0707-CO1b
通过类别： 2007 年通过审定
品种类别： 杂交组合
选育单位： 湖南省林业科学研究院
选育年份： 2003 年

树体开张或自然圆头形；花期 11 ～ 12 月；果实青红球形，每 500g 果数 32.5 个，每 500g 籽数 284.7 个。鲜果出籽率 46.80%，鲜果含油率 8.99%。平均产油量为 660.65kg/hm^2，比参试无性系平均值增产 100.80%。

单株

果实与茶籽

树上果实特写

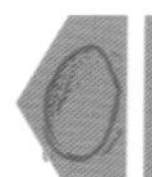

40 油茶杂交组合 17

审定编号： 湘 S0708-CO1b
通过类别： 2007 年通过审定
品种类别： 杂交组合

选育单位： 湖南省林业科学研究院
选育年份： 2003 年

树体生长旺盛，枝叶紧凑稠密，树冠自然圆头形；花期 11 ～ 12 月；果实青色或青黄色，球形，每 500g 果数 21.6 个，每 500g 籽数 317.7 个。鲜果出籽率 41.6%，鲜果含油率 7.38%。平均产油量为 450.76kg/hm^2，比参试无性系平均值增产 37.0%。

果枝

花

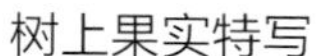

树上果实特写

果实与茶籽

41 油茶杂交组合 18

审定编号： 湘 S0709-CO1b
通过类别： 2007 年通过审定
品种类别： 杂交组合

选育单位： 湖南省林业科学研究院
选育年份： 2003 年

树体开张，枝叶分布均匀；花期 11 ～ 12 月；果实红青色，球形，每 500g 果数 28.1 个，每 500g 籽数 296.5 个。鲜果出籽率 43.9%，鲜果含油率 8.86%。平均产油量为 558.34kg/hm²，比参试无性系平均值增产 69.7%。

树上果实特写

单株

果实与茶籽

花

42 油茶杂交组合 31

审定编号： 湘 S07010-CO1b
通过类别： 2007 年通过审定
品种类别： 杂交组合
选育单位： 湖南省林业科学研究院
选育年份： 2003 年

树体高大，枝叶相对开张；果实青色，球形，每 500g 果数 17 个，每 500g 籽数 277.8 个。鲜果出籽率 42.86%，鲜果含油率 5.40%。平均单位面积冠幅产果量为 1.11kg/m^2，平均产油量为 454.50kg/hm^2。花期 11 ～ 12 月。

果实与茶籽

树上果实特写

花

单株

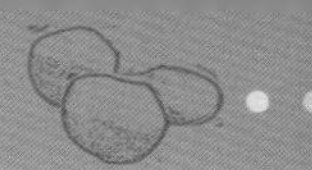

43 油茶杂交组合 32

审定编号： 湘 S07011-CO1b
通过类别： 2007 年通过审定
品种类别： 杂交组合

选育单位： 湖南省林业科学研究院
选育年份： 2003 年

树体旺盛，枝叶浓密紧凑，自然圆头形；果实红青色，球形，每 500g 果数 24.0 个，每 500g 籽数 296.5 个。鲜果出籽率 43.30%，鲜果含油率 5.59%，平均产油量为 454.03kg/hm^2，比参试无性系平均值增产 38.00%。花期 11 ～ 12 月。

树上果实特写

单株

花

44 铁城一号

种名： 油茶
拉丁名： *Camellia oleifera* ‘Tiecheng 1’
俗名： 茶子树、油茶树、白花树
审定编号： 湘 S0801-CO2
品种类别： 优株
原产地： 湖南常德
选育地： 湖南省鼎城区长茅岭乡花莲冲村
选育单位： 常德市林业科学研究所

选育过程： 在选育地建立收集圃 6 亩，选育材料以常 -77-2 和常 -76-10 号两个优良单株作为亲本，结合亲本果大、籽大、仁大、油脂不饱和脂肪酸含量高、高产稳产、抗炭疽病明显等优势特征，通过人工授粉杂交，经长期筛选而成铁城一号杂交新品种。
选育年份： 1982 - 2000 年

植物学特征 灌木或中乔木，树体紧凑，树形为圆头形，嫩枝有粗毛；叶色浓绿，叶革质，椭圆形，长圆形或倒卵形，先端尖而有钝头，有时渐尖或钝，基部楔形，长 5 ~ 7cm，宽 2 ~ 4cm，有时较长，上面深绿色，发亮，中脉有粗毛或柔毛，下面浅绿色，是无毛或中脉有长毛，侧脉在上面能见，在下面不是很明显，边缘有细锯齿，有时具钝齿，叶柄长 4 ~ 8mm，有粗毛；叶芽大且饱满；花顶生，近于无柄，苞片与萼片约 10 片，由外向内逐渐增大，阔卵形，长 3 ~ 12mm，背面有紧贴柔毛或绢毛，花后脱落，花瓣白色，5 ~ 7 瓣，倒卵形，长 2.5 ~ 3.0cm，宽 1 ~ 2cm，有时较短或更长，先端凹入或 2 裂，基部狭窄，近于离生，背面有丝毛，至少在最外侧有丝毛，雄蕊长 1.0 ~ 1.5cm，外侧雄蕊仅基部略连生，偶有花丝管长达 7mm，无毛，花药黄色，背部着生，花芽饱满丰硕，子房有黄长毛，3 ~ 5 室，花柱长约 1cm，无毛，先端不同程度 3 裂；果青褐色，桃形或近球形，果尾脐形，果皮厚 2.07mm，蒴果球形或卵圆形，直径 2 ~ 4cm，3 室或 1 室，3 爿或 2 爿裂开，每室有种子 1 粒或 2 粒，果爿厚 3 ~ 5mm，木质，中轴粗厚，苞片及萼片脱落后留下的果柄长 3 ~ 5mm，粗大，有环状短节。

经济性状 盛果期单株产果量 5.79kg，亩产果量 477kg，亩产籽量 245kg，亩产出油量 63kg，结实大年亩产果量 556kg，结实小年亩产果量 325kg，平均单果重 10.6g，最大单果重 19.7g，鲜果出籽率 53.24%，鲜籽百粒重 78.00g，干出仁率 63.07%，干仁出油率 44.58%。6 年生树每平方米冠幅产果量 3.37kg，具有果大、籽大、仁大、抗病性强等特点，最大单果重 66g，鲜果出籽率 41.87%，鲜籽百粒重 264.9g，鲜果含油率 7.2%，6 年生测产每亩产茶油 63.94kg。茶油品质：通过果实主要经济性状和含油量测定及油脂理化性质分析，鲜果出籽率、干出籽率、干籽出仁率和干仁含油率较参试均值分别高出 5.33%、5.33%、1.15% 和 3.61%，茶油色泽明亮清香，油酸含量 78.17%，亚油酸含量 5.79%，碘值 83.51，皂化值 196.41，酸价 0.53，折光指数 1.468。

生物学特性 物候期早，生长速度快。3 月中旬开始萌芽抽生新梢，10 月中旬始花，11 月下旬花谢完，花期约 50 天；10 月中旬果实成熟。

适应性及栽培特点 适应性：抗逆性强，高度抗病，炭疽病、软腐病果和叶少见。在普通油茶分布区域内的红壤或黄壤、pH 值 4.5 ~ 6.5 的酸性或微酸性土壤上均能正常生长结实。栽培特点：① 造林地选择要做到因地制宜，适地适树；② 提前整地，施足基肥，为防止水土流失，要采用水平梯土撩壕整地；③ 栽植时间以 2 月至 3 月上旬为佳，栽植密度要依据立地条件、土壤肥力、经营水平而定；④ 对幼林，栽培时紧，施足水，

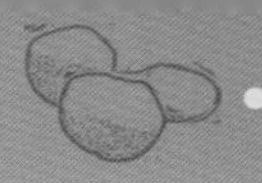

做到根舒，套种农作物，而对成林，采取穴抚、施肥、抗旱等措施。

典型识别特征　叶片肥厚，叶面较大；果实为寒露果，较大，颜色为青褐色。

林分

单株

果枝

花

果实

果实剖面与茶籽

茶籽

45 德字 1 号

良种中文名： 德字 1 号
拉丁名： *Camellia oleifera* ‘Dezi 1’
审定编号： 湘 S0901-CO2
品种类别： 无性系
原产地： 湖南平江县
选育地： 湖南省平江县童市镇德字村灯盏坡
选育单位： 平江县林业局
选育过程 ：平江县科研人员在油茶产区童市镇德字村灯盏坡进行油茶良种选优时发现高产单株，该植株冠形优美，自然分枝呈伞状，果形近球形。果色为红色至红褐色，花多丛生。坐果率高，丰产性能好，与周围油茶群体对比有着明显优势。为进一步确认该树优良性状，从第二年始科研人员对这一单株进行了连续观测，并进行子一代和子二代测试及各项经济性状测定，并命名为德字 1 号。
选育年份： 1984－2007 年

植物学特征 平均树高 1.77m，树姿开张，平均冠幅面积为 3.92m^2；花芽、果实密度大，分布均匀，丛生性较强，花芽丛生数一般为 3 ～ 7 个，果实呈丛生状着生，果实球形，初期红色，成熟时为红褐色。

经济性状 品种经济性状的测定以 4 年测定的平均数为准，即每 500g 果数为 14 ～ 24 个，平均 23.3 个；鲜果出籽率 39.1% ～ 41.6%，平均 40.5%；鲜果含油率为 6.45% ～ 7.26%，平均 6.87%；每 500g 鲜果籽数 230 ～ 330 粒，平均 284 粒；每果籽数 4 ～ 7 粒，平均 5 粒；鲜籽百粒重 147 ～ 211g，平均 181.7g；平均单果重 21.5g；果形指数 0.9。主要脂肪酸成分：豆蔻酸 0.30%，棕榈酸 7.60%，硬脂酸 0.80%，花生酸 0.60%，不饱和脂肪酸中油酸 83.30%、亚油酸 7.40%。

生物学特性 一年内抽 1 至多次新梢，分为春梢、夏梢、秋梢三种。春梢于 3 月初萌芽，5 月初停止生长。前一个月生长迅速，后一个月生长缓慢，不同树龄春梢生长的速度不一，成年树和结果幼树快于老树和未结果幼树。春梢是翌年的果枝，其数量的多少和质量好坏直接影响茶果的产量。夏梢于 5 月底或 6 月初萌芽，7 ～ 8 月随气温、雨量、日照的增加而迅速生长。果实于 3 月中下旬开始生长，前期生长缓慢，但在 4 ～ 6 月和 7 ～ 8 月有 2 个小生长高峰，8 月中下旬体积增长逐渐停止，而内部营养成分加速积累，果实成熟期为 10 月下旬。花期为 10 月中旬至翌年 2 月，历时 45 ～ 100 天，相对集中于 11 ～ 12 月。油茶花芽分化始于 5 月上旬，至 9 月中下旬基本完成，共经历了前分化期、萼片形成期、花瓣形成期、雌雄蕊形成期、子房与花药形成期、雌雄蕊成熟期等 6 个时期，各分化时期之间有一定程度的重叠现象。整个形态分化过程持续 140 天左右。

适应性和栽培特点 引种示范证明，德字 1 号无性系可在湖南、湖北、江西等南方地区海拔 400m 以下的丘岗山地上种植。油茶是一种强阳性树种，日照多则果实饱满、出油率高、品质好。因此要选择海拔高度在 400m 以下、土层深厚的向阳坡地造林较为理想，切忌把油茶栽在背阴、低温的山坡。油茶的无性繁殖方法主要有播种育苗、芽苗砧嫁接、扦插繁殖三种，平江县主要采用芽苗砧嫁接法。造林则采用植苗造林方式。栽植时将苗木放入定植穴中，四周填土至穴深的 2 / 3时，用脚踩紧，再填土至地表，再次夯紧，然后再盖上泥土使定植穴高于地面 10cm 左右形成龟背状，以防幼苗因积水烂根。幼苗在栽植时，应将嫁接口掩埋土中，不能让嫁接口露出地表。栽植时要做到苗正、根舒、土实。

典型识别特征　果球形，红色至红褐色；叶片较小，近披针形，叶尖长，叶缘锯齿明显；果实丛生状着生，常3 ~ 5果着生一处；花芽丛生，常出现3 ~ 7个花芽。

林分

单株

果枝

花

果实

果实剖面

茶籽

46 湘林 106

审定编号：湘 S-SC-CO-054-2010
品种类别：无性系

选育单位：湖南省林业科学研究院
选育年份：1994 年

树冠自然圆头形；叶椭圆形，先端渐尖，边缘有细锯齿或钝齿，长 4.0 ~ 6.0cm，宽 3.2cm 左右，叶面光滑；花期稍早，通常于 10 月中旬至 12 月中下旬开花，花白色，直径 4.5 ~ 6.3cm，花瓣倒心形，5 瓣；果实成熟期 10 月中旬，果实球形或卵形，青红色，果径 28 ~ 36mm，每 500g 果数 25 ~ 60 个，心室 3 ~ 4 个。鲜果出籽率 47.7%，干出仁率 61.31%。干仁含油率 42.95%，果含油率 5.94%。单位冠幅产果量为 1.48kg/m^2，产油量为 615.45kg/hm^2，比参试无性系平均值增产 41.3%。

果枝

花

树上果实特写

47　湘林 117

审定编号：湘 S-SC-CO-055-2010
品种类别：无性系
选育单位：湖南省林业科学研究院
选育年份：1994 年

树冠自然圆头形；叶椭圆形，先端渐尖，边缘有细锯齿或钝齿，长 4.0 ~ 6.0cm，宽 3.2cm 左右，叶面光滑；花期稍早，通常于 10 月中旬至 11 月下旬开花，花白色，直径 4.5 ~ 6.3cm，花瓣倒心形，6 瓣；果实成熟期 10 月中旬，果实球形，青黄色，果径 28 ~ 33mm，每 500g 果数 40 ~ 80 个，心室 4 ~ 5 个。鲜果出籽率 46.5%，干出仁率 67.82%，干仁含油率 51.54%，果含油率 8.65%。产油量为 629.4kg/hm^2，比参试无性系平均值增产 44.5%。

树上果实特写

花

单株

48 湘林 121

审定编号： 湘 S-SC-CO-056-2010
品种类别： 无性系
选育单位： 湖南省林业科学研究院
选育年份： 1994 年

树冠自然圆头形；叶椭圆形，先端渐尖，边缘有细锯齿或钝齿，长 4.0 ~ 6.0cm，宽 3.2cm 左右，叶面光滑；花期稍早，通常于 10 月中旬至 12 月下旬开花，花白色，直径 4.5 ~ 6.0cm，花瓣倒心形，8 瓣；果实成熟期 10 月中旬，果实球形、卵形或橘形，青红色，果径 29 ~ 42mm，每 500g 果数 23 ~ 55 个，心室 2 ~ 5 个。鲜果出籽率 41.0% ~ 45%，干出仁率 74.31%，干仁含油率 56.28%，果含油率 10.53%。产油量为 523.2kg/hm^2，比参试无性系平均值增产 20.1%。

单株

树上果实特写

花

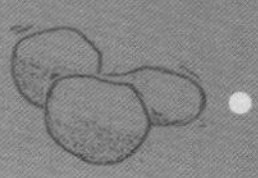

49　湘林 124

审定编号： 湘 S-SC-CO-057-2010
品种类别： 无性系
选育单位： 湖南省林业科学研究院
选育年份： 1994 年

树冠自然圆头形；叶椭圆形，先端渐尖，边缘有细锯齿或钝齿，长 4.0 ~ 6.0cm，宽 3.2cm 左右，叶面光滑；花期稍早，通常于 10 月下旬至 12 月中下旬开花，花白色，直径 5.0 ~ 6.8cm，花瓣倒心形，6 瓣；果实成熟期 10 月下旬，果实球形或橘形，青黄色或青红色，果径 30 ~ 41mm，每 500g 果数 20 ~ 50 个，心室 5 个。鲜果出籽率 43.98% ~ 47.30%，干出仁率 87.27%。干仁含油率 50.22%，果含油率 7.79%。产油量为 561.75kg/hm^2，比参试无性系平均值增产 29%。

单株

树上果实特写

花

50 湘林 131

审定编号：湘 S-SC-CO-058-2010
品种类别：无性系
选育单位：湖南省林业科学研究院
选育年份：1994 年

树冠自然圆头形；叶椭圆形，先端渐尖，边缘有细锯齿或钝齿，长 4.0 ~ 6.0cm，宽 2.5 ~ 3.2cm，叶面光滑；花期稍早，通常于 10 月中旬至 12 月下旬开花，花白色，直径 5.0 ~ 6.0cm，花瓣倒心形，5 瓣；果实成熟期 10 月下旬，果实球形或卵形，青红色，果径 28 ~ 36mm，每 500g 果数 25 ~ 55 个，心室 2 ~ 5 个。鲜果出籽率 49.0%，干出仁率 61.08%，干仁含油率 48.24%，果含油率 7.58%。产油量为 551.4kg/hm^2，比参试无性系平均值增产 26.7%。

单株

树上果实特写

花

51 常林3号

种名：油茶
拉丁名：*Camellia oleifera*‘Changlin 3’
俗名：茶子树、油茶树、白花树
认定编号：湘 R-SC-CO-074-2010
品种类别：无性系
原产地：湖南常德
选育地：湖南省鼎城区长茅岭乡花莲冲村
选育单位：常德市林业科学研究所
选育过程：在选育地建立收集圃，筛选参试无性系。选育材料以本地优树为主，外地引进优树为辅。通过调查、观测，筛选出优树80株，并从邻近省、市引进优树68株，进行高接换冠，建立收集圃。依据1988-1991年连续4年的产量，筛选出平均每亩产茶油量达40kg的35个无性系，作为田间评比试验的参试无性系，进行田间试验，评选优良无性系。将筛选出的35个无性系进行田间品比试验，以收集圃中略高于优树均值的常林50号无性系为对照，采用相关分析、回归分析、通径分析等统计方法，以2005-2008年连续4年的平均株产及果实的各项经济性状指标为标准，结合各无性系的抗逆性等观察、测定，评选出该优良无性系。
选育年份：1982-2008年

植物学特征 成年树体高达4～6m，一般2～3m，树形开张、半开张，冠幅一般2～4m；单叶互生，披针形，革质，边缘有细锯齿，正面暗绿色，背面淡绿色，长3～6cm，宽2.5～3.5cm；花顶生或腋生，两性花，白色，直径6～9cm，5瓣，花瓣倒卵形，顶端常2裂，花丝85～107枚，长16～17mm，柱头长11～12mm，3裂；蒴果球形、扁圆形或橄榄形，直径3～4.5cm，果瓣厚而木质化，内含种子，果较大，果高约3～5cm，果径1～2cm，红色，少微红，球形或近球形，果尾脐形，每果种子3～5粒，黑色，三角状，有光泽，抗性强，属寒露类型。

经济性状 盛果期单株产果量8.68kg，亩产果量813kg，亩产籽量355kg，亩产出油量98kg，结实大年亩产果量955kg，结实小年亩产果量631kg，平均单果重18.7g，最大单果重30.5g，果皮厚3.00mm，鲜果出籽率44.93%，鲜籽百粒重94.17g，干籽出仁率64.28%，干仁出油率44.75%。茶油品质：通过果实主要经济性状和含油量测定及油脂理化性质分析，鲜果出籽率、干出籽率、干籽出仁率和干仁含油率较参试均值分

单株

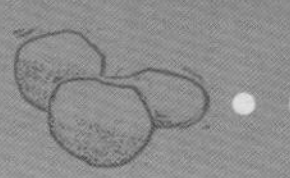

别高出 5.33%、5.33%、1.15% 和 3.61%，茶油色泽明亮清香，油酸 78.17%，亚油酸 5.79%，碘值 83.51，皂化值 196.41，酸价 0.53，折光指数 1.47。

生物学特性　花期冬春间。

适应性及栽培特点　适应性：适应性强，在普通油茶分布区域内的红壤或黄壤、pH 值 4.5 ~ 6.5 的酸性或微酸性土壤上均能正常生长结实。栽培特点：① 造林地选择要做到因地制宜，适地适树；② 提前整地，施足基肥，为防止水土流失，要采用水平梯土撩壕整地；③ 栽植时间以 2 月至 3 月上旬为佳，栽植密度要依据立地条件、土壤肥力、经营水平而定；④ 对幼林，栽培时紧，施足水，做到根舒，套种农作物，而对成林，要采取穴抚、施肥、抗旱等措施。

典型识别特征　叶片较小，大小均匀整齐，叶片多披针形。果实较霜降果小。

林分

果枝

花

果实

果实与果实剖面

52 常林36号

种名： 油茶
拉丁名： *Camellia oleifera* 'Changlin 36'
俗名： 茶子树、油茶树、白花树
认定编号： 湘R-SC-CO-075-2010
品种类别： 无性系

原产地： 湖南常德
选育地： 湖南省鼎城区长茅岭乡花莲冲村
选育单位： 常德市林业科学研究所
选育过程： 同常林3号
选育年份： 1982－2008年

植物学特征 成年树体高达4～6m，一般3～4m，树形开张、半开张，冠幅一般3～5m；单叶互生，叶披针形，革质，边缘有细锯齿，正面暗绿色，背面淡绿色，长3～5.5cm，宽2.5～3cm；花顶生或腋生，两性花，白色，直径6～8.5cm，5瓣，花瓣倒卵形，顶端常2裂，花丝102～118枚，长14～17mm，柱头长10～11mm，3裂；蒴果球形、扁圆形或橄榄形，直径2～4cm，果瓣厚而木质化，内含种子，果较大，果高约2～4cm，果径1～2cm，果较整齐，黄色，少微红，球形、近球形，果尾有4～5条皱纹，每果种子3～5粒，黑色，三角状，有光泽，抗性强，属寒露类型。

经济性状 盛果期单株产果量6.34kg，亩产果量585kg，亩产籽量221kg，亩产出油量68kg，结实大年亩产果量625kg，结实小年亩产果量473kg，平均单果重13.8g，最大单果重21.2g，果皮厚3.33mm，鲜果出籽率42.00%，鲜籽百粒重84.17g，干出仁率67.83%，干仁出油率44.19%。茶油品质：通过果实主要经济性状和含油量测定及油脂理化性质分析，鲜果出籽率、干出籽率、干籽出仁率和干仁含油率较参试均值分别高出5.33%、5.33%、1.15%和3.61%，茶油色

林分

泽明亮清香，油酸含量78.17%，亚油酸含量5.79%，碘值83.51，皂化值196.41，酸价0.53，折光指数1.47。

生物学特性 花期冬春间。

适应性及栽培特点 适应性：适应性强，在普通油茶分布区域内的红壤或黄壤、pH值4.5～6.5的酸性或微酸性土壤上均能正常生长结实。栽培特点：① 造林地选择要做到因地制宜，适地适树；② 提前整地，施足基肥，为防止水土流失，要采用水平梯土撩壕整地；③ 栽植时间以2月至3月上旬为佳，栽植密度要依据立地条件、土壤肥力、经营水平而定；④ 对幼林，栽培时紧，施足水、根舒，套种农作物，而对成林，要采取穴抚、施肥、抗旱等措施。

典型识别特征 叶片较小，大小均匀整齐，叶片多披针形。果实较霜降果小。

单株

果枝

花

果实

果实与果实剖面

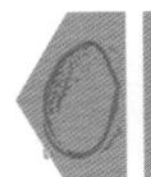

53 常林39号

种名： 油茶
拉丁名： *Camellia oleifera* ‘Changlin 39’
俗名： 茶子树，油茶树，白花树
认定编号： 湘R-SC-CO-076-2010
品种类别： 无性系

原产地： 湖南常德
选育地： 湖南鼎城区长茅岭乡花莲冲村
选育单位： 常德市林业科学研究所
选育过程： 同常林3号
选育年份： 1982－2008年

植物学特征 成年树体高达4～6m，一般2～3m，树形开张，冠幅一般2～4m；单叶互生，叶椭圆形或披针形，革质，边缘有细锯齿，正面绿色，背面淡绿色，长3～6cm，宽2.5～3cm；花顶生或腋生，两性花，白色，直径6～8cm，5～6瓣，花瓣倒卵形，顶端常2裂，花丝81～101枚，长14～16mm，柱头长13～14mm，3裂；蒴果球形、扁圆形或橄榄形，直径3～4cm，果瓣厚而木质化，内含种子，果较大，果高约3～4cm，果径1～2cm，黄色，少微红，球形或近球形，果尾有4～6条皱纹，每果种子4～6粒，黑色，三角状，有光泽。抗性强，属寒露类型。

经济性状 盛果期单株产果量7.9kg，亩产果量768kg，亩产籽量379kg，亩产出油量87kg，结实大年亩产果量847kg，结实小年亩产果量559kg，平均单果重17.2g，最大单果重27.5g，果皮厚2.87mm，鲜果出籽率48.11%，鲜籽百粒重82.83g，干出仁率69.02%，干仁出油率43.58%。茶油品质：通过果实主要经济性状和含油量测定及油脂理化性质分析，鲜果出籽率、干出籽率、干籽出仁率和干仁含油率较参试均值分别高出5.33%、5.33%、1.15%和3.61%，茶油色泽明亮清香，油酸78.17%，亚油酸5.79%，碘值83.51，皂化值196.41，酸价0.53，折光指数1.46。

生物学特性 花期冬春间。

适应性及栽培特点 适应性：适应性强，在普通油茶分布区域内的红壤或黄壤、pH值4.5～6.5的酸性、微酸性土壤上均能正常生长结实。栽培特点：① 造林地选择要做到因地制宜，适地适树；② 提前整地，施足基肥，为防止水土流失，要采用水平梯土撩壕整地；③ 栽植时间以2月至3月上旬为佳，栽植密度要依据立地条件、土壤肥力、经营水平而定；④ 对幼林，栽培时紧，施足水，做到根舒，套种农作物，而对成林，要采取穴抚、施肥、抗旱等措施。

典型识别特征 叶片较小，大小均匀整齐，叶片多叶椭圆或披针形。果实较霜降果小。

单株

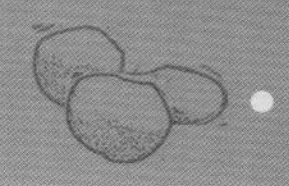

林分

果枝

果实与果实剖面

果实

花

54 常林 58 号

种名： 油茶
拉丁名： *Camellia oleifera* ‘Changlin 58’
俗名： 茶子树、油茶树、白花树
认定编号： 湘 R-SC-CO-077-2010
品种类别： 无性系

原产地： 湖南常德
选育地： 湖南省鼎城区长茅岭乡花莲冲村
选育单位： 常德市林业科学研究所
选育过程： 同常林 3 号
选育年份： 1982－2008 年

植物学特征 成年树体高达 4 ～ 6m，一般 2 ～ 3m，树形开张，冠幅一般 3 ～ 4m；单叶互生，叶椭圆形或披针形，革质，边缘有细锯齿，正面绿色，背面淡绿色，长 3 ～ 6cm，宽 2.5 ～ 3.5cm；花顶生或腋生，两性花，白色，直径 6 ～ 9cm，5 ～ 6 瓣，花瓣倒卵形，顶端常 2 裂，花丝 89 ～ 104 枚，长 13 ～ 15mm，柱头长 13 ～ 14mm，3 裂；蒴果球形、扁圆形或橄榄形，直径 3.0 ～ 4.5cm，果瓣厚而木质化，内含种子，果较大，果高约 3 ～ 5cm，果径 1 ～ 2cm，红色，三角状，有光泽，球形或近球形，少桃形，每果种子 3 ～ 5 粒，黑色。抗性强，属寒露类型。

经济性状 盛果期单株产果量 8.59kg，亩产果量 766kg，亩产籽量 375kg，亩产出油量 90kg，结实大年亩产果量 856kg，结实小年亩产果量 633kg，平均单果重 16.8g，最大单果重 29.3g，果皮厚 2.89mm，鲜果出籽率 47.27%，鲜籽百粒重 86.17g，干出仁率 67.03%，干仁出油率 44.96%。茶油品质：通过果实主要经济性状和含油量测定及油脂理化性质分析，鲜果出籽率、干出籽率、干籽出仁率和干仁含油率较参试均值分

林分

别高出 5.33%、5.33%、1.15% 和 3.61%，茶油色泽明亮清香，油酸 78.17%，亚油酸 5.79%，碘值 83.51，皂化值 196.41，酸价 0.53，折光指数 1.47。

生物学特性　花期冬春间。

适应性及栽培特点　适应性：适应性强，在普通油茶分布区域内的红壤或黄壤、pH 值 4.5 ~ 6.5 的酸性或微酸性土壤上均能正常生长结实。栽培特点：① 造林地选择要做到因地制宜，适地适树；② 提前整地，施足基肥，为防止水土流失，要采用水平梯土撩壕整地；③ 栽植时间以 2 月至 3 月上旬为佳。栽植密度要依据立地条件、土壤肥力、经营水平而定；④ 对幼林，栽培时紧，施足水，做到根舒，套种农作物，而对成林，要采取穴抚、施肥、抗旱等措施。

典型识别特征　叶片较小，大小均匀整齐。果实较霜降果小。

单株

果枝

花

果实

果实、果实剖面与茶籽

55 常林 62 号

种名： 油茶
拉丁名： *Camellia oleifera* ‘Changlin 62’
俗名： 茶子树，油茶树，白花树
认定编号： 湘 R-SC-CO-078-2010
品种类别： 优良无性系

原产地： 湖南常德
选育地： 湖南鼎城区长茅岭乡花莲冲村
选育单位： 常德市林业科学研究所
选育过程： 同常林 3 号
选育年份： 1982－2008 年

植物学特征 成年树体高达 4 ~ 6m，一般 2 ~ 3m，树形直立，少半开张，冠幅一般 2 ~ 4m；单叶互生，叶披针形，革质，边缘有细锯齿，正面暗绿色，背面淡绿色，长 3 ~ 6cm，宽 2.5 ~ 3.5cm；花顶生或腋生，两性花，白色，直径 6 ~ 9cm，5 ~ 6 瓣，花瓣倒卵形，顶端常 2 裂，花丝 74 ~ 90 枚，长 13 ~ 14mm，柱头长 11 ~ 12mm，3 裂；蒴果球形、扁圆形或橄榄形，直径 3 ~ 4cm，果瓣厚而木质化，内含种子，果高约 2 ~ 3cm，果径 1 ~ 2cm，果较小，大小基本一致，红色，球形或近球形，每果种子 2 ~ 4 粒，黑色，三角状，有光泽。

林分

抗性强，属寒露类型。

经济性状　盛果期单株产果量5.79kg，亩产果量477kg，亩产籽量245kg，亩产出油量63kg，结实大年亩产果量556kg，结实小年亩产果量325kg，平均单果重10.6g，最大单果重19.7g，果皮厚2.07mm，鲜果出籽率53.24%，鲜籽百粒重78.00g，干出仁率63.07%，干仁出油率44.58%。茶油品质：通过果实主要经济性状和含油量测定及油脂理化性质分析，鲜果出籽率、干出籽率、干籽出仁率和干仁含油率较参试均值分别高出5.33%、5.33%、1.15%和3.61%，茶油色泽明亮清香，油酸含量78.17%，亚油酸含量5.79%，碘值83.51，皂化值196.41，酸价0.53，折光指数1.47。

生物学特性　花期冬春间。

适应性及栽培特点　适应性：适应性强，在普通油茶分布区域内的红壤或黄壤，pH值4.5 ~ 6.5的酸性或微酸性土壤上均能正常生长结实。栽培特点：① 造林地选择要做到因地制宜，适地适树；② 提前整地，施足基肥，为防止水土流失，要采用水平梯土撩壕整地；③ 栽植时间以2月至3月上旬为佳，栽植密度要据立地条件、土壤肥力、经营水平而定；④ 对幼林，栽培时紧，施足水，做到根舒，套种农作物，而对成林，要采取穴抚、施肥、抗旱等措施。

典型识别特征　果实较霜降果小。

单株

花

果实

果实与果实剖面

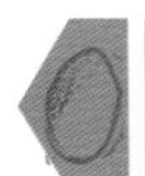

56 衡东大桃 2 号

种名： 普通油茶

拉丁名： *Camellia oleifera* ‘Hengdongdatao 2’

审定编号： 湘 S-SC-CO-003-2012

品种类别： 无性系

原产地： 湖南省衡东县

选育地： 湖南省衡东县采穗圃

选育单位： 衡东县林业技术推广中心、中国林业科学研究院亚热带林业研究所

选育过程： 1963 年在全省油茶品种普查时，在衡东县普通油茶霜降籽类型中发现果实较大、产量高的种群。为了进一步确定这个品种的丰产性能和适应范围，根据国家油茶优良农家品种选育技术标准，从 1974 年起，衡东县林业技术推广中心、中国林业科学研究院亚热带林业研究所通过长达 19 年的观察研究，确定为油茶霜降籽类型中的新品种，命名为衡东大桃，并对其形态特征、开花结果、果实品质、生长势及抗性进行了研究。其主要经济指标超过了 1978 年获全国科学大奖的油茶良种——岑溪软枝油茶。经过多年的良种选育工作，至 1991 年止，在衡东大桃群体中决选优树 152 株，营建采穗圃 6.67hm^2，收入优树无性系 120 个。经过对其丰产性能、经济性状、抗病性的测定和筛选，从参试的 74 个无性系中评选出各项技术经济指标达到或超过国家标准的高产无性系 22 个。该研究达到国内同类研究的领先水平。并对入选的高产无性系抗炭疽病性能进行测定，通过室内诱发试验和自然抗病性调查，淘汰了衡东大桃 1 号、4 号、64 号等抗病力弱的无性系，其他入选的高产无性系感病率都只有 1% ~ 3%。衡东大桃 2 号亩产油达 161.1hm^2，是我国评选出的高产无性系中产油量最高的品种。

选育年份： 1974 年

植物学特征 衡东大桃 2 号无性系是普通油茶霜降籽类型中的一个优良农家种群，是在一定生态环境条件下，经过长期自然杂交和人工选择而形成的早实、高产优良品种。它的形态特征基本上与普通油茶霜降籽种群近似，树形主干开心形，树形小，树平均高 1.50m，冠幅 2m^2，果大，单株干枝分明，分枝均匀，分枝高 20 ~ 40cm；树皮淡褐色，光滑；穗条短，树冠较窄；叶墨绿色，大而厚，叶面光滑；花顶生，近于无柄，苞片与萼片约 10 片，由外向内逐渐增大，阔卵形，长 3 ~ 12mm，背面有紧贴柔毛或绢毛，花后脱落，花瓣白色，5 ~ 7 片，倒卵形，长 2.5 ~ 3cm，宽 1 ~ 2cm，有时较短或更长，先端凹入或 2 裂，基部狭窄，近于离生，背面有丝毛，至少在最外侧的有丝毛，雄蕊长 1 ~ 1.5cm，外侧雄蕊仅基部略连生，偶有花丝管长达 7mm，无毛，花药黄色，背部着生，子房有黄长毛，3 ~ 5 室，花柱长约 1cm，无毛，先端不同程度 4 裂；果实较寒露籽类型大，多为桃形和球形，果实颜色以红色为主，果实大，皮厚，果径一般为 2.5 ~ 4.5cm，大的有 5.0 ~ 7.0cm，果高 4.0cm，4 片或 3 片裂开，每室有种子 1 粒或 2 粒，果片厚 3 ~ 5mm，木质，中轴粗厚，苞片及萼片脱落后留下的果柄长 3 ~ 5mm，粗大，有环状短节。该品种的原产地以米水河下游衡东县甘溪镇为中心，辐射到衡东县全镇及衡山县东南湘江沿线纵横近百里（约 27 万 hm^2）范围内。寿命长达 100 年以上。

经济性状 衡东大桃是经过集团选择测定、子代测定、品比测定和全国性多点区域性鉴定而选育出的优良农家品种，具有抗性强、适应范围广、早实高产的优良特性，且遗传稳定。其实生种群单位面积产油比一般品种高，优树无性系试验林设在衡东县城北郊林业科学研究所，试验地分为两片，一是五七山塘片，二是柳树塘片。经连续 4 年实测，3 块标准地产油量最高为 227.85kg/hm^2，

最低 $144kg/hm^2$，平均 $177.6kg/hm^2$；大面积低产林改造试验林每公顷产油 208.5 ~ 266.7kg。经实生代测定，衡东大桃 3 年开花，4 年结果，7 ~ 9 年生，平均每公顷产油 270 ~ 300kg，单位面积产量比当地品种高 1 倍。单果重 20 ~ 50g，最大达 130g。鲜果出籽率 47.9%，干出仁率 66.06%，干仁含油率 46.74%。主要脂肪酸成分：油酸 81.65%，亚油酸 9.22%，棕榈油酸 6.14%，硬脂酸 2.20%，其他脂肪酸 0.79%。

生物学特性　油茶根系每年均发大量新根，每年早春当土温达到 10℃时开始萌动，3 月春梢生长出现第一个生长高峰，这时的土温为 17℃左右。油茶的芽属于混合芽，花芽分化是从 5 月春梢生长停止后，气温大于 18℃时开始，当年春梢上饱满芽的花芽原基较多，以气温 23 ~ 28℃时分化最快。油茶花期为 10 月上旬开始至 11 月下旬结束，以 11 月为盛花期，开花时间通常为每天 9：00 ~ 15：00。油茶开花坐果后，在 3 月第一次果实膨大时有一个生理落果高峰；7 ~ 8 月是油茶果实膨大的重要高峰期，这个时期的果实体积增大占果实总体积的 66% ~ 75%；8 ~ 10 月为油脂转化和积累期，其中 8 月中旬至 9 月初、9 月底至 10 月采收前有两个高峰，油脂积累占果实含油量的 60%；10 月下旬为成熟期。

适应性及栽培特点　1963 - 1991 年，已调出衡东大桃种子 850t，并在湖南、贵州、云南、浙江、湖北、福建、广东、广西、江西、河南 10 个省（自治区）建立良种基地和示范林，造林 5.3 万 hm^2，营建优良无性系示范林 $13.4hm^2$，采用优良无性系改造低产林（劣株换冠）$140hm^2$。衡东大桃及其选育出的优良无性系已在国家油茶低改造项目中广泛应用。衡东大桃 2008 年被授予湖南省油茶定点采穗圃树种。2012 年衡东大桃 2 号通过湖南省林木品种审定委员会审定，并颁发林木良种油茶证，适宜在油茶适生区推广。

油茶造林地最宜条件：选择红壤、黄壤或红黄壤地，且土层深厚、腐殖质含量高、土壤疏松、海拔高度 100 ~ 500m 的低山丘陵地区光照因子好的阳坡和半阳坡，以水利条件优、地下水位在 1m 以下、pH 值 4.5 ~ 6.0、坡度 25°以下的中下坡为宜。

繁殖方法主要有扦插和嫁接两种：① 扦插。5 月为扦插最适季节，注意遮阴、供水、保湿、透气。② 嫁接。采用芽苗砧嫁接法，注意选好接芽，操作正确，嫁接后用薄膜保湿，遮阴、移床后要注意光照和水分管理。

栽培特点：① 选择油茶适生区造林；② 采用 2 年生嫁接裸根苗，苗木处理上采用 GGR（植物生长调节剂）技术；③ 撩壕整地，基肥填壕；④ 每亩栽植 100 株（2m × 3m），栽植方式上采取分层紧土；⑤ 林地采取地表覆盖，林间管理上采取套种。

典型识别特征　树形主干开心形，树冠较窄。叶墨绿色，叶大肉厚。花期为 10 月中旬至 11 月下旬。果实为红果，果实形状多为桃形和球形，皮厚，穗条短。

树形

林分

花

果枝

果实与果实剖面

57 衡东大桃 39 号

种名： 普通油茶
拉丁名： *Camellia oleifera* ‘Hengdongdatao 39’
审定编号： 湘 S-SC-CO-004-2012
品种类别： 无性系
原产地： 湖南省衡东县

选育地： 湖南省衡东县采穗圃
选育单位： 衡东县林业技术推广中心
选育过程： 同衡东大桃 2 号
选育年份： 1974 年

植物学特征 衡东大桃 39 号无性系是普通油茶霜降籽类型中的一个优良农家种群，是在一定生态环境条件下，经过长期自然杂交和人工选择而形成的早实、高产优良品种。它的形态特征基本上与普通油茶霜降籽种群近似，树形自然开心形，树形大，树平均高 2.50m，冠幅 $2.20m^2$，单株干枝分明，分枝均匀，分枝高 30 ~ 60cm；树皮淡褐色，光滑；叶椭圆形，青绿色，叶子较小，叶面光滑；花顶生，近于无柄，苞片与萼片约 10 片，由外向内逐渐增大，阔卵形，长 3 ~ 12mm，背面有紧贴柔毛或绢毛，花后脱落，花瓣白色，5 ~ 7 片，倒卵形，长 2.5 ~ 3.0cm，宽 1 ~ 2cm，有时较短或更长，先端凹入或 2 裂，基部狭窄，近于离生，背面有丝毛，至少在最外侧的有丝毛，雄蕊长 1 ~ 1.5cm，外侧雄蕊仅基部略连生，偶有花丝管长达 7mm，无毛，花药黄色，背部着生，子房有黄长毛，3 ~ 5 室，花柱长约 1cm，无毛，先端不同程度 3 裂；果 10 月下旬成熟，果实较寒露籽类型大，球形或橘形，果实颜色以红色为主，果径一般为 2.0 ~ 3.5cm，大的有 4.0 ~ 6.0cm，果实较衡东大桃 2 号小，3 室或 1 室，3 片或 2 片裂开，每室有种子 1 粒或 2 粒，果片厚 3 ~ 4mm，木质，中轴粗厚，苞片及萼片脱落后留下的果柄长 3 ~ 5mm，粗大，有环状短节。该品种的原产地以米水河下游衡东县甘溪镇为中心，辐射到衡东县全镇及衡山县东南湘江沿线纵横近百里（约 27 万 hm^2）范围内。寿命长达 100 年以上。

经济性状 衡东大桃是经过集团选择测定、子代测定、品比测定和全国性多点区域性鉴定而选育出的优良农家品种，具有抗性强、适应范围广、早实高产的优良特性，且遗传稳定。其实生种群单位面积产油比一般品种高，优树无性系试验林设在衡东县城北郊林业科学研究所，试验地分为两片，一是五七山塘片，二是柳树塘片。经连续 4 年实测，两块标准地产油量最高为 $227.85kg/hm^2$，最低 $144kg/hm^2$，平均 $177.6kg/hm^2$；大面积低产林改造试验林每公顷产油 208.5 ~ 266.7kg。经实生代测定，衡东大桃 3 年开花，4 年结果，7 ~ 9 年生，平均每公顷产油 270 ~ 300kg，单位面积产量比当地品种高 1 倍。单果重 20 ~ 50g，最大达 130g。鲜果出籽率 50%，干出仁率 65.35%，干仁含油率 49.41%，干仁含油率 47.04%，酸价 0.58，皂化价 190.5，碘价 85.5，折光指数 1.87，过氧化值 1.25。油酸 79.10%，亚油酸 6.20%，棕榈油酸 6.04%，硬脂酸 2.20%，其他脂肪酸 0.79%。

生物学特性 油茶根系每年均发大量新根，每年早春当土温达到 10℃时开始萌动，3 月春梢生长出现第一个生长高峰，这时的土温为 17℃左右。油茶的芽属于混合芽，花芽分化是从 5 月春梢生长停止后，气温大于 18℃时开始，当年春梢上饱满芽的花芽原基较多，以气温 23 ~ 28℃时分化最快。油茶花期为 11 月上旬开始至 12 月下旬结束，以 11 月为盛花期，开花时间通常为每天 9：00 ~ 15：00。油茶开花坐果后，在 3 月第一次果实膨大时有一个生理落果高峰；7 ~ 8 月是油茶果实膨大的重要高峰期，这个时期的果实体积增大占果实总体积的 66% ~ 75%；8 ~ 10 月

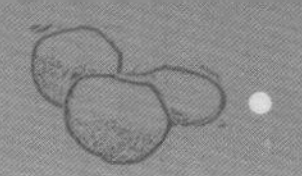

为油脂转化和积累期，其中 8 月中旬至 9 月初、9 月底至 10 月采收前有两个高峰，油脂积累占果实含油量的 60%；10 月下旬为成熟期。

适应性及栽培特点　1963－1991 年，已调出衡东大桃种子 850t，并在湖南、贵州、云南、浙江、湖北、福建、广东、广西、江西、河南 10 个省（自治区）建立良种基地和示范林，造林 5.3 万 hm^2，营建优良无性系示范林 $13.4hm^2$，采用优良无性系改造低产林（劣株换冠）$140hm^2$。衡东大桃及其选育出的优良无性系已在国家油茶低改造项目中广泛应用。衡东大桃 2008 年被授予湖南省油茶定点采穗圃树种。2012 年衡东大桃 39 号通过湖南省林木品种审定委员会审定，并颁发林木良种油茶证，适宜在油茶适生区推广。

油茶造林地最宜条件：选择红壤、黄壤或红黄壤地，且土层深厚、腐殖质含量高、土壤疏松、海拔高度 100 ~ 500m 的低山丘陵地区光照因子好的阳坡和半阳坡以水利条件优、地下水位在 1m 以下、pH 值 4.5 ~ 6.0、坡度 25° 以下的中下坡为宜。

繁殖方法主要有扦插和嫁接两种：① 扦插。5 月为扦插最适季节，注意遮阴、供水、保湿、透气。② 嫁接。采用芽苗砧嫁接法，注意选好接芽，操作正确，嫁接后用薄膜保湿，遮阴、移床后要注意光照和水分管理。

栽培特点：① 选择油茶适生区造林；②采用 2 年生嫁接裸根苗，苗木处理上采用 GGR 技术；③ 撩壕整地，基肥填壕；④ 每亩栽植 100 株（2m × 3m），栽植方式上采取分层紧土；⑤ 林地采取地表覆盖，林间管理上采取套种。

典型识别特征　树冠自然开心形，树形大。叶椭圆形，叶片较小。花期为 11 月上旬至 12 月下旬。果实较衡东大桃 2 号小，果球形或橘形，红果，皮薄。

林分

单株

果枝

花

果实

茶籽

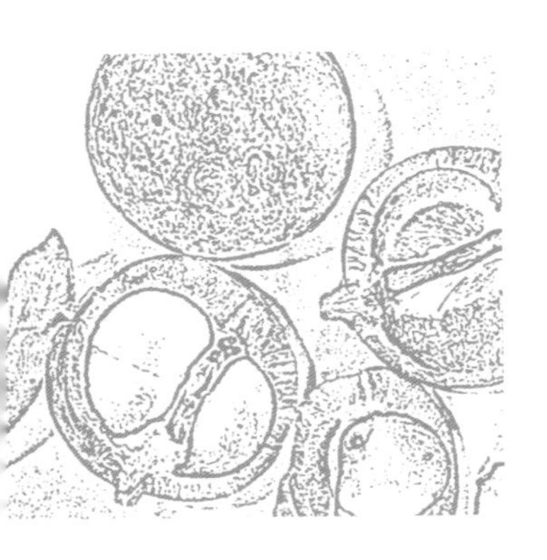

第十三章　广东省主要油茶良种

1　粤韶 73－11

树种： 油茶
拉丁名： *Camellia oleifera* 'Yueshao 73-11'
认定编号： 粤 R-SC-CO-013-2009
品种类别： 无性系
通过类别： 认定（五年）
原产地： 广东省韶关西郊林业科学研究所试验林地，造林用种子来自曲江
选育单位： 广东省韶关市林业科学研究所
选育过程： 材料由广东省韶关地区林业科学研究所经济林组选育，在本所 1963 年直播种植的 10 年油茶实生林中，定点作为油茶品种类型观察植株进行记录。经多年连续现场观察、化验测定，各指标均符合油茶选优标准，并于 1973 年确定为油茶优树。1977 年采用大树砧嫁接于收集圃。1977－1984 年参与 13 个决选优树进行无性繁殖和区域测试，分别在广东省高州、英德、翁源、连州和韶关做实生、扦插、芽砧苗、大树砧嫁接试验。原母树及无性系仍保存在原来的低产改造试验林内。
选育年份： 2009 年

植物学特征　粤韶 73–11（原韶所 73–11）油茶软枝，狭冠型，生长稍慢；母树 21 年生，高 2.9m，冠幅 5.1m^2；叶片细长，柳叶形，弓状伸展，叶面淡绿色，侧脉不明显，平均宽 15mm，长 55mm；成熟果实红色，小桃形，幼果光亮无毛，果径 25mm，果高 33mm，果皮厚 2.0 ～ 2.2mm；单柱头宿存较久。

经济性状　平均单果重 9.4g，鲜果出籽率 56.5%，干籽率 68.0%，出仁率 65.0%，干仁率 84.1%，干仁含油率 51.0%，果含油率 10.7%。盛产期（亩产鲜果 440kg、505kg、460kg、600kg）平均产鲜果 501kg，平均产油 53.6kg / 亩，产量变幅 -12.1% ～ +19.8%。高产、稳产，油质好。主要脂肪酸成分：不饱和脂肪酸 95.0%，其中油酸 86.0%、亚油酸 8.2%、亚麻酸 0.8，饱和脂肪酸 5.0%，棕榈酸 3.5%，硬脂酸 1.5%。

生物学特性　生育周期：3 月中旬至 5 月初春梢萌发生长；5 ～ 9 月花蕾及腋芽形成及发育，花期 10 月下旬至 11 月下旬，盛花 10 月下旬；4 月中旬至 8 月中旬果实膨大；7 月中旬至 9 月下旬油脂转化积累，寒露前后果实成熟。果皮薄、种子壳薄、油率高。生育特性：果实较小，果实数量 53 个 /500g；病果率少于 3%，抗性较强；种子较小，358 粒 /500g。无性系繁殖生长较慢：扦插成苗率 62.0%，1 年生苗高 10cm；芽苗砧嫁接成苗率 70.6%，1 年生苗高 17cm；大树砧嫁接成活率 92.0%，1 年生苗高 66.4cm。无性系繁殖种植 3 年后开花株 60.0%。该品种光合作用光照度补偿点 500lux，稍阳性；温度饱和点 33℃，稍耐热，较耐旱。无性造林第三至第五年进入始果期，第六至第八年进入盛果期，盛产历期约 45 年。

适应性及栽培特点　适宜在广东省东、中、北部和江西、湖南省南部种植。本品种适合用芽苗砧嫁接（劈接）育苗大面积造林和用大树砧嫁接（切接）改造低产林。造林应选择丘陵地酸性至中性土壤，土层深厚。用健壮的1年生嫁接苗，施足基肥种植，可适当密植（2.0m×2.5m）。需用同花期优良无性系搭配种植。要保护授粉昆虫（油茶地蜂等）；做好林地保水、保土、保肥工作。

典型识别特征　狭冠型。较耐旱。果实红色，桃形，寒露熟。

单株

花枝

花

果实

果实剖面

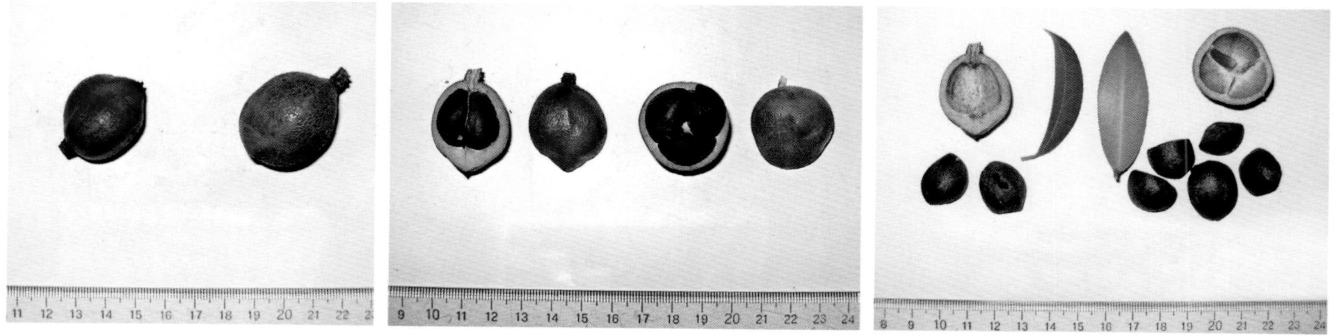

茶籽

2 粤韶 74-4

种名： 油茶
拉丁名： *Camellia oleifera* ‘Yueshao 74-4’
认定编号： 粤 R-SC-CO-014-2009
品种类别： 无性系
通过类别： 认定（五年）
原产地： 广东省韶关西郊 6km 处林业科学研究所试验林地，造林用种子来自曲江
选育单位： 广东省韶关市林业科学研究所
选育过程： 本种 1974 年由原广东省韶关地区林业科学研究所经济林组在本所 1963 年直播种植的 11 年油茶实生林中选择。经 1974 - 1976 三年连续现场观察、化验测定后确选为油茶优树。1975 年采用大树砧嫁接于收集圃，1977 - 1984 年参与 13 个决选优树进行无性繁殖和区域测试，分别在广东省高州、英德、翁源、连州和韶关进行试验。
选育年份： 2009 年

植物学特征 粤韶 74–4（原韶所 74–4）油茶软枝，狭冠型，生长较快；母树 21 年生，高 3.4m，冠幅 6.7m^2；叶片较细长，略弓状伸展，叶面淡绿色，明显稍凸，平均宽 19mm、长 53mm；成熟果实黄色，球形，幼果光亮无毛，果径 35mm，果高 37mm，果皮厚 2.0 ~ 2.3mm；单柱头宿存较久。

经济性状 平均单果重 16.1g，鲜果出籽率 48.0%，干出籽率 60.0%，出仁率 60.6%，干仁率 87.8%，干仁含油率 45.6%，果含油率 9.2%。盛产期（亩产鲜果 593kg、605kg、660kg、600kg）平均产鲜果 601kg，平均产油 55.3kg / 亩，高产、稳产，果皮薄，种子壳薄，含油率高，油质好。主要脂肪酸成分：不饱和脂肪酸 94.40%，其中油酸 85.5%、亚油酸 8.4%、亚麻酸 0.5%，饱和脂肪酸 5.6%，棕榈酸 3.8%，硬脂酸 1.8%。

生物学特性 生育周期：3 月中旬至 5 月初春梢萌发生长；5 ~ 9 月花蕾及腋芽形成及发育，花期 10 月下旬至 11 月下旬，盛花 11 月下旬；4 月中旬至 8 月中旬果实膨大，7 月中旬至 10 月下旬油脂转化积累，霜降前后果实成熟。生育特性：果实中等大小，果实数量 31 个 /500g；病果率少于 1.5%，抗性较强；种子较小，263 粒 /500g。无性系繁殖成活高，生长较快；扦插成活率

单株

90.0%，1年生苗高18cm；芽苗砧嫁接成活率89.1%，1年生苗高28cm；大树砧嫁接成活率90.0%，1年苗高66.0cm。无性系繁殖苗木种植3年后开花株66.6%。稍阳性，稍耐热。无性造林第三至第五年进入始果期，第六至第八年进入盛果期，盛产历期约50年。

适应性及栽培特点　适宜在广东省东、中、北部和江西、湖南省南部种植。本品种适合用芽苗砧嫁接(劈接)育苗大面积造林和用大树砧嫁接(切接）改造低产林。造林应选择丘陵地酸性至中性土壤，土层深厚。用健壮的1年生嫁接苗，施足基肥种植，可适当密植（2.0m×2.5m）。需用同花期优良无性系搭配种植。要保护授粉昆虫（油茶地蜂等）；做好林地保水、保土、保肥工作。

典型识别特征　狭冠型。喜阳，较耐热。果实黄色，球形，霜降熟。

树上果实特写

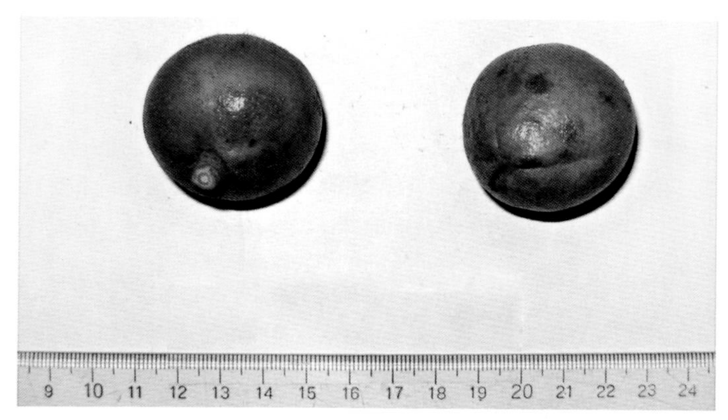

果实

花

果实剖面

茶籽

3 粤韶 76-1

种名： 油茶
拉丁名： *Camellia oleifera* ‘Yueshao 76-1’
认定编号： 粤 R-SC-CO-015-2009
品种类别： 无性系
通过类别： 认定（五年）
原产地： 广东省韶关西郊林业科学研究所试验林地，造林用种子来自曲江
选育单位： 广东省韶关市林业科学研究所
选育过程： 本种 1976 年是由原广东省韶关地区林业科学研究所经济林组在本所 1963 年直播种植的 13 年油茶实生林中选择的。经 1976－1978 三年连续现场观察、化验测定后确选为油茶优树。1977 年采用大树砧嫁接于收集圃，1977－1984 年参与 13 个决选优树进行无性繁殖和区域测试，分别在广东省高州、英德、翁源、连州和韶关进行试验。
选育年份： 2009 年

植物学特征　粤韶 76–1（原韶所 76–1）油茶，软枝，开张冠型，生长稍快；母树 15 年生，高 3.0m，冠幅 7.5m^2；叶片长椭圆形，叶较柔、略带弓形伸展，叶面淡绿色，中脉明显，平均宽 32mm、长 66mm；成熟果实黄色，球形，幼果不光亮，果径 41mm，果高 39mm，果皮厚 1.8 ～ 2.0mm；柱头宿存较久。

经济性状　平均单果重 21.0g，鲜果出籽率 45.9%，干出籽率 62.4%，出仁率 65.2%，干仁率 85.8%，干仁含油率 44.9%，果含油率 7.6%。盛产期（亩产鲜果 665kg、635kg、675kg、695kg）平均产鲜果 667.5kg，平均产油 50.7kg / 亩。高产、稳产，果皮薄，种子壳薄，含油率高，油质好。主要脂肪酸成分：不饱和脂肪酸 95.4%，其中油酸 86.5%，亚油酸 8.4%，亚麻酸 0.5%，饱和脂肪酸 4.6%，棕榈酸 3.0%，硬脂酸 1.6%。

生物学特性　生育周期：3 月中旬至 5 月初春梢萌发生长；5 ～ 9 月花蕾及腋芽形成及发育，花期 10 月下旬至 12 月中旬，盛花 11 月下旬；4 月中旬至 8 月中旬果实膨大，7 月中旬至 10 月下旬油脂转化积累，霜降前后果实成熟。生育特性：果实中等大小，果实量 25 个 /500g；病果率少于 3.5%，抗性较强；种子较小，250 粒 /500g。无性系繁殖成活高，生长较快：扦插成活率 67.0%，1 年生苗高 18cm；芽苗砧嫁接成活率 93.0%，1 年生苗高 24cm；大树砧嫁接成活率 88.0%，1 年生苗高 68.2cm。无性系种苗种植 3 年后开花株 60.1%。稍阳性，喜湿润。无性造林第三至第五年进入始果期，第六至第八年进入盛果期，盛产历期约 50 年。

适应性及栽培特点　适宜在广东省东、中、北部和江西、湖南省南部种植。选择丘陵地酸性至中性土壤，土层深厚稍湿润地带。用健壮的 1 年生嫁接苗，施足基肥种植，也可适当疏植（3.0m × 2.5m）。要用多个优良无性系搭配种植。林地要保护授粉昆虫（油茶地蜂等）；做好林地的保水、保土工作。

典型识别特征　软枝，开张冠型。喜阳，喜湿。果实黄色，球形，霜降熟。

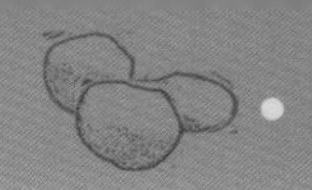

单株

树上果实特写

花

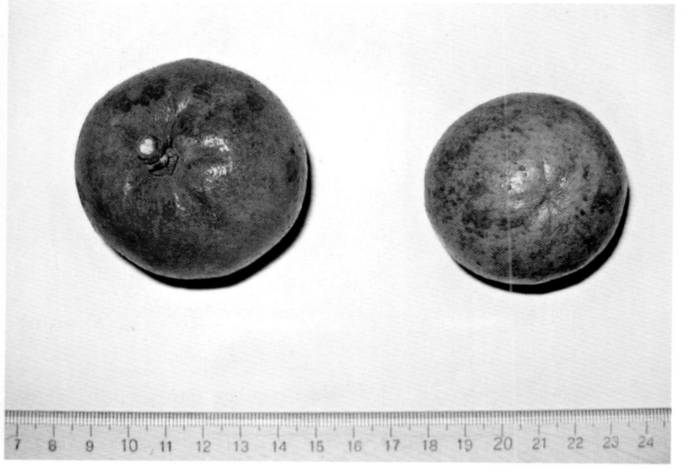

果实

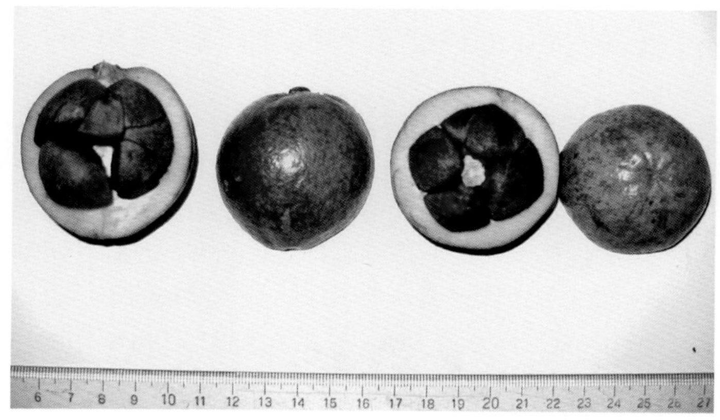

果实剖面

茶籽

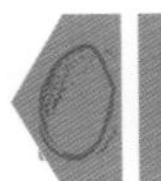

4 粤韶 74 - 1

种名：油茶
拉丁名：*Camellia oleifera*‘Yueshao 74-1’
审定编号：粤 S-SC-CO-018-2009
品种类别：无性系
原产地：广东省连州市九陂镇双圹村
选育单位：广东省韶关市林业科学研究所、连州县林业科学研究所
选育过程：本种 1974 年由原广东省韶关地区林业科学研究所组织的“油茶良种队”选择，在广东省连州市（县）九陂镇双圹村的 24 年生直播种植的实生林中初选出的优树。经 1974 - 1976 年三年连续现场观察记录、化验测定，确选为油茶优树。1976 年用大树砧嫁接于收集圃，1977 - 1984 年参与 13 个决选优树进行无性繁殖和区域测试，分别在广东省高州、英德、翁源、连州和韶关进行大树砧嫁接试验。本种于 1985 年 12 月 26 日在全国油茶科研协作组通过科研成果鉴定，2009 年广东省林木良种委员会审定其为油茶优良无性系粤韶 74 - 1。
选育年份：2009 年

植物学特征 粤韶 74–1（原双圹 74–1）油茶主干状，狭冠型，生长较慢；母树 24 年生（1974 年），高 3.1m，冠幅 3.1m^2；叶片长椭圆形，叶面微隆，深绿开展，平均宽 31mm、长 63mm；果实淡红色，桃形，有 3 条纵棱，凸脐，果径 31mm，果高 63mm，果皮 2.2 ~ 2.5mm，较薄。该母树 2014 年仍然健在，树高 4.7m，冠幅 7.5m^2。

经济性状 平均单果重 16.3g，鲜果出籽率 47.4%，干出籽率 61.2%，出仁率 71.2%，干仁率 89.1%，干仁含油率 48.4%，果含油率 7.9%。盛产期（亩产鲜果 465kg、660kg、775kg、975kg）平均产鲜果 718.8kg，平均产油 56.8kg / 亩。果皮较薄，出籽率高；种子较大，种壳薄，出仁率高，油率高，油质好。主要脂肪酸成分：不饱和脂肪酸 96.2%，其中油酸 86.9%、亚油酸 8.7%、亚麻酸 0.6%，饱和脂肪酸 3.8%，棕榈酸 3.0%，硬脂酸 0.8%。

生物学特性 生育周期：3 月中旬至 5 月初春梢萌发生长；5 ~ 9 月花蕾及腋芽形成及发育，花期 10 月下旬至 12 月上旬，盛花 11 月中旬；4 月中旬至 8 月中旬果实膨大，8 月中旬至 10 月中旬油脂转化积累，霜降前后果实成熟。生育特性：果实较小，果实量 26 ~ 31 个 /500g；病果率少于 1%，抗性较强；种子较大，210 粒 /500g。无性系繁殖成活高，生长快：扦插成活率 87.0%，1 年生苗高 12cm；芽苗砧嫁接成活率 97.4%，1 年生苗高 21cm；大树砧嫁接成活率 90.0%，1 年生苗高 70.3cm。无性系繁殖苗种植 3 年后开花株 70.0%。该品种光合作用光照度补偿点 200lux，稍耐阴；温度饱和点 33℃，较为耐热。无性造林第三至第五年进入始果期，第六至第八年进入盛果期，盛产历期约 50 年。

适应性及栽培特点 适宜在广东省中、东、北部和江西、湖南省南部种植。本品种适合用芽苗砧嫁接（劈接）育苗，或大面积造林和用大树砧嫁接（切接）改造低产林。造林应选择丘陵地酸性至中性土壤，土层深厚。用健壮的 1 年生嫁接苗造林，施足基肥，可适当密植（2.0m × 2.0m）。需用同花期优良无性系搭配种植。要保护授粉昆虫（油茶地蜂等）；做好林地的保水、保土、保肥工作。

典型识别特征 主干状，狭冠型。霜降熟。较耐阴，耐热。

单株

果枝

花

果实

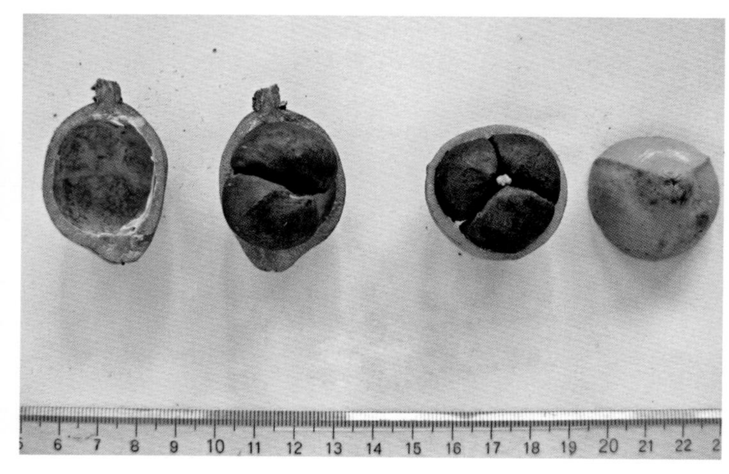

果实剖面

茶籽

5 粤韶 75-2

种名：油茶
拉丁名：*Camellia oleifera* 'Yueshao 75-2'
审定编号：粤 S-SC-CO-019-2009
品种类别：无性系
原产地：广东省国营连山林场蒙洞工区，造林用种子来自连山县
选育单位：广东省韶关市林业科学研究所、国营连山林场科研组
选育过程：本种 1975 年由原广东省韶关地区林业科学研究所组织的“油茶良种队”选择，优良母树位于广东省连山县上草镇蒙洞村（国营连山林场蒙洞工区）18 年生直播种植的实生林中。经 1975－1977 三年连续现场观察记录，确选为油茶优树。1976 年采用大树砧嫁接于收集圃，1977－1984 年参与 13 个决选优树进行无性繁殖和区域测试，分别在广东省高州、英德、翁源、连州和韶关做实生、扦插、芽砧苗、大树砧嫁接试验。2009 年由广东省林木良种委员会审定为油茶优良无性系粤韶 75-2。
选育年份：2009 年

植物学特征 粤韶 75-2（原蒙洞 75-2）油茶软枝，开张冠型，生长较快，母树 18 年生，高 2.6m，冠幅 5.3m^2；叶片长椭圆形、淡绿平展，平均宽 33mm、长 68mm；果实青红色，球形，幼果有柔软绒毛，果径 39mm，果高 37mm，果皮厚 2.4 ~ 2.7mm。

经济性状 平均单果重 33.3g，鲜果出籽率 43.6%，干出籽率 60.0%，出仁率 60.7%，干仁率 90.6%，干仁含油率 42.7%，果含油率 6.35%；盛产期（亩产鲜果 1295kg、1175kg、980kg、990kg）平均产鲜果 1110kg，平均产油 70.49kg / 亩。高产、稳产。果皮较薄，出籽率高；种子较大，壳薄，出仁率高，油质好。主要脂肪酸成分：不饱和脂肪酸 94.8%，其中油酸 85.8%、亚油酸 8.6%、亚麻酸 0.4%，饱和脂肪酸 5.2%，棕榈酸 3.7，硬脂酸 1.5%。

生物学特性 生育周期：3 月上旬至 5 月初春梢萌发生长；5 ~ 9 月花蕾及腋芽形成及发育，花期 10 月下旬至 12 月上旬，盛花 11 月中旬；4 月中旬至 8 月中旬果实膨大，8 月中旬至 10 月下旬油脂转化积累；较迟熟，霜降后至立冬果实成熟。生育特性：果实较大，果实量 12 ~ 16 个 /500g；病果率少于 1%，抗性较强；种子较大，152 粒 /500g。无性系繁殖成活高，生长快：扦插成活率 89.0%，1 年生苗高 17cm；芽苗砧嫁接成活率 95.5%，1 年生苗高 27cm；大树砧嫁接成活率 93.0%，1 年生苗高 71.9cm。无性系繁殖苗种植 3 年后开花株 71.4%。该品种光合作用光照度补偿点 600lux，稍阳性；温度饱和点 33℃，较为耐热。无性系造林第三至五年进入始果期，第六至八年进入盛果期，盛产历期约 50 年。

适应性及栽培特点 适宜在广东省中、东、北部和江西、湖南省南部种植。本品种适合用芽苗砧嫁接（劈接）育苗大面积造林和用大树砧嫁接（切接）改造低产林。造林应选择丘陵地酸性至中性土壤，土层深厚。用健壮的 1 年生嫁接苗，施足基肥种植，可适当疏植（3.0m × 2.0m）。需用同花期优良无性系搭配种植。要保护授粉昆虫（油茶地蜂等）；做好林地的保水、保土、保肥工作。

典型识别特征 软枝，开张冠型。较阳性，较耐热。果实青红色，球形，霜降后至立冬果实成熟。

单株

果枝

果实

花

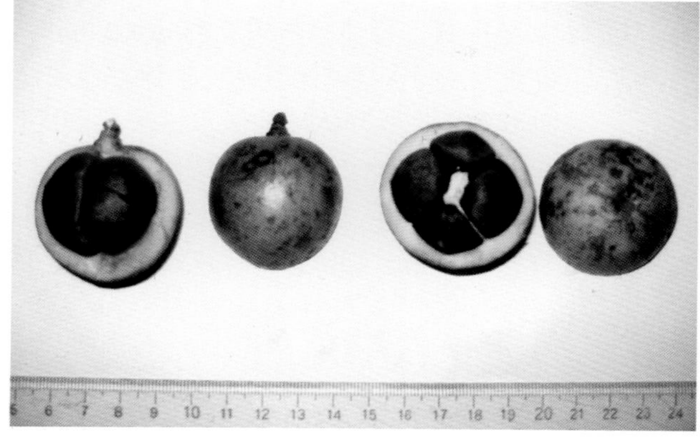

果实剖面

茶籽

6 粤韶 77-1

树种：油茶
拉丁名：*Camellia oleifera* ‘Yueshao 77-1’
审定编号：粤 S-SC-CO-020-2009
品种类别：无性系
通过类别：审定
原产地：广东省韶关西郊林业科学研究所试验林地，造林用种子来自曲江
选育单位：广东省韶关市林业科学研究所
选育过程：本种 1977 年是由原广东省韶关地区林业科学研究所经济林组在本所 1963 年直播种植的 14 年油茶实生林中选择的。经 1977 - 1979 三年连续现场观察、化验测定后确选为油茶优树。1977 年采用大树砧嫁接于收集圃，1977 - 1984 年参与 13 个决选优树进行无性繁殖和区域测试，分别在广东省高州、英德、 翁源、连州和韶关进行试验。
选育年份：2009 年

植物学特征 粤韶 77–1（原韶所 77–1）油茶树冠开张型，生长快，树体生长旺盛；母树 14 年生，高 2.9m，冠幅 10.1m^2；叶片长椭圆形，叶面淡绿色，叶脉微凸、开展，平均宽 35mm、长 75mm；成熟的果实红色，球形，幼果光亮无毛，果径 36mm，果高 37mm，果皮厚 2.0 ~ 2.5mm。

经济性状 平均单果重 17.2g，鲜果出籽率 46.8%，干出籽率 62.2%，出仁率 70.9%，干仁率 88.0%，干仁含油率 52.6%，果含油率 9.54%。盛产期（亩产鲜果 525kg、775kg、565kg、575kg）平均产鲜果 610kg，平均产油 58.19kg / 亩。高产、稳产。果皮较薄，出籽率高；种子较大，壳薄，出籽率高，油质好。主要脂肪酸成分：不饱和脂肪酸 95.9%，其中油酸 86.9%、亚油酸 8.3%、亚麻酸 0.7%，饱和脂肪酸 4.1%，棕榈酸 3.0%，硬脂酸 1.1%。

生物学特性 生育周期：3 月中旬至 5 月初春梢萌发生长；5 ~ 9 月花蕾及腋芽形成及发育，花期 10 月下旬至 12 月上旬，盛花 11 月中旬；4 月中旬至 8 月中旬果实膨大，8 月中旬至 10 月中旬油脂转化积累，霜降前后果实成熟。生育特性：果实中等大，果实量 29 个 /500g；病果率少于 1%，抗性较强；种子较大，186 粒 /500g。无性系繁殖成活高生长快：扦插成活率 87.0%，1 年生苗高 15cm；芽苗砧嫁接成活率 98.2%，1 年生苗高 25cm；大树砧嫁接成活率 99.0%，1 年生苗高 77.5cm。无性系繁殖苗木种植 3 年后开花株 70.4%。该品种光合作用光照度补偿点 300lux，稍耐阴；温度饱和点 30℃，稍怕热。无性造林第三至第五年进入始果期，第六至第八年进入盛果期，盛产历期约 50 年。

适应性及栽培特点 适宜在广东省东、北部，和江西、湖南省南部种植。本品种适合用芽苗砧嫁接（劈接）育苗大面积造林和用大树砧嫁接（切接）改造低产林。造林应选择丘陵地酸性至中性土壤，土层深厚。用健壮的 1 年生嫁接苗，施足基肥种植，可适当疏植（3.0m × 3.0m）。需用同花期优良无性系搭配种植。要保护授粉昆虫（油茶地蜂等）；做好林地的保水、保土、保肥工作。

典型识别特征 开张冠型。较耐阴，怕热。果实红色，球形，霜降前后果实成熟。

单株

果枝

花

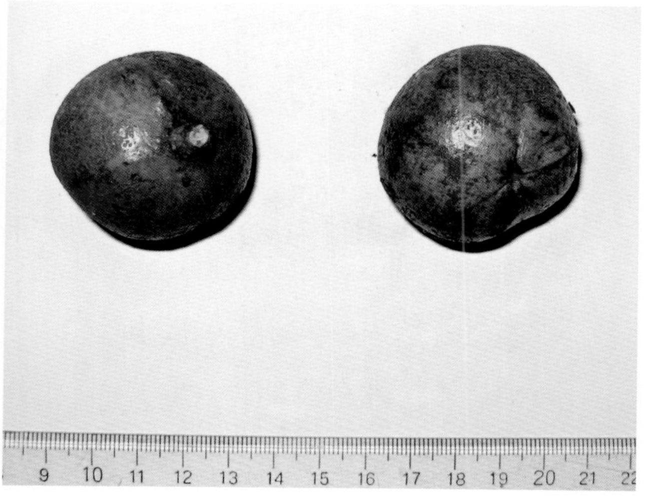

果实

果实剖面

茶籽

7 粤连 74-4

树种： 油茶
拉丁名： *Camellia oleifera* 'Yuelian 74-4'
审定编号： 粤 S-SC-CO-021-2009
品种类别： 无性系
通过类别： 审定
原产地： 广东省连州市九陂镇新联村
选育单位： 连州县林业科学研究所（连州市林业局技术推广站）、广东省韶关市林业科学研究所
选育过程： 本种是 1974 年由原广东省韶关地区林业科学研究所组织的"油茶良种队"在广东省连州市（县）山圹镇观头洞村的 25 年生直播种植的实生林中选择的。经 1974-1976 三年连续现场观察记录、化验测定，确选为油茶优树。1976 年采用大树砧嫁接于韶关市林业科学研究所油茶品种收集圃，1977-1984 年参与 13 个决选优树进行无性繁殖和区域测试，分别在广东省高州、英德、翁源、连州和韶关进行试验。
选育年份： 2009 年

植物学特征 粤连 74–4（原新联 74–4）油茶软枝球冠型，生长较快；母树 24 年生（1974），高 3.5m，冠幅 7.3m^2；叶片椭圆形，叶面微隆，深绿，叶尾稍弓形开展，平均宽 29mm、长 58mm；果实青红色，球形，果径 45mm，高 46mm，果皮厚 1.5 ~ 3.0mm。

经济性状 平均单果重 38.5g，鲜果出籽率 40.2%，干籽率 75.4%，出仁率 66.7%，干仁率 90.7%，干仁含油率 51.9%，果油率 9.4%。盛产期（亩产鲜果 665kg、691kg、728kg、727kg）平均亩产鲜果 702.8kg，平均产油 66.1kg / 亩。高产、稳产。果皮较薄，出籽率高；种粒较大，壳薄，出籽率高，含油率高，油质好。主要脂肪酸成分：不饱和脂肪酸 95.7%，其中油酸 86.8%、亚油酸 8.2%、亚麻酸 0.7%，饱和脂肪酸 4.3%，棕榈酸 3.0%，硬脂酸 1.3%。

生物学特性 生育周期：3 月中旬至 5 月初春梢萌发生长；5 ~ 9 月花蕾及腋芽形成及发育，花期 10 月下旬至 12 月上旬，盛花 11 月中旬；4 月中旬至 8 月中旬果实膨大，8 月中旬至 10 月油脂转化积累，霜降至立冬果实成熟。生育特性：果实较大，果实量 13 ~ 15 个 /500g；病果率少于 2.5%，抗性较强；种子中等，254 粒 /500g。无性系繁殖成活高，生长快：扦插成活率 77.0%，1 年生苗高 13cm；芽苗砧嫁接成活率 95.1%，1 年生苗高 22cm；大树砧嫁接成活率 98.0%，1 年生苗高 60.3cm。无性系繁殖种植 3 年后开花株 68.9%。无性种苗造林第三至第五年为始果期，第六至第八年进入盛果期，盛产历期约 50 年。

适应性及栽培特点 适宜在广东省中、东、北部和江西、湖南省南部种植。本品种适合用芽苗砧嫁接（劈接）育苗大面积造林和用大树砧嫁接（切接）改造低产林。造林应选择丘陵地酸性至中性土壤，土壤深厚。用健壮的 1 年生嫁接苗造林，施足基肥种植，可适当疏植（3.0m × 2.5m）。需用同花期优良无性系搭配种植。要保护授粉昆虫（油茶地蜂等）；做好林地的保水、保土、保肥工作。

典型识别特征 软枝球冠型。果实青红色，球形，霜降至立冬熟。

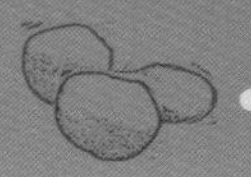

单株

果枝

花

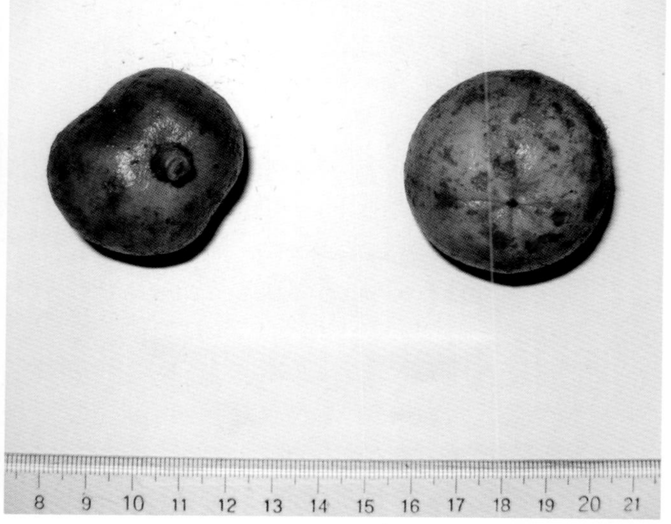

果实

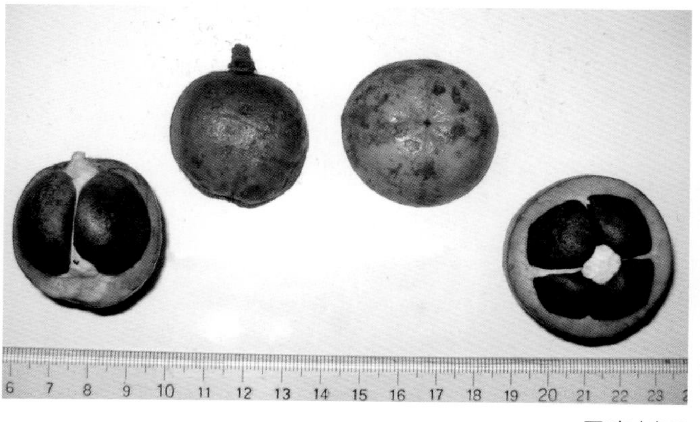

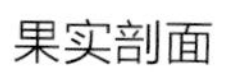

果实剖面

茶籽

8 粤连 74-1

种名： 油茶
拉丁名： *Camellia oleifera* ‘Yuelian 74-1’
认定编号： 粤 R-SC-CO-016-2009
品种类别： 无性系
通过类别： 认定（2008 年），审定（2014 年）
审定新号： 粤 S-SC-CO-026-2014

原产地： 广东省连州市山圹镇观头洞村
选育单位： 连州县林业科学研究所（连州市林业局技术推广站）、广东省韶关市林业科学研究所
选育过程： 同粤连 74-4
选育年份： 2009 年

植物学特征 粤连 74–1（原观头洞 74–1）油茶软枝球状冠型，生长较慢；母树 25 年生（1974），高 2.6m，冠幅 6.4m²；叶片长椭圆形，叶面中脉稍凸、微隆，叶缘略弓形开展，平均宽 29mm、长 65mm；果实黄色，球形，果径 29mm，高 31mm，果皮较薄，厚 1.5 ~ 2.0mm。

经济性状 平均单果重 10.5g，鲜果出籽率 47.8%，干籽率 61.4%，出仁率 56.7%，干仁率 97.7%，干仁含油率 48.2%，果油率 7.7%。盛产期（亩产鲜果 635kg、651kg、708kg、725kg）平均亩产鲜果 679.8kg，平均产油 52.3kg / 亩。高产、稳产、抗性强、较耐旱。果皮较薄，出籽率高；种壳薄，含油率高，油质好。主要脂肪酸：不饱和脂肪酸 95.0%，其中油酸 86.0%、亚油酸 8.2%、亚麻酸 0.8%，饱和脂肪酸 5.0%，棕榈酸 3.5%，硬脂酸 1.5%。

生物学特性 生育周期：3 月中旬至 5 月初春梢萌发生长；5 ~ 9 月花蕾及腋芽形成及发育，花期 10 月中旬至 12 月上旬，盛花期 11 月中旬；4 月中旬至 8 月中旬果实膨大，8 月中旬至 10 月油脂转化积累，寒露至霜降果实成熟。生育特性：果实较小，果实量 49 个 /500g；病果率少于 1.2%，抗性较强；种子中等，277 粒种子 /500g。无性系繁殖易成活：扦插成活率 81.0%，1 年生苗高 11cm；芽苗砧嫁接成活率 75.1%，1 年生苗高 23cm；大树砧嫁接成活率 90.0%，1 年生苗高 57.3cm。无性系繁殖种植 3 年后开花株比例 67.8%。无性造林第三至第五年为始果期，第六至第八年进入盛果期，盛产历期约 45 年。

适应性及栽培特点 适宜在广东省中、东、北部和江西、湖南省南部种植。本品种适合用芽苗砧嫁接（劈接）育苗大面积造林和用大树砧嫁接（切接）改造低产林。造林应选择丘陵地酸性至中性土壤，土层深厚地段。用健壮的 1 年生嫁接苗，施足基肥，可适当密植（2.5m × 2.5m）。需用同花期优良无性系搭配种植。要保护授粉昆虫（油茶地蜂等）；做好林地的保水、保土、保肥工作。

典型识别特征 软枝球状冠型。较耐旱。果实黄色，球形，寒露至霜降熟。

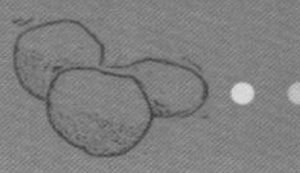

单株

果枝

花

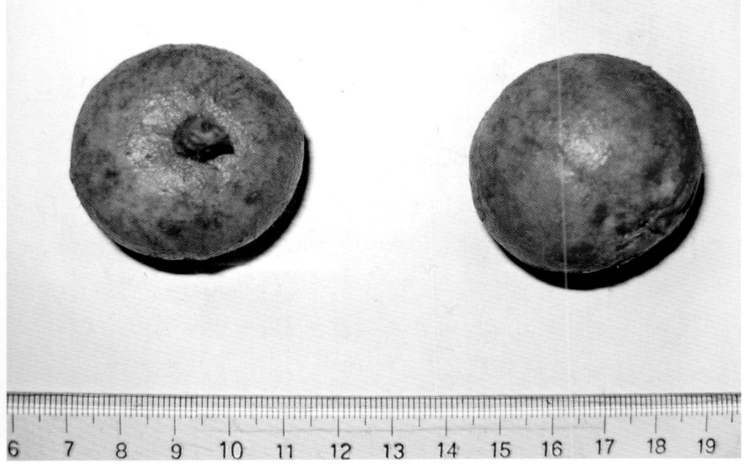

果实

果实剖面

茶籽

9 粤连 74-2

种名：油茶
拉丁名：*Camellia oleifera*‘Yuelian 74-2’
认定编号：粤 R-SC-CO-017-2009
品种类别：无性系
通过类别：认定（2008 年），审定（2014 年）
审定新号：粤 S-SC-CO-027-2014

原产地：广东省连州市九陂镇高相村
选育单位：连州县林业科学研究所（连州市林业局技术推广站）、广东省韶关市林业科学研究所
选育过程：同粤连 74-4
选育年份：2009 年

植物学特征 粤连 74–2（原高相 74–2）油茶硬枝狭冠型，生长较慢；母树 24 年生（1974），高 2.2m，冠幅 3.8m^2；叶片椭圆形，叶中脉微凸，深绿，平开展，叶平均宽 26mm、长 47mm；果实红色，球形，果径 32mm，果高 31mm，果皮厚 1.2 ~ 1.5mm。

经济性状 平均单果重 16.8g，鲜果出籽率 40.3%，干籽率 75.4%，出仁率 66.7%，干仁率 90.7%，干仁含油率 55.5%，果油率 9.9%。盛产期（亩产鲜果 460kg、549kg、628kg、627kg）平均亩鲜果 566kg，平均产油 56.0kg / 亩。高产、稳产、抗性较强。果皮较薄，出籽率高；种子壳薄，出籽率高，油质好。主要脂肪酸成分：不饱和脂肪酸 95.5%，其中油酸 86.5%、亚油酸 8.5%、亚麻酸 0.5%，饱和脂肪酸 4.5%，棕榈酸 3.0%，硬脂酸 1.5%。

生物学特性 生育周期：3 月中旬至 5 月初春梢萌发生长；5 ~ 9 月花蕾及腋芽形成及发育，花期 10 月下旬至 12 月上旬，盛花 11 月中旬；4 月中旬至 8 月中旬果实膨大，8 月中旬至 10 月油脂转化积累，寒露至霜降果实成熟。生育特性：果实较小，果实量 30 个 /500g；病果率少于 1.5%，抗性较强；种子中等，288 粒 /500g。无性系繁殖成活率高，生长较慢：扦插成活率 78.0%，1 年生苗高 10cm；芽苗砧嫁接成活率 90.5%，1 年生苗高 19cm；大树砧嫁接成活率 95.0%，1 年生苗高 50.1cm。无性系繁殖种植 3 年后开花株58.9%。无性系造林第三至第五年为始果期，第六至第八年进入盛果期，盛产历期约 50 年。

单株

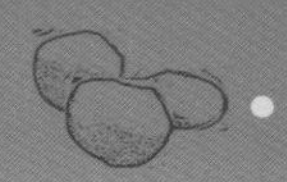

适应性及栽培特点　适宜广东省东、北部和江西、湖南省南部种植。本品种适合用芽苗砧嫁接（劈接）育苗大面积造林和用大树砧嫁接（切接）改造低产林。造林应选择丘陵地酸性至中性土壤，土层深厚。用健壮的1年生嫁接苗，施足基肥种植，可适当密植（2.0m×2.5m）。需用同花期优良无性系搭配种植。要保护授粉昆虫（油茶地蜂等）；做好林地的保水、保土、保肥工作。

典型识别特征　硬枝狭冠型。较耐旱。果实红色，球形，寒露至霜降熟。

果枝

花

果实

果实剖面

茶籽

10 粤连 74-3

种名： 油茶
拉丁名： *Camellia oleifera* ‘Yuelian 74-3’
认定编号： 粤 R-SC-CO-018-2009
品种类别： 无性系
通过类别： 认定（2008 年），审定（2014 年）
审定新号： 粤 S-SC-CO-028-2014

原产地： 广东省连州市九陂镇新联村
选育单位： 连州县林业科学研究所（连州市林业局技术推广站）、广东省韶关市林业科学研究所
选育过程： 同粤连 74-4
选育年份： 2014 年

植物学特征 粤连 74–3（原新联 74–3）油茶球形树冠，生长较快；母树 24 年生（1974），高 2.8m，冠幅 6.5m^2；叶片椭圆形，叶面微隆，深绿，叶尾稍弓形开展，平均宽 26mm、长 48mm；果实红色，球形，果径 36mm，果高 36mm，果皮较薄，厚 1.1 ～ 1.3mm。

经济性状 平均单果重 28g，鲜果出籽率 48.2%，干籽率 65.4%，出仁率 65.7%，干仁率 95.7%，干仁含油率 49.6%，果油率 9.8%。盛产期（亩产鲜果 498kg、576kg、638kg、512kg）平均亩产鲜果 556kg，平均产油 54kg / 亩。高产、稳产。皮较薄，出籽率高；种子壳薄，出仁率高，含油率高，油质好。主要脂肪酸成分：不饱和脂肪酸 94.6%，其中油酸 85.8%、亚油酸 8.2%、亚麻酸 0.6%，饱和脂肪酸 5.4%，棕榈酸 3.8%，硬脂酸 1.6%。

生物学特性 生育周期：3 月中旬至 5 月初春梢萌发生长；5 ～ 9 月花蕾及腋芽形成及发育，花期 10 月下旬至 12 月上旬，盛花 11 月中旬；4 月中旬至 8 月中旬果实膨大，8 月中旬至 10 月中油脂转化积累；霜降前后果实成熟。生育特性：果实较大，果实量 18 个 /500g；病果率小于 2.5%，抗性较强；种子中等，256 粒 /500g。无性系繁殖成活率高，生长快：扦插成活率 78.0%，1 年生苗高 16cm；芽苗砧嫁接成活率 93.7%，1 年生苗高 30cm；大树砧嫁接成活率 95.0%，1 年生苗高 69.0cm。无性系繁殖种植 3 年后开花株 65.5%。无性造林第三至第五年为始果期，第六至第八年进入盛果期，盛产历期约 50 年。

适应性及栽培特点 适宜在广东省东、北部和江西、湖南省南部种植。本品种适合用芽苗砧嫁接（劈接）育苗大面积造林和用大树砧嫁接（切接）改造低产林。造林应选择丘陵地酸性至中性土壤，土层深厚。用健壮的 1 年生嫁接苗造林，施足基肥种植，可适当疏植（3.0m × 2.0m）。需用同花期优良无性系搭配种植。要保护授粉昆虫（油茶地蜂等）；做好林地的保水、保土、保肥工作。

典型识别特征 软枝球冠型。果实较大，红色，球形。霜降熟。

果枝

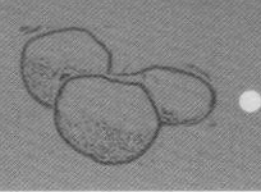

单株

花

果实

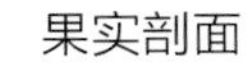

果实剖面

茶籽

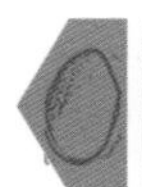

11 粤连 74-5

种名：油茶
拉丁名：*Camellia oleifera*‘Yuelian 74-5’
认定编号：粤 R-SC-CO-019-2009
品种类别：无性系
通过类别：认定（2008 年），审定（2014 年）
审定新号：粤 S-SC-CO-029-2014

原产地：广东省连州市九陂镇爱民村
选育单位：连州县林业科学研究所（连州市林业局技术推广站）、广东省韶关市林业科学研究所
选育过程：同粤连 74-4

植物学特征 粤连 74–5（原爱民 74–4）油茶软枝球冠型，生长较快；母树 26 年生（1974）高 3.2m，冠幅 11.0m^2；叶片长椭圆形，叶面中脉微隆，深绿，平直开展，平均宽 24mm、长 53mm；果实红色，球形，果径 35mm，高 34mm，果皮厚 1.3 ~ 1.5mm。

经济性状 平均单果重 26.5g，鲜果出籽率 46.2%，干籽率 66.7%，出仁率 60.4%，干仁率 97.1%，干仁含油率 51.9%，果油率 9.4%。盛产期（亩产鲜果 599kg、673kg、761kg、755kg）平均亩产鲜果 697kg，平均产油 65.5kg/ 亩，产量变幅 -14.0 ~ +9.2%。高产、稳产。皮较薄，出籽率高；种子壳薄，出籽率高，含油率高，油质好。主要脂肪酸成分：不饱和脂肪酸 94.9%，其中油酸 85.9%、亚油酸 8.5%、亚麻酸 0.5%，饱和脂肪酸 5.1%，棕榈酸 3.7%，硬脂酸 1.4%。

生物学特性 生育周期：3 月中旬至 5 月初春梢萌发生长；5 ~ 9 月花蕾及腋芽形成及发育，花期 10 月下旬至 12 月上旬，盛花 11 月中旬；4 月中旬至 8 月中旬果实膨大，8 月中旬至 10 月油脂转化积累，霜降前后果实成熟。生育特性：果实较大，果实量 15 ~ 19 个 /500g；病果率少于 2.0%，抗性较强；种子中等，260 粒 /500g。无性系繁殖成活高：扦插成苗率 77.0%，1 年生苗高 10cm；芽苗砧嫁接成活率 96.0%，1 年生苗高 17cm；大树砧嫁接成活率 92.0%，1 年生苗高 67.0cm。无性系繁殖种植 3 年后开花株 65.5%。无性造林第三至第五年进入始果期，第六至第八年进入盛果期，盛产历期约 50 年。

适应性及栽培特点 适宜在广东省东、北部和江西、湖南省南部种植。本品种适合用芽苗砧嫁接（劈接）育苗大面积造林和用大树砧嫁接（切接）改造低产林。造林应选择丘陵地酸性至中性土壤，土层深厚。用健壮的 1 年生嫁接苗造林，施足基肥种植，可适当疏植（3.0m × 3.0m）。需用同花期优良无性系搭配种植。要保护授粉昆虫（油茶地蜂等）；做好林地的保水、保土、保肥工作。

典型识别特征 软枝球冠型。果实较大，红色，球形。霜降熟。

单株

果枝

花

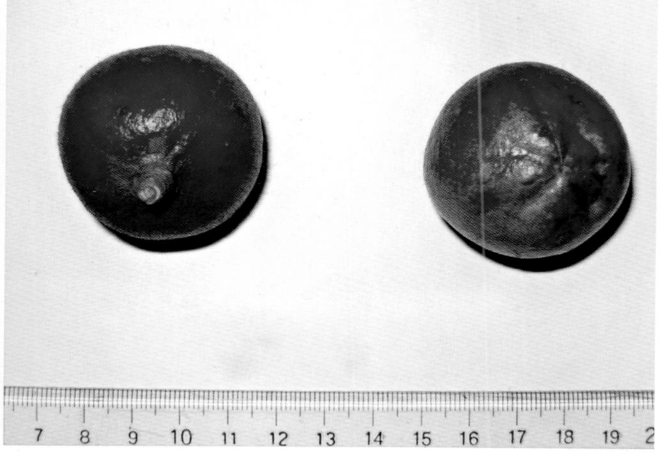

果实

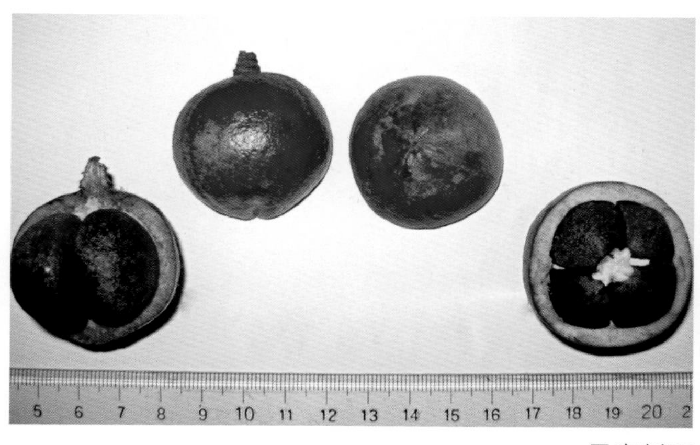

果实剖面

茶籽

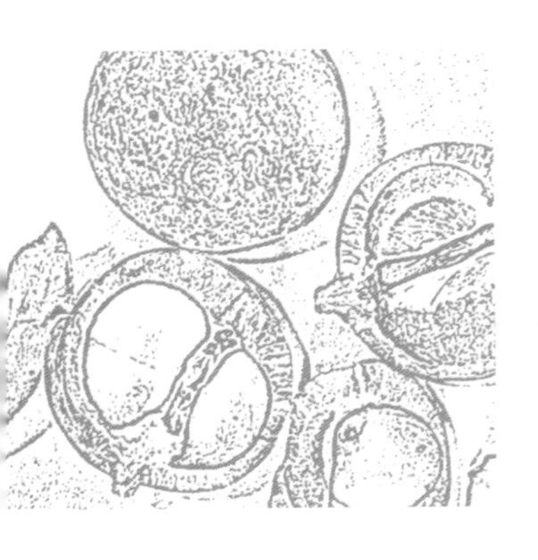

第十四章 广西壮族自治区主要油茶良种

1 岑溪软枝油茶

种名：普通油茶
拉丁名：*Camellia oleifera*‘Cenxiruanzhiyoucha’
审定编号：国 S-SC-CO-011-2002
品种类别：家系
原产地：广西岑溪市、藤县、苍梧县一带
选育单位：广西壮族自治区林业科学研究院
选育过程：岑溪软枝油茶于 2002 年通过国家林木良种审定，属普通油茶中的一个农家品种，是由广西壮族自治区林业科学研究院经过 10 多年系统选育出来的良种，具有速生丰产、抗性强、适应性广、油质好等优良特性，已在广西壮族自治区全面推广，多个单位引种种植。
选育年份：2002 年

植物学特征 分枝角度大，冠幅大，成年树平均高 2.67m、冠幅 4.56m^2，树冠大多是圆头形、自然开心形；平均叶长 6.5cm、宽 3.0cm；花白色，雌雄同花；果多为球形，平均纵径 3.82cm，横径 4.20cm，重 22.7g，含籽 5 粒。

经济性状 幼林一般亩产油 7.5kg 左右，广西壮族自治区林业科学研究院试验林 10 年生亩产油超过 25kg，丰产年可达 61kg，连续 5 年平均亩产油 32.6kg。含油率高、油质好。鲜果出籽率 46.3%，干果出籽率 28.1%，干仁含油率 51.3%，果含油率 7.29%，酸价仅为 1.06 ～ 1.46，干仁含油量 41.80% ～ 51.10%。主要脂肪酸成分：油酸 76.2% ～ 80.8%，亚油酸 6.9% ～ 11.3%，棕榈酸含量 8.2% ～ 9.1%，硬脂酸 1.8% ～ 2.7%，亚麻酸 0.2% ～ 0.4%。

生物学特性 芽萌动期 2 月中旬，展叶期 2 月下旬至 3 月上旬；花芽分化期 5 月下旬至 6 月上旬，初花期 10 月下旬至 11 月上旬，盛花期 11 月中旬，末花期 11 月下旬至 12 月上旬；霜降后果实成熟。年生育周期约 290 天。具有速生高产、早结稳产、适应性广等优点，比一般品种提早 2 ～ 3 年开花结果，产量高 1 ～ 3 倍。实生苗种植后 3 ～ 4 年开花结果，7 年进入盛产期。该品种 2002 年通过了国家良种审定，是全国重点推广的栽培品种，也是当前生产上所欢迎的高油、质优主栽品种。

适应性及栽培特点 该品种在我国南方 13 个省（自治区）都可栽培。适宜在海拔 800m 以下的丘陵地带种植，在土层深厚、肥沃、排水良好的微酸性土中生长较好。

典型识别特征 以枝条软韧，挂果下垂而得名，主要形态特征是分枝角度大，叶大，枝软，冠幅大。

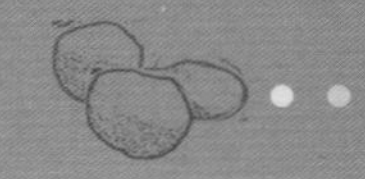

林分

单株

果枝

花

果实

果实与果实剖面

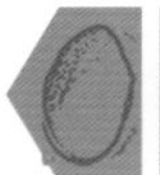 2 桂无2号

种名： 普通油茶
拉丁名： *Camellia oleifera* ‘Guiwu 2’
审定编号： 国 S-SC-CO-011-2005
品种类别： 无性系
选育地： 广西壮族自治区林业科学研究院
选育单位： 广西壮族自治区林业科学研究院
选育过程： 1982－1989 年，将全区表现较好的 55 个优良无性系集中栽培在广西壮族自治区林业科学研究院优树无性系测定圃中，采用当代鉴定的方法进行系统的选育研究，经 8 年的对比试验和连续 4 年产量测定，选育出桂无 2 号无性系，原株优树号为贵 74122。试验设计采用单株小区 8 次重复，随机区组排列，利用大树嫁接换冠技术换冠完成。试验林嫁接后第二年起进行施肥、垦复、中耕抚育、病虫害防治等管理。高产无性系标准按 1985 年全国油茶科研协作组制定的标准。
选育年份： 2005 年

植物学特征 成年树高 2.0 ～ 3.5m，冠形为伞形，冠幅自然开张，冠幅大小为 1m×2m；叶片椭圆形，渐尖；花苞椭圆形，花白色，雌雄同花；果实黄色，球形，种子黑色，籽粒饱满。

经济性状 5 ～ 8 年生试验林连续 4 年平均亩产油量 53.24kg，比参试无性系平均值增产 159.07%。果含油率 10.2%，鲜果出籽率 47.0%，干果出籽率 27.0%，干仁含油率 53.60%。主要脂

果枝

肪酸成分：油酸约 82.3%，亚油酸约 1.19%，棕榈酸约 9.87%，硬脂酸约 1.68%。

生物学特性　芽萌动期 2 月中旬，展叶期 3 月上旬；花芽分化期 5 月下旬，初花期 10 月下旬，盛花期 11 月中旬，末花期 12 月上旬；霜降后果实成熟。通常造林后第三至第四年开花结果，第五年进入盛产期，

适应性　具有早实丰产、适应性广、抗炭疽病等特性。已在广西和湖南等地栽培，适宜在广西、湖南、江西等省（自治区）油茶种植区种植。

典型识别特征　冠形为伞形，冠幅自然开张。叶片椭圆形，渐尖。花苞椭圆形，花白色。果实黄色，球形。

单株

花

3 桂无3号

种名： 普通油茶
拉丁名： *Camellia oleifera* ‘Guiwu 3’
审定编号： 国 S-SC-CO-012-2005
品种类别： 无性系

选育地： 广西壮族自治区林业科学研究院
选育单位： 广西壮族自治区林业科学研究院
选育过程： 同桂无2号
选育年份： 2005年

植物学特征 成年树高2.5 ~ 3.5m，冠形为圆头形，冠幅自然开张且冠幅大，冠幅大小为1.5m×3.0m；叶片椭圆形，渐尖；花苞椭圆形，花白色，雌雄同花；果实黄色，桃形，种子褐色，籽粒饱满。

经济性状 5 ~ 8年生试验林连续4年平均亩产油量53.25kg，比参试无性系平均值增产159.07%。果含油率10.97%，鲜果出籽率51.0%，干果出籽率28.5%，干仁含油率54.73%。主要脂肪酸成分：油酸约83.1%，亚油酸约6.34%，棕榈酸约8.37%，硬脂酸约2. 15%。

生物学特性 芽萌动期2月中旬，展叶期3月上旬；花芽分化期5月下旬，初花期10月中旬，盛花期11月上旬，末花期12月上旬；霜降后果实成熟。通常造林后第三至第四年开花结果，第五年进入盛产期。

适应性 具有早实、丰产、油质好、抗逆性强、适应性广等特性。已在广西和湖南等地栽培，适宜在广西、湖南、江西等省（自治区）油茶种植区种植。

典型识别特征 冠形为圆头形，冠幅自然开张且冠幅大。叶片椭圆形，渐尖。花苞椭圆形。果实黄色，桃形。

花

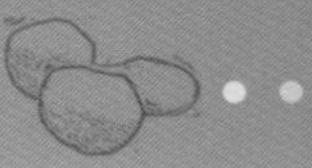

单株

果枝

4 桂无5号

种名： 普通油茶
拉丁名： *Camellia oleifera* 'Guiwu 5'
审定编号： 国 S-SC-CO-013-2005
品种类别： 无性系

选育地： 广西壮族自治区林业科学研究院
选育单位： 广西壮族自治区林业科学研究院
选育过程： 同桂无 2 号
选育年份： 2005 年

植物学特征 成年树高 2.0 ~ 3.5m，冠形为圆头形，直立，自然开张，冠幅大小为 1.0m × 2.5m；叶片椭圆形，渐尖；花苞椭圆形，花白色，雌雄同花；果实黄色，桃形，种子黑色，籽粒饱满。

经济性状 5 ~ 8 年生试验林连续 4 年平均亩产油量 43.36kg，比参试无性系平均值增产 111.3%。果含油率 8.37%，鲜果出籽率 49.5%，干出籽率 26.3%，干仁含油率 51.32%。主要脂肪酸成分：油酸约 82.89%，亚油酸约 5.75%，棕榈酸约 8.58%，硬脂酸约 2.58%。

生物学特性 芽萌动期 2 月中旬，展叶期 3 月上旬；花芽分化期 5 月下旬，初花期 10 月下旬，盛花期 11 月下旬，末花期 12 月上旬；霜降后果实成熟。通常造林后第三至第四年开花结果，第五年进入盛产期。

适应性 具有生长快、结果早、适应性强等特性。原株优树号为 TY7512。已在广西和湖南等地栽培，适宜在广西、湖南、江西等省（自治区）油茶种植区种植。

典型识别特征 冠形为圆头形，直立，自然开张。叶片椭圆形，渐尖。花苞椭圆形，花白色。果实黄色，桃形。

单株

果枝

花

5　岑软 2 号

种名：普通油茶
拉丁名：*Camellia oleifera*‘Cenruan 2’
审定编号：国 S-SC-CO-001-2008
品种类别：无性系
原产地：广西岑溪市、藤县、苍梧县一带
选育地：岑溪市软枝油茶种子园
选育单位：广西壮族自治区林业科学研究院
选育过程：这是从优良农家品种岑溪软枝油茶中选择出的优树，利用扦插育苗进行无性系鉴定后筛选出来的高产无性系。1974 年开始，由广西壮族自治区林业科学研究院在岑溪诚谏、三保、七坪林场、广西壮族自治区林业科学研究所等 1000 多亩油茶林地中选出优株，1978-1980 年扦插造林进行无性系当代测定。
选育年份：2008 年

植物学特征　枝叶细长，枝条柔软，冠幅大，树冠圆头形，成年树平均高 2.35m，冠幅 5.87m²；果青色，呈倒杯状，平均纵径 3.61cm、横径 3.75cm，重 30.36g，含籽 7 粒。

经济性状　5 ~ 8 年生试验林连续 4 年平均年亩产油达到 61.65kg，最高年亩产量 82.70kg，进入盛产期后，连续 3 年产量变幅均不超过 8%，表现出较为稳产的特性。鲜果出籽率 40.7%，干果出籽率 26.99%，干仁含油率 51.37%，果油率 7.06%，酸价 1.34。

生物学特性　芽萌动期 2 月上旬，展叶期 2 月下旬；花芽分化期 6 月上旬，初花期 11 月上旬，盛花期 11 月下旬，末花期 12 月上旬；果实成熟期为霜降。造林后第二年开花，第三年结果，第五年进入盛产期。

适应性　有较强的抗病虫害能力，病虫害发生率小于 1.5%。适宜在广西、湖南、江西、贵州等省（自治区）油茶种植区推广种植。

典型识别特征　冠幅大，树冠圆头形。该无性系枝叶细长，枝条柔软。果青色，呈倒杯状。

单株

果枝

花

果实

果实与果实剖面

6 岑软3号

拉丁名： *Camellia oleifera* 'Cenruan 3'
审定编号： 国 S-SC-CO-002-2008
品种类别： 无性系
原产地： 广西岑溪市、藤县、苍梧县一带

选育地： 岑溪市软枝油茶种子园
选育单位： 广西壮族自治区林业科学研究院
选育过程： 同岑软2号
选育年份： 2008年

花

树上果实特写

植物学特征 系枝条短小，冠幅较紧凑，树冠呈冲天形，成年树平均高2.87m，冠幅4.37m^2；果球形，平均纵径3.32cm、横径3.17cm，重20.87g，含籽3粒。

经济性状 5～8年生试验林连续4年平均亩产油62.57kg，最高年亩产量144.21kg；进入盛产期后，连续3年产量变幅均不超过8%，表现出较为稳产的特性。鲜果出籽率39.72%，干出籽率21.19%，干仁含油率53.60%，果含油率7.13%，酸价0.55。

生物学特性 芽萌动期2月中旬，展叶期3月上旬；花芽分化期5月下旬，初花期10月下旬，盛花期11月中旬，末花期11月下旬，霜降后果实成熟。造林后第二年开花，第三年结果，第五年进入盛产期。

适应性 有较强的抗病虫害能力，病虫害发生率均小于1.5%，在高山陡坡或低丘平地、土质好或较差的地方都生长良好。适宜在广西、湖南、江西、贵州等省（自治区）油茶种植区推广种植。

典型识别特征 冠幅较紧凑，树冠呈冲天形。该无性系枝条短小，果球形，成熟期为霜降。

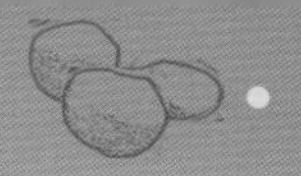

单株

果实

果实与果实剖面

7 桂无1号

种名： 普通油茶
拉丁名： *Camellia oleifera* ‘Guiwu 1’
审定编号： 国 S-SC-CO-003-2008
品种类别： 无性系

选育地： 广西壮族自治区林业科学研究院
选育单位： 广西壮族自治区林业科学研究院
选育过程： 同桂无 2 号
选育年份： 2008 年

果枝

单株

花

植物学特征 成年树高 2.5 ~ 3.5m，冠形为伞形，冠幅自然开张，冠幅大小为 1.5m × 2.5m；叶片椭圆形，渐尖；花苞椭圆形，花白色，雌雄同花；果实青黄色，梨形，种子黑色，籽粒饱满。

经济性状 5 ~ 8 年生试验林连续 4 年平均亩产油量 57.91kg，比参试无性系平均值增产 181.79%。鲜果出籽率 39.0%，干果出籽率 24.58%，干仁含油率 52.39%。主要脂肪酸成分：油酸约 69.3%，亚油酸约 8.94%，棕榈酸约 13.03%，硬脂酸约 1.22%。

生物学特性 芽萌动期 2 月中旬，展叶期 3 月上旬；花芽分化期 5 月下旬，初花期 10 月下旬，盛花期 11 月中旬，末花期 12 月上旬；霜降后果实成熟。通常造林后第三至第四年开花结果，第五年进入盛产期。

适应性 具有早实、丰产、油质好、抗逆性强、适应性广等特点。原优株号为区所 7-49。适宜在广西、湖南、江西等省（自治区）油茶种植区种植。

典型识别特征 冠形为伞形，冠幅自然开张。叶片椭圆形，渐尖。花苞椭圆形，花白色。果实青黄色，梨形。

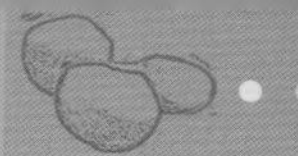

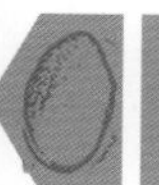

8　桂无 4 号

拉丁名： *Camellia oleifera*‘Guiwu 4’
审定编号： 国 S-SC-CO-004-2008
品种类别： 无性系
选育地： 广西壮族自治区林业科学研究院

选育单位： 广西壮族自治区林业科学研究院
选育过程： 同桂无 2 号
选育年份： 2008 年

植物学特征　成年树高 2.0 ～ 3.5m，冠形为伞形，冠幅自然开张，冠幅大小为 1.5m × 2.5m；叶片倒卵形，渐尖；花苞椭圆形，花白色，雌雄同花；果实青色，球形，种子黑褐色，籽粒饱满。

经济性状　5 ～ 8 年生试验林连续 4 年平均亩产油量 49.97kg，比参试无性系平均值增产 143.16%。鲜果出籽率 35.5%，干果出籽率 25.0%，干仁含油率 54.71%。主要脂肪酸成分：油酸约 76.36%，亚油酸约 7.47%，棕榈酸约 12.59%，硬脂酸约 1.86%。

生物学特性　芽萌动期 2 月中旬，展叶期 3 月上旬；花芽分化期 5 月下旬，初花期 10 月下旬，盛花期 11 月中旬，末花期 12 月上旬；果实成熟期为霜降。通常造林后第三至第四年开花结果，第五年进入盛产期。

适应性　具有早实、丰产、油质好、抗逆性强、适应性广等特性。原株优树号为区所 7-26。适宜在广西、湖南、江西等省（自治区）油茶种植区种植。

典型识别特征　冠形为伞形，冠幅自然开张。叶片倒卵形，渐尖。花苞椭圆形，花白色。果实青色，球形。

果枝

单株

花

9 桂 78 号

种名： 普通油茶
拉丁名： *Camellia oleifera*‘Gui 78’
认定编号： 国 R-SF-CO-041-2009
品种类别： 无性系
选育地： 广西三门江林场
选育单位： 广西壮族自治区林业科学研究院
选育过程： 亲本来自梧州市岑溪软枝油茶立农 106 号优树。试验材料来自 1976－1980 年从桂林、柳州、河池、百色、南宁、玉林、梧州等 7 个油茶重点市选择出的 175 个油茶优树。1982 年春，采用优树种子直播造林，进行单亲子代测定试验，株行距 3m×3m；随机区组设计，3 株小区，8 次重复；在进行统计时以所有参试优树的单亲子代平均值作为集团对照。造林头 5 年每年夏季围蔸铲草抚育 1 次，秋季全面抚育 1 次，以后每年秋季全面铲草抚育 1 次，3 年垦复 1 次，并定期浅垦追肥，做好病虫害防治工作。第二年开始定株定位调查植株生长特性，1990 年开始进行产量和果实经济性状测定。
选育年份： 2009 年

植物学特征 成年树高 2 ～ 3.5m，冠形为圆头形，冠幅大小为 1m×2.5m；叶为倒卵形，先端尾尖；花苞椭圆形，花白色，雌雄同花；果实青色，球形，种子褐色，籽粒饱满。

经济性状 5 ～ 8 年生试验林连续 4 年平均产油量 36.61kg，比对照平均增产 86.01%。鲜果出籽率 44.01%，干果出籽率 25.35%，干出仁率 64.58%，干仁含油率 55.00%，鲜果含油率 9.31%。

生物学特性 芽萌动期 2 月中旬，展叶期 3 月上旬；花芽分化期 5 月下旬，初花期 10 月下旬，盛花期 11 月中旬，末花期 12 月中旬；霜降后果实成熟。通常造林后第三至第四年开花结果，第五年进入盛产期。

适应性及栽培特点 具有产量高、油茶籽油品质优良、抗炭疽病等特性。适宜在广西各油茶产区海拔 800m 以下的低山或丘陵地带土层深厚、肥沃、排水良好的微酸性土生长。

典型识别特征 冠形圆头形。叶为倒卵形、先端尾尖。花苞椭圆形，花白色。果实青色，球形。

果枝

花

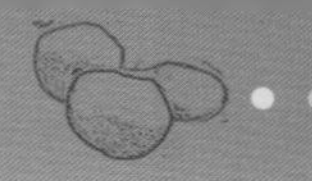

单株

果实

果实与果实剖面

10 桂 87 号

种名：普通油茶
拉丁名：*Camellia oleifera* ‘Gui 87’
认定编号：国 R-SF-CO-042-2009
品种类别：无性系

选育地：广西三门江林场
选育单位：广西壮族自治区林业科学研究院
选育过程：同桂 78 号
选育年份：2009 年

植物学特征 成年树高 2.5 ～ 3.5m，冠形圆头形，冠幅大小为 1.0m×2.5m；叶为倒卵形，先端尾尖；花苞椭圆形，花白色，雌雄同花；果实青色，球形，种子黑褐色，籽粒饱满。

经济性状 5 ～ 8 年生试验林连续 4 年平均亩产油量 36.61kg，比对照平均增产 86.01%。鲜果出籽率 44.01%，干果出籽率 25.35%，干出仁率 64.58%，干仁含油率 55.00%，鲜果含油率 9.31%。

生物学特性 芽萌动期 2 月中旬，展叶期 3 月上旬；花芽分化期 5 月下旬，初花期 10 月下旬，盛花期 11 月中旬，末花期 12 月中旬；霜降后果实成熟。通常造林后第三至第四年开花结果，第五年进入盛产期。

适应性及栽培特点 具有产量高、油茶籽油品质优良、抗炭疽病等特性。适宜在广西各油茶产区海拔 800m 以下的低山或丘陵地带土层深厚、肥沃、排水良好的微酸性土生长。

典型识别特征 冠形圆头形。叶为倒卵形，先端尾尖。花苞椭圆形，花白色。果实青色，球形。

果枝

花

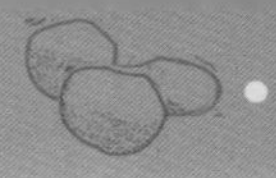

单株

果实

果实与果实剖面

11 桂88号

种名： 普通油茶
拉丁名： *Camellia oleifera* ‘Gui 88’
认定编号： 国 R-SF-CO-043-2009
品种类别： 无性系

选育地： 广西三门江林场
选育单位： 广西壮族自治区林业科学研究院
选育过程： 同桂 78 号
选育年份： 2009 年

植物学特征　成年树高 2.5 ～ 3.5m，冠形圆头形，冠幅大小为 1.0m × 2.5m；叶为长椭圆形，先端急尖；花苞椭圆形，花白色，雌雄同花；果实黄色，球形，种子黑色，籽粒饱满。

经济性状　5 ～ 8 年生试验林连续 4 年平均亩产油量 33.59kg，比对照平均增产 75.07%。鲜果出籽率 43.16%，干果出籽率 25.55%，干出仁率 64.42%，干仁含油率 52.23%，鲜果含油率 7.90%。

生物学特性　芽萌动期 2 月中旬，展叶期 3 月上旬；花芽分化期 5 月下旬，初花期 10 月下旬，盛花期 11 月中旬，末花期 12 月中旬，霜降后果实成熟。通常造林后第三至第四年开花结果，第五年进入盛产期。

适应性及栽培特点　具有稳产、油茶籽油品质优良、抗炭疽病等特性。适宜在广西各油茶产区海拔 800m 以下的低山或丘陵地带土层深厚、肥沃、排水良好的微酸性土生长。

典型识别特征　冠形圆头形。叶为长椭圆形，先端急尖。花苞椭圆形，花白色。果实黄色，球形。

果枝

花

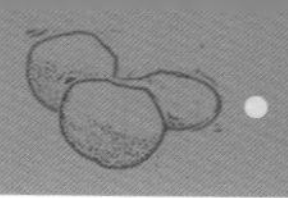

单株

果实

果实与果实剖面

12 桂91号

种名： 普通油茶
拉丁名： *Camellia oleifera*‘Gui 91’
认定编号： 国 R-SF-CO-044-2009
品种类别： 无性系

选育地： 广西三门江林场
选育单位： 广西壮族自治区林业科学研究院
选育过程： 同桂78号
选育年份： 2009年

植物学特征 成年树高2～3.5m，冠形圆头形，较开展，冠幅大小为1.0m×2.5m；叶为椭圆形，先端钝尖；花苞椭圆形，花白色，雌雄同花；果实青色，球形，种子黑色，籽粒饱满。

经济性状 5～8年生试验林连续4年平均亩产油量29.76kg，比对照平均增产57.86%；鲜果出籽率42.67%，干果出籽率25.55%，干出仁率64.48%，干仁含油率56.62%，鲜果含油率9.59%。

生物学特性 芽萌动期2月中旬，展叶期3月上旬；花芽分化期5月下旬，初花期10月下旬，盛花期11月中旬，末花期12月中旬；霜降后果实成熟。通常造林后第三至第四年开花结果，第五年进入盛产期。

适应性及栽培特点 具有结果早、鲜果含油率较高、油茶籽油品质优良、抗炭疽病等特性。适宜在广西各油茶产区海拔800m以下的低山或丘陵地带土层深厚、肥沃、排水良好的微酸性土生长。

典型识别特征 冠形圆头形。叶为椭圆形，先端钝尖。花苞椭圆形，花白色。果实青色，球形。

花

果实与果实剖面

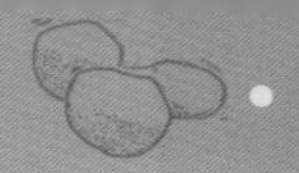

单株

果枝

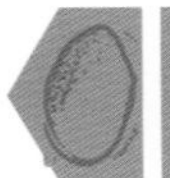

13 桂 136 号

种名： 普通油茶
拉丁名： *Camellia oleifera*‘Gui 136’
认定编号： 国 R-SF-CO-045-2009
品种类别： 无性系

选育地： 广西三门江林场
选育单位： 广西壮族自治区林业科学研究院
选育过程： 同桂 78 号
选育年份： 2009 年

植物学特征　成年树高 2.5 ~ 3.5m，冠形开张，冠幅大小 1.0m × 2.5m；叶为椭圆形；花苞椭圆形，花白色，雌雄同花；果实红青色，球形或桃形，种子褐色，籽粒饱满。

经济性状　5 ~ 8 年生试验林连续 4 年平均亩产油量 32.58kg，比对照平均增产 71.20%。鲜果出籽率 42.64%，干果出籽率 25.33%，干出仁率 64.49%，干仁含油率 52.32%，鲜果含油率 8.31%。

生物学特性　芽萌动期 2 月中旬，展叶期 3 月上旬；花芽分化期 5 月下旬，初花期 10 月下旬，盛花期 11 月中旬，末花期 12 月中旬；霜降后果实成熟。通常造林后第三至第四年开花结果，第五年进入盛产期。

适应性及栽培特点　具有生长快、结果早、鲜果含油率较高、油茶籽油品质优良、较抗炭疽病等特性。适宜在广西各油茶产区海拔 800m 以下的低山或丘陵地带土层深厚、肥沃、排水良好的微酸性土生长。

典型识别特征　冠形开张。叶为椭圆形。花苞椭圆形，花白色。果实红青色，球形或桃形。

果枝

花

单株

果实

果实与果实剖面

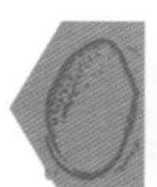

14 桂普32号

种名：普通油茶
拉丁名：*Camellia oleifera*‘Guipu 32’
审定编号：国S-SC-CO-028-2010
品种类别：无性系
选育地：广西桂林市临桂县国有凤凰林场
选育单位：广西壮族自治区林业科学研究院
选育过程：亲本来自区7-56号优树，评选出的优良无性系命名为桂普32号。1973年至1985年连续13年，经全区油茶优树资源普查、初选、复选、决选和评定，从岑溪软枝油茶、三江孟江油茶、田阳玉凤油茶、东兰坡高油茶、荔浦中果油茶、三门江中果油茶、凤山中籽茶等7个地方农家品种中评选出115个优良单株后，在广西桂林市临桂县国有凤凰林场开展无性系当代鉴定对比试验，经过连续4年的产量测定和经济性状评价，根据1985年全国油茶科研协作组制定的高产无性系评选标准，评选出桂普32号优良无性系。1992年和1993年，分别在广西桂林、柳州、苍梧设点进行区域性试验，试验林造林后第五年开始测产和经济性状分析。2003-2008年，在江西省采取大树嫁接换冠方法，随机区组设计，5株小区，5次重复，建立区试林开展区域性试验研究。试验林营建后第四年开始进行测产和果实经济性状分析。
选育年份：2009年

植物学特征　成年树高2.5～3.5m，冠形为自然圆头形，开张，冠幅大小为1.0m×2.5m；叶片椭圆形，渐尖；花苞椭圆形，花白色，雌雄同花；果实青黄色，球形，种子褐色，籽粒饱满。

经济性状　5～8年生试验林连续4年平均亩产油量达50kg，鲜果出籽率46.1%，干出籽率26.5%，干出仁率62.7%，干仁含油率45.5%，鲜果含油率7.5%。主要脂肪酸成分：饱和脂肪酸10.3%，油酸80.2%，亚油酸9.5%。

生物学特性　芽萌动期2月中旬，展叶期3月上旬；花芽分化期5月下旬，初花期10月下旬，盛花期11月中旬，末花期12月中旬；霜降后果实成熟。通常造林后第三至第四年开花结果，第五年进入盛产期。

适应性　具有早实、丰产、油质好、抗逆性强、适应性广等特性。适宜在广西、江西等省（自治区）油茶种植区种植。

典型识别特征　冠形为自然圆头形，开张。叶片椭圆形，渐尖。花苞椭圆形，花白色。果实青黄色，球形。

花

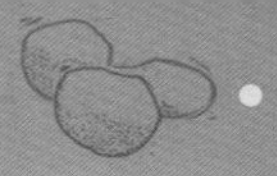

幼树

果枝

果实

成年树

果实与果实剖面

15 桂普 101 号

种名： 普通油茶
拉丁名： *Camellia oleifera* 'Guipu 101'
审定编号： 国 S-SC-CO-029-2010
品种类别： 无性系

选育地： 广西桂林市临桂县国有凤凰林场
选育单位： 广西壮族自治区林业科学研究院
选育过程： 同桂普 321 号
选育年份： 2010 年

植物学特征　成年树高 2.5 ~ 3.5m，冠形为圆头形，冠幅大、开张，冠幅大小为 2.0m × 3m；叶片倒卵形，渐尖；花苞椭圆形，花白色，雌雄同花；果实青黄色或青红色，球形，种子褐色，籽粒饱满。

经济性状　5 ~ 8 年生试验林连续 4 年平均亩产油量达 50kg，鲜果出籽率 46.32%，干果出籽率 26.86%，干出仁率 62.48%，干仁含油率 47.03%，鲜果含油率 7.87%。主要脂肪酸成分：油饱和脂肪酸 12.6%，油酸 76.2%，亚油酸 11.3%。

生物学特性　芽萌动期 2 月中旬，展叶期 3 月上旬；花芽分化期 5 月下旬，初花期 10 月下旬，盛花期 11 月中旬，末花期 12 月中旬；霜降后果实成熟。通常造林后第三至第四年开花结果，第五年进入盛产期。

适应性　具有早实、丰产、油质好、抗逆性强、适应性广等特性。适宜在广西、江西等省（自治区）油茶种植区种植。

典型识别特征　冠形为圆头形，冠幅大、开张。叶片倒卵形，渐尖。花苞椭圆形，花白色。果实青黄色或青红色，球形。

花

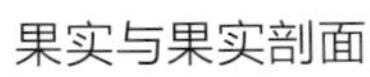

果实与果实剖面

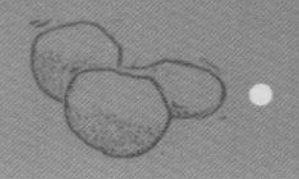

成年树

幼树

果枝

16 桂无6号

种名： 普通油茶
良种中文名： 桂无6号
拉丁名： *Camellia oleifera* ‘Guiwu 6’
审定编号： 桂 S-SC-CO-004-2009
品种类别： 无性系
选育地： 广西壮族自治区林业科学研究院
选育单位： 广西壮族自治区林业科学研究院
选育过程： 1982-1989年，将全区表现较好的55个优良无性系集中栽培在广西壮族自治区林业科学研究院优树无性系测定圃中，采用当代鉴定的方法进行系统的选育研究，经8年的对比试验和连续4年产量测定，选育出桂无6号无性系，原株为优树测定圃的区所7-24号优树。试验设计采用单株小区8次重复，随机区组排列，利用大树嫁接换冠技术换冠完成。试验林嫁接后第二年起进行施肥、垦复、中耕抚育、病虫害防治等管理。高产无性系标准按1985年全国油茶科研协作组制定的标准。
选育年份： 2009年

植物学特征 成年树高2.0～3.5m，冠形为圆头形，自然开张，冠幅大小为1.0m×2.5m；叶片椭圆形，渐尖；花苞椭圆形，花白色，雌雄同花；果实青色，球形。

经济性状 5～8年生试验林连续4年平均亩产油量42.96kg，比参试无性系平均值增产109.07%。鲜果出籽率44.0%，干果出籽率25.3%，干仁含油率50.54%。主要脂肪酸成分：油酸约77.2%，亚油酸约8.0%，棕榈酸约8.69%，硬脂酸约3.46%。

生物学特性 芽萌动期2月中旬，展叶期3月上旬；花芽分化期5月下旬，初花期10月下旬，盛花期11月中旬，末花期12月上旬；霜降后果实成熟。通常造林后第三至第四年开花结果，第五年进入盛产期。

适应性 具有早实、丰产、抗逆性强等特性。适宜在广西油茶种植区种植。

典型识别特征 冠形为圆头形，自然开张。叶片椭圆形，渐尖。花苞椭圆形，花白色。果实青色，球形。

果枝

幼树

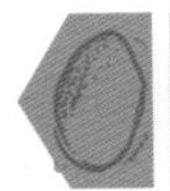

17 桂普38号

种名：普通油茶
拉丁名：*Camellia oleifera*‘Guipu 38’
审定编号：桂 S-SC-CO-006-2009
品种类别：无性系
选育地：广西桂林市临桂县国营凤凰林场
选育单位：广西壮族自治区林业科学研究院
选育过程：亲本来自区4-3-1号优树，评选出的优良无性系命名为桂普38号。1973－1977年在桂林、柳州、河池、百色、南宁、玉林、梧州7个地区18个县（市），普查1700多万株油茶，累计选优面积已17万多亩，初选优树4767株，经3～4年决选出符合标准的有181株。1977年，根据实际情况采用当代鉴定即无性系测定的方法，对其中115个株号无性系进行嫁接换冠测定试验，嫁接后林地隔年挖垦1次，每年除草抚育2次，春季施肥1次。1982－1985年进行测产、考果、考种、油脂分析，结合历年树体生长发育各项测定数据进行统计分析。
选育年份：2009年

植物学特征　成年树高2.5～3.5m，冠形为伞形，冠幅大，自然开张，冠幅大小为1.0m×2.5m；叶片椭圆形，渐尖；花苞椭圆形，花白色，雌雄同花；果实青红色，球形，种子褐色，籽粒饱满。

经济性状　5～8年生试验林连续4年平均亩产油量43.02kg，鲜果出籽率46.0%，干果出籽率25.3%，干出仁率61.8%，干仁含油率45.67%，鲜果含油率7.14%。果病率为0。

生物学特性　芽萌动期2月中旬，展叶期3月上旬；花芽分化期5月下旬，初花期10月下旬，盛花期11月中旬，末花期12月中旬；霜降后果实成熟。通常造林后第三至第四年开花结果，第五年进入盛产期。

适应性　具有早实、丰产、油质好、抗逆性强、适应性广等特性。适宜在广西油茶种植区种植。

典型识别特征　冠形为伞形，冠幅大，自然开张。叶片椭圆形，渐尖。花苞椭圆形，花白色。果实青红色，球形。

花

果实与果实剖面

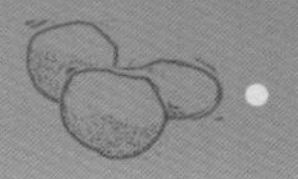

成年树

幼树

果枝

18 桂普49号

种名：普通油茶
拉丁名：*Camellia oleifera*‘Guipu 49’
审定编号：桂 S-SC-CO-007-2009
品种类别：无性系

选育地：广西桂林市临桂县国有凤凰林场
选育单位：广西壮族自治区林业科学研究院
选育过程：同桂普 49 号
选育年份：2009 年

植物学特征 成年树高 2.0 ～ 3.5m，冠形为圆头形，自然开张，冠幅大小为 1.0m×2.5m；叶片倒卵形，渐尖；花苞椭圆形，花白色，雌雄同花；果实青褐色，球形，种子褐色，籽粒饱满。

经济性状 5 ～ 8 年生试验林连续 4 年平均亩产油量 44.6kg，鲜果出籽率 45.0%，干果出籽率 25.0%，干出仁率 58.6%，干仁含油率 45.38%，鲜果含油率 6.65%。果病率为 1%。

生物学特性 芽萌动期 2 月中旬，展叶期 3 月上旬；花芽分化期 5 月下旬，初花期 10 月下旬，盛花期 11 月中旬，末花期 12 月中旬；霜降后果实成熟。通常造林后第三至第四年开花结果，第五年进入盛产期。

适应性 具有早实、丰产、抗逆性强等特性。适宜在广西油茶种植区种植。

典型识别特征 冠形为圆头形，自然开张。叶片倒卵形，渐尖。花苞椭圆形，花白色。果实青褐色，球形。

幼树

果实与果实剖面

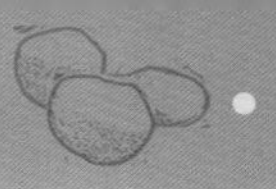

果枝

成年树

19　桂普 50 号

种名： 普通油茶
拉丁名： *Camellia oleifera*‘Guipu 50’
审定编号： 桂 S-SC-CO-008-2009
品种类别： 无性系
选育地： 广西桂林市临桂县国有凤凰林场
选育单位： 广西壮族自治区林业科学研究院
选育过程： 亲本来自区 9-8-5 号优树，评选出的优良无性系命名为桂普 50 号。1973 - 1985 年连续 13 年，经全区油茶优树资源普查、初选、复选、决选和评定，从岑溪软枝油茶、三江孟江油茶、田阳玉凤油茶、东兰坡高油茶、荔浦中果油茶、三门江中果油茶、凤山中籽茶等 7 个地方农家品种中评选出 115 个优良单株后，在广西桂林市临桂县国有凤凰林场开展无性系当代鉴定对比试验，经过连续 4 年的产量测定和经济性状评价，根据 1985 年全国油茶科研协作组制定的高产无性系评选标准，评选出桂普 50 号优良无性系。1992 年和 1993 年，分别在广西桂林、柳州、苍梧设点进行区域性试验，试验林造林后第五年开始测产和经济性状分析。2003 - 2008 年，在江西省采取大树嫁接换冠方法，随机区组设计，5 株小区，5 次重复，建立区试林开展区域性试验研究。试验林营建后第四年开始进行测产和果实经济性状分析。
选育年份： 2009 年

植物学特征　成年树高 2.0 ~ 3.5m，冠形为圆球形，冠幅大小为 1.0m × 2.5m；叶片倒卵形，渐尖；花苞椭圆形，花白色，雌雄同花；果实青黄色，球形，种子褐色，籽粒饱满。

经济性状　5 ~ 8 年生试验林连续 4 年平均亩产油量 52.5kg。鲜果出籽率 47.5%，干果出籽率 25.6%，干出仁率 66.1%，干仁含油率 44.62%，鲜果含油率 7.55%。主要脂肪酸成分：饱和脂肪酸 10.5%，油酸 76.4%，亚油酸 13.1%。果病率为 0。

生物学特性　芽萌动期 2 月中旬，展叶期 3 月上旬；花芽分化期 5 月下旬，初花期 10 月下旬，盛花期 11 月中旬，末花期 12 月上旬，霜降后果实成熟。通常造林后第三至第四年开花结果，第五年进入盛产期。

适应性　具有早实、丰产、抗逆性强等特性。适宜在广西油茶种植区种植。

典型识别特征　冠形为圆球形。叶片倒卵形，渐尖。花苞椭圆形，花白色。果实青黄色，球形。

花

果实与果实剖面

成年树

幼树

果枝

20 桂普 74 号

种名：普通油茶
拉丁名：*Camellia oleifera*‘Guipu 74’
审定编号：桂 S-SC-CO-009-2009
品种类别：无性系
选育地：广西桂林市临桂县国有凤凰林场
选育单位：广西壮族自治区林业科学研究院
选育过程：亲本来自都 75012 号优树，评选出的优良无性系命名为桂普 74 号。1973-1985 年连续 13 年，经全区油茶优树资源普查、初选、复选、决选和评定，从岑溪软枝油茶、三江孟江油茶、田阳玉凤油茶、东兰坡高油茶、荔浦中果油茶、三门江中果油茶、凤山中籽茶等 7 个地方农家品种中评选出 115 个优良单株后，在广西桂林市临桂县国有凤凰林场开展无性系当代鉴定对比试验，经过连续 4 年的产量测定和经济性状评价，根据 1985 年全国油茶科研协作组制定的高产无性系评选标准，评选出桂普 50 号优良无性系。1992 年和 1993 年，分别在广西桂林、柳州、苍梧设点进行区域性试验，试验林造林后第五年开始测产和经济性状分析。2003-2008 年，在江西省采取大树嫁接换冠方法，随机区组设计，5 株小区，5 次重复，建立区试林开展区域性试验研究。试验林营建后第四年开始进行测产和果实经济性状分析。
选育年份：2009 年

植物学特征 成年树高 2.0 ~ 3.5m，冠形为伞形，树冠大，自然开张，冠幅大小为 1m × 2.5m；叶片椭圆形，渐尖；花苞椭圆形，花白色，雌雄同花；果实黄色，球形，种子褐色，籽粒饱满。

经济性状 5 ~ 8 年生试验林连续 4 年平均亩产油量 50.2kg。鲜果出籽率 47.5%，干果出籽率 24.5%，干出仁率 56.9%，干仁含油率 42.08%，鲜果含油率 5.87%。主要脂肪酸成分：饱和脂肪酸 8.7%，油酸 84.1%，亚油酸 7.1%。果病率为 0。

生物学特性 芽萌动期 2 月中旬，展叶期 3 月上旬；花芽分化期 5 月下旬，初花期 10 月下旬，盛花期 11 月中旬，末花期 12 月上旬；霜降后果实成熟。通常造林后第三至第四年开花结果，第五年进入盛产期。

适应性 具有早实、丰产、抗逆性强等特性。适宜在广西油茶种植区种植。

典型识别特征 冠形为伞形，树冠大，自然开张。叶片椭圆形，渐尖。花苞椭圆形，花白色。果实黄色，球形。

花

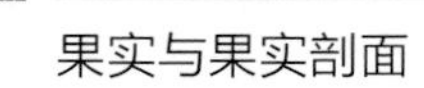

果实与果实剖面

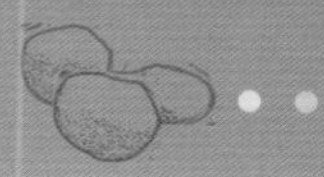

成年树

幼树

果枝

21 桂普 105 号

种名： 普通油茶
拉丁名： *Camellia oleifera* ‘Guipu 105’
审定编号： 桂 S-SC-CO-011-2009
品种类别： 无性系
选育地： 广西桂林市临桂县国有凤凰林场
选育单位： 广西壮族自治区林业科学研究院
选育过程： 亲本来自区 7-16 号优树，评选出的优良无性系命名为桂普 105 号。1973－1977 年在桂林、柳州、河池、百色、南宁、玉林、梧州 7 个地区 18 个县（市），普查 1700 多万株油茶，累计选优面积已 17 万多亩，初选优树 4767 株，经 3 ～ 4 年决选出符合标准的有 181 株。1977 年，根据实际情况采用当代鉴定即无性系测定的方法，对其中 115 个株号无性系进行嫁接换冠测定试验，嫁接后林地隔年挖垦 1 次，每年除草抚育 2 次，春季施肥 1 次。1982－1985 年进行测产、考果、考种、油脂分析，结合历年树体生长发育各项测定数据进行统计分析。
选育年份： 2009 年

植物学特征 成年树高 2.5 ～ 3.5m，冠形为伞形，冠幅大，自然开张，冠幅大小为 1.0m × 2.5m；叶片椭圆形，渐尖；花苞椭圆形，花白色，雌雄同花；果实青色，球形，有棱，种子褐色，籽粒饱满。

经济性状 5 ～ 8 年生试验林连续 4 年平均亩产油量 45.6kg，鲜果出籽率 55.0%，干果出籽率 25.8%，干出仁率 67.8%，干仁含油率 46.94%，鲜果含油率 8.21%。果病率为 1%。

生物学特性 芽萌动期 2 月中旬，展叶期 3 月上旬；花芽分化期 5 月下旬，初花期 10 月下旬，盛花期 11 月中旬，末花期 12 月中旬；霜降后果实成熟。通常造林后第三至第四年开花结果，第五年进入盛产期。

适应性 具有早实、丰产、抗逆性强等特性。适宜在广西油茶种植区种植。

典型识别特征 冠形为伞形，冠幅大，自然开张。叶片椭圆形，渐尖。花苞椭圆形，花白色。果实青色，球形，有棱。

花

果实与果实剖面

成年树

幼树

果枝

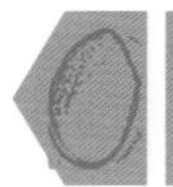

22 桂普 107 号

种名： 普通油茶
拉丁名： *Camellia oleifera* ‘Guipu 107’
审定编号： 桂 S-SC-CO-012-2009
品种类别： 无性系

选育地： 广西桂林市临桂县国有凤凰林场
选育单位： 广西壮族自治区林业科学研究院
选育过程： 同桂普 105 号
选育年份： 2009 年

植物学特征 成年树高 2.5 ~ 3.5m，冠形为伞形，冠幅大，自然开张，冠幅大小为 1.0m × 2.5m；叶片倒卵形，渐尖；花苞椭圆形，花白色，雌雄同花；果实青色，球形，有棱，种子褐色，籽粒饱满。

经济性状 5 ~ 8 年生试验林连续 4 年平均亩产油量 46.1kg，鲜果出籽率 50.5%，干果出籽率 28.0%，干出仁率 66.2%，干仁含油率 43.42%，鲜果含油率 8.05%。果病率为 2%。

生物学特性 芽萌动期 2 月中旬，展叶期 3 月上旬；花芽分化期 5 月下旬，初花期 10 月下旬，盛花期 11 月中旬，末花期 12 月上旬；霜降后果实成熟。通常造林后第三至第四年开花结果，第五年进入盛产期。

适应性 具有早实、丰产、抗逆性强等特性。适宜在广西油茶种植区种植。

典型识别特征 冠形为伞形，冠幅大，自然开张。叶片倒卵形，渐尖。花苞椭圆形，花白色。果实青色，球形，有棱。

花

果实与果实剖面

成年树

幼树

果枝

23 岑软11号

种名：普通油茶
拉丁名：*Camellia oleifera*'Cenruan 11'
审定编号：桂 S-SC-CO-015-2009
品种类别：无性系
选育地：岑溪市软枝油茶种子园
选育单位：广西壮族自治区林业科学研究院
选育过程：1994－1996 年，在桂林、柳州、河池、百色、玉林、梧州等 6 个地区，对岑溪软枝油茶优良林分进行二代选优，累计初选优树 350 株。根据全国油茶优树选择的标准和方法，经 3 年观测，评选出符合油茶优树选择标准的优株 30 株。1997－1998 年采用油茶大树嫁接换冠的方法，建立试验林 10 亩，接后及时做好除萌、断砧、绑扶、修剪、补接和病虫害防治以及定期观察测定等工作；第二年起每年浅垦 1 次，中耕除草抚育 2 次，春季每株追施尿素化肥 0.25kg，夏季施复合肥 1kg，3 年深挖垦复 1 次。1998 年开始，每年定期对试验林进行生长特性调查、产量测定以及果实主要经济性状分析。2003－2006 年，正式统计产量，最后根据高产无性系标准综合评选。
选育年份：2009 年

植物学特征　成年树高 2.0 ～ 3.5m，冠形开张，冠幅较大，呈圆头形，成年树冠幅约 $4.0m^2$；枝条较粗、直立，节间较短，小枝棕褐色；叶片革质、长 6.8 ～ 7.9cm（宽 2.7 ～ 3.3cm），长椭圆形，叶缘锯齿较浅，叶基部至先端 1/5 处全缘；花苞椭圆形，花白色，雌雄同花；蒴果桃形，淡黄色，果成熟前密被白色绒毛，每果平均含种子 5 粒。

经济性状　5 ～ 8 年生试验林连续 4 年平均亩产油量 64.5kg，鲜果出籽率 46.55%，干果出籽率 26.31%，干出仁率 63.82%，干仁含油率 52.61%，鲜果含油率 8.83%。果病率为 0。

生物学特性　芽萌动期 2 月中旬，展叶期 3 月上旬；花芽分化期 5 月下旬，初花期 10 月下旬，盛花期 11 月中旬，末花期 12 月上旬；霜降后果实成熟。通常造林后第二年开花，第三至第四年开花结果，第五年进入盛产期。

适应性　具有早实、丰产、抗逆性强等特性。适宜在广西油茶种植区种植。

典型识别特征　冠形开张，呈圆头形。枝条较粗、直立。叶片长椭圆形，叶缘锯齿较浅，叶基部至先端 1/5 处全缘。花苞椭圆形，花白色。蒴果桃形，淡黄色，果成熟前密被白色绒毛。

树上果实特写

花

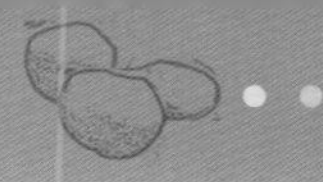

单株

果实

果实与果实剖面

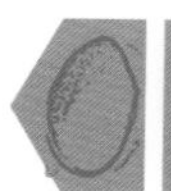 24. 岑软 22 号

种名：普通油茶
拉丁名：*Camellia oleifera*‘Cenruan 22’
审定编号：桂 S-SC-CO-016-2009
品种类别：无性系

选育地：岑溪市软枝油茶种子园
选育单位：广西壮族自治区林业科学研究院
选育过程：同岑软 11 号
选育年份：2009 年

植物学特征　成年树高 2.5 ~ 3.5m，冠形呈直立形，成年树冠幅平均超过 4.0m^2；枝条节间长，小枝黄褐色，分枝角度较大，质地柔软下垂；叶片革质、长 5.4 ~ 6.6cm（宽 2.5 ~ 3.0cm），椭圆形，叶缘锯齿浅、分布均匀；花苞长椭圆形，多 2 枚对生，花白色，雌雄同花；蒴果球形，青黄色，每果平均含种子 5 粒。

单株

经济性状　5 ~ 8 年生试验林连续 4 年平均亩产油量 46.0kg，鲜果出籽率 42.3%，干果出籽率 25.96%，干出仁率 55.26%，干仁含油率 53.33%，鲜果含油率 7.65%。果病率为 0。

生物学特性　芽萌动期 2 月中旬，展叶期 3 月上旬；花芽分化期 5 月下旬，初花期 10 月下旬，盛花期 11 月中旬，末花期 12 月上旬；霜降后果实成熟。通常造林后第二年开花，第三至第四年开花结果，第五年进入盛产期。

适应性　具有早实、丰产、抗逆性强等特性。适宜在广西油茶种植区种植。

典型识别特征　冠形呈直立形。叶片椭圆形，叶缘锯齿浅、分布均匀。花苞长椭圆形，多 2 枚对生，花白色。蒴果球形，青黄色。

树上果实特写

花

果实与果实剖面

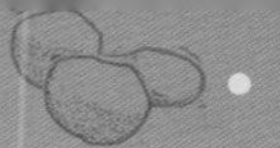

25　岑软 24 号

拉丁名： *Camellia oleifera*‘Cenruan 24’
审定编号： 桂 S-SC-CO-017-2009
品种类别： 无性系
选育地： 岑溪市软枝油茶种子园

选育单位： 广西壮族自治区林业科学研究院
选育过程： 同岑软 11 号
选育年份： 2009 年

植物学特征　成年树高 2.0 ~ 3.5m，冠形开张，圆头形，成年树冠幅平均超过 $4.0m^2$；枝条较粗、节间长，小枝灰褐色；叶片革质，长 5.5 ~ 6.3cm（宽 2.2 ~ 3.5cm），椭圆形，叶缘锯齿浅而密；花苞椭圆形，先端较尖，花白色，雌雄同花；果多着生于冠顶，蒴果球形，青色，每果平均含种子 6.2 粒。

经济性状　5 ~ 8 年生试验林连续 4 年平均亩产油量 48.5kg，鲜果出籽率 49.78%，干果出籽率 26.31%，干出仁率 63.95%，干仁含油率 49.63%，鲜果含油率 8.35%。果病率为 2%。

生物学特性　芽萌动期 2 月中旬，展叶期 3 月上旬；花芽分化期 5 月下旬，初花期 10 月下旬，盛花期 11 月中旬，末花期 12 月上旬；霜降后果实成熟。通常造林后第二年开花，第三至第四年开花结果，第五年进入盛产期。

适应性　具有早实、丰产、抗逆性强等特性。适宜在广西油茶种植区种植。

典型识别特征　冠形开张，圆头形。叶片椭圆形，叶缘锯齿浅而密。花苞椭圆形，花白色。蒴果球形，青色。

单株

果枝

花

果实与果实剖面

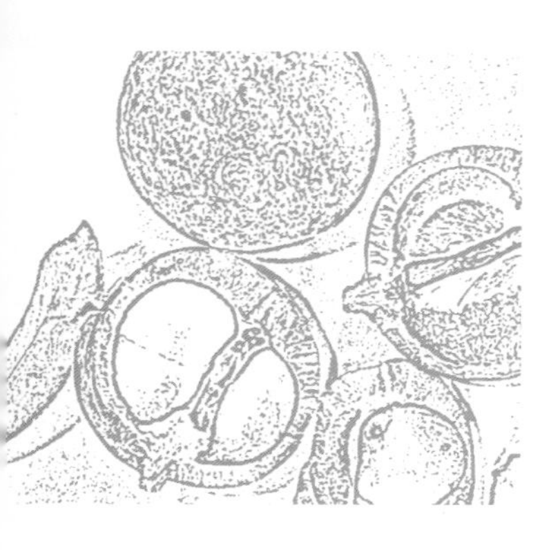

第十五章　重庆主要油茶良种

1　渝林油 1 号

种名： 普通油茶
良种中文名： 渝林油 1 号
拉丁名： *Camellia oleifera*‘Yulinyou 1’
认定编号： 渝 R-SC-CO-001-2008
品种类别： 无性系
原产地： 重庆秀山
选育地（包括区试点）： 重庆秀山
选育单位： 重庆市林木种苗站
选育过程： 按照制订计划→踏查预选→实测初选→复选→决选的步骤开展。首先调查当地油茶栽培历史和基本情况，与当地群众座谈，确定优树选择的路线。然后实地普查，目测树形，病虫害情况，果实大小和分布情况，剖视果皮厚薄、花芽分布情况。每平方米树冠挂果 1kg 以上、春梢枝数不少于挂果枝数、80% 以上的春梢有花芽且分布均匀者，即作为初选优株。在此基础上，分株采集充分成熟的果实测定重量，同时收集果实样品 2.0kg。
选育年份： 2008 年

植物学特征　自然圆头形，树高 5.8m，冠幅 3.0m^2，树姿半开张；叶椭圆形，先端渐尖，边缘有细锯齿或钝齿，长 7.1 ~ 8.4cm，宽 3.3 ~ 4.3cm，叶面光滑、平，叶缘平，叶基部近圆形，叶色中绿色，叶片着生状态上斜，侧脉对数 7 ~ 9，叶片薄革质，嫩枝颜色红；花白色，具香味，直径 6.2 ~ 7.8cm，花瓣倒心形，6 ~ 8 瓣，花柱长度 1.0cm，柱头 3 ~ 4 裂，中裂，花萼绿色，有绒毛，花萼 6 ~ 8 片；果实球形，青色或青红色，果径 3.5cm 左右，果高 3.8cm 左右，果皮厚 0.29cm 左右，每千克果数 45 个，皮较薄；种子锥形，褐色。

单株

经济性状　盛果期平均亩产油量 40.79kg，产籽量 121.47kg，单果重 22g 左右，鲜果出籽率 51.80%，干籽出仁率 67.8%，干籽含油率 33.58%，干仁含油率 49.48%，鲜果含油率 10.21%。主要脂肪酸组成：棕榈酸 7.4%、棕榈

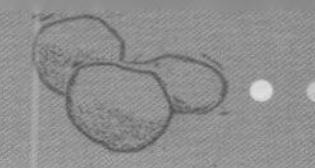

烯酸 0.1%、硬脂酸 1.9%、油酸 82.2%、亚油酸 7.5%、亚麻酸 0.3%、顺 -11- 二十碳烯酸 0.6%。

生物学特性　萌动期为 3 月上旬，枝叶生长期为 3 月上旬至 5 月上旬；始花期为 10 月上旬，盛花期为 10 中旬至 11 月中下旬，末花期为 12 月上中旬；果实成熟期为 10 月上中旬。

适应性及栽培特点　适宜在重庆海拔 300 ～ 1400m、酸性至微酸性土壤、光照充足的地区栽植。选择土层深厚、排水良好、pH 值 4.5 ～ 6.0 的阳坡造林。穴状整地，规格为 70cm×70cm×70cm，适宜的行距为 2.5 ～ 3.0m，株距为 2.0 ～ 3.0m，即造林密度为 900 ～ 1650 株 /hm^2。造林前每穴施基肥 2 ～ 10kg。栽植时间宜在冬季 11 月下旬至翌年春季的 3 月上旬。从第二年起，3 月新梢萌动前半月左右放入速效氮肥，11 月上旬施土杂肥或粪肥，每株 5 ～ 10kg，随树体的增长，施肥量逐年递增。

典型识别特征　树形半开张。果实青色或青红色，薄皮，球形。

林分

果枝

花

果实

茶籽

2 渝林油 4 号

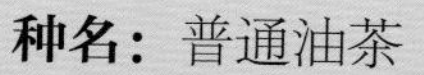

种名：普通油茶
良种中文名：渝林油 4 号
拉丁名：*Camellia oleifera* ‘Yulinyou 4’
认定定编号：渝 R-SC-CO-004-2008
品种类别：无性系

原产地：重庆秀山
选育地（包括区试点）：重庆秀山
选育单位：重庆市林木种苗站
选育过程：同渝林油 1 号
选育年份：2008 年

植物学特征 树冠自然圆头形，树高 6.0m，冠幅 $2.5m^2$，树姿半开张；叶椭圆形，先端渐尖，边缘有细锯齿或钝齿，长 7.1 ～ 8.5cm，宽 2.9 ～ 3.5cm，叶面光滑、平，叶缘平，叶基部近圆形，叶色中绿色，叶片着生状态近水平，侧脉对数 6，叶片薄革质，嫩枝颜色红；花白色，具香味，直径 5.0 ～ 6.5cm，花瓣倒心形，7 瓣；果实球形，青色，果径 3.4cm 左右，每千克果数 55 个；种子半球形，黑色。

经济性状 平均亩产油量为 63.33kg，单果重 14.51g，鲜果出籽率 45.04%，干籽出仁率 71.76%，干籽含油率 30.43%，干仁含油率 42.41%，鲜果含油率 8.29%。

生物学特性 萌动期为 3 月上旬，枝叶生长期为 3 月上旬至 5 月上旬；始花期为 10 月中旬，盛花期为 10 下旬至 11 月下旬，末花期为 12 月上旬；果实成熟期为 10 月上中旬。

适应性及栽培特点 适宜在重庆海拔 300 ～ 1400m、酸性至微酸性土壤、光照充足的地区栽植。选择土层深厚、排水良好、pH 值 4.5 ～ 6.0 的阳坡造林。穴状整地，规格为 70cm × 70cm × 70cm，适宜的行距为 2.5 ～ 3.0m，株距为 2.0 ～ 3.0m，即造林密度为 900 ～ 1650 株 $/hm^2$。造林前每穴施基肥 2 ～ 10kg。栽植时间宜在冬季 11 月下旬至翌年春季的 3 月上旬。从第二年起，3 月新梢萌动前半月左右放入速效氮肥，11 月上旬施土杂肥或粪肥，每株 5 ～ 10kg，随树体的增长，施肥量逐年递增。

典型识别特征 树形半开张。果实青色，球形。

单株

林分

果枝

花

 3 渝林油5号

种名： 普通油茶
良种中文名： 渝林油5号
拉丁名： *Camellia oleifera* 'Yulinyou 5'
认定编号： 渝 R-SC-CO-005-2008
品种类别： 无性系

原产地： 重庆彭水
选育地（包括区试点）： 重庆彭水
选育单位： 重庆市林木种苗站
选育过程： 同渝林油1号
选育年份： 2008年

植物学特征 树高3.5m，树冠自然圆头形，冠幅3.7m^2，树姿开张；叶椭圆形，先端渐尖，边缘有细锯齿或钝齿，长6.0～8.4cm，宽3.1～3.8cm，叶面光滑、平，叶缘平，叶基部近圆形，叶色中绿色，叶片着生状态上斜，侧脉对数7，叶片薄革质，嫩枝颜色红；花白色，具香味，直径4.8～5.2cm，花瓣倒心形，6～8瓣，花柱长度1.2～1.4cm，柱头3～4裂，浅裂，花萼紫红色，有绒毛，花萼5片；果实橄榄形，红色或青红色，果径3.3cm左右，每千克果数60个；种子不规则形，种皮棕褐色。

经济性状 平均亩产油量为55.62kg，鲜果出籽率32.24%，干籽出仁率68.91%，干籽含油率36.95%，干仁含油率53.62%，鲜果含油率8.08%。

生物学特性 萌动期为3月上旬，枝叶生长期为3月上旬至5月上旬；始花期为10月中旬，盛花期为11月上旬至下旬，末花期为12月上旬；果实成熟期为10月上中旬。

适应性及栽培特点 适宜在重庆海拔300～1400m、酸性至微酸性土壤、光照充足的地区栽植。选择土层深厚、排水良好、pH值4.5～6.0的阳坡造林。穴状整地，规格为70cm×70cm×70cm，适宜的行距为2.5～3.0m，株距为2.0～3.0m，即造林密度为900～1650株/hm^2。造林前每穴施基肥2～10kg。栽植时间宜在冬季11月下旬至翌年春季的3月上旬。从第二年起，3月新梢萌动前半月左右放入速效氮肥，11月上旬施土杂肥或粪肥，每株5～10kg，随树体的增长，施肥量逐年递增。

典型识别特征 树形开张。果实橄榄形，红色或青红色。

林分

单株

花

果实与果实剖面

果枝

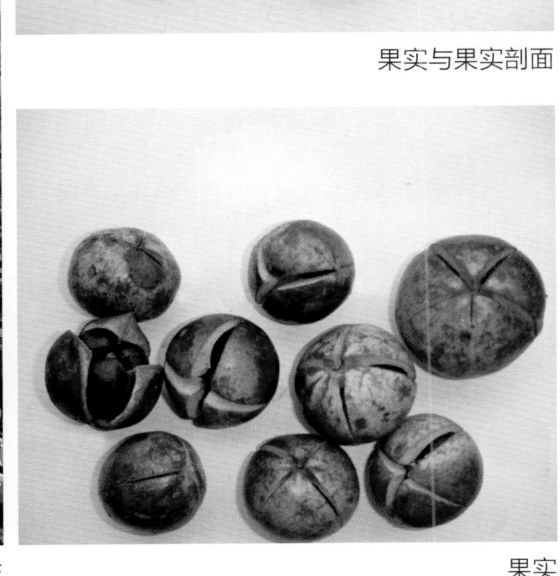

果实

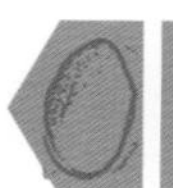

4 渝林油 6 号

种名：普通油茶
拉丁名：*Camellia oleifera*'Yulinyou 6'
认定编号：渝 R-SC-CO-006-2008
品种类别：无性系
原产地：重庆彭水

选育地（包括区试点）：重庆彭水
选育单位：重庆市林木种苗站
选育过程：同渝林油 1 号
选育年份：2008 年

植物学特征 树冠自然圆头形，树高 3.5m，冠幅 2.2m^2，树姿开张；叶椭圆形，先端渐尖，边缘有细锯齿或钝齿，长 7.8 ~ 8.4cm，宽 3.0 ~ 3.5cm，叶面光滑、平，叶缘平，叶基部近圆形，叶色中绿色，叶片着生状态上斜，侧脉对数 7，叶片薄革质，嫩枝颜色红；花白色或淡红色，具香味，直径 5.1 ~ 7.6cm，花瓣倒心形，6 ~ 8 瓣，花柱长度 1.3 ~ 1.5cm，柱头 3 ~ 4 裂，深裂，花萼绿色，有绒毛，花萼 5 ~ 8 片；果实球形，红色，果横径 3.1cm 左右，果纵径 2.8cm 左右，果皮厚 0.33 ~ 0.38cm，每千克果数 76 个；种子不规则形，褐色。

经济性状 平均亩产油量为 68.15kg，鲜果出籽率 35.02%，干籽出仁率 75.76%，干籽含油率 38.38%，干仁含油率 50.66%，鲜果含油率 9.38%。

生物学特性 萌动期为 3 月上旬，枝叶生长期为 3 月上旬至 5 月上旬；始花期为 10 月上旬，盛花期为 10 中旬至 11 月中旬，末花期为 12 月上旬；果实成熟期为 10 月上中旬。

适应性及栽培特点 适宜在重庆海拔 300 ~ 1400m、酸性至微酸性土壤、光照充足的地区栽植。选择土层深厚、排水良好、pH 值 4.5 ~ 6.0 的阳坡造林。穴状整地，规格为 70cm × 70cm × 70cm，适宜的行距为 2.5 ~ 3.0m，株距为 2.0 ~ 3.0m，即造林密度为 900 ~ 1650 株 /hm^2。造林前每穴施基肥 2 ~ 10kg。栽植时间宜在冬季 11 月下旬至翌年春季的 3 月上旬。从第二年起，3 月新梢萌动前半月左右放入速效氮肥，11 月上旬施土杂肥或粪肥，每株 5 ~ 10kg，随树体的增长，施肥量逐年递增。

典型识别特征 树形开张。花瓣白色或淡红色。果实球形。

单株

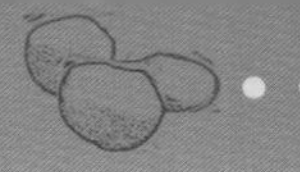

林分

树上果实特写

花

5 渝林油 9 号

种名： 普通油茶
拉丁名： *Camellia oleifera* 'Yulinyou 9'
审（认）定编号： 渝 R-SV-CO-003-2009
品种类别： 无性系
原产地： 重庆秀山
选育地（包括区试点）： 重庆秀山
选育单位： 重庆市林木种苗站
选育过程： 同渝林油 1 号
选育年份： 2009 年

植物学特征 树冠自然圆头形，树高 5.2m，冠幅 $2.3m^2$，树姿半开张；叶椭圆形，先端渐尖，边缘有细锯齿或钝齿，长 7.8 ~ 8.4cm，宽 3.0 ~ 3.5cm，叶面光滑、平，叶缘平，叶基部近圆形，叶色中绿色，叶片着生状态上斜，侧脉对数 7 ~ 9，叶片薄革质，嫩枝颜色红；花白色，具香味，直径 5.5 ~ 7.0cm，花瓣倒心形，5 瓣；果实球形，红色，果径 3.1cm 左右，每千克果数 76 个；种子不规则形，黑色。

经济性状 平均亩产油量为 68.15kg，鲜果出籽率 35.02%，干籽出仁率 75.76%，干籽含油率 38.38%，干仁含油率 50.66%，鲜果含油率 9.38%。主要脂肪酸组成：棕榈酸 8.6%、棕榈烯酸 0.1%、硬脂酸 1.4%、油酸 78.2%、亚油酸 10.8%、亚麻酸 0.4%、顺 -11- 二十碳烯酸 0.6%。

生物学特性 萌动期为 3 月上旬，枝叶生长期为 3 月上旬至 5 月上旬；始花期为 10 月上旬，盛花期为 10 中旬至 11 月中下旬，末花期为 12 月上中旬；果实成熟期为 10 月上中旬。

适应性及栽培特点 适宜在重庆海拔 300 ~ 1400m、酸性至微酸性土壤、光照充足的地区栽植。选择土层深厚、排水良好、pH 值 4.5 ~ 6.0 的阳坡造林。穴状整地，规格为 70cm × 70cm × 70cm，适宜的行距为 2.5 ~ 3.0m，株距为 2.0 ~ 3.0m，即造林密度为 900 ~ 1650 株 $/hm^2$。造林前每穴施基肥 2 ~ 10kg。栽植时间宜在冬季 11 月下旬至翌年春季的 3 月上旬。从第二年起，3 月新梢萌动前半月左右放入速效氮肥，11 月上旬施土杂肥或粪肥，每株 5 ~ 10kg，随树体的增长，施肥量逐年递增。

典型识别特征 树形半开张。果实红色，球形。

单株

林分

果枝

花

果实

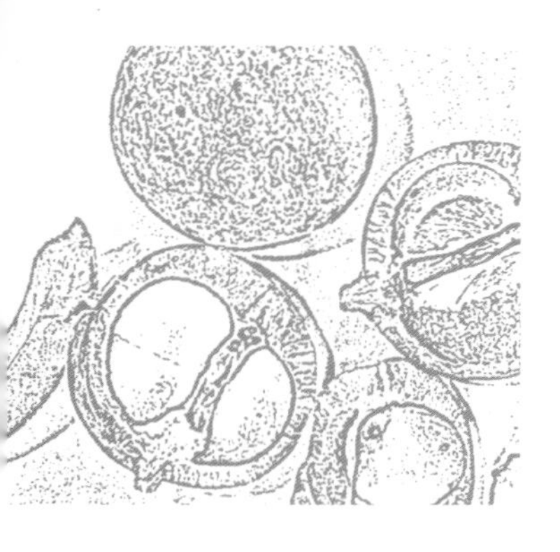

第十六章 四川省主要油茶良种

1 川林 01

种名： 普通油茶
拉丁名： *Camellia oleifera*‘Chuanlin 01’
认定编号： 川 R-SC-CO-024-2009
品种类别： 无性系
原产地： 四川泸州市泸县
选育地： 四川泸州市泸县
选育单位： 四川省林业科学研究院
选育过程： 1975 年，四川省林业科学研究院油茶课题组在秀山县（现属重庆市）及泸县等全省油茶主产区，参照全国油茶良种选育协作组制定的统一标准，采用单株选择方法，从结实期的实生油茶群体中，按产量、出籽率、种仁含油率等指标进行选择，经初选和复选，按选优标准进行优良单株选择和综合评价。
选育年份： 2009 年

植物学特征 小乔木，树皮淡褐色，光滑，树高 3.9m，基径 16cm，冠幅 10.23m^2，树势旺，树姿开张；单叶互生，叶革质，椭圆形，叶缘细锯齿，先端渐尖，叶表面光滑，叶长 3.6 ~ 8.1cm，宽 2.0 ~ 4.2cm；花顶生，两性花，白色，花瓣倒卵形，顶端常 2 裂，5 瓣，分离；蒴果，圆球形，果实青红色或者青黄色，果径 3.2cm 左右，种子 2 ~ 10 枚，种子三角状，有光泽，茶褐色。

经济性状 平均单果重 17.86g，每千克鲜果个数 56 个，鲜果出籽率 45.4%，干果出籽率 32.78%，干仁含油率 57.27%，干籽含油率 41.35%，鲜果含油率 12.84%。丰产性较好，平均单位面积冠幅产茶果 1.45kg/m^2。

生物学特性 芽萌动期为 3 月上旬，3 月中旬开始展叶；5 月下旬开始花芽分化，始花期 10 月上旬，盛花期 11 月上旬，末花期 12 月下旬；果熟期 10 月下旬。

适应性及栽培特点 优树品种比较试验中，川林 01 号的鲜果含油率最高，平均达 12.84%，年平均产果 14.83kg/ 株，单位面积冠幅平均产果 1.45kg/m^2，产油 0.186kg/m^2，可实现亩产油 50kg 以上，扦插成活率 80% 以上，嫁接成活率 50% 以上。造林成活率 90% 以上。造林时间以 2 ~ 3 月为宜，株行距一般采用 2m × 2.5m，陡坡、山顶、肥力差的适当密植。幼林土壤管理主要是中耕除草，解决幼苗与杂草争肥、争水、争光的问题。成林管理主要是深垦、施肥、整形修剪、疏果、病虫害防治等。已栽培发展地区：泸县、隆昌等地。适宜栽培地区：适宜在四川盆地周围低山丘陵等油茶种植区发展。

典型识别特征 果实较大，青红色或青黄色，圆球形。

单株

花

果枝

果实

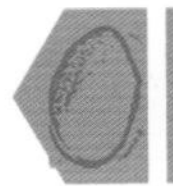

2 川林 02

种名：普通油茶
拉丁名：*Camellia oleifera*‘Chuanlin 02’
认定编号：川 R-SC-CO-025-2009
品种类别：无性系
原产地：四川泸县

选育地：四川泸县
选育单位：四川省林业科学研究院
选育过程：同川林 01
选育年份：2009 年

植物学特征 小乔木，树皮棕褐色，光滑，树高 3.8m，基径 14cm，冠幅 10.80m^2，树势旺；单叶互生，叶革质，椭圆形，叶缘细锯齿，先端渐尖，叶表面光滑，叶长 3.5 ~ 8.2cm，宽 2.3 ~ 4.6cm；花顶生，两性花，白色，花瓣倒卵形，顶端常 2 裂，5 瓣，分离；蒴果，圆球形，果实青红色或者青黄色，果径 2.8cm 左右；果瓣厚而木质化，内含种子 2 ~ 12 枚，种子三角状，有光泽，茶褐色。

经济性状 平均单果重 12.5g，鲜果出籽率 45.0%，干果出籽率 35.20%，干仁含油量 57.93%，干籽含油率 38.06%，鲜果含油率 11.10%。丰产性好且比较稳产，平均单位面积冠幅产茶果 1.94kg/m^2。

生物学特性 芽萌动期为 3 月上旬，3 月中旬开始展叶；5 月下旬开始花芽分化，始花期 10 月上中旬，盛花期 11 月上旬，末花期 12 月下旬；果熟期 10 月下旬。

适应性及栽培特点 在优树品种比较试验中，川林 02 号的鲜果含油率高，平均达 11.10%，产果量最高，年平均产果 20.95kg/ 株，单位面积平均产果 1.94kg/m^2，产油 0.215kg/m^2，可实现亩产油 50kg 以上。扦插成活率 80% 以上，嫁接成活率 50% 以上，造林成活率 90% 以上。造林时间以 2 ~ 3 月为宜，株行距一般采用 2m × 2.5m，陡坡、山顶、肥力差的适当密植。幼林土壤管理主要是中耕除草，解决幼苗与杂草争肥、争水、争光的问题。成林管理主要是深垦、施肥、整形修剪、疏果、病虫害防治等。已栽培发展地区：泸县、隆昌等地。适宜栽培地区：适宜在四川省盆地周围低山丘陵等油茶种植区发展。

典型识别特征 果实青红色或青黄色，圆球形。

花

果实

单株

果枝

3 川荣-50

种名： 普通油茶
拉丁名： *Camellia oleifera* 'Chuanrong 50'
认定编号： 川 R-SC-CO-027-2009
品种类别： 无性系
原产地： 四川荣县
选育地： 四川荣县
选育单位： 荣县林业局
选育过程： 2008 年以来，一是全面踏查、摸清油茶现存面积和主要品种分布情况，通过走访调查，从油茶的生长立地条件、树形、开花量、结果量、出油率、病虫害等方面初步确定油茶优良单株选取范围。二是对油茶优良单株进行初选，共选出候选优树 740 株。三是进行复选。选择单株产量达到和超过相同的产量指标、炭疽病发病率低于相同发病率指标的候选优树为复选优树。四是进行补选。五是进行优树决选。取单株茶果样品，测定出鲜果出籽率、干出籽率、种仁含油率等指标。川荣-50 是经过初选、复选和决选，以鲜果出仁率 42.3%、种仁含油率 42.9% 入选优树的。
选育年份： 2009 年

植物学特征 由油茶实生树中选出。母树生长于海拔 638m 的地点，土层较深厚，土壤肥力好。树龄 36 年，树高 3.5m，干径 18cm，冠幅 3.6m×4.1m，乔木主干明显，树冠伞形；树皮淡褐色，光滑；嫩枝有粗毛；单叶互生，革质，卵状椭圆形，边缘有细锯齿，基部楔形，叶长 7.2 ~ 8.2cm，叶宽 2.7 ~ 3.3cm，叶柄长 0.4cm，上表面深绿色，发亮，中脉有粗毛或柔毛，背面浅绿色，无毛或中脉有长毛，侧脉在上表面能见，在背面不很明显；两性花，花白色；蒴果球形或扁圆形，绿色、少有红色，直径 3.6 ~ 3.5cm；种子茶褐色，三角状，有光泽。

经济性状 该品种连续结果能力强，丰产稳产性好。有大小年之分，大年产鲜果量稳定在 45kg / 株以上，小年鲜果产量也有 30kg / 株以上，常年产量在 35kg / 株左右。平均单果重 25.6g，鲜果出仁率 42.3%，干果出仁率 54.93%，鲜果出干仁率 27.88%，干仁含油率 42.9%。抗病力较强。

生物学特性 该品种为寒露籽，无性系造林营养生长期为 3 ~ 5 年，6 ~ 8 年进入盛产期，盛产期为 80 年以上。年生长发育周期：萌动期为 3 月上旬，春梢生长期为 3 月至 5 月下旬，一年内抽 1 至多次新梢，分为春梢、夏梢、秋梢和冬梢 4 种；花芽分化始于 5 月上旬，至 9 月中下旬基本完成，始花期为 10 月中旬，花期相对集中于 11 ~ 12 月，末花期多数于 12 月下旬，少部分可至翌年元月；果实于 3 月中下旬开始生长，前期生长缓慢，4 ~ 6 月和 7 ~ 8 月有 2 个果实膨大期，8 月中下旬体积增长逐渐停止，内部营养成分加速累积，果实成熟期为 10 月上中旬。

适应性及栽培特点 该品种树势生长旺盛，对土壤条件适应性较强，红壤、黄壤或紫色土、pH 值在 4.5 ~ 6.5 的酸性或微酸性的土壤上均可正常生长发育，碱性土上不宜种植。适宜在四川低山、丘陵油茶适生区域栽培发展。选择海拔 500m 左右宜林地，最好坡度 20° 以下，土层深厚的红壤、黄壤或黄棕壤。方法一般采取水平撩壕、大穴、鱼鳞坑等三种方式，以撩壕最好。种植密度 111 株 / 亩，株行距为 2m×3m，深施钙镁磷肥 75kg 或土杂肥 2000kg，栽后每年除草松土 2 ~ 4 次，生长期施追肥 2 ~ 3 次，重施磷肥；树高达到 1.0m 以上可开展定干整形和树体修剪，最终培养球形或伞形丰产树形。

典型识别特征 开枝角度小。叶大较疏。幼果青或绿色，顶端无脐形，成熟果多为青色，少红色。

单株

果实

叶

4 川荣-55

种名： 普通油茶
拉丁名： *Camellia oleifera*‘Chuanrong 55’
认定编号： 川 R-SC-CO-028-2009
品种类别： 无性系
原产地： 四川荣县
选育地： 四川荣县
选育单位： 荣县林业局
选育过程： 2008 年以来，一是全面踏查、摸清油茶现存面积和主要品种分布情况，通过走访调查，从油茶的生长立地条件、树形、开花量、结果量、出油率、病虫害等方面初步确定油茶优良单株选取范围。二是对油茶优良单株进行初选，共选出候选优树 740 株。三是进行复选。选择单株产量达到和超过相同的产量指标、炭疽病发病率低于相同发病率指标的候选优树为复选优树。四是进行补选。五是进行优树决选。取单株茶果样品，测定出鲜果出籽率、干出籽率、种仁含油率等指标。川荣-55 是经过初选、复选和决选，以鲜果出仁率 42.13%、种仁含油率 42.7% 入选优树的。
选育年份： 2009 年

植物学特征 由油茶实生树中选出。母树生长于海拔 636m 的地点，土层较深厚，土壤肥力好。树龄 36 年，树高 5.3m，干径 15cm，冠幅 4.1m×3.8m，乔木主干明显，树冠伞形；树皮淡褐色，光滑；嫩枝有粗毛；单叶互生，革质，卵状椭圆形，边缘有细锯齿，基部楔形，叶长 5.5 ~ 6.8cm，叶宽 2.6 ~ 3.3cm，叶柄长 0.3 ~ 0.4cm，上表面深绿色，发亮，中脉有粗毛或柔毛，下表面浅绿色，无毛或中脉有长毛，侧脉在上表面能见，在下表面不很明显；两性花，花白色；蒴果球形或扁圆形，绿色、少有红色，直径 3.6 ~ 3.5cm；种子茶褐色，三角状，有光泽。

经济性状 该品种连续结果能力强，丰产稳产性好。有大小年之分，大年产鲜果量稳定在 42kg / 株以上，小年鲜果产量也有 25kg / 株以上，常年产量在 28.6kg / 株左右。平均单果重 25.6g，鲜果出仁率 42.13%，干果出仁率 53.01%，鲜果出干仁率 27.12%，干仁含油率 42.7%。抗病力较强。

生物学特性 该品种为寒露籽。无性系造林生长周期为 3 ~ 5 年，始果期为 2 ~ 3 年，少有 2

单株

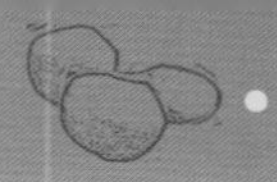

年的，6 ~ 8 年进入盛产期，盛产期为 80 年以上。年生长发育周期：萌动期为 3 月上旬，春梢生长期为 3 月至 5 月下旬，一年内抽 1 至多次新梢，分为春梢、夏梢、秋梢和冬梢 4 种；花芽分化始于 5 月上旬，至 9 月中下旬基本完成，始花期为 10 月中旬，花期相对集中于 11 ~ 12 月，末花期多数于 12 月下旬，少部分可至翌年元月；果实于 3 月中下旬开始生长，前期生长缓慢，在 4 ~ 6 月和 7 ~ 8 月有 2 个果实膨大期，8 月中下旬体积增长逐渐停止，内部营养成分加速累积，果实成熟期为 10 月上中旬。

适应性及栽培特点　该品种树势生长旺盛，对土壤条件适应性较强，红壤、黄壤或紫色土，pH 值在 4.5 ~ 6.5 的酸性或微酸性的土壤上均可正常生长发育，碱性土上不宜种植。适宜在四川低山、丘陵油茶适生区域栽培发展。选择海拔 500m 左右宜林地，最好坡度 20° 以下，土层深厚的红壤、黄壤或黄棕壤。方法一般采取水平撩壕、大穴、鱼鳞坑等三种方式，以撩壕最好。密度：111 株 / 亩，株行距为 2m × 3m，深施钙镁磷肥 75kg 或土杂肥 2000kg，栽后每年除草松土 2 ~ 4 次，生长期施追肥 2 ~ 3 次，重施磷肥；树高达到 1.0m 以上可开展定干整形和树体修剪，最终培养球形或伞形丰产树形。

典型识别特征　开枝角度大。叶小，较密。幼果青色，顶端无脐形，成熟果多为青色。

果实

叶

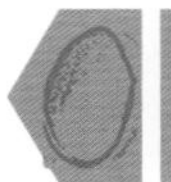

5 川荣-66

种名：普通油茶

拉丁名：*Camellia oleifera*‘Chuanrong 66’

认定编号：川 R-SC-CO-029-2009

品种类别：无性系

原产地：四川荣县

选育地：四川荣县

选育单位：荣县林业局

选育过程：2008 年以来，一是全面踏查、摸清油茶现存面积和主要品种分布情况，通过走访调查，从油茶的生长立地条件、树形、开花量、结果量、出油率、病虫害等方面初步确定油茶优良单株选取范围。二是对油茶优良单株进行初选，共选出候选优树 740 株。三是进行复选。选择单株产量达到和超过相同的产量指标、炭疽病发病率低于相同发病率指标的候选优树为复选优树。四是进行补选。五是优树决选。取单株茶果样品，测定出鲜果出籽率、干出籽率、种仁含油率等指标。川荣 -66 是经过初选、复选和决选，以鲜果出仁率 42.64%、干果出仁率 52.5% 入选优树的。

选育年份：2009 年

植物学特征　由油茶实生树中选出。母树生长于海拔 632m 的地点，土层较深厚，土壤肥力好。树龄 38 年，树高 5.0m，干径 18cm，冠幅 4m×3.6m，乔木主干明显，树冠伞形；树皮淡褐色，光滑；嫩枝有粗毛；单叶互生，革质，卵状椭圆形，边缘有细锯齿，叶长 7.2 ～ 8.2cm，叶宽 2.7 ～ 3.3cm，叶柄长 0.4cm，叶形小，叶尖不明显，上表面深绿色，发亮，中脉有粗毛或柔毛，下表面浅绿色，无毛或中脉有长毛，侧脉在上表面能见，在下表面不很明显；两性花，花白色；蒴果球形或扁圆形，浅红色，直径 3.7 ～ 3.8cm；种子茶褐色，三角状，有光泽。

经济性状　该品种连续结果能力强，丰产稳产性好。有大小年之分，大年产鲜果量稳定在 50kg / 株以上，小年鲜果产量也有 26kg / 株以上，

果实

叶

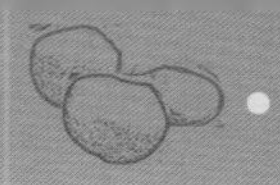

常年产量在30.2kg / 株左右。平均单果重28.6g，鲜果出仁率42.64%，干果出仁率52.5%，鲜果出干仁率26.97%，干仁含油率43.2%。抗病力较强。

生物学特性　该品种为寒露籽。无性系造林生长周期为3 ~ 5年，始果期为2 ~ 3年，少有2年的，6 ~ 8年进入盛产期，盛产期为80年以上。年生长发育周期：萌动期为3月上旬，春梢生长期为3月至5月下旬，一年内抽1至多次新梢，分为春梢、夏梢、秋梢和冬梢4种；花芽分化始于5月上旬，至9月中下旬基本完成，始花期为10月中旬，花期相对集中于11 ~ 12月，末花期多数于12月下旬，少部分可至翌年元月；果实于3月中下旬开始生长，前期生长缓慢，在4 ~ 6月和7 ~ 8月有2个果实膨大期，8月中下旬体积增长逐渐停止，内部营养成分加速累积，果实成熟期为10月上中旬。

适应性及栽培特点　该品种树势生长旺盛，对土壤条件适应性较强，红壤、黄壤或紫色土，pH值在4.5 ~ 6.5的酸性或微酸性的土壤上均可正常生长发育，碱性土上不宜种植。适宜在四川低山、丘陵油茶适生区域栽培发展。选择海拔500m左右宜林地，最好坡度20°以下，土层深厚的红壤、黄壤或黄棕壤。方法一般采取水平撩壕、大穴、鱼鳞坑等三种方式，以撩壕最好。密度：111株 / 亩，株行距为2m×3m，深施钙镁磷肥75kg或土杂肥2000kg，栽后每年除草松土2 ~ 4次，生长期施追肥2 ~ 3次，重施磷肥；树高达到1.0m以上可开展定干整形和树体修剪，最终培养球形或伞形丰产树形。

典型识别特征　开枝角度小。叶形小。幼果青或绿色，成熟果多为青色，少红色。

单株

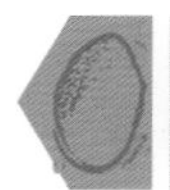

6 川荣-153

种名：普通油茶

拉丁名：*Camellia oleifera*‘Chuanrong 153’

审（认）定编号：川 R-SC-CO-030-2009

品种类别：无性系

原产地：四川荣县

选育地：四川荣县

选育单位：荣县林业局

选育过程：2008 年以来，一是全面踏查、摸清油茶现存面积和主要品种分布情况，通过走访调查，从油茶的生长立地条件、树形、开花量、结果量、出油率、病虫害等方面初步确定油茶优良单株选取范围。二是对油茶优良单株进行初选，共选出候选优树 740 株。三是进行复选。选择单株产量达到和超过相同的产量指标、炭疽病发病率低于相同发病率指标的候选优树为复选优树。四是进行补选。五是优树决选。取单株茶果样品，测定出鲜果出籽率、干出籽率、种仁含油率等指标。川荣-153 是经过初选、复选和决选，以鲜果出仁率 42.5%、种仁含油率 43.8% 入选优树的。

选育年份：2009 年

植物学特征 由油茶实生树中选出。母树生长于海拔 535m 的地点，紫色土层较深厚，土壤肥力好。树龄 30 年，树高 2.3m，干径 15cm，冠幅 3.8m×3m，乔木主干明显，树冠球形；树皮淡褐色，光滑；嫩枝有粗毛；单叶互生，革质，椭圆形或卵状椭圆形，基部锲形，边缘有细锯齿，叶长 5.2 ~ 6.4cm，叶宽 2.4 ~ 3.4cm，叶柄长 0.4 ~ 0.6cm，上表面深绿色，发亮，中脉有粗毛或柔毛，下表面浅绿色，无毛或中脉有长毛，侧脉在上表面能见，在下表面不很明显；两性花，花白色；蒴果球形或扁圆形，绿色、少有红色，直径 3 ~ 4cm，果瓣较厚而木质化，内含 2 ~ 9 粒种子；种子茶褐色，三角状，有光泽。

经济性状 该品种连续结果能力强，丰产稳产性好。有大小年之分，大年产鲜果量稳定在 40kg / 株以上，小年鲜果产量也有 26kg / 株以上，常年产量在 28.2kg / 株左右。平均单果重 25g，鲜果出仁率 42.5%，干果出仁率 54.84%，鲜果出干仁率 28.5%，干仁含油率为 43.8%。抗病力较强。

生物学特性 该品种为寒露籽。无性系造林生长周期为 3 ~ 5 年，始果期为 2 ~ 3 年，少有 2

果实

年的，6～8年进入盛产期，盛产期为80年以上。年生长发育周期：萌动期为3月上旬，春梢生长期为3月至5月下旬，一年内抽1至多次新梢，分为春梢、夏梢、秋梢和冬梢4种，花芽分化始于5月上旬，至9月中下旬基本完成，始花期为10月中旬，花期相对集中于11～12月，末花期多数于12月下旬，少部分可至翌年元月；果实于3月中下旬开始生长，前期生长缓慢，但在4～6月和7～8月有2个果实膨大期，8月中下旬体积增长逐渐停止，内部营养成分加速累积，果实成熟期为10月上中旬。

适应性及栽培特点　该品种树势生长旺盛，对土壤条件适应性较强，红壤、黄壤或紫色土、pH值在4.5～6.5的酸性或微酸性的土壤上均可正常生长发育，碱性土上不宜种植。适宜在四川低山、丘陵油茶适生区域栽培发展。选择海拔500m左右宜林地，最好坡度20°以下，土层深厚的红壤、黄壤或黄棕壤。方法一般采取水平撩壕、大穴、鱼鳞坑等三种方式，以撩壕最好。密度111株/亩，株行距为2m×3m，深施钙镁磷肥75kg或土杂肥2000kg，栽后每年除草松土2～4次，生长期施追肥2～3次，重施磷肥；树高达到1.0m以上可开展定干整形和树体修剪，最终培养球形或伞形丰产树形。

典型识别特征　开枝角度小。叶大，较疏。幼果青或绿色，顶端有明显的三或四瓣状，多数有脐形，成熟果多为青色，少红色。

单株

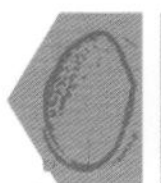

7 川荣-156

种名： 普通油茶

拉丁名： *Camellia oleifera*‘Chuanrong 156’

认定编号： 川R-SC-CO-031-2009

品种类别： 无性系

原产地： 四川荣县

选育地： 四川荣县

选育单位： 荣县林业局

选育过程： 2008年以来，一是全面踏查、摸清油茶现存面积和主要品种分布情况，通过走访调查，从油茶的生长立地条件、树形、开花量、结果量、出油率、病虫害等方面初步确定油茶优良单株选取范围。二是对油茶优良单株进行初选，共选出候选优树740株。三是进行复选。选择单株产量达到和超过相同的产量指标、炭疽病发病率低于相同发病率指标的候选优树为复选优树。四是进行补选。五是优树决选。取单株茶果样品，测定出鲜果出籽率、干出籽率、种仁含油率等指标。川荣-156是经过初选、复选和决选，以鲜果出仁率42.3%、种仁含油率为43.1%入选优树的。

选育年份： 2009年

植物学特征 由油茶实生树中选出。母树生长于海拔537m的地点，土层较深厚，土壤肥力好。树龄38年，树高4.2m，干径16cm，冠幅4.2m×3.5m，乔木主干明显，树冠伞形；树皮淡褐色，光滑；嫩枝有粗毛；单叶互生，革质，卵状椭圆形，边缘有细锯齿，基部锲形，叶长5.9～6.7cm，叶宽2.4～2.9cm，叶柄长0.3～0.5cm，上表面深绿色，发亮，中脉有粗毛或柔毛，下表面浅绿色，无毛或中脉有长毛，侧脉在上表面能见，在下表面不很明显；两性花，花白色。蒴果球形或扁圆形，淡红，直径3.4～3.6cm；种子茶褐色，三角状，有光泽。

经济性状 该品种连续结果能力强，丰产稳产性好。有大小年之分，大年产鲜果量稳定在45kg/株以上，小年鲜果产量也有28kg/株以上，常年产量在32.6kg/株左右。平均单果重23.8g，鲜果出仁率42.3%，干果出仁率52.62%，鲜果出干仁率27.31%，干仁含油率43.1%。抗病力较强。

生物学特性 该品种为寒露籽。无性系造林生长周期为3～5年，6～8年进入盛产期，盛产期为80年以上。年生长发育周期：萌动期为3月上旬，春梢生长期为3月至5月下旬，一年内抽1至多次新梢，分为春梢、夏梢、秋梢和冬梢4种；花芽分化始于5月上旬，至9月中下旬基本完成，始花期为10月初，花期相对集中于10～11月，末花期多数于12月下旬，少部分可至翌年元月；果实于3月中下旬开始生长，前期生长缓慢，但在4～6月和7～8月有2个果实膨大期，8月中下旬体积增长逐渐停止，内部营养成分加速累积，果实成熟期为10月上中旬。

适应性及栽培特点 该品种树势生长旺盛，对土壤条件适应性较强，红壤、黄壤或紫色土，pH值在4.5～6.5的酸性或微酸性的土壤上均可正常生长发育，碱性土上不宜种植。适宜在四川低山、丘陵油茶适生区域栽培发展。选择海拔500m左右宜林地，最好坡度20°以下，土层深厚的红壤、黄壤或黄棕壤。方法一般采取水平撩壕、大穴、鱼鳞坑等三种方式，以撩壕最好。密度111株/亩，株行距为2m×3m，深施钙镁磷肥75kg或土杂肥2000kg，栽后每年除草松土2～4次，生长期施追肥2～3次，重施磷肥；树高达到1.0m以上可开展定干整形和树体修剪，最终培养球型或伞型丰产树形。

典型识别特征 开枝角度大。叶小较密。幼果红色，顶端有明显的三或四瓣状，多数有脐形，成熟果多为红色。

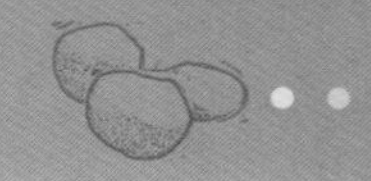

果实

叶

单株

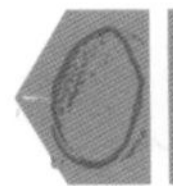

8 川荣-447

种名：普通油茶
拉丁名：*Camellia oleifera*'Chuanrong 447'
认定编号：川R-SC-CO-032-2009
品种类别：无性系
原产地：四川荣县
选育地：四川荣县
选育单位：荣县林业局
选育过程：2008年以来，一是全面踏查、摸清油茶现存面积和主要品种分布情况，通过走访调查，从油茶的生长立地条件、树形、开花量、结果量、出油率、病虫害等方面初步确定油茶优良单株选取范围。二是对油茶优良单株进行初选，共选出候选优树740株。三是进行复选。选择单株产量达到和超过相同的产量指标、炭疽病发病率低于相同发病率指标的候选优树为复选优树。四是进行补选。五是优树决选。取单株茶果样品，测定出鲜果出籽率、干出籽率、种仁含油率等指标。川荣-447是经过初选、复选和决选，以鲜果出仁率41.95%、种仁含油率43.5%入选优树的。
选育年份：2009年

植物学特征 由油茶实生树土中选出。母树生长于海拔464.5m的地点，黄壤土，土层较深厚，土壤肥力好，无管护措施，属放任生长树。树龄40年，树高5.5m，干径12cm，冠幅3.5m×3.8m，乔木主干明显，树形伞形；树皮淡褐色，光滑；嫩枝有粗毛；单叶互生，革质，卵状椭圆形，边缘有细锯齿，基部锲形，叶长5.2～7.0cm，叶宽2.7～3.8cm，叶柄长0.5cm，上表面深绿色，发亮，中脉有粗毛或柔毛，下表面浅绿色，无毛或中脉有长毛，侧脉在上表面能见，在下表面不很明显；两性花，花白色。蒴果球形或扁圆形，浅红色，直径3.2～3.8cm；种子茶褐色，三角状，有光泽。

经济性状 该品种连续结果能力强，丰产稳产性好。母株有大小年之分，大年产鲜果量稳定

果实

叶

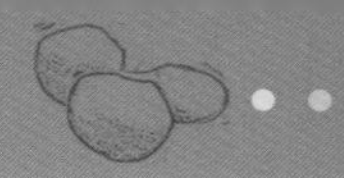

在50kg / 株以上，小年鲜果产量也有26kg / 株以上，常年产量在31.5kg / 株左右。平均单果重31.25g，鲜果出仁率41.95%，干果出仁率52.66%，鲜果出干仁率28.53%，干仁含油率43.5%。抗病力较强。

生物学特性　该品种为寒露籽。无性系造林生长周期为3 ~ 5年，6 ~ 8年进入盛产期，盛产期为80年以上。年生长发育周期：萌动期为3月上旬，春梢生长期为3月至5月下旬，一年内抽1至多次新梢，分为春梢、夏梢、秋梢和冬梢4种；花芽分化始于5月上旬，至9月中下旬基本完成，始花期为10月初，花期相对集中于10 ~ 12月，末花期多数于12月下旬，少部分可至翌年元月；果实于3月中下旬开始生长，前期生长缓慢，但在4 ~ 6月和7 ~ 8月有2个果实膨大期，8月中下旬体积增长逐渐停止，内部营养成分加速累积，果实成熟期为10月上旬。

适应性及栽培特点　该品种树势生长旺盛，对土壤条件适应性较强，红壤，黄壤，紫色土，pH值在4.5 ~ 6.5之间的酸性、微酸性的土壤上均可正常生长发育，碱性土上不宜种植。适宜在四川低山、丘陵油茶适生区域栽培发展。选择海拔500m左右宜林地，最好坡度20°以下，土层深厚的红壤、黄壤或黄棕壤。方法一般采取水平撩壕、大穴、鱼鳞坑等三种方式，以撩壕最好。密度111株 / 亩，株行距为2m × 3m，深施钙镁磷肥75kg或土杂肥2000kg，栽后每年除草松土2 ~ 4次，生长期施追肥2 ~ 3次，重施磷肥；树高达到1.0m以上可开展定干整形和树体修剪，最终培养球形或伞形丰产树形。

典型识别特征　开枝角度大。叶小，较密较圆。果球形，成熟果多为浅红色。

单株

9 江安-1

种名：普通油茶
拉丁名：*Camellia oleifera*‘Jiangan 1’
认定编号：川 R-SC-CO-020-2010
品种类别：无性系
原产地：四川江安
选育地：四川江安
选育单位：四川省江安县森林经营所
选育过程：2009 年开始，在全县范围内选择树形完整，树冠开展，生长良好，树木健壮，树龄在 15 年以上，产量和质量方面表现优良的作为初选优良单株，共选出 55 株。经过复选、决选共选出鲜果出籽率、干果出籽率、干仁含油率等指标明显高于优树标准的优树 7 株向四川省林木品种审定委员会提出认定申请，其中江安 -1 号品种通过 2010 年度省级认定，有效期 8 年。
选育年份：2010 年

植物学特征 常绿灌木或小乔木，树冠伞形，属“寒露籽”种群。成年树高 6.5m，干径 23cm，冠幅 4.0m×4.5m，主干较明显，树皮浅黄褐色，不开裂，枝叶浓密，分枝层次分明；叶片单叶互生，厚革质，叶背侧脉不明，卵状椭圆形，边缘有细锯齿，叶长 5.6 ~ 6.4cm，叶宽 2.8 ~ 3.3cm，叶柄长 0.4cm；花单生，柄短，白色，萼片多数，两性花，早落；果实丛生性，蒴果球形，果色青黄色，果皮较薄，直径 2.5 ~ 3.4cm；籽 3 ~ 6 粒，茶褐色，三角形，有光泽。

经济性状 成年母树大年产鲜果量稳定在 30kg / 株以上，小年鲜果产量也有 20kg / 株以上，常年产量在 25kg / 株左右。鲜果平均单个重 20.4g，鲜果出籽率 45%，干果出籽率 26%，干仁含油率 42.06%。油茶主要脂肪酸成分是油酸和亚油酸。该品种具有连续结果能力，丰产稳产性好，抗寒抗病性强。

生物学特性 幼龄期一般经历 3 ~ 5 年时间，7 ~ 8 年逐渐进入丰产期，生长到 70 ~ 80 年后，逐渐进入衰老期。从新梢萌发开始生长，根据萌发季节的不同，可分为春梢、夏梢、秋梢和冬梢。通常以夏梢为主，冬梢常见于生长旺盛的幼龄植株，春梢在 3 月上旬或中旬开始萌发，5 月上中旬基本结束。夏梢通常在 5 月中下旬开始萌发，7 月下旬终止。二次夏梢始于 7 月中旬，8 月下旬终止。秋梢一般在 9 月上旬萌发，10 月中旬终止。花芽分化开始形成于新梢停止生长之后，一般在 5 月中下旬，到 6 月下旬基本成型，到 10 月下旬开放，最盛时期为 11 月。虫媒两性花，当花朵授粉受精以后，到翌年的 3 月中旬子房逐渐膨大，形成幼果，3 月下旬到 8 月下旬，果实以体积增长为主，至 10 月上旬或下旬，果实成熟。

适应性及栽培特点 该品种树势生长旺盛，对土壤条件适应性较强，pH 值在 4.5 ~ 6.5 的酸性、微酸性土壤上均可种植，碱性土上不宜种植。适宜在江安县海拔 800m 以下的低山、丘陵区域栽培发展。

采用芽苗砧嫁接方式繁殖：寒露后采摘成熟种子，沙藏到翌年 3 月取出用湿沙催芽。待胚芽伸长到 3cm 左右时，即可作芽苗砧进行嫁接。采摘母树树冠外围中上部叶芽饱满的当年生木质化的春梢或半木质化的夏梢作接穗，随采随用。采下的穗条立即剪去多余叶片，用湿布包裹，严格做好接穗保鲜。5 月中旬至 6 月中旬，待砧种幼芽出土即将展叶、接穗进入半木质化时嫁接。采用嵌接：将接穗的薄楔形木质部插入苗砧、对齐，嵌接处包扎铝皮，捏紧既可。将芽苗砧嫁接苗栽

入苗床，栽植密度为 6 万～ 8 万株 / 亩。加强芽苗管理并及时除萌去杂，除去砧木萌芽和死亡单株，去花芽，调整温、湿度。同时加强病虫害防治，田间管理，确保出壮苗。

选择海拔 800m 以下宜林地，最好坡度 20° 以下，土层深厚的黄壤或紫色土。造林密度为 111 株 / 亩，株行距为 2m × 3m。水平撩壕或大穴或鱼鳞坑整地，每亩深施钙镁磷肥 75kg 或土杂肥 2000kg。栽植后每年除草松土 2 ～ 4 次，培蔸，生长期施追肥 2 ～ 3 次，重施磷肥；树高达到 1m 以上可开展定干整形和树体修剪，最终培养球形或伞形丰产树形，并加强病虫害防治及水肥管理；成林加强修剪及水肥管理。

典型识别特征　主干较明显，树皮浅黄褐色，不开裂。枝叶浓密，分枝层次分明。叶互生，厚革质，卵状椭圆形，叶背侧脉不明，边缘有细锯齿。果色青黄色，果皮较薄，籽 3 ～ 6 粒，茶褐色，有光泽。

单株

林分

果枝

10 江安-12

种名： 普通油茶
拉丁名： *Camellia oleifera* 'Jiangan 12'
认定编号： 川 R-SC-CO-021-2010
品种类别： 无性系
原产地： 四川江安

选育地： 四川江安
选育单位： 四川省江安县森林经营所
选育过程： 同江安-1
选育年份： 2010 年

植物学特征 常绿灌木或小乔木，树冠伞形，属“寒露籽”种群。成年树高 6.0m，干径 12cm，冠幅 3.0m×2.5m，主干明显，树皮浅黄褐色，不开裂，枝叶浓密，分枝层次分明；叶片单叶互生，厚革质，叶背侧脉不明，卵状椭圆形，边缘有细锯齿，叶长 5.0 ~ 5.8cm，叶宽 2.5 ~ 3.1cm，叶柄长 0.3cm；花单生，柄短，白色，萼片多数，两性花，早落；果实丛生，蒴果球形，果色青黄色，果皮较薄，直径 2.5 ~ 3.4cm；籽 3 ~ 6 粒，茶褐色，三角形，有光泽。

经济性状 成年母树大年产鲜果量稳定在 15kg / 株以上，小年鲜果产量也有 10kg / 株以上，常年产量在 12kg / 株左右。鲜果平均单个重 19.2g，鲜果出籽率 43%，干果出籽率 25%，鲜果出干仁率 19.1%，干仁含油率 42.3%。茶油主要脂肪酸成分是油酸和亚油酸。该品种具有连续结果能力，丰产稳产性好，抗寒抗病性强。

生物学特性 幼龄期一般经历 3 ~ 5 年时间，7 ~ 8 年逐渐进入丰产期，油茶生长到 70 ~ 80 年后，逐渐进入衰老期。从新梢萌发开始生长，根据萌发季节的不同，可分为春梢、夏梢、秋梢和冬梢。通常油茶以夏梢为主，冬梢常见于生长旺盛的幼龄植株，春梢在 3 月上旬或中旬开始萌发，5 月上中旬基本结束。夏梢通常在 5 月中下旬开始萌发，7 月下旬终止。二次夏梢始于 7 月中旬，8 月下旬终止。秋梢一般在 9 月上旬萌发，10 月中旬终止。花芽分化开始形成于新梢停止生长之后，一般在 5 月中下旬，到 6 月下旬基本成型，到 10 月下旬开放，最盛时期为 11 月。当花朵授粉受精以后，到翌年的 3 月中旬子房逐渐膨大，形成幼果，3 月下旬到 8 月下旬，果实以体积增长为主，至 10 月上旬或下旬，果实成熟。

适应性及栽培特点 树势生长旺盛，对土壤条件适应性较强，pH 值在 4.5 ~ 6.5 的酸性、微酸性

单株

土壤上均可种植，碱性土上不宜种植。适宜在江安县海拔 800m 以下的低山、丘陵区域栽培发展。

采用芽苗砧嫁接方式繁殖：寒露后采摘成熟种子，沙藏到翌年 3 月取出用湿沙催芽。待胚芽伸长到 3cm 左右时，即可作芽苗砧进行嫁接。采摘母树树冠外围中、上部叶芽饱满的当年生木质化的春梢或半木质化的夏梢作接穗，随采随用。采下的穗条立即剪去多余叶片，用湿布包裹，严格做好接穗保鲜。5 月中旬至 6 月中旬，待砧种幼芽出土即将展叶、接穗进入半木质化时嫁接。采用嵌接：将接穗的薄楔形木质部插入苗砧、对齐，嵌接处包扎铝皮，捏紧既可。将芽苗砧嫁接苗栽入苗床，栽植密度为 6 万 ~ 8 万株 / 亩。加强芽苗管理并及时除萌去杂，除去砧木萌芽和死亡单株，去花芽，调整温、湿度。同时加强病虫害防治，田间管理，确保出壮苗。

选择海拔 800m 以下宜林地，最好坡度 20° 以下，土层深厚的黄壤或紫色土。造林密度为 111 株 / 亩，株行距为 2m × 3m。水平撩壕或大穴或鱼鳞坑整地，每亩深施钙镁磷肥 75kg 或土杂肥 2000kg。栽植后每年除草松土 2 ~ 4 次，培蔸，生长期施追肥 2 ~ 3 次，重施磷肥；树高达到 1m 以上可开展定干整形和树体修剪，最终培养球形或伞形丰产树形，并加强病虫害防治及水肥管理；成林加强修剪及水肥管理。

典型识别特征　主干较明显，树皮浅黄褐色，不开裂。枝叶浓密，分枝层次分明。叶互生，厚革质，卵状椭圆形，叶背侧脉不明，边缘有细锯齿。果色青黄色，果皮较薄，籽 3 ~ 6 粒，茶褐色，有光泽。

林分

果枝

果实

11 江安-24

种名： 普通油茶
拉丁名： *Camellia oleifera* 'Jiangan 24'
认定编号： 川 R-SC-CO-022-2010
品种类别： 无性系
原产地： 四川江安

选育地： 四川江安
选育单位： 四川省江安县森林经营所
选育过程： 同江安-1
选育年份： 2010 年

植物学特征 常绿灌木或小乔木，树冠伞形，属“寒露籽”种群。成年树高 5.0m，干径 11cm，冠幅 3.0m×4.0m，主干明显，树皮浅黄褐色，不开裂，枝叶浓密，分枝层次分明；叶片单叶互生，厚革质，叶背侧脉不明，卵状椭圆形，边缘有细锯齿，叶长 5.8 ~ 6.5cm，叶宽 3.8 ~ 4.5cm，叶柄长 0.4cm，叶形小，叶尖不明显；花单生，柄短，白色，萼片多数，两性花，早落；果实丛生性，蒴果球形，果色红黄色，果皮较薄，直径 2.5 ~ 3.4cm；籽 3 ~ 6 粒，茶褐色，三角形，有光泽。

经济性状 大年产鲜果量稳定在 20kg / 株以上，小年鲜果产量也有 12kg / 株以上，常年产量在 15kg / 株左右。鲜果平均单个重 23.3g，鲜果出籽率 45%，干果出籽率 26.5%，鲜果出干仁率 18.7%，干仁含油率为 42.09%。茶油主要脂肪酸成分是油酸和亚油酸。该品种具有连续结果能力，丰产稳产性好，有大小年份之分，抗寒抗病性强。

生物学特性 幼龄期一般经历 3 ~ 5 年时间，7 ~ 8 年逐渐进入丰产期，油茶生长到 70 ~ 80 年后，逐渐进入衰老期。从新梢萌发开始生长，根据萌发季节的不同，可分为春梢、夏梢、秋梢和冬梢。通常油茶以夏梢为主，冬梢常见于生长旺盛的幼龄植株，春梢在 3 月上旬或中旬开始萌发，5 月上中旬基本结束。夏梢通常在 5 月中下旬开始萌发，7 月下旬终止。二次夏梢始于 7 月中旬，8 月下旬终止。秋梢一般在 9 月上旬萌发，10 月中旬终止。花芽分化开始形成于新梢停止生长之后，一般在 5 月中下旬，到 6 月下旬基本成型，到 10 月下旬开放，最盛时期为 11 月。虫媒两性花，当花朵授粉受精以后，到翌年的 3 月中旬子房逐渐膨大，形成幼果，3 月下旬到 8 月下旬，果实以体积增长为主，至 10 月上旬或下旬，果实成熟。

适应性及栽培特点 树势生长旺盛，对土壤条

单株

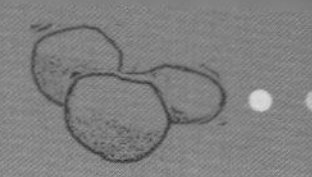

件适应性较强，pH值在4.5 ~ 6.5的酸性、微酸性土壤上均可种植，碱性土上不宜种植。适宜在江安县海拔800m以下的低山、丘陵区域栽培发展。

采用芽苗砧嫁接方式繁殖：寒露后采摘成熟种子，沙藏到翌年3月取出用湿沙催芽。待胚芽伸长到3cm左右时，即可作芽苗砧进行嫁接。采摘母树树冠外围中上部叶芽饱满的当年生木质化的春梢或半木质化的夏梢作接穗，随采随用。采下的穗条立即剪去多余叶片，用湿布包裹，严格做好接穗保鲜。5月中旬至6月中旬，待砧种幼芽出土即将展叶、接穗进入半木质化时嫁接。采用嵌接：将接穗的薄楔形木质部插入苗砧、对齐，嵌接处包扎铝皮，捏紧既可。将芽苗砧嫁接苗栽入苗床，栽植密度为6万 ~ 8万株/亩。加强芽苗管理并及时除萌去杂，除去砧木萌芽和死亡单株，去花芽，调整温、湿度。同时加强病虫害防治，田间管理，确保出壮苗。

选择海拔800m以下宜林地，最好坡度20°以下，土层深厚的黄壤或紫色土。造林密度为111株/亩，株行距为2m × 3m。水平撩壕或大穴或鱼鳞坑整地，每亩深施钙镁磷肥75kg或土杂肥2000kg。栽植后每年除草松土2 ~ 4次，培蔸，生长期施追肥2 ~ 3次，重施磷肥；树高达到1m以上可开展定干整形和树体修剪，最终培养球形或伞形丰产树形，并加强病虫害防治及水肥管理；成林加强修剪及水肥管理。

典型识别特征 主干较明显，树皮浅黄褐色，不开裂。枝叶浓密，分枝层次分明。叶互生，厚革质，卵状椭圆形，叶背侧脉不明，边缘有细锯齿。果色红黄色，果皮较薄，籽3 ~ 6粒，茶褐色，有光泽。

林分

茶籽

12 江安-54

种名：普通油茶
拉丁名：*Camellia oleifera* ‘Jiangan 54’
认定编号：川 R-SC-CO-023-2010
品种类别：无性系
原产地：四川江安

选育地：四川江安
选育单位：四川省江安县森林经营所
选育过程：同江安-1
选育年份：2010 年

植物学特征 常绿灌木或小乔木，树冠伞形，属“寒露籽”种群。成年树高 5.2m，干径 9cm，冠幅 2.5m×2.8m，主干明显，树皮浅黄褐色，不开裂，枝叶浓密，分枝层次分明；叶片单叶互生，厚革质，叶背侧脉不明，卵状椭圆形，边缘有细锯齿，叶长 5.4 ~ 6.0cm，叶宽 3.4 ~ 4.0cm，叶柄长 0.4cm。花单生，柄短，白色，萼片多数，两性花，早落；蒴果球形，果色青黄色，果皮较薄，直径 2.5 ~ 3.4cm；籽 3 ~ 6 粒，茶褐色，有光泽，三角形。

经济性状 成年母树大年产鲜果量稳定在 15kg / 株以上，小年鲜果产量也有 10kg / 株以上，常年产量在 12kg / 株左右。鲜果平均单个重 18.5g，鲜果出籽率 42%，干果出籽率 25.5%，鲜果出干仁率 25.5%，干仁含油率为 42.01%。该品种具有连续结果能力，丰产稳产性好，有大小年份之分，抗寒抗病性强。

生物学特性 幼龄期一般经历 3 ~ 5 年时间，7 ~ 8 年逐渐进入丰产期，油茶生长到 70 ~ 80 年后，逐渐进入衰老期。从新梢萌发开始生长，根据萌发季节的不同，可分为春梢、夏梢、秋梢和冬梢。通常油茶以夏梢为主，冬梢常见于生长旺盛的幼龄植株，春梢在 3 月上旬或中旬开始萌发，5 月上中旬基本结束。夏梢通常在 5 月中下旬开始萌发，7 月下旬终止。二次夏梢始于 7 月中旬，8 月下旬终止。秋梢一般在 9 月上旬萌发，10 月中旬终止。花芽分化开始形成于新梢停止生长之后，一般在 5 月中下旬，到 6 月下旬基本成型，到 10 月下旬开放，最盛时期为 11 月。虫媒两性花，当花朵授粉受精以后，到翌年的 3 月中旬子房逐渐膨大，形成幼果，3 月下旬到 8 月下旬，果实以体积增长为主，至 10 月上旬或下旬，果实成熟。

适应性及栽培特点 树势生长旺盛，对土壤条件适应性较强，pH 值在 4.5 ~ 6.5 的酸性、微酸性土壤上均可种植，碱性土上不宜种植。适宜在江安县海拔 800m 以下的低山、丘陵区域栽培发展。

采用芽苗砧嫁接方式繁殖：露后采摘成熟种子，沙藏到翌年 3 月取出用湿沙催芽。待胚芽伸长到 3cm 左右时，即可作芽苗砧进行嫁接。采摘母树树冠外围中上部叶芽饱满的当年生木质化的春梢或半木质化的夏梢作接穗，随采随用。采下的穗条立即剪去多余叶片，用湿布包裹，严格做好接穗保鲜。5 月中旬至 6 月中旬，待砧种幼芽出土即将展叶、接穗进入半木质化时嫁接。采用嵌接：将接穗的薄楔形木质部插入苗砧、对齐，嵌接处包扎铝皮，捏紧既可。将芽苗砧嫁接苗栽入苗床，栽植密度为 6 万 ~ 8 万株 / 亩。加强芽苗管理并及时除萌去杂，除去砧木萌芽和死亡单株，去花芽，调整温、湿度。同时加强病虫害防治，田间管理，确保出壮苗。

选择海拔 800m 以下宜林地，最好坡度 20° 以下，土层深厚的黄壤或紫色土。造林密度为 111 株 / 亩，株行距为 2m×3m。水平撩壕或大穴或鱼鳞坑整地，每亩深施钙镁磷肥 75kg 或土杂肥 2000kg。栽植后每年除草松土 2 ~ 4 次，培蔸，生长期施追肥 2 ～ 3 次，重施磷肥；树高达到 1m 以上可开展定干整形和树体修剪，最终培养球形或伞形丰产树形，并加强病虫害防治及水肥管理；成林加强修剪及水肥管理。

典型识别特征　主干较明显，树皮浅黄褐色，不开裂。枝叶浓密，分枝层次分明。叶互生，厚革质，卵状椭圆形，叶背侧脉不明，边缘有细锯齿。果色青黄色，果皮较薄，籽 3 ～ 6 粒，茶褐色，有光泽。

单株

林分

果枝

果实与茶籽

13 翠屏-7

拉丁名： *Camellia oleifera* ‘Cuiping 7’
认定编号： 川 R-SC-CO-024-2010
原产地： 四川翠屏区
选育地： 四川翠屏区
选育单位： 四川翠屏区国有林场

选育过程： 2009 年 10 月，优树初选；2010 年 10 月，优树复选和决选，并上报认定；2011 年 2 月，获得四川省林木品种审定委员会认定。
选育年份： 2010 年

植物学特征 小乔木或者灌木，嫩枝有毛，树冠伞形，树高 3 ~ 5m；树皮黄褐色，光滑；单叶互生，革质，先端渐尖，基部楔形，上表面深绿色，下表面浅绿色，叶长椭圆形，边缘有细锯齿，叶长 6.0 ~ 6.5cm，叶宽 3.2 ~ 3.5cm，叶柄长 0.4cm 左右；花白色，两性花；蒴果球形或扁圆形，绿色，直径 2.5 ~ 3.4cm；种子茶褐色，三角状，有光泽。

经济性状 结实有大小年之分，但不明显，大年产鲜果量稳定在 15kg / 株以上，小年产鲜果量也有 10kg / 株左右。平均单果重 25.6g，鲜果出仁率 40%，干仁含油率 50%，抗病力强，病虫病果率在 3% 以下。该品种连续结果能力强，丰产稳产性好，平均年产茶果 15kg，平均单位面积冠幅产茶果 0.46kg/m^2。

生物学特性 定植第三年进入始果期。春梢 2 月初开始萌动，3 月初至 4 月底生长迅速，5 月中旬春梢木质化，可生长 20 ~ 30cm；夏梢 6 月初抽发，7 月初生长迅速；秋梢生长约 20cm。始花期为 10 月初，盛花期为 10 月底至 11 月初，末花期在 12 月上旬；果实膨大期为 6 ~ 8 月，果实成熟期在 10 月初。

适应性及栽培特点 该品种树势生长旺盛，连续结果能力强，丰产稳产性好，对土壤条件适应较强，红壤，黄壤，紫色土，pH 值在 4.5 ~ 6.5 的酸性、微酸性的土壤上均正常生长发育。适宜区域：适宜在宜宾市翠屏区海拔 400 ~ 600m 范围的低山、丘陵区，坡度在 20° 以下，pH 值在 4.5 ~ 6.5 的酸性、微酸性的土层深厚、肥沃的黄壤、紫色土上栽植，碱性土上不宜种植。该品种目前仅在翠屏区范围内成片栽植发展。

典型识别特征 树形平行。叶片较薄，边缘锯齿较细，上表面浅绿色。绿果，皮薄，圆球形或扁圆形。

树上果实特写

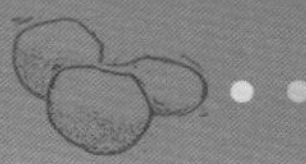

林分

单株

果实

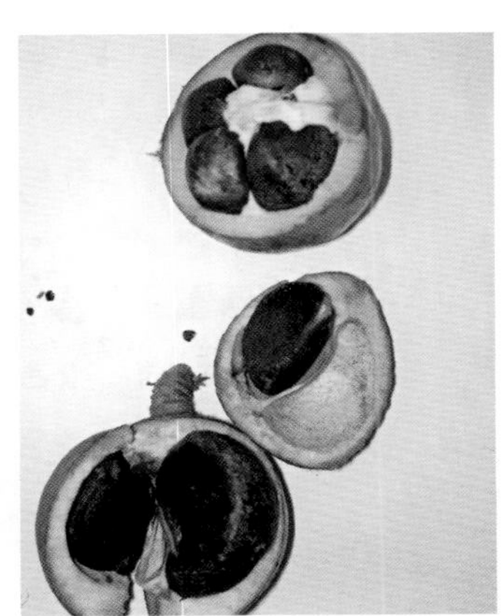

果实剖面

花

14 翠屏-16

种名：普通油茶
拉丁名：*Camellia oleifera* ‘Cuiping 16’
认定编号：川 R-SC-CO-025-2010
原产地：四川翠屏区
选育地：四川翠屏区

选育单位：四川翠屏区国有林场
选育过程：2009 年 10 月，优树初选；2010 年 10 月，优树复选和决选，并上报认定；2011 年 2 月，获得四川省林木品种审定委员会认定。
选育年份：2010 年

植物学特征 小乔木或者灌木，嫩枝有毛，树冠伞形，树高 3 ～ 5m；树皮淡褐色，光滑；单叶互生，厚革质，先端急尖，基部广楔形，上表面深绿色，下表面浅绿色，卵状椭圆形，边缘有粗锯齿，叶长 5.2 ～ 6.2cm 左右，叶宽 3.1 ～ 3.5cm，叶柄长 0.45cm 左右；花白色，两性花；蒴果半球形，红色，直径 2.5 ～ 3.4cm；种子茶褐色，三角状，有光泽。

经济性状 母株结实有大小年之分，但不明显，大年产鲜果稳定在 30kg / 株以上，小年产鲜果产量也有 20kg / 株左右；平均单果重 28g，鲜果出仁率 45%，干仁含油率 40%。该品种连续结果能力强，丰产稳产性好，平均产茶果 20kg，平均单位面积冠幅产茶果 0.8kg/m^2。

生物学特性 定植第三年进入始果期。春梢 2 月初开始萌动，3 月初至 4 月底生长迅速，5 月中旬春梢木质化，可生长 20 ～ 30cm；秋梢生长约 20cm。始花期为 10 月初，盛花期为 10 月底至 11 月初，末花期在 12 月上旬；果实膨大期为 6 ～ 8 月，果实成熟期在 10 月初。

适应性及栽培特点 该品种树势生长旺盛，连续结果能力强，丰产稳产性好，对土壤条件适应较强。红壤，黄壤，紫色土，pH 值在 4.5 ～ 6.5 的酸性、微酸性的土壤上均正常生长发育。适宜区域：适宜在宜宾市翠屏区海拔 400 ～ 600m 范围的低山、丘陵区，坡度在 20° 以下，pH 值在 4.5 ～ 6.5 的酸性、微酸性的土层深厚、肥沃的黄壤、紫色土上栽植，碱性土上不宜种植。该品种目前仅在翠屏区范围内成片栽植发展。

典型识别特征 树形开张。嫩枝叶黄色。叶片较厚，卵状椭圆形，先端急尖，基部广楔形，边缘锯齿较粗。红果，皮薄，半球形。

花

果实

果实剖面

林分

单株

树上果实特写

15 翠屏-36

种名：普通油茶
拉丁名：*Camellia oleifera*‘Cuiping 36’
认定编号：川 R-SC-CO-026-2010
原产地：翠屏区
选育地：翠屏区

选育单位：翠屏区国有林场
选育过程：2009 年 10 月，优树初选；2010 年 10 月，优树复选和决选，并上报认定；2011 年 2 月，获得四川省林木品种审定委员会认定
选育年份：2010 年

植物学特征 小乔木或者灌木，嫩枝有毛；树高 3 ~ 5m；树皮黄褐色，光滑；单叶互生，革质，先端渐尖，基部楔形，上表面深绿色，下表面浅绿色，叶长椭圆形，边缘有细锯齿，叶长 5.5 ~ 6.6cm，叶宽 3.2 ~ 3.5cm，叶柄长 0.4cm 左右；花白色，两性花；蒴果球形或扁圆形，绿色，直径 2.5 ~ 3.4cm；种子茶褐色，三角状，有光泽。

经济性状 结实有大小年之分，大年产鲜果量稳定在 20kg / 株以上，小年鲜果产量也有 8kg / 株以上。平均单果重 25.6g，鲜果出仁率 50%，干仁含油率 50%，病虫果率在 3% 以下。该品种连续结果能力强，丰产稳产性好，平均年产茶果 15kg，平均单位面积冠幅产茶果 0.46kg/m^2。

生物学特性 定植第三年进入始果期。春梢 2 月初开始萌动，3 月初至 4 月底生长迅速，5 月中旬春梢木质化，春梢可生长 20 ~ 30cm，秋梢生长约 20cm；始花期为 11 月中旬，盛花期为 11 月底至 12 月初，末花期在 12 月底；果实膨大期为 6 ~ 8 月，果实成熟期在 10 月初。

适应性及栽培特点 该品种树势生长旺盛，连续结果能力强，丰产稳产性好，对土壤条件适应较强，红壤，黄壤，紫色土，pH 值在 4.5 ~ 6.5 的酸性、微酸性的土壤上均可正常生长发育。适宜区域：适宜在宜宾市翠屏区海拔 400 ~ 600m 范围的低山、丘陵区，坡度在 20° 以下，pH 值在 4.5 ~ 6.5 的酸性、微酸性的土层深厚、肥沃的黄壤、紫色土上栽植，碱性土上不宜种植。该品种目前仅在翠屏区范围内成片栽植发展。

典型识别特征 树形开张。嫩枝淡红色。叶片较厚，深绿色，长椭圆形，边缘锯齿较细。果绿色。

花

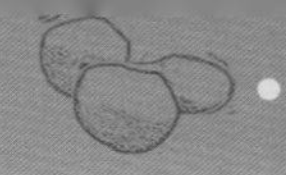

林分

单株

树上果实特写

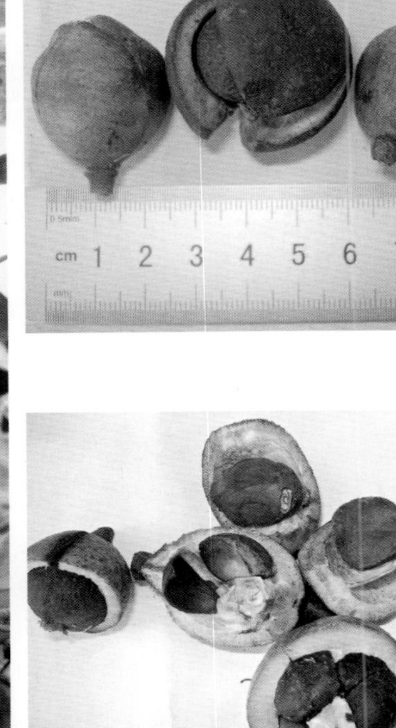

果实

果实剖面

 16 翠屏-39

种名：普通油茶
拉丁名：*Camellia oleifera* 'Cuiping 39'
认定编号：川 R-SC-CO-027-2010
原产地：翠屏区
选育地：翠屏区

选育单位：翠屏区国有林场
选育过程：2009 年 10 月，优树初选；2010 年 10 月，优树复选和决选，并上报认定；2011 年 2 月，获得四川省林木品种审定委员会认定
选育年份：2010 年

植物学特征 小乔木或者灌木，主干明显，树冠伞形，树皮淡褐色，光滑嫩枝有毛；树高 3 ~ 5m；单叶互生，革质，先端突尖，基部广楔形，上表面亮绿色，下表面浅绿色，叶阔椭圆形，边缘有细锯齿，叶长 5.0 ~ 5.7cm，叶宽 3.2 ~ 3.4cm；花白色，两性花；蒴果球形，绿色，直径 2.5 ~ 3.4cm；种子茶褐色，三角状，有光泽。

经济性状 结实有大小年之分，大年产鲜果量稳定在 25kg / 株，小年鲜果产量也有 10kg / 株左右。平均单果重 25.6g / 株，鲜果出仁率 40%，干仁含油率 45%，抗病力强，病虫果率在 3% 以下。该品种连续结果能力强，丰产稳产性好，平均产茶果 15kg，平均单位面积冠幅产茶果 0.56kg/m^2。

生物学特性 定植第三年进入始果期。春梢 2 月初开始萌动，3 月初至 4 月底生长迅速，5 月中旬春梢木质化，春梢可生长 15 ~ 20cm，秋梢生长约 20cm；始花期为 10 月初，盛花期为 10 月底至 11 月初，末花期在 12 月上旬；果实膨大期为 6 ~ 8 月，果实成熟期在 10 月初。

适应性及栽培特点 该品种树势生长旺盛，连续结果能力强，丰产稳产性好，对土壤条件适应较强，红壤，黄壤，紫色土，pH 值在 4.5 ~ 6.5 的酸性、微酸性的土壤上均可正常生长发育。适宜区域：适宜在宜宾市翠屏区海拔 400 ~ 600m 范围的低山、丘陵区，坡度在 20° 以下，pH 值在 4.5 ~ 6.5 的酸性、微酸性的土层深厚、肥沃的黄壤、紫色土上栽植，碱性土上不宜种植。该品种目前仅在翠屏区范围内成片栽植发展。

典型识别特征 树冠伞形。叶阔椭圆形，先端突尖，基部广楔形。蒴果球形，绿色。

花

林分

单株

树上果实特写

果实

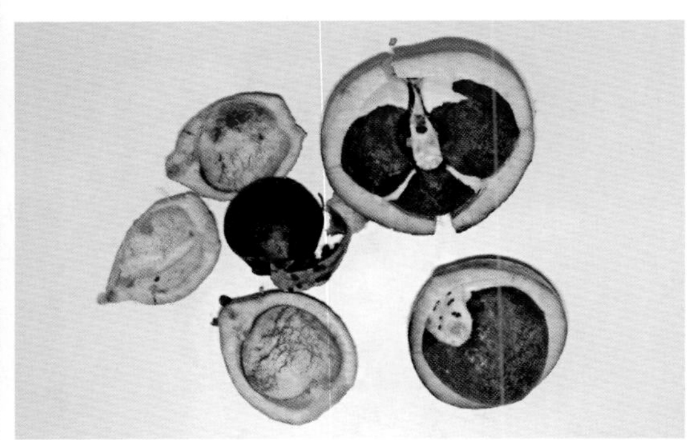

果实剖面

17 翠屏-41

种名：普通油茶
拉丁名：*Camellia oleifera*‘Cuiping 41’
认定编号：川 R-SC-CO-028-2010
原产地：翠屏区
选育地：翠屏区

选育单位：翠屏区国有林场
选育过程：2009 年 10 月，优树初选；2010 年 10 月，优树复选和决选，并上报认定；2011 年 2 月，获得四川省林木品种审定委员会认定
选育年份：2010 年

植物学特征 小乔木或者灌木，嫩枝有毛；树高 3 ~ 5m；树皮淡褐色，光滑；单叶互生，厚革质，先端渐尖，基部楔形，上表面深绿色，下表面浅绿色，叶长椭圆形，边缘有细锯齿，叶长 6.2 ~ 7.2cm，叶宽 3.2 ~ 3.8cm；花白色，两性花；蒴果球形或扁圆形，绿色，直径 2.5 ~ 3.4cm；种子茶褐色，三角状，有光泽。

经济性状 母株结实有大小年之分，但不明显。平均单果重 25.6g，鲜果出仁率 50%，干仁含油率 40%，抗病力强，病虫病果率在 3% 以下。该品种连续结果能力强，丰产性好，平均年产茶果 12kg，平均单位面积冠幅产茶果 $0.46kg/m^2$。

生物学特性 定植第三年进入始果期。春梢 2 月初开始萌动，3 月初至 4 月底生长迅速，5 月中旬春梢木质化，春梢可生长 20 ~ 30cm，秋梢生长约 20cm；始花期为 10 月初，盛花期为 10 月底至 11 月初，末花期在 12 月上旬；果实膨大期为 6 ~ 8 月，果实成熟期在 10 月初。

适应性及栽培特点 该品种树势生长旺盛，连续结果能力强，丰产稳产性好，对土壤条件适应较强，红壤，黄壤，紫色土，pH 值在 4.5 ~ 6.5 的酸性、微酸性的土壤上均可正常生长发育。适宜区域：适宜在宜宾市翠屏区海拔 400 ~ 600m 范围的低山、丘陵区，坡度在 20° 以下，pH 值在 4.5 ~ 6.5 的酸性、微酸性的土层深厚、肥沃的黄壤、紫色土上栽植，碱性土上不宜种植。该品种目前仅在翠屏区范围内成片栽植发展。

典型识别特征 树形开张。叶长椭圆形，先端渐尖，基部楔形。蒴果球形或扁圆形，绿色。

花

林分

单株

树上果实特写

果实

果实剖面

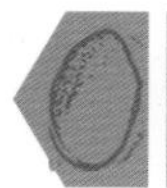

18 川荣-444

种名： 普通油茶

拉丁名： *Camellia oleifera* ‘Chuanrong 444’

认定编号： 川 R-SC-CO-033-2010

品种类别： 无性系

原产地： 四川荣县

选育地： 四川荣县

选育单位： 荣县林业科技推广中心

选育过程： 近年为做好油茶优良品种选育工作，笔者做了五方面工作。一是全面踏查、摸清油茶现存面积和主要品种分布情况，通过走访调查，从油茶的生长立地条件、树形、开花量、结果量、出油率、病虫害等方面初步确定油茶优良单株选取范围。二是对油茶优良单株进行初选，共选出候选优树 740 株。三是进行复选。选择单株产量达到和超过相同的产量指标、炭疽病发病率低于相同发病率指标的候选优树为复选优树。四是进行补选。五是优树决选。取单株茶果样品，测定出鲜果出籽率、干出籽率、种仁含油率等指标。川荣-444 是经过初选、复选和决选入选优树的。

选育年份： 2010 年

植物学特征　该品种由油茶实生树中选出。母树生长于海拔 463m 的地点，黄壤，土层深厚，土壤肥力好。树龄 40 年，树高 3m，分枝下直径 12cm，冠幅 3.0m × 4.5m，乔木树冠伞形；树皮淡褐色，光滑；嫩枝有粗毛；单叶互生，革质，长椭圆形，边缘有锯齿，叶尖渐尖，基部楔形，叶长 5.5 ~ 6.8cm，叶宽 2.3 ~ 3.2cm，叶柄长 0.6cm，上表面深绿色，发亮，中脉有粗毛或柔毛，下表面浅绿色，无毛或中脉有长毛，侧脉在上表面能见，在下表面不很明显；两性花，花白色；蒴果近圆形或扁圆形，青红色，横径 2.8 ~ 3.0cm，纵径 3.2cm，果仁 2 ~ 8 粒；种子茶褐色，三角状，有光泽。

经济性状　该品种连续结果能力强，丰产稳定性好。母株有大小年之分，大年产鲜果 26kg / 株以上，小年鲜果产量 16kg / 株以上，年均产量 19kg / 株左右。平均单果重 20.4g，鲜果出籽率 50%，干果出仁率 42.7%，鲜果出干仁率 25.2%，干仁含油率为 42.8%。抗病力较强。

生物学特性　该品种为寒露籽。无性系造林生长周期为 3 ~ 5 年，6 ~ 8 年进入盛产期，盛产期为 80 年以上。年生长发育周期：萌动期为 3 月上旬，春梢生长期为 3 月至 5 月下旬，一年内抽 1 次至多次新梢，分为春梢、夏梢、秋梢和冬梢 4 种；花芽分化始于 5 月上旬，至 9 月中下旬基本完成，始花期为 10 月初，花期相对集中于 10 ~ 12 月，末花期多数为 12 月下旬，少部分可至翌年元月；果实于 3 月中下旬开始生长，前期生长缓慢，在 4 ~ 6 月和 7 ~ 8 月有 2 个果实膨大期，8 月中下旬体积增长逐渐停

花

止，内部营养成分加速累积，果实成熟期为10月上旬。

适应性及栽培特点　该品种树势生长旺盛，对土壤条件适应性较强，在红壤、黄壤或紫色土、pH值在4.5～6.5的酸性、微酸性的土壤上均可正常生长发育，碱性土上不宜种植。适宜在四川低山、丘陵油茶适生区域栽培发展。选择在海拔500m左右宜林地，坡度20°以下，土层深厚的红壤、黄壤或黄棕壤上种植。方法一般采取水平撩壕、大穴、鱼鳞坑等三种方式，以撩壕最好。密度111株/亩，株行距为2m×3m，深施钙镁磷肥75kg或土杂肥2000kg，栽后每年除草松土2～4次，生长期施追肥2～3次，重施磷肥；树高达到1.0m以上可开展定干整形和树体修剪，最终培养球形或伞形丰产树形。

典型识别特征　该树种开枝角度较大。叶小，较密较圆。果近圆形或扁圆形，成熟果多为青红色。

单株

果实

叶

19 川荣-523

种名：普通油茶
拉丁名：*Camellia oleifera* ‘Chuanrong 523’
认定编号：川 R-SC-CO-034-2010
品种类别：无性系
原产地：四川荣县
选育地：四川荣县
选育单位：荣县林业科技推广中心
选育过程：近年为做好油茶优良品种选育工作，笔者做了五方面工作。一是全面踏查、摸清油茶现存面积和主要品种分布情况，通过走访调查，从油茶的生长立地条件、树形、开花量、结果量、出油率、病虫害等方面初步确定油茶优良单株选取范围。二是对油茶优良单株进行初选，共选出候选优树 740 株。三是进行复选。选择单株产量达到和超过相同的产量指标、炭疽病发病率低于相同发病率指标的候选优树为复选优树。四是进行补选。五是优树决选。取单株茶果样品，测定出鲜果出籽率、干出籽率、种仁含油率等指标。川荣-523 是经过初选、复选和决选，以鲜果出仁率 51%、种仁含油率为 43.1% 入选优树的。
选育年份：2010 年

植物学特征　该品种由油茶实生树中选出。母树生长于海拔 471m 的地点，黄壤，土层深厚，土壤肥力好。树龄 40 年，树高 5.5m，分枝下直径 14cm，冠幅 3m × 3.5m，乔木主干明显，树冠伞形；树皮淡褐色，光滑；嫩枝有粗毛；单叶互生，革质，卵状椭圆形，叶近尖处稍宽，边缘有锯齿，叶尖顿尖，叶长 6.2 ~ 7cm，叶宽 3.6 ~ 4cm，叶柄长 0.6cm；两性花，花白色；蒴果近圆形或扁圆形，青红色，直径 2.7 ~ 3cm，果仁 2 ~ 6 粒；种子茶褐色，三角状，有光泽。

经济性状　该品种连续结果能力强，丰产稳定性好。有大小年之分，大年产鲜果 25kg / 株以上，小年鲜果产量 17kg / 株以上，年均产量 20.5kg / 株左右。平均单果重 21.3g，鲜果出籽率 51%，干果出仁率 45.6%，鲜果出干仁率 28.7%，干仁含油率为 43.1%。抗病力较强。

生物学特性　该品种为寒露籽。无性系造林生长周期为 3 ~ 5 年，6 ~ 8 年进入盛产期，盛产期为 80 年以上。年生长发育周期：萌动期为 3

果实

叶

月上旬，春梢生长期为3月至5月下旬，一年内抽1至多次新梢，分为春梢、夏梢、秋梢和冬梢4种，花芽分化始于5月上旬，至9月中下旬基本完成，始花期为10月初，花期相对集中于10～12月，末花期多数为12月下旬，少部分可至翌年元月；果实于3月中下旬开始生长，前期生长缓慢，在4～6月和7～8月有2个果实膨大期，8月中下旬体积增长逐渐停止，内部营养成分加速累积，果实成熟期为10月上旬。

适应性及栽培特点　该品种树势生长旺盛，对土壤条件适应性较强，红壤、黄壤或紫色土、pH值在4.5～6.5的酸性、微酸性的土壤上均可正常生长发育，碱性土上不宜种植。适宜在四川低山、丘陵油茶适生区域栽培发展。选择在海拔500m左右宜林地，坡度20°以下，土层深厚的红壤、黄壤或黄棕壤上种植。方法一般采取水平撩壕、大穴、鱼鳞坑等三种方式，以撩壕最好。密度111株/亩，株行距为2m×3m，深施钙镁磷肥75kg或土杂肥2000kg，栽后每年除草松土2～4次，生长期施追肥2～3次，重施磷肥；树高达到1.0m以上可开展定干整形和树体修剪，最终培养球形或伞形丰产树形。

典型识别特征　分枝角度小。叶小而密。果近圆形或扁圆形，多青色，少红色。

单株

20 川荣-476

种名：普通油茶
拉丁名：*Camellia oleifera*‘Chuanrong 476’
认定编号：川 R-SC-CO-035-2010
品种类别：无性系
原产地：四川荣县
选育地：四川荣县
选育单位：荣县林业科技推广中心
选育过程：近年为做好油茶优良品种选育工作，笔者做了五方面工作。一是全面踏查、摸清油茶现存面积和主要品种分布情况，通过走访调查，从油茶的生长立地条件、树形、开花量、结果量、出油率、病虫害等方面初步确定油茶优良单株选取范围。二是对油茶优良单株进行初选，共选出候选优树 740 株。三是进行复选。选择单株产量达到和超过相同的产量指标、炭疽病发病率低于相同发病率指标的候选优树为复选优树。四是进行补选。五是优树决选。取单株茶果样品，测定出鲜果出籽率、干出籽率、种仁含油率等指标。川荣-476 是经过初选、复选和决选，以鲜果出仁率 50%、种仁含油率 42.2% 入选优树的。
选育年份：2010 年

植物学特征　该品种由油茶实生树中选出。母树生长于海拔 472m 的地点，黄壤，土层深厚，土壤肥力好。树龄 40 年，树高 4.2m，分枝下直径 12cm，冠幅 3.0m×2.8m，树冠伞形；树皮淡褐色，光滑；嫩枝有粗毛；单叶互生，革质，卵状椭圆形，边缘有锯齿，基部锲形，叶长 6 ~ 7cm，叶宽 3 ~ 4cm，叶柄长 0.4cm；两性花，花白色；蒴果扁圆形、球形，青色、青红色，果长 3cm，果径 2.9 ~ 3.0cm，果仁 2 ~ 7 粒；种子茶褐色，三角状、椭圆状，有光泽。

经济性状　该品种连续结果能力强，丰产稳定性好。母株有大小年之分，大年产鲜果 25kg/株以上，小年鲜果产量 13kg/株以上，年均产量 18.5kg/株左右。平均单果重 21g，鲜果出籽率 50%，干果出仁率 42.5%，鲜果出干仁率 25.8%，干仁含油率为 42.2%。抗病力较强。

生物学特性　该品种为寒露籽。无性系造林生长周期为 3 ~ 5 年，6 ~ 8 年进入盛产期，盛产期为 80 年以上。年生长发育周期：萌动期为 3 月上旬，春梢生长期为 3 月至 5 月下旬，一年内抽 1 至多次新梢，分为春梢、夏梢、秋梢和冬梢 4 种；花芽分化始于 5 月上旬，至 9 月中下旬基本完成，始花期为 10 月初，花期相对集中于 10 ~ 12 月，末花期多数为 12 月下旬，少部分可至翌年元月；果实于 3 月中下旬开始生长，前期生长缓慢，但在 4 ~ 6 月和 7 ~ 8 月有 2 个果实膨大期，8 月中下旬体积增长逐渐停止，内部营养成分加速累积，果实成熟期为 10 月上旬。

花

适应性及栽培特点　该品种树势生长旺盛，对土壤条件适应性较强，红壤、黄壤或紫色土，pH 值在 4.5 ~ 6.5 的酸性、微酸性的土壤上均可正常生长发育，碱性土上不宜种植。适宜在四川低山、丘陵油茶适生区域栽培发展。选择在海拔 500m 左右宜林地，坡度 20° 以下，土层深厚的红壤、黄壤或黄棕壤上种植。方法一般采取水平撩壕、大穴、鱼鳞坑等三种方式，以撩壕最好。密度为 111 株 / 亩，株行距为 2m × 3m，深施钙镁磷肥 75kg 或土杂肥 2000kg，栽后每年除草松土 2 ~ 4 次，生长期施追肥 2 ~ 3 次，重施磷肥；树高达到 1.0m 以上可开展定干整形和树体修剪，最终培养球形或伞形丰产树形。

典型识别特征　主杆明显，分枝角度大。叶大而稀。鲜果壳薄，果扁圆形，青红色。

单株

叶

果实

21 川荣-108

种名：普通油茶

拉丁名：*Camellia oleifera* ‘Chuanrong 108’

认定编号：川 R-SC-CO-036-2010

品种类别：无性系

原产地：四川荣县

选育地：四川荣县

选育单位：荣县林业科技推广中心

选育过程：近年为做好油茶优良品种选育工作，笔者做了五方面工作。一是全面踏查、摸清油茶现存面积和主要品种分布情况，通过走访调查，从油茶的生长立地条件、树形、开花量、结果量、出油率、病虫害等方面初步确定油茶优良单株选取范围。二是对油茶优良单株进行初选，共选出候选优树740株。三是进行复选。选择单株产量达到和超过相同的产量指标、炭疽病发病率低于相同发病率指标的候选优树为复选优树。四是进行补选。五是优树决选。取单株茶果样品，测定出鲜果出籽率、干出籽率、种仁含油率等指标。川荣-108是经过初选、复选和决选，以鲜出籽率42.8%、干仁含油率42.5 %,入选优树的。

选育年份：2010年

植物学特征 由油茶实生树中认定出。母树位于海拔652m的缓坡中部一农舍旁，生长在乱石头缝的紫色土壤中，土壤肥力不好。树龄35年，树高3.5m，干径9cm，冠幅5.5m×5.0m，乔木主干明显，树冠球形；树皮淡褐色，光滑；单叶互生，革质，椭圆形或卵状椭圆形，边缘有细锯齿，叶长5.4～7.2cm，叶宽3～3.5cm，叶柄长0.4～0.7cm；两性花，花白色；蒴果球形或椭圆形，淡红色，直径3～4cm，果瓣较厚而木质化，内含1～6粒种子；种子茶褐色，主要呈三角状，有光泽。

经济性状 该品种连续结果能力强，丰产稳定性好。有大小年之分，大年产鲜果50kg/株以上，小年鲜果产量26kg/株以上，年均产量32kg/株左右。平均单果重25g，鲜果出籽率42.8%，干果出籽率50%，鲜果出干仁率26.7%，干仁含油率42.5%。抗病力较强。

叶

果实

生物学特性 该品种为寒露籽。无性系造林生长周期为3～5年，6～8年进入盛产期，盛产期为80年以上。年生长发育周期：萌动期为3月上旬，春梢生长期为3月至5月下旬，一年内抽1至多次新梢，分为春梢、夏梢、秋梢和冬梢4种；花芽分化始于5月上旬，至9月中下旬基本完成，始花期为10月初，花期相对集中于10～12月，末花期多数于12月下旬，少部分可至翌年元月；果实于3月中下旬开始生长，前期生长缓慢，在4～6月和7～8月有2个果实膨大期，8月中下旬体积增长逐渐停止，内部营养成分加速累积，果实成熟期为10月上旬。

适应性及栽培特点 该品种树势生长旺盛，对土壤条件适应性较强，红壤、黄壤或紫色土，pH值在4.5～6.5的酸性、微酸性的土壤上均可正常生长发育，碱性土上不宜种植。适宜在四川低山、丘陵油茶适生区域栽培发展。选择在海拔500m左右宜林地，坡度20°以下，土层深厚的红壤、黄壤或黄棕壤上种植。方法一般采取水平撩壕、大穴、鱼鳞坑等三种方式，以撩壕最好。密度111株/亩，株行距为2m×3m，深施钙镁磷肥75kg或土杂肥2000kg，栽后每年除草松土2～4次，生长期施追肥2～3次，重施磷肥；树高达到1.0m以上可开展定干整形和树体修剪，最终培养球形或伞形丰产树形。

典型识别特征 主杆明显，分枝角度大。鲜果壳薄，果球形或椭圆形，多青色，少红色。

单株

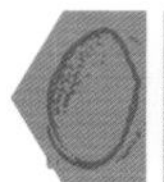

22 川荣 -241

种名： 普通油茶

拉丁名： *Camellia oleifera* 'Chuanrong 241'

认定编号： 川 R-SC-CO-037-2010

品种类别： 无性系

原产地： 四川荣县

选育地： 四川荣县

选育单位： 荣县林业科技推广中心

选育过程： 近年为做好油茶优良品种选育工作，笔者做了五方面工作。一是全面踏查、摸清油茶现存面积和主要品种分布情况，通过走访调查，从油茶的生长立地条件、树形、开花量、结果量、出油率、病虫害等方面初步确定油茶优良单株选取范围。二是对油茶优良单株进行初选，共选出候选优树 740 株。三是进行复选。选择单株产量达到和超过相同的产量指标、炭疽病发病率低于相同发病率指标的候选优树为复选优树。四是进行补选。五是优树决选。取单株茶果样品，测定出鲜果出籽率、干出籽率、种仁含油率等指标。川荣 -241 是经过初选、复选和决选入选优树的。

选育年份： 2010 年

植物学特征 由油茶实生树中选出。母树生长于海拔 538m 的地点，紫色土层较深厚，土壤肥力好。树龄 45 年，树高 6m，干径 20cm，冠幅 5.3m×5.7m，乔木主干明显，树冠球形；树皮淡褐色，光滑；单叶互生，革质，椭圆形或卵状椭圆形，边缘有细锯齿，基部锲形，叶长 6.8 ~ 8.0cm，叶宽 2.5 ~ 3.0cm，叶柄长 0.4 ~ 0.6cm；两性花，花白色；蒴果球形或椭圆形，淡红褐色，直径 3.4 ~ 3.6cm；种子茶褐色，三角状，有光泽。无管护措施，属放任生长树。

经济性状 该品种连续结果能力强，丰产稳定性好。母株有大小年之分，大年产鲜果 40kg / 株以上，小年鲜果产量 26kg / 株以上，年均产量 28kg / 株左右。平均单果重 26.3g，鲜果出仁率 42.3%，干果出仁率 52.5%，鲜果出干仁率 26.8%，干仁含油率为 42.5%。抗病力较强。

生物学特性 该品种为寒露籽。无性系造林生长周期为 3 ~ 5 年，6 ~ 8 年进入盛产期，盛产期为 80 年以上。年生长发育周期：萌动期为 3 月上旬，春梢生长期为 3 月至 5 月下旬，一年内抽 1 至多次新梢，分为春梢、夏梢、秋梢和冬梢 4 种；花芽分化始于 5 月上旬，至 9 月中下旬基本完成，始花期为 10 月初，花期相对集中于 10 ~ 12 月，末花期多数为 12 月下旬，少部分可至翌年元月；果实于 3 月中下旬开始生长，前期生长缓慢，在 4 ~ 6 月和 7 ~ 8 月有 2 个果实膨大期，8 月中下旬体积增长逐渐停止，内部营养成分加速累积；果实成熟期为 10 月上旬。

适应性及栽培特点 该品种树势生长旺盛，对土壤条件适应性较强，红壤、黄壤或紫色土，pH 值在 4.5 ~ 6.5 的酸性、微酸性的土壤上均可正常生长发育，碱性土上不宜种植。适宜在四川低山、丘陵油茶适生区域栽培发展。选择在海拔 500m 左右宜林地，坡度 20° 以下，土层深厚的红壤、黄壤或黄棕壤上种植。方法一般采取水平撩壕、大穴、鱼鳞坑等三种方式，以撩壕最好。密度 111 株 / 亩，株行距为 2m×3m，深施钙镁磷肥 75kg 或土杂肥 2000kg，栽后每年除草松土 2 ~ 4 次，生长期施追肥 2 ~ 3 次，重施磷肥；树高达到 1.0m 以上可开展定干整形和树体修剪，最终培养球形或伞形丰产树形。该良种已很少用于种植。

典型识别特征 主杆明显，分枝角度大。果球形或椭圆形，淡红褐色。

花

果实

单株

23 翠屏-15

种名：普通油茶
拉丁名：*Camellia oleifera*‘Cuiping 15’
认定编号：川 R-SC-CO-051-2011
原产地：翠屏区
选育地：翠屏区
选育单位：翠屏区国有林场

选育过程：2009 年 10 月，优树初选；2010 年 10 月，优树复选和决选，并上报认定；2012 年 4 月，获得四川省林木品种审定委员会认定
选育年份：2010 年

植物学特征 小乔木或者灌木，嫩枝有毛；树高 3 ~ 5m；树皮淡褐色，光滑；单叶互生，革质，卵状椭圆形，先端渐尖，基部楔形，上表面深绿色，下表面浅绿色，边缘有粗锯齿，叶长 4.5 ~ 6.0cm，叶宽 3.0 ~ 3.2cm，叶柄长 0.3cm 左右；花白色，两性花；蒴果球形或扁圆形，绿色，直径 2.5 ~ 3.4cm；种子茶褐色，三角状，有光泽。

经济性状 结实有大小年之分，但不明显，大年产鲜果量稳定在 15kg / 株，小年鲜果产量也有 10kg / 株左右。平均单果重 24.2g，鲜果出仁率 40%，干仁含油率 50%，抗病力强，病虫病果率在 3% 以下。该品种连续结果能力强，丰产稳产性好，平均年产茶果 11kg，平均单位面积冠幅产茶果 0.72kg/m^2。

生物学特性 定植第三年进入始果期。春梢 2 月初开始萌动，3 月初至 4 月底生长迅速，5 月中旬春梢木质化，春梢可生长 20 ~ 25cm，秋梢生长约 18 ~ 20cm，夏梢 6 月初抽发，7 月初生长迅速；始花期为 10 月初，盛花期为 10 月底至 11 月初，末花期在 12 月上旬；果实膨大期为 6 ~ 8 月，果实成熟期在 10 月初。

适应性及栽培特点 该品种树势生长旺盛，连续结果能力强，丰产稳产性好，对土壤条件适应较强。红壤，黄壤，紫色土，pH 值在 4.5 ~ 6.5 的酸性、微酸性的土壤上均可正常生长发育。适宜区域：适宜在宜宾市翠屏区海拔 400 ~ 600m 范围的低山、丘陵区，坡度在 20° 以下，pH 值在 4.5 ~ 6.5 的酸性、微酸性的土层深厚、肥沃的黄壤、紫色土上栽植，碱性土上不宜种植。该品种目前仅在翠屏区范围内成片栽植发展。

典型识别特征 树形紧凑。叶片卵状椭圆形，基部楔形，边缘粗锯齿。嫩枝、嫩叶微黄色。果绿色。

花

林分

单株

果枝

果实

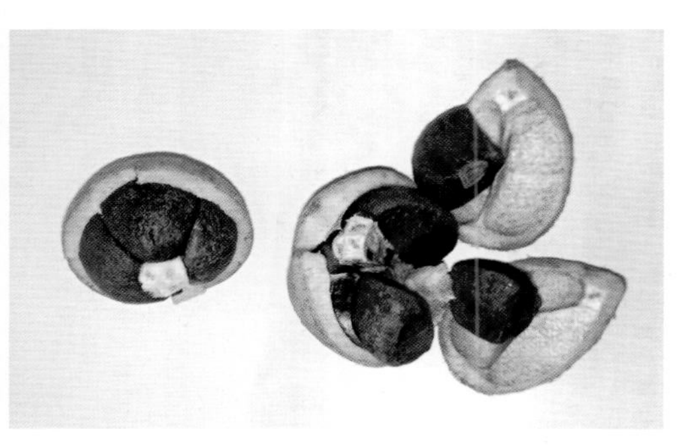

果实剖面

24 江安-70

种名： 普通油茶
拉丁名： *Camellia oleifera* ‘Jiangan 70’
认定编号： 川 R-SC-CO-052-2011
品种类别： 无性系
原产地： 四川江安

选育地： 四川江安
选育单位： 四川省江安县森林经营所
选育过程： 同江安-1
选育年份： 2009-2011 年

植物学特征 常绿灌木或小乔木，树冠伞形，属“寒露籽”种群。成年树高 6.4m，干径 11cm，冠幅 3.4m×3.9m，主干明显；树皮浅黄褐色，不开裂；枝叶浓密，分枝层次分明；叶片单叶互生，革质，卵状椭圆形，边缘有细锯齿，叶长 5.8 ～ 7.5cm，叶宽 3.8 ～ 4.5cm，叶柄长 0.6cm，叶尖不明显；花单生，柄短，白色，萼片多数，两性花，早落；果实丛生性，蒴果球形，果色黄色或红黄色，果皮较薄，直径 3.3 ～ 4.2cm；籽 3 ～ 6 粒，茶褐色，三角形，有光泽。

经济性状 成年母树大年产鲜果量稳定在 20kg / 株以上，小年鲜果产量也有 15kg / 株以上，常年产量在 18kg / 株左右。鲜果平均单个重 25g，鲜果出籽率 51.4%，干果出籽率 27.3%，鲜果出干仁率 19.8%，干仁含油率 43.3%。树势生长旺盛，有连续结果能力，丰产稳产性好，抗寒抗病性强。

生物学特性 幼龄期一般经历 3 ～ 5 年时间，7 ～ 8 年逐渐进入丰产期，油茶生长到 70 ～ 80 年后，逐渐进入衰老期。从新梢萌发开始生长，根据萌发季节的不同，可分为春梢、夏梢、秋梢和冬梢。通常油茶以夏梢为主，冬梢常见于生长旺盛的幼龄植株，春梢在 3 月上旬或中旬开始萌发，5 月上中旬基本结束。夏梢通常在 5 月中下旬开始萌发，7 月下旬终止。二次夏梢始于 7 月中旬，8 月下旬终止。秋梢一般在 9 月上旬萌发，10 月中旬终止。花芽分化开始形成于新梢停止生长之后，一般在 5 月中下旬，到 6 月下旬基本成型，到 10 月下旬开放，最盛时期为 11 月。虫媒两性花，当花朵授粉受精以后，到翌年的 3 月中旬子房逐渐膨大，形成幼果，3 月下旬到 8 月下旬，果实以体积增长为主，至 10 月上旬或下旬，果实成熟。

适应性及栽培特点 该品种树势生长旺盛，对土壤条件适应性较强，适宜在江安县海拔 1000m 以下的低山、丘陵区域酸性、弱酸性土壤的坡地、台地栽培发展。

采用芽苗砧嫁接方式繁殖。寒露后采摘成熟种子，沙藏到翌年 3 月取出用湿沙催芽。待胚芽伸长到 3cm 左右时，即可作芽苗砧进行嫁接。采摘母树树冠外围中上部叶芽饱满的当年生木质化的春梢或半木质化的夏梢作接穗，随采随用。采下的穗条立即剪去多余叶片，用湿布包裹，严格做好接穗保鲜。5 月中旬至 6 月中旬，待砧种幼芽出土即将展叶、接穗进入半木质化时嫁接。采用嵌接：将接穗的薄楔形木质部插入苗砧、对齐，嵌接处包扎铝皮，捏紧既可。将芽苗砧嫁接苗栽入苗床，栽植密度为 6 ～ 8 万株 / 亩。加强芽苗管理并及时除萌去杂，除去砧木萌芽和死亡单株，去花芽，调整温、湿度。同时加强病虫害防治，田间管理，确保出壮苗。

选择海拔 1000m 以下宜林地，平地、缓坡大穴栽植，斜坡鱼鳞坑栽植。密度 75 ～ 111 株 / 亩，深施钙镁磷肥 75kg 或土杂肥 2000kg，生长期施追肥 2 ～ 3 次。幼林加强除草，培蔸，整形修剪，

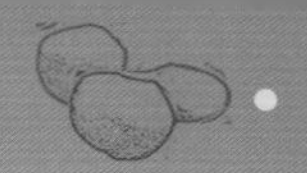

正常生长发育，碱性土上不宜种植。主要适宜在荣县及周边油茶分布区域推广。选择在海拔500m左右宜林地，坡度20°以下，土层深厚的红壤、黄壤或黄棕壤上种植。方法一般采取水平撩壕、大穴、鱼鳞坑等三种方式，以撩壕最好。密度111株/亩，株行距为2m×3m，深施钙镁磷肥75kg或土杂肥2000kg，栽后每年除草松土2～4次，生长期施追肥2～3次，重施磷肥；树高达到1.0m以上可开展定干整形和树体修剪，最终培养球形或伞形丰产树形。

典型识别特征 枝条分枝角度不大、质地柔软下垂。蒴果近圆形或扁圆形，青红色。

单株

果实

叶

27 川雅-20

种名： 普通油茶
拉丁名： *Camellia oleifera* 'Chuanya 20'
认定编号： 川 R-SC-CO-055-2011
品种类别： 无性系
原产地： 四川名山
选育地： 四川名山
选育单位： 雅安太时生物科技有限公司、四川农业大学、雅安市雨城区林业局
选育过程： 通过查阅油茶相关的文献资料，了解油茶的主要分布区，然后实地调查，走访村民。主要采用目测调查法，目测油茶株数、生长状况、果实大小及结实量、病虫害等情况。采集油茶样本，实测果实大小、果皮厚度、出仁率、出油率等指标，从中筛选出生长状况良好、结实量和出油率相对较高且稳定的油茶优树。
选育年份： 2011 年

植物学特征　灌木，高达 3 ~ 4m；树干浅黄色，光滑；嫩枝淡褐色，有毛；树冠伞形，冠幅 12 ~ $14m^2$；单叶互生，叶革质，较薄，椭圆形或卵形，先端渐尖，中脉有毛，边缘有钝齿，长 6 ~ 7cm，宽 2 ~ 4cm；花顶生，两性，白色，花瓣倒卵形，顶端常 2 裂，花瓣 4 ~ 6 瓣，分离，子房 3 ~ 5 室，柱头 3 ~ 5 深裂；蒴果橄榄形或球形，青色或青红色，果实纵径 3.0 ~ 3.5cm，横径 3.2 ~ 3.6cm，果皮厚 0.2 ~ 0.3cm，果瓣厚而木质化；种子 3 ~ 6 粒，三角状，有光泽，茶褐色或黑色。

经济性状　盛果期单位冠幅产鲜果量 $2.8kg/m^2$，每亩产鲜果 1100kg，亩产鲜籽 470kg，大小年不明显。平均单果重 20.92 g，鲜果出籽率 42.36%，鲜果出干籽率 25.45%，出仁率 67.71%，出油率 43.17%。主要脂肪酸成分：含油酸 80.81%、亚油酸 7.31%、亚麻酸 0.41%、棕榈酸 8.11%、硬脂酸 1.75%。

生物学特性　个体发育生命周期：无性系造林营养生长期 3 ~ 4 年，始果期 5 ~ 6 年，盛产期 8 ~ 10 年，盛产历时 30 ~ 50 年。年生长发育周期：萌动期 1 ~ 2 月，枝叶生长期（春梢抽发期）3 ~ 5 月；始花期 10 月上中旬，盛花期 11 月上旬，末花期 12 月下旬；果实膨大期 7 ~ 8 月，果实成熟期 10 月上中旬。

适应性　四川低山、丘陵区域，海拔 500 ~ 800m，坡度 25° 以下，土壤中层至厚层，酸性至微酸性黄壤、红壤、紫色土上均可种植，碱性土上不宜种植。

典型识别特征　叶较薄，椭圆形或卵形，先端渐尖。柱头 3 ~ 5 深裂。蒴果橄榄形或球形，青色或青红色。

果实

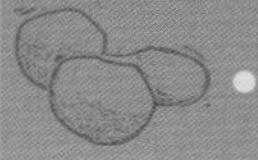

单株

花

果枝

28 川雅 -21

种名：普通油茶
拉丁名：*Camellia oleifera* ‘Chuanya 21’
认定编号：川 R-SC-CO-056-2011
品种类别：无性系
原产地：四川名山

选育地：四川名山
选育单位：雅安太时生物科技有限公司、四川农业大学、雅安市雨城区林业局
选育过程：同川雅 –20
选育年份：2011 年

植物学特征 灌木，高达 3 ~ 4m；树干浅黄色，光滑；嫩枝淡褐色，有毛；树冠伞形，冠幅 15 ~ 17m^2；单叶互生，叶革质，较厚，椭圆形或倒卵形，叶缘细锯齿或重锯齿，先端具短尖，长 5 ~ 8cm，宽 2 ~ 4cm；花顶生，两性，白色，花瓣倒卵形，顶端常 2 裂，花瓣 5 ~ 7 瓣，分离，子房 3 ~ 5 室，柱头 2 ~ 3 深裂；蒴果橄榄形或球形，青红色，果皮有毛，果实纵径 3.5 ~ 4.0cm，横径 3.0 ~ 3.5cm，果皮厚 0.2 ~ 0.3cm，果瓣厚而木质化；种子 3 ~ 6 粒，种子三角状，有光泽，茶褐色或黑色。

经济性状 盛果期单位冠幅产鲜果量 2.5kg/m^2，亩产鲜果 1000kg，亩产鲜籽 440kg，大小年不明显。平均单果重 25.83g，鲜果出籽率 44.01%，鲜果出干籽率 25.15%，出仁率 69.30%，出油率 42.12%。主要脂肪酸成分：含油酸 80.01%、亚油酸 8.82%、亚麻酸 0.56%、棕榈酸 8.02%、硬脂酸 1.19%。

生物学特性 个体发育生命周期：无性系造林营养生长期 3 ~ 4 年，始果期 5 ~ 6 年，盛产期 8 ~ 10 年，盛产历时 30 ~ 50 年。年生长发育周期：萌动期 1 ~ 2 月，枝叶生长期（春梢抽发期）3 ~ 5 月；始花期 10 月上中旬，盛花期 11 月上旬，末花期 12 月下旬；果实膨大期 7 ~ 8 月，果实成熟期 10 月上中旬。

适应性 四川低山、丘陵区域，海拔 500 ~ 800m，坡度 25° 以下，土壤中层至厚层，酸性至微酸性黄壤、红壤、紫色土上均可种植，碱性土上不宜种植。

典型识别特征 叶较厚，椭圆形或倒卵形，先端具短尖。柱头 2 ~ 3 深裂。蒴果橄榄形或球形，青红色。

果枝

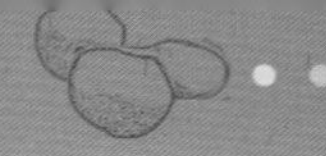

单株

花

果实

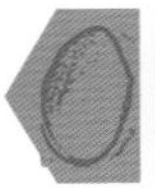

29 雅红-11

种名： 多齿红山茶
拉丁名： *Camellia polyodonta* 'Yahong 11'
认定编号： 川 R-SC-SPO-057-2011
品种类别： 无性系
原产地： 四川雅安
选育地： 四川雅安
选育单位： 雅安太时生物科技有限公司、四川农业大学、雅安市雨城区林业局

选育过程： 主要采用目测调查法，目测红花油茶株数、生长状况、果实大小及结实量、病虫害等情况。采集红花油茶样本，实测果实大小、果皮厚度、出仁率、出油率等指标，从中筛选出生长状况良好、结实量和出油率相对较高且稳定的优树。
选育年份： 2011 年

植物学特征 小乔木，高达 4 ~ 5m；树干浅黄色，小枝粗短，嫩枝无毛；树冠伞形，冠幅 14 ~ 16m^2；叶厚革质，椭圆形或卵圆形，先端突尖呈短尾状，叶缘有钝齿，长 9 ~ 12cm，宽 3 ~ 5cm；花顶生及腋生，两性，红色，花瓣 5 ~ 7 瓣，倒卵形，基部连成短筒，子房 3 室，柱头 3 深裂；蒴果球形，黄褐色，果实纵径 4.5 ~ 5.1cm，横径 5.0 ~ 5.3cm，果皮厚 1.1 ~ 1.4cm；种子 9 ~ 15 粒，三角状，黑色，有光泽。

经济性状 盛果期单位面积冠幅产鲜果量 3.0kg/m^2，亩产鲜果 980kg，亩产鲜籽 420kg，大小年不明显。平均单果重 81.37g，鲜果出籽率 41.34%，鲜果出干籽率 25.31%，出仁率 73.88%，出油率 32.38%。主要脂肪酸成分：含油酸 80.07%、亚油酸 8.31%、亚麻酸 0.58%、棕榈酸 9.42%、硬脂酸 2.20%。

生物学特性 个体发育生命周期：无性系造林营养生长期 3 ~ 4 年，始果期 5 ~ 6 年，盛产期 8 ~ 10 年，盛产历时 40 ~ 70 年。年生长发育周期：萌动期 1 ~ 2 月，枝叶生长期（春梢抽发期）3 ~ 5 月；始花期 12 月下旬至翌年 1 月上旬，盛花期 2 月上旬，末花期 3 月下旬；果实膨大期 7 ~ 8 月，果实成熟期 11 月上中旬。

果实

茶籽

适应性　雅安、成都、眉山等川西大部分丘陵低山地带，海拔 800 ~ 1500m，土壤中层至厚层，酸性至微酸性黄壤、黄棕壤、紫色土上均可种植，碱性土上不宜种植。

典型识别特征　叶椭圆形或卵圆形，先端突尖呈短尾状。蒴果球形，黄褐色，果皮较厚。种子黑色，有光泽。

单株

果枝

花

30 雅红 - 17

种名：多齿红山茶
拉丁名：*Camellia polyodonta*‘Yahong 17’
认定编号：川 R-SC-SPO-058-2011
品种类别：无性系
原产地：四川雅安

选育地：四川雅安
选育单位：雅安太时生物科技有限公司、四川农业大学、雅安市雨城区林业局
选育过程：同雅红 -11
选育年份：2011 年

植物学特征 小乔木，高达 4 ~ 5m；树干浅黄色，小枝粗短，嫩枝无毛；树冠伞形，冠幅 12 ~ 14m^2；叶厚革质，椭圆形或卵圆形，先端阔而急长尖，叶缘有钝齿，长 10 ~ 12cm，宽 3 ~ 5cm；花顶生及腋生，两性，红色，花瓣 5 ~ 7 枚，倒卵形，基部连成短筒，子房 3 室，柱头 3 深裂；蒴果椭球形，黄褐色，果实纵径 4.0 ~ 4.8cm，横径 3.6 ~ 4.2cm，果皮厚 0.7 ~ 1.0cm；种子 9 ~ 16 粒，三角状，褐色。

经济性状 盛果期单位面积冠幅产鲜果量 2.7kg/m^2，亩产鲜果 960kg，亩产鲜籽 410kg，大小年不明显。平均单果重 62.31g，鲜果出籽率 42.03%，鲜果出干籽率 26.76%，出仁率 75.28%，含油率 32.46%。主要脂肪酸成分：含油酸 83.13%、亚油酸 6.57%、亚麻酸 0.68%、棕榈酸 7.68%、硬脂酸 2.26%。

生物学特性 个体发育生命周期：无性系造林营养生长期 3 ~ 4 年，始果期 5 ~ 6 年，盛产期 8 ~ 10 年，盛产历时 40 ~ 70 年。年生长发育周期：萌动期 1 ~ 2 月，枝叶生长期（春梢抽发期）3 ~ 5 月；始花期 12 月下旬至翌年 1 月上旬，盛花期 2 月上旬，末花期 3 月下旬；果实膨大期 7 ~ 8 月，果实成熟期 11 月上中旬。

适应性及栽培特点 雅安、成都、眉山等川西大部分丘陵低山地带，海拔 800 ~ 1500m，土壤中层至厚层，酸性至微酸性黄壤、黄棕壤、紫色土上均可种植，碱性土上不宜种植。

典型识别特征 叶椭圆形或卵圆形，先端阔而急长尖。蒴果椭球形，黄褐色，果皮较薄。种子褐色。

果枝

单株

花

果实

茶籽

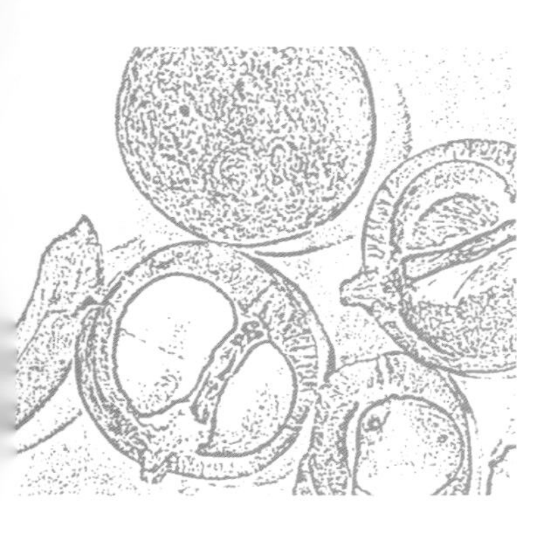

第十七章　贵州省主要油茶良种

1　白市 4 号

种名： 普通油茶
拉丁名： *Camellia oleifera*‘Baishi 4’
认定编号： 黔 R-SC-CO-001-2009
品种类别： 无性系
原产地： 贵州省天柱县白市镇白市村燕子湾

选育地： 贵州省天柱县凤城镇孙家坡
选育单位： 天柱县林业科技推广站
选育过程： 2001 年开展优树调查，2004 年大树嫁接试验，经测试确定。
选育年份： 2009 年

植物学特征　常绿小乔木，树形开张，树冠伞形，分枝角度 55° 左右。母树树龄 41 年，基部分株 2 株，基干高度 10cm，分枝数 3 枝，树高 5.0m，地径 15.0cm，冠层高度 3.4m，冠幅 20.1m²。树势旺盛，枝叶茂密，成枝力强，嫩枝浅红色，木质化后为黄褐色，枝长 9.6 ~ 19.0cm，芽鳞玉白色，无绒毛；春梢叶片数 4 ~ 6 片，近水平着生，叶色深绿，叶片椭圆形，厚革质，叶面光滑，两侧微隆起，叶缘平，具中密钝齿，叶基楔形，先端钝尖，叶长 4.8 ~ 10.0cm，叶宽 2.8 ~ 5.1cm，叶脉 5 ~ 9 对；花芽 5 月中旬开始分化，着生于春梢主枝顶端及往下 2 ~ 3 节和侧枝顶部，多双芽顶生，红色，分化成熟后为红黄色。萼片 4 ~ 5 片，被疏绒毛，红绿色，花白色，花瓣 6 ~ 7 瓣，花冠直径 5.9 ~ 7.8cm，花朵具芳香味，柱头深 3 ~ 5 裂，雄蕊平于雌蕊，偶见雌蕊略高于雄蕊；果实单果着生或 2 果顶部丛生，幼果紫红色，密被短绒毛，成熟果表面光滑，有糠皮，扁球形，黄红色，果高 34.27mm，果径 39.66mm，果壳厚度 4.68mm，果壳较厚；单果籽粒数 6 ~ 14 粒，平均 10 粒，种子锥形，棕褐色，百粒重 102g。

经济性状　4 年平均单位面积冠幅产果 1.14 kg/m²，试验林盛果期亩产油量达 42.63kg，种籽产量 107.65kg，母株大小年产量变幅 30.7%。果实单果重 30.8g，鲜果出籽率 32.4%，干果出籽率 23.3%，干籽出仁率 64.9%，干籽含油率 39.1%。

生物学特性　采用芽苗砧嫁接技术繁殖苗木，培育期 2 年，无性系造林营养生长期 3 ~ 4 年，

花

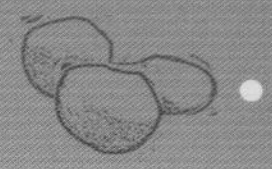

7～8年进入盛产期。春梢于2月中下旬萌动，3月上旬开始抽梢展叶，4月下旬封顶；10月上旬始花，10月下旬至11月上旬盛花，11月下旬为末花期；雏果于2月下旬形成，3月下旬幼果开始生长，5～8月生长逐渐加快，果实膨大，球果受光面浅红色，背光面青黄色，8月下旬开始果实体积不再增长，10月中旬自然成熟，果脐3裂。

适应性　适宜在贵州省东南部油茶适宜发展区域栽培，要求海拔在600m以下的丘陵区，土壤以微酸性至酸性的黄壤、黄红壤、红壤较好。

典型识别特征　树形开张。果扁球形，黄红色。种子锥形，棕褐色。

单株

树上果实特写

果实、茶籽与果实剖面

2 瓮洞24号

种名： 普通油茶
拉丁名： *Camellia oleifera* ‘Wengdong 24’
认定编号： 黔 R-SC-CO-003-2009
品种类别： 无性系
原产地： 贵州省天柱县瓮洞镇肖家村铲竹湾

选育地： 贵州省天柱县江东村白土
选育单位： 天柱县林业科技推广站
选育过程： 2001年开展优树调查，2004年大树嫁接试验。
选育年份： 2009年

植物学特征 常绿小乔木，树体半开张，树冠伞形或圆头形，分枝角度35° 左右。母树树龄40年，基部分株2株，基干15cm，分枝数5枝，树高4.4m，冠高3.2m，地径18.0cm，冠幅12.4m^2。树势旺盛，抗逆性强，枝条较稀疏，成枝力强，芽鳞玉白色，无绒毛；嫩枝红褐色，木质化后为黄褐色，枝长7.6 ~ 16.2cm；春梢叶片数3 ~ 7片，上斜状态着生，叶片长椭圆形，薄革质，深绿色，叶面光滑，两侧隆起，叶缘平，具中密细锯齿或钝齿，叶基楔形，先端渐尖，叶尖稍反卷，老叶叶面两侧均匀分布淡黄色腺点，叶长6.0 ~ 7.6cm，叶宽2.1 ~ 2.9cm，叶脉5.0 ~ 6.5对；花芽5月下旬开始分化，着生于春梢主枝顶端及往下3 ~ 4节和侧枝顶部及往下1 ~ 2节，多双芽顶生，红色，分化成熟后为红褐色，萼片4 ~ 6片，密被绒毛，绿色；花白色，花瓣6 ~ 8瓣，花冠直径4.5 ~ 7.7cm，花朵具芳香味，花柱低于花丝，柱头裂位较浅，2 ~ 4裂，雄蕊高于雌蕊；果实单果着生，不具丛生性，果面光滑，偶有糠皮，桃形、卵形，黄红色、青红色，果高30.66mm，果径26.08mm，果壳厚度2.31mm，果皮较薄；单果籽粒数1 ~ 4粒，平均2粒，种子半球形、不规则形，种皮黑褐色，种子百粒重210g。

经济性状 4年平均单位面积冠幅产果0.96 kg/m^2，盛果期亩产油量达51.72kg，种籽产量119.1kg，4年产量变幅16.5%，结实大小年不明显，稳产性好。单果重10.63g，鲜果出籽率44.0%，干果出籽率29.5%，干出仁率76.3%，鲜果含油率11.8%，干籽含油率43.4%。

生物学特性 苗木培育期2年，无性系造林营养生长期3 ~ 4年，7 ~ 8年进入盛产期。春梢于2月下旬萌动，3月上旬开始抽梢伸长，4月下旬封顶，夏梢于6月上旬萌动，7月中上旬停止生长；10月上旬始花，10月下旬盛花，11月中旬末花期；雏果于2月下旬形成，4月上旬幼果开始正常生长，5 ~ 8月生长逐渐加快，果实膨大，8月下旬开始果实体积不再增长，10月中旬果实自然成熟。

适应性及栽培特点 适宜在贵州省东南部油茶适宜发展区域栽培，要求海拔600m以下的丘陵区，土壤以微酸性至酸性的黄壤、黄红壤、红壤较好。

典型识别特征 树形半开张。叶片薄革质，叶尖反卷，老叶叶面两侧均匀分布淡黄色腺点。果皮薄。

花

林分

单株

果枝

果实、茶籽与果实剖面

3 黎平 2 号

种名： 小果油茶
拉丁名： *Camellia meiocarpa* 'Liping 2'
俗名： 大宝油茶
审定编号： S-SC-CM-04-2014
品种类别： 无性系
原产地： 贵州省黎平县
选育地： 贵州省黎平县
选育单位： 贵州省林业科学研究院、黎平县林业局

选育过程： 2009－2011 年完成优树评选。2010 年在黎平选择适宜林分采用改良撕皮嵌合接法进行大树换冠嫁接的方式营建测定林。2013 年向省种苗站申请组织现场产量查验，2014 年 3 月将其定名黎平 2 号，申报省级良种审（认）定。2014 年 7 月贵州良种审定委员会评审确定为“认定”，认定期 5 年。
选育年份： 2014 年

植物学特征 乔灌型，树冠圆球形；叶小，长椭圆形，平均叶长 5.92cm，宽 2.62cm，长宽比 2.26；芽鳞黄绿色，无毛，嫩枝棕黄色；果实球形，青红色，表面光滑，平均单果重 3.96g，果皮厚 0.83mm；种子球形至不规则形，种皮黑色。

经济性状 盛产期亩产油量 65.94kg，大小年差异小。单果重 3.96g，鲜果出籽率 64.74%，干果出籽率 37.36%，出仁率 73.48%，干仁含油率 44.16%。主要脂肪酸成分：油酸 76%，亚油酸 8.1%，棕榈酸 7.7%，硬脂酸 2.4%，亚麻酸 0.3%，花生一烯酸 0.5%。

生物学特性 常绿植物，春梢 3 月下旬发芽，4 月中下旬抽梢，5 月初封顶，若营养充沛，还可萌发夏梢和秋梢；花果同期，花期 10 月初至 10 月底，历时约 1 个月；果实 10 月下旬成熟，随当年气候变化稍有波动。

适应性及栽培特点 适宜种植区域：贵州黔东南油茶分布区及周边县（市）和相邻省份气候条件相似地区。适宜种植气候：年平均温度 15 ～ 22℃，年降水量 1000mm 以上。适宜种植立地条件：海拔 200 ～ 800m，光照充足，土壤厚度大于 0.5m，pH 值 4.0 ～ 6.5。丰产栽培技术参照《LY/T 1328 油茶栽培技术规程》。

典型识别特征 树冠圆球形，树势适中。嫩枝棕黄色，芽鳞黄绿色，无绒毛。叶片长椭圆形，萼片紫色。果青红色，球形。

花

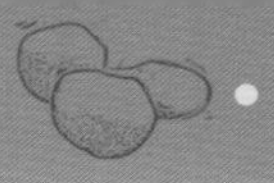

林分

单株

果枝

果实、茶籽与果实剖面

种子与种仁

4 黎平3号

种名： 小果油茶
拉丁名： *Camellia meiocarpa*‘Liping 3’
俗名： 大宝油茶
审定编号： S-SC-CM-05-2014
品种类别： 无性系
原产地： 贵州省黎平县

选育地： 贵州省黎平县
选育单位： 黎平县林业局、贵州省林业科学研究院
选育过程： 同黎平2号
选育年份： 2009－2013年

植物学特征 乔灌型，树冠自然开心形；叶小，长椭圆形，平均叶长7.01cm，宽3.38cm，长宽比2.07；芽鳞黄绿色，无毛；嫩枝棕黄色；果实球形，青红色，表面光滑，平均单果重6.31g，果皮厚1.00mm；种子球形至不规则形，种皮黑色。

经济性状 盛果期亩产油量49kg，大小年差异小。单果重6.3g，鲜果出籽率64%，干果出籽率37.36%，出仁率65.56%，干仁含油率49.72%。主要脂肪酸成分：油酸74.4%，亚油酸10.3%，棕榈酸8.9%，硬脂酸1.9%，亚麻酸0.3%，花生一烯酸0.6%。

生物学特性 常绿植物，春梢3月下旬萌发，4月中下旬抽梢，5月初封顶，若营养充沛，还可萌发夏梢和秋梢；花期10月初至10月底，历时约1个月；果实10月底成熟，随当年气候变化稍有波动。

适应性及栽培特点 适宜种植区域：贵州黔东南油茶分布区及周边县（市）和相邻省份气候条件相似地区。适宜种植气候：年平均温度15～22℃，年降水量1000mm以上。适宜种植立地条件：海拔200～800m，光照充足，土壤厚度大于0.5m，pH值4.0～6.5。丰产栽培技术参照《LY/T 1328 油茶栽培技术规程》。

典型识别特征 乔灌型，树冠自然开心形，树势稀疏。芽鳞黄绿色，无绒毛。萼片绿色。果青红色，球形。

花

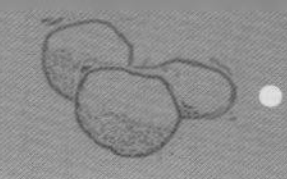

单株

树上果实特写

果实、茶籽与果实剖面

种子与种仁

5 黎平4号

种名： 普通油茶
拉丁名： *Camellia oleifera*‘Liping 4’
俗名： 油茶籽
审定编号： S-SC-CM-06-2014
品种类别： 无性系
原产地： 贵州省黎平县

选育地： 贵州省黎平县
选育单位： 黎平县林业局、贵州省林业科学研究院
选育过程： 同黎平2号
选育年份： 2014年

植物学特征 乔灌型，树冠伞形或塔形；叶小、长椭圆形，平均叶长8.71cm，宽2.98cm，长宽比2.92；芽鳞黄绿色，被绒毛；嫩枝棕黄色；果实桃形，青黄色，表面光滑，平均单果重12.71g，果皮厚2.44mm；种子球形至不规则形，种皮黑色。

经济性状 盛果期亩产油量42.48kg，大小年差异大。单果重12.71g，鲜果出籽率47.2%，干果出籽率26.73%，出仁率66.75%，干仁含油率57.80%。主要脂肪酸成分：油酸73.1%，亚油酸10.1%，棕榈酸8.4%，硬脂酸1.9%，亚麻酸0.3%，花生一烯酸0.5%。

生物学特性 常绿植物，春梢3月中旬萌发，3月下旬至4月底抽梢，5月初封顶，若营养充沛，还可萌发夏梢和秋梢；花期10月初至11月中旬，历时约1个半月；果实10月中旬成熟，随当年气候变化稍有波动。

适应性及栽培特点 适宜种植区域：贵州黔东南油茶分布区及周边县（市）和相邻省份气候条件相似地区。适宜种植气候：年平均温度15 ~ 22℃，年降水量1000mm以上。适宜种植立地条件：海拔200 ~ 800m，光照充足，土壤厚度大于0.5m，pH值4.0 ~ 6.5。丰产栽培技术参照《LY/T 1328油茶栽培技术规程》。

典型识别特征 树冠伞形或塔形，树势紧凑。嫩枝棕黄色。芽鳞黄绿色，被绒毛。叶片长椭圆形。萼片褐色。果青黄色，桃形。

单株

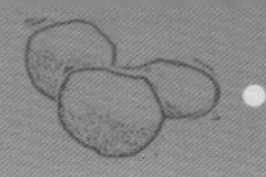

林分

树上果实特写

种子与种仁

花

6 黎平7号

种名： 普通油茶
拉丁名： *Camellia oleifera*‘Liping 7’
俗名： 油茶籽
审定编号： S-SC-CM-07-2014
品种类别： 无性系
原产地： 贵州省黎平县

选育地： 贵州省黎平县
选育单位： 黎平县林业局、贵州省林业科学研究院
选育过程： 同黎平2号
选育年份： 2014年

植物学特征 乔灌型，树冠伞形；叶长椭圆形，平均叶长5.50cm，宽2.62cm，长宽比2.10；芽鳞黄绿色，被绒毛，嫩枝棕黄色；果实球形，青黄色，表面光滑，平均单果重8.92g，果皮厚2.44mm；种子球形至不规则形，种皮黑色。

经济性状 盛果期亩产油量37.23kg，大小年差异小。单果重8.92g，鲜果出籽率43.3%，干果出籽率25.17%，出仁率70.87%，干仁含油率51.81%。主要脂肪酸成分：油酸71.5%，亚油酸12.3%，棕榈酸9.5%，硬脂酸2.5%，亚麻酸0.4%，花生一烯酸0.6%。

生物学特性 常绿植物，春梢3月中旬萌发，3月下旬至4月底抽梢，5月初封顶，若营养充沛，还可萌发夏梢和秋梢；花期10月下旬至11月下旬，历时约1个月；果实10月下旬成熟，随当年气候变化稍有波动。

适应性及栽培特点 适宜种植区域：贵州黔东南油茶分布区及周边县（市）和相邻省份气候条件相似地区。适宜种植气候：年平均温度15 ~ 22℃，年降水量1000mm以上。适宜种植立地条件：海拔200 ~ 800m，光照充足，土壤厚度大于0.5m，pH值4.0 ~ 6.5。丰产栽培技术参照《LY/T 1328油茶栽培技术规程》。

典型识别特征 树冠伞形，树势适中。嫩枝棕灰黄色。芽鳞黄绿色，被绒毛。叶片长椭圆形。萼片绿色。果青黄色，球形。

单株

果枝

种子与种仁

花

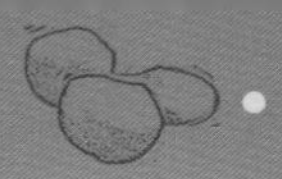

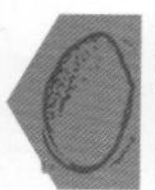

7　黔玉1号

种名：普通油茶
拉丁名：*Camellia oleifera*‘Qianyu 1’
认定编号：黔 R-SC-CO-08-2014
品种类别：无性系
选育地：黔东的玉屏、黔中的贵阳和黔西南的册亨
选育单位：贵州省林业科学研究院、铜仁市玉屏县林业局
选育过程：黔玉1号通过实生选育而成。其母树原产于玉屏县茅坡。按照全国油茶优树选择标准对其进行连续的观察和现场测产。经过初选、复选和决选，多年的现场测产和经济性状指标对比评价筛选出该优树。通过大树嫁接，在黔东的玉屏、黔中的贵阳和黔西南的册亨进行优良无性系的区域化品比试验，大树嫁接的区域化品比试验在2013年开始大量挂果，对其区域化试验结果进行评价，选育出来该优良无性系。
选育年份：2014年

植物学特性　树势旺盛，树冠紧凑，枝条分布均匀，树冠自然圆头形；叶椭圆形，叶先端钝尖，边缘有钝锯齿，叶面光滑，叶色深绿色；花芽分化能力强，花芽枝率高达90%，枝条顶部花芽数量多为2～4个，枝条侧花芽数量1～3个，丰产性好，花芽分化期5月到第二年的9月，花芽膨大时花瓣和萼片部分呈现浅红色，通常于10月中下旬盛开，花色白色，花朵直径56.24～78.32mm，花瓣多为6瓣，花瓣倒心形，花瓣顶端有缺裂；果实成熟期9月下旬至10月上旬，属寒露籽类型，果实在枝条顶部着生的数量为1～4个，多为2～3个，果实球形，有棱，黄色、青黄色或黄红色，果实开裂时多为4裂，果实横径31.26mm，纵径27.89mm，每1000g果数70～100个，心室数1～4个，每果实种子数1～5粒。

经济性状　大年产鲜果量3.22kg/m^2，小年产鲜果量0.80kg/m^2。5年的平均单位面积冠幅产果量为1.84kg/m^2、平均单位面积冠幅产油量为21.07kg/m^2。油茶鲜果平均单果重11.7g，果形指数为0.90，果实平均单籽数为3.1粒、平均单籽重量为2.18g。果皮平均厚度为2.11mm，鲜果出籽率51.84%，干果出籽率29.11%，干果籽出仁率68.6%，干仁含油率51.44%，鲜果出油率11.4%。平均果实病害发生率1.5%、虫害发生率2.0%，植株较抗虫，丰产性强。3年生大树换冠多点试验平均冠幅1.36～1.70m^2，单株产量0.59～1.05kg。

生物学特性　1. 营养生长：用2年生无性系苗造林，定植后第三年植株开花挂果。2月下旬顶芽开始萌动，抽春梢，5月下旬开始抽夏梢，部分抽秋梢。每年抽生的春梢转化成当年的结果枝并开花结果。花芽、叶芽均着生于春梢枝条的顶部或中下部、中下部的叶腋处。2. 生殖生长：花芽5月下旬气温升高时开始分化，一直持续到9月。花芽外部形态表现为芽顶端增长、增大、凸起、变平，最后花芽膨大，鳞片部分现出红色。花无柄，鳞片6～8瓣，花开过后脱落，花瓣白色、多为6片。雄蕊数量较多，与花瓣贴生，雌蕊位于花的中心、1个。一般在早上9时到下午16时开花，每朵花从开放到凋谢大约5天。开花时鳞片松动，花瓣由包被状转为开展，露出雄蕊和雌蕊。雌蕊受粉后，鳞片脱落发育为果实。果实的生长大致三个时期。11月初开完花到第二年3月为果实缓慢生长期，这期间果实生长量大约占总生长量20%；4～7月果实的横径和纵径生长迅速，在这期间果实迅速增大，果实生长量大约占总生长量 70%，为果实迅速生长期；8 ~ 10 月为油脂形成期，果实生长慢，果皮变亮、果皮外表面可见明显的棱，开始变黄或红黄，9 月底果皮顶端开裂，此时油脂含量最高，果实生长量占总量10%。9 月底 10 月初果实沿棱处开裂，种子散落。

适应性及栽培特点 适宜的气候条件为年均气温 16 ~ 19℃，≥10℃积温 4700 ~ 5000℃，年降水量 900 ~ 1500mm，适宜夏凉、冬寒、湿度大、云雾多的贵州大多数地方。在贵州省东部、东南部油茶主产区和中部适生区域，要求海拔低于 800m 的低山丘陵地区，地势开阔的阳坡和土层深厚的缓坡，微酸性至酸性黄壤、黄红壤和红壤地区。

栽培特点：可采用大树换冠或子芽嫁接苗种植。大树换冠宜选择长势旺、粗细均匀、树干 0.8m 以下无大侧枝的大树，进行皮下枝接或嵌合枝接换冠。注重解绑、除罩、抹芽及防病等工作，注意高接换冠的砧木树龄不能太大，植株正常生长。子芽砧嫁接苗造林宜选择在海拔 800m 以下、坡度低于 25°、土壤肥厚、偏酸性的黄壤、黄红壤、红壤地进行。造林密度为 74 株 / 亩或 110 株 / 亩，株行距 2m × 3m 或 3m × 3m。定植穴的规格为 60cm × 60cm × 40cm，施钙镁磷肥或腐熟的农家肥或农家肥与复合肥混合作为底肥。在种植的幼龄期开展中耕除草，扶苗培蔸，间苗补植，除虫灭病，修枝，整形和施肥等技术措施。幼龄期最好与花生、黄豆、红薯等农作物或药材进行间作、套作，提高土地的经济效益。松土除草每年夏、秋各一次。施肥一年 2 次，冬季施火土灰或其他腐熟有机肥等作基肥，春季施尿素、硫铵、磷铵等速效肥。

典型识别特征 树势旺盛，树冠紧凑，枝条分枝均匀，树冠自然圆头形。叶椭圆形，叶先端钝尖，边缘有钝锯齿，叶面光滑，叶色深绿色。果实在枝条顶部着生的数量为 1 ~ 4 个，果实球形有棱，黄色、青黄色或黄红色，果顶有明显的凹陷。

林分

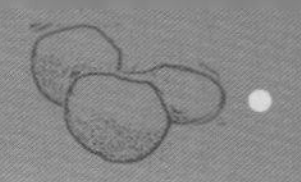

单株

树上果实特写

茶籽

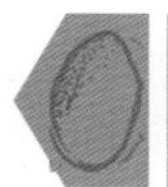

8 黔玉2号

种名：普通油茶
拉丁名：*Camellia oleifera*‘Qianyu 2’
认定编号：黔 R-SC-CO-09-2014
品种类别：无性系
选育地：黔东的玉屏、黔中的贵阳和黔西南的册亨

选育单位：贵州省林业科学研究院 铜仁市玉屏县林业局
选育过程：同黔玉1号
选育年份：2014年

植物学特性 树势旺盛，树冠紧凑，枝条分布均匀，树冠自然圆头形；叶椭圆形，叶柄处有一层黑色细绒毛，叶先端渐尖，边缘有钝锯齿，叶表面光滑，叶色浅（黄）绿色；植株花芽分化能力较强，花芽枝率高达78.5%，枝条顶部花芽数量多为2个，枝条侧花芽数量1～3个，丰产性好，花芽分化到果实成熟期在5月到第二年的10月上旬，花芽膨大呈纺锤形、桃形，花瓣奶白色，通常10月上旬初花期，中下旬盛开，花色白色，花朵直径55.32～69.2mm，花瓣多为5～6瓣，条形，花瓣顶端有缺裂；果实成熟期10月上旬，属寒露籽类型，果实在枝条顶部着生的数量在1～3个之间，有少量4个果，多为1～2个，果实球形，青黄色，果实开裂时多为3裂，果实横径29.14mm，纵径28.71mm，每1000g果数75～85个，心室数2～4个，每果实种子数2～6粒。

经济性状 大年产鲜果量3.54kg/m^2，小年产鲜果量0.83kg/m^2。优树5年的平均单位面积冠幅产果量为2.78kg/m^2、平均单位面积冠幅产油量为24.91g/m^2。油茶鲜果果实平均单果重12.6g，果形指数为0.986，每果实平均单籽数为5.5粒、平均单籽重量为1.09g。果皮平均厚度为2.45mm，鲜果出籽率46.37%，干果出籽率26.94%，干籽出仁率65.28%，干仁含油率47.41%，鲜果出油率8.96%。平均果实病害发生率3.0%、虫害发生率1.0%，植株较抗虫，丰产性强。3年生大树换冠多点试验平均冠幅1.19～1.64m^2，单株产量0.48～0.94kg。

生物学特性 1. 营养生长：用2年生无性系苗造林，定植后第三年植株开花挂果。2月下旬顶芽开始萌动，抽春梢，5月下旬开始抽夏梢，部分抽秋梢。每年抽生的春梢转化成当年的结果枝并开花结果。花芽、叶芽均着生于春梢枝条的顶部或中下部、中下部的叶腋处。2. 生殖生长：花芽在5月下旬气温升高时开始分化，持续到9月。花芽外部形态表现为芽顶端增长、增大、凸起、

树上果实特写

花

茶籽

变平，最后花芽膨大呈纺锤状，鳞片上覆盖一层白色绒毛，边缘呈褐色或褐红色。花无柄，花瓣白色，多为5～6瓣。雄蕊数量较多，雌蕊位于花的中心、1个。一般在早上9时到下午16时开花，每朵花从开放到凋谢大约5～7天。开花时鳞片松动，花瓣由包被状转为开展，露出雄蕊和雌蕊。雌蕊受粉后，鳞片脱落发育为果实。果实的生长大致三个时期。11月初开完花到第二年3月为果实缓慢生长期，这期间果实生长量大约占总生长量20%；4～7月果实的横径和纵径生长迅速，在这期间果实迅速增大，果实生长量大约占总生长量70%，为果实迅速生长期；8～10月为油脂形成期，果实生长慢，果皮变亮、果顶外表面可见明显的凹凸状，颜色开始变黄或红黄，10月上旬果皮顶端开裂，常开3裂，此时油脂含量最高，果实生长量占总量10%。10月上旬、中旬果实沿凹凸处开裂，种子散落。

适应性及栽培特点 该无性系适宜的气候条件为年均气温16～19℃，≥10℃积温4700～5000℃，年降水量900～1500mm，适宜夏凉、冬寒、湿度大、云雾多的贵州大多数地方。在贵州省东部、东南部油茶主产区和中部适生区域，要求海拔低于800m的低山丘陵地区，地势开阔的阳坡和土层深厚的缓坡，微酸性至酸性黄壤、黄红壤和红壤地区。

栽培特点：可采用大树换冠或子芽嫁接苗种植。大树换冠宜选择长势旺、粗细均匀、树干0.8m以下无大侧枝的大树，进行皮下枝接或嵌合枝接换冠。注重解绑、除罩、抹芽及防病等工作，注意高接换冠的砧木树龄不能太大，植株正常生长。子芽砧嫁接苗造林宜选择在海拔800m以下、坡度低于25°、土壤肥厚、偏酸性的黄壤、黄红壤、红壤地进行。造林密度为110株/亩，株行距2m×3m。定植穴的规格为60cm×60cm×40cm，施钙镁磷肥或腐熟的农家肥或农家肥与复合肥混合作为底肥。在种植的幼龄期开展中耕除草，扶苗培蔸，间苗补植，除虫灭病，修枝、整形和施肥等技术措施。幼龄期最好与花生、黄豆、红薯等农作物或药材进行间作、套作，提高土地的经济效益。松土除草每年夏、秋各一次。施肥一年2次，冬季施火土灰或其他腐熟有机肥等作基肥，春季施尿素、硫铵、磷铵等速效肥。

典型识别特征 树势旺盛，树冠紧凑，枝条分枝均匀，树冠自然圆头形。叶椭圆形，叶先端钝尖，边缘有钝锯齿，叶面光滑，叶色浅（黄）绿色。果实在枝条顶部着生的数量为1～4个，果实球形，青黄色，果实顶部有明显的凹凸棱，果实开裂时沿凹凸棱多为3裂。

林分

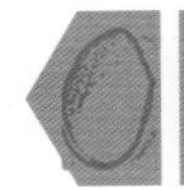

9 黔碧1号

种名： 普通油茶
拉丁名： *Camellia oleifera*‘Qianbi 1’
认定编号： 黔 R-SC-CO-10-2014
品种类别： 无性系
选育地： 黔东的玉屏、黔中的贵阳和黔西南的册亨
选育单位： 贵州省林业科学研究院、铜仁市碧江区林业局
选育过程： 黔碧1号油茶通过实生选育而成。其母树原产于碧江区的坝黄。按照全国油茶优树选择标准对其进行连续的观察和现场测产，经过初选、复选和决选，依据经济性状指标对比评价，初步筛选出该优树。通过大树嫁接，在黔东的玉屏、黔中的贵阳和黔西南的册亨进行优良无性系的区域化品比试验，试验林在2013年开始大量挂果，评价区试结果，选育出该优良无性系。
选育年份： 2014年

植物学特性 树势旺盛，树冠紧凑，枝条分布均匀，树冠自然圆头形；叶椭圆形，叶先端渐尖，边缘有浅锯齿，叶鲜绿色，叶面光滑，叶脉明显，颜色较浅；花芽分化能力强，花芽枝率高达95.2%，枝条顶部花芽数量1～4个、多为2～4个，枝条侧花芽数量1～3个，丰产性好，从5月花芽分化到第二年的10月开花结果需要1年多的时间，花芽膨大时萼片浅绿色，通常于10月中旬至11月上旬开花，花白色，花朵直径57.31～79.13mm，花瓣多为5～6瓣，花瓣倒心形，花瓣顶端缺裂较深；果实成熟期10月中下旬，属寒露籽类型，果实在枝条顶部着生的数量为1～4个，多为2～3个，果实球形，有明显果柄，果柄处有黑色细绒毛，果实开裂时3裂，果实横径30.28mm，纵径32.47mm，果皮青（绿）色或青黄色，果皮有明显的细绒毛，每1000g果实数80～100个，心室数2～4个，每果实种子数2～5粒。

经济性状 大年产鲜果量2.89kg/m^2，小年产鲜果量1.69kg/m^2。5年的平均单位面积冠幅产果量为2.67kg/m^2、平均单位面积冠幅产油量为23.02 g/m^2。油茶鲜果平均单果重12.5g，果形指数为1.072，果实平均单籽数为4粒、平均单籽重量为1.4g。果皮平均厚度为2.75mm，鲜果出籽率44.17%，干果出籽率28.50%，干籽出仁率64.88%，干仁含油率46.6%，鲜果出油率8.62%。平均果实病害发生率1.4%、虫害发生率2.0%，植株较抗虫，丰产性强。3年生大树换冠多点试验平均冠幅2.17～2.24m^2，单株产量0.49～0.85kg。

生物学特性 1. 营养生长：用2年生无性系苗造林，定植后第三年植株开花挂果。2月下旬顶芽开始萌动，抽春梢，5月下旬开始抽夏梢，部分抽秋梢。每年抽生的春梢转化成当年的结果枝并开花结果。花芽、叶芽均着生于春梢枝条的顶部或中下部、中下部的叶腋处。2. 生殖生长：花芽在5月下旬气温升高时开始分化，一直持续到9月。花芽外部形态表现为芽顶端增长、增大、凸起、变平，最后花芽膨大，呈纺锤形或圆球形。鳞片部分浅绿色。花瓣白色、多5～6瓣。雄蕊数量较多、与花瓣贴生，雌蕊位于花的中央、1个。一般在早上9时到下午16时开花，每朵花从开放到凋谢大约5天。开花时鳞片松动，花瓣由包被状转为开展，露出雄蕊和雌蕊。雌蕊受粉后，鳞片脱落发育为果实。果实的生长大致三个时期。11月上旬开完花到第二年3月为果实缓慢生长期，这期间果实生长量大约占总生长量20%；4～7月果实的横径和纵径生长迅速，在这期间果实迅速增大，果实生长量大约占总生长

量70%，为果实迅速生长期；8 ~ 10月为油脂形成期，果实生长慢，果皮变亮、果皮外表面可见明显的绒毛，开始变青（绿）或青黄色，10月中旬果皮顶端开裂，此时油脂含量最高，果实生长量占总量10%。10月中下旬果实沿果顶处开裂，种子散落。

适应性及栽培特点　该无性系适宜的气候条件为年均气温16 ~ 19℃，≥ 10℃积温4700 ~ 5000℃，年降水量900 ~ 1500mm，适宜夏凉、冬寒、湿度大、云雾多的贵州大多数地方。在贵州省东部、东南部油茶主产区和中部适生区域，要求海拔低于800m的低山丘陵地区，地势开阔的阳坡和土层深厚的缓坡，微酸性至酸性黄壤、黄红壤和红壤地区。

栽培特点：可采用大树换冠或子芽嫁接苗种植。大树换冠宜选择长势旺、粗细均匀、树干0.8m以下无大侧枝的大树，进行皮下枝接或嵌合枝接换冠。注重解绑、除罩、抹芽及防病等工作，注意高接换冠的砧木树龄不能太大，植株正常生长。子芽砧嫁接苗造林宜选择在海拔800m以下、坡度低于25°、土壤肥厚、偏酸性的黄壤、黄红壤、红壤地进行。造林密度为74株/亩或110株/亩，株行距2m × 3m或3m × 3m。定植穴的规格为60cm × 60cm × 40cm，施钙镁磷肥或腐熟的农家肥或农家肥与复合肥混合作为底肥。在种植的幼龄期开展中耕除草，扶苗培蔸，间苗补植，除虫灭病，修枝、整形和施肥等技术措施。幼龄期最好与花生、黄豆、红薯等农作物或药材进行间作、套作，提高土地的经济效益。松土除草每年夏、秋各一次。施肥一年2次，冬季施火土灰或其他腐熟有机肥等作基肥，春季施尿素、硫铵、磷铵等速效肥。

典型识别特征　树势旺盛，树冠紧凑，枝条分枝均匀，树冠自然圆头形。叶椭圆形，叶先端钝尖，边缘有浅锯齿，叶面光滑，叶色鲜绿色。果实球形，青（绿）色或青黄色，有明显的果柄，果实开裂时多为3裂。

林分

树上果实特写

花

果实

果实剖面

茶籽

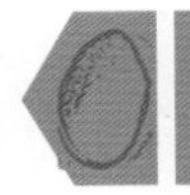

10 黔碧2号

种名： 普通油茶
拉丁名： *Camellia oleifera*‘Qianbi 2’
认定编号： 黔 R-SC-CO-11-2014
品种类别： 无性系
选育地： 黔东的玉屏、黔中的贵阳和黔西南的册亨
选育单位： 贵州省林业科学研究院、铜仁市碧江区林业局
选育过程： 黔玉2号油茶通过实生选育而成。其母树原产于玉屏县茅坡。按照全国油茶优树选择标准对其进行连续的观测和现场测产。经过初选、复选和决选，通过多年的现场测产和经济性状指标对比评价筛选出该优树。按照《GB/T28991-2012 油茶良种选育技术》标准，通过大树嫁接，在黔东的玉屏、黔中的贵阳和黔西南的册亨进行优良无性系的区域化品比试验，大树嫁接的区域化品比试验在2013年开始大量挂果，对其区试结果进行评价，选育出该优良无性系。
选育年份： 2014年

植物学特性 树势旺盛，树冠紧凑，枝条分布均匀，树冠自然圆头形；叶椭圆形，叶先端渐尖，边缘有钝锯齿，叶深绿色，叶面光滑，叶背面浅绿色，叶长50.10 ~ 65.50mm，叶宽31.20 ~ 35.16mm，叶脉明显，颜色较浅；花芽分化能力强，花芽枝率高达81.5%，枝条顶部花芽数量多为1 ~ 3个，枝条侧花芽数量1 ~ 2个，丰产性好，从5月花芽分化到第二年的10月果实成熟，其生殖生长期长，花芽膨大时呈纺锤形，花萼片基部呈现深绿色、上部呈紫色或紫红色，通常于10月中下旬至11月上旬开花，花白色，花朵直径53.12 ~ 72.18mm，花瓣多为6瓣，花瓣条形，花瓣顶端有缺裂；果实成熟期10月上旬，属寒露籽类型，果实在枝条顶部着生的数量多为2 ~ 3个，果实卵形，有细棱，果实有明显的果柄，果青黄色或黄红色，果实开裂时多为2 ~ 3裂，果实横径25.46mm，果实纵径29.52mm，每1000g果数100 ~ 125个，心室数2 ~ 4个，每果实种子数1 ~ 7粒。

经济性状 大年产鲜果量3.35kg/m^2，小年产鲜果量1.45kg/m^2。5年的平均单位面积冠幅产果量为2.15kg/m^2、平均单位面积冠幅产油量为19.87g/m^2。油茶鲜果平均单果重8.9g，果实纵径平均为29.52mm，果实横径平均为25.45mm，果形指数为1.160，果实平均单籽数为3.7粒、平均单籽重量为0.99g。果皮平均厚度为3.17mm，鲜果出籽率43.74%，干果出籽率26.45%，干籽出仁率62.71%，干仁含油率55.65%，鲜果出油率8.23%。平均果实病害发生率1.7%、虫害发生率0.3%，植株较抗虫，丰产性强。3年生大树换冠多点试验平均冠幅1.15 ~ 1.69m^2，单株产量0.51 ~ 0.65kg。

生物学特性 1. 营养生长：用2年生无性系苗造林，定植后第三年植株开花挂果。2月下旬顶芽开始萌动，抽春梢，5月下旬开始抽夏梢，部分抽秋梢。每年抽生的春梢转化成当年的结果枝并开花结果。花芽、叶芽均着生于春梢枝条的顶部或中下部、中下部的叶腋处。2. 生殖生长：花芽在5月下旬气温升高时开始分化，一直到10月。花芽外部形态表现为芽顶端增长、增大、凸起、变平，最后花芽膨大成纺锤状，鳞片部分现绿色、紫色。花无柄，花瓣白色、多为6瓣。雄蕊数量较多、与花瓣贴生，雌蕊位于花的中心、1个。一般在早上9时到下午16时开花，每朵花从开放到凋谢大约5 ~ 7天。开花时鳞片松动，花瓣由包被状转为开展，露出雄蕊和雌蕊。雌蕊受粉后，鳞片脱落发育为果实。果实的生长大致三个时期。11

月上旬开完花到第二年3月为果实缓慢生长期，这期间果实生长量大约占总生长量20%；4～7月果实的横径和纵径生长迅速，在这期间果实迅速增大，果实生长量大约占总生长量70%，为果实迅速生长期；8月至10月上旬为油脂形成期，果实生长慢，果皮变亮、果皮外表面可见明显的棱，开始变红或红黄，10月中旬果皮顶端开裂，此时油脂含量最高，果实生长量占总量10%。10月中旬果实沿棱处开裂，种子散落。

适应性及栽培特点　该无性系适宜的气候条件为年均气温16～19℃，≥10℃积温4700～5000℃，年降水量900～1500mm，适宜夏凉、冬寒、湿度大、云雾多的贵州大多数地方。在贵州省东部、东南部油茶主产区和中部适生区域，要求海拔低于800m的低山丘陵地区，地势开阔的阳坡和土层深厚的缓坡，微酸性至酸性黄壤、黄红壤和红壤地区。

栽培特点：可采用大树换冠或子芽嫁接苗种植。大树换冠宜选择长势旺、粗细均匀、树干0.8m以下无大侧枝的大树，进行皮下枝接或嵌合枝接换冠。注重解绑、除罩、抹芽及防病等工作，注意高接换冠的砧木树龄不能太大，植株正常生长。子芽砧嫁接苗造林宜选择在海拔800m以下、坡度低于25°、土壤肥厚、偏酸性的黄壤、黄红壤、红壤地进行。造林密度为74株/亩或110株/亩，株行距2m×3m或3m×3m。定植穴的规格为60cm×60cm×40cm，施钙镁磷肥或腐熟的农家肥或农家肥与复合肥混合作为底肥。在种植的幼龄期开展中耕除草，扶苗培蔸，间苗补植，除虫灭病，修枝、整形和施肥等技术措施。幼龄期最好与花生、黄豆、红薯等农作物或药材进行间作、套作，提高土地的经济效益。松土除草每年夏、秋各一次。施肥一年2次，冬季施火土灰或其他腐熟有机肥等作基肥，春季施尿素、硫铵、磷铵等速效肥。

典型识别特征　树势旺盛，树冠紧凑，枝条分枝均匀，树冠自然圆头形。叶椭圆形，叶先端钝尖，边缘有钝锯齿，叶面光滑，叶色深绿色。果实在枝条顶部着生的数量为2～3个，果实卵形，有明显的果柄，有较明显的细棱，青黄色、黄红色，果实开裂时沿棱处多为2～3裂。

林分

单株

花

果实

果实剖面

树上果实特写

茶籽

11 望油1号

种名： 普通油茶

拉丁名： *Camellia oleifera* ‘Wangyou 1’

认定编号： 黔 R-SC-CO-12-2014

品种类别： 无性系

选育地： 黔东的玉屏、黔中的贵阳和黔西南的册亨

选育单位： 贵州省林业科学研究院，黔西南布依族、苗族自治州望谟县林业局

选育过程： 望油1号通过实生选育而成。其母树原产于望谟县油迈乡。按照全国油茶优树选择标准对其进行连续的观察和现场测产。经过初选、复选和决选，多年的现场测产和经济性状指标对比评价筛选出该优树。通过大树嫁接，在黔东的玉屏、黔中的贵阳和黔西南的册亨进行优良无性系的区域化品比试验，大树嫁接的区域化品比试验在2013年开始大量挂果，对其区域化试验结果进行初步评价，选育出该优良无性系。

选育年份： 2014年

植物学特性 树势旺盛，树冠紧凑，枝条分布均匀，树冠自然圆头形；叶椭圆形，叶先端钝尖，边缘有尖锯齿，叶深绿色，叶面光滑，叶脉浅绿色；花芽分化能力强，花芽枝率高达81.3%，枝条顶部花芽数量多为1～3个，枝条侧花芽数量1～3个，丰产性好，花芽从5月上旬到第二年的11月结果，历时1年多，花芽膨大时花瓣和萼片基部呈现浅红色，通常于10月中下旬至11月上旬开花，花白色，花朵直径54.5～70.68mm，花瓣多为6～7瓣，花瓣倒心形，花瓣顶端有深缺裂；果实成熟期11月上旬，属霜降籽类型，果实在枝条顶部着生的数量多为1～3个，果实橘形，有棱，黄红色，果实开裂时多为3～4裂，果实横径49.55mm，果实纵径41.09mm，每1000g果数40～60个，心室数4～6个，每果实种子数4～10粒。

经济性状 大年产鲜果量2.65kg/m^2，小年产鲜果量0.6kg/m^2。5年的平均单位面积冠幅产果量为1.77kg/m^2、平均单位面积冠幅产油量为15.62g/m^2。油茶鲜果果实平均单果重53.9g，果形指数为0.830，果实平均单籽数为7.4粒、平均单籽重量为4.21g。果皮平均厚度为4.72mm，鲜果出籽率42.38%，干果出籽率67.44%，干籽出仁率29.5%，干仁含油率44.38%，鲜果出油率8.83%。平均果实病害发生率1.5%、虫害发生率1.0%，植株较抗虫，丰产性强。3年生大树换冠多点试验平均冠幅2.25～2.45m^2，单株产量0.50kg～0.75kg。

生物学特性 1.营养生长：用2年生无性系苗造林，定植后第三年植株开花挂果。2月下旬顶芽开始萌动，抽春梢，5月下旬开始抽夏梢，部分抽秋梢。每年抽生的春梢转化成当年的结果枝并开花结果。花芽、叶芽均着生于春梢枝条的顶部或中下部、中下部的叶腋处。2.生殖生长：花芽在5月上旬气温升高时开始分化，一直持续到10月。花芽外部形态表现为芽顶端增长、增大、凸起、变平，最后花芽膨大成圆球形，花瓣部分呈现淡红色。花无柄，花瓣白色、多为7瓣。雄蕊数量较多、与花瓣贴生，雌蕊位于花的中心、1个。一般在早上9时到下午16时开花，每朵花从开放到凋谢大约5天。开花时鳞片松动，花瓣由包被状转为开展，露出雄蕊和雌蕊。雌蕊受粉后，鳞片脱落发育为果实。果实的生长大致三个时期。10月下旬至11月中旬开完花到第二年3月为果实缓慢生长期，这期间果实生长量大约占总生长量20%；4～7月果实的横径和纵径生长迅速，在这期间果实迅速增大，

果实生长量大约占总生长量 70%，为果实迅速生长期；8 月至 11 月上旬为油脂形成期，果实生长慢，果皮变亮、果皮外表面可见明显的棱，开始变黄或红黄，11 月上旬果皮顶端开裂，此时油脂含量最高，果实生长量占总量 10%。11 月上中旬果实沿棱处开裂，种子散落。

适应性及栽培特点　该无性系适宜的气候条件为年均气温 16 ~ 19℃，年降水量 900 ~ 1500mm，适宜夏凉、冬寒、湿度大、云雾多的贵州大多数地方。在贵州省东部、西南部油茶适生区和中部气候条件相似适生区域，要求海拔低于 800m 的低山丘陵地区，地势开阔的阳坡和土层深厚的缓坡，微酸性至酸性黄壤、黄红壤和红壤地区。

栽培特点：可采用大树换冠或子芽嫁接苗种植。大树换冠宜选择长势旺、粗细均匀、树干 0.8m 以下无大侧枝的大树，进行皮下枝接或嵌合枝接换冠。注重解绑、除罩、抹芽及防病等工作，注意高接换冠的砧木树龄不能太大，植株正常生长。子芽砧嫁接苗造林宜选择在海拔 800m 以下、坡度低于 25°、土壤肥厚、偏酸性的黄壤、黄红壤、红壤地进行。造林密度为 74 株 / 亩或 110 株 / 亩，株行距 2m × 3m 或 3m × 3m。定植穴的规格为 60cm × 60cm × 40cm，施钙镁磷肥或腐熟的农家肥或农家肥与复合肥混合作为底肥。在种植的幼龄期开展中耕除草，扶苗培蔸，间苗补植，除虫灭病，修枝、整形和施肥等技术措施。幼龄期最好与花生、黄豆、红薯等农作物或药材进行间作、套作，提高土地的经济效益。松土除草每年夏、秋各一次。施肥一年 2 次，冬季施火土灰或其他腐熟有机肥等作基肥，春季施尿素、硫铵、磷铵等速效肥。

典型识别特征　树势旺盛，树冠紧凑，枝条分枝均匀，树冠自然圆头形。叶椭圆形，叶先端钝尖，边缘有尖锯齿，叶面光滑，叶色深绿色。果实在枝条顶部着生的数量为 1 ~ 3 个，果实橘形、有棱、黄红色，果实开裂时多为 3 ~ 4 裂。

林分

单株

树上果实特写

花

果实剖面

茶籽

12 江东11号

种名： 普通油茶
拉丁名： *Camellia oleifera*‘Jiangdong 11’
品种类别： 无性系
原产地： 贵州省天柱县江东乡江东村井水湾
选育单位： 天柱县林业科技推广站

选育过程： 2010年开展优树调查，2013年优树调查结束，2014年收集后在社学乡平甫进行大树嫁接试验。
选育年份： 2013年

植物学特征　常绿小乔木，树形半开张，塔形，分枝角度45°。母树树龄56年，分枝高度30cm，分枝数5枝，树高4.3m，地径17.4cm，冠层厚度2.6m，冠幅12.92m^2。树冠自然通风透光，春梢嫩枝红褐色，老枝黄绿色，枝长8.3～14.0cm，芽鳞玉白色，无绒毛；春梢叶片数3～6片，上斜状态着生，叶色深绿，叶片椭圆形，厚革质，表面光滑平整，叶缘平，钝齿较密，叶基楔形，先端渐尖或钝尖，叶长6.5～8.0cm，叶宽2.3～5.5cm，叶脉7～9对；花芽于5月下旬开始分化，着生于春梢主枝顶端及往下1～2节和侧枝顶部，多双芽顶生，分化初期红褐色，分化成熟后为黄绿色、圆钝，萼片6片，绿色，被短绒毛，花白色，花瓣6～8瓣，花冠直径7.2～9.4cm，花朵具芳香味，柱头浅3裂，雌蕊高于雄蕊；果实不具丛生性，单果着生，分布均匀，幼果墨绿色，密被短绒毛，成熟果黄红色、青黄色，表面光滑，偶有糠皮，球形或桃形，果高35.73mm，果径34.28mm，果壳厚度3.51mm，单果籽粒数2～8粒，平均5粒，种子半球形或不规则形，种皮黑色，种子百粒重190g。

经济性状　4年平均单位面积冠幅产果0.85kg/m^2，折亩产油量达36.3kg，种籽产量120.1kg，大小年产量变幅20.1%，结实大小年变幅差异不大，稳产性好。单果重22.7g，鲜果出籽率41.2%，干果出籽率25.7%，干出仁率67.2%。

生物学特性　3月上旬萌动，3月下旬开始抽梢伸长，4月下旬封顶；5月下旬为花芽分化初期，10月下旬始花，11月中旬盛花，11月中上旬末花期；雏果于2月下旬形成，3月中旬开始正常生长，5～8月上旬迅速生长，果实膨大，8月中旬后果实体积不再增长，10月中上旬果实自然成熟。

适应性　适宜在贵州省东南部油茶适宜发展区域栽培，要求海拔在600m以下的丘陵区，土壤以微酸性至酸性的黄壤、黄红壤、红壤较好。

典型识别特征　树形半开张，塔形。雌蕊高于雄蕊，柱头浅3裂。

林分

花

果实、茶籽与果实剖面

 13 江东12号

种名： 普通油茶
拉丁名： *Camellia oleifera* 'Jiangdong 12'
品种类别： 无性系
原产地： 贵州省天柱县江东乡江东烂泥冲

选育单位： 天柱县林业科技推广站
选育过程： 同江东11号
选育年份： 2013年

植物学特征 常绿小乔木，树形自然开张，宽伞形，分枝角度大于80°，分枝角度大。母树树龄50年，分枝高度47cm，分枝数5枝，树高3.7m，地径10.9cm，冠层厚度2.75m，冠幅18.05m^2。树冠自然通风透光，成枝力强，春梢嫩枝淡红色，老枝黄褐色，枝长8.0～20.5cm，芽鳞玉白色，无绒毛；春梢叶片数4～6片，近水平着生，叶色深绿，叶片椭圆形，厚革质，叶缘平，具中密度锯齿或钝齿，叶基楔形，先端渐尖，叶长5.2～7.0cm，叶宽2.1～5.3cm，叶脉5～7对；花芽于5月中旬开始分化，着生于春梢主枝顶端及往下2～3节和侧枝顶部，多双芽顶生，分化初期淡红色，分化成熟后为黄绿色、圆钝，萼片5片，绿色，无绒毛，花白色，花瓣7～9瓣，花冠直径5.5～9.4cm，花朵具芳香味，柱头浅4裂，雄蕊略高或平于雌蕊；果实不具丛生性，单果着生，分布均匀，雏果青绿色，幼果紫红色，密被绒毛，成熟果淡黄色或黄红色，果面光滑，球形、桃形或橄榄形，果高34.63mm，果径31.46mm，果壳厚度3.29mm，单果籽粒数3～7粒，平均5粒，种子半球形、锥形或不规则形，种皮黑褐色，种子百粒重146g。

经济性状 4年平均冠幅产果0.88kg/m^2，折亩产油量达39.3kg，种籽产量131.16kg，大小年产量变幅31.8%，结实大小年变幅差异正常，稳产性好。单果重18.3g，鲜果出籽率39.7%，干果出籽率27.1%，干出仁率66.2%。

生物学特性 3月上旬萌动，3月中下旬开始抽梢伸长，5月上旬封顶；5月中下旬为花芽分化初期，10月下旬始花，11月上旬盛花，11月下旬末花期；雏果于2月中下旬形成，3月中旬开始正常生长，5～8月迅速生长，果实膨大，8月下旬后果实体积不再增长，10月中旬果实自然成熟。

适应性 适宜在贵州省东南部油茶适宜发展区域栽培，要求海拔在600m以下的丘陵区，土壤以微酸性至酸性的黄壤、黄红壤、红壤较好。

典型识别特征 树形开张，宽伞形，分枝角度大。柱头浅4裂，成熟果淡黄色或黄红色。

果枝

单株

花

果实、茶籽与果实剖面

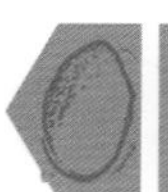

14 黎平1号

种名：小果油茶
拉丁名：*Camellia meiocarpa*‘Liping 1’
俗名：大宝油茶
品种类别：无性系
原产地：贵州省黎平县
选育地：贵州省黎平县
选育单位：贵州省林业科学研究院、黎平县林业局

选育过程：2009－2011年完成优树评选。2010年在黎平选择适宜林分采用改良撕皮嵌合接法进行大树换冠嫁接的方式营建测定林。2013年通过省种苗站组织的现场产量查验，嫁接3年单株平均产果1.52kg。
选育年份：2009－2013年

植物学特征 乔灌型，树冠伞形或圆球形；嫩枝棕黄色；叶小，长椭圆形，平均叶长6.42cm，宽3.38cm，长宽比1.90；芽鳞黄绿色，无毛；果实球形，青黄色，表面光滑，平均单果重5.14g，果皮厚0.81mm；种子球形或半球形，种皮黑色。

经济性状 盛果期亩产油量106.61kg，大小年差异小。单果重4.1g，鲜果出籽率61.84%，干果出籽率32.34%，出仁率71.35%，干仁含油率44.18%。主要脂肪酸成分：油酸78.2%，亚油酸7.4%，棕榈酸7.5%，硬脂酸2.8%，亚麻酸0.3%，花生一烯酸0.5%。

生物学特性 常绿植物，春梢3月中旬萌发，4月中下旬抽梢，5月初封顶，若营养充沛，还可萌发夏梢和秋梢；花果同期，花期10月下旬至11月中旬，历时约1个月；果实10月底成熟，随当年气候变化稍有波动。

适应性及栽培特点 适宜种植区域：贵州黔东南油茶分布区及周边县（市）和相邻省份气候条件相似地区。适宜种植气候：年平均温度15～22℃，年降水量1000mm以上。适宜种植立地条件：海拔200～800m，光照充足，土壤厚度大于0.5m，pH值4.0～6.5。丰产栽培技术参照《LY/T 1328 油茶栽培技术规程》。

典型识别特征 树冠伞形，树势紧凑。芽鳞黄绿色，无绒毛。萼片绿色。叶片长椭圆形，较小，长5.0～6.5cm、宽2.8～3.5cm、长宽比1.85～2.00。

单株

林分

树上果实特写

花

果实与茶籽

种子与种仁

15 瓮洞4号

种名：普通油茶
拉丁名：*Camellia oleifera*‘Wengdong 4’
品种类别：无性系
原产地：贵州省天柱县瓮洞镇梭坪村屋背坡
选育单位：贵州天柱县林业科技推广站

选育过程：2010年开展优树调查，2013年优树调查结束，2014年收集后在社学乡平甫进行大树嫁接试验。
选育年份：2013年

植物学特征 常绿小乔木，树形自然开张，圆头形，分枝角度60°。母树树龄48年，分枝高度60cm，分枝数5枝，树高5.6m，地径15.0cm，冠层厚度4.2m，冠幅21.07m^2。树势旺盛，自然通风透光，成枝力强，春梢嫩枝青绿色，老枝红褐色，枝长7.2～12.5cm，芽鳞玉白色，无绒毛；春梢叶片数4～5片，上斜状态着生，叶色深绿，叶片椭圆形，厚革质，嫩叶两侧隆起，老叶表面光滑平整，叶缘平，具中密度锯齿或钝齿，叶基楔形，先端渐尖或钝尖，叶长6.2～6.6cm，叶宽2.2～3.0cm，叶脉5～7对；花芽于5月下旬开始分化，着生于春梢主枝顶端及往下2～3节和侧枝顶部，多双芽顶生，分化初期淡红色，分化成熟后为黄绿色、圆钝，萼片4片，绿色，无绒毛，花白色，花瓣6～7瓣，花冠直径4.8～7.1cm，花朵具芳香味，柱头浅3裂，雄蕊高于雌蕊；果实不具丛生性，单果着生，分布均匀，幼果墨绿色，密被短绒毛，成熟果青黄色，表面有糠皮，卵形，果高36.5mm，果径31.25mm，果壳厚度3.06mm，单果籽粒数1～9粒，平均4.5粒，种子半球形、似肾形或不规则形，种皮黑褐色，种子百粒重200g。

经济性状 4年平均单位面积冠幅产果0.94kg/m^2，折亩产油量达39.7kg、种籽产量132.3kg，大小年产量变幅28.6%，结实大小年变幅差异不大，稳产性好。单果重19.8g，鲜果出籽率44.1%，干果出籽率25.6%，干出仁率65.7%。

生物学特性 2月下旬萌动，3月中旬开始抽梢伸长，4月下旬封顶；5月中旬为花芽分化初期，10月上旬始花，10月中下旬盛花，11月中旬末花期，盛花与果熟期同步；雏果于2月中旬形成，3月上旬开始正常生长，5月至8月上旬迅速生长，果实膨大，8月中旬后果实体积不再增长，10月下旬果实自然成熟。

适应性 适宜在贵州省东南部油茶适宜发展区域栽培，要求海拔在600m以下的丘陵区，土壤以微酸性至酸性的黄壤、黄红壤、红壤较好。

典型识别特征 树形开张，圆头形。果青黄色，果面有糠皮。

树上果实特写

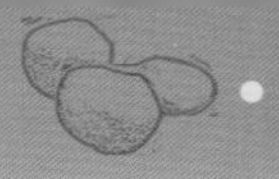

单株

花

果实、茶籽与果实剖面

16 远口1号

种名：普通油茶
拉丁名：*Camellia oleifera*‘Yuankou 1’
品种类别：无性系
原产地：贵州省天柱县远口镇东风村大坪头
选育单位：贵州天柱县林业科技推广站

选育过程：2010年开展优树调查，2013年优树调查结束，2014年收集后在社学乡平甫进行大树嫁接试验。
选育年份：2013年

植物学特征 常绿小乔木，树形自然开张，伞形，分枝角度60°左右。母树树龄52年，分枝高度10cm，分枝数3枝，树高4.6m，地径15.0cm，冠层厚度3.3m，冠幅16.66m²。树势旺盛，自然通风透光，成枝力强，春梢嫩枝绿色，老枝黄褐色，枝长4.7～10.8cm，芽鳞玉白色，无绒毛；春梢叶片数4～5片，近水平着生，叶色深绿，叶片椭圆形，厚革质，叶面光滑平整，叶缘平，具中密度钝齿，基楔形或近圆形，先端渐尖或钝尖，叶长6.0～8.0cm，叶宽2.0～3.3cm，叶脉5～8对；花芽于6月上旬开始分化，着生于春梢主枝顶端及往下1～2节和侧枝顶部，多单芽顶生，分化成熟后为黄绿色、圆钝，萼片5～6片，绿色，无绒毛，花白色，花瓣6～9瓣，花冠直径4.5～7.4cm，花朵具芳香味，柱头浅5裂，雌蕊高于雄蕊。果实不具丛生性，单果着生，分布均匀，幼果深绿色，密被短绒毛，成熟果青黄色、青红色、黄红色，表面光滑或有糠皮，球形，果高31.9mm，果径33.91mm，果壳厚度3.02mm。单果籽粒数2～8粒，种子半球形、似肾形或不规则形，种皮褐色，种子百粒重190g。

经济性状 4年平均单位面积冠幅产果0.88kg/m²，折亩产油量达37.1kg，种籽产量123.9kg，大小年产量变幅24.8%，结实大小年变幅差异不大，稳产性好。单果重23.7g，鲜果出籽率41.3%，干果出籽率25.3%，干出仁率60.3%。

生物学特性 3月中旬萌动，4月上旬开始抽梢伸长，5月上旬封顶；6月上旬为花芽分化初期，11月上旬始花，11月下旬至12月上旬盛花，12月下旬末花期；雏果于3月上旬形成，4月上旬开始正常生长，5月至8月上旬迅速生长，果实膨大，8月下旬后果实体积不再增长，11月上旬果实自然成熟。

适应性 适宜在贵州省东南部油茶适宜发展区域栽培，要求海拔在600m以下的丘陵区，土壤以微酸性至酸性的黄壤、黄红壤、红壤较好。

典型识别特征 树形自然开张。柱头浅5裂，雌蕊高于雄蕊。果球形，果面有糠皮。

果枝

林分

单株

花

果实、果实剖面与茶籽

17 远口5号

种名： 普通油茶
拉丁名： *Camellia oleifera*‘Yuankou 5’
品种类别： 无性系
原产地： 贵州省天柱县远口镇潘寨村斋粑坳

选育单位： 贵州天柱县林业科技推广站
选育过程： 同远口1号
选育年份： 2013年

植物学特征 常绿小乔木，树形半开张，圆头形，分枝角度25°。母树树龄55年，分枝高度20cm，分枝数14枝，树高5.2m，地径19.8cm，冠层厚度4.2m，冠幅20.25m²。树势旺盛，成枝力强，春梢嫩枝淡红色，老枝黄绿色，枝长6.0～15.0cm，芽鳞玉白色，无绒毛；春梢叶片数3～5片，近水平着生，叶色深绿，叶片椭圆形，厚革质，嫩叶表面光滑平整，刚展开的叶片从叶缘到中脉浅红色，老叶深绿色，叶面平或两侧隆起，叶缘平，具中密度锯齿或钝齿，叶基楔形，先端渐尖或急尖，叶长6.3～8.5cm，叶宽2.5～3.5cm，叶脉5～7对。花芽于5月下旬开始分化，着生于春梢主枝顶端及往下1～2节和侧枝顶部，多双芽或多个花芽顶生，花芽分化初期淡红色，分化成熟后为黄绿色、圆钝，萼片5片，绿色，无绒毛，花白色，花瓣5～7瓣，花冠直径3.5～6.3cm，花朵具芳香味，柱头中3裂，雄蕊高于雌蕊；果实多双果丛生枝顶，单果着生于枝顶往下2～3节，分布均匀，幼果青绿色，密被短绒毛，成熟果青黄色、青红色、黄红色，表面有糠皮，桃形或卵形，果高31.46mm，果径27.41mm，果壳厚度3.06mm，单果籽粒数1～7粒，平均4粒，种子半球形或不规则形，黑色，种子百粒重120g。

经济性状 4年平均单位面积冠幅产果1.1kg/m²，折亩产油量达42.3kg、种籽产量151.2kg，大小年产量变幅19.3%，结实大小年变幅差异不大，稳产性好。单果重13.2g，鲜果出籽率33.6%，干果出籽率25.0%，干出仁率64.8%。

生物学特性 2月下旬萌动，3月中下旬开始抽梢伸长，4月下旬封顶；5月中旬为花芽分化初期，11月上旬始花，10月下旬盛花，12月中旬末花期；雏果于3月上旬形成，4月上旬开始正常生长，5月至8月上旬迅速生长，果实膨大，8月下旬后果实体积不再增长，10月下旬果实自然成熟。

适应性 适宜在贵州省东南部油茶适宜发展区域栽培，要求海拔在600m以下的丘陵区，土壤以微酸性至酸性的黄壤、黄红壤、红壤较好。

典型识别特征 树形半开张，圆头形。柱头中3裂。果桃形或卵形，果面有糠皮。

单株

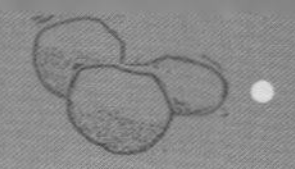

树上果实特写

花

果实、果实剖面与茶籽

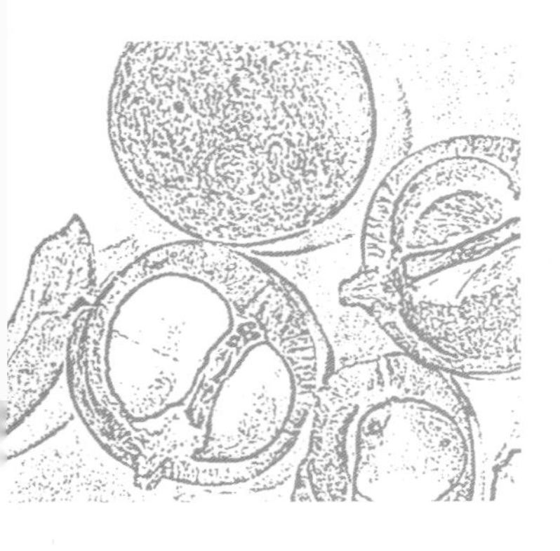

第十八章 云南省主要油茶良种

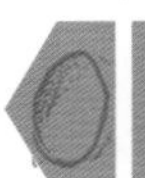

1 云油茶3号

种名：普通油茶
拉丁名：*Camellia oleifera*‘Yunyoucha 3’
认定编号：滇 R-SC-CO-001-2008
品种类别：无性系（SC）
原产地：云南省文山壮族苗族自治州广南县
选育地（包括区试点）：选育地点位于云南省文山壮族苗族自治州广南县。选育期间区试点位于广南县旧莫乡里乜村委会、广南县旧莫乡安勒村委会、广南县黑支果乡大咕噜村委会、广南县坝美镇法利村委会、富宁县金坝华侨林场。在广南县、富宁县共建立5个区域性试验点，其中广南4个，富宁1个，每点60亩（含对照10亩），共300亩。历经31年的选育，2008年12月通过云南省林木品种委员会认定，被认定为良种后成为云南省首批推广油茶良种，在云南、贵州、广西等地推广面积达500多万亩，区试点分布于云南、贵州、广西、湖南、浙江等省（自治区）
选育单位：云南省林业科学院油茶研究所
选育过程：①初选：1977年10月，云南省林业科学院油茶研究所在广南县18个乡（镇）20万亩实生油茶林中开展了油茶优良单株的初选工作，先以丰产性和果实的大小为主要指标，共初选单株128株。初选单株与选育指标对照，达标单株27株，淘汰121株。②复选：1978年根据复选指标（冠幅产果量1.0kg/m^{2}以上，平均单果重20g以上，鲜果出籽率40%以上，干仁含油率50%以上），再对27株达标单株进行复选，对照指标淘汰单株13株，有14株进入了决选。③决选：1979年进行，按决选指标，对决选出单株开展无性系化、子代测定等工作。一是无性系化。1980年2月，对决选单株进行采穗，高枝嫁接在广南县十里桥林场内，开展大树高枝嫁接5亩，建成无性扩繁园25亩，1982－1984年加强对扩繁园管理，使扩繁园迅速产生了大量的穗条，1985－1986年从扩繁园里采穗条开始生产无性系种苗，共生产嫁接苗5000株。二是子代测定。1987年开展，分别在广南县旧莫乡里乜村委会、广南县旧莫乡安勒村委会、广南县黑支果乡大咕噜村委会、广南县坝美镇法利村委会、富宁县金坝华侨林场进行。在广南县、富宁县共建立5个区域性试验点，其中广南4个，富宁1个，每点60亩（含对照10亩），共300亩。通过21年的子代测定和观察试验，通过综合多因子逐级淘汰筛选，最终决选出云油茶3号优良无性系。于2008年12月底通过云南省林木品种委员会认定。
选育年份：2008年

植物学特征　该良种为常绿乔木，成年树体高大，树势生长旺盛，发枝力强，树冠自然开张形，树高可达 4m，地径 20cm；树皮淡褐色，光滑；嫩枝颜色紫红；嫩叶颜色红，叶披针形，叶面长 6.3cm，宽 3.8cm，叶片革质，叶下表面侧脉不明显，叶面平整光滑，叶缘平，叶基近圆形，叶颜色深绿，芽鳞黄绿色，叶齿锐度中等，齿密度大，叶片着生状态近水平，先端渐尖，细锯齿或钝齿，叶缘锯齿 35 ~ 50 个，侧脉对数 5；花芽顶生或腋生，有芽绒毛，两性花，白色，花瓣数 6，花瓣质地中等，花瓣倒心形，顶端常 2 裂，萼片数 5 ~ 7，花柱长度 1.2cm，柱头裂数 3，花冠直径 6 ~ 7cm，有子房绒毛，花柱裂位浅裂，雄蕊 76 个，雌蕊 4 个，雄蕊相对较高，萼片绿色；果实球形，果皮颜色红，果面表面光滑，果皮木质化，果实横径 3.64cm，纵径 2.89cm，心室 3 个，种子 2 ~ 9 粒，果实 10 月下旬成熟，属霜降籽，500g 种子 220 粒，果大壳薄，籽粒硕大饱满，平均单粒重 3.46g；种子形状三角形，种皮黑色，有光泽；根系为主根发达的深根系，深可达 1.5m，但细根密集在 10 ~ 35cm 范围内，根系趋水、肥性强。

单株

树上果实特写

花

果实

茶籽

经济性状 丰产性好，成枝力强，以顶花芽、短果枝结果为主，平均每枝结果数为40左右。连年结果能力强，大小年不明显，产量高。冠幅产果量1.45kg/m^2。初产期产量达4810kg/hm^2，盛产期产量达12500kg/hm^{2}以上。果大壳薄，果实横径3.64cm，纵径2.89cm，平均单果重21.64g，最大单果重34.9g，单果种籽少，平均2～9个，种籽较大，单粒重3.50g；种子品质好，种仁饱满，果皮薄，出仁率高。鲜果出籽率42.3%，干仁含油率54.07%，果含油率8.4%，平均产油量582kg/hm^2。

生物学特性 云油茶3号优良无性系喜温暖，怕寒冷，生长期在260天左右。要求年均气温15～18℃，绝对低温-10℃，≥10℃年积温在4500～5200℃。抽梢期3～5月的月平均气温13～20℃，花芽分化期5～7月的月平均气温20℃，果实生长期与油脂转化最盛期7～8月的月平均气温20～22℃，开花期9～10月的月平均气温15℃左右。生长发育要求有较充足的阳光，年日照时数1800小时以上。应在地形开阔的阳坡、半阳坡地上种植，年降水量1000～1200mm。

适应性及栽培特点 该良种采用芽苗砧嫁接进行繁殖后的无性系苗进入苗圃培育1年便可上山造林。采用无性系进行造林的油茶林在前3年需去花除果，以加快植株的营养生长，4～5年后即可挂果，进入初产期，造林8～10年后进入盛产期，在管理良好、养分充足的情况下，盛产期可持续80年。该品种适宜于在云南省及气候条件相似的贵州、广西等省（自治区），海拔500～2000m，酸性、微酸性红壤、沙壤和黄壤的阳坡、半阳坡种植。油茶是雌雄同株、异花授粉树种，为提高油茶林的产量和质量，建议采用5个以上良种混栽为佳。

典型识别特征 叶先端渐尖，边缘有细锯齿，叶面光滑。果实球形，红色，10月下旬成熟，属霜降籽。

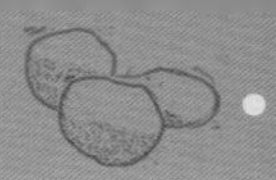

2　云油茶4号

种名：普通油茶
拉丁名：*Camellia oleifera*‘Yunyoucha 4’
认定编号：滇 R-SC-CO-002-2008
品种类别：无性系（SC）
原产地：云南省文山壮族苗族自治州广南县
选育地（包括区试点）：选育地点位于云南省文山壮族苗族自治州广南县。选育期间区试点位于广南县旧莫乡里乜村委会、广南县旧莫乡安勒村委会、广南县黑支果乡大咕噜村委会、广南县坝美镇法利村委会、富宁县金坝华侨林场。在广南县、富宁县共建立5个区域性试验点，其中广南4个，富宁1个，每点60亩（含对照10亩），共300亩。历经31年的选育，2008年12月通过云南省林木品种委员会认定，被认定为良种后成为云南省首批推广油茶良种，在云南、贵州、广西等地推广面积达500多万亩，区试点分布于云南、贵州、广西、湖南、浙江等省（自治区）。
选育单位：云南省林业科学院油茶研究所
选育过程：同云油茶3号
选育年份：2008年

植物学特征　该良种为常绿乔木，成年树体高大，树势生长旺盛，发枝力强，树冠自然开张形，树高可达4m，地径20cm；树干直立，树皮淡褐色，光滑；嫩枝颜色紫红；嫩叶颜色红，叶椭圆形，叶面长6.6cm，宽3.1cm，叶片革质，叶下表面侧脉不明显，叶面平整光滑，叶缘平，叶基近圆形，叶颜色深绿，芽鳞黄绿色，叶齿锐度中等，齿密度大，叶片着生状态近水平，先端渐尖，具细锯齿或钝齿，叶缘锯齿35～50个，侧脉对数5；花芽顶生或腋生，有芽绒毛，两性花，白色，花瓣数7，花瓣质地中等，花瓣倒心形，顶端常2裂，萼片数5～7，花柱长度1.0cm，柱头裂数3，花冠直径5～6cm，有子房绒毛，花柱裂位浅裂，雄蕊82个，雌蕊4个，雄蕊相对较高，萼片绿色；果实球形，果皮青红色，果面表面光滑，果皮木质化，果实横径3.46cm，纵径3.53cm，心室1～3个，种子2～11粒，果实10月下旬成熟，属霜降籽，500g种子198粒，果大壳薄，籽粒硕大饱满，平均单粒重3.30g；种子形状三角形，种皮黑色，有光泽；根系为主根发达的深根系，深可达1.5m，但细根密集在10～35cm范围内，根系趋水、肥性强。

经济性状　丰产性好，成枝力强，以顶花芽、短果枝结果为主，平均每枝结果数为40左右。连年结果能力强，大小年不明显，产量高。初产期产量达5110kg/hm^2，盛产期产量达13060kg/hm^{2}以上。果大壳薄，果实横径3.46cm，纵径3.53cm，平均单果重23.82g，最大单果重47g，单果种籽少，平均2～11个，种籽较大，单粒重3.30g；种子品质好，种仁饱满，果皮薄，出仁率高。鲜果出籽率46.6%，干仁含油率53.83%，果含油率10.3%，平均产油量784.7kg/hm^2。

生物学特性　喜温暖，怕寒冷，生长期在260天左右。要求年均气温15～18℃，绝对低温-10℃，≥10℃年积温在4500～5200℃。抽梢期3～5月的月平均气温13～20℃，花芽分化期5～7月的月平均气温20℃，果实生长期与油脂转化最盛期7～8月的月平均气温20～22℃，开花期9～10月，月平均气温15℃左右。生长发育要求有较充足的阳光，年日照时数1800小时以上。应在地形开阔的阳坡、半阳坡地上种植，年降水量1000～1200mm。

适应性及栽培特点　该良种采用芽苗砧嫁接

进行繁殖后的无性系苗进入苗圃培育1年便可上山造林。采用无性系进行造林的油茶林在前3年需去花除果，以加快植株的营养生长，4～5年后即可挂果，进入初产期，造林8～10年后进入盛产期，在管理良好、养分充足的情况下，盛产期可持续80年。该品种适宜于在云南省及气候条件相似的贵州、广西等省（自治区），海拔500～2000m，酸性、微酸性红壤、沙壤和黄壤的阳坡、半阳坡种植。油茶是雌雄同株、异花授粉树种，为提高油茶林的产量和质量，建议采用5个以上良种混栽为佳。繁殖技术要点：采用芽苗砧嫁接繁殖。用普通油茶大粒种子沙藏催芽，培育芽苗作为砧木。采集当年生半木质化春梢嫁接，每亩可育苗2.5万～3.0万株。苗圃搭建遮阴棚和保湿拱棚，加强水肥管理，及时除萌进行病虫害防治。苗木在苗圃嫁接培育1年后可出圃上山造林。

典型识别特征　叶先端渐尖，边缘有细锯齿，叶面光滑。果实球形，青红色，果实10月下旬成熟，属霜降籽。

树上果实特写

花

单株

果实

茶籽

3 云油茶9号

种名： 普通油茶

拉丁名： *Camellia oleifera* ‘Yunyoucha 9’

认定编号： 滇 R-SC-CO-003-2008

品种类别： 无性系（SC）

原产地： 云南省文山壮族苗族自治州广南县

选育地（包括区试点）： 选育地点位于云南省文山壮族苗族自治州广南县。选育期间区试点位于广南县旧莫乡里乜村委会、广南县旧莫乡安勒村委会、广南县黑支果乡大咕噜村委会、广南县坝美镇法利村委会、富宁县金坝华侨林场。在广南县、富宁县共建立5个区域性试验点，其中广南4个，富宁1个，每点60亩（含对照10亩），共300亩。历经31年的选育，2008年12月通过云南省林木品种委员会认定，被认定为良种后成为云南省首批推广油茶良种，在云南、贵州、广西等地推广面积达500多万亩，区试点分布于云南、贵州、广西、湖南、浙江等省（自治区）。

选育单位： 云南省林业科学院油茶研究所

选育过程： 同云油茶3号

选育年份： 2008年

植物学特征 该良种为常绿乔木，成年树体高大，树势生长旺盛，发枝力强，树冠自然开张形，树高可达4m，地径20cm；树干直立，树皮淡褐色，光滑；嫩枝颜色紫红；嫩叶颜色红，叶椭圆形，叶面长6.5cm，宽2.5cm，叶片革质，叶下表面侧脉不明显，叶面平整光滑，叶缘平，叶基近圆形，叶颜色深绿，芽鳞黄绿色，叶齿锐度中等，齿密度大，叶片着生状态近水平，先端渐尖，具细锯齿或钝齿，叶缘锯齿35～50个，侧脉对数6；花芽顶生或腋生，有芽绒毛，两性花，白色，花瓣数7～8，花瓣质地中等，花瓣倒心形，顶端常2裂，萼片数5～7，花柱长度1.3cm，柱头裂数3，花冠直径5～6cm，有子房绒毛，花柱裂位浅裂，雄蕊78个，雌蕊4个，雄蕊相对较高，萼片绿色；果实球形，果皮青红色，果面表面光滑，果皮木质化，果实横径3.36cm，纵径3.19cm，心室2～4个，种子2～8粒，果实10月下旬成熟，属霜降籽，500g种子215粒，果大壳薄，籽粒硕大饱满；种子形状三角形，种皮黑色，有光泽；根系为主根发达的深根系，深可达1.5m，但细根密集在10～35cm范围内，根系趋水、肥性强。

经济性状 该丰产性好，成枝力强，以顶花芽、短果枝结果为主，平均每枝结果数为40左右。连年结果能力强，大小年不明显，产量高。初产期产量达4910kg/hm^2，盛产期产量达12860kg/hm^{2}以上。果大壳薄，果实横径3.36cm，纵径3.19cm，平均单果重25.70g，最大单果重28.5g，单果种籽少，平均2～8个，种籽较大，单粒重3.40g；种子品质好，种仁饱满，果皮薄，出仁率高。鲜果出籽率40.6%，干仁含油率57.21%，果含油率8.4%，平均产油量683.4kg/hm^2。

生物学特性 喜温暖，怕寒冷，生长期在260天左右。要求年均气温15～18℃，绝对低温-10℃，≥10℃年积温在4500～5200℃。抽梢期3～5月的月平均气温13～20℃，花芽分化期5～7月的月平均气温20℃，果实生长期与油脂转化最盛期7～8月的月平均气温20～22℃，开花期9～10月的月平均气温15℃左右。生长发育要求有较充足的阳光，年日照时数1800小时以上。应在地形开阔的阳坡、半阳坡地上种植，年降水量1000～1200mm。

适应性及栽培特点 该良种采用芽苗砧嫁接进行繁殖后的无性系苗进入苗圃培育1年便可上山造

林。采用无性系进行造林的油茶林在前3年需去花除果，以加快植株的营养生长，4～5年后即可挂果，进入初产期，造林8～10年后进入盛产期，在管理良好、养分充足的情况下，盛产期可持续80年。该品种适宜于在云南省及气候条件相似的贵州、广西等省（自治区）海拔500～2000m，酸性、微酸性红壤、沙壤和黄壤的阳坡、半阳坡种植。油茶是雌雄同株、异花授粉树种，为提高油茶林的产量和质量，建议采用5个以上良种混栽为佳。

典型识别特征　叶先端渐尖，边缘有细锯齿，叶面光滑。果实球形，青红色，果实10月下旬成熟，属霜降籽。

花

单株

树上果实特写

果实

茶籽

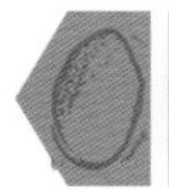

4 云油茶13号

种名：普通油茶
拉丁名：*Camellia oleifera* ‘Yunyoucha 13’
认定编号：滇 R-SC-CO-004-2008
品种类别：无性系（SC）
原产地：云南省文山壮族苗族自治州广南县
选育地（包括区试点）：选育地点位于云南省文山壮族苗族自治州广南县。选育期间区试点位于广南县旧莫乡里乜村委会、广南县旧莫乡安勒村委会、广南县黑支果乡大咕噜村委会、广南县坝美镇法利村委会、富宁县金坝华侨林场。在广南县、富宁县共建立5个区域性试验点，其中广南4个，富宁1个，每点60亩（含对照10亩），共300亩。历经31年的选育，2008年12月通过云南省林木品种委员会认定，被认定为良种后成为云南省首批推广油茶良种，在云南、贵州、广西等地推广面积达500多万亩，区试点分布于云南、贵州、广西、湖南、浙江等省（自治区）。
选育单位：云南省林业科学院油茶研究所
选育过程：同云油茶3号
选育年份：2008年

植物学特征　该良种为常绿乔木，成年树体高大，树势生长旺盛，发枝力强，树冠自然开张形，树高可达4m，地径20cm；树干直立，树皮淡褐色，光滑；嫩枝颜色紫红；嫩叶颜色红，叶披针形，叶面长6.1cm，宽3.63cm，叶片革质，叶下表面侧脉不明显，叶面平整光滑，叶缘平，叶基近圆形，叶颜色深绿，芽鳞黄绿色，叶齿锐度中等，齿密度大，叶片着生状态近水平，先端渐尖，具细锯齿或钝齿，叶缘锯齿35～50个，侧脉对数6；花芽顶生或腋生，有芽绒毛，两性花，白色，花瓣数5～6，花瓣质地中等，花瓣倒心形，顶端常2裂，萼片数5～7，花柱长度1.0cm，柱头裂数3，花冠直径5～6cm，有子房绒毛，花柱裂位浅裂，雄蕊82个，雌蕊4个，雄蕊相对较高，萼片绿色；果实球形，果皮青红色，果面表面光滑，果皮木质化，果实横径3.64cm，纵径2.89cm，心室3～4个，种子2～11粒，果实10月下旬成熟，属霜降籽，500g种子181粒，果大壳薄，籽粒硕大饱满；种子形状三角形，种皮黑色，有光泽；根系为主根发达的深根系，深可达1.5m，但细根密集在10～35cm范围内，根系趋水、肥性强。

经济性状　丰产性好，成枝力强，以顶花芽、短果枝结果为主，平均每枝结果数为40左右。连年结果能力强，大小年不明显，产量高。初产期产量达4560kg/hm^2，盛产期产量达11954kg/hm^{2}以上。果大壳薄，果实横径3.64cm，纵径2.89cm，平均单果重25.88g，最大单果重33.2g，单果种籽少，平均2～11个，种籽较大，单粒重3.20g；种子品质好，种仁饱满，果皮薄，出仁率高。鲜果出籽率44.6%，干仁含油率53.59%，果含油率8.9%，平均产油量900.5kg/hm^2。

生物学特性　喜温暖，怕寒冷，生长期在260天左右。要求年均气温15～18℃，绝对低温-10℃，≥10℃年积温在4500～5200℃，抽梢期3～5月的月平均气温13～20℃，花芽分化期5～7月的月平均气温20℃，果实生长期与油脂转化最盛期7～8月的月平均气温20～22℃，开花期9～10月的月平均气温15℃左右。生长发育要求有较充足的阳光，年日照时数1800小时以上。应在地形开阔的阳坡、半阳坡地上种植，年降水量1000～1200mm。

适应性及栽培特点　该良种采用芽苗砧嫁接进行繁殖后的无性系苗进入苗圃培育1年便可上山造

林。采用无性系进行造林的油茶林在前3年需去花除果，以加快植株的营养生长，4～5年后即可挂果，进入初产期，造林8～10年后进入盛产期，在管理良好、养分充足的情况下，盛产期可持续80年。该品种适宜于在云南省及气候条件相似的贵州、广西等省（自治区），海拔500～2000m，酸性、微酸性红壤、沙壤和黄壤的阳坡、半阳坡种植。油茶是雌雄同株、异花授粉树种，为提高油茶林的产量和质量，建议采用5个以上良种混栽为佳。

典型识别特征　叶先端渐尖，边缘有细锯齿，叶面光滑。果实球形，青红色，果实10月下旬成熟，属霜降籽。

花

单株

树上果实特写

果实

茶籽

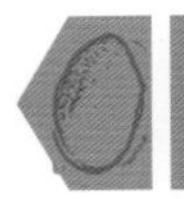

5 云油茶14号

种名：普通油茶
拉丁名：*Camellia oleifera* 'Yunyoucha 14'
认定编号：滇 R-SC-CO-005-2008
品种类别：无性系（SC）
原产地：云南省文山壮族苗族自治州广南县
选育地（包括区试点）：选育地点位于云南省文山壮族苗族自治州广南县。选育期间区试点位于广南县旧莫乡里乜村委会、广南县旧莫乡安勒村委会、广南县黑支果乡大咕噜村委会、广南县坝美镇法利村委会、富宁县金坝华侨林场。在广南县、富宁县共建立5个区域性试验点，其中广南4个，富宁1个，每点60亩（含对照10亩），共300亩。历经31年的选育，2008年12月通过云南省林木品种委员会认定，被认定为良种后成为云南省首批推广油茶良种，在云南、贵州、广西等地推广面积达500多万亩，区试点分布于云南、贵州、广西、湖南、浙江等省（自治区）。
选育单位：云南省林业科学院油茶研究所
选育过程：同云油茶3号
选育年份：2008年

植物学特征　该良种为常绿乔木，成年树体高大，树势生长旺盛，发枝力强，树冠自然开张形，树高可达4m，地径20cm；树干直立，树皮淡褐色，光滑；嫩枝颜色紫红；嫩叶颜色红，叶披针形，叶面长4cm，宽2.6cm，叶片革质，叶下表面侧脉不明显，叶面平整光滑，叶缘平，叶基近圆形，叶颜色深绿，芽鳞黄绿色，叶齿锐度中等，齿密度大，叶片着生状态近水平，先端渐尖，具细锯齿或钝齿，叶缘锯齿35～50个，侧脉对数6；花芽顶生或腋生，有芽绒毛，两性花，白色，花瓣数5，花瓣质地中等，花瓣倒心形，顶端常2裂，萼片数5～7，花柱长度1.0cm，柱头裂数3，花冠直径4～5cm，有子房绒毛，花柱裂位浅裂，雄蕊74个，雌蕊4个，雄蕊相对较高，萼片绿色；果实球形，果皮青红色，果面表面光滑，果皮木质化，果实横径3.59cm，纵径2.88cm，心室4个，种子3～11粒，果实10月下旬成熟，属霜降籽，500g种子186粒，果大壳薄，籽粒硕大饱满；种子形状三角形，种皮黑色，有光泽；根系为主根发达的深根系，深可达1.5m，但细根密集在10～35cm范围内，根系趋水、肥性强。

经济性状　丰产性好，成枝力强，以顶花芽、短果枝结果为主，平均每枝结果数为40左右。连年结果能力强，大小年不明显，产量高。初产期产量达5260kg/hm^2，盛产期产量达13154kg/hm^{2}以上。果大壳薄，果实横径3.59cm，纵径2.88cm，平均单果重22.49g，最大单果重34g，单果种籽少，平均3～11个，种籽较大，单粒重3.75g；种子品质好，种仁饱满，果皮薄，出仁率高。鲜果出籽率43%，干仁含油率56.51%，果含油率11.3%，平均产油量1018.2kg/hm^2。

生物学特性　喜温暖，怕寒冷，生长期在260天左右。要求年均气温15～18℃，绝对低温-10℃，≥10℃年积温在4500～5200℃，抽梢期3～5月的月平均气温13～20℃，花芽分化期5～7月的月平均气温20℃，果实生长期与油脂转化最盛期7～8月的月平均气温20～22℃，开花期9～10月的月平均气温15℃左右。生长发育要求有较充足的阳光，年日照时数1800小时以上。应在地形开阔的阳坡、半阳坡地上种植，年降水量1000～1200mm。

适应性及栽培特点　该良种采用芽苗砧嫁接进行繁殖后的无性系苗进入苗圃培育1年便可上山造

林。采用无性系进行造林的油茶林在前 3 年需去花除果，以加快植株的营养生长，4 ~ 5 年后即可挂果，进入初产期，造林 8 ~ 10 年后进入盛产期，在管理良好、养分充足的情况下，盛产期可持续 80 年。该品种适宜于在云南省及气候条件相似的贵州、广西等省（自治区）海拔 500 ~ 2000m，酸性、微酸性红壤、沙壤和黄壤的阳坡、半阳坡种植。油茶是雌雄同株、异花授粉树种，为提高油茶林的产量和质量，建议采用 5 个以上良种混栽为佳。

典型识别特征　叶先端渐尖，边缘有细锯齿，叶面光滑。果实球形，青红色，果实 10 月下旬成熟，属霜降籽。

花

单株

果枝

果实

茶籽

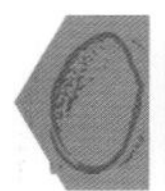

6 德林油 H1

种名：腾冲红花油茶

拉丁名：*Camellia reticulata*‘Delinyou H1’

认定编号：滇 R-SC-CR-024-2009

原产地：腾冲县

选育地：云南德宏傣族景颇族自治州芒市风平镇上东村葫芦口

选育单位：云南省德宏傣族景颇族自治州林木种苗管理站

选育过程：2007－2009 年连续 3 年，在德宏傣族景颇族自治州 2000 亩腾冲红花油茶实生林分中，按照《云南省油茶优良单株调查选择方法》，通过初选、复选、决选程序，分别在芒市风平镇上东村葫芦口、陇川县护国乡边河村边河村民小组、梁河县平山乡天宝村、盈江县油松岭乡 4 个点进行无性系测定试验。各试验点无性系表现均与原株表现一致。

选育年份：2009 年

植物学特征 德林油 H1 无性系原株树龄 50 年，地径 22.2cm，树高 7.5m，树皮灰褐色，冠形为伞形，冠幅 20.4m^2；单叶互生，革质，长椭圆形，长 5 ～ 12cm，宽 3 ～ 6cm，边缘具细锯齿；单瓣花单生于小枝顶端，粉红色，直径 6 ～ 8cm；果实梨形，果皮棕褐色，微带紫色，果面糠皮凹凸，果实中等大小，小米茶型，果径 8 ～ 10cm，果高 6 ～ 9cm，果形指数 1.11，产量高，果皮薄，平均皮厚 1.1cm，籽粒少但较大。

经济性状 德林油 H1 无性系原株连年结果能力强，大小年不明显，2007－2009 年，3 年平均鲜果产量为 139.3kg，最高 2008 年 164.3kg，最低 2007 年 114.6kg。单位面积冠幅产鲜果 6.5kg/m^2，平均单果重 71.3g/ 个，鲜果出籽率 28.7%，干果出籽率 52.4%，出仁率 57.4%，种子含油率 37%。

生物学特性 个体发育生命周期 80 ～ 100 年；无性系造林营养生长期 3 年；始果期为无性系造林第四年；盛产期为无性系造林后第八年；盛产期可以维持 50 年。年生长发育周期：萌动期 3 月 10 ～ 15 日；春梢生长期 3 ～ 6 月；始花期 12 月 10 日；盛花期 12 月 20 日至翌年 1 月 20 日；果实膨大期 6 月中旬至 8 月中旬；果实成熟期 9 月 20 日至 10 月 15 日。

适应性及栽培特点 适应于德宏傣族景颇族自治州海拔 1600 ～ 2500m，年均气温 10 ～ 15 ℃，年降水量 1000 ～ 1200mm，年日照时数 1600 小时以上，年平均相对湿度 70% ～ 90%，月平均相对湿度 56% 以上，土壤结构疏松，通气性好，pH 值 4.5 ～ 6.5 酸性或微酸性红壤、沙壤和黄壤的阳坡或半阳坡地区种植。

典型识别特征 树冠伞形，半张开。单叶互生，革质，长椭圆形，边缘具细锯齿。单瓣花单生于小枝顶端，粉红色。果实梨形，果皮棕褐色，微带紫色，果面糠皮凹凸，果实中等大小，小米茶型。

花

果实与茶籽

林分

单株

7 德林油 B1 号

种名：普通油茶
拉丁名：*Camellia oleifera*‘Delinyou B1’
认定编号：滇 R-SC-CO-025-2009
原产地：云南省文山壮族苗族自治州
选育地：云南省德宏傣族景颇族自治州梁河县芒东镇户拉竹坪山
选育单位：云南省德宏傣族景颇族自治州林木种苗管理站
选育过程：2007－2009 年连续 3 年，在德宏傣族景颇族自治州 4000 亩普通油茶实生林分中，按照《云南省油茶优良单株调查选择方法》，通过初选、复选、决选程序，分别在芒市江东乡李子坪、梁河县芒东镇户拉竹坪山、盈江县平原镇帮巴林场、陇川县陇把镇邦外村卡起寨 4 个点进行无性系测定试验，各试验点无性系表现均与原株表现一致。
选育年份：2009 年

植物学特征 德林油 B1 无性系原株树龄 38 年，地径 10cm，树高 2.2m，枝条自然下垂，6 个一级分枝，分枝级数为 7，树皮灰褐色；冠幅 $7.5m^2$，树冠伞形；叶长椭圆形，颜色鲜绿，革质；果实红色，球形，每个果实含 1 ～ 5 粒种子，果实种子饱满，果径 2.9 ～ 4.5cm，果高 3.2 ～ 4.2cm，果形指数 1.07，平均果皮厚 0.33cm。

经济性状 德林油 B1 无性系原株连年结果能力强，大小年不明显，2007－2009 年，3 年平均鲜果产量为 19.6kg，最高 2008 年 20.1kg，最低 2007 年 19.4kg。单位面积冠幅产鲜果 $1.41kg/m^2$，平均单果重 30.8g/ 个，鲜果出籽率 45.6%，干果出籽率 52%，出仁率 58%，干仁含油率 44.52%，鲜果含油率 6.9%。

生物学特性 个体发育生命周期 70 ～ 80 年；无性系造林营养生长期 3 年；始果期为无性系造林第三年；盛产期为无性系造林后第七年；盛产期可以维持 25 年。年生长发育周期：萌动期 2 月 10 ～ 15 日；春梢生长期 3 ～ 6 月；始花期 10 月 20 日；盛花期 11 月 1 ～ 25 日；果实膨大期 6 月至 8 月中旬；果实成熟期 10 月 10 ～ 15 日。

适应性及栽培特点 适应于德宏傣族景颇族自治州海拔 900 ～ 1800m，年均气温 16℃以上，年降水量 1400 mm 左右，年日照时数 1600 小时以上，年平均相对湿度 70% ～ 90%，月平均相对湿度 56% 以上，土壤结构疏松，通气性好，pH 值 4.5 ～ 6.5 酸性或微酸性红壤、沙壤和黄壤的阳坡或半阳坡地区种植。

典型识别特征 树冠伞形。树势强，较开张，成枝力强，枝条自然下垂。叶长椭圆形，颜色鲜绿。果实红色，球形，每个果实含 1 ～ 5 粒种子，果实种子饱满，栽后第三年开花并开始结实，连年结果能力强，大小年不明显。

花

林分

单株

果枝

果实与茶籽

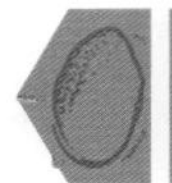

8 德林油 B2 号

种名： 普通油茶

拉丁名： *Camellia oleifera* ‘Delinyou B2’

认定编号： 滇 R-SC-CO-026-2009

原产地： 云南省文山壮族苗族自治州

选育地： 云南省德宏傣族景颇族自治州陇川县陇把镇邦外村卡起寨

选育单位： 德宏傣族景颇族自治州林木种苗管理站

选育过程： 同德林油 B1 号

选育年份： 2009 年

植物学特征 德林油 B2 无性系原株树龄 40 年，地径 12cm，树高 3.8m，枝条自然下垂，5 个一级分枝，分枝级数为 7，树皮灰褐色；冠幅 $4.3m^2$，树冠自然圆头形；叶长椭圆形，角质层明显，颜色暗绿；花白色，花瓣较大；果实绿皮，微带红色，长椭球形，果顶皱皮，分瓣明显，为 1 ～ 3 瓣，每个果实含 1 ～ 3 粒种子，果实种子饱满，果径 3.1 ～ 3.6cm，果高 3.8 ～ 4.7cm，果形指数 1.31，平均果皮厚 0.24cm。

经济性状 德林油 B2 无性系原株连年结果能力强，大小年不明显，2007－2009 年，3 年平均鲜果产量为 19.3kg，最高 2009 年 19.8kg，最低 2007 年 18.7kg。单位面积冠幅产鲜果 $1.4kg/m^2$，平均单果重 27.3g/ 个，鲜果出籽率 45.8%，干果出籽率 76.5%，出仁率 68.3%，干仁含油率 44.5%，鲜果含油率 7.2%。

生物学特性 个体发育生命周期 70 ～ 80 年；无性系造林营养生长期 3 年；始果期为无性系造林第三年；盛产期为无性系造林后第七年；盛产期可以维持 25 年。年生长发育周期：萌动期 2 月 10 ～ 15 日；春梢生长期 3 ～ 6 月；始花期 11 月 5 日；盛花期 11 月 20 ～ 30 日；果实膨大期 6 月至 8 月中旬；果实成熟期 10 月 10 ～ 20 日。

适应性及栽培特点 适应于德宏傣族景颇族自治州海拔 900 ～ 1800m，年均气温 16℃以上，年降水量 1400mm 左右，年日照时数 1600 小时以上，年平均相对湿度 70% ～ 90%，月平均相对湿度 56% 以上，土壤结构疏松，通气性好，pH 值 4.5 ～ 6.5 酸性或微酸性红壤、沙壤和黄壤的阳坡或半阳坡地区种植。

该典型识别特征 树冠自然圆头形。叶长椭圆形，角质层明显，颜色暗绿。花白色，花瓣较大。果实绿皮，微带红色，长椭球形，果顶皱皮，分瓣明显，为 1 ～ 3 瓣。每个果实含 1 ～ 3 粒种子，果实种子饱满。

花

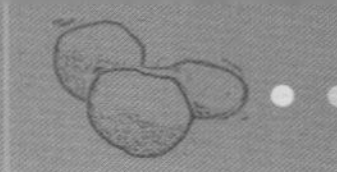

林分

单株

树上果实特写

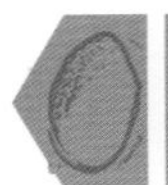

9 腾冲 1 号

种名：腾冲红花油茶
拉丁名：*Camellia reticulata*‘Tengchong 1’
认定编号：滇 R-SC-CR-027-2009
品种类别：无性系
选育地：云南省马站乡朝云村二组
选育单位：腾冲县林业局
选育过程：2002 年，腾冲县林业局在资源调查的基础上，开展腾冲红花油茶优树选择工作。在茶果成熟前，对初选优树核实品种，调查测量树龄、树高、冠辐、株产量、结实特性等指标，共初选优树 1024 株。2003 年，分别对鲜果出籽率、干果出籽率、干籽出仁率、种子含油率、种仁含油率等指标进行检测，决选优树 27 株。优树材料无性系化后，于 2004 年 7 月采用随机区组试验设计，开展优系比较试验：试验地 2 块，面积 130 亩，试验时间为 2004－2008 年。2009 年，选出良种 4 个。
选育年份：2009 年

植物学特征　树龄 250 年，冠幅 6.65m × 7.70m，基径 43cm，树高 12m，3 主枝。

经济性状　平均单果重 49.9g，鲜籽千粒重 800g，鲜果出籽率 20.7%，干果出籽率 16.5%，每平方米产果量 4.84kg，每平方米产鲜籽 1.0kg。

适应性　适宜海拔 2038m、坡向东坡、黄壤地区种植，管理粗放。

典型识别特征　单瓣花，喇叭形，红色。果型较小，扁球形，三室，黄褐色，果面棱纹明显凹陷。

单株

果枝

10　腾冲 2 号

种名： 腾冲红花油茶
拉丁名： *Camellia reticulata*‘Tengchong 2’
认定编号： 滇 R-SC-CR-028-2009
品种类别： 无性系

选育地： 马站乡和睦村四组
选育过程： 同腾冲 1 号
选育年份： 2009 年

植物学特征　树龄 140 年，冠幅 4.8m×4.5m，基径 45.5cm，树高 13m，4 主枝。

经济性状　平均单果重 60.6g，鲜籽千粒重 1360g，鲜果出籽率 26.8%，干果出籽率 17.5%，每平方米产果量 3.38kg，每平方米产鲜籽 0.91kg。

适应性　适宜海拔 1944m、坡向西坡、黄壤地区菜地中。

典型识别特征　单瓣花，喇叭形，桃红色。果圆桃形，四室，黄褐色，果面棱纹到果顶部凹陷深而不规则。

果枝

单株

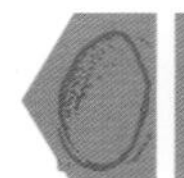

11 腾冲3号

种名： 腾冲红花油茶
拉丁名： *Camellia reticulata* ‘Tengchong 3’
认定编号： 滇 R-SC-CR-029-2009
品种类别： 无性系

选育地： 马站乡和睦村九组
选育过程： 同腾冲1号
选育年份： 2009年

植物学特征 树龄80年，冠幅5.0m×4.3m，基径31.8cm，树高7m，8主枝。

经济性状 平均单果重70.2g，鲜籽千粒重1380g，鲜果出籽率28.6%，每平方米产果量3.49kg，每平方米产鲜籽1.0kg。

适应性 适宜海拔2040m、坡向南坡、黄壤地区耕地中，管理粗放。

典型识别特征 单瓣花，喇叭形，红色。果型大，四室，橘形，橙黄色，果面棱纹清晰规则而较短。

果枝

单株

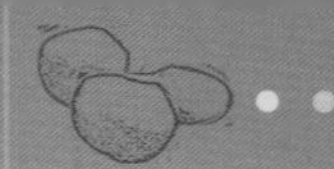

12　腾冲4号

种名：腾冲红花油茶
拉丁名：*Camellia reticulata* ‘Tengchong 4’
认定编号：滇 R-SC-CR-030-2009
品种类别：无性系

选育地：马站乡和睦村九组
选育过程：同腾冲1号
选育年份：2009年

植物学特征　树龄100年，冠幅25.7m，基径28.8cm，树高6m，3主枝。

经济性状　平均单果重68g，鲜籽千粒重1266g，产量79.7kg，鲜果出籽率23.9%，每平方米产果量3.1kg，每平方米产鲜籽0.74kg。

适应性　适宜海拔2036m、坡向南坡、黄壤地区耕地中，管理粗放。

典型识别特征　单瓣花，喇叭形，水红色。果形不规则，桃形或球形，四室，褐色，果面棱纹宽而不规则。

果枝

单株

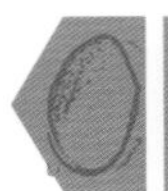

13　云油茶红河1号

种名：普通油茶
拉丁名：*Camellia oleifera* 'Yunyouchahonghe 1'
认定编号：滇 R-SC-CO-038-2010
品种类别：无性系
原产地：红河哈尼族彝族自治州个旧市

选育地：红河哈尼族彝族自治州个旧市
选育单位：红河哈尼族彝族自治州林业科学研究所
选育过程：初选、复选、决选、无性系测定
选育年份：2010年

植物学特征　树冠自然圆头形，树龄47年，树高2.3m，分枝下直径7.6cm，冠幅2.3m×1.9m；叶披针形，先端渐尖，边缘有细锯齿或钝齿，叶面长5.0～6.1cm，宽2.8～3.9cm；顶花芽1～8个，花白色，花瓣倒心形，直径5～6cm，7～8瓣，雄蕊82枚；果实球形，红色，果实横径2.79cm，纵径2.59cm，果皮厚0.22cm；心室3个，种子2～9粒，种子三棱形，黑色，长1.53cm，宽1.51cm，厚1.16cm。树势强，成枝力强，各种枝均能结果，连年结果能力强，大小年不明显，无采前落果现象。

经济性状　试验林盛果期亩产籽量192.5kg、产油量56.5kg，结实大小年不明显；平均单果重21.54g，最大单果重34.9g，平均每个果出籽数4粒；果实10月下旬成熟，属霜降籽；500g种子476粒，单位面积冠幅产果量21.8kg/m^2。优良无性系初产期种子产量2165.6kg/hm^2，超过对照26.3%；盛产期种子产量2887.5kg/hm^2，超过对照39.6%；鲜果出籽率46.7%，超过对照11.6%；干仁含油率48.29%，超过对照12.3%。主要脂肪酸成分：粗脂肪48.29%，棕榈酸9.69%，硬脂酸1.16%，油酸76.45%，亚油酸11.46%。

生物学特性　一般3月初开始萌芽、展叶，10月中旬开始开花，12月底结束。10月底新梢停止生长，年抽梢3～4次（春梢3月初萌芽，5月初停止生长；夏梢5月底萌芽，8月初停止生长；秋梢9月上旬萌芽）。果实10月下旬成熟。云油茶红河1号优良无性系是经过优树初选、复选、决选、无性系测定等程序选育出来的，采用无性繁殖能充分保持亲本优良性状，含油率高，具有早实、丰产和稳产的特点，亩产油量都可达50kg以上。抗寒性强，抗旱性及抗病性稍弱。

适应性及栽培特点　适宜于红河哈尼族彝族自治州个旧市海拔1600～1800m、年均气温＞17℃的山地红壤、黄壤、黄棕壤和黄红壤地区种植。

典型识别特征　以枝条软韧、分枝角度大，挂果下垂而得名，表现出生长快、结果早、产量较高的优点。

果枝

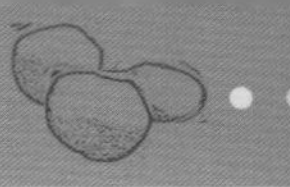

单株

花

果实与茶籽

14 云油茶红河2号

种名： 普通油茶
拉丁名： *Camellia oleifera* 'Yunyouchahonghe 2'
认定编号： 滇 R-SC-CO-038-2010
品种类别： 无性系
原产地： 红河哈尼族彝族自治州建水县
选育地： 红河哈尼族彝族自治州建水县

选育单位： 红河哈尼族彝族自治州林业科学研究所
选育过程： 初选、复选、决选、无性系测定
选育年份： 2010年

植物学特征 树冠自然圆头形，树龄20年，树高2.9m，分枝下直径8.0cm，冠幅1.5m×1.5m；叶椭圆形，先端渐尖，边缘有细锯齿或钝齿，叶面长5.0～6.5cm，宽2.8～3.9cm；顶花芽1～8个，花白色，花瓣倒心形，直径5～6cm，7～8瓣，雄蕊82枚；果实球形，红色，果实横径3.39cm，纵径3.37cm，果皮厚0.21cm；心室3个，种子2～9粒，种子三棱形，黑色，长2.25cm，宽2.01cm，厚1.43cm。树势强，成枝力强，各种枝均能结果，连年结果能力强，大小年不明显，无采前落果现象。

经济性状 试验林盛果期亩产籽量196.7kg、产油量57.2kg，结实大小年不明显；平均单果重25.53g，最大单果重36.7g，平均每个果出籽数4粒；果实10月下旬成熟，属霜降籽；500g种子271粒，冠幅产果量2.02kg/m^2。优良无性系初产期种子产量1917.5kg/hm^2，超过对照26.6%；盛产期种子产量2950.0kg/hm^2，超过对照40.9%；鲜果出籽率46.1%，超过对照10.4%；干仁含油率48.04%，超过对照11.9%。主要脂肪酸成分：粗脂肪48.04%，棕榈酸8.13%，硬脂酸1.17%，油酸79.65%，亚油酸9.56%。

生物学特性 一般3月初开始萌芽、展叶，10月中旬开始开花，12月底结束。10月底新梢停止生长，年抽梢3～4次（春梢3月初萌芽，5月初停止生长；夏梢5月底萌芽，8月初停止生长；秋梢9月上旬萌芽）。果实10月下旬成熟。云油茶红河2号优良无性系是经过优树初选、复选、决选、无性系测定等程序选育出来的，采用无性繁殖能充分保持亲本优良性状，含油率高，具有早实、丰产和稳产的特点，亩产油量都可达50kg以上。抗寒性强，抗旱性及抗病性稍弱。

适应性及栽培特点 适宜于红河哈尼族彝族自治州建水县海拔1600～1800m、年均气温＞17℃的山地红壤、黄壤、黄棕壤和黄红壤地区种植。

典型识别特征 蒴果红色，圆球形，果大皮薄，叶肥厚，枝软韧，表现出生长快、结果早、产量较高的优点。

果枝

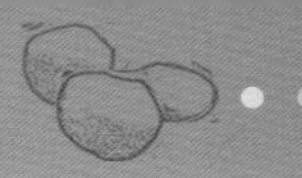

单株

花

果实与茶籽

15 云油茶红河3号

种名： 普通油茶
拉丁名： *Camellia oleifera* 'Yunyouchahonghe 3'
认定编号： 滇 R-SC-CO-040-2010
品种类别： 无性系
原产地： 红河哈尼族彝族自治州建水县
选育地： 红河哈尼族彝族自治州建水县

选育单位： 红河哈尼族彝族自治州林业科学研究所
选育过程： 初选、复选、决选、无性系测定
选育年份： 2010 年

植物学特征 树体生长旺盛，树冠紧凑，分枝均匀，树冠自然圆头形，树龄 30 年，树高 2.7m，分枝下直径 14.0cm，冠幅 3.2m × 3.1m；叶椭圆形，先端渐尖，边缘有细锯齿或钝齿，叶面长 5.0 ~ 6.5cm，宽 2.8 ~ 3.9cm；顶花芽 1 ~ 8 个，花白色，花瓣倒心形，直径 5 ~ 6cm，7 ~ 8 瓣，雄蕊 82 枚；果实球形，青黄色或青红色，果实横径 2.94cm，纵径 2.64cm，果皮厚 0.24cm；心室 3 个，种子 2 ~ 9 粒，种子三棱形，黑色，长 1.85cm，宽 1.99cm，厚 1.43cm。树势强，成枝力强，各种枝均能结果，连年结果能力强，大小年不明显，无采前落果现象。

经济性状 试验林盛果期亩产籽量 204.6kg、产油量 66.0kg，结实大小年不明显；平均单果重 21.63g，最大单果重 32.9g，平均每个果出籽数 4 粒；果实 10 月下旬成熟，属霜降籽；500g 种子 229 粒，冠幅产果量 1.85kg/m^2。优良无性系初产期种子产量 1994.8kg/hm^2，超过对照 29.4%；盛产期种子产量 3069.0kg/hm^2，超过对照 43.2%；鲜果出籽率 43.6%，超过对照 15.3%；干仁含油率 54.76%，超过对照 22.7%。主要脂肪酸成分：粗脂肪 54.76%，棕榈酸 9.54%，硬脂酸 2.01%，油酸 77.15%，亚油酸 9.76%。

生物学特性 一般 3 月初开始萌芽、展叶，10 月中旬开始开花，12 月底结束。10 月底新梢停止生长，年抽梢 3 ~ 4 次（春梢 3 月初萌芽，5 月初停止生长；夏梢 5 月底萌芽，8 月初停止生长；秋梢 9 月上旬萌芽）。果实 10 月下旬成熟。云油茶红河 3 号优良无性系是经过优树初选、复选、决选、无性系测定等程序选育出来的，采用无性繁殖能充分保持亲本优良性状，含油率高，具有早实、丰产和稳产的特点，亩产油量都可达 50kg 以上。抗寒性强，抗旱性及抗病性稍弱。

适应性及栽培特点 适宜于红河哈尼族彝族自治州建水县海拔 1500 ~ 1700m、年均气温 > 17℃的山地红壤、黄壤、黄棕壤和黄红壤地区种植。

典型识别特征 树冠开张，分枝均匀，蒴果球形，青黄色或青红色，果大皮薄，籽仁漆黑、坚固、有光泽，表现出生长快、结果早、产量较高的优点。

树上果实特写

林分

单株

花

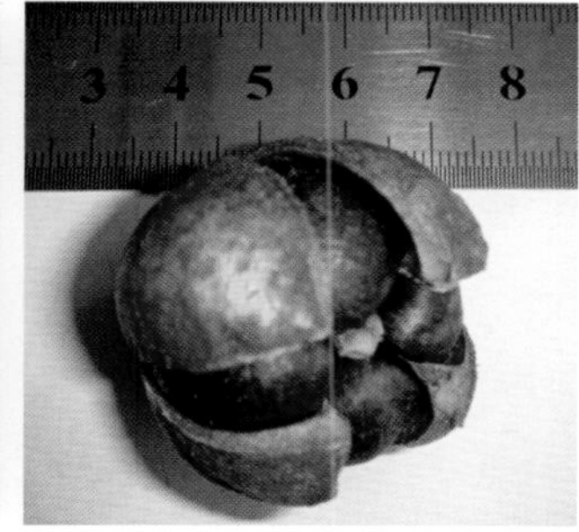

果实

果实与茶籽

16 云油茶红河 4 号

种名：普通油茶
拉丁名：*Camellia oleifera* ‘Yunyouchahonghe 4’
认定编号：滇 R-SC-CO-038-2010
品种类别：无性系
原产地：红河哈尼族彝族自治州金平县
选育地：红河哈尼族彝族自治州金平县
选育单位：红河哈尼族彝族自治州林业科学研究所
选育过程：初选、复选、决选、无性系测定
选育年份：2010 年

植物学特征 树冠自然圆头形，树龄 30 年，树高 2.1m，分枝下直径 3.5cm，冠幅 1.0m × 1.2m；叶披针形，先端渐尖，边缘有细锯齿或钝齿，叶面长 5.0 ~ 6.6cm，宽 2.8 ~ 3.5cm；顶花芽 1 ~ 8 个，花白色，花瓣倒心形，直径 5 ~ 6cm，7 ~ 8 瓣，雄蕊 82 枚；果实球形，红色，果实横径 3.53cm，纵径 3.23cm，果皮厚 0.20cm；心室 3 个，种子 2 ~ 9 粒，种子三棱形，黑色，长 1.57cm，宽 1.45cm，厚 1.12cm。树势强，成枝力强，各种枝均能结果，连年结果能力强，大小年不明显，无采前落果现象。

经济性状 试验林盛果期亩产籽量 209.8kg、产油量 60.36kg，结实大小年不明显；平均单果重 24.22g，最大单果重 34.9g，平均每个果出籽数 4 粒；果实 10 月下旬成熟，属霜降籽；500g 种子 321 粒，冠幅产果量 4.2kg/m^2。优良无性系初产期种子产量 2305.9kg/hm^2，超过对照 38.9%；盛产期种子产量 3147.5kg/hm^2，超过对照 44.6%；鲜果出籽率 42.3%，超过对照 12.4%；干仁含油率 48.02%，超过对照 11.8%。主要脂肪酸成分：粗脂肪 48.02%，棕榈酸 11.32%，硬脂酸 1.14%，油酸 73.09%，亚油酸 12.79%。

生物学特性 一般 3 月初开始萌芽、展叶，10 月中旬开始开花，12 月底结束。10 月底新梢停止生长，年抽梢 3 ~ 4 次（春梢 3 月初萌芽，5 月初停止生长；夏梢 5 月底萌芽，8 月初停止生长；秋梢 9 月上旬萌芽）。果实 10 月下旬成熟。云油茶红河 4 号优良无性系是经过优树初选、复选、决选、无性系测定等程序选育出来的，采用无性繁殖能充分保持亲本优良性状，含油率高，具有早实、丰产和稳产的特点，亩产油量都可达 50kg 以上。抗寒性强，抗旱性及抗病性稍弱。

适应性及栽培特点 适宜于红河哈尼族彝族自治州金平县海拔 1200 ~ 1800m、年均气温 > 17℃的山地红壤、黄壤、黄棕壤和黄红壤地区种植。

典型识别特征 树冠紧凑，分枝均匀，蒴果红色，球形，表现出生长快、结果早、丰产性能好的优点。

花

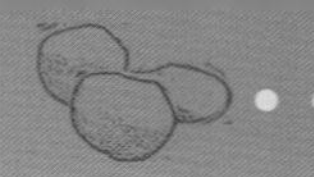

单株

树上果实特写

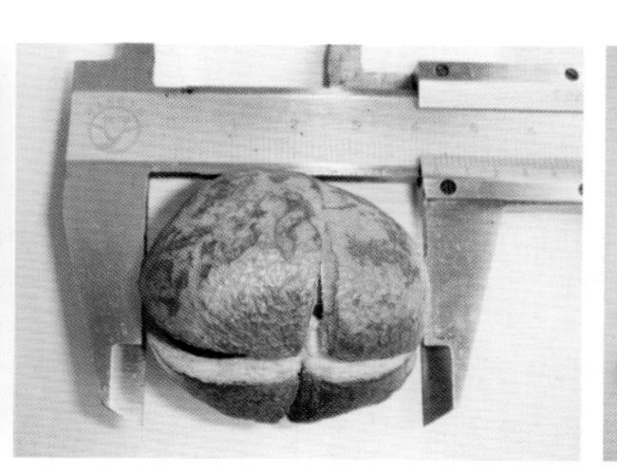

果横径

果实与茶籽

17 云油茶红河5号

种名： 普通油茶
拉丁名： *Camellia oleifera* 'Yunyouchahonghe 5'
认定编号： 滇 R-SC-CO-038-2010
品种类别： 无性系
原产地： 红河哈尼族彝族自治州蒙自市

选育地： 红河哈尼族彝族自治州蒙自市
选育单位： 红河哈尼族彝族自治州林业科学研究所
选育过程： 初选、复选、决选、无性系测定
选育年份： 2010 年

植物学特征 树冠自然圆头形，树龄30年，树高1.8m，分枝下直径8.5cm，冠幅2.4m×1.9m；叶披针形，先端渐尖，边缘有细锯齿或钝齿，叶面长5.0～5.9cm，宽2.3～3.9cm；顶花芽1～8个，花白色，花瓣倒心形，直径5～6cm，7～8瓣，雄蕊82枚；果实球形，红色，果实横径3.30cm，纵径3.13cm，果皮厚0.28cm；心室3个，种子2～9粒，种子三棱形，黑色，长2.23cm，宽1.82cm，厚1.35cm。树势强，成枝力强，各种枝均能结果，连年结果能力强，大小年不明显，无采前落果现象。

经济性状 试验林盛果期亩产籽量260.0kg、产油量65.7kg，结实大小年不明显；平均单果重26.57g，最大单果重38.9g，平均每个果出籽数4粒；果实10月下旬成熟，属霜降籽；500g种子209粒，冠幅产果量1.97kg/m^2。优良无性系初产期种子产量2535.0kg/hm^2，超过对照44.4%；盛产期种子产量3900.0kg/hm^2，超过对照55.3%；鲜果出籽率43.3%，超过对照14.6%；干仁含油率50.59%，超过对照16.3%。主要脂肪酸成分：粗脂肪50.59%，棕榈酸8.78%，硬脂酸2.53%，油酸78.63%，亚油酸8.44%。

生物学特性 一般3月初开始萌芽、展叶，10月中旬开始开花，12月底结束。10月底新梢停止生长，年抽梢3～4次（春梢3月初萌芽，5月初停止生长；夏梢5月底萌芽，8月初停止生长；秋梢9月上旬萌芽）。果实10月下旬成熟。云油茶红河5号优良无性系是经过优树初选、复选、决选、无性系测定等程序选育出来的，采用无性繁殖能充分保持亲本优良性状，含油率高，具有早实、丰产和稳产的特点，亩产油量都可达50kg以上。抗寒性强，抗旱性及抗病性稍弱。

适应性及栽培特点 适宜于红河哈尼族彝族自治州蒙自市海拔1600～1800m、年均气温＞17℃的山地红壤、黄壤、黄棕壤和黄红壤地区种植。

典型识别特征 花芽分化多、簇状，腋芽成花的也比较多，蒴果红色，球形，表现出生长快、结果早、产量较高的优点。

林分

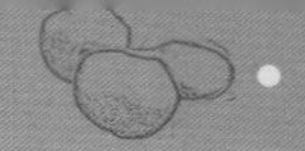

单株

树上果实特写

果实与茶籽

18 富宁油茶1号

种名：普通油茶

拉丁名：*Camellia oleifera*'Funingyoucha 1'

认定编号：滇 R-SC-CO-055-2011

品种类别：无性系

原产地：母株位于富宁县板仑乡平纳村委会油茶林中

选育地（包括区试点）：在富宁县板仑乡平纳村委会油茶林中选育出富宁油茶1号良种母株，区试点位于富宁县安广畜牧场、富宁县金坝林场安岗林区、富宁县里达镇里达村

选育单位：云南省林业科学院、富宁县林业局油茶研究所、西南林业大学、云南林业职业技术学院、文山壮族苗族自治州林业局

选育过程：1. 选育方法。本次优良无性系选育采用综合核心因子逐级淘汰筛选法。该方法是在优良无性系选育过程中不以单个因子或简单几个因子叠加来淘汰筛选，而是通过综合多个关键因子分级逐级淘汰筛选来实现。首先，以产量、含油率、出籽率为第一级核心关键因子来淘汰筛选；其次，在第一层筛选的基础上再以稳定性、果实大小、子代生长表现为第二级核心关键因子来淘汰筛选；最后，通过第三级核心关键因子茶油品质、抗性、适应性、耐瘠薄来淘汰筛选。具体筛选关键因子见下图。

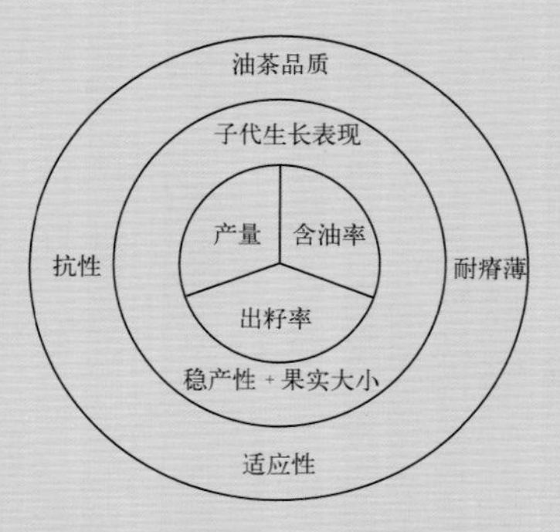

综合核心因子逐级淘汰筛选法

2. 选育步骤。优株调查采用典型抽样调查法，在富宁县油茶分布集中的10个乡（镇）15万亩生长表现良好的油茶实生成熟林分中开展。

2007年，首先，通过农户、林业站推荐，在自然林分中选择树形完整、树冠开展、生长良好、结实好、病虫害少的单株作为候选优树。然后，实地调查候选优树冠幅、产量、果实大小、花芽数量、病虫害、海拔等基本情况。2007年年初选出优良单株902株。

2008年，进行复选，以其平均单果重大于20g、鲜出籽率不低于40%、单位面积冠幅产果量等综合指标为筛选依据，对初选单株进行筛查复选，复选出优良单株309株。同时，采集优株穗条进行嫁接繁殖，开展子代测定。

2009年，根据复选单株挂果率、果实大小、果实产量、抗逆性等经济性状指标对入选的309株优树进行决选。决选主要指标为：单位面积冠幅产果量1.0kg/m^{2}以上；平均单果重20g以上；鲜出籽率40%以上；干仁含油率45%以上。通过综合核心因子逐级淘汰筛选法，最后确定入选单株75株。

2010年，终极淘汰筛选，淘汰标准为：单位面积冠幅产果量1.2kg/m^{2}以下；出籽率40%以下；干干仁含油率45%以下；炭疽病染病率高于3%。同时，结合子代测定结果，根据嫁接移栽苗木表现状况，选择生长正常，分枝率高，芽眼饱满，含油率高，无病虫害，生物、生态学特性与母株基本一致的优树，通过综合核心因子逐级淘汰筛选法，最终决选出富宁油茶1号优良无性系，于2011年12月底通过云南省林木品种委员会认定。

选育年份：2011年

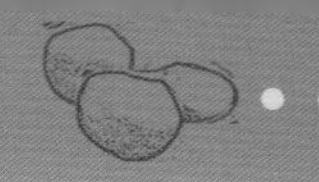

植物学特征　常绿乔木，成年树体高大，树势生长旺盛，发枝力强，树冠自然开张形，树高可达4m，地径20cm。母株树高2.7m，冠幅2.7m×3.1m，种子播种实生繁殖，生长地海拔1070m，树龄25年左右。树皮淡褐色，光滑；嫩枝颜色紫红；嫩叶颜色红；单叶互生，革质叶片，叶椭圆形，叶下面侧脉不明显，叶片长6.0～8.0cm，宽3.0～4.0cm，叶面平整，叶缘平，叶基近圆形，叶颜色深绿，芽鳞黄绿色，叶齿锐度中等，齿密度大，叶片着生状态近水平，先端渐尖，具细锯齿或钝齿，叶缘锯齿35～45个，侧脉6对；花芽顶生或腋生，有芽绒毛，两性花，白色，花瓣数6～7，花瓣质地中等，花瓣倒心形，顶端常2裂，萼片数5～7，花柱长度1.3cm，柱头裂数3，花冠直径5.0～7.0cm，有子房绒毛，花柱裂位浅裂，雄蕊约100个，雌蕊约4个，雄蕊相对较高，萼片绿色；果实桃形，果皮颜色红，果面光滑，阴面青红色、阳面紫红色，果皮木质化，果径3.0～4.0cm，心室3～4，每500g鲜果18～25个，果大壳薄，籽粒硕大饱满，每果平均种子3粒；种子三角形，种皮黑色，有光泽；根系为主根发达的深根性，深可达1.5m，但细根密集在10～35cm范围内，根系趋水、肥性强。

经济性状　丰产性好，成枝力强，以顶花芽、短果枝结果为主，平均每枝结果数为30左右。连年结果能力强，大小年不明显，产量高。初产期产量达4610kg/hm^2，盛产期产量达12683kg/hm^{2}以上，产油量711kg/hm^2，单位面积冠幅产果量达到1.23kg/m^2。果大壳薄，三径平均值为3.65cm，平均单果重22.13g，单果种籽少，平均3个，种籽较大，单粒重3.50g；种子品质好，种仁饱满，果皮薄，出仁率高。鲜果出籽率46.94%，出仁率71.60%，干仁含油率49.04%。油脂品质好，蛋白质含量为5.85%，脂肪酸价为0.57mgKOH/g。

生物学特性　喜温暖，怕寒冷，生长期在260天左右。要求年均气温15～18℃，绝对低温-10℃，≥10℃年积温在4500～5200℃，抽梢期3～5月的月平均气温13～20℃，花芽分化期5～7月的月平均气温20℃，果实生长期与油脂转化最盛期7～8月的月平均气温20～22℃，开花期9～10月的月平均气温15℃左右。生长发育要求有较充足的阳光，年日照时数1800小时以上，应在地形开阔的阳坡、半阳坡地上种植，年降水量1000～1200mm。

适应性及栽培特点　自复选阶段以来，所产生的75株优树的穗条被专门采集，在归朝镇油茶苗圃和板仑乡油茶苗圃进行嫁接和栽植，为推广种植和试验做准备。2009年决选优良单株（后被认定为富宁油茶1号），富宁县林业局将其作为重点试验良种在阿用乡、者桑乡、归朝镇、洞波乡、剥隘镇、谷拉乡、那能乡7个乡（镇）和金坝林场林区都进行了推广种植，目前推广面积达到0.3hm^{2}左右。从2011年开始每年可为富宁油茶提供1号优良无性系的优良嫁接芽5万个。

该品种适宜于富宁县及气候条件相似地区种植，适宜在海拔500～1200m，年均气温15～18℃，年降水量1000～1200mm，≥10℃活动积温4500～6000℃的酸性、微酸性红壤、沙壤和黄壤上种植。油茶是雌雄同株、异花授粉树种，为提高油茶林的产量和质量，建议采用5个以上良种混栽为佳。

典型识别特征　树冠自然开张形。叶椭圆形，叶深绿色，先端渐尖，具细锯齿或钝齿，叶面光滑平整。果实球形，红色，果实10月下旬成熟，属霜降籽。

单株

果枝

花

果实

果实剖面与茶籽

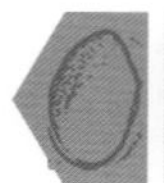

19 富宁油茶2号

种名：普通油茶
拉丁名：*Camellia oleifera* ‘Funingyoucha 2’
认定编号：滇 R-SC-CO-056-2011
品种类别：无性系
原产地：母株位于富宁县阿用乡那翁村委会油茶林中
选育地（包括区试点）：在富宁县阿用乡那翁村委会油茶林中选育出富宁油茶2号良种母株，区试点位于富宁县安广畜牧场、富宁县金坝林场安岗林区、富宁县里达镇里达村
选育单位：云南省林业科学院、富宁县林业局油茶研究所、西南林业大学、云南林业职业技术学院、文山壮族苗族自治州林业局
选育过程：同富宁油茶1号
选育年份：2011年

植物学特征 常绿乔木，成年树体高大，树势生长旺盛，发枝力强，树冠自然圆头形，树高可达4m，地径20cm。母株树高2.4m，地径7.8cm，冠幅2.8m×2.5m，种子播种实生繁殖，生长地海拔950m，树龄25年左右，土质黄色壤土，酸性。树皮淡褐色，光滑；嫩枝颜色紫红；嫩叶颜色红，单叶互生，革质叶片，叶椭圆形，叶下面侧脉不明显，叶片长4.5～6.0cm，宽2.5～3.3cm，叶面平整，叶缘平，叶基近圆形，叶颜色深绿，芽鳞黄绿色，叶齿锐度中等，齿密度大，叶片着生状态近水平，先端渐尖，具细锯齿或钝齿，叶缘锯齿35～45个，侧脉6对；花芽顶生或腋生，有芽绒毛，两性花，白色，花瓣数6～8，花瓣质地中等，花瓣倒心形，顶端常2裂，萼片数5～7，花柱长度1.1cm，柱头裂数3，花冠直径5.0～7.0cm，有子房绒毛，花柱裂位浅裂，雄蕊约90个，雌蕊约4个，雄蕊相对较高，萼片绿色。果实桃形，果皮颜色青红色，果面光滑，阴面青红色、阳面紫红色，果皮木质化，果径3.0～4.0cm，心室3～4，每500g鲜果15～25个，果大壳薄，籽粒硕大饱满，每果平均种子4粒；种子三角形，种皮黑色，有光泽；根系为主根发达的深根性，深可达1.5m，但细根密集在10～35cm范围内，根系趋水、肥性强。

经济性状 丰产性好，成枝力强，以顶花芽、短果枝结果为主，平均每枝结果数为30左右。连年结果能力强，大小年不明显，产量高。初产期产量达4960kg/hm^2，盛产期产量达12996kg/hm^{2}以上，产油量886kg/hm^2，单位面积冠幅产果量达到1.84kg/m^2。果大壳薄，三径平均值为3.70cm，平均单果重21.14g，单果种籽少，平均4个，种籽较大，单粒重3.70g；种子品质好，种仁饱满，果皮薄，出仁率高。鲜果出籽率46.63%，出仁率80.40%，干仁含油率47.43%。油脂品质好，蛋白质含量为5.46%，脂肪酸价为0.80mgKOH/g。

生物学特性 喜温暖，怕寒冷，生长期在260天左右。要求年均气温15～18℃，绝对低温-10℃，≥10℃年积温在4500～5200℃，抽梢期3～5月的月平均气温13～20℃，花芽分化期5～7月的月平均气温20℃，果实生长期与油脂转化最盛期7～8月的月平均气温20～22℃，开花期9～10月的月平均气温15℃左右。生长发育要求有较充足的阳光，年日照时数1800小时以上，应在地形开阔的阳坡、半阳坡地上种植，年降水量1000～1200mm。

适应性及栽培特点 该良种采用芽苗砧嫁接进行繁殖后的无性系苗进入苗圃培育1年便可上山造林。采用无性系进行造林的油茶林在前3年需去花除果，以加快植株的营养生长，4～5年

后即可挂果，进入初产期，造林 8 ~ 10 年后进入盛产期，在管理良好、养分充足的情况下，盛产期可持续 80 年。

自复选阶段以来，所产生的 75 株优树的穗条被专门采集，在归朝镇油茶苗圃和板仑乡油茶苗圃进行嫁接和栽植，为推广种植和试验做准备。2009 年决选优良单株（后被认定为富宁油茶 2 号），富宁县林业局将其作为重点试验良种在阿用乡、者桑乡、归朝镇、洞波乡、剥隘镇、谷拉乡、那能乡 7 个乡（镇）和金坝林场林区都进行了推广种植，目前推广面积达到 $0.3hm^2$ 左右。从 2011 年开始每年可为富宁油茶提供 2 号优良无性系的优良嫁接芽 5 万个。

该品种适宜于富宁县及气候条件相似地区种植，适宜在海拔 500 ~ 1200m，年均气温 15 ~ 18℃以上，年降水量 1000 ~ 1200mm，≥ 10℃活动积温 4500 ~ 6000℃的酸性、微酸性红壤、沙壤和黄壤上种植。油茶是雌雄同株、异花授粉树种，为提高油茶林的产量和质量，建议采用 5 个以上良种混栽为佳。

典型识别特征　树冠自然圆头形。叶椭圆形，叶深绿色，先端渐尖，具细锯齿或钝齿，叶面光滑平整。果实球形，青红色，果实 10 月下旬成熟，属霜降籽。

单株

果实

果实剖面与茶籽

树上果实特写

花

20 富宁油茶 3 号

种名：普通油茶
拉丁名：*Camellia oleifera*‘Funingyoucha 3’
认定编号：滇 R-SC-CO-057-2011
品种类别：无性系
原产地：母株位于富宁县者桑乡平安村委会油茶林中
选育地（包括区试点）：在富宁县者桑乡平安村委会油茶林中选育出富宁油茶 3 号良种母株，区试点位于富宁县安广畜牧场、富宁县金坝林场安岗林区、富宁县里达镇里达村
选育单位：云南省林业科学院、富宁县林业局油茶研究所、西南林业大学、云南林业职业技术学院、文山壮族苗族自治州林业局
选育过程：同富宁油茶 1 号
选育年份：2011 年

植物学特征 常绿乔木，成年树体高大，树势生长旺盛，发枝力强，树冠自然圆头形，树高可达 4m，地径 20cm。母株树高 3.5m，地径 8.6cm，冠幅 2.1m × 2.3m，种子播种实生繁殖，生长地海拔 459m，树龄 20 年左右，土质黄色壤土，酸性。树皮淡褐色，光滑；嫩枝颜色紫红；嫩叶颜色红，单叶互生，革质叶片，叶椭圆形，叶下面侧脉不明显，叶片长 5.3 ~ 8.0cm，宽 2.5 ~ 3.0cm，叶面平整，叶缘平，叶基近圆形，叶颜色深绿，芽鳞黄绿色，叶齿锐度中等，齿密度大，叶片着生状态近水平，先端渐尖，具细锯齿或钝齿，叶缘锯齿 35 ~ 45 个，侧脉对数 6 对；花芽顶生或腋生，有芽绒毛，两性花，白色，花瓣数 6 ~ 7，花瓣质地中等，花瓣倒心形，顶端常 2 裂，萼片数 5 ~ 7，花柱长度 1.1cm，柱头裂数 3，花冠直径 5.0 ~ 7.0cm，有子房绒毛，花柱裂位浅裂，雄蕊约 110 个，雌蕊约 4 个，雄蕊相对较高，萼片绿色；果实球形，果皮颜色青红色，果面光滑，阴面青红色、阳面紫红色，果皮木质化，果径 3.0 ~ 4.5cm，心室 2 ~ 4，每 500g 鲜果 15 ~ 20 个，果大壳薄，籽粒硕大饱满，每果平均种子 3 粒；种子三角形，种皮黑色，有光泽；根系为主根发达的深根性，深可达 1.5m，但细根密集在 10 ~ 35cm 范围内，根系趋水、肥性强。

经济性状 丰产性好，成枝力强，以顶花芽、短果枝结果为主，平均每枝结果数为 30 左右。连年结果能力强，大小年不明显，产量高。初产期产量达 $4670kg/hm^2$，盛产期产量达 $11884kg/hm^2$ 以上，产油量 $923kg/hm^2$，单位面积冠幅产果量达到 $2.56kg/m^2$。果大壳薄，三径平均值为 3.50cm，平均单果重 21.85g，单果种籽少，平均 3 个，种籽较大，单粒重 3.65g；种子品质好，种仁饱满，果皮薄，出仁率高。鲜果出籽率 46.63%，出仁率 65.10%，干仁含油率 44.36%。油脂品质好，蛋白质含量为 4.99%，脂肪酸价为 0.94mgKOH/g。

生物学特性 喜温暖，怕寒冷，生长期在 260 天左右。要求年均气温 15 ~ 18℃，绝对低温 -10℃，≥ 10℃年积温在 4500 ~ 5200℃，抽梢期 3 ~ 5 月的月平均气温 13 ~ 20℃，花芽分化期 5 ~ 7 月的月平均气温 20℃，果实生长期与油脂转化最盛期 7 ~ 8 月的月平均气温 20 ~ 22℃，开花期 9 ~ 10 月的月平均气温 15℃左右。生长发育要求有较充足的阳光，年日照时数 1800 小时以上，应在地形开阔的阳坡、半阳坡地上种植，年降水量 1000 ~ 1200mm。

适应性及栽培特点 该良种采用芽苗砧嫁接进行繁殖后的无性系苗进入苗圃培育 1 年便可上山造林。采用无性系进行造林的油茶林在前 3 年需去花除果，以加快植株的营养生长，4 ~ 5 年

后即可挂果，进入初产期，造林 8 ~ 10 年后进入盛产期，在管理良好、养分充足的情况下，盛产期可持续 80 年。

自复选阶段以来，所产生的 75 株优树的穗条被专门采集，在归朝镇油茶苗圃和板仑乡油茶苗圃进行嫁接和栽植，为推广种植和试验做准备。2009 年决选优良单株（后被认定为富宁油茶 3 号），富宁县林业局将其作为重点试验良种在阿用乡、者桑乡、归朝镇、洞波乡、剥隘镇、谷拉乡、那能乡 7 个乡（镇）和金坝林场林区都进行了推广种植，目前推广面积达到 0.3hm^2 左右。从 2011 年开始每年可为富宁油茶提供 3 号优良无性系的优良嫁接芽 5 万个。

该品种适宜于富宁县及气候条件相似地区种植，适宜在海拔 500 ~ 1200m，年均气温 15 ~ 18 ℃，年降水量 1000 ~ 1200mm，≥ 10℃活动积温 4500 ~ 6000℃的酸性、微酸性红壤、沙壤和黄壤上种植。油茶是雌雄同株、异花授粉树种，为提高油茶林的产量和质量，建议采用 5 个以上良种混栽为佳。

典型识别特征　树冠自然圆头形。叶椭圆形，叶深绿色，先端渐尖，具细锯齿或钝齿，叶面光滑平整。果实球形，青红色，果实 10 月下旬成熟，属霜降籽。

单株

树上果实特写

花

果实

果实剖面与茶籽

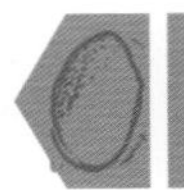

21 富宁油茶4号

种名： 普通油茶
拉丁名： *Camellia oleifera*‘Funingyoucha 4’
认定编号： 滇 R-SC-CO-058-2011
品种类别： 无性系
原产地： 母株位于富宁县皈朝镇龙绍村委会油茶林中
选育地（包括区试点）： 在富宁县皈朝镇龙绍村委会油茶林中选育出富宁油茶4号良种母株，区试点位于富宁县安广畜牧场、富宁县金坝林场安岗林区、富宁县里达镇里达村
选育单位： 云南省林业科学院、富宁县林业局油茶研究所、西南林业大学、云南林业职业技术学院、文山壮族苗族自治州林业局
选育过程： 同富宁油茶1号
选育年份： 2011年

植物学特征 常绿乔木，成年树体高大，树势生长旺盛，发枝力强，树冠自然圆头形，树高可达4m，地径20cm。母株树高3.3m，地径10.4cm，冠幅3.2m×3.0m，种子播种实生繁殖，生长地海拔798m，树龄25年左右，土质黄色壤土，酸性。树皮淡褐色，光滑；嫩枝颜色紫红；嫩叶颜色红，单叶互生，革质叶片，叶椭圆形，叶下面侧脉不明显，叶片长4.5 ~ 6.2cm，宽2.2 ~ 3.5cm，叶面平整，叶缘平，叶基近圆形，叶颜色深绿，芽鳞黄绿色，叶齿锐度中等，齿密度大，叶片着生状态近水平，先端渐尖，具细锯齿或钝齿，叶缘锯齿35 ~ 45个，侧脉对数6对；花芽顶生或腋生，有芽绒毛，两性花，白色，花瓣数6 ~ 7，花瓣质地中等，花瓣倒心形，顶端常2裂，萼片数5 ~ 7，花柱长度1.4cm，柱头裂数3，花冠直径5.0 ~ 7.0cm，有子房绒毛，花柱裂位浅裂，雄蕊约100个，雌蕊约4个，雄蕊相对较高，萼片绿色；果实球形，果皮红色，果面光滑，阴面青红色、阳面红色，果皮木质化，果径3.0 ~ 4.5cm，心室3 ~ 4，每500g鲜果20 ~ 30个，果大壳薄，籽粒硕大饱满，每果平均种子4粒；种子三角形，种皮黑色，有光泽。根系为主根发达的深根性，深可达1.5m，但细根密集在10 ~ 35cm范围内，根系趋水、肥性强。

经济性状 丰产性好，成枝力强，以顶花芽、短果枝结果为主，平均每枝结果数为30左右。连年结果能力强，大小年不明显，产量高。初产期产量达5084kg/hm^2，盛产期产量达12349kg/hm^{2}以上，产油量704kg/hm^2，单位面积冠幅产果量达到1.2kg/m^2。果大壳薄，三径平均值为3.50cm，平均单果重20.75g，单果种籽少，平均4个，种籽较大，单粒重3.68g；种子品质好，种仁饱满，果皮薄，出仁率高。鲜果出籽率44.07%，出仁率72.30%，干仁含油率51.40%。油脂品质好，蛋白质含量为5.8%，脂肪酸价为0.47mgKOH/g。

生物学特性 喜温暖，怕寒冷，生长期在260天左右。要求年均气温15 ~ 18℃，绝对低温-10℃，≥10℃年积温在4500 ~ 5200℃，抽梢期3 ~ 5月的月平均气温13 ~ 20℃，花芽分化期5 ~ 7月的月平均气温20℃，果实生长期与油脂转化最盛期7 ~ 8月的月平均气温20 ~ 22℃，开花期9 ~ 10月的月平均气温15℃左右。生长发育要求有较充足的阳光，年日照时数1800小时以上，应在地形开阔的阳坡、半阳坡地上种植，年降水量1000 ~ 1200mm。

适应性及栽培特点 该良种采用芽苗砧嫁接进行繁殖后的无性系苗进入苗圃培育1年便可上山造林。采用无性系进行造林的油茶林在前3年需去花除果，以加快植株的营养生长，4 ~ 5年

后可进入挂果期，进入初产期，造林 8 ~ 10 年后进入盛产期，在管理良好、养分充足的情况下，盛产期可持续 80 年。

自复选阶段以来，所产生的 75 株优树的穗条被专门采集，在归朝镇油茶苗圃和板仑乡油茶苗圃进行嫁接和栽植，为推广种植和试验做准备。2009 年决选优良单株（后被认定为富宁油茶 4 号），富宁县林业局将其作为重点试验良种在阿用乡、者桑乡、归朝镇、洞波乡、剥隘镇、谷拉乡、那能乡 7 个乡（镇）和金坝林场林区都进行了推广种植，目前推广面积达到 0.3hm^2 左右。从 2011 年开始每年可为富宁油茶提供 4 号优良无性系的优良嫁接芽 5 万个。

该品种适宜于富宁县及气候条件相似地区种植，适宜海拔 500 ~ 1200m，年均气温 15 ~ 18℃，年降水量 1000 ~ 1200mm，≥ 10℃活动积温 4500 ~ 6000℃的酸性、微酸性红壤、沙壤和黄壤上种植。油茶是雌雄同株、异花授粉树种，为提高油茶林的产量和质量，建议采用 5 个以上良种混栽为佳。

典型识别特征　树冠自然圆头形。叶椭圆形，叶深绿色，先端渐尖，细锯齿或钝齿，叶面光滑平整。果实球形，红色，果实 10 月下旬成熟，属霜降籽。

单株

树上果实特写

花

果实

果实剖面与茶籽

22 富宁油茶5号

种名： 普通油茶

拉丁名： *Camellia oleifera* 'Funingyoucha 5'

认定编号： 滇 R-SC-CO-059-2011

品种类别： 无性系

原产地： 母株位于富宁县者桑乡平安村委会油茶林中

选育地（包括区试点）： 在富宁县者桑乡平安村委会油茶林中选育出富宁油茶5号良种母株，区试点位于富宁县安广畜牧场、富宁县金坝林场安岗林区、富宁县里达镇里达村

选育单位： 选育申报单位为云南省林业科学院；参加单位有富宁县林业局油茶研究所、西南林业大学、云南林业职业技术学院、文山壮族苗族自治州林业局

选育过程： 同富宁油茶1号

选育年份： 2011年

植物学特征 常绿乔木，成年树体高大，树势生长旺盛，发枝力强，树冠自然圆头形，树高可达4m，地径20cm。母株树高2.5m，地径9.74cm，冠幅2.3m×2.0m，种子播种实生繁殖，生长地海拔477m，树龄20年左右，土质黄色壤土，酸性。树皮淡褐色，光滑；嫩枝颜色紫红；嫩叶颜色红，单叶互生，革质叶片，叶椭圆形，叶下面侧脉不明显，叶片长4.0～6.5cm，宽2.5～3.5cm，叶面平整，叶缘平，叶基近圆形，叶颜色深绿，芽鳞黄绿色，叶齿锐度中等，齿密度大，叶片着生状态近水平，先端渐尖，具细锯齿或钝齿，叶缘锯齿35～45个，侧脉对数6对；花芽顶生或腋生，有芽绒毛，两性花，白色，花瓣数5～6，花瓣质地中等，花瓣倒心形，顶端常2裂，萼片数5～7，花柱长度1.5cm，柱头裂数3，花冠直径5.0～7.0cm，有子房绒毛，花柱裂位浅裂，雄蕊约90个，雌蕊约4个，雄蕊相对较高，萼片绿色；果实球形，果皮红色，果面光滑皮，阴面浅红色、阳面红色，果皮木质化，果径3.0～4.5cm，心室2～3，每500g鲜果20～30个，果大壳薄，籽粒硕大饱满，每果平均种子5粒；种子三角形，种皮黑色，有光泽；根系为主根发达的深根性，深可达1.5m，但细根密集在10～35cm范围内，根系趋水、肥性强。

经济性状 丰产性好，成枝力强，以顶花芽、短果枝结果为主，平均每枝结果数为30左右。连年结果能力强，大小年不明显，产量高。初产期产量达4800kg/hm^2，盛产期产量达12050kg/hm^{2}以上，产油量839.7kg/hm^2，单位面积冠幅产果量达到1.5kg/m^2。果大壳薄，三径平均值为3.37cm，平均单果重21.18g，单果种籽少，平均5个，种籽较大，单粒重3.92g；种子品质好，种仁饱满，果皮薄，出仁率高。鲜果出籽率46.26%，出仁率71.70%，干仁含油率49.46%。油脂品质好，蛋白质含量为6.25%，脂肪酸价为0.4mgKOH/g。

生物学特性 喜温暖，怕寒冷，生长期在260天左右。要求年均气温15～18℃，绝对低温-10℃，≥10℃年积温在4500～5200℃，抽梢期3～5月的月平均气温13～20℃，花芽分化期5～7月的月平均气温20℃，果实生长期与油脂转化最盛期7～8月的月平均气温20～22℃，开花期9～10月的月平均气温15℃左右。生长发育要求有较充足的阳光，年日照时数1800小时以上，应在地形开阔的阳坡、半阳坡地上种植，年降水量1000～1200mm。

适应性及栽培特点 该良种采用芽苗砧嫁接进行繁殖后的无性系苗进入苗圃培育1年便可上山造林。采用无性系进行造林的油茶林在前3年需去花除果，以加快植株的营养生长，4～5年

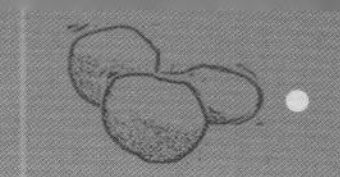

后即可挂果，进入初产期，造林 8 ~ 10 年后进入盛产期，在管理良好、养分充足的情况下，盛产期可持续 80 年。

自复选阶段以来，所产生的 75 株优树的穗条被专门采集，在归朝镇油茶苗圃和板仑乡油茶苗圃进行嫁接和栽植，为推广种植和试验做准备。2009 年决选优良单株（后被认定为富宁油茶 5 号），富宁县林业局将其作为重点试验良种在阿用乡、者桑乡、归朝镇、洞波乡、剥隘镇、谷拉乡、那能乡 7 个乡（镇）和金坝林场林区都进行了推广种植，目前推广面积达到 0.3hm^2 左右。从 2011 年开始每年可为富宁油茶提供 5 号优良无性系的优良嫁接芽 5 万个。

该品种适宜于富宁县及气候条件相似地区种植，适宜在海拔 500 ~ 1200m，年均气温 15 ~ 18℃，年降水量 1000 ~ 1200mm，≥ 10℃活动积温 4500 ~ 6000℃的酸性、微酸性红壤、沙壤和黄壤上种植。油茶是雌雄同株、异花授粉树种，为提高油茶林的产量和质量，建议采用 5 个以上良种混栽为佳。

典型识别特征 树冠自然圆头形。叶椭圆形，叶深绿色，先端渐尖，细锯齿或钝齿，叶面光滑平整。果实球形，红色，果实 10 月下旬成熟，属霜降籽。

单株

花

果实

树上果实特写

果实剖面与茶籽

23 富宁油茶 6 号

种名： 普通油茶
拉丁名： *Camellia oleifera*‘Funingyoucha 6’
认定编号： 滇 R-SC-CO-060-2011
品种类别： 无性系
原产地： 母株位于富宁县板仑乡平纳村委会油茶林中
选育地（包括区试点）： 在富宁县板仑乡平纳村委会油茶林中选育出富宁油茶 6 号良种母株，区试点位于富宁县安广畜牧场、富宁县金坝林场安岗林区、富宁县里达镇里达村
选育单位： 云南省林业科学院、富宁县林业局油茶研究所、西南林业大学、云南林业职业技术学院、文山壮族苗族自治州林业局
选育过程： 同富宁油茶 1 号
选育年份： 2011 年

植物学特征 常绿乔木，成年树体高大，树势生长旺盛，发枝力强，树冠自然圆头形，树高可达 4m，地径 20cm。母株树高 3.2m，地径 8.84cm，冠幅 1.9m×2.4m，种子播种实生繁殖，生长地海拔 1137m，树龄 20 年左右，土质黄色壤土，酸性。树皮淡褐色，光滑；嫩枝颜色紫红；嫩叶颜色红，单叶互生，革质叶片，叶椭圆形，叶下面侧脉不明显，叶片长 6.0 ～ 6.8cm，宽 2.5 ～ 3.8cm，叶面平整，叶缘平，叶基近圆形，叶颜色深绿，芽鳞黄绿色，叶齿锐度中等，齿密度大，叶片着生状态近水平，先端渐尖，细锯齿或钝齿，叶缘锯齿 35 ～ 45 个，侧脉对数 6 对；花芽顶生或腋生，有芽绒毛，两性花，白色，花瓣数 6 ～ 7，花瓣质地中等，花瓣倒心形，顶端常 2 裂，萼片数 5 ～ 7，花柱长度 1.3cm，柱头裂数 3，花冠直径 5.0 ～ 7.0cm，有子房绒毛，花柱裂位浅裂，雄蕊约 80 个，雌蕊约 4 个，雄蕊相对较高，萼片绿色；果实球形，果皮红色，果面光滑皮，阴面浅红色、阳面红色，果皮木质化，果径 3.0 ～ 4.5cm，单果重平均单果重 23.45g，心室 2 ～ 3，每 500g 鲜果 20 ～ 30 个，果大壳薄，籽粒硕大饱满，单粒重 3.72g，每果平均种子 4 粒；种子三角形，种皮黑色，有光泽；根系为主根发达的深根性，深可达 1.5m，但细根密集在 10 ～ 35cm 范围内，根系趋水、肥性强。

经济性状 丰产性好，成枝力强，以顶花芽、短果枝结果为主，平均每枝结果数为 30 左右。连年结果能力强，大小年不明显，产量高。初产期产量达 4676kg/hm^2，盛产期产量达 11864 kg/hm^2 以上，产油量 752kg/hm^2，单位面积冠幅产果量达到 1.24kg/m^2。果大壳薄，三径平均值为 3.27cm，单果种籽少，平均 4 个，种籽较大；种子品质好，种仁饱满，果皮薄，出仁率高。鲜果出籽率 54.89%，出仁率 70.70%，干仁含油率 51.02%。油脂品质好，蛋白质含量为 7.2%，脂肪酸价为 0.72KOHmg/g。

生物学特性 喜温暖，怕寒冷，生长期在 260 天左右。要求年均气温 15 ～ 18℃，绝对低温 -10℃，≥ 10℃年积温在 4500 ～ 5200℃，抽梢期 3 ～ 5 月的月平均气温 13 ～ 20℃，花芽分化期 5 ～ 7 月的月平均气温 20℃，果实生长期与油脂转化最盛期 7 ～ 8 月的月平均气温 20 ～ 22℃，开花期 9 ～ 10 月的月平均气温 15℃左右。生长发育要求有较充足的阳光，年日照时数 1800 小时以上，应在地形开阔的阳坡、半阳坡地上种植，年降水量 1000 ～ 1200mm。

适应性及栽培特点 该良种采用芽苗砧嫁接进行繁殖后的无性系苗进入苗圃培育 1 年便可上山造林。采用无性系进行造林的油茶林在前 3 年需去花除果，以加快植株的营养生长，4 ～ 5 年

后即可挂果，进入初产期，造林 8 ～ 10 年后进入盛产期，在管理良好、养分充足的情况下，盛产期可持续 80 年。

自复选阶段以来，所产生的 75 株优树的穗条被专门采集，在归朝镇油茶苗圃和板仑乡油茶苗圃进行嫁接和栽植，为推广种植和试验做准备。2009 年决选优良单株（后被认定为富宁油茶 6 号），富宁县林业局将其作为重点试验良种在阿用乡、者桑乡、归朝镇、洞波乡、剥隘镇、谷拉乡、那能乡 7 个乡（镇）和金坝林场林区都进行了推广种植，目前推广面积达到 0.3hm^2 左右。从 2011 年开始每年可为富宁油茶提供 5 号优良无性系的优良嫁接芽 5 万个。

该品种适宜于富宁县及气候条件相似地区种植，适宜海拔 500 ～ 1200m，年均气温 15 ～ 18℃，年降水量 1000 ～ 1200mm，≥ 10℃活动积温 4500 ～ 6000℃的酸性、微酸性红壤、沙壤和黄壤上种植。油茶是雌雄同株、异花授粉树种，为提高油茶林的产量和质量，建议采用 5 个以上良种混栽为佳。

典型识别特征　树冠自然圆头形。叶椭圆形，叶深绿色，先端渐尖，细锯齿或钝齿，叶面光滑平整。果实球形，红色，果实 10 月下旬成熟，属霜降籽。

单株

果枝

花

果实

果实剖面与茶籽

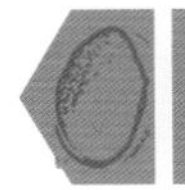

24 五柱滇山茶

种名：五柱滇山茶
拉丁名：*Camellia yunnanesis* ‘Wuzhudianshancha’
俗名：猴子木
认定编号：云 R-SP-CR-063-2011
品种类别：种源
原产地：云南省龙陵县腊勐乡
选育地：云南省龙陵县大坝国社联营林场达摩山
选育单位：云南省龙陵县林业局林木种苗管理站
选育过程及选育年份：2009 年 7 月至 2011 年 8 月在龙陵县大坝国社联营林场开展了五柱滇山茶优良种源的选育工作，实验面积 50 亩，通过选取腊勐乡五柱滇山茶 1 年生嫁接苗与碧寨乡五柱滇山茶 1 年生嫁接苗做定植对照试验，定植密度为 111 株 / 亩，定植株数 5550 株，划分为试验区和普通区两个大区，试验区和普通区有明显标记区界。通过 2 年的对比观测，腊勐乡五柱滇山茶 1 年生嫁接苗的保存率为 90%，平均树高达 0.6m，胸径 0.38cm，品质好，抗性强。碧寨乡五柱滇山茶 1 年生嫁接苗的保存率 75%，平均树高 0.5m，胸径 0.30cm。
选育年份：2011 年

植物学特征 灌木至小乔木，树高 8 ~ 20m，树冠呈伞形或圆形，冠幅 3 ~ 4m×5 ~ 5m；叶互生，革质，椭圆形至卵形，长 4 ~ 7cm，宽 2 ~ 5cm，先端渐尖或钝尖，基部阔楔形至圆形，上面深绿色，干后略有光泽，中脉有短毛，下面干后黄绿色，侧脉 7 ~ 8 对，在上下两面隐约可见，边缘密生细锯齿，叶柄长 3 ~ 6mm，有粗毛；幼枝灰色，嫩枝长有茸毛，冬芽瘦长；花顶生，白色，直径 4 ~ 7cm，无柄，苞片及萼片 8 ~ 9 片，最下部 2 ~ 3 片阔卵形，长 2 ~ 3mm，无毛，其余各片扇状倒卵形，长 7 ~ 12mm，脱落，花瓣 8 ~ 12 片，长 2 ~ 3cm，基部略相连，倒卵形至圆形，无毛，最外侧 2 ~ 3 片较短而厚，过渡为萼片状；蒴果球形，黄褐色，果径 3.5 ~ 10.0cm，果高 2.5 ~ 5.0cm，果皮厚 0.4 ~ 3.0cm。

经济性状 龙陵县五柱滇山茶种子含油量高，可榨取茶油，也是兼具食用、药用、观赏、绿化价值的优良树种。龙陵县五柱滇山茶优良种源实验林其植株挂果率高，大小年现象不明显。盛果期亩产籽量 150kg，亩产油量 39kg，单果重 20 ~ 150g，鲜果出籽率 17% ~ 22%，干出籽率 13% ~ 18%，出仁率 65% ~ 75%，含油率 18% ~ 26%。主要脂肪酸含量：油酸 69.39% ~ 77.18%、亚油酸 8.29% ~ 17.97%、亚麻酸 0.51% ~ 1.17%、硬脂酸 0.94% ~ 4.01%、棕榈酸 9.06% ~ 11.94%。

生物学特性 1. 生命周期：龙陵县五柱滇山茶的生命周期分为幼树期、结果初期、盛果期、结果后期和衰老期五个时期。①幼树期，指从定植到植株第一次开花结果时为止，是营养生长阶段，一般为 4 ~ 5 年，幼树期枝条数量和开花结果数量较少。②结果初期，指从第一次开花结果到有一定经济产量的时期，是生长和结果同时存在的阶段，一般为 8 ~ 12 年，此时期树体基本定型，树冠基本接近营养面积，结果逐年增加，产量逐年上升。③盛果期，指获得较高产量并保持产量相对稳定的时期，一般为 30 ~ 60 年，此时期树高、树冠达到最大值，延长枝由营养枝逐渐转为结果枝，结果多，此时期生产的种子质量最好，如生长条件良好，盛果期可达百年以上。④结果后期，指随着树龄的增长，长势逐渐变弱，延长枝生长量减小，骨干枝上的小枝逐渐衰亡并大部分死亡，

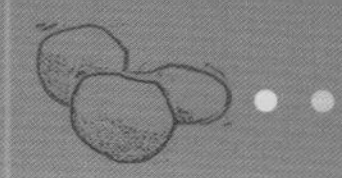

产量逐年下降的这段时期。⑤衰老期，指产量下降至无经济栽培价值，部分或大部分枝干衰亡枯死的这段时期。

2. 年生长发育周期：①萌动期，萌动期在每年开春前后2～3月。②枝叶（春梢）生长期，在萌动期开始后进入春梢生长期，时间为2～4月。③始花期，每年9月为龙陵县五柱滇山茶的始花期。④盛花期，每年9月到翌年1月为龙陵县五柱滇山茶的花期，盛花期在每年11月。⑤末花期，翌年1月为末花期。⑥果实膨大期，果实膨大期为4～8月。⑦果实成熟期，果实成熟期为9～11月。

适应性及栽培特点　龙陵县五柱滇山茶适宜在龙陵县年均气温14～17℃，年降水量1200～2200mm，海拔1300～2300m，pH值5.0～6.5的地区种植。现已在龙陵县龙山镇、镇安镇、龙江乡、腊勐乡、碧寨乡、勐糯镇、木城乡推广种植。龙陵县五柱滇山茶喜欢空气适度流动的环境和阳光，好温暖忌严寒霜冻，适宜山地地块。土壤以含腐殖质较高、偏酸性、排水良好、疏松通气的红、黄壤为宜。

1. 采种：9月底至11月初，当有10%左右的果实微裂时，选择生长健壮、无病虫害、种仁饱满、果实掰开后种子乌黑有光泽的采种母树，及时分批进行采收。

2. 繁殖：龙陵县五柱滇山茶的繁殖方法有有性繁殖（实生苗）和无性繁殖（扦插苗、嫁接苗）。①实生苗育苗时间为12月至翌年2月，选择交通便利、水源保证、地势相对平缓的坡地、平地育苗。②扦插苗扦插时间为时间5～10月，只要能采集到适合的穗条都可以进行，但考虑龙陵6～8月是集中降雨的季节，为充分利用自然空气湿度，同时考虑到与半木质化枝条形成时间相同以及苗木出圃与造林季节相一致等因素，扦插的时间选择在5月底至6月初进行。③嫁接苗

林分

1 ~ 2 月或 4 ~ 5 月采用芽砧嫁接。剪取当年生的粗壮、腋芽饱满无病害的半木质化新梢，随采随接。

3 栽培：选择适宜龙陵县五柱滇山茶生产的山地，于 7 ~ 8 月定植，定植前一个月完成整地，整地时间 11 月至翌年 1 月，设计株行距 3m × 4m，按行距 4m，沿等高线带状整地，种植穴规格为 4cm × 4cm × 4cm。栽培时选择顶芽饱满、叶色暗绿、无损伤、无病虫害、充分木质化的龙陵县五柱滇山茶良种壮苗。

典型识别特征　树冠呈伞形或圆形。果实未完全成熟时果皮呈红色，完全成熟后呈黄褐色，蒴果球形，果皮厚。

单株

花

果枝

果实

果实剖面与横径

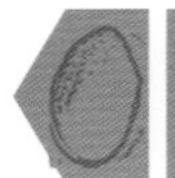

25 德林油 3 号

种名：普通油茶
拉丁名：*Camellia oleifera*‘Delinyou 3’
认定编号：云 R-SC-070-2011
原产地：云南省文山壮族苗族自治州
选育地：云南省德宏傣族景颇族自治州梁河县
选育单位：德宏傣族景颇族自治州林业局中心苗圃、西南林业大学
选育过程：2008－2010 连续 3 年，在德宏傣族景颇族自治州逾 530hm^2 的油茶实生林分中，按照《云南省油茶优良单株调查选择方法》，通过初选、复选、决选程序，分别在梁河县小厂乡勐陇村、梁河县芒东乡竹坪山村、芒市风平镇帕底村、芒市勐嘎镇勐稳村 4 个点进行无性系测定试验。各试验点无性系表现均与原株表现一致。
选育年份：2011 年

植物学特征　德林油 3 号无性系原株树龄 30 年，地径 20cm，树皮灰褐色，树高 3m，枝条自然下垂，4 个一级分枝，分枝级数为 8，树势强，成枝力强，冠幅 16.8m^2，树冠圆头开心形。叶椭圆形，颜色深绿，叶面具油光泽，叶柄 2.47 ~ 6.60mm，叶重 0.422 ~ 0.818g，叶长 47.60 ~ 62.77mm，叶宽 27.32 ~ 35.21mm，叶厚 0.46 ~ 0.70mm；花蕾直径 6.34 ~ 8.40mm，雄蕊数 80 ~ 100，雌蕊裂数 3，雌蕊长度 12.21 ~ 15.29mm；果实球形，果皮阳面红色、阴面淡绿色，果径 42.70mm，果高 36.61mm，果形指数 0.87，每个果实含 1 ~ 11 粒种子，种子饱满。

经济性状　德林油 3 号无性系原株连年结果能力强，大小年不明显，2008－2011 年，连续 4 年鲜果产量为 154.5kg / 亩，最高 2008 年 53.5kg / 亩，最低 2009 年 22.5kg / 亩。平均单果重 39.22g，最大单果重 67.753g，每 500g 鲜果数 14 个，每 500g 鲜籽数 208 个，数量比饱仁率 96.28%，质量比饱仁率 99.15%，单位面积冠幅产果量 1.53kg/m^2。鲜果出籽率 40.0%，干仁含油率 48.0%，鲜果含油率 6.8%。

生物学特性　个体发育生命周期 70 ~ 80 年；无性系造林营养生长期 3 年；始果期为无性系造林第三年；盛产期为无性系造林后第七年；盛产期可以维持 25 年。年生长发育周期：萌动期 2

月 10 ～ 15 日；春梢生长期 3 ～ 6 月；始花期 11 月 15 日，盛花期 12 月 1 日至翌年 11 月 25 日；果实膨大期 6 月至 8 月中旬，果实成熟期 11 月 10 ～ 15 日。

适应性　适宜于德宏傣族景颇族自治州海拔 1000 ～ 1800m 酸性或微酸性红壤或黄壤的阳坡、半阳坡地区种植。目前在德宏傣族景颇族自治州内各县（市）累计栽培 3000 多亩，并引种到湖南进行栽培试验。

典型识别特征　树冠圆头开心形。叶椭圆形，颜色深绿。果实球形，果皮阳面红色、阴面淡绿色。

果实

单株

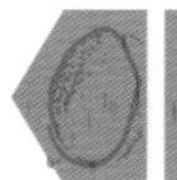

26 德林油4号

种名： 普通油茶
拉丁名： *Camellia oleifera*‘Delinyou 4’
认定编号： 云 R-SC-071-2011
原产地： 云南省文山壮族苗族自治州
选育地： 云南省德宏傣族景颇族自治州梁河县
选育单位： 德宏傣族景颇族自治州林业局中心苗圃、西南林业大学
选育过程： 2007－2010 连续 4 年，在德宏傣族景颇族自治州逾 530hm^2 的油茶实生林分中，按照《云南省油茶优良单株调查选择方法》，通过初选、复选、决选程序，分别在梁河县小厂乡勐陇村、梁河县芒东乡竹坪山村、芒市风平镇帕底村、芒市勐嘎镇勐稳村 4 个点进行无性系测定试验。各试验点无性系表现均与原株表现一致。
选育年份： 2011 年

植物学特征　德林油 4 号无性系原株树龄 23 年，地径 10cm，树高 2.5m，枝条自然下垂，7 个一级分枝，分枝级数为 7，树皮灰褐色，冠幅 4.56m^2，树冠伞形。叶长椭圆形，颜色暗绿，革质，叶柄 3.97 ～ 7.26mm，叶重 0.410 ～ 0.899g，叶长 47.70 ～ 73.13mm，叶宽 21.41 ～ 34.57mm，叶厚 0.50 ～ 0.67mm；花蕾直径 5.88 ～ 9.71mm，雄蕊数 74 ～ 79，雌蕊裂数 3，雌蕊长度 12.50 ～ 15.00mm；果梭形，果实绿皮，阳面红色，每个果实含 1 ～ 6 粒种子，果实种子饱满，果径 33.36mm，果高 37.09mm，果形指数 1.11。

经济性状　德林油 4 号无性系原株连年结果能力强，大小年不明显，2008－2011 年，连续 4 年鲜果产量为 47.5kg，最高 2008 年 13kg，最低 2010 年 10kg。平均单果重 21.37g，最大单重 43.665g，每 500g 鲜果数 23 个，每 500g 鲜籽数 120 个，数量比饱仁率 93.01%。质量比饱仁率 98.28%，单位面积冠幅产果量 1.80kg/m^2。鲜果出籽率 43.0%，干仁含油率 50.0%，鲜果含油率 6.6%。

生物学特性　个体发育生命周期 70 ～ 80 年；无性系造林营养生长期 3 年；始果期为无性系造林第三年；盛产期为无性系造林后第七年；盛产期可以维持 25 年。年生长发育周期：萌动期 2 月 10 ～ 15 日；春梢生长期 3 ～ 6 月；始花期

10 月 20 日，盛花期 11 月 1 ~ 25 日；果实膨大期 6 月至 8 月中旬，果实成熟期 10 月 10 ~ 15 日。

适应性　适宜于德宏傣族景颇族自治州海拔 1000 ~ 1800m 酸性或微酸性红壤或黄壤的阳坡、半阳坡地区种植。目前在德宏傣族景颇族自治州内各县（市）累计栽培 2000 多亩，并引种到湖南进行栽培试验。

典型识别特征　树形开张。叶色暗绿。果梭形，果实绿皮，阳面红色，果皮薄。

果实

果枝

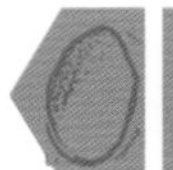

27 德林油 5 号

种名： 普通油茶
拉丁名： *Camellia oleifera* 'Delinyou 5'
认定编号： 云 R-SC-072-2011
原产地： 云南省文山壮族苗族自治州
选育地： 云南省德宏傣族景颇族自治州梁河县
选育单位： 德宏傣族景颇族自治州林业局中心苗圃、西南林业大学
选育过程： 2007-2010 连续 4 年，在德宏傣族景颇族自治州逾 530hm^2 的油茶实生林分中，按照《云南省油茶优良单株调查选择方法》，通过初选、复选、决选程序，分别在梁河县小厂乡勐陇村、梁河县芒东乡竹坪山村、芒市风平镇帕底村、芒市勐嘎镇勐稳村 4 个点进行无性系测定试验。各试验点无性系表现均与原株表现一致。
选育年份： 2011 年

植物学特征 德林油 5 号无性系原株树龄 23 年，地径 12cm，树皮灰褐色树高 3.5m，树冠伞形，冠幅 8.4m^2，枝条自然下垂，分枝级数为 8。叶长椭圆形，颜色暗绿，革质，叶柄 4.23 ~ 6.28mm，叶重 0.032 ~ 0.885g，叶长 52.97 ~ 65.30mm，叶宽 24.36 ~ 34.34mm，叶厚 0.59 ~ 1.06mm；花蕾直径 5.99 ~ 8.41mm，雄蕊数 89 ~ 128，雌蕊裂数 3，雌蕊长度 9.55 ~ 14.37mm；果实绿皮，阳面红色，果卵球形，果径 35.97mm，果高 36.87mm，果形指数 1.02，每个果实含 1 ~ 10 粒种子，果实种子饱满。

经济性状 德林油 5 号无性系原株连年结果能力强，大小年不明显，2008-2011 年，连续 4 年鲜果产量为 90kg，最高 2008 年 27kg，最低 2011 年 20kg。平均单果重 30.53g，最大单重 46.410g，每 500g 鲜果数 25 个，每 500g 鲜籽数 156 个，数量比饱仁率 89.21%，质量比饱仁率 99.10%，单位面积冠幅产果量 2.80kg/m^2。鲜果出籽率 40.5%，鲜果含油率 6.9%。

生物学特性 个体发育生命周期 70 ~ 80 年；无性系造林营养生长期 3 年；始果期为无性系造林第三年；盛产期为无性系造林后第七年；盛产期可以维持 25 年。年生长发育周期：萌动期 2 月 10 ~ 15 日；春梢生长期 3 ~ 6 月；始花期

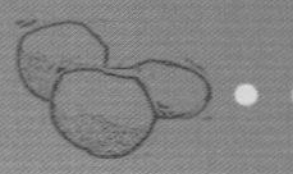

10 月 20 日，盛花期 11 月 1 ～ 25 日；果实膨大期 6 月至 8 月中旬，果实成熟期 10 月 10 ～ 15 日。

适应性　适宜于德宏傣族景颇族自治州海拔 1000 ～ 1800m 酸性或微酸性红壤或黄壤的阳坡、半阳坡地区种植。目前在德宏傣族景颇族自治州内各县（市）累计栽培 2000 多亩，并引种到湖南进行栽培试验。

典型识别特征　树冠伞形。叶色暗绿。果卵球形，果实绿皮，阳面红色，果皮薄。

果实

果枝

28　德林油6号

种名：普通油茶
拉丁名：*Camellia oleifera*‘Delinyou 6’
认定编号：云 R-SC-073-2011
原产地：云南省文山壮族苗族自治州
选育地：云南省德宏傣族景颇族自治州梁河县
选育单位：德宏傣族景颇族自治州林业局中心苗圃、西南林业大学
选育过程：2007－2010连续4年，在德宏傣族景颇族自治州逾530hm^{2}的油茶实生林分中，按照《云南省油茶优良单株调查选择方法》，通过初选、复选、决选程序，分别在梁河县小厂乡勐陇村、梁河县芒东乡竹坪山村、芒市风平镇帕底村、芒市勐嘎镇勐稳村4个点进行无性系测定试验。各试验点无性系表现均与原株表现一致。
选育年份：2011年

植物学特征　德林油6号原株，树龄30年，地径20cm，树高4.5m，树皮灰褐色，冠幅21.2m^2，树冠伞形，树势强，成枝力强，枝条自然下垂，树体丛状，3个一级分枝，8个二级分枝，分枝级数为8。叶长椭圆形，颜色鲜绿，厚革质，叶柄3.13～6.28mm，叶重0.35～0.912g，叶长44.04～63.97mm，叶宽22.87～34.28mm，叶厚0.50～0.59mm；花蕾直径7.82～10.43mm，雄蕊数90～121，雌蕊裂数3，雌蕊长度13.36～15.50mm；果实绿皮，阳面红色，果球形，果径35.35mm，果高27.55mm，果形指数0.78。

经济性状　德林油8号无性系原株连年结果能力强，大小年不明显。平均单果重27.08g，最大单重52.843g，每500g鲜果数22，每500g鲜籽数150，干籽出仁率77.54%，数量比饱仁率98.41%。单位冠幅产果量1.60kg/m^2。鲜果出籽率40%，干仁含油率56%，鲜果含油率6%。

生物学特性　个体发育生命周期70～80年；无性系造林营养生长期3年；始果期为无性系造林第三年；盛产期为无性系造林后第七年；盛产期可以维持25年。年生长发育周期：萌动期2月10～15日；春梢生长期3～6月；始花期10月20日，盛花期11月1～25日；果实膨大

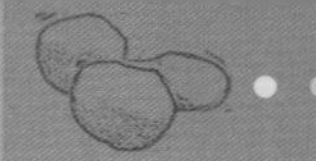

期6月至8月中旬，果实成熟期10月10～15日。

适应性　适宜于德宏傣族景颇族自治州海拔1000～1800m酸性或微酸性红壤或黄壤的阳坡、半阳坡地区种植。目前在德宏傣族景颇族自治州内各县（市）累计栽培2000多亩，并引种到湖南进行栽培试验。

典型识别特征　树冠伞形。叶色鲜绿。果球形，果实绿皮，阳面红色，果皮薄。

果实

果枝

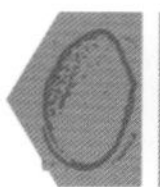

29　窄叶西南红山茶 1 号

种名： 西南红山茶
拉丁名： *Camellia pitardii* var. *yunnanica* ‘Zhaiyexinanhongshancha 1’
认定编号： 云 R-SC-CP-040-2012
品种类别： 无性系
原产地： 红河哈尼族彝族自治州建水县

选育地： 红河哈尼族彝族自治州建水县
选育单位： 红河哈尼族彝族自治州林业科学研究所
选育过程： 初选、复选、决选、无性系测定
选育年份： 2012 年

植物学特征　常绿灌木，呈灌丛状，主干不明显，树龄 25 年，树高 1.02m，分枝下直径 5.6cm，冠幅 1.30m × 1.45m；幼枝和幼叶被柔毛，叶长圆状或椭圆形，边缘有细锯齿，叶面长 4.1cm，宽 1.5cm，叶柄长 5.2cm；花单生或 2 ～ 3 朵簇生，近顶生或腋生，刚开时呈血红色，之后呈淡红色，花梗长 3 ～ 5mm，径 5 ～ 8cm，小苞片和萼片 6 ～ 8 枚，革质或薄革质，绿色，花后脱落，花瓣 6 ～ 7 片，宽倒卵形或近圆形，长 1.5 ～ 2.0cm，宽 1.2 ～ 2.0cm，先端圆形，基部略连合，雄蕊多数，外轮花丝中下部合生；子房球形，密被绒毛，3 室，稀有 4 ～ 5 室；球果灰褐色，球形或扁球形，果皮革质，有柔毛，成熟时 3 ～ 5 瓣，每室有种子 1 ～ 2 粒，褐色，长 1.40cm、宽 1.30cm、厚 1.00cm。树势强，成枝力强，各种枝均能结果，连年结果能力强，大小年不明显，无采前落果现象。

经济性状　试验林进入盛产期时种子产量 2454.40kg/hm^2，超过对照 33.7%，结实大小年不明显；平均单果重 30.87g，最大单果重 33.91g，平均每个果出籽数 4 粒，果实 7 月下旬成熟，每 500g 果数 15 ～ 30 个，冠幅产果量 2.48kg/m^2，鲜果出籽率 46.70%，干仁含油率 56.56%。优良无性系初产期种子产量 1840.76kg/hm^2，超过对照 22.4%；盛产期种子产量 2454.40kg/hm^2，超过对照 33.7%。主要脂肪酸成分：粗脂肪 56.56%，棕榈酸 15.69%，硬脂酸 2.34%，油酸 65.21%，亚油酸 13.37%。

生物学特性　一般 3 月初开始萌芽、展叶，花期 12 月至第二年 2 ～ 3 月，果期 7 ～ 8 月，10 月底新梢停止生长，年抽梢 3 ～ 4 次（春梢 3 月初萌芽，5 月初停止生长；夏梢 5 月底萌芽，8 月初停止生长；秋梢 9 月上旬萌芽），果实 7 月下旬成熟，

花

果横径与茶籽

根系发达、抗性强、耐干旱贫瘠。窄叶西南红山茶1号优良无性系是经过优树初选、复选、决选、无性系测定等程序选育出来的，采用无性繁殖能充分保持亲本优良性状，含油率高，具有早实、丰产和稳产的特点，亩产油量都可达50kg以上。

适应性及栽培特点　适宜于红河哈尼族彝族自治州建水县及相似地区海拔1000～1800m，年均气温17℃左右，年降水量1000～1200mm，≥10℃活动积温6500℃左右的山地沙壤、黄壤、黄棕壤和黄红壤地区种植。植株矮化性能极强，利于矮化密植栽培。

典型识别特征　树冠呈灌丛状，主干不明显。花呈淡红色。蒴果球形或扁球形，皮薄而有柔毛。表现出生长快、结果早、产量较高的优点。

果枝

单株

30 窄叶西南红山茶 2 号

种名：西南红山茶
拉丁名：*Camellia pitardii* var. *yunnanica* ‘Zhaiyexinanhongshancha 2’
认定编号：云 R-SC-CP-041-2012
品种类别：无性系
原产地：红河哈尼族彝族自治州建水县

选育地：红河哈尼族彝族自治州建水县
选育单位：红河哈尼族彝族自治州林业科学研究所
选育过程：初选、复选、决选、无性系测定
选育年份：2012 年

植物学特征 常绿灌木，呈灌丛状，主干不明显，树龄 25 年，树高 1.23m，分枝下直径 5.3cm，冠幅 1.46m × 1.05m；幼枝和幼叶被柔毛，叶长圆状或椭圆形，边缘有细锯齿，叶面长 3.9cm，宽 1.4cm，叶柄长 4.8cm；花单生或 2 ～ 3 朵簇生，近顶生或腋生，刚开时呈血红色，之后呈淡红色，花梗长 3 ～ 5mm，径 5 ～ 8cm，小苞片和萼片 6 ～ 8 枚，革质或薄革质，绿色，花后脱落，花瓣 6 ～ 7 片，宽倒卵形或近圆形，长 1.5 ～ 2.0cm，宽 1.2 ～ 2.0cm，先端圆形，基部略连合，雄蕊多数，外轮花丝中下部合生；子房球形，密被绒毛，3 室，稀有 4 ～ 5 室；球果灰褐色，球形或扁球形，果皮革质，有柔毛，成熟时 3 ～ 5 瓣，每室有种子 1 ～ 2 粒，褐色，长 1.40cm、宽 1.35cm、厚 1.10cm。树势强，成枝力强，各种枝均能结果，连年结果能力强，大小年不明显，无采前落果现象。

经济性状 试验林进入盛产期时种子产量 2281.10kg/hm^2，超过对照 31.3%，结实大小年不明显；平均单果重 25.17g，最大单果重 29.32g，平均每个果出籽数 6 粒，果实 7 月下旬成熟，每 500g 果数 20 ～ 35 个，单位面积冠幅产果量 2.49kg/m^2，鲜果出籽率 46.10%，干仁含油率 54.97%。优良无性系初产期种子产量 1710.8kg/hm^2，超过对照 20.8%；盛产期种子产量 2281.1kg/hm^2，超过对照 31.3%。主要脂肪酸成分：粗脂肪 54.97%，棕榈酸 13.29%，硬脂酸 2.37%，油酸 68.24%，亚油酸 12.34%。

生物学特性 一般 3 月初开始萌芽、展叶，花期 12 月至第二年 2 ～ 3 月，果期 7 ～ 8 月，10 月底新梢停止生长，年抽梢 3 ～ 4 次（春梢 3 月初萌芽，5 月初停止生长；夏梢 5 月底萌芽，8 月初停止生长；秋梢 9 月上旬萌芽），果实 7 月下旬成熟，

花

果横径与茶籽

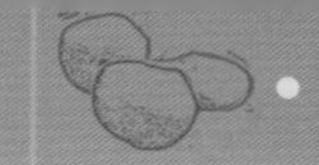

根系发达、抗性强、耐干旱贫瘠。窄叶西南红山茶2号优良无性系是经过优树初选、复选、决选、无性系测定等程序选育出来的，采用无性繁殖能充分保持亲本优良性状，含油率高，具有早实、丰产和稳产的特点，亩产油量都可达50kg以上。

适应性及栽培特点　适宜于红河哈尼族彝族自治州建水县及相似地区海拔1000～1800m、年均气温17℃左右，年降水量1000～1200mm、≥10℃活动积温6500℃左右的山地沙壤、黄壤、黄棕壤和黄红壤地区种植。植株矮化性能极强，利于矮化密植栽培。

典型识别特征　常绿灌木，呈灌丛状。叶长圆形或椭圆形。小苞片和萼片革质或薄革质。子房球形，密被绒毛。分枝均匀。蒴果圆球形。表现出生长快、结果早、产量较高的优点。

果枝

单株

31 窄叶西南红山茶 3 号

种名：西南红山茶
拉丁名：*Camellia pitardii* var. *yunnanica* ‘zhaiyexinanhongshancha 3’
认定编号：云 R-SC-CP-042-2012
品种类别：无性系
原产地：红河哈尼族彝族自治州建水县

选育地：红河哈尼族彝族自治州建水县
选育单位：红河哈尼族彝族自治州林业科学研究所
选育过程：初选、复选、决选、无性系测定
选育年份：2012 年

植物学特征 常绿灌木，呈灌丛状，主干不明显，树龄 25 年，树高 1.52m，分枝下直径 4.9cm，冠幅 1.25m × 1.26m；幼枝和幼叶被柔毛，叶长圆状或椭圆形，边缘有细锯齿，叶面长 5.1cm，宽 1.9cm，叶柄长 4.6cm；花单生或 2 ~ 3 朵簇生，近顶生或腋生，刚开时呈血红色，之后呈淡红色，花梗长 3 ~ 5mm，径 5 ~ 8cm，小苞片和萼片 6 ~ 8 枚，革质或薄革质，绿色，花后脱落，花瓣 6 ~ 7 片，宽倒卵形或近圆形，长 1.5 ~ 2.0cm，宽 1.2 ~ 2.0cm，先端圆形，基部略连合，雄蕊多数，外轮花丝中下部合生；子房球形，密被绒毛，3 室，稀有 4 ~ 5 室；球果灰褐色，球形或扁球形，果皮革质，有柔毛，成熟时 3 ~ 5 瓣，每室有种子 1 ~ 2 粒，褐色，长 1.25cm、宽 1.30cm、厚 1.00cm。树势强，成枝力强，各种枝均能结果，连年结果能力强，大小年不明显，无采前落果现象。

经济性状 试验林进入盛产期时种子产量 2338.9kg/hm^2，超过对照 32.1%，结实大小年不明显；平均单果重 25.53g，最大单果重 28.66g，平均每个果出籽数 4 粒，果实 7 月下旬成熟，每 500g 果数 20 ~ 30 个，冠幅产果量 2.38kg/m^2，鲜果出籽率 43.60%，干仁含油率 53.63%。优良无性系初产期种子产量 1754.1kg/hm^2，超过对照 21.3%；盛产期种子产量 2338.9kg/hm^2，超过对照 32.1%。主要脂肪酸成分：粗脂肪 53.63%，棕榈酸 14.51%，硬脂酸 2.98%，油酸 67.35%，亚油酸 13.23%。

生物学特性 一般 3 月初开始萌芽、展叶，花期 12 月至第二年 2 ~ 3 月，果期 7 ~ 8 月，10 月底新梢停止生长，年抽梢 3 ~ 4 次（春梢 3 月初萌芽，5 月初停止生长；夏梢 5 月底萌芽，8 月初停止生长；秋梢 9 月上旬萌芽），果实 7 月下

花

果横径与茶籽

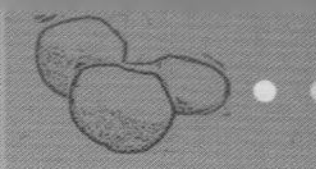

旬成熟，根系发达、抗性强、耐干旱贫瘠。窄叶西南红山茶3号优良无性系是经过优树初选、复选、决选、无性系测定等程序选育出来的，采用无性繁殖能充分保持亲本优良性状，含油率高，具有早实、丰产和稳产的特点，亩产油量都可达50kg以上。

适应性及栽培特点 适宜于红河哈尼族彝族自治州建水县及相似地区海拔1000～1800m、年均气温17℃左右、年降水量1000～1200mm、≥10℃活动积温6500℃左右的山地沙壤、黄壤、黄棕壤和黄红壤地区种植。植株矮化性能极强，利于矮化密植栽培。

典型识别特征 花近顶生或腋生，花大，呈血红色。枝条软韧，分枝角度大，各种枝均能结果。蒴果球形，果皮革质而有柔毛。表现出生长快、结果早、产量较高的优点。

果枝

单株

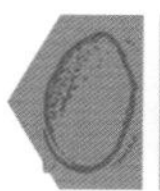

32 窄叶西南红山茶4号

种名：西南红山茶
拉丁名：*Camellia pitardii* var. *yunnanica* ‘Zhaiyexinanhongshancha 4’
认定编号：云 R-SC-CP-043-2012
品种类别：无性系
原产地：红河哈尼族彝族自治州建水县

选育地：红河哈尼族彝族自治州建水县
选育单位：红河哈尼族彝族自治州林业科学研究所
选育过程：初选、复选、决选、无性系测定
选育年份：2012 年

植物学特征 常绿灌木，呈灌丛状，主干不明显，树龄 25 年，树高 1.12m，分枝下直径 4.3cm，冠幅 1.13m×1.29m；幼枝和幼叶被柔毛，叶长圆状或椭圆形，边缘有细锯齿，叶面长 3.8cm，宽 1.6cm，叶柄长 4.2cm；花单生或 2 ~ 3 朵簇生，近顶生或腋生，刚开时呈血红色，之后呈淡红色，花梗长 3 ~ 5mm，径 5 ~ 8cm，小苞片和萼片 6 ~ 8 枚，革质或薄革质，绿色，花后脱落，花瓣 6 ~ 7 片，宽倒卵形或近圆形，长 1.5 ~ 2.0cm，宽 1.2 ~ 2.0cm，先端圆形，基部略连合，雄蕊多数，外轮花丝中下部合生；子房球形，密被绒毛，3 室，稀有 4 ~ 5 室；球果灰褐色，球形或扁球形，果皮革质，有柔毛，成熟时 3 ~ 5 瓣，每室有种子 1 ~ 2 粒，褐色，长 1.52cm、宽 1.44cm、厚 1.05cm。树势强，成枝力强，各种枝均能结果，连年结果能力强，大小年不明显，无采前落果现象。

经济性状 试验林进入盛产期时种子产量 2541.0kg/hm^2，超过对照 34.8%，结实大小年不明显；平均单果重 29.21g，最大单果重 32.23g，平均每个果出籽数 5 粒，果实 7 月下旬成熟，每 500g 果数 25 ~ 35 个，冠幅产果量 2.49kg/m^2。鲜果出籽率 42.30%，干仁含油率 55.73%。优良无性系初产期种子产量 1905.7kg/hm^2，超过对照 23.1%；盛产期种子产量 2541.0kg/hm^2，超过对照 34.8%。主要脂肪酸成分：粗脂肪 55.73%，棕榈酸 13.01%，硬脂酸 2.79%，油酸 70.12%，亚油酸 11.58%。

生物学特性 一般 3 月初开始萌芽、展叶，花期 12 月至第二年 2 ~ 3 月，果期 7 ~ 8 月，10 月底新梢停止生长，年抽梢 3 ~ 4 次（春梢 3 月初萌芽，5 月初停止生长；夏梢 5 月底萌芽，8 月初停止生长；秋梢 9 月上旬萌芽），果实 7 月

花

果横径与茶籽

下旬成熟，根系发达、抗性强、耐干旱贫瘠。窄叶西南红山茶4号优良无性系是经过优树初选、复选、决选、无性系测定等程序选育出来的，采用无性繁殖能充分保持亲本优良性状，含油率高，具有早实、丰产和稳产的特点，亩产油量都可达50kg以上。

适应性及栽培特点　适宜于红河哈尼族彝族自治州建水县及相似地区海拔1000 ~ 1800m、年均气温17℃左右，年降水量1000 ~ 1200mm、≥ 10℃活动积温6500℃左右的山地沙壤、黄壤、黄棕壤和黄红壤地区种植。植株矮化性能极强，利于矮化密植栽培。

典型识别特征　植株矮小。叶较短小，嫩枝有毛，叶皮亦有毛。花红色。蒴果圆球形或扁球形。表现出生长快、结果早、产量较高的优点。

树上果实特写

单株

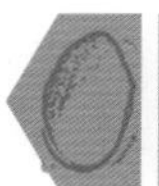

33 窄叶西南红山茶5号

种名：西南红山茶
拉丁名：*Camellia pitardii* var. *yunnanica* 'Zhaiyexinanhongshancha 5'
认定编号：云 R-SC-CP-040-2012
品种类别：无性系
原产地：红河哈尼族彝族自治州建水县

选育地：红河哈尼族彝族自治州建水县
选育单位：红河哈尼族彝族自治州林业科学研究所
选育过程：初选、复选、决选、无性系测定
选育年份：2012 年

植物学特征 常绿灌木，呈灌丛状，主干不明显，树龄 25 年，树高 1.39m，分枝下直径 5.5cm，冠幅 1.32m×1.47m；幼枝和幼叶被柔毛，叶长圆状或椭圆形，边缘有细锯齿，叶面长 4.9cm，宽 1.8cm，叶柄长 5.8cm；花单生或 2 ~ 3 朵簇生，近顶生或腋生，刚开时呈血红色，之后呈淡红色，花梗长 3 ~ 5mm，径 5 ~ 8cm，小苞片和萼片 6 ~ 8 枚，革质或薄革质，绿色，花后脱落，花瓣 6 ~ 7 片，宽倒卵形或近圆形，长 1.5 ~ 2.0cm，宽 1.2 ~ 2.0cm，先端圆形，基部略连合，雄蕊多数，外轮花丝中下部合生；子房球形，密被绒毛，3 室，稀有 4 ~ 5 室；球果灰褐色，球形或扁球形，果皮革质，有柔毛，成熟时 3 ~ 5 瓣，每室有种子 1 ~ 2 粒，褐色，长 1.31cm、宽 1.26cm、厚 1.00cm。树势强，成枝力强，各种枝均能结果，连年结果能力强，大小年不明显，无采前落果现象。

经济性状 试验林进入盛产期时种子产量 2598.8kg/hm²，超过对照 35.6%，结实大小年不明显；平均单果重 29.11g，最大单果重 33.32g，平均每个果出籽数 4 粒，果实 7 月下旬成熟，每 500g 果数 15 ~ 30 个，冠幅产果量 2.45kg/m²。鲜果出籽率 43.30%，干仁含油率 52.94%。优良无性系初产期种子产量 1949.0kg/hm²，超过对照 23.7%；盛产期种子产量 2598.8kg/hm²，超过对照 35.6%。主要脂肪酸成分：粗脂肪 52.94%，棕榈酸 13.42%，硬脂酸 2.53%，油酸 70.74%，亚油酸 12.53%。

生物学特性 一般 3 月初开始萌芽、展叶，花期 12 月至第二年 2 ~ 3 月，果期 7 ~ 8 月，10 月底新梢停止生长，年抽梢 3 ~ 4 次（春梢 3 月初萌芽，5 月初停止生长；夏梢 5 月底萌芽，8 月初停止生长；秋梢 9 月上旬萌芽），果实 7 月

花

果横径与茶籽

下旬成熟，根系发达、抗性强、耐干旱贫瘠。窄叶西南红山茶5号优良无性系是经过优树初选、复选、决选、无性系测定等程序选育出来的，采用无性繁殖能充分保持亲本优良性状，含油率高，具有早实、丰产和稳产的特点，亩产油量都可达50kg以上。

适应性及栽培特点　适宜于红河哈尼族彝族自治州建水县及相似地区海拔1000～1800m、年均气温17℃左右、年降水量1000～1200mm、≥10℃活动积温6500℃左右的山地沙壤、黄壤、黄棕壤和黄红壤地区种植。植株矮化性能极强，利于矮化密植栽培。

典型识别特征　叶片狭窄。花瓣少，花红色，近顶生。分枝均匀，各种枝均能结果。蒴果球形或扁球形。种子半圆形，褐色。表现出生长快、结果早、产量较高的优点。

果枝

单株

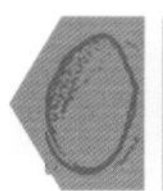

34 凤油 1 号

种名： 腾冲红花油茶
拉丁名： *Camellia reticulata*‘Fengyou 1’
别名： 小米茶
认定编号： 云 R-SC-CR-045-2012
品种类别： 无性系
原产地： 凤庆县诗礼乡、鲁史镇、大寺乡、小湾镇、勐佑镇、洛党镇等地
选育地： 凤庆县洛党镇琼岳村、箐头村、鼎新村、万峰村以及诗礼乡、鲁史镇、大寺乡、勐佑镇、小湾镇等乡（镇）

选育单位： 凤庆县林业局
选育过程： 凤庆县林业局在凤庆县洛党镇琼岳村、箐头村、鼎新村、万峰村以及诗礼乡、鲁史镇、大寺乡、勐佑镇、小湾镇等乡（镇）对分布在海拔 1900 ~ 2500m 的 3333hm^2 高山红花油茶自然林分中开展初选、复选、决选。2009 年采用对比树法初选优良单株 206 株；2010 年复选出优良单株 15 株；2011 年决选出凤油 1 号优良单株，其类型为小米茶。
选育年份： 2009 - 2012 年

植物学特征 红花油茶是亚热带常绿乔木，单主干，成年树地径 15 ~ 40cm，树高 6 ~ 15m，冠幅 6.0m × 6.5m，最大冠幅 10.0m × 8.5m，树冠圆头形；主干褐灰色，分枝多，自然整枝能力弱，嫩枝黄绿色、被毛；单叶互生，厚革质，长椭圆形，顶端渐尖，边缘有细锯齿，上面浓绿发亮，下面黄绿色，有明显网状脉，叶片长 10.5cm，宽 4.4cm；花两性，单生或 2 ~ 4 朵簇生于小枝顶端，少量腋生，花冠红色，花径 15cm，花瓣 6 瓣，单层排列，雄蕊 142 ~ 197 枚，5 轮排列，花药金黄色，长 0.3cm，花丝淡黄色，长 2.5cm，雌蕊柱头 3 裂，深裂至柱头 1/2 处；蒴果圆球形，着生于 2 年生结果枝顶端，果柄极短，单生或 2 ~ 3 个丛生，极少 4 个，外果皮木质化，黄褐色，被细绒毛，果横径 71.2mm，纵径 68.3mm，果高 57.3mm，果形指数 0.81，果皮厚度 13.1mm；子房 3 室，每室 1 ~ 5 粒种子；种子深褐色，每果种子粒数 4 ~ 15 粒，每 500g 鲜籽数 201 粒。

经济性状 2009 - 2012 年单株产量分别为：171.5kg、320kg、450kg、150kg，单位面积冠幅产量平均 6.4kg/m^2（2 个大年 +2 个小年）；单果重 130 ~ 190g，平均单果重 157.4g，最大单果重 186.4g。鲜果出籽率 33.2%，干果出籽率 58.5%，干籽出仁率 65.4%，干仁含油率 56.2%。经云南省分析测试研究中心、云南省粮油研究所测定，2010 - 2012 年 3 年的干仁含油率分别为 49.4%、54.07%、56.2%，鲜果出油率 6%。果仁的主要成分是：蛋白质 8.73%，油酸 71.15%，亚油酸 12.19%，棕榈酸 13.30% 等。经测定，初产期产量 4000kg/hm^2，鲜籽产量 1328kg/hm^2，干籽产量 868kg/hm^2，按鲜果出油率 6% 计算，每公顷可产油 240kg；盛果期鲜果产量 64000 kg/hm^2，鲜籽产量 21248kg/hm^2，干籽产量 13896kg/hm^2，按鲜果出油率 6% 计算，每公顷可产油 3480kg。

生物学特性 在自然野生状态下挂果略呈现大小年现象，一般规律为 2 个大年后出现 1 个小年。野生状态下 8 ~ 10 年进入初果期，人工栽培下 5 ~ 8 年进入初果期，人工栽培状态大小年不明显。2 月中旬开始萌动，一年春、夏、秋三次抽梢，春梢抽发期始于 2 月底至 3 月上旬，终于 5 月上旬，历时 2 个月；夏梢抽梢期为 5 ~ 6 月，多数由木质化的春梢顶端抽发，少数由侧枝抽生；秋梢于 9 月上旬开始抽发，10 月下旬停止生长。花芽于 5 月上旬开始分化，8 月下旬结束，6 ~ 7 月为分化盛期，约占花芽分化总数的 70%，花

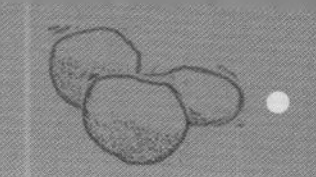

芽分化最适宜的气温为 20 ～ 22℃。10 月下旬为始花期，1 月初为末花期，11 月为盛花期，开花最适宜的温度为 15 ～ 19℃；初花期的可孕率达 36%，盛花期的可孕率达 55%，末花期的可孕率仅达 12%。果实生长发育分为幼果形成和缓慢生长期，时间是 10 月至翌年 3 月初；果实体积增长期，时间是 4 ～ 8 月；油脂转化积累期，时间是 8 ～ 10 月；果熟期，10 月下旬。果实生长发育期长约 1 年。果成熟后能自行脱落，从白露开始至立冬结束。红花油茶从种子萌发到树体衰老死亡的整个生命周期可达百年以上。1 ～ 10 年为营养生长期，10 ～ 20 年为初果期，20 ～ 60 年为盛果期，60 年以后进入衰老阶段。红花油茶萌芽能力很强，衰老树被砍去主枝或主干，当年便可抽发新梢，3 年以后又可开花结果多年。

适应性及栽培特点　凤油 1 号优株地处海拔较高区域，耐寒、耐旱、耐瘠薄，无病虫害，可在凤庆县及相似地区栽培；适宜偏酸性土壤，能适应海拔 1800m 以上区域栽培；在高寒山区仍能旺盛生长，具较强抗寒性，产果量高，茶油品质好。自然野生状态下该品种略呈现大小年现象，一般为 2 个大年 1 个小年，需通过抚育施肥等措施以减小这种现象的发生。凤庆县红花油茶一般 10 月中旬采种，选择籽粒较大且均匀的种子催芽；苗圃地需防病消毒；无性繁殖采取芽砧嫁接方式，嫁接时间可采取冬季（12 月至翌年 1 月）和春季（5 ～ 6 月）两次嫁接；红花油茶叶片较大，嫁接穗条叶片只需保留 1/3 即可，由于穗条较粗，嫁接过程中一定确保嫁接质量；红花油茶属乔木类型，主根发达，断主根和促进侧根发育是苗期管理中最重要环节。红花油菜适宜偏酸性土壤，在 pH 值 5.5 ～ 7.0 的红壤、黄壤、棕壤土中栽培较好，可参照“六个一”标准定植，即一个标准塘、一斤专用肥、一株合格苗、一桶定根水、一层覆盖物、一圈防护桩；造林时间一般在 6 ～ 7 月最佳，种植密度 42 株 / 亩；由于栽植在高海拔地段，在冬季幼苗裸露容易被霜冻，栽植后可用树枝或稻草进行覆盖。凤庆县已用凤油 1 号培育 2 年生嫁接苗在全县范围内种植红花油茶 4000hm^2。

典型识别特征　叶片色深绿发亮。叶芽、花芽呈绿色，10 月下旬为始花期。果实圆球形，3 个心室，每果种子粒数 4 ～ 15 粒，果成熟后能自行脱落。

单株

花

果实与茶籽

35 凤油2号

种名： 腾冲红花油茶
拉丁名： *Camellia reticulata* ‘Fengyou 2’
别名： 柿饼茶
认定编号： 云 R-SC-CR-046-2012
品种类别： 无性系
原产地： 凤庆县诗礼乡、鲁史镇、大寺乡、小湾镇、勐佑镇、洛党镇等地
选育地： 凤庆县洛党镇琼岳村、箐头村、鼎新村、万峰村以及诗礼乡、鲁史镇、大寺乡、勐佑镇、小湾镇等乡（镇）
选育单位： 凤庆县林业局

选育过程： 凤庆县林业局 2009 - 2012 年在凤庆县洛党镇琼岳村、箐头村、鼎新村、万峰村以及诗礼乡、鲁史镇、大寺乡、勐佑镇、小湾镇等乡（镇）对分布在海拔1900 ～ 2500m 的 3.5 万亩高山红花油茶自然林分中开展初选、复选、决选。2009 年采用对比树法初选优良单株 206 株；2010 年复选出优良单株 15 个；2011 年决选出凤油 2 号优良单株，其类型为柿饼茶。
选育年份： 2012 年

植物学特征 红花油茶是亚热带常绿乔木，单主干，成年树地径 15 ～ 40cm，树高 6 ～ 15m，冠幅 5.0m×4.5m，最大冠幅 10.0m×8.5m，树冠圆头形；主干褐灰色，分枝多，自然整枝能力弱，嫩枝黄绿色、被毛；单叶互生，厚革质，长椭圆形，顶端渐尖，边缘呈波浪状、有细锯齿，上面浓绿发亮，下面黄绿色，有明显网状脉，叶片长 11.5cm，宽 3.6cm；花两性，单生或 2 ～ 5 个簇生于小枝顶端，少量腋生，花冠红色，花萼呈淡红色，花径 16cm，花瓣 6 瓣，单层排列，雄蕊 142 ～ 197 枚，5 轮排列，花药金黄色，长 0.3cm，花丝淡黄色，长 2.5cm，雌蕊柱头 3 裂，深裂至柱头 1/2 处；蒴果橘形，着生于 2 年生结果枝顶端，果柄极短，单生或 2 ～ 3 个丛生，极少 4 个，外果皮木质化，黄褐色被细绒毛，果横径 81.5mm，纵径 80.0mm，果高 56.8mm，果形指数 0.70，果皮厚度 14.2mm；子房 3 ～ 5 室，每室 1 ～ 6 粒种子；种子深褐色，每果种子粒数 4 ～ 16 粒，每 500g 鲜籽数 184 粒。

经济性状 2009 - 2012 年单株产量分别为：85kg、130kg、155kg、80kg，单位面积冠幅产量平均 5.5kg/m^2（2 个大年 +2 个小年）；单果重 150 ～ 270g，平均单果重 202.6g，最大单果重 263.1g。鲜果出籽率 30.3%，干果出籽率 57.5%，干籽出仁率 63.7%，干仁含油率 56.05%。经云南省分析测试研究中心、云南省粮油研究所测定，2010 - 2012 年 3 年的干仁含油率分别为 49.3%、56.05%、27.7%，鲜果出油率 6%。果仁的主要成分是：蛋白质 9.21%，油酸 78.03%，亚油酸 7.08%，棕榈酸 11.16% 等。经测定，初产期产量 3400kg/hm^2，鲜籽产量 1030kg/hm^2，干籽产量 592kg/hm^2，按鲜果出油率 6% 计算，每公顷可产油 204kg；盛果期鲜果产量 55000kg/hm^2，鲜籽产量 16665kg/hm^2，干籽产量 10615kg/hm^2，按鲜果出油率 6% 计算，每公顷可产油 3300kg。单位产油率略低于凤油 1 号。

生物学特性 自然野生状态下该单株挂果略呈现大小年现象，一般规律为 2 个大年后出现 1 个小年。野生状态下 8 ～ 10 年进入初果期，人工栽培下 5 ～ 8 年进入初果期，人工栽培状态下大小年不明显。2 月中旬开始萌动，一年春、夏、秋三次抽梢，春梢抽发期始于 2 月底至 3 月上旬，终于 5 月上旬，历时 2 个月；夏梢抽梢期为 5 ～ 6 月，多数由木质化的春梢顶端抽发，少数由侧枝抽生；秋梢于 9 月上旬开始抽发，10 月下旬停止生长。

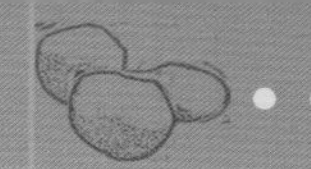

花芽于5月上旬开始分化，8月下旬结束，6～7月为分化盛期，约占花芽分化总数的70%，花芽分化最适宜的气温为20～22℃。10月下旬为始花期，1月初为末花期，11月为盛花期，开花最适宜的温度为15～19℃；初花期的可孕率达36%，盛花期的可孕率达55%，末花期的可孕率仅达12%。果实生长发育分为幼果形成和缓慢生长期，时间是10月至翌年3月初；果实体积增长期，时间是4～8月；油脂转化积累期，时间是8～10月；果熟期，10月下旬。果实生长发育期长约1年。果成熟后能自行脱落，从白露开始至立冬结束。红花油茶从种子萌发到树体衰老死亡的整个生命周期可达百年以上。1～10年为营养生长期，10～20年为初果期，20～60年为盛果期，60年以后进入衰老阶段。红花油茶萌芽能力很强，衰老树被砍去主枝或主干，当年便可抽发新梢，3年以后又可开花结果多年。

适应性及栽培特点 凤油2号优株地处海拔较高区域，耐寒、耐旱、耐瘠薄，无病虫害，可在凤庆县及相似地区栽培；适宜偏酸性土壤，能适应海拔1800m以上区域栽培；在高寒山区仍能旺盛生长，具较强抗寒性，产果量高，茶油品质好。自然野生状态下该品种略呈现大小年现象，一般为2个大年1个小年，需通过抚育施肥等措施以减小这种现象的发生。凤庆县红花油茶一般10月中旬采种，选择籽粒较大且均匀的种子催芽；苗圃地需防病消毒；无性繁殖采取芽砧嫁接方式，嫁接时间可采取冬季（12月至翌年1月）和春季（5月至6月）两次嫁接；红花油茶叶片较大，嫁接穗条叶片只需保留1/3即可，由于穗条较粗，嫁接过程中一定确保嫁接质量；红花油茶属乔木类型，主根发达，断主根和促进侧根发育是苗期管理中最重要环节；红花油茶适宜偏酸性土壤，在pH值5.5～7.0的红壤、黄壤、棕壤土中栽培较好，可参照“六个一”标准定植，即一个标准塘、一斤专用肥、一株合格苗、一桶定根水、一层覆盖物、一圈防护桩；造林时间一般在6～7月最佳，种植密度42株/亩；由于栽植在高海拔地段，在冬季幼苗裸露容易被霜冻，栽植后可用树枝或稻草进行覆盖。凤庆县已用凤油2号培育2年生嫁接苗在全县范围内种植红花油茶2000hm^2。

典型识别特征 叶片边缘呈波浪状。叶芽、花芽的花萼呈浅红色，10月下旬为始花期，1月初为末花期。果橘形，3～5个心室，每果种子4～16粒，果成熟后能自行脱落。

单株

花

果实与茶籽

果实剖面

36 凤油3号

种名：腾冲红花油茶
拉丁名：*Camellia reticulata* 'Fengyou 3'
别名：纺锤茶
认定编号：云 R-SC-CR-047-2012
品种类别：无性系
原产地：凤庆县诗礼乡、鲁史镇、大寺乡、小湾镇、勐佑镇、洛党镇等地
选育地：凤庆县洛党镇琼岳村、箐头村、鼎新村、万峰村以及诗礼乡、鲁史镇、大寺乡、勐佑镇、小湾镇等乡（镇）
选育单位：凤庆县林业局

选育过程：凤庆县林业局2009-2012年在凤庆县洛党镇琼岳村、箐头村、鼎新村、万峰村以及诗礼乡、鲁史镇、大寺乡、勐佑镇、小湾镇等乡（镇）对分布在海拔1900～2500m的5万亩高山红花油茶自然林分中开展初选、复选、决选。2009年采用对比树法初选优良单株206株；2010年复选出优良单株15个；2011年决选出凤油3号优良单株，其类型为纺锤茶。
选育年份：2009-2012年

植物学特征　常绿乔木，单主干，成年树地径15～40cm，树高6～15m，冠幅5.0m×4.5m，最大冠幅10.0m×8.5m，树冠伞形；主干褐灰色，分枝多，自然整枝能力弱，嫩枝黄绿色、被毛；单叶互生，厚革质，长椭圆形，顶端渐尖，边缘呈波浪状、有细锯齿，上面浓绿发亮，下面黄绿色，有明显网状脉，叶片长11.1cm，宽3.8cm；花两性，单生或2～4个簇生于小枝顶端，少量腋生，花冠红色，花径16cm，花瓣6瓣，单层排列，雄蕊142～197枚，5轮排列，花药金黄色，长0.3cm，花丝淡黄色，长2.5cm，雌蕊柱头3裂，深裂至柱头1/2处；蒴果橘形，外果皮木质化，着生于2年生结果枝顶端，果柄极短，单生或2～3个丛生，极少4个，外果皮木质化，黄褐色，被细绒毛，果横径74.6mm，纵径72.0mm，果高64.2mm，果形指数0.90，果皮厚度15.1mm；子房3～4室，每室1～5粒种子；种子深褐色，每果种子粒数4～17粒，每500g鲜籽数205粒。

经济性状　2009-2012年单株产量分别为：85kg、130kg、155kg、80kg，单位冠幅产量平均5.8kg/m^2（2个大年+2个小年）；单果重150～265g，平均单果重179.8g，最大单果重265.1g。鲜果出籽率28.5%，干果出籽率56.6%，干果籽出仁率63.9%，干仁含油率55.7%。经云南省分析测试研究中心、云南省粮油研究所测定，2010-2012年，3年的干仁含油率分别为49.3%、56.05%、27.7%，鲜果出油率6%。果仁的主要成分是：蛋白质10.79%，油酸74.71%，亚油酸8.91%，棕榈酸12.49%等。经测定，初产期产量3400kg/hm^2，鲜籽产量969kg/hm^2，干籽产量619kg/hm^2，按鲜果出油率6%计算，每公顷可产油204kg；盛果期鲜果产量58000kg/hm^2，鲜籽产量16530kg/hm^2，干籽产量10562kg/hm^2，按鲜果出油率6%计算，每公顷可产油3300kg。单位产油率略低于凤油1号。

生物学特性　自然野生状态下该单株挂果略呈现大小年现象，一般规律为2个大年后出现1个小年。野生状态下8～10年进入初果期，人工栽培下5～8年进入初果期，人工栽培状态下大小年不明显。2月中旬开始萌动，一年春、夏、秋三次抽梢，春梢抽发期始于2月底至3月上旬，终于5月上旬，历时2个月；夏梢抽梢期为5～6月，多数由木质化的春梢顶端抽发，少数由侧枝抽生；秋梢于9月上旬开始抽发，10月下旬停

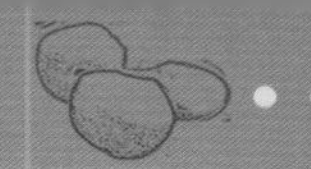

止生长。花芽于 5 月上旬开始分化，8 月下旬结束，6 ～ 7 月为分化盛期，约占花芽分化总数的 70%，花芽分化最适宜的气温为 20 ～ 22℃。10 月下旬为始花期，1 月初为末花期，11 月为盛花期，开花最适宜的温度为 15 ～ 19℃；初花期的可孕率达 36%，盛花期的可孕率达 55%，末花期的可孕率仅达 12%。果实生长发育分为幼果形成和缓慢生长期，时间是 10 月至翌年 3 月初；果实体积增长期，时间是 4 ～ 8 月；油脂转化积累期，时间是 8 ～ 10 月；果熟期，10 月下旬。果实生长发育期长约 1 年。果成熟后能自行脱落，从白露开始至立冬结束。红花油茶从种子萌发到树体衰老死亡的整个生命周期可达百年以上。1 ～ 10 年为营养生长期，10 ～ 20 年为初果期，20 ～ 60 年为盛果期，60 年以后进入衰老阶段。红花油茶萌芽能力很强，衰老树被砍去主枝或主干，当年便可抽发新梢，3 年以后又可开花结果多年。

适应性及栽培特点　凤油 3 号优株地处海拔较高区域，耐寒、耐旱、耐瘠薄，无病虫害，可在凤庆县及相似地区栽培；适宜偏酸性土壤，能适应海拔 1800m 以上区域栽培；在高寒山区仍能旺盛生长，具较强抗寒性，产果量高，茶油品质好。自然野生状态下该品种略呈现大小年现象，一般为 2 个大年 1 个小年，需通过抚育施肥等措施以减小这种现象的发生。凤庆县红花油茶一般 10 月中旬采种，选择籽粒较大且均匀的种子催芽；苗圃地需防病消毒；无性繁殖采取芽砧嫁接方式，嫁接时间可采取冬季（12 月至翌年 1 月）和春季（5 ～ 6 月）两次嫁接；红花油茶叶片较大，嫁接穗条叶片只需保留 1/3 即可，由于穗条较粗，嫁接过程中一定确保嫁接质量；红花油茶属乔木类型，主根发达，断主根和促进侧根发育是苗期管理中最重要环节；红花油茶适宜偏酸性土壤，在 pH 值 5.5 ～ 7.0 的红壤、黄壤、棕壤土中栽培较好，可参照“六个一”标准定植，即一个标准塘、一斤专用肥、一株合格苗、一桶定根水、一层覆盖物、一圈防护桩；造林时间一般在 6 ～ 7 月最佳，种植密度 42 株 / 亩；由于栽植在高海拔地段，在冬季幼苗裸露容易被霜冻，栽植后可用树枝或稻草进行覆盖。凤庆县已用凤油 3 号培育 2 年生嫁接苗在全县范围内种植红花油茶 2000hm^2。

典型识别特征　叶片深绿发亮。叶芽、花芽呈绿色，10 月下旬为始花期，1 月初为末花期。果实橘形，3 ～ 4 个心室，各心室外轮廓凸起，果成熟后能自行脱落，从白露开始至立冬结束。

单株

果实与茶籽

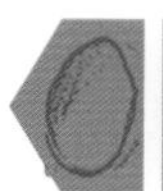

37 腾油 12 号

种名：腾冲红花油茶
拉丁名：*Camellia reticulata*‘Tengyou 12’
别名：滇山茶、云南山茶花
品种类别：无性系
认定编号：云 R-SC-CR-048-2012
选育单位：保山市林业技术推广总站
选育过程：2005 年，保山市林业技术推广总站在腾冲县开展腾冲红花油茶优树选择工作，于 2006 年决选优树 27 株。优树材料无性系化后，于 2007 年 7 月采用随机区组试验设计、株行距 4m×5m、28 个处理（含 1 个实生苗对照）、5 株条状小区、5 次重复，在腾冲县中和乡新歧村（试验点地处东经 98°17′50″、北纬 25°03′40″，海拔 2000 ～ 2030m，年均气温 13.0℃，年平均降水量 1620mm，5 ～ 10 月为雨季，无霜期 230 天，年均日照时数 2080 小时；试验用地为农耕地，黄棕壤，土层厚度大于 1.5m）开展优系比较试验。试验植株 2010 年初花、初果，2012 年进入经济收益期。2012 年，对参试无性系果实产量、出籽率、出仁率、仁油率及产油量进行实测，采用对比分析方法，筛选出种实经济性状及早实丰产性较好的 12 号无性系，2012 年 12 月通过云南省林木良种委员会认定，命名为腾油 12 号。

植物学特征 山茶科山茶属常绿乔木，主干明显，枝条较直立。叶芽长椭圆形，长 1.4 ～ 1.7cm，直径 0.28 ～ 0.35cm，绿色，外被鳞片，鳞片在抽梢生长过程中逐渐脱落。花芽多 1 ～ 3 个着生于枝条顶端，长 1.6 ～ 1.9cm，直径 0.4 ～ 0.5cm，卵形，萼苞 12 枚，绿褐色，内轮花萼的上部略带红色，萼片由下到上、由外到里，逐渐由三角形过渡到近圆形。成年树一般只萌发春梢；幼树及生长结果期树可萌发春、夏、秋三次梢。一般春梢萌发数量多、生长量小，平均长 13.1cm、粗 0.34cm；秋梢萌发数量少、生长量大，其生长可达 1m 以上。叶浓绿，卵状披针形，基部楔形，平均长约 9cm、宽 3.6cm。花两性，粉红色，直径 4.2cm，多 6 瓣，盛花期 6 ～ 9 天。果实为木质蒴果，3 室，果皮黄褐色，中等大小，扁圆球形，果形指数（横纵径比）1.004，果皮厚约 0.9cm，每果平均籽粒数 4.4 粒。

经济性状 幼树期生长势较强，每母枝平均抽生春梢数量 2.6 个，结果枝率 36.2%。每果枝平均坐果数 1.1 个，1 果率 93%。以短枝、顶芽结果为主，短果枝结实率 47%。腾油 12 号与其他品种混合栽培时，坐果率较高，达 80.7%；但其同源花粉授粉坐果率极低，仅 7.2%。所以，栽培时必须与 2 个以上花期相同的品种进行配置，以提高坐果率和产量。腾油 12 号开始结果早，丰产。种植后 3 年始花、始果，5 年（种植后第六年）进入经济收益期，结果株率 100%。冠幅产果 1.18kg/m^2，为对照的 59 倍；平均产粗油 27.1kg/ 亩，为对照的 13.5 倍。平均单果质量 62g，单籽粒重 2.1g。鲜果出籽率 20.5%，干果出籽率 15.7%，种子出仁率 71%，干仁出油率 51.4%，种子含油率 36.5%，果实含油率 5.73%。主要脂肪酸成分：油酸 74.96%，棕榈酸 12.56%，硬脂酸 2.76%，亚油酸 8.41%，亚麻酸 0.71%，花生一烯酸 0.42%，其他脂肪酸含量 0.18%，其中不饱和脂肪酸 84.5%。

生物学特性 幼树期 4 ～ 5 年，通常种植后 1 ～ 2 年地上部分生长缓慢，而根系生长较快，从第三年开始地上部分生长加快，此期除抽发春梢外，多数情况下能抽生夏梢与秋梢，夏梢与秋

梢有利于快速形成和增加树冠，但若管理措施不到位，秋梢容易发生茶饼病（病原为外担子菌 *Exobasidium vexans* Massee）而影响翌年春梢萌发的质量，会推迟进入结果的年限。结果初期约为 8 ～ 10 年，即种植后第四或第五年至第 12 ～ 15 年，其特点是树冠、根冠的离心生长最快，迅速向外扩展；结果逐年增加，产量逐年上升；至结果初期结束时，树冠基本接近或达到预定的营养面积，树体基本定型。盛果期约为 30 ～ 60 年，即种植后第 12 ～ 15 年至第 70 年左右。种植约 70 ～ 80 年后逐渐进入结果后期，植株营养生长和生殖生长逐渐减弱，产量逐年下降，至没有经济栽培价值为止。腾油 12 号在腾冲县海拔 2000m 左右的地区栽培，花芽于 6 月中旬开始分化，7 月中下旬其外观形态可与叶芽明显区分，以后进入缓慢膨大期，翌年 1 月下旬初花、2 月上旬盛花、2 月中旬为开花末期。4 月上中旬芽鳞逐渐散开、春芽萌动，4 月下旬为春梢快速生长期。其幼树除春梢外可萌发夏梢和秋梢，夏梢萌发生长期 7 月中旬至 8 月上旬，秋梢萌发生长期 10 月至 11 月上旬。5 月中下旬为果实迅速膨大期，果实成熟期 10 月上中旬。

适应性及栽培特点　自然分布集中于滇中以西、腾冲县以东，海拔 1700 ～ 2600m 的地区。其栽培主要集中于滇西地区，栽培面积 114 万亩。腾冲红花油茶观赏价值高，油用加工性能好，籽油质量优异。

1. 抗病性：腾油 12 号具有较强的抗炭疽病能力，其炭疽病自然感病率为 1.9%。

林分

单株

2. 无性繁殖：腾油 12 号半木质化枝条（春梢）扦插成活率 87.2%，周年抽梢率 82.0%；芽苗砧（本砧）嫁接成活率 94.4%，周年抽梢率 92.1%；幼苗砧（本砧）嫁接成活率 93.7%，周年抽梢率 97.0%。

3. 建园：选择交通相对便利，有灌溉水源，花期无单向经常性大风，光照充足的阳坡、半阳坡的缓坡、平地或沟平地块建园，株行距 2 ~ 3m×4m。带状整地规格为深、宽各 60 ~ 80cm，长度依地形而定。改土回填时，定植沟每米施充分腐熟有机肥 20 ~ 40kg、磷肥 1kg、氮磷钾复合肥 0.2 ~ 0.3kg，施入的肥料与回土混匀。可春季（2 月）、雨季（6 ~ 7 月）或秋季（10 月）种植。同一地块，应选择 3 ~ 4 个花期和果实成熟期一致的良种块片状配置。

4. 土肥水管理：及时中耕除草。春季结合施肥，浇水 1 次。每年施肥 3 次，即 3 月上旬施以氮肥为主的萌前肥，6 月中下旬施以磷、钾肥为主的壮果（梢）肥，10 月施以有机肥、磷肥为主的基肥，10 月结合施基肥用秸秆、山草等覆盖树盘 $4m^2$ 以上。

5. 整形修剪：主要采用主干疏散分层形及侧主干形树形，以采果后的秋季（10 ~ 11 月）为主要修剪时期。

6. 适宜栽培区：腾油 12 号适宜在滇中及其以西，海拔 1600 ~ 2300m，年均气温 11.5 ~ 16.0℃，年均降水量大于 1000mm，≥ 10℃年积温大于 3500℃的地区种植。

典型识别特征 主干明显，幼树期生长势较强，枝直立性强。叶宽大、厚实而浓绿。果实中等大小，果皮黄褐色，扁圆球形，平均单果质量 62g。

果枝

花

果实与果实剖面

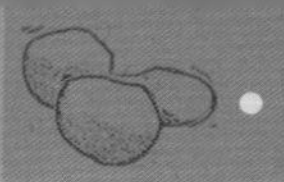

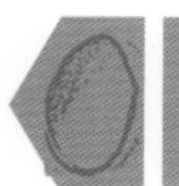

38　腾油 13 号

种名：腾冲红花油茶
拉丁名：*Camellia reticulata*‘Tengyou 13’
别名：滇山茶、云南山茶花
品种类别：无性系

认定编号：云 R-SC-CR-049-2012
选育单位：保山市林业技术推广总站
选育过程：同腾油 12 号
选育年份：2012 年

植物学特征　山茶科山茶属常绿乔木，是我国特有的木本食用油料及园林观赏兼用树种，主干明显，幼树期抗逆性强，生长势较强，1 年生枝直立性强，结果后枝条较开张。叶芽长椭圆形，长 1.30 ~ 1.76cm，直径 0.27 ~ 0.35cm，绿色，外被鳞片，鳞片在抽梢生长过程中逐渐脱落。花芽多1 ~ 3个着生于枝条顶端，长1.6 ~ 1.8cm，直径 0.4 ~ 0.5cm，卵形，萼苞 12 枚，绿褐色，内轮花萼的上部略带红色，萼片由下到上、由外到里，逐渐由三角形过渡到近圆形。成年树正常情况只萌发春梢；幼树及生长结果期树可萌发春、夏、秋三次梢。一般春梢萌发数量多、生长量小，平均长 15.9cm、粗 0.42cm；秋梢萌发数量少、生长量大，其生长可达 1m 以上。叶浓绿，卵状披针形，基部楔形，平均长约 8.2cm、宽 4.3cm。花两性，粉红色，直径 4.7cm，多 6 瓣，盛花期 6 ~ 7 天。果实为木质蒴果，3 室，果皮红褐色，中等大小，柿饼形，果形指数（横纵径比）1.38，果皮厚约 0.82cm，每果平均籽粒数 7.3 粒。

经济性状　幼树期生长势较强，每母枝平均抽生春梢数量 2.8 个，结果枝率 44.6%。每果枝平均坐果数 1.1 个，1 果率 90%。以中短枝、顶芽结果为主，中短果枝结实率 81%。腾油 13 号与其他品种混合栽培时，坐果率较高，达 72.1%；但其同源花粉授粉坐果率极低，仅 9.1%。所以，栽培时必须与 2 个以上花期相同的品种进行配置，以提高坐果率和产量。腾油 13 号开始结果早，丰产。种植后 3 年始花、始果，5 年（种植后第六年）进入经济收益期，结果株率 100%。冠幅产果 1.06kg/m^2，为对照的 53 倍；平均产粗油 35.0kg/ 亩，为对照的 17.4 倍。平均单果质量 73.4g，单籽粒重 1.9g。鲜果出籽率 25.1%，干果出籽率 18.4%，种子出仁率 71.4%，干仁出油率 55.8%，种子含油率 39.8%，果实含油率 7.33%。主要脂肪酸成分：油酸 74.11%，棕榈酸 13.48%，硬脂酸 3.24%，亚油酸 8.13%，亚麻酸 0.52%，花生一烯酸 0.44%，其他脂肪酸 0.08%，其中不饱和脂肪酸 83.2%。

生物学特性　幼树期 3 ~ 5 年，通常种植后 1 ~ 2 年地上部分生长缓慢，而根系生长较快，从第三年开始地上部分生长加快，此期除抽发春梢外，多数情况下能抽生夏梢与秋梢，夏梢与秋梢有利于快速形成和增加树冠，但若管理措施不到位，秋梢容易发生茶饼病（病原为外担子菌 *Exobasidium vexans* Massee）而影响翌年春梢萌发的质量，会推迟进入结果的年限。结果初期约为 8 ~ 10 年，即种植后第四或第五年至第 12 ~ 15 年，其特点是树冠、根冠的离心生长最快，迅速向外扩展；结果逐年增加，产量逐年上升；至结果初期结束时，树冠基本接近或达到预定的营养面积，树体基本定型。盛果期约为 30 ~ 60 年，即种植后第 12 ~ 15 年至第 70 年左右。种植约 70 ~ 80 年后逐渐进入结果后期，植株营养生长和生殖生长逐渐减弱，产量逐年下降。

腾油 13 号在腾冲县海拔 2000m 左右的地区

栽培，花芽于5月下旬开始分化，6月中下旬其外观形态可与叶芽明显区分，以后进入缓慢膨大期，翌年1月上旬初花、1月中旬盛花、1月下旬为开花末期。4月上旬芽鳞逐渐散开、春芽萌动，4月中下旬为春梢快速生长期。其幼树除春梢外可萌发夏梢和秋梢，夏梢萌发生长期6月下旬至7月下旬，秋梢萌发生长期10月至11月上旬。5月中旬为果实迅速膨大期，果实成熟期9月下旬至10月上旬。

腾油13号的物候期早晚除受年度影响外，还与栽培条件明显有关。集约化栽培与普通造林栽培比较，集约化栽培春梢萌发期可提前20～40天，春旱越严重的年份差距越大。栽培条件对花期的影响更为明显，一般集约化程度越高，单株花期越短、单花花期越长、花直径越大，反之亦然。

适应性及栽培特点 自然分布集中于滇中以西、腾冲县以东，海拔1700～2600m的地区。其栽培主要集中于滇西地区，栽培面积114万亩。腾冲红花油茶观赏价值高，油用加工性能好，籽油质量优异。

1. 建园：选择交通相对便利，有灌溉水源，花期无单向经常性大风，光照充足的阳坡、半阳坡的缓坡、平地或沟平地块建园，株行距2～3m×4m。带状整地规格为深、宽各60～80cm，长度依地形而定。改土回填时，定植沟每米施充分腐熟有机肥20～40kg、磷肥1kg、氮磷钾复合肥0.2～0.3kg，施入的肥料与回土混匀。可春季（2月）、雨季（6～7月）或秋季（10月）种植。同一地块，应选择3～4个花期和果实成熟期一致的良种块片状配置。

2. 土肥水管理：及时中耕除草。春季结合施肥，浇水1次。每年施肥3次，即3月上旬施以氮肥为主的萌前肥、6月中下旬施以磷、钾肥为主的壮果（梢）肥、10月施以有机肥、磷肥为主的基肥，10月结合施基肥用秸秆、山草等覆盖树盘$4m^2$以上。

3. 整形修剪：主要采用主干疏散分层形及变侧主干形树形，以采果后的秋季（10～11月）为主要修剪时期。

4. 适宜栽培区：腾油13号适宜在滇中及其以西，海拔1600～2300m，年均气温11.5～16.0℃，年均降水量大于1000mm，≥10℃年积温大于3500℃的地区种植。

典型识别特征 主干明显，树形较开张。果实柿饼形，果皮红褐色，果形指数（横纵径比）1.38，平均单果质量73.4g。

花

果实与果实剖面

果枝

单株

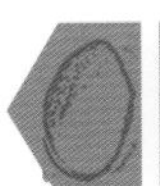

39 富宁油茶 7 号

种名：普通油茶

拉丁名：*Camellia oleifera*‘Funingyoucha 7’

俗名：茶树、茶果树、茶油树、白花油茶

认定编号：云 R-SC-CO-050-2012

品种类别：无性系

原产地：母株位于富宁县洞波乡洞塘村委会甫俄村背后山油茶林中

选育地（包括区试点）：在富宁县洞波乡洞塘村委会甫俄村背后山油茶林中选育出富宁油茶 7 号良种母株，区试点位于富宁县安广畜牧场、富宁县金坝林场安岗林区、富宁县里达镇里达村

选育单位：选育申报单位是富宁县林业局油茶研究所；参加单位有富宁县林业局、文山壮族苗族自治州林业局、云南省林业科学院

选育过程：同富宁油茶 1 号

选育年份：2012 年

植物学特征　该无性系为常绿乔木，成年树体高大，树势生长旺盛，发枝力强，树冠自然开张形，树高达 4m，地径 20cm，冠幅 2.6m × 2.4m；树皮淡褐色，光滑；嫩枝颜色紫红；嫩叶颜色红，单叶互生，叶片革质，叶椭圆形，叶下面侧脉不明显，叶片长 5.56cm，宽约 3.76cm，叶面平整，叶缘平，叶基近圆形，叶颜色深绿，芽鳞黄绿色，叶齿锐度中等、密度大，叶片着生状态近水平，先端渐尖，具细锯齿或钝齿，叶缘锯齿 37 ~ 48 个，侧脉对数 6；花芽顶生或腋生，有芽绒毛，两性花，白色，花瓣数 5，花瓣质地中等，倒卵形，顶端常 2 裂，萼片数 6，花柱长度 1cm，柱头裂数 3，花冠直径 5 ~ 9cm，有子房绒毛，花柱裂位浅裂，雄蕊约 137 个，雌蕊约 4 个，雄蕊相对较高，萼片绿色；果实桃形，果皮颜色红，果面糠皮，阴面深绿色、阳面紫红色，果壳薄，果皮木质化，果横径约 33.75mm、棱径约 34.88mm、纵径约 35.19mm，心室数 3 ~ 4，籽粒硕大饱满；种子形状似肾形，种皮棕色。

经济性状　该无性系丰产性好，成枝力强，以顶花芽、短果枝结果为主，平均每枝结果数为 10 ~ 20 个。连年结果能力强，大小年不明显，产量高。35 年生的植株年平均结果 324 个，初产期干果产量达 560kg/hm²，盛产期干果产量达 9043kg/hm² 以上。平均单果重 21.88g，单果种籽多，平均 6 个，种籽较大，种仁饱满，果皮薄。鲜果出籽率 52.65%，出仁率 78.13%，含油率 50.91%。蛋白质含量为 6.06%，脂肪酸价为 0.77mgKOH/g。

花

果实

果实剖面与茶籽

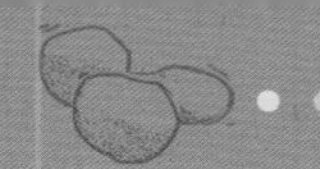

生物学特性　该无性系采用芽苗砧嫁接，1年便可上山造林。采用无性系进行造林的油茶林在前3年需去花除果，以加快植株的营养生长，4～5年后即可挂果，进入初产期，造林8～10年后进入盛产期，在管理良好、养分充足的情况下，盛产期可持续80年。该无性系喜温暖，怕寒冷，生长期在260天左右。要求年均气温16℃以上，绝对低气温-10℃，≥10℃年积温在4500～5200℃，抽梢期3～5月的月平均气温13～20℃，花芽分化期5～7月的月平均气温20℃，果实生长期与油脂转化最盛期7～8月的月平均气温20～22℃，开花期9～10月，月平均气温15℃左右。生长发育要求有较充足的阳光，年日照时数1800小时以上，应在地形开阔的阳坡、半阳坡地上种植，年降水量1000～1200mm。

适应性及栽培特点　该品种适宜于富宁县及相似地区海拔500～1200m、年均气温16℃以上、年降水量1000～1200mm，≥10℃活动积温4500～6000℃的酸性、微酸性红壤、沙壤和黄壤上种植。油茶是雌雄同株、异花授粉树种，为提高油茶林的产量和质量，建议采用5个以上花期相遇的良种混栽为佳。

典型识别特征　树冠自然开张形。树势生长旺盛，发枝力强，树姿开展。叶面平整，叶椭圆形，先端渐尖，具细锯齿或钝齿。果实成熟期10月中下旬，果桃形，阴面深绿色，阳面紫红色。

单株

树上果实特写

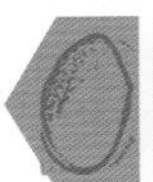

40 富宁油茶 8 号

种名：普通油茶
拉丁名：*Camellia oleifera*‘Funingyoucha 8’
俗名：茶树、茶果树、茶油树、白花油茶
认定编号：云 R-SC-CO-051-2012
品种类别：无性系
原产地：母株位于富宁县板仑乡平纳村委会半坡村空隆油茶林缘
选育地（包括区试点）：于富宁县板仑乡平纳村委会半坡村空隆油茶林缘选育出富宁油茶 8 号良种母株，区试点在富宁县安广畜牧场、富宁县金坝林场安岗林区、富宁县里达镇里达村
选育单位：选育申报单位是富宁县林业局油茶研究所；参加单位有富宁县林业局、文山壮族苗族自治州林业局、云南省林业科学院
选育过程：同富宁油茶 1 号
选育年份：2012 年 12 月

植物学特征　该无性系为常绿乔木，成年树体高大，树势生长旺盛，发枝力强，树冠开张形，树高 3m，地径达到 5.9cm，冠幅 2.7m × 2.3m；树皮淡褐色，光滑；嫩枝颜色紫红；嫩叶颜色红，单叶互生，叶片革质，叶椭圆形，叶下面侧脉不明显，叶椭圆形，叶长 7.6cm，宽 3.42cm，叶面平，叶缘平，叶基楔形，叶颜色深绿，芽鳞绿色，叶齿锐度中等、密度中等，叶片着生状态近水平，先端渐尖，具细锯齿或钝齿，叶缘锯齿 37 ~ 48 个，侧脉对数 6；花芽顶生或腋生，有芽绒毛，两性花，白色，花瓣数 7 ~ 10，花瓣质地中等，倒卵形，顶端常 2 裂，萼片数 3，花柱长度 1.1cm，柱头裂数 4，花冠直径 5 ~ 9cm，有子房绒毛，花柱裂位浅裂，雄蕊约 101 个，雌蕊约 3 个，雌蕊相对较高，萼片绿色；果实橘形，果皮颜色青，果面糠皮，果皮木质化，阴面深绿色、阳面紫红色，果横径约 36.60mm、棱径约 37.90mm、纵径约 32.60mm，心室数 3 ~ 4，果大壳薄，籽粒硕大饱满；种子半球形，种皮褐色。

经济性状　该无性系丰产性好，产量高，初产期干果产量达 453kg/hm^2，盛产期干果产量达 8421kg/hm^2 以上；平均单果重 25.04g，种子饱满、个大，单果平均含籽粒数 6 ~ 9 个。鲜果出籽率 41.37%，出仁率 75.68%，干仁含油率 48.34%。蛋白质含量 5.87%，脂肪酸价 0.81mgKOH/g。

生物学特性　该无性系采用芽苗砧嫁接，1 年便可上山造林。采用无性系进行造林的油茶林在前 3 年需去花除果，以加快植株的营养生长，4 ~ 5

花

果实

果实剖面与茶籽

年后即可挂果，进入初产期，造林 8 ~ 10 年后进入盛产期，在管理良好、养分充足的情况下，盛产期可持续 80 年。

该无性系喜温暖，怕寒冷，生长期在 260 天左右。要求年均气温 16℃以上，绝对低温 -10℃，≥ 10℃年积温在 4500 ~ 5200℃，抽梢期 3 ~ 5 月的月平均气温 13 ~ 20℃，花芽分化期 5 ~ 7 月的月平均气温 20℃，果实生长期与油脂转化最盛期 7 ~ 8 月的月平均气温 20 ~ 22℃，开花期 9 ~ 10 月的月平均气温 15℃左右。生长发育要求有较充足的阳光，年日照时数 1800 小时以上，应在地形开阔的阳坡、半阳坡地上种植，年降水量 1000 ~ 1200mm。

适应性及栽培特点 该品种适宜于富宁县及相似地区海拔 500 ~ 1200m、年均气温 16℃以上、年降水量 1000 ~ 1200mm，≥ 10℃活动积温 4500 ~ 6000℃的酸性、微酸性红壤、沙壤和黄壤上种植。油茶是雌雄同株、异花授粉树种，为提高油茶林的产量和质量，建议采用 5 个以上花期相遇的良种混栽为佳。

典型识别特征 树冠开张形，树势生长旺盛，发枝力强。叶面平整，叶椭圆形，先端渐尖，具细锯齿或钝齿，叶面平整。果实成熟期 10 月下旬，橘形果，阴面深绿色，阳面紫红色。

单株

果枝

41 富宁油茶 9 号

种名： 普通油茶
拉丁名： *Camellia oleifera*‘Funingyoucha 9’
俗名： 茶树、茶果树、茶油树、白花油茶
认定编号： 云 R-SC-CO-052-2012
品种类别： 无性系
原产地： 富宁县板仑乡龙迈村委会龙迈一组未豪油茶林中
选育地（包括区试点）： 在富宁县板仑乡龙迈一组未豪油茶林中选出富宁油茶 9 号良种母株，区试点在富宁县安广畜牧场、富宁县金坝林场安岗林区、富宁县里达镇里达村
选育单位： 富宁县林业局油茶研究所、富宁县林业局、文山壮族苗族自治州林业局、云南省林业科学院
选育过程： 同富宁油茶 1 号
选育年份： 2012 年 12 月

植物学特征 该无性系为常绿小乔木，成年树体高大，树势生长旺盛，发枝力强，树姿开张形，枝繁叶茂，树高 4m，地径达 8.3cm，冠幅 3.4m×2.3m；树皮淡褐色，光滑；嫩枝颜色紫红；嫩叶颜色红，单叶互生，叶片革质，叶长卵圆形，叶下面侧脉不明显，长约 7.85cm，宽约 4.05cm，叶面外卷，叶缘平，叶基近圆形，叶片中绿色，芽鳞黄绿色，叶齿锐度中等、密度中等，叶片着生状态近水平，先端渐尖，具细锯齿或钝齿，叶缘锯齿 43 ～ 45 个，侧脉对数 6。花芽顶生或腋生，有芽绒毛，两性花，白色，花瓣数 6，花瓣质地中等，倒心形，顶端常 2 裂，萼片数 3 ～ 8，花柱长度 1cm，柱头裂数 3，花冠直径 5 ～ 7cm，有子房绒毛，花柱裂位浅裂，雄蕊约 94 个，雌蕊约 4 个，雄蕊相对较高，萼片绿色；果实橘形，果皮颜色红，果面糠皮，阴面深绿色、阳面鲜红色，果横径约 37.29mm、棱径约 36.96mm、纵径约 30.26mm，心室数 4，果大壳薄，籽粒硕大饱满，平均含籽粒 5 ～ 7；种子半球形，种皮棕色。

经济性状 该无性系生长良好，硕果累累，年均结果数为 363 个。产量高，初产期干果产量达 506kg/hm^2，盛产期干果产量达 8790kg/hm^2 以上，大小年产量稳定。平均单果重 24.64g，平均含籽粒 5 ～ 7 个，平均单果的鲜籽重 12.96g，种仁饱满。出仁率 78.07%，干仁含油率 49.88%。蛋白质含量为 6.12%，脂肪酸价为 0.89mgKOH/g。

生物学特性 该无性系采用芽苗砧嫁接，1 年便可上山造林。采用无性系进行造林的油茶

花

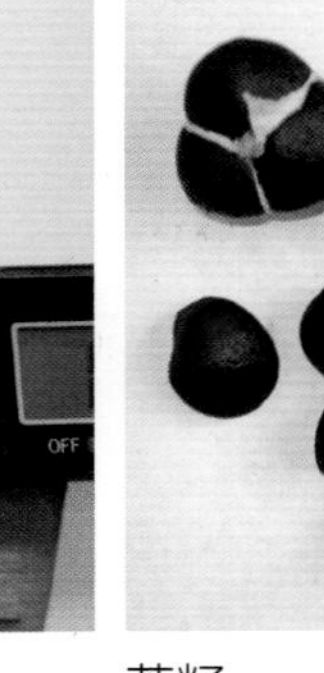
果实

茶籽

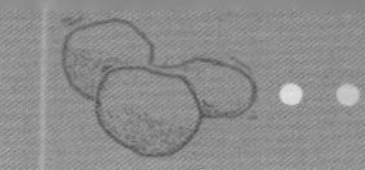

林在前3年需去花除果，以加快植株的营养生长，4～5年后即可挂果，进入初产期，造林8～10年后进入盛产期，在管理良好、养分充足的情况下，盛产期可持续80年。该无性系喜温暖，怕寒冷，生长期在260天左右。要求年均气温16℃以上，绝对低温-10℃，≥10℃年积温在4500～5200℃，抽梢期3～5月的月平均气温13～20℃，花芽分化期5～7月的月平均气温20℃，果实生长期与油脂转化最盛期7～8月的月平均气温20～22℃，开花期9～10月的月平均气温15℃左右。生长发育要求有较充足的阳光，年日照时数1800小时以上，应在地形开阔的阳坡、半阳坡地上种植，年降水量1000～1200mm。

适应性及栽培特点　该品种适宜于富宁县及相似地区海拔500～1200m、年均气温16℃以上、年降水量1000～1200mm，≥10℃活动积温4500～6000℃的酸性、微酸性红壤、沙壤和黄壤上种植。油茶是雌雄同株、异花授粉树种，为提高油茶林的产量和质量，建议采用5个以上花期相遇的良种混栽为佳。

典型识别特征　树冠开张形，树势生长旺盛，发枝力强。叶长卵圆形，先端渐尖，叶面外卷。果实成熟期10月中下旬，果橘形，阴面黄绿色，阳面鲜红色。

单株

树上果实特写

42 富宁油茶 10 号

种名：普通油茶
拉丁名：*Camellia oleifera* 'Funingyoucha 10'
俗名：茶树、茶果树、茶油树、白花油茶
认定编号：云 R-SC-CO-053-2012
品种类别：无性系
原产地：母株位于富宁县阿用乡阿用林场阿用至那亮的路边油茶林中
选育地（包括区试点）：于富宁县阿用乡阿用林场阿用至那亮的路边油茶林中选育出富宁油茶 10 号良种母株，区试点位于富宁县安广畜牧场、富宁县金坝林场安岗林区、富宁县里达镇里达村
选育单位：富宁县林业局油茶研究所、富宁县林业局、文山壮族苗族自治州林业局、云南省林业科学院
选育过程：同富宁油茶 1 号
选育年份：2012 年 12 月

植物学特征 该无性系为为常绿小乔木，成年树体自然开张形，树势生长旺盛，发枝力强，树高 3.6m，地径达 11cm，冠幅 2.6m × 2.4m；树皮褐色，光滑；嫩枝颜色紫红；嫩叶颜色红，单叶互生，叶片革质，叶披针形，叶下面侧脉不明显，叶长约 7.85cm，宽约 4.05cm，叶面内卷，叶缘平，叶基楔形，叶片黄绿色，芽鳞黄绿色，叶齿锐度中等、密度大，叶片着生状态近水平，先端渐尖，具细锯齿或钝齿，叶缘锯齿密，锯齿达 43 ～ 45 个，侧脉对数 6；花芽顶生或腋生，有芽绒毛，两性花，花白色，花瓣数 6 ～ 7，花瓣质地中等，倒卵形，顶端常 2 裂，萼片数 6，花柱长度 1cm，柱头裂数 3，花冠直径 6 ～ 7cm，有子房绒毛，花柱裂位浅裂，雄蕊约 137 个，雌蕊约 4 个，雄蕊相对较高，萼片绿色；果实桃形，果皮颜色红，果面糠皮，阴面深绿色、阳面紫红色，果皮木质化，果横径约 35.35mm、棱径约 37.63mm、纵径约 35.40mm，心室数 3 ～ 4，果大且单果籽粒少，籽粒硕大饱满；种子似肾形，种皮褐色。

经济性状 该无性系产量高，初产期干果产量达 $402kg/hm^2$，盛产期干果产量达 $8123kg/hm^2$ 以上，稳产性好，大小年结果量变化小。果型大，三径均值达到 36.12mm，平均单果重 26.48g，单果种子粒数 4 ～ 8 粒，种粒饱满、个大，平均单果的鲜籽重 10.48g。出仁率 65.65%，含油率 45.67%。蛋白质含量为 5.01%，脂肪酸价为 0.54mgKOH/g。抗性好，对瘠薄土壤、病虫害有较强的抵抗能力。

生物学特性 该无性系采用芽苗砧嫁接，

花

果实

果实剖面与茶籽

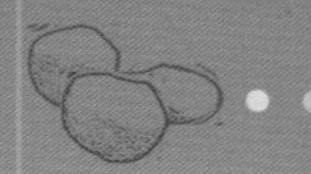

1年便可上山造林。采用无性系进行造林的油茶林在前3年需去花除果，以加快植株的营养生长，4 ~ 5年后即可挂果，进入初产期，造林8 ~ 10年后进入盛产期，在管理良好、养分充足的情况下，盛产期可持续80年。该无性系喜温暖，怕寒冷，生长期在260天左右。要求年均气温16℃以上，绝对低温-10℃，≥ 10℃年积温在4500 ~ 5200℃，抽梢期3 ~ 5月的月平均气温13 ~ 20℃，花芽分化期5 ~ 7月的月平均气温20℃，果实生长期与油脂转化最盛期7 ~ 8月的月平均气温20 ~ 22℃，开花期9 ~ 10月的月平均气温15℃左右。生长发育要求有较充足的阳光，年日照时数1800小时以上，应在地形开阔的阳坡、半阳坡地上种植，年降水量1000 ~ 1200mm。

适应性及栽培特点　该品种适宜于富宁县及相似地区海拔500 ~ 1200m、年均气温16℃以上、年降水量1000 ~ 1200mm，≥ 10℃活动积温4500 ~ 6000℃的酸性、微酸性红壤、沙壤和黄壤上种植。油茶是雌雄同株、异花授粉树种，为提高油茶林的产量和质量，建议采用5个以上花期相遇良种混栽为佳。

典型识别特征　树冠自然开张形，树势生长旺盛，发枝力强。叶披针形，先端渐尖，叶面内卷。果实成熟期10月中下旬，果桃形，阴面深绿色，阳面紫红色。

单株

树上果实特写

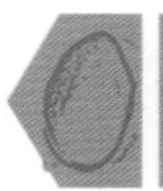

43 富宁油茶 11 号

种名：普通油茶

拉丁名：*Camellia oleifera*‘Funingyoucha 11’

俗名：茶树、茶果树、茶油树、白花油茶

认定编号：云 R-SC-CO-054-2012

品种类别：无性系

原产地：母株位于富宁县阿用乡阿用林场阿用至那亮的路边油茶林中

选育地（包括区试点）：于富宁县阿用乡阿用林场阿用至那亮的路边油茶林中选育出富宁油茶 11 号良种母株，区试点位于富宁县安广畜牧场、富宁县金坝林场安岗林区、富宁县里达镇里达村

选育单位：富宁县林业局油茶研究所、富宁县林业局、文山壮族苗族自治州林业局、云南省林业科学院

选育过程：同富宁油茶 1 号

选育年份：2012 年 12 月

植物学特征 该无性系为常绿小乔木，成年树体低矮粗壮，树势生长旺盛，发枝力强，树冠自然开张形，树高 2m，地径 5.6cm，冠幅 1.8m × 1.5m；树皮淡褐色，光滑；嫩枝颜色紫红；嫩叶颜色红，单叶互生，叶片革质，叶形披针形，叶下面侧脉不明显，叶片长约 5.06cm，宽约 2.50cm，叶面平整，叶缘平，叶基近圆形，叶片中绿色，芽鳞白玉色，叶齿锐度中等、密度中等，叶片着生状态近水平，先端渐尖，具细锯齿或钝齿，叶缘锯齿 46 ～ 54 个，侧脉对数 9；花芽顶生或腋生，有芽绒毛，两性花，白色，花瓣数 6，花瓣质地薄，倒卵形，顶端常 2 裂，萼片数 7，花柱长度 1cm，柱头裂数 3，花冠直径 5 ～ 7cm，无子房绒毛，花柱裂位中裂，雄蕊约 67 个，雌蕊约 3 个，雌蕊相对较高，萼片绿色；果橘形，果皮颜色红，果面糠皮，阴面黄绿色、阳面鲜红色，果皮木质化，果横径约 33.75mm、棱径约 34.88mm、纵径约 35.19mm，结果约 188 个，心室数 2 ～ 3；种子半球形，种皮棕色。

经济性状 该无性系产量均衡，生长良好，大小年结果量变化小。初产期干果产量达 421kg/hm^2，盛产期干果产量达 8342kg/hm^2，平均单果重 26.16g，单果种子粒数少，平均只有 4 粒，但种子饱满、个大，平均单果的鲜籽重达 10.64g，种子占到果重的 40.67%。出仁率 69.28%，含油率 47.89%。蛋白质含量为 6.12%，脂肪酸价为 0.71mgKOH/g；丰产性好，对瘠薄土壤、病虫害有较强的抵抗能力。

花

果实

果实剖照

生物学特性　该无性系采用芽苗砧嫁接，1年便可上山造林。采用无性系进行造林的油茶林在前3年需去花除果，以加快植株的营养生长，4～5年后即可挂果，进入初产期，造林8～10年后进入盛产期，在管理良好、养分充足的情况下，盛产期可持续80年。该无性系喜温暖，怕寒冷，生长期在260天左右。要求年均气温16℃以上，绝对低温-10℃，≥10℃年积温在4500～5200℃，抽梢期3～5月的月平均气温13～20℃，花芽分化期5～7月的月平均气温20℃，果实生长期与油脂转化最盛期7～8月的月平均气温20～22℃，开花期9～10月的月平均气温15℃左右。生长发育要求有较充足的阳光，年日照时数1800小时以上，应在地形开阔的阳坡、半阳坡地上种植，年降水量1000～1200mm。

适应性及栽培特点　该品种适宜于富宁县及相似地区海拔500～1200m、年均气温16℃以上、年降水量1000～1200mm，≥10℃活动积温4500～6000℃的酸性、微酸性红壤、沙壤和黄壤上种植。油茶是雌雄同株、异花授粉树种，为提高油茶林的产量和质量，建议采用5个以上花期相遇的良种混栽为佳。

典型识别特征　树冠自然开张形，树势生长旺盛，发枝力强。叶披针形，先端渐尖，具细锯齿或钝齿，叶面平整。果实成熟期10月中下旬，果橘形，阴面黄绿色，阳面鲜红色。

单株

果枝

44 云油茶1号

种名： 普通油茶
拉丁名： *Camellia oleifera*‘Yunyoucha 1’
俗名： 茶树、茶果树、茶油树、白花油茶
认定编号： 云R-SC-CO-055-2012
品种类别： 无性系
原产地： 母株位于广南县旧莫乡里羊村委会
选育地（包括区试点）： 在广南县旧莫乡里羊村委会油茶林中筛选出云油茶1号良种母株，区试点位于广南县莲城镇国有十里桥林场、旧莫乡里乜村委会、坝美镇法利村委会
选育单位： 云南省林业科学院油茶研究所、文山壮族苗族自治州林木种苗工作站、西南林业大学、中国林业科学研究院亚热带林业研究所、广南县林业局
选育过程： 1. 选育方法：本次优良无性系选育采用综合核心因子逐级淘汰筛选法。该方法是在优良无性系选育过程中不以单个因子或简单几个因子叠加来淘汰筛选，而是通过综合多个关键因子逐级淘汰筛选来实现。首先，以产量、含油率、出籽率为第一级核心关键因子来淘汰筛选；其次，在第一层筛选的基础上再以稳定性、果实大小、子代生长表现为第二级核心关键因子来淘汰筛选；最后，通过第三级核心关键因子茶油品质、抗性、适应性、耐瘠薄来淘汰筛选。具体筛选关键因子见图。

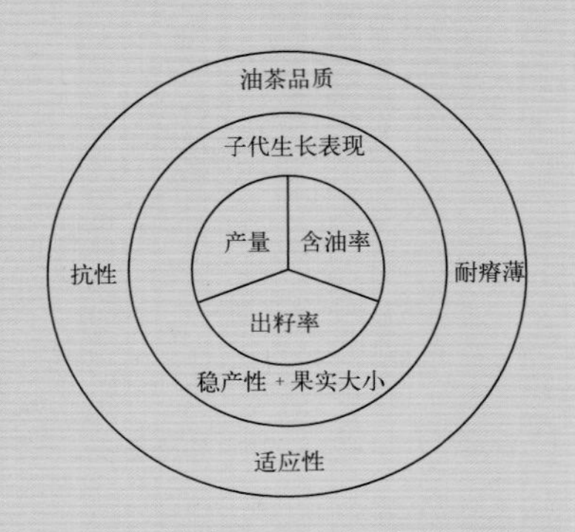

图　综合核心因子逐级淘汰筛选法

2. 选育步骤：优株调查采用典型抽样调查法，在文山壮族苗族自治州油茶分布集中的广南县、富宁县、砚山县32万亩生长表现良好的油茶实生成熟林分中开展。

2009年，首先通过农户、林业站推荐，在自然林分中选择树形完整、树冠开张、生长良好、结实好、病虫害少的单株作为候选优树。然后，实地调查候选优树冠幅、产量、果实大小、花芽数量、病虫害、海拔等基本情况。2009年初选出优良单株11980株。

2010年，进行复选，以其平均单果重大于20g、鲜果出籽率不低于40%、单位面积冠幅产果量等综合指标为筛选依据，对初选单株进行筛查复选，复选出优良单株789株。同时，采集优株穗条进行嫁接繁殖，开展子代测定，大树高杆换冠嫁接和苗木繁育栽培测定同时进行。

2011年，根据复选单株挂果率、果大小、果实产量、抗逆性等经济性状指标对入选的789株优树进行决选。决选主要指标为单位面积冠幅产果量1.0kg/m^2以上，平均单果重20g以上，鲜果出籽率40%以上，干仁含油率45%以上，通过综合核心因子逐级淘汰筛选法（图），最后确定入选单株46株。

2012年，终极淘汰筛选，淘汰标准为单位面积冠幅产果量1.5kg/hm^2以上，出籽率40%以上，干仁含油率45%以上，炭疽病染病率低于3%。同时，结合子代测定结果，根据嫁接移栽苗木表现状况，选择生长正常，分枝率高，芽眼饱满，含油率高，无病虫害，生物、生态学特性与母株基本一致，通过综合核心因子逐级淘汰筛选法（图），最终决选出云油茶1号优良无性系。于2012年12月底通过云南省林木品种委员会认定。
选育年份： 2012年

植物学特征　该良种为常绿乔木，成年树体高大，树势生长旺盛，发枝力强，树冠自然开张形，树高可达4m，地径20cm。该无性系母株树高4.2m、地径17cm、冠幅16.8m²，坡向北、中坡位，生长地海拔1264m，土质为黄色壤土，土层深厚，微酸性，树龄30年。母株树皮淡褐色、光滑；嫩枝颜色紫红；嫩叶颜色红，叶披针形，先端渐尖，具细锯齿或钝齿，叶缘锯齿35～50个，叶面长6.0～8.0cm，宽3.0～5.0cm，叶片革质，叶下面侧脉不明显，叶面平整，叶缘平，叶基近圆形，叶颜色深绿，芽鳞黄绿色，叶齿锐度中等、密度大，叶片着生状态近水平，侧脉对数6；花芽顶生或腋生，有芽绒毛，两性花，白色，花瓣数6～7，花瓣质地中等，倒心形，顶端常2裂，萼片数5～7，花柱长度1.2cm，柱头裂数3，花冠直径6～7cm，有子房绒毛，花柱裂位浅裂，雄蕊约110个，雌蕊约4个，雄蕊相对较高，萼片绿色；果实球形，果大壳薄，果皮颜色红，果面表面光滑，果皮木质化，果实横径3.00～4.50cm，纵径2.00～3.50cm，心室3个，种子2～9粒，果实10月下旬成熟，属霜降籽，每500g种子190粒，果大壳薄，籽粒硕大饱满；种子三角形，种皮黑色，有光泽；根系为主根发达的深根性系，深可达1.5m，但细根密集在10～35cm范围内，根系趋水、肥性强。

经济性状　该良种丰产性好，成枝力强，以顶花芽、短果枝结果为主，平均每枝结果数为30个。连年结果能力强，大小年不明显，产量高。初产期产量达4320kg/hm²，盛产期鲜果产量达12957.38kg/hm²以上，单位面积冠幅产果量达到2.16kg/m²。平均单果重21.64g，最大单果重34.9g，单果种籽多，平均5个，种籽较

单株

大，平均单果的鲜籽重达 3.46g；种仁饱满，果皮薄。鲜果出籽率 52.45%，出仁率 75.24%，含油率 54.30%。主要脂肪酸成分：油酸 80.81%，棕榈酸 8.47%，亚麻酸 7.17%，硬脂酸 1.96%，a-亚麻酸 0.79%，二十碳烯酸 0.65%，芥酸 0.14%。

生物学特性 喜温暖，怕寒冷，生长期在 260 天左右。要求年均气温 15 ~ 18℃，绝对低温 -10℃，≥ 10℃年积温在 4500 ~ 5200℃，抽梢期 3 ~ 5 月的月平均气温 13 ~ 20℃，花芽分化期 5 ~ 7 月的月平均气温 20℃，果实生长期与油脂转化最盛期 7 ~ 8 月的月平均气温 20 ~ 22℃，开花期 9 ~ 10 月的月平均气温 15℃左右。生长发育要求有较充足的阳光，年日照时数 1800 小时以上，应在地形开阔的阳坡、半阳坡地上种植，年降水量 1000 ~ 1200mm。

适应性及栽培特点 该良种植株生长旺盛，抗干旱，耐瘠薄，适应性强，对病虫害有较强的抵抗能力。用芽苗砧嫁接，1 年便可上山造林。采用无性系进行造林的油茶林在前 3 年需去花除果，以加快植株的营养生长，4 ~ 5 年后即可挂果，进入初产期，造林 8 ~ 10 年后进入盛产期，在管理良好、养分充足的情况下，盛产期可持续 80 年。

典型识别特征 树冠自然开张形。叶披针形，叶深绿色，先端渐尖，具细锯齿或钝齿，叶面光滑平整。果实球形，红色，果实 10 月下旬成熟，属霜降籽。

果枝

花

果实

茶籽

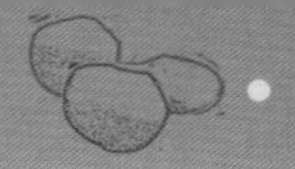

45　云油茶 2 号

种名： 普通白花油茶
拉丁名： *Camellia oleifera*‘Yunyoucha 2’
俗名： 茶树、茶果树、茶油树、白花油茶
认定编号： 云 R-SC-CO-056-2012
品种类别： 无性系
原产地： 母株位于广南县旧莫乡里羊村委会
选育地（包括区试点）： 在广南县旧莫乡里羊村委会油茶林中筛选出云油茶 2 号良种母株，区试点位于广南县莲城镇国有十里桥林场、旧莫乡里乜村委会、坝美镇法利村委会
选育单位： 云南省林业科学院油茶研究所、文山壮族苗族自治州林木种苗工作站 、西南林业大学、中国林业科学研究院亚热带林业研究所、广南县林业局
选育过程： 同云油茶 1 号
选育年份： 2009－2012 年

植物学特征　该良种为常绿乔木，成年树体高大，树势生长旺盛，发枝力强，树冠自然开张形，树高可达 4m，地径 20cm。该无性系母株树高 4.5m、地径 20cm、冠幅 21.15m^2，坡向北、中坡位，生长地海拔 1264m，土质为黄色壤土，土层深厚，微酸性，树龄 30 年。母株树皮淡褐色、光滑；嫩枝颜色紫红；嫩叶颜色红，叶披针形，先端钝圆，具细锯齿或钝齿，叶缘锯齿 35 ～ 50 个，叶面长 6.0 ～ 8.0cm，宽 2.0 ～ 4.0cm，叶片革质，叶下面侧脉不明显，叶面平整，叶缘平，叶基近圆形，叶颜色深绿，芽鳞黄绿色，叶齿锐度中等、密度大，叶片着生状态近水平，侧脉对数 6；花芽顶生或腋生，有芽绒毛，两性花，白色，花瓣数 5 ～ 6，花瓣质地中等，倒心形，顶端常 2 裂，萼片数 5 ～ 7，花柱长度 1.1cm，柱头裂数 3，花冠直径 4.0 ～ 6.0cm，有子房绒毛，花柱裂位浅裂，雄蕊约 100 个，雌蕊约 4 个，雄蕊相对较高，萼片绿色；果实球形，果皮颜色红，果表面光滑，果皮木质化，果实横径 3.50 ～ 4.50cm，纵径 2.00 ～ 3.50cm，心室 5 个，种子 6 ～ 13 粒，果实 10 月下旬成熟，属霜降籽，每 500g 种子 170 粒，果大壳薄，籽粒硕大饱满；种子三角形，种皮黑色，有光泽；根系为主根发达的深根性系，深可达 1.5m，但细根密集在 10 ～ 35cm 范围内，根系趋水、肥性强。

经济性状　该良种丰产性好，成枝力强，以顶花芽、短果枝结果为主，平均每枝结果数为 40 个。连年结果能力强，大小年不明显，产量高。初产期产量达 4150kg/hm^2，盛产期产量达 12447.38kg/hm^2 以上，单位面积冠幅产果量达到 2.07kg/m^2。果大壳薄，果径平均值 3.50cm，平均单果重 27.45g，最大单果重 32.3g，单果种籽多，平均 8 粒，种籽较大，平均单粒重 3.55g；种仁饱满，果皮薄。鲜果出籽率 53.06%，出仁率 72.55%，含油率 53.32%。主要脂肪酸成分：油酸 79.19%，棕榈酸 9.00%，亚麻酸 8.92%，硬脂酸 2.25%，a - 亚麻酸 0.48%，二十碳烯酸 0.68%，芥酸 0.16%，未知脂肪酸含量 0.31%。

生物学特性　喜温暖，怕寒冷，生长期在 260 天左右。要求年均气温 15 ～ 18℃，绝对低温 -10℃，≥ 10℃年积温在 4500 ～ 5200℃，抽梢期 3 ～ 5 月的月平均气温 13 ～ 20℃，花芽分化期 5 ～ 7 月的月平均气温 20℃，果实生长期与油脂转化最盛期 7 ～ 8 月的月平均气温 20 ～ 22℃，开花期 9 ～ 10 月的月平均气温 15℃左右。生长发育要求有较充足的阳光，年日照时数 1800 小时以上，应在地形开阔的阳坡、半阳坡地上种植，年降水量 1000 ～ 1200mm。

适应性及栽培特点 该良种植株生长旺盛，抗干旱，耐瘠薄，适应性强，对病虫害有较强的抵抗能力。用芽苗砧嫁接，1年便可上山造林。采用无性系进行造林的油茶林在前3年需去花除果，以加快植株的营养生长，4 ~ 5年后即可挂果，进入初产期，造林8 ~ 10年后进入盛产期，在管理良好、养分充足的情况下，盛产期可持续80年。该良种适宜于滇东南地区海拔500 ~ 2000m、年均气温＞15℃、年降水量1000 ~ 1200mm、≥ 10℃活动积温4500 ~ 6000℃、酸性或微酸性红壤、沙壤和黄壤的阳坡或半阳坡种植。油茶是雌雄同株、异花授粉树种，为提高油茶林的产量和质量，建议采用5个以上花期相遇的良种混栽为佳。

典型识别特征 树冠自然开张形。叶披针形，叶深绿色，先端渐尖，具细锯齿或钝齿，叶面光滑平整。果实球形，红色，果实10月下旬成熟，属霜降籽。

单株

果枝

花

果实

茶籽

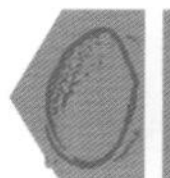

46 云油茶5号

种名： 普通油茶
拉丁名： *Camellia oleifera* 'Yunyoucha 5'
俗名： 茶树、茶果树、茶油树、白花油茶
认定编号： 云 R-SC-CO-057-2012
品种类别： 无性系
原产地： 母株位于南县者旧莫乡板茂村委会
选育地（包括区试点）： 在广南县者旧莫乡板茂村委会油茶林中筛选出云油茶5号良种母株，区试点位于广南县莲城镇国有十里桥林场、旧莫乡里乜村委会、坝美镇法利村委会
选育单位： 文山壮族苗族自治州林木种苗工作站、云南省林业科学院油茶研究所、西南林业大学、中国林业科学研究院亚热带林业研究所、广南县林业局
选育过程： 同云油茶1号
选育年份： 2009－2012年

植物学特征 该良种为常绿乔木，成年树体高大，树势生长旺盛，发枝力强，树冠自然开张形，树高可达4m、地径20cm。母株树高3.2m、地径18cm、冠幅18.0m^2，坡向东北、中坡位，生长地海拔1250m，土质为黄色壤土，土层深厚，微酸性，树龄30年。母株树皮淡褐色、光滑；嫩枝颜色紫红；嫩叶颜色红，叶披针形，先端钝圆，具细锯齿或钝齿，叶缘锯齿35～50个，叶面长5.6～6.2cm，宽2.5～3.0cm，叶片革质，叶下面侧脉不明显，叶面平整，叶缘平，叶基近圆形，叶颜色深绿，芽鳞黄绿色，叶齿锐度中等、密度大，叶片着生状态近水平，侧脉对数6；花芽顶生或腋生，有芽绒毛，两性花，白色，花瓣数6～7，花瓣质地中等，倒卵形，顶端常2裂，萼片数6～7，花柱长度1.2cm，柱头裂数3，花冠直径6～7cm，有子房绒毛，花柱裂位浅裂，雄蕊约111个，雌蕊约4个，雄蕊相对较高，萼片绿色；果实球形，果皮颜色红，果表面光滑，果皮木质化；果实横径3.4cm，纵径3.6cm，心室3个，种子2～4粒，果实10月下旬成熟，属霜降籽，每500g种子80粒，果大壳薄，籽粒硕大饱满；种子三角形，种皮黑色，有光泽；根系为主根发达的深根性系，深可达1.5m，但细根密集在10～35cm范围内，根系趋水、肥性强。

经济性状 该良种丰产性好，成枝力强，以顶花芽、短果枝结果为主，平均每枝结果数为30个。连年结果能力强，大小年不明显，产量高。初产期产量达3820kg/hm^2，盛产期产量达11451.56kg/hm^{2}以上，单位面积冠幅产果量达到2.16kg/m^2。果大壳薄，平均单果重25.89g，最大单果重31.5g，单果种籽多，平均3粒，种籽较大，平均单粒重3.56g；种仁饱满，果皮薄。鲜果出籽率53.06%，出仁率70.68%，含油率53.80%。主要脂肪酸成分：油酸82.07%，棕榈酸6.96%，亚麻酸6.53%，硬脂酸2.19%，a-亚麻酸0.77%，二十碳烯酸0.86%，芥酸0.25%，未知脂肪酸0.37%。

生物学特性 喜温暖，怕寒冷，生长期在260天左右。要求年均气温15～18℃，绝对低温-10℃，≥10℃年积温在4500～5200℃，抽梢期3～5月的月平均气温13～20℃，花芽分化期5～7月的月平均气温20℃，果实生长期与油脂转化最盛期7～8月的月平均气温20～22℃，开花期9～10月的月平均气温15℃左右。生长发育要求有较充足的阳光，年日照时数1800小时以上，应在地形开阔的阳坡、半阳坡地上种植，年降水量1000～1200mm。

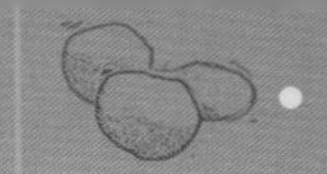

适应性及栽培特点　该良种采用芽苗砧嫁接培育，1 年便可上山造林。采用无性系进行造林的油茶林在前 3 年需去花除果，以加快植株的营养生长，4 ~ 5 年后即可挂果，进入初产期，造林 8 ~ 10 年后进入盛产期，在管理良好、养分充足的情况下，盛产期可持续 80 年。该良种适宜于滇东南地区海拔 500 ~ 2000m，年均气温＞15℃、年降水量 1000 ~ 1200mm、≥ 10℃活动积温 4500 ~ 6000℃、酸性或微酸性红壤、沙壤和黄壤的阳坡或半阳坡种植。油茶是雌雄同株、异花授粉树种，为提高油茶林的产量和质量，建议采用 5 个以上花期相遇的良种混栽为佳。

典型识别特征　树冠自然开张形。叶披针形，叶深绿色，先端渐尖，具细锯齿或钝齿，叶面光滑平整。果实球形，红色，果实 10 月下旬成熟，属霜降籽。

果枝

单株

花

果实

茶籽

47 云油茶6号

种名：普通油茶
拉丁名：*Camellia oleifera*‘Yunyoucha 6’
俗名：茶树、茶果树、茶油树、白花油茶
认定编号：云R-SC-CO-058-2012
品种类别：无性系
原产地：母株位于南县者旧莫乡板茂村委会
选育地（包括区试点）：在广南县者旧莫乡板茂村委会油茶林中筛选出云油茶6号良种母株，区试点位于广南县莲城镇国有十里桥林场、旧莫乡里乜村委会、坝美镇法利村委会
选育单位：文山壮族苗族自治州林木种苗工作站、云南省林业科学院油茶研究所、西南林业大学、中国林业科学研究院亚热带林业研究所、广南县林业局
选育过程：同云油茶1号
选育年份：2009－2012年

植物学特征 该良种为常绿乔木，成年树体高大，树势生长旺盛，发枝力强，树冠自然开张形，树高可达4m，地径20cm。母株树高3.5m、地径10cm、冠幅17.55m^2，坡向北、中坡位，生长地海拔1260m，土质为黄色壤土，土层深厚，微酸性，树龄30年。母株树皮淡褐色、光滑；嫩枝颜色紫红；嫩叶颜色红，叶披针形，先端钝圆，具细锯齿或钝齿，叶缘锯齿35～50个，叶面长6.0～6.5cm，宽2.9～3.3cm，叶片革质，叶下面侧脉不明显，叶面平整，叶缘平，叶基近圆形，叶颜色深绿，芽鳞黄绿色，叶齿锐度中等、密度大，叶片着生状态近水平，侧脉对数6；花芽顶生或腋生，有芽绒毛，两性花，白色，花瓣数5～6，花瓣质地中等，倒心形，顶端常2裂，萼片数5～7，花柱长度1.2cm，柱头裂数3，花冠直径4.0～6.0cm，有子房绒毛，花柱裂位浅裂，雄蕊约91个，雌蕊约4个，雄蕊相对较高，萼片绿色；果实球形，果皮颜色红，果表面光滑，果皮木质化，果实横径4.22cm，纵径3.57cm，心室5个，种子6～10粒，果实10月下旬成熟，属霜降籽，每500g种子170粒，果大壳薄，籽粒硕大饱满；种子三角形，种皮黑色，有光泽；根系为主根发达的深根性系，深可达1.5m，但细根密集在10～35cm范围内，根系趋水、肥性强。

经济性状 该良种丰产性好，成枝力强，以顶花芽、短果枝结果为主，平均每枝结果数为30个。连年结果能力强，大小年不明显，产量高。初产期产量达3950kg/hm^2，盛产期产量达11871.56kg/hm^{2}以上，单位面积冠幅产果量达到1.98kg/m^2。果大壳薄，平均单果重26.86g，最大单果重32.3g，单果种籽多，平均8粒，种籽较大，平均单粒重3.75g；种仁饱满，果皮薄。鲜果出籽率53.06%，出仁率72.40%，含油率56.25%。主要脂肪酸成分：油酸78.30%，棕榈酸8.92%，亚麻酸8.43%，硬脂酸2.16%，a-亚麻酸0.48%，二十碳烯酸0.64%，芥酸0.18%，未知脂肪酸0.89%。

生物学特性 喜温暖，怕寒冷，生长期在260天左右。要求年均气温15～18℃，绝对低温-10℃，≥10℃年积温在4500～5200℃，抽梢期3～5月的月平均气温13～20℃，花芽分化期5～7月的月平均气温20℃，果实生长期与油脂转化最盛期7～8月的月平均气温20～22℃，开花期9～10月的月平均气温15℃左右。生长发育要求有较充足的阳光，年日照时数1800小时以上，应在地形开阔的阳坡、半阳坡地上种植，年降水量1000～1200mm。

适应性及栽培特点　该良种采用芽苗砧嫁接，培育，1 年便可上山造林。采用无性系进行造林的油茶林在前 3 年需去花除果，以加快植株的营养生长，4 ~ 5 年后即可挂果，进入初产期，造林 8 ~ 10 年后进入盛产期，在管理良好、养分充足的情况下，盛产期可持续 80 年。该良种适宜于滇东南地区海拔 500 ~ 2000m，年均气温＞15℃，年降水量 1000 ~ 1200mm、≥ 10℃活动积温 4500 ~ 6000℃，酸性或微酸性红壤、沙壤和黄壤的阳坡或半阳坡种植。油茶是雌雄同株、异花授粉树种，为提高油茶林的产量和质量，建议采用 5 个以上花期相遇的良种混栽为佳。

典型识别特征　树冠自然开张形。叶披针形，叶深绿色，先端渐尖，具细锯齿或钝齿，叶面光滑平整。果实球形，黑色，果实 10 月下旬成熟，属霜降籽。

果枝

单株

花

果实

茶籽

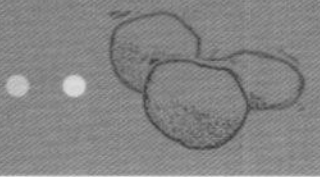

48 易梅

种名：普通油茶
拉丁名：*Camellia oleifera*‘Yimei’
品种类别：无性系
认定编号：云 R-SC-CO-063-2013
原产地：云南省文山壮族苗族自治州
选育地（包括区试点）：选育地为云南省玉溪市易门县种植的普通油茶实生林，区试点在云南省玉溪市的易门县和云南省红河哈尼族彝族自治州的建水县
选育单位：云南省林业技术推广总站等单位
选育过程：通过初选、复选、决选、子代测定等选育程序，并于 2013 年 12 月 13 日通过云南省林木品种审定委员会的认定。
选育年份：2013 年

植物学特征　常绿小乔木，树皮光滑，呈灰色或淡褐色；小枝色略浅，有短毛；树冠开心形，树高 1.5 ~ 2.2m，冠幅 1.8 ~ 2.1m×2.0 ~ 2.3m；单叶互生，革质，椭圆形，先端钝圆，细锯齿或钝齿，长 4.0cm ~ 6.5cm，宽 2.5cm ~ 3.5cm，厚 0.49cm ~ 0.56cm，叶面光滑、平整；花白色，顶生或腋生，花芽 5 ~ 35 个，花冠直径 5.0cm ~ 7.0cm，花瓣倒心形，6 ~ 7 瓣，雄蕊 75 ~ 158 枚，分 3 ~ 4 轮排列，内轮二分之一花下处联合，花丝淡黄色，长 1.0 ~ 1.6cm，花药金黄色，雌蕊花柱淡黄色，柱头 3 ~ 5 浅裂；蒴果橘形，幼果被毛，青红色，丛生性结实，每丛结果 2 ~ 17 个，平均果高 3.16cm、平均果径 3.32cm、平均果皮厚 0.24，果形指数 0.95；心室 3 ~ 5 个，种子 3 ~ 5 粒，平均每个果出籽数 4 粒；种子三棱形，黑色，长 1.54cm，宽 1.52cm，厚 1.14cm，种仁淡黄色。树势生长旺盛，成枝力强，各种枝均能结果，连年结果能力强，大小年不明显，无采前落果现象，果枝率 72.8%，自然坐果率 47.9%，单位面积冠幅产果量 1.43kg/m^2。产果量高，籽粒饱满，具一定抗病虫害能力。抗干旱气候和瘠薄土壤能力强。

经济性状　果实品质及产量：最大单果重 36.84g，平均单果重 27.03g，每 500g 鲜果数 19 个，每 500g 鲜籽数 241 粒。鲜果出籽率 54.3%，干籽出仁率 69.55%，盛果期平均干籽产量 2944kg/hm^2，产油量 736kg/hm^2。含油率及脂肪酸组成：干仁含油率 48.83%，油酸 82.62%，亚油酸 6.78%，棕榈酸 7.42%，硬脂酸 1.61%，未知脂肪酸 1.57%。

生物学特性　个体发育周期：1 ~ 4 年主要是营养生长期，5 ~ 6 年进入初产期，7 ~ 10 年进入盛产期，盛产期达 50 年以上。

年生长发育周期：3 月初开始萌动；3 月上旬至 5 月上旬为春梢生长期，春梢生长占到全年枝梢生长的 60% 以上，春梢是翌年结果的基本枝条，平均春枝长度为 12.0cm；6 月上旬至 8 月下旬为夏梢生长期，夏梢生长量占全年枝梢生长的 30% 左右，少量初结果树发育的充实夏梢也可当年分化花芽开花，而在云南也可成为来年的结果枝，平均夏梢长度为 10.4cm；9 月上旬至 10 月中旬为秋梢生长期，秋梢数量少，长势弱，晚秋梢容易受到冻害，平均秋梢长度为 7.4cm；在 5 ~ 7 月，花芽分化从 5 月上旬开始，可辨别出圆而粗且呈粉红色的为花芽，6 月中旬至 7 月上旬为分化盛期，分化数在 70% 左右，分化继续到 8 月下旬；8 月形成花芽；10 月上旬至 11 月上旬开花，始花期为 10 月上旬，盛花期为 10 月中旬至 11 月上旬，末花期为 11 月中旬至 12 月中旬；果实第一次膨大在 3 月，7 ~ 8 月是果实膨大的高峰期，这个时期果实体积增加量占果实总体积的 60% ~ 75%；9 ~ 10 月上旬油脂转化和积累量占果实含油量的 60% 以上，果实成熟

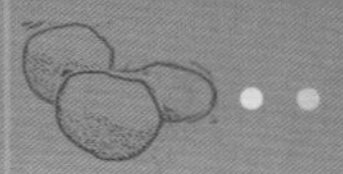

期在 10 月下旬，属霜降籽。

适应性及栽培特点　适宜种植区域：适宜在云南省的滇中地区海拔 1000 ~ 1900m、年均气温 15℃以上、年降水量 900 ~ 1200mm、≥ 10℃活动积温 4000 ~ 5000℃，无霜期 260 天以上、土层厚度≥ 40cm、pH 值 4.5 ~ 6.5 的酸性、微酸性红壤、沙壤、黄红壤上种植。目前在云南省的易门县、建水县已有种植。

在立地、繁殖、栽培方面的特殊要求：抗干旱气候、抗瘠薄土壤力强，对炭疽病具有较强的抵抗力。苗木繁育按一般普通油茶的繁育方法即可。种植时将易梅、易红、易龙、易泉这 4 个优良无性系混合种植，按 1 ∶ 1 ∶ 1 ∶ 1 的比例配置。由于树冠相对较小，每亩按 74 ~ 133 株种植。在土壤肥厚的山脚，株行距 3m × 3m 或 2.5m × 3.0m，亩栽 74 或 89 株；在土壤中等肥厚的山腰，株行距 2.5m × 2.5m，亩栽 106 株；在土壤瘠薄的山顶，株行距 2m × 3.0m 或 2m × 2.5m，亩栽 110 株或 133 株。

典型识别特征　树冠开心形。果橘形，果色青红色，心室 3 ~ 5 个，果皮厚 0.24cm。

林分

单株

果枝

花

果实、果实剖面与茶籽

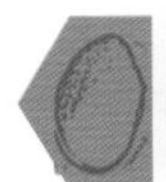

49 易红

种名： 普通油茶
拉丁名： *Camellia oleifera* ‘Yihong’
品种类别： 无性系
认定编号： 云 R-SC-CO-064-2013
原产地： 云南省文山壮族苗族自治州
选育地（包括区试点）： 选育地为云南省玉溪市易门县种植的普通油茶实生林，区试点在云南省玉溪市的易门县和云南省红河哈尼族彝族自治州的建水县
选育单位： 云南省林业技术推广总站等单位
选育过程： 通过初选、复选、决选、子代测定等选育程序，并于 2013 年 12 月 13 日通过云南省林木品种审定委员会的认定
选育年份： 2013 年

植物学特征 常绿小乔木，树皮光滑，呈灰色或淡褐色；小枝色略浅，有短毛；树冠圆头形，树高 1.6 ~ 2.5m，冠幅 1.6 ~ 2.3m × 2.0 ~ 2.4m；单叶互生，革质，椭圆形，先端钝圆，细锯齿或钝齿，长 5.0cm ~ 6.5cm，宽 3.0cm ~ 3.5cm，厚 0.74cm ~ 0.87cm，叶面光滑、平整；花白色，顶生或腋生，花芽 4 ~ 32 个，花冠直径 5.0cm ~ 7.0cm，花瓣倒心形，6 ~ 7 瓣；雄蕊 76 ~ 168 枚，分 3 ~ 4 轮排列，内轮二分之一花下处联合，花丝淡黄色，长 1.0 ~ 1.6cm，花药金黄色；雌蕊花柱淡黄色，柱头 3 ~ 5 浅裂；蒴果长椭圆形，幼果被毛，青红色（阳面为红色、阴面为青色），每枝（丛）结果 2 ~ 15 个，平均果高 4.28cm，平均果径 3.4cm，平均果皮厚 0.23cm，果形指数 1.26；心室 4 ~ 6 个，种子 4 ~ 8 粒，平均每个果出籽数 6 粒；种子三棱形，黑色，长 1.56cm，宽 1.53cm，厚 1.16cm，种仁淡黄色。树势生长旺盛，成枝力强，各种枝均能结果，连年结果能力强，大小年不明显，无采前落果现象，果枝率 71.1%，自然坐果率 46.6%，单位面积冠幅产果量 1.59kg/m^2。产果量高，果实大，籽粒硕大饱满，具一定抗病虫害能力。抗干旱气候和瘠薄土壤能力强。

经济性状 果实品质及产量：最大单果重 36.84g，平均单果重 29.12g，每 500g 鲜果数 17 个，每 500g 鲜籽数 277 粒。鲜果出籽率 51.4%，干籽出仁率 73.81%，盛果期平均干籽产量 3168kg/hm^2，产油量 729kg/hm^2。含油率及脂肪酸组成：干仁含油率 51.27%，油酸 80.13%，亚油酸 7.25%，棕榈酸 9.41%，硬脂酸 2.46%，未知脂肪酸 0.75%。

生物学特性 个体发育周期：1 ~ 4 年主要是营养生长期，5 ~ 6 年进入初产期，7 ~ 10 年进入盛产期，盛产期达 50 年以上。

年生长发育周期：3 月初开始萌动；3 月上旬至 5 月上旬为春梢生长期，春梢生长占到全年枝梢生长的 60% 以上，春梢是翌年结果的基本枝条，平均春梢长度为 19.7cm；6 月上旬至 8 月下旬为夏梢生长期，夏梢生长量占全年枝梢生长的 30% 左右，平均夏梢长度为 22.9cm；9 月上旬至 10 月中旬为秋梢生长期，秋梢数量少，长势弱，晚秋梢容易受到冻害，平均秋梢长度为 25.8cm。花芽分化期，在 5 ~ 7 月，花芽分化从 5 月上旬开始，可辨别出圆而粗且呈粉红色的为花芽，6 月中旬至 7 月上旬为分化盛期，分化数在 70% 左右，分化持续到 8 月下旬；8 月形成花芽；10 月上旬至 11 月上旬开花，始花期为 10 月上旬，盛花期为 10 月中旬至 11 月上旬，末花期为 11 月中旬至 12 月中旬；果实第一次膨大在 3 月，7 ~ 8 月是果实膨大的高峰期，这个时期果实体积增加量占果实总体积的 66% ~ 75%；9 ~ 10 月上旬油脂转化和积累量占果实含油量

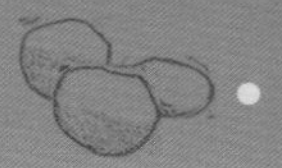

的60%以上，果实成熟期在10月下旬，属霜降籽。

适应性及栽培特点　适宜种植区域：适宜在云南省的滇中地区海拔1000～1900m、年均气温15℃以上、年降水量900～1200mm、≥10℃活动积温4000～5000℃、无霜期260天以上、土层厚度≥40cm、pH值4.5～6.5的酸性、微酸性红壤、沙壤、黄红壤上种植。目前在云南省的易门县、建水县已有种植。

在立地、繁殖、栽培方面的特殊要求：抗干旱气候、瘠薄土壤力强，对炭疽病具有较强的抵抗力。苗木繁育按一般普通油茶的繁育方法即可。种植时将易梅、易红、易龙、易泉这4个优良无性系混合种植，按1∶1∶1∶1的比例配置。由于树冠相对较小，每亩按74～133株种植。在土壤肥厚的山脚，株行距3m×3m或2.5m×3.0m，亩栽74或89株；在土壤中等肥厚的山腰，株行距2.5m×2.5m，亩栽106株；在土壤瘠薄的山顶，株行距2m×3.0m或2m×2.5m，亩栽110株或133株。

典型识别特征　树冠圆头形。果长椭圆形，果色阳面为红色，阴面为青色，心室4～6个，果皮厚0.23cm。

林分

单株

树上果实特写

花

果实、果实剖面与茶籽

50 易龙

种名： 普通油茶
拉丁名： *Camellia oleifera* ‘Yilong’
品种类别： 无性系
认定编号： 云 R-SC-CO-065-2013
原产地： 云南省文山壮族苗族自治州
选育地（包括区试点）： 选育地为云南省玉溪市易门县种植的普通油茶实生林，区试点在云南省玉溪市的易门县和云南省红河哈尼族彝族自治州的建水县
选育单位： 云南省林业技术推广总站等单位
选育过程： 通过初选、复选、决选、子代测定等选育程序，并于 2013 年 12 月 13 日通过云南省林木品种审定委员会的认定。
选育年份： 2013 年

植物学特征 常绿小乔木，树皮光滑，呈灰色或淡褐色；小枝色略浅，有短毛；树冠圆头形，树高 1.5 ～ 2.3m，冠幅 1.5 ～ 2.2m × 1.6 ～ 2.0m；单叶互生，革质，椭圆形，先端钝圆，细锯齿或钝齿，长 3.5cm ～ 6.0cm，宽 2.5cm ～ 3.5cm，厚 0.64cm ～ 0.66cm，叶面光滑、平整；花白色，顶生或腋生，花芽 4 ～ 28 个，花冠直径 5.0cm ～ 7.0cm，花瓣倒心形，6 ～ 7 瓣，雄蕊 79 ～ 164 枚，分 3 ～ 4 轮排列，内轮二分之一花下处联合，花丝淡黄色，长 1 ～ 1.6cm，花药金黄色，雌蕊花柱淡黄色，柱头 3 ～ 5 浅裂；蒴果橘形，幼果被毛，青色，丛生性结实，每丛（枝）结果 2 ～ 14 个，平均果高 3.43cm、平均果径 3.65cm、平均果皮厚 0.31cm，果形指数 0.94；心室 2 ～ 4 个，种子 3 ～ 9 粒，平均每个果出籽数 7 粒；种子三棱形，黑色，长 1.48cm，宽 1.43cm，厚 1.12cm，种仁淡黄色。树势生长旺盛，成枝力强，枝条直立，连年结果能力强，大小年不明显，无采前落果现象，果枝率 72.8%，自然坐果率 48.2%，单位面积冠幅产果量 1.45kg/m^2。产果量高，果实大，籽粒硕大饱满，具一定抗病虫害能力。抗干旱气候和瘠薄土壤能力强。

经济性状 果实品质及产量：最大单果重 35.42g，平均单果重 28.74g，每 500g 鲜果数 18 个，每 500g 鲜籽数 238 粒。鲜果出籽率 45.8%，干籽出仁率 71.35%，盛果期平均干籽产量 2864kg/hm^2，产油量 716kg/hm^2。含油率及脂肪酸组成：干仁含油率 58.78%，油酸 82.88%，亚油酸 6.53%，棕榈酸 7.02%，硬脂酸 1.98%，未知脂肪酸 1.59%。

生物学特性 个体发育周期：1 ～ 4 年主要是营养生长期，5 ～ 6 年进入初产期，7 ～ 10 年进入盛产期，盛产期达 50 年以上。

年生长发育周期：3 月初开始萌动；3 月上旬至 5 月上旬为春梢生长期，春梢生长占到全年枝梢生长的 60% 以上，春梢是翌年结果的基本枝条，平均春枝长度为 13.5cm；6 月上旬至 8 月下旬为夏梢生长期，夏梢生长量占全年枝梢生长的 30% 左右，平均夏梢长度为 14.8cm；9 月上旬至 10 月中旬为秋梢生长期，秋梢数量少，长势弱，晚秋梢容易受到冻害，平均秋梢长度为 15.2cm；花芽分化期在 5 ～ 7 月。花芽分化从 5 月上旬开始，可辨别出圆而粗且呈粉红色的为花芽，从 6 月中旬至 7 月上旬为分化盛期，分化数在 70% 左右，分化持续到 9 月上旬；8 月形成花芽；10 月上旬至 11 月上旬开花，始花期为 10 月上旬，盛花期为 10 月中旬至 11 月上旬，末花期为 11 月中旬至 12 月底；果实第一次膨大在 3 月，7 ～ 8 月是果实膨大的高峰期，这个时期果实体积增加量占果实总体积的 61% ～ 77%；9 ～ 10 月上旬油脂转化和积累量占果实含油量的 60% 以上，果实成熟期在 10 月下旬，属霜降籽。

适应性及栽培特点　适宜种植区域：适宜在云南省的滇中地区海拔 1000 ~ 1900m、年均气温 15℃以上、年降水量 900 ~ 1200mm、≥ 10℃活动积温 4000 ~ 5000℃、无霜期 260 天以上、土层厚度≥ 40cm、pH 值 4.5 ~ 6.5 的酸性、微酸性红壤、沙壤、黄红壤上种植。目前在云南省的易门县、建水县已有种植。

在立地、繁殖、栽培方面的特殊要求：抗干旱气候、瘠薄土壤力强，对炭疽病具有较强的抵抗力。苗木繁育按一般普通油茶的繁育方法即可。种植时将易梅、易红、易龙、易泉这 4 个优良无性系混合种植，按 1 ∶ 1 ∶ 1 ∶ 1 的比例配置。由于树冠相对较小，每亩按 74 ~ 133 株种植。在土壤肥厚的山脚，株行距 3m × 3m 或 2.5m × 3.0m，亩栽 74 或 89 株；在土壤中等肥厚的山腰，株行距 2.5m × 2.5m，亩栽 106 株；在土壤瘠薄的山顶，株行距 2m × 3.0m 或 2m × 2.5m，亩栽 110 株或 133 株。

典型识别特征　树冠圆头形。果橘形，果色青色，心室 2 ~ 4 个，果皮厚 0.31cm。

林分

单株

树上果实特写

花

果实、果实剖面与茶籽

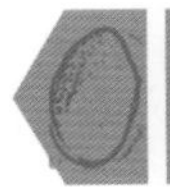

51 易泉

种名： 普通油茶
拉丁名： *Camellia oleifera* 'Yiquan'
品种类别： 无性系
认定编号： 云 R-SC-CO-066-2013
原产地： 云南省文山壮族苗族自治州
选育地（包括区试点）： 选育地为云南省玉溪市易门县种植的普通油茶实生林，区试点在云南省玉溪市的易门县和云南省红河哈尼族彝族自治州的建水县
选育单位： 云南省林业技术推广总站等单位
选育过程： 通过初选、复选、决选、子代测定等选育程序，并于 2013 年 12 月 13 日通过云南省林木品种审定委员会的认定
选育年份： 2013 年

植物学特征 常绿小乔木，树皮光滑，呈灰色或淡褐色；小枝色略浅，有短毛；树冠圆头形，树高 1.6 ~ 2.3m，冠幅 1.5 ~ 2.0m × 1.6 ~ 2.3m；单叶互生，革质，椭圆形，先端钝圆，细锯齿或钝齿，长 3.0cm ~ 5.5cm，宽 2.0cm ~ 3.0cm，厚 0.71cm ~ 0.79cm，叶面光滑、平整；花白色，顶生或腋生，花芽 5 ~ 30 个，花冠直径 5.0cm ~ 7.0cm，花瓣倒心形，6 ~ 7 瓣；雄蕊 74 ~ 166 枚，分 3 ~ 4 轮排列，内轮二分之一花下处联合，花丝淡黄色，长 1.0 ~ 1.6cm，花药金黄色；雌蕊花柱淡黄色，柱头 3 ~ 5 浅裂；蒴果球形，幼果被毛，青红色，从生性结实，每从结果 2 ~ 13 个，平均果高 3.19cm、平均果径 3.34cm、平均果皮厚 0.28cm，果形指数 0.96；心室 3 ~ 5 个，种子 4 ~ 9 粒，平均每个果出籽数 8 粒；种子三棱形，黑色，长 1.46cm，宽 1.40cm，厚 1.12cm，种仁淡黄色。树势生长旺盛，成枝力强，枝条直立，连年结果能力强，大小年不明显，无采前落果现象，果枝率 72.8%，自然坐果率 51.7%，单位面积冠幅产果量 1.52kg/m^2。产果量高，籽粒饱满，具一定抗病虫害能力。抗干旱气候和瘠薄土壤能力强。

经济性状 果实品质及产量：最大单果重 35.27g，平均单果重 27.64g，每 500g 鲜果数 19 个，每 500g 鲜籽数 249 粒。鲜果出籽率 53.3%，干籽出仁率 78.72%，盛果期平均干籽产量 2848kg/hm^2，产油量 712kg/hm^2。含油率及脂肪酸组成：干仁含油率 52.06%，油酸 81.54%，亚油酸 7.79%，棕榈酸 8.07%，硬脂酸 1.48%，未知脂肪酸 1.12%。

生物学特性 个体发育周期：1 ~ 4 年主要是营养生长期，5 ~ 6 年进入初产期，7 ~ 10 年进入盛产期，盛产期达 50 年以上。

年生长发育周期：3 月初开始萌动；3 月上旬至 5 月上旬为春梢生长期，春梢生长占到全年枝梢生长的 60% 以上，春梢是翌年结果的基本枝条，平均春枝长度为 15.5cm；6 月上旬至 8 月下旬为夏梢生长期，夏梢生长量占全年枝梢生长的 30% 左右。少量初结果树发育的充实夏梢，也可当年分化花芽开花，而在云南也可成为来年的结果枝，平均夏梢长度为 16.9cm；9 月上旬至 10 月中旬为秋梢生长期，秋梢数量少，长势弱，晚秋梢容易受到冻害，平均秋梢长度为 18.4cm；花芽分化期在 5 ~ 7 月。花芽分化从 5 月上旬开始，可辨别出圆而粗且呈粉红色的为花芽，从 6 月中旬至 7 月上旬为分化盛期，分化数在 70% 左右；分化持续到 8 月下旬；8 月形成花芽；10 月上旬至 11 月上旬开花，始花期为 10 月上旬，盛花期为 10 月中旬至 11 月上旬，末花期为 11 月中旬至 12 月上旬；果实第一次膨大在 3 月，7 ~ 8 月是果实膨大的高峰期，这个时期果实体积增加量占果实总体积的 62% ~ 76%；9 ~ 10 月上旬油脂转化和积累量占果实含油量的 60% 以上，果实成熟期在 10 月下旬，属霜降籽。

适应性及栽培特点　适宜种植区域：适宜在云南省的滇中地区海拔 1000 ~ 1900m、年均气温 15℃以上、年降水量 900 ~ 1200mm、≥ 10℃活动积温 4000 ~ 5000℃、无霜期 260 天以上、土层厚度≥ 40cm、pH 值 4.5 ~ 6.5 的酸性、微酸性红壤、沙壤、黄红壤上种植。目前在云南省的易门县、建水县已有种植。

在立地、繁殖、栽培方面的特殊要求：抗干旱气候、瘠薄土壤力强，对炭疽病具有较强的抵抗力。苗木繁育按一般普通油茶的繁育方法即可。种植时将易梅、易红、易龙、易泉这 4 个优良无性系混合种植，按 1∶1∶1∶1 的比例配置。由于树冠相对较小，每亩按 74 ~ 133 株种植。在土壤肥厚的山脚，株行距 3m × 3m 或 2.5m × 3.0m，亩栽 74 或 89 株；在土壤中等肥厚的山腰，株行距 2.5m × 2.5m，亩栽 106 株；在土壤瘠薄的山顶，株行距 2m × 3.0m 或 2m × 2.5m，亩栽 110 株或 133 株。

典型识别特征　树冠圆头形。果球形，果色青红色，心室 3 ~ 5 个，果皮厚 0.28cm。

林分

花

单株

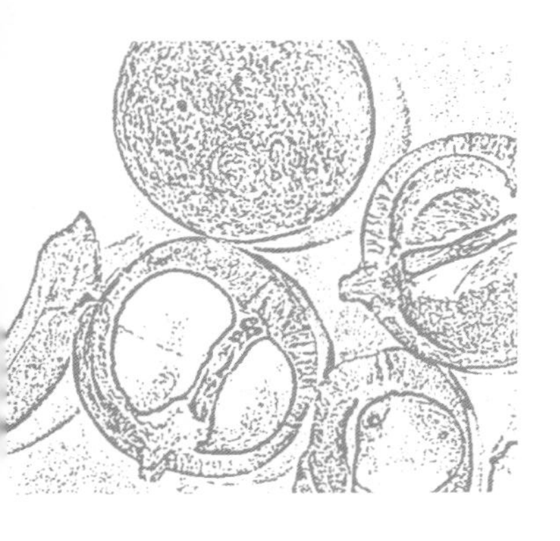

第十九章　陕西省主要油茶良种

1　汉油 1 号

种名：普通油茶
拉丁名：*Camellia oleifera*‘Hanyou 1’
认定编号：QLR016-J016-2009
品种类别：优株
原产地：陕西省南郑县
选育地：陕西省南郑县
选育单位：南郑县林业技术推广中心
选育过程：2008 年 9 月开始，按照《油茶品种选育技术规程》，在油茶果实成熟期，对全县有油茶分布的 16 个乡（镇）采取访问调查，对分布面积较大的村进行踏查，对群众认可的优良单株进行详细调查，记载单株特点、结实状况、花芽数量，测定果实重量、单株平均产量、病虫危害等相关因子，综合各项因素筛选出果实大、数量多、树形好、立地条件较好单株，确定为优良油茶单株，第二年对选定的优良单株进行复查和系统调查，确定了品种特性。经过初选、复选，筛选出了果大量多、稳产性强、耐低温、抗病虫的汉油 1 号优良油茶品系，2010 年 6 月 9 日通过了陕西省林木品种审定委员会的认定。
选育年份：2008－2010 年

植物学特征　树势生长旺盛，成年树体树高 3.2m，杆高 15cm，地径 11.5cm；树形开张，树冠自然圆头形，冠幅 2.3m×2.1m；嫩枝红色；叶椭圆形，深绿色，叶面光滑，厚革质，叶长为 7.6cm、宽 3.9cm，先端渐尖，边缘有细锯齿或钝齿；花白色，花瓣 6 ~ 7 瓣，具绿色花萼 6 ~ 8 片，花冠直径 6.1cm，花柱长 1cm，柱头 3 裂，雄蕊高于雌蕊；果实圆球形，果高 3.3cm，果径 3.4cm，果皮青绿色微红、厚 0.5cm，果脐平或微凹，果脐线明显，3 ~ 5 裂，每 500 克蒴果 26 个。

经济性状　平均亩产鲜果 307.5kg，株产鲜果 2.77kg，平均单果重 19.88 克，单果含种子数 2 ~ 7 粒，平均单粒种子重 1.2 ~ 1.6g。鲜果出籽率 45.3%，干果出籽率 27.9%，出仁率 68.2%，鲜果含油率 7.5%，干籽含油率 34.16%，干仁含油率 50%。主要脂肪酸成分：油酸 80.6%、棕榈酸 8.13%、亚油酸 7.77%。

生物学特性　造林 3 年开始挂果，8 年后进入盛产期。3 月上旬叶芽萌动抽梢，3 月上旬至 5 月下旬进入春梢生长高峰期，6 ~ 8 月进入夏梢生长期；始花期 9 月下旬，盛花期 10 月下旬，末花期 11 月底；果实膨大期 6 ~ 8 月，果实成熟期 10 月底 11 月上旬。

适应性及栽培特点　该品种适宜在南郑县及相邻县（区）栽植推广，海拔 1000m 以下宜林地种植，可采用 2m×3m 的株行距栽植，采用开心形、纺锤形整形，结合一年内冬夏两季垦复，

施入基肥和追肥，通过科学栽植、科学管理，达到丰产稳产目的。

典型识别特征　果实大圆球形，果脐线明显，有绒毛，3 ~ 5 裂。

林分

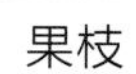

果枝

花

果实

单株

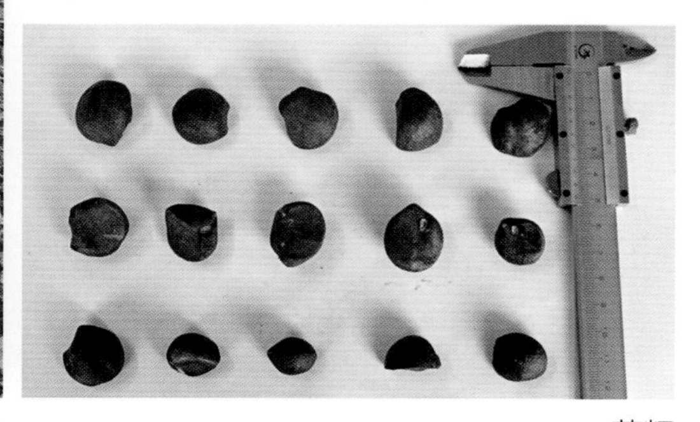

茶籽

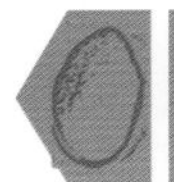

2 汉油 2 号

种名：普通油茶
拉丁名：*Camellia oleifera*‘Hanyou 2’
认定编号：QLR017-J017-2009
品种类别：优株
原产地：陕西省南郑县

选育地：陕西省南郑县
选育单位：南郑县林业技术推广中心
选育过程：同汉油 1 号
选育年份：2008－2010 年

植物学特征 生长旺盛，树体紧凑，成年树体树高 3.6m，杆高 45cm，地径 9.2cm；树形开张，树冠自然圆头形树，冠幅 3.1m × 3.7m；嫩枝红色；叶椭圆形，深绿色，叶面光滑，厚革质，叶长 9.1cm、宽 4.2cm，叶基近圆形，先端渐尖，边缘有细锯齿；花白色，花瓣 6 ～ 8 瓣，具绿色花萼 7 ～ 9 片，花冠直径 4.4cm，花柱长 1cm，柱头 3 裂，雄蕊高于雌蕊；常 2 ～ 3 果对生或伞状着生于一处，果实扁球形，果高 3cm，果径 3.4cm，果脐平，果实青红色，具稀疏绒毛，果脐微凹，果脐线不明显，开裂 3 裂，果皮厚 0.5cm，每 500g 蒴果 33 个。

经济性状 平均亩产鲜果 281kg，株产鲜果 2.54kg，平均单果重 20g，单果含种子数 3 ～ 6 粒。鲜果出籽率 31.7%，干果出籽率 20.8%，干籽出仁率 69%，干籽含油率 34.16%，干仁含油率 50.2%。主要脂肪酸成分：油酸 80.16%、亚油酸 8.41%、棕榈酸 8%。

生物学特性 造林 3 年开始挂果，8 年后进入盛产期，3 月上旬叶芽萌动抽梢，3 月上旬至 5 月下旬进入春梢生长高峰期，6 ～ 8 月进入夏梢生长期；始花期 9 月下旬，盛花期 10 月下旬，末花期 11 月底；果实膨大期 6 ～ 8 月，果实成熟期 10 月底 11 月上旬。

适应性及栽培特点 该品种适宜在南郑县及相邻县（区）栽植推广，海拔 1000m 以下宜林地种植，可采用 2m × 3m 的株行距栽植，采用开心形、纺锤形整形，结合一年内冬夏两季垦复，施入基肥和追肥，通过科学栽植、科学管理，达到丰产稳产目的。

典型识别特征 树冠自然圆头形。蒴果在膨大期绒毛较多，果实常 2 ～ 3 对生或伞状着生于一处。

果实

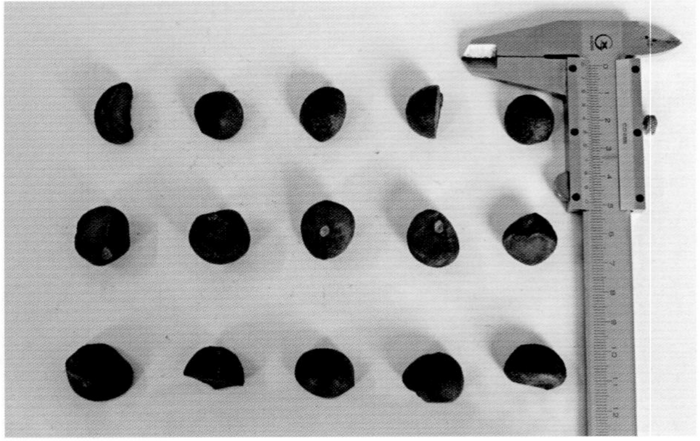

茶籽

林分

单株

果枝

花

3 金州2号

种名：普通油茶
拉丁名：*Camellia oleifera*'Jinzhou 2'
认定编号：QLR018-J018-2009
品种类别：优株
原产地：当地实生林分
选育地：陕西省安康市汉滨区恒口镇恒紫公路九公里
选育单位：安康市林业局
选育过程：按照《油茶品种选育技术规程》中，种质资源调查—初选—第一次复选—第二次复选—决选—无性系扩繁—推广示范七个步骤进行。2006年，根据当地油茶种质资源的调查结果，采取统一表格，由各调查小组深入到各油茶主产乡（镇）进行实地观察，同时发动当地油茶种植户，积极推荐油茶实生林内花期早、历年产量高、稳产、抗病性强的优良单株。在全区共选出优良单株255株。2007年，对全区初选的255株单株现场进行测试考评，初选出104株优株。2008年通过第二次复选，复选出5株花期早、产量高、抗逆性强、性状稳定单株确定为优树。2009年，对确定的5个优良单株再进行观测。对复选出的优良单株，在高产稳产、抗逆性、出籽率、出仁率、单位面积产量等方面进行比较，最后决选出2株作为优良单株，并命名为金州2号和金州31号。
选育年份：2009年

植物学特性 生长于恒紫公路九公里坡下部，立地条件较差，该优树树体健壮、直立。树皮颜色为棕褐色，比较光滑；树冠为自然开张形，受光条件好，侧枝生长旺盛，结果枝多，果实产量高；树高3.49m，杆高14cm，冠幅3.8m×2.9m；叶片宽大，长卵形，长7.9cm，宽3.5cm，先端渐尖，边缘有锯齿，在叶的上边密、下部较稀疏，生长良好；花白色，萼片5枚，彼此相等，萼片的外面被银灰色绒毛，花瓣倒卵形，8瓣，单瓣长2.09～3.56cm，倒心形，平均每枝条花芽数7.0～12.0个；果实青红色，球形，略大，未见病虫危害。

经济性状 该品种在本区域表现良好，大小年现象不太明显，大小年产量差异在20%左右。自然坐果率41.9%，每500g蒴果数12个，单果重41.2g，每个果实有种子平均9粒。株产果量为8.5kg，每500g粒数250个，每平方米冠幅面积产果量0.77kg。平均鲜果出籽率42.2%，干果出籽率25.3%～29.2%，干籽出仁率40.8%～60.5%，干仁含油率37%。

生物学特性 由于金州2号是2009年才通过省级认定，2010年开始在本区域内进行推广的，根据目前栽植的情况看，栽植后3年可实现初果，盛产期在7年以后。芽萌动期为3月中下旬，抽梢展叶期为4月上旬，春梢停长期为6月中旬；初花为10月下旬，盛花为11月上旬，属于早花类型；果实膨大期为7月，果实成熟期为10月下旬。

适应性及栽培特点 金州2号油茶良种是立足于本地资源选育出来的优良品种，丰产性能良好，抗逆性强，病虫危害少，便于管理，适宜在汉滨区以及周边地区栽培推广。根据本地区的气候特点，这个品种的最佳栽植时间应该在每年10上旬。嫁接繁殖这个品种砧木最好使用本地生产的种子，这样嫁接成活率高。

典型特征 树冠开张形。叶片较大，长卵形。球果较大，不带绒毛。

林分

单株

果枝

花

果实

果实剖面

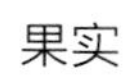

4 金州 31 号

种名： 普通油茶
拉丁名： *Camellia oleifera* 'Jinzhou 31'
认定编号： QLR019-J019-2009
品种类别： 优株
原产地： 湖南一带

选育地： 陕西省安康市汉滨区境内
选育单位： 安康市林业局
选育过程： 同金州 2 号
选育年份： 2009 年

植物学特性 生长于恒紫公路九公里坡中部，立地条件较差，该优树树体健壮、直立。树皮颜色为棕褐色；树冠圆头形，侧枝生长旺盛，结果枝多，果实产量高。树高 4.2m，杆高 20cm，冠幅 4.1m × 3.0m；叶片椭圆形，长 6.5cm，宽 3.0cm，先端渐尖，边缘有锯齿，在叶的上边密、下部较稀疏，生长良好；花白色，萼片 4 枚，彼此相等，萼片的外面被银灰色绒毛，花瓣倒卵形，8 瓣，单瓣长 2.0 ~ 3.0cm，平均每枝条花芽数 8.0 ~ 14.0 个。果实青红色，球形，带绒毛，未见病虫危害。

经济性状 该品种在本区域表现良好，大小年现象不明显，产量差异在 20% 左右。金州 31 号自然坐果率 39%。每 500g 蒴果数 12 个，单果重 41.2g，每个果实有种子平均 9 粒。株产果量为 8.5kg，每 500g 粒数 250 个，每平方米冠幅面积产果量 0.77kg。平均鲜果出籽率 43.5%，干果出籽率 25.3% ~ 29.2%，干籽出仁率 40.8% ~ 60.5%，干仁含油率 42.23%。

生物学特性 由于金州 31 号是 2009 年才通过省级认定，2010 年开始在本区域内进行推广的，根据目前栽植的情况看，栽植后 3 年可实现初果，盛产期在 7 年以后。芽萌动期为 3 月中下旬，抽梢展叶期为 4 月上旬，春梢停长期为 6 月中旬；初花为 10 月下旬，盛花为 11 月上旬，属于早花类型；果实膨大期为 7 月，果实成熟期为 10 月下旬。

适应性及栽培特点 金州 31 号油茶良种是立足于本地资源选育出来的优良品种，丰产性能良好，抗逆性强，病虫危害少，便于管理，适宜在汉滨区以及周边地区栽培推广。根据本地区的气候特点，这个品种的最佳栽植时间应该在每年 10 月上旬。嫁接繁殖这个品种砧木最好使用本地生产的种子，这样嫁接成活率高。

典型特征 树冠为圆头形。叶片较小，椭圆形。球果较小，带绒毛。

果枝

林分

单株

花

果实

果实剖面

5 秦油9号

种名：普通油茶

拉丁名：*Camellia oleifera*'Qinyou 9'

俗名：油茶树、油果树

认定编号：QLR020-2009

品种类别：无性系

原产地：陕西省商洛市商南县

选育地（包括区试点）：选育地为商南县湘河镇双庙岭村小田沟，区试点在湘河镇小田沟试验点金丝峡镇（原太吉河镇）大蚊沟试验点、金丝峡镇（原太吉河镇）毕家湾村北阳沟试验点、试马镇红庙村漆树沟试验点、水沟乡太白村汪家岭试验点

选育单位：商南县林业局、陕西秦裕木本油生物有限责任公司

选育过程：整个选育过程从2001年开始，具体时间安排如下：2001年1～3月，培训调查方法，制定选育方案，落实选育任务；2001年4～12月，对全县油茶产业现状进行全面调查摸底，搞清全县油茶品种（系）分布区域、面积、产量及生长状况；2002年3～12月，群众报优，乡（镇）审核报优，县级现场审核筛选油茶优树，初定优良单株，培育油茶芽砧苗，为开展区域造林对比试验做苗木准备；2003年3～12月，组织科技人员对初定的优良单株和营造的对比试验林进行定期物候期观测记录；2004～2006年，继续组织科技人员对初定的优良单株和对比试验林进行定期物候期观测记录，确定优树，设立样地；2007～2009年，继续对确定的优良单株和对比试验林进行定期观察记录，对设立的样地和优良单株、对比试验林进行测产，并将样地和优树上采择的油茶果送湖南林业科学院进行品质和含油率检测，同时建立了专用实验室，对优树和样地采集鲜果的鲜果出籽率、干果出仁率、果皮含水率、千粒重等进行测定

选育年份：2010年

植物学特征 树势生长旺盛，树高3.9m，杆高49cm，地径6.05cm，树体自地面5cm处一分为二，自47cm处二分为四，地径17.5cm，四分枝平均粗度6.05cm，冠幅3.3m×3.8m，呈自然开张形；树皮黄棕色、光滑；叶长5.90cm，叶宽3.14cm，长椭圆形，墨绿色，叶尖较尖，有细齿、较钝，叶基楔形、有毛；花白色，倒心形，5瓣，花径5.90cm；果实黄绿色，近似脐橙形，果实大，果形指数1.06，平均横径3.34cm，平均纵径3.56cm，果皮中部薄、顶端厚，每果含种子数5～13粒。该品种结实量大、丰产稳产、抗旱、抗寒、抗病性强、抗逆性强。

经济性状 每500g蒴果27个，株产鲜果20.75kg，单位面积冠幅产量1.66kg/m^2。32年生单株连续3年平均产量高达15.23kg，干籽含油率39.70%，鲜果出籽率46.02%，平均单果重22.73g。

2003年营造的试验林，2007年开始测产，到2013年，平均冠幅2.57m^2，每平方米冠幅平均产鲜果1.21kg，小年每平方米冠幅平均产鲜果0.73kg，是大年产量的60.33%。鲜果出籽率48.11%，鲜籽出干仁率70.10%，干籽含油率41.2%，平均单果重25.21g。每亩栽植110株，2013年（栽植后第10年）平均亩产鲜果342kg，一亩地可产油47kg。主要脂肪酸组成：棕榈酸9.10%，亚油酸3.80%，油酸83.30%，亚麻酸1.10%，硬脂酸2.60%。

生物学特性 个体发育生命周期可分为营养生

长期、结果初期、结果盛期、结果后期、衰老期。无性系造林多用2年苗，栽植后前2年为营养生长期，第五年始果期，第八年进入盛产期，盛产历期80年以上。10月上中旬开花，盛花期11月上中旬，花枝繁茂、坐果率高；果实成熟期10月下旬。

适应性及栽培特点　该品种2010年6月9日经陕西省林木品种委员会认定为良种，适宜商南县及相邻县（区）栽植。现已栽培到商洛市商南县13个镇和丹凤县、镇安县、柞水县以及河南省西峡县、淅川县，湖北省郧西县、郧县的部分乡（镇），生长良好，正常开花结果，高产稳产，抗逆性强，无病虫害。

该品种对土壤要求不高，在土层深厚、疏松肥沃的山地红壤、黄红壤地或pH值在5.0 ~ 6.5微酸性的沙质壤土上均可正常生长发育，以在海拔500m以下阳光充足的阳坡和半阳坡，坡向为南向、东向或东南向，坡度在25° 以下的中下坡生长最好，在土壤含石灰质的地区，生长不良。

典型识别特征　树势生长旺盛，树冠开张角度较小，分枝少而粗壮、直立。果实脐橙形，黄绿色，较大，果脐平或微凸，果实成熟期10月下旬。

林分

果枝

单株

花

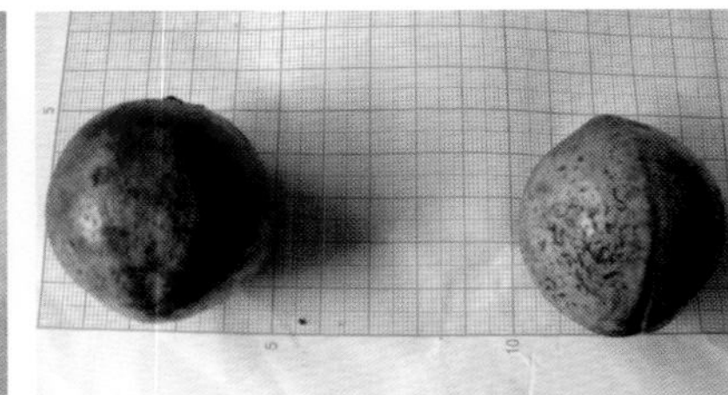

果实

果实剖面

6 秦油 15 号

种名： 普通油茶
拉丁名： *Camellia oleifera* ‘Qinyou 15’
俗名： 油茶树、油果树
认定编号： QLR021-2009
品种类别： 无性系
原产地： 陕西省商洛市商南县
选育地（包括区试点）： 选育地为商南县湘河镇双庙岭村小田沟，区试点在湘河镇小田沟试验点、金丝峡镇（原太吉河镇）大蚁沟试验点、金丝峡镇（原太吉河镇）毕家湾村北阳沟试验点、试马镇红庙村漆树沟试验点、水沟乡太白村汪家岭试验点
选育单位： 商南县林业局、陕西秦裕木本油生物有限责任公司
选育过程： 同秦油 9 号
选育年份： 2010 年

植物学特征 树势生长旺盛，树高 3.6m，树体直立挺拔，呈圆头形，冠幅 3.87m × 2.9m，树冠密；树皮黄棕色，光滑；叶长椭圆形，叶长 7.60cm，叶宽 3.98cm，叶基楔形，叶尖渐尖，墨绿色，叶柄淡黄色，毛少；花白色，倒心形，7 瓣，花蕊米黄色，花径 7.052cm；果实橄榄形，青红色，较小，果脐平或微凸，果形指数 0.9，平均横径 3.50，平均纵径 3.16cm，每果含种子数 3 ~ 10 粒，籽粒个大饱满且种皮薄，千粒籽重 1501.03g。该品种结实量很大、丰产稳产，抗逆性强、抗旱、抗寒、抗炭疽病。

经济性状 每 500g 蒴果 47 个，株产鲜果 22kg，单位面积冠幅产量 1.96kg/m^2。32 年生连续 3 年平均单株产鲜果 16kg，鲜果出籽率 36.01%，干籽含油率 36.70%，平均单果重 18.52g。

2003 年营造的试验林，2007 年开始测产，到 2013 年，平均冠幅 2.85m^2，每平方米冠幅平均产鲜果 1.37kg，小年每平方米冠幅平均产鲜果 0.82kg，是大年产量的 59.85%。鲜果出籽率 36.008%，鲜籽出干仁率 68.45%，干籽含油率 36.7%。每亩栽植 110 株，2013 年（栽植后第 10 年）平均亩产鲜果 363kg，一亩地可产油 33.8kg。主要脂肪酸组成：棕榈酸 7.8%，亚油酸 1.6%，油酸 81.8%，亚麻酸 5.7%，硬脂酸 3.2%。

生物学特性 个体发育生命周期可分为营养生长期、结果初期、结果盛期、结果后期、衰老期。无性系造林多用 2 年苗，栽植后前 2 年为营养生长期，第五年始果期，第八年进入盛产期，盛产历期 80 年以上。10 月中下旬开花，盛花期 11 月上中旬；果实成熟期 10 月下旬。

适应性及栽培特点 该品种 2010 年 6 月 9 日经陕西省林木品种委员会认定为良种，适宜商南县及相邻县（区）栽植。现已栽培到商洛市商南县 13 个镇和丹凤县、镇安县、柞水县以及河南省西峡县、淅川县，湖北省郧西县、郧县的部分乡（镇），生长良好，正常开花结果，高产稳产，抗逆性强，无病虫害。

该品种对土壤要求不高，在土层深厚、疏松肥沃的山地红壤、黄红壤地或 pH 值在 5.0 ~ 6.5 微酸性的沙质壤土上均可正常生长发育，以在海拔 500m 以下阳光充足的阳坡和半阳坡，坡向为南向、东向或东南向，坡度在 25° 以下的中下坡生长最好，在土壤含石灰质的地区，生长不良。

典型识别特征　树势生长旺盛，树冠开张角度较大。分枝低，分枝多而细密。果实橄榄形，青红色，较小，果脐平或微凸，果实成熟期10月下旬。

果实

单株

果枝

花

7 秦油 18 号

种名： 普通油茶
拉丁名： *Camellia oleifera* ‘Qinyou 18’
俗名： 油茶树、油果树
认定编号： QLR022-2009
品种类别： 无性系
原产地： 陕西省商洛市商南县
选育地（包括区试点）： 选育地为商南县湘河镇双庙岭村小田沟，区试点在湘河镇小田沟试验点、金丝峡镇（原太吉河镇）大蚊沟试验点、金丝峡镇（原太吉河镇）毕家湾村北阳沟试验点、试马镇红庙村漆树沟试验点、水沟乡太白村汪家岭试验点
选育单位： 商南县林业局、陕西秦裕木本油生物有限责任公司
选育过程： 同秦油 9 号
选育年份： 2010 年

植物学特征 树冠呈自然开张形，枝下高 0.67m，分支下直径 9.47cm，地径 9.52cm，32 年生树高 2.4m，冠幅 2.5m × 3.6m，结实密度大；树皮砖红色，光滑；叶墨绿色，宽椭圆形，叶尖渐尖，有锯齿形叶缘，叶齿圆钝；花白色，倒心形，8 瓣，花径 4.01cm；果实青红色，橘形，较小，果脐平或微凸，果实匀称，果皮较厚，种皮亮黑色，薄，籽粒多，千粒籽重 1263.25g，每果含种子数 3 ~ 9 粒。结实量大、稳产，抗逆性强、抗旱、抗寒、抗炭疽病。

经济性状 每 500g 蒴果 39 个，株产鲜果 14.2kg，单位面积冠幅产量 1.57kg/m^2。32 年生单株连续 3 年平均产鲜果 10.55kg，鲜果出籽率 33.5%，干籽含油率 37.83%。

2003 年营造的试验林，2007 年开始测产，到 2013 年，平均冠幅 2.11m^2，每平方米冠幅平均产鲜果 1.08kg，小年每平方米冠幅平均产鲜果 0.66kg，是大年产量的 61.1%。鲜果出籽率 33.5%，干籽含油率 37.83%，鲜籽出干仁率 67.8%，平均单果重 13.7g。每亩栽植 110 株，2013 年（栽植后第 10 年）平均亩产鲜果 250.7kg，一亩地可产油 17.5kg。主要脂肪酸组成：棕榈酸 9.1%，亚油酸 3.8%，油酸 83.3%，亚麻酸 1.1%，硬脂酸 2.6%。

生物学特性 个体发育生命周期可分为营养生长期、结果初期、结果盛期、结果后期、衰老期。无性系造林多用 2 年苗，栽植后前 2 年为营养生长期，第五年始果期，第八年进入盛产期，盛产历期 80 年以上。9 月下旬到 10 月中旬开花，盛花期 11 月上中旬。

适应性及栽培特点 该品种 2010 年 6 月 9 日经陕西省林木品种委员会认定为良种，适宜商南县及相邻县（区）栽植。现已栽培到商洛市商南县 13 个镇和丹凤县、镇安县、柞水县以及河南省西峡县、淅川县，湖北省郧西县、郧县的部分乡（镇），生长良好，正常开花结果，高产稳产，抗逆性强，无病虫害。

该品种对土壤要求不高，在土层深厚、疏松肥沃的山地红壤、黄红壤地或 pH 值在 5.0 ~ 6.5 微酸性的沙质壤土上均可正常生长发育，以在海拔 500m 以下阳光充足的阳坡和半阳坡，坡向为南向、东向或东南向，坡度在 25° 以下的中下坡生长最好，在土壤含石灰质的地区，生长不良。

典型识别特征 树势生长较旺盛，树冠开张角度较大。分枝高，分枝少而粗。果实橘形，青红色，较小，果脐平或微凸，果实成熟期 10 月下旬。

林分

花

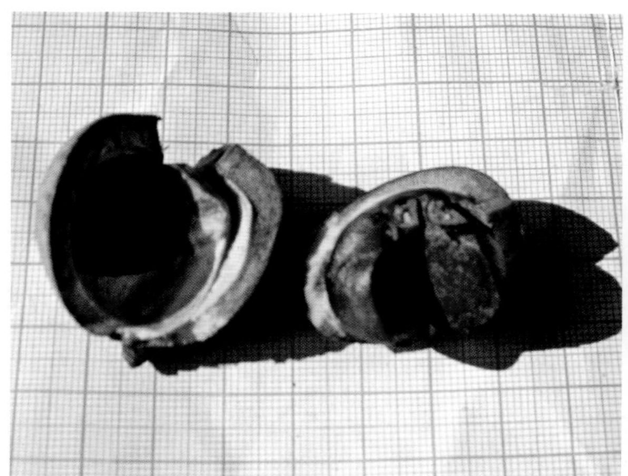

果实

单株

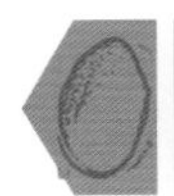

8 镇油1号

种名：油茶
拉丁名：*Camellia oleifera*'Zhenyou 1'
品种类别：无性系
原产地：商洛市镇安县
选育地点：镇安县庙沟镇中坪村姚家老庄子
认定编号：QLR023-J023-2010
选育单位：镇安县林业局、镇安华美农业产业化责任公司
选育过程：2008－2010年对确定的优良单株进行定期物候观察记录，对树体生长状况及产量进行记载，逐步筛选，并将优树上采摘的油茶果进行品质和含油率检测。同时对树下及周边的土壤进行氮、磷、钾、酸碱度、水分测定，对优树采集鲜果的鲜果出籽率、出仁率、果皮含水率、千粒重等进行测定。经过初选、复选、决选，在优中选优的原则下，按照对优树相关因子即鲜果出鲜籽率、鲜籽出仁率、果皮含水率、单粒重、千粒重、籽粒饱满程度、含油率、品质等指标的分析与对照，再结合品质、含油率测定结果、果实大小、籽粒大小、籽粒饱满程度逐年进行筛选分析的淘汰，最终确定优系母株申报鉴定。2010年11月4日专家组现场鉴定，2011年3月7日陕西省林木良种审定委员会颁发林木良种认定证书。
选育年份：2008－2010年

植物学特征 该优系原母株树龄约500余年生，生长海拔797m，生长旺盛，地径67cm，树高9.5m，树体自地面77cm处形成3个分枝，三分枝地径粗度分别为西南枝25.5cm、西枝18.8cm、东北枝39.1cm、自90～150cm处三分为六，冠幅9m×9.9m，呈伞状自然开张形；树皮黄棕色，光滑；叶长8.1cm，叶宽4.1cm，呈长卵圆形，黄绿色，叶尖较尖，有齿；花白色，倒心形，6～8瓣，花径6.9cm；果实卵圆形，黄绿色，果脐凸出，果皮薄，每个蒴果含种子2～8粒，平均横径2.9cm，平均纵径3.6cm，果皮中部薄、顶端厚，幼果有较厚茸毛。

经济性状 母树结实量大、丰产稳产，抗旱、抗寒、抗病性强、抗逆性强，无明显大小年现象，年平均株产62kg。平均单果重9.40g，鲜果出籽率46%，干籽出仁率75%，含油率37.83%，干仁含油量41.95%，千粒重1420g。干仁含油率41.95%，不饱和脂肪酸95%以上。

生物学特性 个体发育生命周期：无性系造林营养生长期2～3年，始果期4～6年，盛果期7～10年，盛果期长达100年以上。年生长发育周期：萌动期2月上中旬，枝叶生长期2月下旬至5月上旬；始花期10月上旬，盛花期10月中旬到11月中旬，末花期翌年元月；果实膨大期6月中旬至7月中旬，果实成熟期10月中旬至11月中旬。

适应性及栽培特点 该品种耐干旱、耐瘠薄，适应性强，对立地条件要求不严，适宜在陕南地区栽培，在长江流域气候类似区域均可推广。宜采取无性繁殖，在海拔1000m以下、中性至微酸性土壤生长良好。

典型识别特征 树体开张。果实黄绿色，皮薄，果脐凸出，幼果有较厚茸毛。

单株

果实

茶籽

9 镇油 33 号

种名： 油茶
拉丁名： *Camellia oleifera* ‘Zhenyou 33’
品种类别： 无性系
原产地： 商洛市镇安县
选育地： 镇安县庙沟镇中坪村姚家老庄子

认定编号： QLR023-J024-2010
选育单位： 镇安县林业局、镇安华美农业产业化责任公司
选育过程： 同镇油 1 号
选育年份： 2008－2010 年

植物学特征　该优系原母株树龄约 40 余年生，生长海拔 802m，平均地径 3.7cm，树高 3.1m，8 枝丛生，生长旺盛，树势开张，冠幅 2.7m×2.7m；树皮黄棕色，光滑；叶长 7cm，叶宽 3.4cm，长椭圆形，墨绿色，叶基楔形，叶尖渐尖，叶柄淡黄色、少毛；花白色，倒心形，6 ～ 7 瓣，花径 7cm；果实圆球形，青红色，果脐齐平或微凹，每个蒴果含种子 2 ～ 8 粒，平均横径 3.7cm，平均纵径 3.8cm，果皮较厚，幼果很少或无茸毛。

经济性状　母树结实量大、丰产稳产，抗旱、抗寒、抗病性强，无明显大小年现象，年平均株产 25.5kg。平均单果重 19.6g，鲜果出籽率 42%，干籽出仁率 70%，含油率 39.12%，干仁含油量 45.52%，千粒重 1360g。干仁含油率 45.52%，不饱和脂肪酸 95% 以上。

生物学特性　个体发育生命周期：无性系造林营养生长期 2 ～ 3 年，始果期 4 ～ 6 年，盛果期 7 ～ 10 年，盛果期长达 100 年以上。年生长发育周期：萌动期 2 月上中旬，枝叶生长期 2 月下旬至 5 月上旬；始花期 9 月下旬，盛花期 10 月上旬到 11 月中旬，末花期 12 月下旬；果实膨大期 6 月上旬至 7 月上旬，果实成熟期 10 月下旬至 11 月上旬。

适应性及栽培特点　该品种耐干旱、耐瘠薄，适应性强，对立地条件要求不严，适宜在陕南地区栽培，在长江流域气候类似区域均可推广。宜采取无性繁殖，在海拔 1000m 以下、中性至微酸性土壤生长良好。

典型识别特征　该品种树体开张。果实青红色，皮厚，果脐平或微凹，幼果很少或无茸毛。

单株

树上果实特写

花

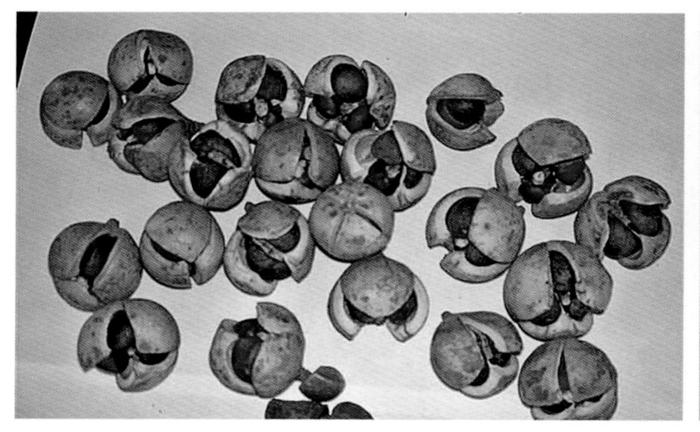

果实

茶籽

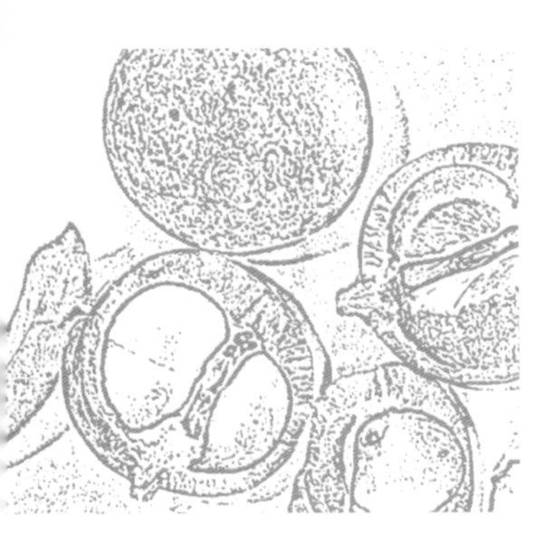

第二十章　中国林业科学研究院主要油茶良种

1　亚林 1 号

种名：油茶
拉丁名：*Camellia oleifera*‘Yalin 1’
审定编号：S-SC-CO-011-2007
品种类别：无性系
原产地：浙江富阳
选育地：浙江、江西、湖南、广西、福建
区试点：江西、湖南、福建、广西

选育单位：中国林业科学研究院亚热带林业研究所
选育过程：由中国林业科学研究院亚热带林业研究所选育，通过“六五”、“七五”国家科技计划项目由实生群体中选育而来。建立无性系测定林，经过盛果期 4 年测产和区域试验得到该无性系。
选育年份：2007 年

植物学特征　树势旺盛，树冠开张形，分枝力强，抗病力强，成年树高 2.3 ~ 3.2m，冠幅 2.2m × 2.5m；叶片长矩形；花瓣白色；果实单生，桃形果，红色，果高 3.3cm，果径 2.7cm。

经济性状　新品种试验林盛果期 4 年平均产油 525.1kg/hm^2，结实大小年不明显，丰产稳产。果实单果重 15.6g，鲜果出籽率 45.98%，干仁含油率 47.35%，果含油率 8.63%。茶油中含棕榈酸 8.43%、棕榈烯酸 0.09%、硬脂酸 3.03%、油酸 80.87%、亚油酸 6.67%、亚麻酸 0.23%、花生酸 0.05%、顺 -11- 二十碳烯酸 0.64%，可作为食用油、化妆品原料。

生物学特性　采用嫁接苗造林第三年始花，第四年开始结果，第七年进入盛果期，盛产期可持续 50 ~ 70 年。新枝 3 月上旬萌动，到 5 月初生长基本结束，历时 45 ~ 50 天。油茶春梢生长速度前期比较慢，抽梢 12 天后，生长达到高峰，连续 6 天的生长量占总生长量的 43.1%，到 4 月下旬生长趋于缓慢，5 月初新梢逐渐增粗，颜色由淡绿色转为红褐色，腋芽逐渐充实，枝条日趋木质化。春梢的生长不仅关系到当年花芽的分化，而且还关系到翌年油茶产量。春梢又是嫁接和扦插繁殖的主要材料，插（接）穗的粗壮程度和芽的饱满与否，直接影响着扦插和嫁接的成活率。春梢数量与翌年产果量成正相关，油茶当年的产量是在上一年春梢生长基础上产生的，若头年春梢抽长不但数量多而且枝粗芽壮，当年花芽分化良好，花量多，一般在正常情况下翌年的产果量也相应提高。因此，掌握春梢的抽长规律，采取相适应的农业技术措施促进春梢生长，是提高油茶产量的重要途径。开花期在 11 月上旬，果实成熟期 10 月下旬。

适应性及栽培特点　已在我国浙江、福建、江西等地栽培。选择丘陵山地或缓坡地，水平带状整地，穴长 50cm × 宽 50cm × 深 40cm，施足基肥，使用嫁接苗造林，110 株 / 亩，选择健壮嫁接苗造林。选择花期配合、成熟期一致的多个无性系混栽，早期适当密植，盛果期后及时调整密度，加强管理和病虫害防治。

典型识别特征　树冠开张形。桃形红果。

单株

林分

树上果实特写

花

2 亚林 4 号

种名： 油茶
拉丁名： *Camellia oleifera* ‘Yalin 4’
审定编号： S-SC-CO-012-2007
品种类别： 无性系
原产地： 浙江富阳
选育地： 浙江、江西、湖南、广西、福建
区试点： 江西、湖南、福建、广西
选育单位： 中国林业科学研究院亚热带林业研究所
选育过程： 同亚林 1 号
选育年份： 2007 年

植物学特征 树势旺盛，树冠开张形，分枝力强，抗病力强，成年树高 2.8 ~ 3.4m，冠幅 2.5m × 2.7m；叶片长矩形；花瓣白色；果实单生，球形果，红色，果高 3.7cm，果径 3.4cm。

经济性状 新品种试验林盛果期 4 年平均产油 684kg/hm^2，结实大小年不明显，丰产稳产。果实单果重 20g，鲜果出籽率 46.0 4%，干仁含油率 50.99%，果含油率 9.23%。茶油中含棕榈酸 7.43%、棕榈烯酸 0.09%、硬脂酸 4.03%、油酸 81.87%、亚油酸 5.67%、亚麻酸 0.24%、花生酸 0.07%、顺 -11- 二十碳烯酸 0.74%，可作为食用油、化妆品原料。

生物学特性 采用嫁接苗造林第三年始花，第四年开始结果，第七年进入盛果期，盛产期可持续 50 ~ 70 年。新枝 3 月上旬萌动，到 5 月初生长基本结束，历时 50 天左右。油茶春梢生长速度前期比较慢，抽梢 12 天后，生长达到高峰，到 4 月下旬生长趋于缓慢，5 月初新梢逐渐增粗，颜色由淡绿色转为红褐色，腋芽逐渐充实，枝条日趋木质化。春梢的生长不仅关系到当年花芽的分化，而且还关系到翌年油茶产量。春梢又是嫁接和扦插繁殖的主要材料，插（接）穗的粗壮程度和芽的饱满与否，直接影响着扦插和嫁接的成活率。春梢数量与翌年产果量成正相关，油茶当年的产量是在上一年春梢生长基础上产生的，若头年春梢抽长不但数量多而且枝粗芽壮，当年花芽分化良好，花量多，一般在正常情况下翌年的产果量也相应提高。因此，掌握春梢的抽长规律，采取相适应的农业技术措施促进春梢生长，是提高油茶产量的重要途径。花期 11 月上旬，果实成熟期 10 月下旬。

适应性及栽培特点 已在我国浙江、福建、江西等地栽培。选择丘陵山地或缓坡地，水平带状整地，穴长 50cm × 宽 50cm × 深 40cm，施足基肥，使用嫁接苗造林，110 株 / 亩，选择健壮嫁接苗造林。选择花期配合、成熟期一致的多个无性系混栽，早期适当密植，盛果期后及时调整密度，加强管理和病虫害防治。

典型识别特征 树冠开张形，枝叶浓密。球形红果。植株抗病力强。

单株

树上果实特写

花

3 亚林 9 号

种名： 油茶
拉丁名： *Camellia oleifera*‘Yalin 9’
审定编号： S-SC-CO-013-2007
品种类别： 无性系
原产地： 浙江富阳
选育地： 浙江、江西、湖南、广西、福建
区试点： 江西、湖南、福建、广西
选育单位： 中国林业科学研究院亚热带林业研究所
选育过程： 同亚林 1 号
选育年份： 2007 年

植物学特征 树势旺盛，树冠开张形，分枝力强，抗病力强，成年树高 2.6 ~ 3.3m，冠幅 2.6m×2.8m；叶片长卵形；花瓣白色；果实单生，球形果，红色，果高 3.1cm，果径 2.6cm。

经济性状 新品种试验林盛果期 4 年平均产油 606.8kg/hm^2，结实大小年不明显，丰产稳产。果实单果重 14.8g，鲜果出籽率 49.45%，干仁含油率 48.0%，果含油率 8.89%。茶油中含棕榈酸 6.33%、棕榈烯酸 0.08%、硬脂酸 5.02%、油酸 80.27%、亚油酸 6.87%、亚麻酸 0.25%、花生酸 0.08%、顺-11-二十碳烯酸 0.64%，可作为食用油、化妆品原料。

生物学特性 采用嫁接苗造林第三年始花，第四年开始结果，第七年进入盛果期，盛产期可持续 50 ~ 70 年。新枝 3 月上旬萌动，到 5 月初生长基本结束，历时 47 天左右。油茶春梢生长速度前期比较慢，抽梢 14 天后，生长达到高峰，到 4 月下旬生长趋于缓慢，5 月初新梢逐渐增粗，颜色由淡绿色转为红褐色，腋芽逐渐充实，枝条日趋木质化。春梢的生长不仅关系到当年花芽的分化，而且还关系到翌年油茶产量。春梢又是嫁接和扦插繁殖的主要材料，插（接）穗的粗壮程度和芽的饱满与否，直接影响着扦插和嫁接的成活率。春梢数量与翌年产果量成正相关，油茶当年的产量是在上一年春梢生长基础上产生的，若头年春梢抽长不但数量多而且枝粗芽壮，当年花芽分化良好，花量多，一般在正常情况下翌年的产果量也相应提高。因此，掌握春梢的抽长规律，采取相适应的农业技术措施促进春梢生长，是提高油茶产量的重要途径。开花期 11 月上旬，果实成熟期 10 月下旬。

适应性及栽培特点 已在我国浙江、福建、江西等地栽培。选择丘陵山地或缓坡地，水平带状整地，穴长 50cm× 宽 50cm× 深 40cm，施足基肥，使用嫁接苗造林，110 株 / 亩，选择健壮嫁接苗造林。选择花期配合、成熟期一致的多个无性系混栽，早期适当密植，盛果期后及时调整密度，加强管理和病虫害防治。

典型识别特征 树冠开张形，枝叶浓密。球形果，红色。植株抗病力强。

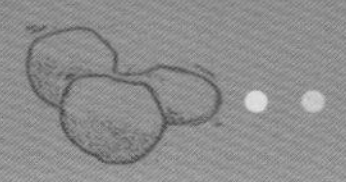

林分

果枝

树上果实特写

花

4 长林 3 号

种名： 油茶
拉丁名： *Camellia oleifera* 'Changlin 3'
审定编号： S-SC-CO-005-2008
品种类别： 无性系
原产地： 江西进贤
选育地： 浙江、江西
区试点： 江西、湖南、福建、广西
选育单位： 中国林业科学研究院亚热带林业研究所、中国林业科学研究院亚热带林业实验中心

选育过程： 由中国林业科学研究院亚热带林业研究所、中国林业科学研究院亚热带实验中心选育，通过"六五"、"七五"国家科技计划项目由实生群体中选育而来。建立无性系测定林，经过盛果期 4 年测产和区域试验得到该无性系。
选育年份： 2008 年

植物学特征 树体长势中等偏强，枝叶稍开张，枝条细长散生，成年树高 2.6 ~ 3.0m，冠幅 2.2m × 2.5m；叶近柳叶形；花瓣白色；果实单生，桃形果，黄色，果高 3.7cm，果径 3.2cm。抗病力中等。

经济性状 新品种试验林盛果期 4 年平均产油 819kg/hm^2，结实大小年不明显，丰产稳产。果实单果重 21.2g，鲜果出籽率 56.8%，干仁含油率 46.8%，果含油率 8.84%。茶油中含棕榈酸 6.96%、棕榈烯酸 0.09%、硬脂酸 2.11%、油酸 82.15%、亚油酸 6.7%、亚麻酸 0.25%、花生酸 0.08%、顺 -11-二十碳烯酸 0.61%，可作为食用油、化妆品原料。

生物学特性 采用嫁接苗造林第三年始花，第四年开始结果，第七年进入盛果期，盛产期可持续 50 ~ 70 年。新枝 3 月中旬萌动，到 5 月初生长基本结束，历时 50 天左右。油茶春梢生长速度前期比较慢，抽梢 14 天后，生长达到高峰，到 4 月下旬生长趋于缓慢，5 月初新梢逐渐增粗，颜色由淡绿色转为红褐色，腋芽逐渐充实，枝条日趋木质化。春梢的生长不仅关系到当年花芽的分化，而且还关系到翌年油茶产量。春梢又是嫁接和扦插繁殖的主要材料，插（接）穗的粗壮程度和芽的饱满与否，直接影响着扦插和嫁接的成活率。春梢数量与翌年产果量成正相关，油茶当年的产量是在上一年春梢生长基础上产生的，若头年春梢抽长不但数量多而且枝粗芽壮，当年花芽分化良好，花量多，一般在正常情况下翌年的产果量也相应提高。因此，掌握春梢的抽长规律，采取相适应的农业技术措施促进春梢生长，是提高油茶产量的重要途径。开花期 11 月上旬。果实成熟期 10 月下旬。

适应性及栽培特点 已在我国浙江、福建、江西等地栽培。选择丘陵山地或缓坡地，水平带状整地，穴长 50cm × 宽 50cm × 深 40cm，施足基肥，使用嫁接苗造林，110 株 / 亩，选择健壮嫁接苗造林。选择花期配合、成熟期一致的多个无性系混栽，早期适当密植，盛果期后及时调整密度，加强管理和病虫害防治。

典型识别特征 枝条直立开张，枝叶较稀。叶渐尖。桃形黄果。植株抗病力中等。

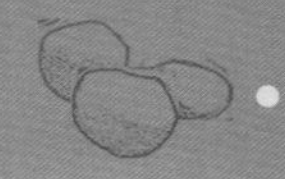

林分

树上果实特写

单株

花

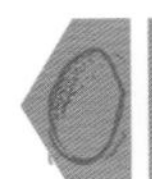

5 长林4号

种名： 油茶
拉丁名： *Camellia oleifera* ‘Changlin 4’
审定编号： S-SC-CO-006-2008
品种类别： 无性系
原产地： 江西进贤
选育地： 浙江、江西

区试点： 江西、湖南、福建、广西
选育单位： 中国林业科学研究院亚热带林业研究所、中国林业科学研究院亚热带林业实验中心
选育过程： 同长林3号
选育年份： 2008年

植物学特征 树势旺盛，树冠球形开张，枝叶茂密，成年树高2.4 ~ 2.6m，冠幅2.5m × 2.7m；叶宽卵形；花瓣白色；果实单生，果桃形，青色偏红色，果高4.3cm，果径3.6cm。抗病力强。

经济性状 新品种试验林盛果期4年平均产油900kg/hm^2，结实大小年不明显，丰产稳产。果实单果重25.18g，鲜果出籽率50.1%，干籽出仁率54%，干仁含油率46%，果含油率8.89%。茶油中含棕榈酸7.7%、棕榈烯酸0.1%、硬脂酸2.8%、油酸83.09%、亚油酸7.07%、亚麻酸0.425%、花生酸0.09%、顺-11-二十碳烯酸0.74%，可作为食用油、化妆品原料。

生物学特性 采用嫁接苗造林第三年始花，第四年开始结果，第七年进入盛果期，盛产期可持续50 ~ 70年。新枝3月上旬萌动，到5月初生长基本结束，历时46天左右。油茶春梢生长速度前期比较慢，抽梢14天后，生长达到高峰，到4月下旬生长趋于缓慢，5月初新梢逐渐增粗，颜色由淡绿色转为红褐色，腋芽逐渐充实，枝条日趋木质化。春梢的生长不仅关系到当年花芽的分化，而且还关系到翌年油茶产量。春梢又是嫁接和扦插繁殖的主要材料，插（接）穗的粗壮程度和芽的饱满与否，直接影响着扦插和嫁接的成活率。春梢数量与翌年产果量成正相关，油茶当年的产量是在上一年春梢生长基础上产生的，若头年春梢抽长不但数量多而且枝粗芽壮，当年花芽分化良好，花量多，一般在正常情况下翌年的产果量也相应提高。因此，掌握春梢的抽长规律，采取相适应的农业技术措施促进春梢生长，是提高油茶产量的重要途径。开花期11月上旬。果实成熟期10月下旬。

适应性及栽培特点 已在我国浙江、福建、江西等地栽培。选择丘陵山地或缓坡地，水平带状整地，穴长50cm × 宽50cm × 深40cm，施足基肥，使用嫁接苗造林，110株/亩，选择健壮嫁接苗造林。选择花期配合、成熟期一致的多个无性系混栽，早期适当密植，盛果期后及时调整密度，加强管理和病虫害防治。

典型识别特征 树形开张，枝叶浓密。叶正面主支脉凸起。桃形果见阳光一面红色，背面青色。植株抗病力强。

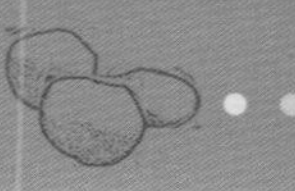

单株

果枝

花

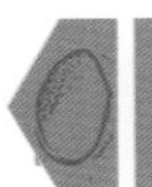

6 长林18号

种名：油茶
拉丁名：*Camellia oleifera*‘Changlin 18’
审定编号：S-SC-CO-007-2008
品种类别：无性系
原产地：浙江安吉
选育地：浙江、江西
区试点：江西、湖南、福建、广西
选育单位：中国林业科学研究院亚热带林业研究所、中国林业科学研究院亚热带林业实验中心
选育过程：同长林3号
选育年份：2008年

植物学特征 树体长势旺，枝叶茂密，枝条较粗，成年树高2.5m，冠幅2.3m×2.2m；叶近柳叶形，叶面平；花瓣白色中带红色；果球形至橘形，红色，俗称大红袍，果高3.6m，果径4.1cm。抗病力强，耐瘠薄。

经济性状 新品种试验林盛果期4年平均产油624kg/hm^2，结实大小年不明显，丰产稳产。果实单果重32.1g，鲜果出籽率47.4%，干仁含油率48.6%，果含油率8.12%。茶油中含棕榈酸6.96%、棕榈烯酸0.08%、硬脂酸2.11%、油酸85.51%、亚油酸6.26%、亚麻酸0.45%、花生酸0.08%、顺-11-二十碳烯酸0.42%，可作为食用油、化妆品原料。

生物学特性 采用嫁接苗造林第三年始花，第四年开始结果，第七年进入盛果期，盛产期可持续50～70年。新枝3月上旬萌动，到5月初生长基本结束，历时50天左右。油茶春梢生长速度前期比较慢，抽梢14天后，生长达到高峰，到4月下旬生长趋于缓慢，5月初新梢逐渐增粗，颜色由淡绿色转为红褐色，腋芽逐渐充实，枝条日趋木质化。春梢的生长不仅关系到当年花芽的分化，而且还关系到翌年油茶产量。春梢又是嫁接和扦插繁殖的主要材料，插（接）穗的粗壮程度和芽的饱满与否，直接影响着扦插和嫁接的成活率。春梢数量与翌年产果量成正相关，油茶当年的产量是在上一年春梢生长基础上产生的，若头年春梢抽长不但数量多而且枝粗芽壮，当年花芽分化良好，花量多，一般在正常情况下翌年的产果量也相应提高。因此，掌握春梢的抽长规律，采取相适应的农业技术措施促进春梢生长，是提高油茶产量的重要途径。开花期10月中旬。果实成熟期10月上旬。

适应性及栽培特点 已在我国浙江、福建、江西等地栽培。选择丘陵山地或缓坡地，水平带状整地，穴长50cm×宽50cm×深40cm，施足基肥，使用嫁接苗造林，110株/亩，选择健壮嫁接苗造林。选择花期配合、成熟期一致的多个无性系混栽，早期适当密植，盛果期后及时调整密度，加强管理和病虫害防治。

典型识别特征 长势旺，枝叶茂密。叶面平，叶色带黄绿色，近柳叶形。花瓣边有红斑。果球形至橘形，红色，俗称大红袍。植株抗病力强，耐瘠薄。

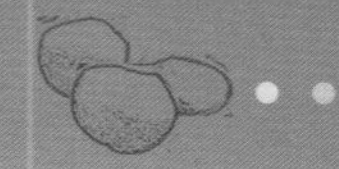

单株

树上果实特写

花

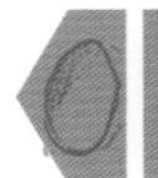

7 长林 21 号

种名：油茶
拉丁名：*Camellia oleifera* 'Changlin 21'
审定编号：S-SC-CO-008-2008
品种类别：无性系
原产地：江西进贤
选育地：浙江、江西

区试点：江西、湖南、福建、广西
选育单位：中国林业科学研究院亚热带林业研究所、中国林业科学研究院亚热带林业实验中心
选育过程：同长林 3 号
选育年份：2008 年

植物学特征 长势中等，枝叶茂密，成年树高 2.6 ~ 3.0m，冠幅 2.2m×2.5m；叶背灰白色；花瓣白色；果实单生，果近橘形，黄绿色，果高 3.1cm，果径 3.6cm。抗病力中等。

经济性状 新品种试验林盛果期 4 年平均产油 1063.5kg/hm^2，结实大小年不明显，丰产稳产。果实单果重 23.2g，鲜果出籽率 53.8%，干仁含油率 53.5%，果含油率 7.84%。茶油中含棕榈酸 6.96%、棕榈烯酸 0.09%、硬脂酸 2.11%、油酸 82.88%、亚油酸 5.21%、亚麻酸 0.25%、花生酸 0.08%、顺-11-二十碳烯酸 0.64%，可作为食用油、化妆品原料。

生物学特性 采用嫁接苗造林第三年始花，第四年开始结果，第七年进入盛果期，盛产期可持续 50 ~ 70 年。新枝 3 月上旬萌动，到 5 月初生长基本结束，历时 45 天左右。油茶春梢生长速度前期比较慢，抽梢 14 天后，生长达到高峰，到 4 月下旬生长趋于缓慢，5 月初新梢逐渐增粗，颜色由淡绿色转为红褐色，腋芽逐渐充实，枝条日趋木质化。春梢的生长不仅关系到当年花芽的分化，而且还关系到翌年油茶产量。春梢又是嫁接和扦插繁殖的主要材料，插（接）穗的粗壮程度和芽的饱满与否，直接影响着扦插和嫁接的成活率。春梢数量与翌年产果量成正相关，油茶当年的产量是在上一年春梢生长基础上产生的，若头年春梢抽长不但数量多而且枝粗芽壮，当年花芽分化良好，花量多，一般在正常情况下翌年的产果量也相应提高。因此，掌握春梢的抽长规律，采取相适应的农业技术措施促进春梢生长，是提高油茶产量的重要途径。开花期 10 月下旬。果实成熟期 10 月中旬。

适应性及栽培特点 已在我国浙江、福建、江西等地栽培。选择丘陵山地或缓坡地，水平带状整地，穴长 50cm× 宽 50cm× 深 40cm，施足基肥，使用嫁接苗造林，110 株 / 亩，选择健壮嫁接苗造林。选择花期配合、成熟期一致的多个无性系混栽，早期适当密植，盛果期后及时调整密度，加强管理和病虫害防治。

典型识别特征 长势中等，枝叶较茂密。叶背灰白色。果近橘形，黄绿色。植株抗病力中等。

单株

树上果实特写

花

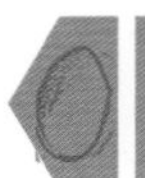

8 长林 23 号

种名：油茶
拉丁名：*Camellia oleifera* 'Changlin 23'
审定编号：S-SC-CO-009-2008
品种类别：无性系
原产地：浙江安吉
选育地：浙江、江西
区试点：江西、湖南、福建、广西
选育单位：中国林业科学研究院亚热带林业研究所、中国林业科学研究院亚热带林业实验中心
选育过程：同长林 3 号
选育年份：2008 年

植物学特征 树冠球形，长势旺，枝叶茂密，成年树高 2.9 ~ 3.0m，冠幅 2.9m×2.8m；叶短矩形；花瓣白色；果实单生，果圆球形，黄色带橙色，果高 3.1cm，果径 3.6cm。抗病力中等。

经济性状 新品种试验林盛果期 4 年平均产油 924kg/hm^2，结实大小年较明显。果实单果重 19.88g，鲜果出籽率 51.0%，干仁含油率 49.7%，果含油率 9.83%。茶油中含棕榈酸 6.31%、棕榈烯酸 0.06%、硬脂酸 2.51%、油酸 85.24%、亚油酸 4.07%、亚麻酸 0.37%、花生酸 0.07%、顺 -11- 二十碳烯酸 0.41%，可作为食用油、化妆品原料。

生物学特性 采用嫁接苗造林第三年始花，第四年开始结果，第七年进入盛果期，盛产期可持续 50 ~ 70 年。新枝 3 月上旬萌动，到 5 月初生长基本结束，历时 50 天左右。油茶春梢生长速度前期比较慢，抽梢 14 天后，生长达到高峰，到 4 月下旬生长趋于缓慢，5 月初新梢逐渐增粗，颜色由淡绿色转为红褐色，腋芽逐渐充实，枝条日趋木质化。春梢的生长不仅关系到当年花芽的分化，而且还关系到翌年油茶产量。春梢又是嫁接和扦插繁殖的主要材料，插（接）穗的粗壮程度和芽的饱满与否，直接影响着扦插和嫁接的成活率。春梢数量与翌年产果量成正相关，油茶当年的产量是在上一年春梢生长基础上产生的，若头年春梢抽长不但数量多而且枝粗芽壮，当年花芽分化良好，花量多，一般在正常情况下翌年的产果量也相应提高。因此，掌握春梢的抽长规律，采取相适应的农业技术措施促进春梢生长，是提高油茶产量的重要途径。开花期 10 月下旬。果实成熟期 10 月中旬。

适应性及栽培特点 已在我国浙江、福建、江西等地栽培。选择丘陵山地或缓坡地，水平带状整地，穴长 50cm× 宽 50cm× 深 40cm，施足基肥，使用嫁接苗造林，110 株 / 亩，选择健壮嫁接苗造林。选择花期配合、成熟期一致的多个无性系混栽，早期适当密植，盛果期后及时调整密度，加强管理和病虫害防治。

典型识别特征 树冠球形，长势旺，枝叶茂密。叶短矩形，叶尖一边有卷曲。果圆球形，黄色带橙色。

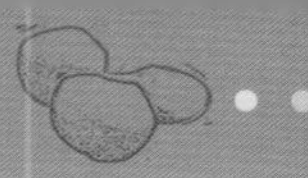

单株

树上果实特写

花

9 长林 27 号

种名：油茶
拉丁名：*Camellia oleifera*‘Changlin 27’
审定编号：S-SC-CO-010-2008
品种类别：无性系
原产地：江西进贤
选育地：浙江、江西

区试点：江西、湖南、福建、广西
选育单位：中国林业科学研究院亚热带林业研究所、中国林业科学研究院亚热带林业实验中心
选育过程：同长林 3 号
选育年份：2008 年

植物学特征 树体长势偏弱，树冠柱形，枝叶直立稍开张，枝条细长散生，成年树高 2.2 ~ 2.5m，冠幅 1.8m × 2.0m；叶近圆形；花瓣白色；果实单生，近圆形，红色，果脐凸起，果高 3.8cm，果径 3.6cm。抗病力较差。

经济性状 新品种试验林盛果期 4 年平均产油 1056kg/hm^2，结实大小年不明显，丰产稳产。果实单果重 24.7g，鲜果出籽率 49.9%，干仁含油率 46.8%，果含油率 8.12%。茶油中含棕榈酸 7.93%、棕榈烯酸 0.07%、硬脂酸 2.35%、油酸 82.26%、亚油酸 7.29%、亚麻酸 0.25%、花生酸 0.06%、顺-11-二十碳烯酸 0.55%，可作为食用油、化妆品原料。

生物学特性 采用嫁接苗造林第三年始花，第四年开始结果，第七年进入盛果期，盛产期可持续 50 ~ 70 年。新枝 3 月上旬萌动，到 5 月初生长基本结束，历时 50 天左右。油茶春梢生长速度前期比较慢，抽梢 14 天后，生长达到高峰，到 4 月下旬生长趋于缓慢，5 月初新梢逐渐增粗，颜色由淡绿色转为红褐色，腋芽逐渐充实，枝条日趋木质化。春梢的生长不仅关系到当年花芽的分化，而且还关系到翌年油茶产量。春梢又是嫁接和扦插繁殖的主要材料，插（接）穗的粗壮程度和芽的饱满与否，直接影响着扦插和嫁接的成活率。春梢数量与翌年产果量成正相关，油茶当年的产量是在上一年春梢生长基础上产生的，若头年春梢抽长不但数量多而且枝粗芽壮，当年花芽分化良好，花量多，一般在正常情况下翌年的产果量也相应提高。因此，掌握春梢的抽长规律，采取相适应的农业技术措施促进春梢生长，是提高油茶产量的重要途径。开花期 11 月上旬。果实成熟期 10 月下旬。

适应性及栽培特点 已在我国浙江、福建、江西等地栽培。选择丘陵山地或缓坡地，水平带状整地，穴长 50cm × 宽 50cm × 深 40cm，施足基肥，使用嫁接苗造林，110 株 / 亩，选择健壮嫁接苗造林。选择花期配合、成熟期一致的多个无性系混栽，早期适当密植，盛果期后及时调整密度，加强管理和病虫害防治。

典型识别特征 枝条粗壮直立，嫩枝叶芽红色。叶近圆形。果近球形，皮红色，果脐凸起。植株抗性较弱。

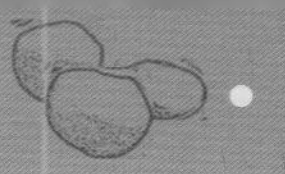

单株

树上果实特写

花与果实

10 长林 40 号

种名：油茶
拉丁名：*Camellia oleifera*'Changlin 40'
审定编号：S-SC-CO-011-2008
品种类别：无性系
原产地：浙江安吉
选育地：浙江、江西

区试点：江西、湖南、福建、广西
选育单位：中国林业科学研究院亚热带林业研究所、中国林业科学研究院亚热带林业实验中心
选育过程：同长林 3 号
选育年份：2008 年

植物学特征 树体圆柱形，枝条直立，长势旺，枝叶稍开张，枝条较细长，成年树高 2.9 ~ 3.0m，冠幅 2.1m × 2.2m；叶矩卵形；花瓣白色；果实单生，梨形，有 3 条棱，黄色，果高 3.9cm，果径 3.2cm。抗病力强。

经济性状 新品种试验林盛果期 4 年平均产油 988.5kg/hm^2，结实大小年不明显，丰产稳产。果实单果重 19.4g，鲜果出籽率 44.5%，干仁含油率 50.3%，果含油率 11.3%。茶油中含棕榈酸 6.96%、棕榈烯酸 0.09%、硬脂酸 2.11%、油酸 82.12%、亚油酸 7.34%、亚麻酸 0.25%、花生酸 0.08%、顺 -11- 二十碳烯酸 0.64%，可作为食用油、化妆品原料。

生物学特性 采用嫁接苗造林第三年始花，第四年开始结果，第七年进入盛果期，盛产期可持续 50 ~ 70 年。新枝 3 月上旬萌动，到 5 月初生长基本结束，历时 50 天左右。油茶春梢生长速度前期比较慢，抽梢 14 天后，生长达到高峰，到 4 月下旬生长趋于缓慢，5 月初新梢逐渐增粗，颜色由淡绿色转为红褐色，腋芽逐渐充实，枝条日趋木质化。春梢的生长不仅关系到当年花芽的分化，而且还关系到翌年油茶产量。春梢又是嫁接和扦插繁殖的主要材料，插（接）穗的粗壮程度和芽的饱满与否，直接影响着扦插和嫁接的成活率。春梢数量与翌年产果量成正相关，油茶当年的产量是在上一年春梢生长基础上产生的，若头年春梢抽长不但数量多而且枝粗芽壮，当年花芽分化良好，花量多，一般在正常情况下翌年的产果量也相应提高。因此，掌握春梢的抽长规律，采取相适应的农业技术措施促进春梢生长，是提高油茶产量的重要途径。开花期 11 月上旬。果实成熟期 10 月下旬。

适应性及栽培特点 已在我国浙江、福建、江西等地栽培。选择丘陵山地或缓坡地，水平带状整地，穴长 50cm × 宽 50cm × 深 40cm，施足基肥，使用嫁接苗造林，110 株 / 亩，选择健壮嫁接苗造林。选择花期配合、成熟期一致的多个无性系混栽，早期适当密植，盛果期后及时调整密度，加强管理和病虫害防治。

典型识别特征 树体圆柱形，枝条直立，长势旺，枝叶稍开张，顶叶圆尖。梨形果，有 3 条棱，黄色。

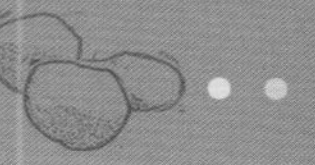

单株

树上果实特写

花

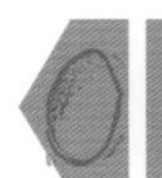

11 长林 53 号

种名：油茶
拉丁名：*Camellia oleifera*‘Changlin 53’
审定编号：S-SC-CO-012-2008
品种类别：无性系
原产地：浙江安吉
选育地：浙江、江西

区试点：江西、湖南、福建、广西
选育单位：中国林业科学研究院亚热带林业研究所、中国林业科学研究院亚热带林业实验中心
选育过程：同长林 3 号
选育年份：2008 年

植物学特征 树体矮壮，粗枝，枝条硬，成年树高 1.8 ~ 2.0m，冠幅 1.8m × 1.9m；叶子浓密，较大，平伸，宽矩形；花瓣白色，果实单生，梨形，果柄有凸起，果皮黄色带红色，果高 4.1cm，果径 3.7cm。

经济性状 新品种试验林盛果期 4 年平均产油 819kg/hm^2，结实大小年不明显，丰产稳产。果实单果重 27.9g，鲜果出籽率 50.5%，干仁含油率 45.0%，果含油率 10.3%。茶油中含棕榈酸 6.48%、棕榈烯酸 0.05%、硬脂酸 1.68%、油酸 86.23%、亚油酸 3.18%、亚麻酸 0.69%、花生酸 0.08%、顺-11-二十碳烯酸 0.41%，可作为食用油、化妆品原料。

生物学特性 采用嫁接苗造林第三年始花，第四年开始结果，第七年进入盛果期，盛产期可持续 50 ~ 70 年。新枝 3 月上旬萌动，到 5 月初生长基本结束，历时 50 天左右。油茶春梢生长速度前期比较慢，抽梢 14 天后，生长达到高峰，到 4 月下旬生长趋于缓慢，5 月初新梢逐渐增粗，颜色由淡绿色转为红褐色，腋芽逐渐充实，枝条日趋木质化。春梢的生长不仅关系到当年花芽的分化，而且还关系到翌年油茶产量。春梢又是嫁接和扦插繁殖的主要材料，插（接）穗的粗壮程度和芽的饱满与否，直接影响着扦插和嫁接的成活率。春梢数量与翌年产果量成正相关，油茶当年的产量是在上一年春梢生长基础上产生的，若头年春梢抽长不但数量多而且枝粗芽壮，当年花芽分化良好，花量多，一般在正常情况下翌年的产果量也相应提高。因此，掌握春梢的抽长规律，采取相适应的农业技术措施促进春梢生长，是提高油茶产量的重要途径。开花期 11 月上旬。果实成熟期 10 月下旬。

适应性及栽培特点 已在我国浙江、福建、江西等地栽培。选择丘陵山地或缓坡地，水平带状整地，穴长 50cm × 宽 50cm × 深 40cm，施足基肥，使用嫁接苗造林，110 株 / 亩，选择健壮嫁接苗造林。选择花期配合、成熟期一致的多个无性系混栽，早期适当密植，盛果期后及时调整密度，加强管理和病虫害防治。

典型识别特征 树体矮壮，粗枝，枝条硬。叶子浓密，较厚大，平伸。果实单生，梨形，果柄有凸起，果皮黄色带红色。

单株

树上果实特写

花

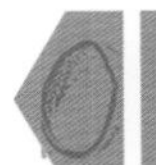

12 长林55号

种名：油茶
拉丁名：*Camellia oleifera* 'Changlin 55'
审定编号：S-SC-CO-013-2008
品种类别：无性系
原产地：浙江安吉
选育地：浙江、江西

区试点：江西、湖南、福建、广西
选育单位：中国林业科学研究院亚热带林业研究所、中国林业科学研究院亚热带林业实验中心
选育过程：同长林3号
选育年份：2008年

植物学特征 长势较强，枝条细长密生，成年树高2.9～3.2m，冠幅2.6m×2.8m；叶宽矩卵形；花瓣白色，果桃形，青色为主，略带红色，果高3.4cm，果径3.2cm。抗病力中等。

经济性状 新品种试验林盛果期4年平均产油883.5kg/hm^2，结实大小年不明显，丰产稳产。果实单果重17.1g，鲜果出籽率43.6%，干仁含油率53.5%，果含油率8.1%。茶油中含棕榈酸6.47%、棕榈烯酸0.08%、硬脂酸1.86%、油酸84.33%、亚油酸5.64%、亚麻酸0.55%、花生酸0.08%、顺-11-二十碳烯酸0.46%，可作为食用油、化妆品原料。

生物学特性 采用嫁接苗造林第三年始花，第四年开始结果，第七年进入盛果期，盛产期可持续50～70年。新枝3月上旬萌动，到5月初生长基本结束，历时50天左右。油茶春梢生长速度前期比较慢，抽梢14天后，生长达到高峰，到4月下旬生长趋于缓慢，5月初新梢逐渐增粗，颜色由淡绿色转为红褐色，腋芽逐渐充实，枝条日趋木质化。春梢的生长不仅关系到当年花芽的分化，而且还关系到翌年油茶产量。春梢又是嫁接和扦插繁殖的主要材料，插（接）穗的粗壮程度和芽的饱满与否，直接影响着扦插和嫁接的成活率。春梢数量与翌年产果量成正相关，油茶当年的产量是在上一年春梢生长基础上产生的，若头年春梢抽长不但数量多而且枝粗芽壮，当年花芽分化良好，花量多，一般在正常情况下翌年的产果量也相应提高。因此，掌握春梢的抽长规律，采取相适应的农业技术措施促进春梢生长，是提高油茶产量的重要途径。开花期10月下旬。果实成熟期10月中旬。

适应性及栽培特点 已在我国浙江、福建、江西等地栽培。选择丘陵山地或缓坡地，水平带状整地，穴长50cm×宽50cm×深40cm，施足基肥，使用嫁接苗造林，110株/亩，选择健壮嫁接苗造林。选择花期配合、成熟期一致的多个无性系混栽，早期适当密植，盛果期后及时调整密度，加强管理和病虫害防治。

典型识别特征 长势较强，枝条细长密生。叶宽矩卵形，叶缘扭曲，叶面微隆起。果桃形，果脐凸起，青色为主，略带红色。抗病力中等。

单株

果枝

花

13 大果寒露 1 号

种名： 油茶
拉丁名： *Camellia oleifera* ‘Daguohanlu 1’
审定编号： 浙 S-SC-CO-024-1998
品种类别： 无性系
原产地： 浙江安吉
选育地： 浙江、江西
区试点： 包括浙江各地

选育单位： 中国林业科学研究院亚热带林业研究所
选育过程： 由中国林业科学研究院亚热带林业研究所选育，通过“六五”、“七五”国家科技计划项目由实生群体中选育而来。建立无性系测定林，经过盛果期 4 年测产和区域试验得到该无性系。
选育年份： 1998 年

植物学特征　树冠开张，分枝力强，树体长势强，枝叶浓密，成年树高 2.8 ～ 3.0m，冠幅 2.4m×2.6m；花瓣白色；果实单生，橘形，红色，果高 2.8cm，果径 2.6cm。

经济性状　新品种试验林盛果期 4 年平均产油 918kg/hm^2，结实大小年不明显，丰产稳产。果实单果重 14.7g，鲜果出籽率 39.43%，干果出籽率 20.74%，出仁率 63.14%，干仁含油率 50.29%。茶油可作为食用油、化妆品原料。

生物学特性　采用嫁接苗造林第三年始花，第四年开始结果，第七年进入盛果期，盛产期可持续 50 ～ 70 年。新枝 3 月上旬萌动，到 5 月初生长基本结束，历时 50 天左右。油茶春梢生长速度前期比较慢，抽梢 14 天后，生长达到高峰，到 4 月下旬生长趋于缓慢，5 月初新梢逐渐增粗，颜色由淡绿色转为红褐色，腋芽逐渐充实，枝条日趋木质化。春梢的生长不仅关系到当年花芽的分化，而且还关系到翌年油茶产量。春梢又是嫁接和扦插繁殖的主要材料，插（接）穗的粗壮程度和芽的饱满与否，直接影响着扦插和嫁接的成活率。春梢数量与翌年产果量成正相关，油茶当年的产量是在上一年春梢生长基础上产生的，若头年春梢抽长不但数量多而且枝粗芽壮，当年花芽分化良好，花量多，一般在正常情况下翌年的产果量也相应提高。因此，掌握春梢的抽长规律，采取相适应的农业技术措施促进春梢生长，是提高油茶产量的重要途径。开花期 10 月下旬。果实成熟期 10 月中旬。

适应性及栽培特点　已在我国浙江、福建、江西等地栽培。选择丘陵山地或缓坡地，水平带状整地，穴长 50cm× 宽 50cm× 深 40cm，施足基肥，使用嫁接苗造林，110 株 / 亩，选择健壮嫁接苗造林。选择花期配合、成熟期一致的多个无性系混栽，早期适当密植，盛果期后及时调整密度，加强管理和病虫害防治。

典型识别特征　树冠球形，树体长势强，枝叶浓密。果实单生，橘形果，红色。

果枝

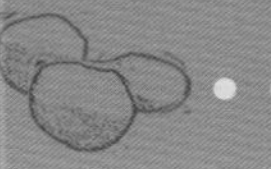

单株

14 大果寒露2号

种名： 油茶
拉丁名： *Camellia oleifera*‘Daguohanlu 2’
审定编号： 浙 S-SC-CO-025-1998
品种类别： 无性系
原产地： 浙江安吉
选育地： 浙江、江西

区试点： 包括浙江各地
选育单位： 中国林业科学研究院亚热带林业研究所
选育过程： 同大果寒露2号
选育年份： 1998年

植物学特征　树冠开张，分枝力强，树体长势强，枝叶浓密，成年树高2.8～3.2m，冠幅2.2m×2.4m；花瓣白色；果实单生，梨形，青色，果高3.2cm，果径2.8cm。

经济性状　新品种试验林盛果期4年平均产油1138kg/hm^2，结实大小年不明显，丰产稳产。果实单果重17.2g，鲜果出籽率44.5%，干果出籽率25.16%，出仁率61.82%，干仁含油率48.6%，抗炭疽病能力强，病果率小于3%。茶油可作为食用油、化妆品原料。

生物学特性　采用嫁接苗造林第三年始花，第四年开始结果，第七年进入盛果期，盛产期可持续50～70年。新枝3月上旬萌动，到5月初生长基本结束，历时50天左右。油茶春梢生长速度前期比较慢，抽梢14天后，生长达到高峰，到4月下旬生长趋于缓慢，5月初新梢逐渐增粗，颜色由淡绿色转为红褐色，腋芽逐渐充实，枝条日趋木质化。春梢的生长不仅关系到当年花芽的分化，而且还关系到翌年油茶产量。春梢又是嫁接和扦插繁殖的主要材料，插（接）穗的粗壮程度和芽的饱满与否，直接影响着扦插和嫁接的成活率。春梢数量与翌年产果量成正相关，油茶当年的产量是在上一年春梢生长基础上产生的，若头年春梢抽长不但数量多而且枝粗芽壮，当年花芽分化良好，花量多，一般在正常情况下翌年的产果量也相应提高。因此，掌握春梢的抽长规律，采取相适应的农业技术措施促进春梢生长是提高油茶产量的重要途径。开花期10月下旬。果实成熟期10月中旬。

适应性及栽培特点　已在我国浙江、福建、江西等地栽培。选择丘陵山地或缓坡地，水平带状整地，穴长50cm×宽50cm×深40cm，施足基肥，使用嫁接苗造林，110株/亩，选择健壮嫁接苗造林。选择花期配合、成熟期一致的多个无性系混栽，早期适当密植，盛果期后及时调整密度，加强管理和病虫害防治。

典型识别特征　树冠球形，树体长势强，枝叶浓密。果实单生，梨形果，青色。

果枝

单株

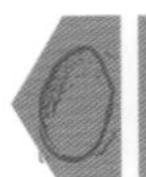

15 长林 166 号

种名： 油茶
拉丁名： *Camellia oleifera*‘Changlin 166’
审定编号： 浙 R-SC-CO-008-2011
品种类别： 无性系
原产地： 江西进贤
选育地： 浙江、江西

区试点： 江西、湖南、福建、广西
选育单位： 中国林业科学研究院亚热带林业研究所、中国林业科学研究院亚热带林业实验中心
选育过程： 同长林 3 号
选育年份： 2011 年

植物学特征 树冠球形，树体长势强，枝叶浓密，枝条细，成年树高 2.3 ~ 2.5m，冠幅 2.2m × 2.5m；叶近柳叶形；花瓣白色，果实单生，橄榄形，鲜红色，果实均匀，果高 3.1cm，果径 3.6cm。种子发育良好，籽个均匀，抗病力中等。

经济性状 新品种试验林盛果期 4 年平均产油 918kg/hm^2，结实大小年不明显，丰产稳产。果实单果重 17.3g，鲜果出籽率 56.8%，干仁含油率 50.0%，果含油率 7.8%。茶油中含棕榈酸 6.66%、棕榈烯酸 0.09%、硬脂酸 2.11%、油酸 83.15%、亚油酸 6.27%、亚麻酸 0.25%、花生酸 0.06%、顺 -11- 二十碳烯酸 0.62%，可作为食用油、化妆品原料。

生物学特性 采用嫁接苗造林第三年始花，第四年开始结果，第七年进入盛果期，盛产期可持续 50 ~ 70 年。新枝 3 月上旬萌动，到 5 月初生长基本结束，历时 50 天左右。油茶春梢生长速度前期比较慢，抽梢 14 天后，生长达到高峰，到 4 月下旬生长趋于缓慢，5 月初新梢逐渐增粗，颜色由淡绿色转为红褐色，腋芽逐渐充实，枝条日趋木质化。春梢的生长不仅关系到当年花芽的分化，而且还关系到翌年油茶产量。春梢又是嫁接和扦插繁殖的主要材料，插（接）穗的粗壮程度和芽的饱满与否，直接影响着扦插和嫁接的成活率。春梢数量与翌年产果量成正相关，油茶当年的产量是在上一年春梢生长基础上产生的，若头年春梢抽长不但数量多而且枝粗芽壮，当年花芽分化良好，花量多，一般在正常情况下翌年的产果量也相应提高。因此，掌握春梢的抽长规律，采取相适应的农业技术措施促进春梢生长，是提高油茶产量的重要途径。开花期 11 月上旬。果实成熟期 10 月下旬。

适应性及栽培特点 已在我国浙江、福建、江西等地栽培。选择丘陵山地或缓坡地，水平带状整地，穴长 50cm × 宽 50cm × 深 40cm，施足基肥，使用嫁接苗造林，110 株 / 亩，选择健壮嫁接苗造林。选择花期配合、成熟期一致的多个无性系混栽，早期适当密植，盛果期后及时调整密度，加强管理和病虫害防治。

典型识别特征 枝条直立开张，枝叶较密，新枝和新芽红色，叶尖卷曲。果似橄榄，鲜红色，偏小。

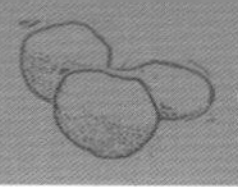

单株

树上果实特写

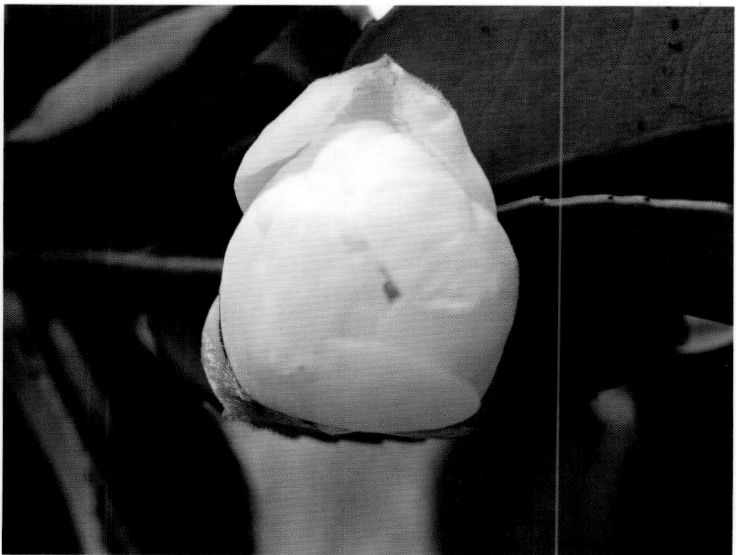

花

16 长林 8 号

种名： 普通油茶
拉丁名： *Camellia oleifera*‘Changlin 8’
品种类别： 无性系
审定编号： 赣 S-SC-CO-013-2008
原产地： 江西进贤
选育地： 浙江、江西

区试点： 江西、湖南、福建、广西
选育单位： 中国林业科学研究院亚热带林业研究所、中国林业科学研究院亚热带林业实验中心
选育过程： 同长林 3 号
选育年份： 2008 年

植物学特征 树势旺盛，分枝力一般，成年树高 2m，冠幅 1.5m×1.8m；叶片宽卵形，抽梢 4 月初；花瓣白色，单瓣，7 ~ 8 瓣，花谢后，花瓣有紫红色，花瓣先端有 1 凹缺，花柱头 3 ~ 4 裂；果实单生，椭圆形，浅红色，中果，每千克鲜果数 46 个，果实开裂 3 ~ 4 瓣。抗病力强。

经济性状 新品种试验林盛果期 4 年平均产油 571.95kg/hm^2，结实大小年不明显，丰产稳产。果实单果重 21.74g，鲜果出籽率 46.00%，干仁含油率 42.84%，果含油率 5.32%。茶油可作为食用油、化妆品原料。

生物学特性 采用嫁接苗造林第三年始花，第四年开始结果，第七年进入盛果期，盛产期可持续 50 ~ 70 年。新枝 4 月初萌动，到 5 月初生长基本结束，历时 45 ~ 50 天。油茶春梢生长速度前期比较慢，抽梢 12 天后，生长达到高峰，连续 6 天的生长量占总生长量的 43.1%，到 4 月下旬生长趋于缓慢，5 月初新梢逐渐增粗，颜色由淡绿色转为红褐色，腋芽逐渐充实，枝条日趋木质化。春梢的生长不仅关系到当年花芽的分化，而且还关系到翌年油茶产量。春梢又是嫁接和扦插繁殖的主要材料，插（接）穗的粗壮程度和芽的饱满与否，直接影响着扦插和嫁接的成活率，春梢嫁接时间 5 月中旬。春梢数量与翌年产果量成正相关，油茶当年的产量是在上一年春梢生长基础上产生的，若头年春梢抽长不但数量多而且枝粗芽壮，当年花芽分化良好，花量多，一般在正常情况下翌年的产果量也相应提高。因此，掌握春梢的抽长规律，采取相适应的农业技术措施促进春梢生长，是提高油茶产量的重要途径。开花期在 10 月下旬。果实成熟期 10 月 25 日左右。

适应性及栽培特点 已在我国浙江、福建、江西等地栽培。选择丘陵山地或缓坡地，水平带状整地，穴长 50cm× 宽 50cm× 深 40cm，施足基肥，使用嫁接苗造林，1650 株 /hm^2，选择健壮嫁接苗造林。选择花期配合、成熟期一致的多个无性系混栽，早期适当密植，盛果期后及时调整密度，加强管理和病虫害防治。

典型识别特征 果实中等，椭圆形，浅红色。

叶、花、果实剖面、茶籽与果实

单株

17 长林 17 号

种名：油茶
拉丁名：*Camellia oleifera*‘Changlin 17’
审定编号：赣 S-SC-CO-014-2008
品种类别：无性系
原产地：浙江安吉
选育地：浙江、江西

区试点：江西、湖南、福建、广西
选育单位：中国林业科学研究院亚热带林业研究所、中国林业科学研究院亚热带林业实验中心
选育过程：同长林 3 号
选育年份：2008 年

植物学特征 树势旺盛，分枝力较强，成年树高 2.2 ～ 2.5m，冠幅 2m×2m；叶片宽卵形，抽梢 3 月底至 4 月初之间；花瓣白色，单瓣，5 ～ 6 瓣，花瓣先端有 1 凹缺，花柱头 3 裂；果实单生，球形，浅绿色，小果，每千克鲜果数 94 个，果实开裂 3 瓣。抗病力强。

经济性状 新品种试验林盛果期 4 年平均产油 618.60kg/hm^2，结实大小年不明显，丰产稳产。果实单果重 10.64g，鲜果出籽率 49.00%，干仁含油率 53.70%，果含油率 7.21%。茶油可作为食用油、化妆品原料。

生物学特性 采用嫁接苗造林第三年始花，第四年开始结果，第七年进入盛果期，盛产期可持续 50 ～ 70 年。新枝 3 月底至 4 月初之间萌动，到 5 月初生长基本结束，历时 50 天左右。油茶春梢生长速度前期比较慢，抽梢 12 天后，生长达到高峰，连续 6 天的生长量占总生长量的 43.1%，到 4 月下旬生长趋于缓慢，5 月初新梢逐渐增粗，颜色由淡绿色转为红褐色，腋芽逐渐充实，枝条日趋木质化。春梢的生长不仅关系到当年花芽的分化，而且还关系到翌年油茶产量。春梢又是嫁接和扦插繁殖的主要材料，插（接）穗的粗壮程度和芽的饱满与否，直接影响着扦插和嫁接的成活率，春梢嫁接时间 5 月中下旬。春梢数量与翌年产果量成正相关，油茶当年的产量是在上一年春梢生长基础上产生的，若头年春梢抽长不但数量多而且枝粗芽壮，当年花芽分化良好，花量多，一般在正常情况下翌年的产果量也相应提高。因此，掌握春梢的抽长规律，采取相适应的农业技术措施促进春梢生长，是提高油茶产量的重要途径。开花期在 10 月上旬。果实成熟期 10 月 15 日左右。

适应性及栽培特点 已在我国浙江、福建、江西等地栽培。选择丘陵山地或缓坡地，水平带状整地，穴长 50cm× 宽 50cm× 深 40cm，施足基肥，使用嫁接苗造林，1650 株 /hm^2，选择健壮嫁接苗造林。选择花期配合、成熟期一致的多个无性系混栽，早期适当密植，盛果期后及时调整密度，加强管理和病虫害防治。

典型识别特征 长势旺，开花早而多，花期很长。

叶、花、果实剖面、茶籽与果实

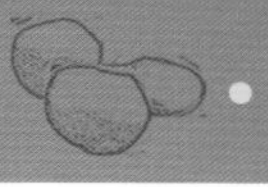

单株

18 长林 20 号

种名： 普通油茶
拉丁名： *Camellia oleifera* 'Changlin 20'
审定编号： 赣 S-SC-CO-016-2008
品种类别： 无性系
原产地： 浙江安吉
选育地： 浙江、江西

区试点： 江西、湖南、福建、广西
选育单位： 中国林业科学研究院亚热带林业研究所、中国林业科学研究院亚热带林业实验中心
选育过程： 同长林 3 号
选育年份： 2008 年

植物学特征 树势较弱，分枝力一般，呈藤蔓状，成年树高 1.4 ~ 1.5m，冠幅 2m × 2m；叶片宽卵形，叶稀，抽梢 4 月中上旬；花瓣白色，复瓣，9 ~ 10 瓣，上层 4 ~ 5 瓣，下层 5 瓣，花瓣先端有 1 凹缺，花柱头 5 裂；果实单生，橘形，黄绿色，中果，每千克鲜果数 48 个，果实开裂 5 瓣。抗病力强。

经济性状 新品种试验林盛果期 4 年平均产油 578.25kg/hm^2，结实大小年不明显，丰产稳产。果实单果重 20.83g，鲜果出籽率 53.00%，干仁含油率 41.29%，果含油率 6.78%。茶油可作为食用油、化妆品原料。

生物学特性 采用嫁接苗造林第三年始花，第四年开始结果，第七年进入盛果期，盛产期可持续 50 ~ 70 年。新枝 4 月中上旬萌动，到 5 月初生长基本结束，历时 45 天左右。油茶春梢生长速度前期比较慢，抽梢 10 天后，生长达到高峰，连续 6 天的生长量占总生长量的 43.1%，到 4 月下旬生长趋于缓慢，5 月初新梢逐渐增粗，颜色由淡绿色转为红褐色，腋芽逐渐充实，枝条日趋木质化。春梢的生长不仅关系到当年花芽的分化，而且还关系到翌年油茶产量。春梢又是嫁接和扦插繁殖的主要材料，插（接）穗的粗壮程度和芽的饱满与否，直接影响着扦插和嫁接的成活率，春梢嫁接时间 5 月中下旬。春梢数量与翌年产果量成正相关，油茶当年的产量是在上一年春梢生长基础上产生的，若头年春梢抽长不但数量多而且枝粗芽壮，当年花芽分化良好，花量多，一般在正常情况下翌年的产果量也相应提高。因此，掌握春梢的抽长规律，采取相适应的农业技术措施促进春梢生长，是提高油茶产量的重要途径。开花期在 10 月下旬。果实成熟期 10 月 20 日左右。

适应性及栽培特点 已在我国浙江、福建、江西等地栽培。选择丘陵山地或缓坡地，水平带状整地，穴长 50cm × 宽 50cm × 深 40cm，施足基肥，使用嫁接苗造林，1650 株 /hm^2，选择健壮嫁接苗造林。选择花期配合、成熟期一致的多个无性系混栽，早期适当密植，盛果期后及时调整密度，加强管理和病虫害防治。

典型识别特征 枝条呈藤蔓状。果实中等，橘形，黄绿色。

叶、花、果实剖面、茶籽与果实

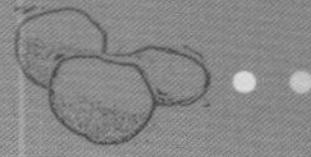

单株

19 长林22号

种名： 普通油茶
拉丁名： *Camellia oleifera*‘Changlin 22’
审定编号： 赣 S-SC-CO-018-2008
品种类别： 无性系
原产地： 浙江安吉
选育地： 浙江、江西

区试点： 江西、湖南、福建、广西
选育单位： 中国林业科学研究院亚热带林业研究所、中国林业科学研究院亚亚热带林业实验中心
选育过程： 同长林3号
选育年份： 2008年

植物学特征 树势较旺，分枝力一般，成年树高1.8m左右，冠幅1.4m×1.5m；叶片卵形，叶稀，叶片平，抽梢4月初；花瓣白色，6瓣，先端有1凹缺，花柱头4～5裂，4裂居多；果实单生，近球形，红绿色，中果，每千克鲜果数56个，果实开裂4～5瓣。抗病力强。

经济性状 新品种试验林盛果期4年平均产油804.45kg/hm^2，结实大小年不明显，丰产稳产。果实单果重17.86g，鲜果出籽率50.00%，干仁含油率41.10%，果含油率5.77%。茶油可作为食用油、化妆品原料。

生物学特性 采用嫁接苗造林第三年始花，第四年开始结果，第七年进入盛果期，盛产期可持续50～70年。新枝4月初萌动，到5月初生长基本结束，历时45～50天。油茶春梢生长速度前期比较慢，抽梢12天后，生长达到高峰，连续6天的生长量占总生长量的43.1%，到4月下旬生长趋于缓慢，5月初新梢逐渐增粗，颜色由淡绿色转为红褐色，腋芽逐渐充实，枝条日趋木质化。春梢的生长不仅关系到当年花芽的分化，而且还关系到翌年油茶产量。春梢又是嫁接和扦插繁殖的主要材料，插(接)穗的粗壮程度和芽的饱满与否，直接影响着扦插和嫁接的成活率，春梢嫁接时间5月上中旬。春梢数量与翌年产果量成正相关，油茶当年的产量是在上一年春梢生长基础上产生的，若头年春梢抽长不但数量多而且枝粗芽壮，当年花芽分化良好，花量多，一般在正常情况下翌年的产果量也相应提高。因此，掌握春梢的抽长规律，采取相适应的农业技术措施促进春梢生长，是提高油茶产量的重要途径。开花期在10月下旬。果实成熟期10月20日左右。

适应性及栽培特点 已在我国浙江、福建、江西等地栽培。选择丘陵山地或缓坡地，水平带状整地，穴长50cm×宽50cm×深40cm，施足基肥，使用嫁接苗造林，1650株/hm^2，选择健壮嫁接苗造林。选择花期配合、成熟期一致的多个无性系混栽，早期适当密植，盛果期后及时调整密度，加强管理和病虫害防治。

典型识别特征 叶片平整。果实中等大小，近球形，红绿色。

叶、花、果实剖面、茶籽与果实

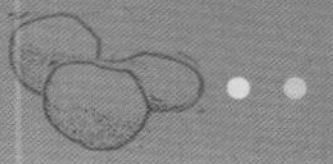

单株

20 长林 26 号

种名： 普通油茶
拉丁名： *Camellia oleifera*‘Changlin 26’
审定编号： 赣 S-SC-CO-020-2008
品种类别： 无性系
原产地： 浙江安吉
选育地： 浙江、江西

区试点： 江西、湖南、福建、广西
选育单位： 中国林业科学研究院亚热带林业研究所、中国林业科学研究院亚热带林业实验中心
选育过程： 同长林 3 号
选育年份： 2008 年

植物学特征 树势较旺，分枝力强，枝条较密，成年树高 1.5 ~ 1.8m，冠幅 1.5m × 1.6m；叶片矩卵形，抽梢 4 月中旬；花瓣白色，复瓣，8 瓣，花冠成桶状，花柱较短，花瓣先端有 1 凹缺，花柱头 4 ~ 5 裂，4 裂居多；果实单生，椭圆形，红绿色，中果，每千克鲜果数 62 个，果实开裂 3 ~ 5 瓣。抗病力强。

经济性状 新品种试验林盛果期 4 年平均产油 608.40kg/hm^2，结实大小年不明显，丰产稳产。果实单果重 16.13g，鲜果出籽率 49.00%，干仁含油率 40.70%，果含油率 5.32%。茶油可作为食用油、化妆品原料。

生物学特性 采用嫁接苗造林第三年始花，第四年开始结果，第七年进入盛果期，盛产期可持续 50 ~ 70 年。新枝 4 月中旬萌动，到 5 月初生长基本结束，历时 40 天左右。油茶春梢生长速度前期比较慢，抽梢 10 天后，生长达到高峰，连续 6 天的生长量占总生长量的 43.1%，到 4 月下旬生长趋于缓慢，5 月初新梢逐渐增粗，颜色由淡绿色转为红褐色，腋芽逐渐充实，枝条日趋木质化。春梢的生长不仅关系到当年花芽的分化，而且还关系到翌年油茶产量。春梢又是嫁接和扦插繁殖的主要材料，插（接）穗的粗壮程度和芽的饱满与否，直接影响着扦插和嫁接的成活率，春梢嫁接时间 5 月中旬。春梢数量与翌年产果量成正相关，油茶当年的产量是在上一年春梢生长基础上产生的，若头年春梢抽长不但数量多而且枝粗芽壮，当年花芽分化良好，花量多，一般在正常情况下翌年的产果量也相应提高。因此，掌握春梢的抽长规律，采取相适应的农业技术措施促进春梢生长，是提高油茶产量的重要途径。开花期在 10 月底。果实成熟期 10 月 20 日左右。

适应性及栽培特点 已在我国浙江、福建、江西等地栽培。选择丘陵山地或缓坡地，水平带状整地，穴长 50cm × 宽 50cm × 深 40cm，施足基肥，使用嫁接苗造林，1650 株 /hm^2，选择健壮嫁接苗造林。选择花期配合、成熟期一致的多个无性系混栽，早期适当密植，盛果期后及时调整密度，加强管理和病虫害防治。

典型识别特征 果实中等大小，椭圆形，红绿色。

叶、花、果实剖面、茶籽与果实

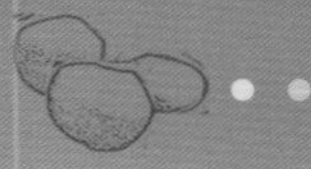

单株

21 长林 56 号

种名： 普通油茶
拉丁名： *Camellia oleifera* ‘Changlin 56’
审定编号： 赣 S-SC-CO-025-2008
品种类别： 无性系
原产地： 浙江安吉
选育地： 浙江、江西

区试点： 江西、湖南、福建、广西
选育单位： 中国林业科学研究院亚热带林业研究所、中国林业科学研究院亚热带林业实验中心
选育过程： 同长林 3 号
选育年份： 2008 年

植物学特征 树势旺盛，分枝力强，枝条较密，成年树高 2m 左右，冠幅 1.8m × 2.0m，开心形；叶片近柳叶形，叶稀，叶片较脆，抽梢 4 月中旬；花瓣白色，复瓣，7 ~ 9 瓣，上层 2 ~ 4 瓣，下层 5 瓣，花瓣先端有 1 凹缺，花柱头 3 ~ 4 裂；果实单生，近球形，红黄色，中果，每千克鲜果数 48 个，果实开裂 3 ~ 4 瓣。抗病力强。

经济性状 新品种试验林盛果期 4 年平均产油 589.35kg/hm^2，结实大小年不明显，丰产稳产。果实单果重 20.83g，鲜果出籽率 56.00%，干仁含油率 42.96%，果含油率 7.94%。茶油可作为食用油、化妆品原料。

生物学特性 采用嫁接苗造林第三年始花，第四年开始结果，第七年进入盛果期，盛产期可持续 50 ~ 70 年。新枝 4 月中旬萌动，到 5 月初生长基本结束，历时 40 天左右。油茶春梢生长速度前期比较慢，抽梢 10 天后，生长达到高峰，连续 6 天的生长量占总生长量的 43.1%，到 4 月下旬生长趋于缓慢，5 月初新梢逐渐增粗，颜色由淡绿色转为红褐色，腋芽逐渐充实，枝条日趋木质化。春梢的生长不仅关系到当年花芽的分化，而且还关系到翌年油茶产量。春梢又是嫁接和扦插繁殖的主要材料，插（接）穗的粗壮程度和芽的饱满与否，直接影响着扦插和嫁接的成活率，春梢嫁接时间 5 月中下旬。春梢数量与翌年产果量成正相关，油茶当年的产量是在上一年春梢生长基础上产生的，若头年春梢抽长不但数量多而且枝粗芽壮，当年花芽分化良好，花量多，一般在正常情况下翌年的产果量也相应提高。因此，掌握春梢的抽长规律，采取相适应的农业技术措施促进春梢生长，是提高油茶产量的重要途径。开花期在 10 月中下旬。果实成熟期 10 月 20 日左右。

适应性及栽培特点 已在我国浙江、福建、江西等地栽培。选择丘陵山地或缓坡地，水平带状整地，穴长 50cm × 宽 50cm × 深 40cm，施足基肥，使用嫁接苗造林，1650 株 /hm^2，选择健壮嫁接苗造林。选择花期配合、成熟期一致的多个无性系混栽，早期适当密植，盛果期后及时调整密度，加强管理和病虫害防治。

典型识别特征 叶片较脆。果实中等大小，近球形，红黄色。

叶、花、果实剖面、茶籽与果实

单株

22 长林 59 号

种名： 普通油茶
拉丁名： *Camellia oleifera* 'Changlin 59'
审定编号： 赣 S-SC-CO-026-2008
品种类别： 无性系
原产地： 浙江安吉
选育地： 浙江、江西

区试点： 江西、湖南、福建、广西
选育单位： 中国林业科学研究院亚热带林业研究所、中国林业科学研究院亚热带林业实验中心
选育过程： 同长林 3 号
选育年份： 2008 年

植物学特征 树势较旺，分枝力一般，成年树高 1.8m 左右，冠幅 1.5m×1.6m；叶片矩卵形，抽梢 4 月中旬；花瓣白色，6 瓣，先端有 1 凹缺，花柱头 3 裂；果实单生，葫芦形，黄绿色，中果，每千克鲜果数 58 个，果实开裂 3 瓣。抗病力强。

经济性状 新品种试验林盛果期 4 年平均产油 740.10kg/hm^2，结实大小年不明显，丰产稳产。果实单果重 17.24g，鲜出籽率 49.00%，干仁含油率 39.96%，果含油率 5.03%。茶油可作为食用油、化妆品原料。

生物学特性 采用嫁接苗造林第三年始花，第四年开始结果，第七年进入盛果期，盛产期可持续 50 ~ 70 年。新枝 4 月中旬萌动，到 5 月初生长基本结束，历时 45 天左右。油茶春梢生长速度前期比较慢，抽梢 12 天后，生长达到高峰，连续 6 天的生长量占总生长量的 43.1%，到 4 月下旬生长趋于缓慢，5 月初新梢逐渐增粗，颜色由淡绿色转为红褐色，腋芽逐渐充实，枝条日趋木质化。春梢的生长不仅关系到当年花芽的分化，而且还关系到翌年油茶产量。春梢又是嫁接和扦插繁殖的主要材料，插（接）穗的粗壮程度和芽的饱满与否，直接影响着扦插和嫁接的成活率，春梢嫁接时间 5 月上中旬。春梢数量与翌年产果量成正相关，油茶当年的产量是在上一年春梢生长基础上产生的，若头年春梢抽长不但数量多而且枝粗芽壮，当年花芽分化良好，花量多，一般在正常情况下翌年的产果量也相应提高。因此，掌握春梢的抽长规律，采取相适应的农业技术措施促进春梢生长，是提高油茶产量的重要途径。开花期在 10 月底。果实成熟期 10 月 20 日左右。

适应性及栽培特点 已在我国浙江、福建、江西等地栽培。选择丘陵山地或缓坡地，水平带状整地，穴长 50cm× 宽 50cm× 深 40cm，施足基肥，使用嫁接苗造林，1650 株 /hm^2，选择健壮嫁接苗造林。选择花期配合、成熟期一致的多个无性系混栽，早期适当密植，盛果期后及时调整密度，加强管理和病虫害防治。

典型识别特征 果实中等大小，葫芦形，黄绿色。

叶、花、果实剖面、茶籽与果实

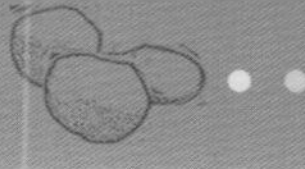

单株

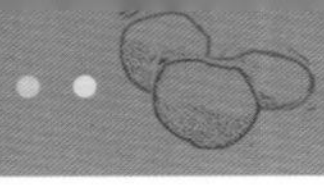

23 长林 61 号

种名：普通油茶
拉丁名：*Camellia oleifera*‘Changlin 61’
审定编号：赣 S-SC-CO-027-2008
品种类别：无性系
原产地：江西进贤
选育地：浙江、江西

区试点：江西、湖南、福建、广西
选育单位：中国林业科学研究院亚热带林业研究所、中国林业科学研究院亚热带林业实验中心
选育过程：同长林 3 号
选育年份：2008 年

植物学特征 树势较旺，分枝力一般，成年树高 2m 左右，冠幅 1.6m × 1.7m；叶片卵形，抽梢 4 月中旬；花瓣白色，6 瓣，先端有 1 凹缺，花柱头 3 裂；果实单生，球形，红黄色，中果，每千克鲜果数 60 个，果实开裂 3 瓣。抗病力强。

经济性状 新品种试验林盛果期 4 年平均产油 766.80kg/hm^2，结实大小年不明显，丰产稳产。果实单果重 16.67g，鲜果出籽率 49.00%，干仁含油率 52.03%，果含油率 6.63%。茶油可作为食用油、化妆品原料。

生物学特性 采用嫁接苗造林第三年始花，第四年开始结果，第七年进入盛果期，盛产期可持续 50 ～ 70 年。新枝 4 月中旬萌动，到 5 月初生长基本结束，历时 45 ～ 50 天。油茶春梢生长速度前期比较慢，抽梢 12 天后，生长达到高峰，连续 6 天的生长量占总生长量的 43.1%，到 4 月下旬生长趋于缓慢，5 月初新梢逐渐增粗，颜色由淡绿色转为红褐色，腋芽逐渐充实，枝条日趋木质化。春梢的生长不仅关系到当年花芽的分化，而且还关系到翌年油茶产量。春梢又是嫁接和扦插繁殖的主要材料，插（接）穗的粗壮程度和芽的饱满与否，直接影响着扦插和嫁接的成活率，春梢嫁接时间 5 月中旬。春梢数量与翌年产果量成正相关，油茶当年的产量是在上一年春梢生长基础上产生的，若头年春梢抽长不但数量多而且枝粗芽壮，当年花芽分化良好，花量多，一般正常情况下翌年的产果量也相应提高。因此，掌握春梢的抽长规律，采取相适应的农业技术措施促进春梢生长，是提高油茶产量的重要途径。开花期在 10 月下旬。果实成熟期 10 月 20 日左右。

适应性及栽培特点 已在我国浙江、福建、江西等地栽培。选择丘陵山地或缓坡地，水平带状整地，穴长 50cm × 宽 50cm × 深 40cm，施足基肥，使用嫁接苗造林，1650 株 /hm^2，选择健壮嫁接苗造林。选择花期配合、成熟期一致的多个无性系混栽，早期适当密植，盛果期后及时调整密度，加强管理和病虫害防治。

典型识别特征 果实中等大小，球形，红黄色。

叶、花、果实剖面、茶籽与果实

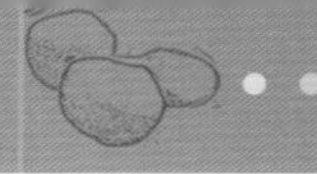

单株

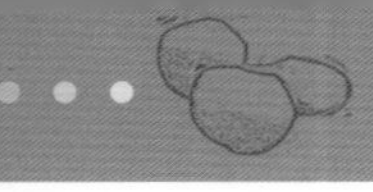

24 长林 65 号

种名：普通油茶
拉丁名：*Camellia oleifera*‘Changlin 65’
审定编号：赣 S-SC-CO-028-2008
品种类别：无性系
原产地：湖南衡阳
选育地：浙江、江西

区试点：江西、湖南、福建、广西
选育单位：中国林业科学研究院亚热带林业研究所、中国林业科学研究院亚热带林业实验中心
选育过程：同长林 3 号
选育年份：2008 年

植物学特征 树势较弱，分枝力一般，成年树高 1.4 ~ 1.5m，冠幅 1.7m × 1.8m；叶片卵形，抽梢 4 月中旬；花瓣白色，5 瓣，先端有 1 凹缺，花柱头 3 裂；果实单生，桃形，黄绿色，小果，每千克鲜果数 108 个，果实开裂 3 ~ 4 瓣。抗病力强。

经济性状 新品种试验林盛果期 4 年平均产油 669.30kg/hm^2，结实大小年不明显，丰产稳产。果实单果重 9.26g，鲜果出籽率 46.00%，干仁含油率 46.71%，果含油率 5.91%。茶油可作为食用油、化妆品原料。

生物学特性 采用嫁接苗造林第三年始花，第四年开始结果，第七年进入盛果期，盛产期可持续 50 ~ 70 年。新枝 4 月中旬萌动，到 5 月初生长基本结束，历时 40 ~ 45 天。油茶春梢生长速度前期比较慢，抽梢 12 天后，生长达到高峰，连续 6 天的生长量占总生长量的 43.1%，到 4 月下旬生长趋于缓慢，5 月初新梢逐渐增粗，颜色由淡绿色转为红褐色，腋芽逐渐充实，枝条日趋木质化。春梢的生长不仅关系到当年花芽的分化，而且还关系到翌年油茶产量。春梢又是嫁接和扦插繁殖的主要材料，插（接）穗的粗壮程度和芽的饱满与否，直接影响着扦插和嫁接的成活率，春梢嫁接时间 5 月中旬。春梢数量与翌年产果量成正相关，油茶当年的产量是在上一年春梢生长基础上产生的，若头年春梢抽长不但数量多而且枝粗芽壮，当年花芽分化良好，花量多，一般在正常情况下翌年的产果量也相应提高。因此，掌握春梢的抽长规律，采取相适应的农业技术措施促进春梢生长，是提高油茶产量的重要途径。开花期在 10 月下旬。果实成熟期特早。

适应性及栽培特点 已在我国浙江、福建、江西等地栽培。选择丘陵山地或缓坡地，水平带状整地，穴长 50cm × 宽 50cm × 深 40cm，施足基肥，使用嫁接苗造林，1650 株 /hm^2，选择健壮嫁接苗造林。选择花期配合、成熟期一致的多个无性系混栽，早期适当密植，盛果期后及时调整密度，加强管理和病虫害防治。

典型识别特征 果实中等大小，桃形，黄绿色。

叶、花、果实剖面、茶籽与果实

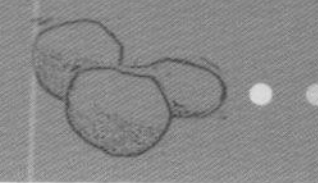

单株

参考文献

陈丽，等．2012．油茶果实经济性状及含油率比较[J]．贵州农业科学，40（5）：162-165．

陈永忠．油茶优良种质资源[M]．北京：中国林业出版社，2008．

程军勇，程德峰，梅济发，等．2007．湖北省油茶生产现状及发展对策[J]．湖北林业科技，(6)：54-56．

程军勇，李良，周席华，等．2010．油茶优树脂肪酸组成和相关性分析的研究[J]．林业科技开发，（6）：41-43．

何汉杏，康文里，何秀春，等．2002．普通油茶及其优树生殖生态研究[J]．经济林研究，20（4）1003-8981．

湖北省林业科学研究所油茶课题组．1990．油茶修剪新技术试验研究报告[J]．湖北林业科技，（2）：10-16．

湖北省双高油茶课题组．1996．茶高油分高产量新品种选育研究[J]．湖北林业科技，（3）24-30．

黄佳聪，阚欢，万晓军，等．2012．腾冲红花油茶果实成熟度及堆沤处理对油产量及其品质的影响[J]．林业科学研究，25（5）：612-615．

黄佳聪，阚欢，伍建榕．2012．腾冲红花油茶栽培与籽油制取技术[M]．北京：科学出版社，1-2．

黄勇，谢一青，李志真，等．2014．小果油茶表型多样性分析[J]．植物遗传资源学报，15（2）：279-285．

黄勇．2013．小果油茶不同居群干仁含油率及脂肪酸组分数量性状频率分布及多样性指数分析[J]．中国粮油学报，28（6）：71-77．

江苏省溧阳社渚农场．1979．油茶花期生物学特性观察[J]．江苏林业科技，（3）．

蒋习林，陈伟，陈宏伟．2012．五柱滇山茶芽砧嫁接繁育技术初探[J]．林业实用技术，（1）：31-32．

康志雄，邹达明．1989．油茶经济性状通径分析和聚类分析研究[J]．福建林学院学报，9（2）：145-151

蒋习林，杨济荣，段明伦．2011．五柱滇山茶芽苗砧嫁接育苗技术[J]．现代农业科技，（18）：81-82．

黎章矩．1983．油茶开化习性与产量关系的研究[J]．经济林研究，（1）：1003-8981．

李倩倩，陈彬，丁春邦．2013．雅安红花油茶优树筛选与资源利用分析[J]．四川林业科技，34（2）：36-39．

李倩倩．2014．雅安红花油茶优树筛选及品质分析[D]．雅安：四川农业大学．

罗治建，向珊珊，熊琰．湖北省油茶害虫名录[J]．湖北林业科技，2010（1）：73-74．

潘德森，邓先珍，何传宪．1992．油茶施肥效应试验初报[J]．林业科技开发，（1）：33-34．

潘德森，邓先珍．199．油茶群体产量结构与结实习性的调查[J]．湖北林业科技，（3）：12-14．

潘德森，雷永松，邓先珍．1991．油茶盛果期叶片中氮、磷、钾营养元素的初步研究[J]．湖北林业科技，（4）：6-10．

王述贵，何燕梅，考安都，等．2012．油茶扦插繁殖技术研究[J]．中国农学通报，28（19）：65-69．

王述贵．2013．油茶种苗繁殖技术研究[D]．雅安：四川农业大学．

王艳芹，徐洲，王述贵，等．2012．油茶优树筛选与资源利用分析[J]．四川农业大学学报，30（4）：434-438．

王艳芹．2013．名邛台地油茶优树的筛选及品质分析[D]．雅安：四川农业大学．

吴孔雄，熊年康，何学友，等．2001．油茶杂优闽1等32个品系选育的研究[J]．福建林业科技，28（1）：23-27．

夏剑萍，陈京元，邓先珍．2010．油茶传粉昆虫研究现状与今后研究重点探讨[J]．湖北林业科

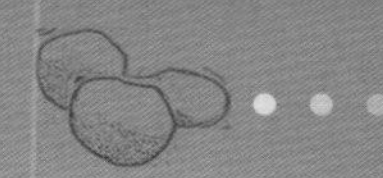

技，（4）: 61-63.
谢一青，等 . 2013. 小果油茶果实性状与含油率及脂肪酸组成相关性分析 [J]. 中国油脂，38(5): 1003-7969.
熊年康，郭江，陈祥平，等 . 1987. 油茶优良农家品种龙眼茶的丰产性状研究 [J]. 福建林业科技，14（2）: 29-36.
熊年康，任恢康，陈祥平 . 1986. 油茶闽 43 闽 48 闽 60 三个优良无性系选育 [J]. 福建林业科技，13（1）: 1-6.
熊年康，吴火和，陈祥平，等 . 1991. 油茶闽 20 闽 79 闽 81 闽 7415 四个优良无性系的选育 [J]. 福建林业科技，18（1）: 14-18.
熊年康，吴火和，陈祥平，等 . 1992. 油茶优良农家品种比较试验研究 [J]. 福建林业科技，19（2）: 58-61.
徐春永，周席华，邓先珍，等 . 2010. 施肥对油茶容器苗生长的影响研究 [J]. 湖北林业科技，（5）: 11-13.
徐永杰，周席华，王晓光，等 . 2010. 湖北省主要经济林良种简介 [J]. 湖北林业科技，（5）: 64-66.
姚小华，等 . 2011. 小果油茶种实形态变异频率及其多样性指数分析 [J]. 江西农业大学学报，33（2）: 0292-0299.
姚小华，黄勇 . 2013. 小果油茶资源与遗传多样性研究 [M]. 北京：科学出版社 .
姚小华，王开良，任华东，等 . 2012. 油茶资源与科学利用研究 [M]. 北京：科学出版社 .
姚小华 . 2009. 图说油茶高效生态栽培 [M]. 杭州：浙江科学技术出版社 .
姚小华 . 2010. 油茶高效实用栽培技术 [M]. 北京：科学出版社 .
张宏达 . 1981. 山茶属植物的系统研究 [M]. 中山：中山大学学报编辑部 .
中国植物志编辑委员会 . 1988. 中国植物志（第四十九卷，第三分册）[M]. 北京：科学出版社 .
周国章，等 . 1983. 普通油茶种子成熟过程中脂肪积累及物质转化的初步研究 [J]. 植物生理学通讯，（3）: 42-43.
周晴芬 . 2014. 不同油茶籽油的活性分析及其多酚的提取研究 [D]. 雅安：四川农业大学 .
周席华，程军勇，徐春永，等 . 2009. 湖北省木本粮油经济林产业现状及发展对策 [J]. 湖北林业科技，（6）: 33-35.
周席华，徐春永，杜洋文，等 . 2010. 植物生长调节剂对油茶容器苗生长发育的影响研究 [J]. 湖北林业科技，（3）: 14-16.
周席华，徐永杰，程军勇，等. 2008. 湖北省油茶产业现状及发展思路 [J]. 湖北林业科技，(6): 50-52.
周长富，姚小华，林萍，等 . 2013. 油茶果实发育特性及水分、油脂含量动态分析 [J]. 扬州大学学报（农业与生命科学版），34（3）: 1671-4652.
周长富，姚小华，林萍，等 . 2013. 油茶种子发育过程组分含量动态研究 [J]. 中国油料作物学报，35（6）: 680-685.
周政贤 . 1963. 油茶生态习性、根系发育及垦复效果的调查研究 [J]. 林业科学，8（4）: 336-346.
庄瑞林，董汝湘，黄爱珠，等 . 1991. 山茶属植物种质资源的搜集及基因库的建立利用研究 [J]. 林业科学研究，4（2）: 178-184.
庄瑞林，全国油茶良种科研协作组 . 1987. 全国油茶良种优良家系和优良无性系评选鉴定标准与方法 [J]. 亚林科技，（11）: 48-49.
庄瑞林，周启仁，姚小华，等 . 2012. 中国油茶 [M]. 北京：中国林业出版社 .

附 录

各省（自治区、直辖市）或单位油茶良种选育清单

省（自治区、直辖市）或单位	选育的油茶良种
浙江	浙林 1 号、浙林 2 号、浙林 17 号、浙林 3 号、浙林 4 号、浙林 5 号、浙林 6 号、浙林 7 号、浙林 8 号、浙林 9 号、浙林 10 号、浙林 11 号、浙林 12 号、浙林 13 号、浙林 14 号、浙林 15 号、浙林 16 号
安徽	大别山 1 号、黄山 1 号、皖徽 1 号、皖徽 2 号、皖徽 3 号、绩溪 1 号、绩溪 2 号、绩溪 3 号、绩溪 4 号、绩溪 5 号、皖潜 1 号、皖潜 2 号、凤阳 1 号、凤阳 2 号、凤阳 3 号、凤阳 4 号、皖祁 1 号、皖祁 2 号、皖祁 3 号、皖祁 4 号、黄山 2 号、黄山 3 号、黄山 4 号、黄山 6 号、黄山 8 号
福建	闽 43、闽 48、闽 60、龙眼茶、闽 20、闽 79、闽杂优 1、闽杂优 2、闽杂优 3、闽杂优 4、闽杂优 5、闽杂优 6、闽杂优 7、闽杂优 8、闽杂优 11、闽杂优 12、闽杂优 13、闽杂优 14、闽杂优 18、闽杂优 19、闽杂优 20、闽杂优 21、闽杂优 25、闽杂优 28、闽杂优 30
江西	赣石 84-8、赣抚 20、赣永 6、赣兴 48、赣无 1、GLS 赣州油 3 号、GLS 赣州油 4 号、GLS 赣州油 5 号、赣州油 1 号、赣州油 2 号、赣州油 6 号、赣州油 7 号、赣州油 8 号、赣州油 9 号、赣 8、赣 190、赣 447、赣石 84-3、赣石 83-1、赣 83-4、赣无 2、赣无 11、赣兴 46、赣永 5、赣 70、赣无 12、赣无 24、赣州油 10 号、赣州油 11 号、赣州油 12 号、赣州油 16 号、赣州油 17 号、赣州油 18 号、赣州油 20 号、赣州油 21 号、赣州油 22 号、赣州油 23 号
河南	豫油茶 1 号、豫油茶 2 号、豫油茶 3 号、豫油茶 4 号、豫油茶 5 号、豫油茶 6 号、豫油茶 7 号、豫油茶 8 号、豫油茶 9 号、豫油茶 10 号、豫油茶 11 号、豫油茶 12 号、豫油茶 13 号、豫油茶 14 号、豫油茶 15 号
湖北	鄂林油茶 151、鄂林油茶 102、鄂油 54 号、鄂油 465 号、鄂油 63 号、鄂油 81 号、阳新米茶 202 号、阳新桐茶 208 号、谷城大红果 8 号
湖南	湘林 XLJ14、湘 5、湘林 1、湘林 104、湘林 XLC15、湘林 51、湘林 64、油茶良种 XLJ2、华鑫、华金、华硕、湘林 5、湘林 27、湘林 56、湘林 67、湘林 69、湘林 70、湘林 82、湘林 97、湘林 32、湘林 63、湘林 78、湘林 4、湘林 16、湘林 28、湘林 31、湘林 35、湘林 36、湘林 46、湘林 47、湘林 65、湘林 81、湘林 89、油茶无性系 6、油茶无性系 8、油茶无性系 22、油茶无性系 23、油茶无性系 26、油茶杂交组合 13、油茶杂交组合 17、油茶杂交组合 18、油茶杂交组合 31、油茶杂交组合 32、铁城 1 号、德字 1 号、湘林 106、湘林 117、湘林 121、湘林 124、湘林 131、常林 3 号、常林 36 号、常林 39 号、常林 58 号、常林 62 号、油茶衡东大桃 2 号、油茶衡东大桃 39 号
广东	粤韶 73-11、粤韶 74-4、粤韶 76-1、粤韶 74-1、粤韶 75-2、粤韶 77-1、粤连 74-4、粤连 74-1、粤连 74-2、粤连 74-3、粤连 74-5
广西	岑溪软枝油茶、桂无 2 号、桂无 3 号、桂无 5 号、岑软 2 号、岑软 3 号、桂无 1 号、桂无 4 号、桂 78 号、桂 87 号、桂 88 号、桂 91 号、桂 136 号、桂普 32 号、桂普 101 号、桂无 6 号、桂普 38 号、桂普 49 号、桂普 50 号、桂普 74 号、桂普 105 号、桂普 107 号、岑软 11 号、岑软 22 号、岑软 24 号
重庆	渝林油 1 号、渝林油 4 号、渝林油 5 号、渝林油 6 号、渝林油 9 号

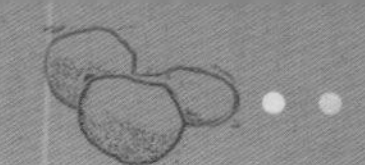

（续）

省（自治区、直辖市）或单位	选育的油茶良种
四川	川林 01、川林 02、川荣 -50、川荣 -55、川荣 -66、川荣 -153、川荣 -156、川荣 -447、江安 -1、江安 -12、江安 -24、江安 -54、翠屏 -7、翠屏 -16、翠屏 -36、翠屏 -39、翠屏 -41、川荣 -444、川荣 -523、川荣 -476、川荣 -108、川荣 -241、翠屏 -15、江安 70 号、江安 71 号、弘鑫 -760、川雅 -20、川雅 -21、雅红 -11、雅红 -17
贵州	白市 4 号、瓮洞 24 号、黎平 2 号、黎平 3 号、黎平 4 号、黎平 7 号、黔玉 1 号、黔玉 2 号、黔碧 1 号、黔碧 2 号、望油 1 号、江东 11 号、江东 12 号、黎平 1 号、瓮洞 4 号、远口 1 号、远口 5 号
云南	云油茶 3 号、云油茶 4 号、云油茶 9 号、云油茶 13 号、云油茶 14 号、德林油 H1、德林油 B1 号、德林油 B2 号、腾冲 1 号、腾冲 2 号、腾冲 3 号、腾冲 4 号、云油茶红河 1 号、云油茶红河 2 号、云油茶红河 3 号、云油茶红河 4 号、云油茶红河 5 号、富宁油茶 1 号、富宁油茶 2 号、富宁油茶 3 号、富宁油茶 4 号、富宁油茶 5 号、富宁油茶 6 号、五柱滇山茶、德林油 3 号、德林油 4 号、德林油 5 号、德林油 6 号、窄叶西南红山茶 1 号、窄叶西南红山茶 2 号、窄叶西南红山茶 3 号、窄叶西南红山茶 4 号、窄叶西南红山茶 5 号、凤油 1 号、凤油 2 号、凤油 3 号、腾油 12 号、腾油 13 号、富宁油茶 7 号、富宁油茶 8 号、富宁油茶 9 号、富宁油茶 10 号、富宁油茶 11 号、云油茶 1 号、云油茶 2 号、云油茶 5 号、云油茶 6 号、易梅、易红、易龙、易泉
陕西	汉油 1 号、汉油 2 号、金州 2 号、金州 31 号、秦油 9 号、秦油 15 号、秦油 18 号、镇油 1 号、镇油 33 号
中国林业科学研究院	亚林 1 号、亚林 4 号、亚林 9 号、长林 3 号、长林 4 号、长林 18 号、长林 21 号、长林 23 号、长林 27 号、长林 40 号、长林 53 号、长林 55 号、大果寒露 1 号、大果寒露 2 号、长林 166 号、长林 8 号、长林 17 号、长林 20 号、长林 22 号、长林 26 号、长林 56 号、长林 59 号、长林 61 号、长林 65 号

注：本书收录的油茶品种均属国家审（认）定品种、省级审（认）定品种。各省及其选育的油茶良种按如下原则排序。

1. 各省的顺序是按照国家林业局国有林场和林木种苗工作总站关于组织编写《中国油茶品种志》有关问题的通知排列的。

2. 各省选育的油茶良种的排列顺序原则是：① 国家审（认）定品种在前，省级审（认）定品种在后；② 在同等审定范围内，品种按照审定年份排列；③ 在同等审定范围内，且审定年份相同，品种按审定编号排列。

中文名索引

H

J

L

M

Q

T

W

拉丁名索引

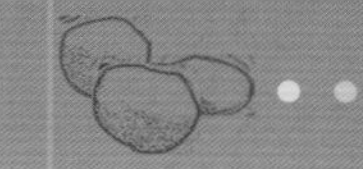